Studienbücher Wirtschaftsmathematik

Karl Michael Ortmann

Praktische Lebensversicherungs-mathematik

Mit zahlreichen Beispielen
sowie Aufgaben plus Lösungen

2., überarbeitete und erweiterte Auflage

Karl Michael Ortmann
Fachbereich II - Mathematik
Beuth Hochschule für Technik Berlin
Berlin, Deutschland

ISBN 978-3-658-10199-2   ISBN 978-3-658-10200-5 (eBook)
DOI 10.1007/978-3-658-10200-5

Die Deutsche Nationalbibliothek verzeichnet diese Publikation in der Deutschen Nationalbibliografie;
detaillierte bibliografische Daten sind im Internet über http://dnb.d-nb.de abrufbar.

Springer Spektrum

Planung: Ulrike Schmickler-Hirzbruch

Gedruckt auf säurefreiem und chlorfrei gebleichtem Papier.

Springer Fachmedien Wiesbaden GmbH ist Teil der Fachverlagsgruppe Springer Science+Business Media
(www.springer.com)

Vorwort zur zweiten Auflage

Sechs Jahre sind seit der ersten Auflage vergangen. In der Zwischenzeit hat sich dieses Buch zu einem Standardwerk der Lebensversicherungsmathematik entwickelt. Um dieses Lehrbuch noch besser zu machen, wurden mit der zweiten Auflage eine umfangreiche Überarbeitung sowie zahlreiche Erweiterungen vorgenommen, die an dieser Stelle kurz vorgestellt werden sollen.

An erster Stelle sind die zahlreichen Aufgaben mit Lösungen zu nennen, die in dieses Lehrbuch aufgenommen wurden. Es handelt sich dabei größtenteils um ehemalige Klausuraufgaben aus meinen Lehrveranstaltungen zur Versicherungsmathematik. Durch das Bearbeiten der Aufgaben erhält der Leser die Möglichkeit, die Inhalte zu üben und den Lernfortschritt zu überprüfen.

Außerdem wurde das Kapitel zu den Rechnungsgrundlagen wesentlich erweitert: Die Grundzüge des stochastischen Modells der Lebensversicherungsmathematik wurden ebenso aufgenommen wie ausgewählte statistische Methoden: der Kaplan-Meier-Schätzer für die Überlebensfunktion einerseits und das Marginalsummenverfahren für Mehrfachklassifikationen in der Tarifierung andererseits. Darüber hinaus wurde der Abschnitt zur Glaubwürdigkeitstheorie deutlich erweitert. Für die Beitragsberechnung wurde die Zufallsabhängigkeit einschlägiger Versicherungsbarwerte anhand der Varianz des Erfüllungsbetrags analysiert. Zu guter Letzt wurde der Abschnitt zur Nachreservierung ergänzt. In diesem Zusammenhang wurde auch das Konzept der Duration auf die Lebensversicherungsmathematik übertragen. Im Gegenzug für diese umfangreichen Erweiterungen wurde das Kapitel zur Finanzmathematik auf eine Zusammenfassung gekürzt.

Nicht zuletzt sind die Gesetzesnovellen für die versicherungsmathematische Praxis bedeutsam, denn sie wirken sich auf die Berechnungen für Neugeschäft in der Lebensversicherung aus. Von besonderer Bedeutung sind hierbei die Absenkung des Höchstrechnungszinssatzes auf 1,25 % zum 01.01.2015, die in dieser Auflage berücksichtigt ist, sowie die geschlechtsneutrale Tarifierung in der Versicherungswirtschaft, deren Implikation auf die Sterbetafel diskutiert wird.

Mein Dank gebührt meinen Kollegen aus Wissenschaft und Praxis ebenso wie meinen Studierenden und Lesern für Hinweise auf Fehler sowie Unklarheiten in der ersten Auflage, die nun allesamt korrigiert wurden. Alle verbliebenen und neuen Unzulänglichkeiten liegen in meiner Verantwortung. Gerne nehme ich Hinweise auf, damit die nächste Auflage dieses Lehrbuchs verbessert werden kann.

Berlin, im Mai 2015   Karl Michael Ortmann

Vorwort

Das vorliegende Buch richtet sich insbesondere an Studierende der Wirtschaftsmathematik an Fachhochschulen, Hochschulen, Universitäten und Berufsakademien sowie an Absolventen ebensolcher Bildungseinrichtungen. Ihnen ist gemeinsam, dass sie sich für die praktische Anwendung der Mathematik in der Lebensversicherung interessieren und gegebenenfalls eine berufliche Tätigkeit in der Versicherung anstreben. Mit diesem Buch möchten wir außerdem einen Beitrag zur Ausbildung zum Aktuar gemäß den Anforderungen der Deutschen Aktuarvereinigung (DAV) liefern.

Wir geben in diesem Buch einen Einblick in diejenigen Themen, die für die Praxis der Lebensversicherung besonders relevant sind. Der Nutzen für den Leser liegt in dem Erwerb von Kenntnissen und Fähigkeiten, die in der Lebensversicherung von praktischer Bedeutung sind. Da der Praxisbezug im Vordergrund steht, wurden zahlreiche Beispiele und Abbildungen aufgenommen. Durch sie soll das Verständnis der behandelten Materie erleichtert werden. Mit Hilfe der im Anhang befindlichen Sterbetafeln können die Rechnungen lückenlos nachvollzogen werden.

Das Buch ist derart gestaltet, dass es sich einerseits für das systematische Erlernen des Stoffes eignet, andererseits im Nachhinein als Nachschlagewerk dienen kann. Zu diesem Zweck sind Kernbegriffe fettgedruckt und erleichtern so das Aufspüren relevanter Passagen.

Wir beginnen im ersten Kapitel mit einer Einführung in die Versicherung. Die mathematischen Grundlagen der elementaren Finanzmathematik werden im zweiten Kapitel dargestellt. Das folgende dritte Kapitel über die biometrischen Rechnungsgrundlagen behandelt die Herleitung und Anwendung von Sterbetafeln. Im Kern des Buches stehen die Kenntnisse und Methoden zur Bestimmung der Prämien in der Lebensversicherung, die im vierten Kapitel vermittelt werden. Ein weiterer Schwerpunkt sind die Deckungsrückstellungen, die im fünften Kapitel behandelt werden. Die Grundprinzipien der Überschussbeteiligung werden im sechsten Kapitel dargestellt. Den Abschluss bildet das siebte Kapitel über die Lebensrückversicherung.

Da die Lebensversicherungsmathematik ein weites Feld ist, können wir zwangsläufig keine vollständige Darstellung geben. Weiterführende Inhalte werden im Sinne von Ergänzungen in jedem Kapitel kurz und knapp skizziert. Dazu verweisen wir auf die entsprechende Literatur.

Kollegen an der Beuth Hochschule, Studierende verschiedener Jahrgänge, Freunde und Bekannte aus der Versicherungswirtschaft haben zum Gelingen dieses Buches beigetragen. Ihnen gebührt mein herzlicher Dank. Es wäre durchaus angemessen, sie alle an dieser Stelle zu erwähnen. Doch würde ich dadurch von meiner eigenen Verantwortung für die Richtigkeit der Mathematik und der dargestellten Standpunkte ablenken.

Besonderer Dank gilt dem Herausgeber der Studienbücher Wirtschaftsmathematik, Prof. Dr. Bernd Luderer, für seine Hinweise, Anregungen und sehr gute Zusammenarbeit. Schließlich bin ich dem Vieweg+Teubner Verlag für die praktische Umsetzung dieses Buches zu Dank verpflichtet.

Berlin, im Juli 2009   Karl Michael Ortmann

Inhaltsverzeichnis

Einleitung 1

Die Versicherung ist Gegenstand mehrerer wissenschaftlicher Disziplinen. Zu den Versicherungswissenschaften zählen insbesondere die Fachgebiete **Versicherungsrecht, Versicherungsökonomie** und **Versicherungsmathematik**; aber auch versicherungsrelevante Bereiche anderer Disziplinen, wie der Medizin, der Sozialwissenschaften und der Klimaforschung finden ihre Anwendung.

Die rechtliche Ausgestaltung der Versicherung wird durch Gesetze geregelt. In erster Linie sind das **Versicherungsvertragsgesetz** (VVG) und das **Versicherungsaufsichtsgesetz** (VAG) zu nennen. Zusätzlich hat der Gesetzgeber einschlägige **Verordnungen** erlassen. Das **Bürgerliche Gesetzbuch** (BGB) wird in den **Allgemeinen Geschäftsbedingungen** (AGB) einer Versicherung berücksichtigt.

Das **Handelsgesetzbuch** (HGB) sowie die **Steuergesetze** und **International Financial Reporting Standards** (IFRS) enthalten detaillierte Vorschriften für die wirtschaftliche Berichterstattung von Versicherungsunternehmen. Ferner werden in der Versicherungswirtschaftslehre die mikro- und makroökonomischen Aspekte der Versicherung behandelt.

In der Versicherungsmathematik werden Methoden und Modelle zur Verfügung gestellt, um die für die Versicherung relevanten Größen zu berechnen. Die Lebensversicherungsmathematik im Speziellen verbindet dazu die Wahrscheinlichkeitsrechnung und Statistik mit der Finanzmathematik.

Die Versicherungsmathematik steht im engen Zusammenhang mit den genannten wissenschaftlichen Disziplinen. Die Beurteilung mathematischer Modelle und Berechnungen kann deshalb nur im Kontext erfolgen. Für die Praxis der Lebensversicherung besitzt der interdisziplinäre Ansatz große Bedeutung.

In diesem Buch werden wir deshalb relevante Gesetzestexte zitieren und auf die Lebensversicherungsmathematik anwenden. Gleichermaßen werden die berechneten Ergebnisse kaufmännisch interpretiert. Betriebswirtschaftliche Fragestellungen ergänzen die Anforderungen an die praktische Lebensversicherungsmathematik.

© Springer Fachmedien Wiesbaden 2016
K.M. Ortmann, *Praktische Lebensversicherungsmathematik*,
Studienbücher Wirtschaftsmathematik, DOI 10.1007/978-3-658-10200-5_1

Die Berufsbezeichnung des in der Versicherung tätigen Mathematikers ist **Aktuar**. Der Aktuar ist gewissermaßen der Ingenieur der Versicherung. Er zeichnet sich dadurch aus, dass er nicht nur die Versicherungsmathematik beherrscht, sondern auch Grundkenntnisse in den benachbarten versicherungswissenschaftlichen Disziplinen besitzt.

1.1 Wesen der Versicherung

In der Literatur existieren zahlreiche Definitionen des Begriffs der Versicherung. Ihnen ist gemeinsam, dass sie nicht sämtliche relevanten Aspekte berücksichtigen. Im Folgenden stellen wir die wesentlichen Merkmale der Versicherung zusammen.

Eine Versicherung besteht aus einer Vereinbarung zwischen zwei Parteien, dem Versicherungsunternehmen und dem Versicherungsnehmer. Gegenstand des **Versicherungsvertrags** ist die **Gefahr**, dass aufgrund gewisser Ereignisse ein **finanzieller Bedarf** entsteht.

Versicherbar sind nur solche Begebenheiten, die im Voraus für alle Beteiligten **ungewiss** sind. Wird die Zufälligkeit des Gefahreneintritts durch den Willen des Versicherten beeinflusst, so ist das Risiko nicht **versicherbar**. Die Zufälligkeit des Ereignisses ist für beide Parteien unantastbar. Gerade dieser Aspekt gibt in der Praxis Anlass zu Streitigkeiten. Hält der Versicherte dem Versicherer relevante Informationen vor, die das Eintreten der versicherten Gefahr betreffen, oder aber manipuliert er gar das Ereignis, so spricht man von Versicherungsbetrug.

Ist der Versicherungsfall zufällig eingetreten, so übernimmt das Versicherungsunternehmen die vereinbarte Leistung. Die Höhe der Zahlung kann vertraglich vereinbart sein oder sich am tatsächlich eingetretenen Schaden orientieren.

Allen Versicherungen ist gemeinsam, dass Auszahlungen im Allgemeinen eher selten sind. Die Grundlage der Versicherung ist folglich der **Ausgleich im Kollektiv**: in einer großen Gesamtheit von versicherten Personen lässt sich der erforderliche Mittelbedarf des Versicherers besser abschätzen.

Als Gegenleistung für die zufälligen Leistungen des Versicherers wird ein Entgelt vereinbart, die so genannte Versicherungsprämie, auch Versicherungsbeitrag genannt. Ein Versicherungsvertrag manifestiert also ein **Tauschgeschäft** von sicheren Zahlungen des Versicherungsnehmers gegen unsichere Zahlungen des Versicherers.

> **Beispiel**
>
> Ein dreißigjähriger Mann hat gerade ein Haus für seine Familie gebaut. Das Eigenheim hat 200.000 € gekostet; das Geld ist von einer Bank geliehen. Der Familienvater verdient den Unterhalt für seine Familie. Demnach entsteht ein finanzieller Bedarf für den Fall, dass er sterben sollte.

> Der junge Mann möchte für den Fall der Fälle vorsorgen. Wenn er vorzeitig stirbt, soll seine Familie in dem Haus wohnen bleiben können. Wann der Mann stirbt, sei völlig unbekannt. Die Gefahr seines Todes ist somit versicherbar.
>
> Zu diesem Zweck schließt er folgende Lebensversicherung ab: Im Fall seines Todes innerhalb der nächsten zwanzig Jahre zahlt die Versicherung 200.000 € aus, die zur Rückzahlung des Kredits verwendet werden können. Im Gegenzug zahlt er selbst regelmäßig den Versicherungsbeitrag. Dieser Tausch von Zahlungen wird im Versicherungsvertrag dokumentiert.

1.2   Versicherungssparten

In der deutschen Gesetzgebung werden insgesamt 24 verschiedene Versicherungssparten genannt. Man unterscheidet dabei die Bedrohung von Personen, Sachen und Vermögen durch bestimmte Gefahren.

In der **Schadenversicherung** wird Ersatz von Vermögensschäden geleistet. Die Verträge haben meistens eine Laufzeit von einem Jahr. In der Schadensversicherung sind sowohl der Schadeneintritt als auch die Schadenhöhe vom Zufall abhängig. Deshalb spielt die Analyse der zu Grunde liegenden Wahrscheinlichkeiten eine zentrale Rolle.

In der **Personenversicherung** ist die Versicherungssumme im Allgemeinen vertraglich festgelegt. Man spricht deshalb auch von einer **Summenversicherung**. Demnach steht die Höhe der garantierten Leistung fest. Die Anzahl der Zahlungen ist jedoch mitunter ungewiss, wie zum Beispiel bei Rentenversicherungen. Folglich ist der mögliche Gesamtschaden für einen Vertrag in der Personenversicherung nicht unbedingt im Voraus bekannt. Die Verträge in der Personenversicherung laufen in der Regel über viele Jahre. Die Finanzierbarkeit zukünftiger Verpflichtungen hat deshalb hohe Bedeutung.

Im folgenden Beispiel wollen wir den Zufall in der Versicherung herausstellen.

Beispiel
Die folgende Tabelle gibt einen Einblick in den Einfluss des Zufalls auf ausgewählte Finanzdienstleistungsprodukte.

Versicherung	Leistungshöhe	Leistungsdauer	Schadeneintritt	Zeitpunkt des Eintritts
Banksparvertrag (keine Versicherung)	steht fest	steht fest	steht fest	steht fest
Erlebensfall-versicherung	steht fest	steht fest	*zufällig*	steht fest

Versicherung	Leistungshöhe	Leistungsdauer	Schadeneintritt	Zeitpunkt des Eintritts
Lebenslange Todesfallversicherung	steht fest	steht fest	steht fest	*zufällig*
Risikolebens- versicherung	steht fest	steht fest	*zufällig*	*zufällig*
Sofort beginnende Altersrenten- versicherung	steht fest	*zufällig*	steht fest	steht fest
Aufgeschobene Altersrenten- versicherung	steht fest	*zufällig*	*zufällig*	steht fest
Pensionsversicherung	steht fest	*zufällig*	steht fest	*zufällig*
Witwenrenten- versicherung	steht fest	*zufällig*	*zufällig*	*zufällig*
Unfallrenten- versicherung	*zufällig*	*zufällig*	*zufällig*	*zufällig*
Sachversicherungen (z. B. Hausrat- versicherung)	*zufällig*	steht fest	*zufällig*	*zufällig*

Die Lebensversicherung ist ein Teilgebiet der Personenversicherung. Die versicherte Gefahr ist der Tod beziehungsweise das Überleben. Im Folgenden werden wir die einzelnen Formen der Lebensversicherung näher erläutern.

1.3 Formen der Lebensversicherung

Lebensversicherungen werden in Kapital- und Rentenversicherungen gegliedert. Bei der **Kapitalversicherung** besteht die versicherte Leistung aus der Auszahlung der Versicherungssumme. In der Regel wird sie einmalig bei Tod der versicherten Person oder bei Vertragsablauf, das heißt bei Überleben der versicherten Person bis zum vereinbarten Zeitpunkt, fällig.

Im Gegensatz dazu werden bei der **Rentenversicherung** wiederkehrende Zahlungen erbracht. Renten sind im Allgemeinen an den Erlebensfall der versicherten Person geknüpft.

Eine Lebensversicherung ist eine **kapitalbildende Versicherung**, wenn im Vertragsverlauf Mittel zum Erreichen eines Sparziels angesammelt werden. Die kapitalbildende Lebensversicherung stellt eine Alternative zur reinen Geldanlage bei einer Bank dar. Zu den kapitalbildenden Versicherungen gehören die Erlebensfallversicherung, die lebenslange Todesfallversicherung, die Kapitallebensversicherung und die Rentenversicherung, jedoch nicht die Risikolebensversicherung.

Bei der **Erlebensfallversicherung** wird die Versicherungssumme zum festgelegten Termin ausbezahlt, vorausgesetzt, die versicherte Person ist noch am Leben. Das Augenmerk dieser Versicherung liegt in der Finanzierung eines Wunsches.

Bei der Todesfallversicherung wird die Versicherungssumme nur bei Tod der versicherten Person fällig. Die **lebenslange Todesfallversicherung** führt garantiert zur Auszahlung, denn jeder Mensch muss irgendwann sterben. Die **Risikolebensversicherung** ist eine temporäre Todesfallversicherung. Die Vertragslaufzeit ist begrenzt, sodass unter Umständen keine Versicherungsleistung erbracht wird. Todesfallversicherungen dienen üblicherweise der finanziellen Versorgung der Angehörigen.

Die **Kapitallebensversicherung** ist eine gemischte Versicherung aus einer Erlebensfallversicherung und einer Risikolebensversicherung mit identischer Vertragslaufzeit. Im Allgemeinen ist die Versicherungssumme bei Tod und Vertragsablauf gleich hoch. Die Kapitallebensversicherung vereint die Zwecke der beiden einzelnen Versicherungen: Hinterbliebenenversorgung und Altersvorsorge. Anwendung findet sie auch zur Absicherung von Krediten, Darlehen und Hypotheken, die endfällig zurückgezahlt werden.

Neben der klassischen Kapitallebensversicherung gibt es zahlreiche Varianten mit erhöhter Todesfallleistung, erhöhter Erlebensfallleistung oder mehreren Teilauszahlungen. Der Begriff Kapitallebensversicherung ist nicht mit dem der Kapitalversicherung und der kapitalbildenden Versicherung zu verwechseln.

Die **Altersrentenversicherung** wird häufig synonym als Leibrentenversicherung oder kurz Rentenversicherung bezeichnet. Der Bezugsberechtigte erhält bis zum Tod des Versicherten eine regelmäßige Versicherungsleistung, die so genannte Rente. Die Auszahlungsdauer ist also lebenslänglich.

Oftmals wird die Zahlung der Rente bis zum Erreichen des Renteneintrittsalters ausgesetzt. In diesem Zusammenhang spricht man von einem Rentenaufschub. Demgegenüber steht die Sofortrente; bei dieser Vertragsvariante beginnt die Rentenzahlung mehr oder weniger sofort bei Vertragsabschluss.

Die **Pensionsversicherung** hingegen ist nicht Gegenstand der Lebensversicherung. Sie beinhaltet in einem einzigen Versicherungsvertrag die Altersrente, Witwenrente, Waisenrente und Invalidenrente.

Die folgende Grafik gibt einen Überblick über die fünf klassischen Formen der Lebensversicherung.

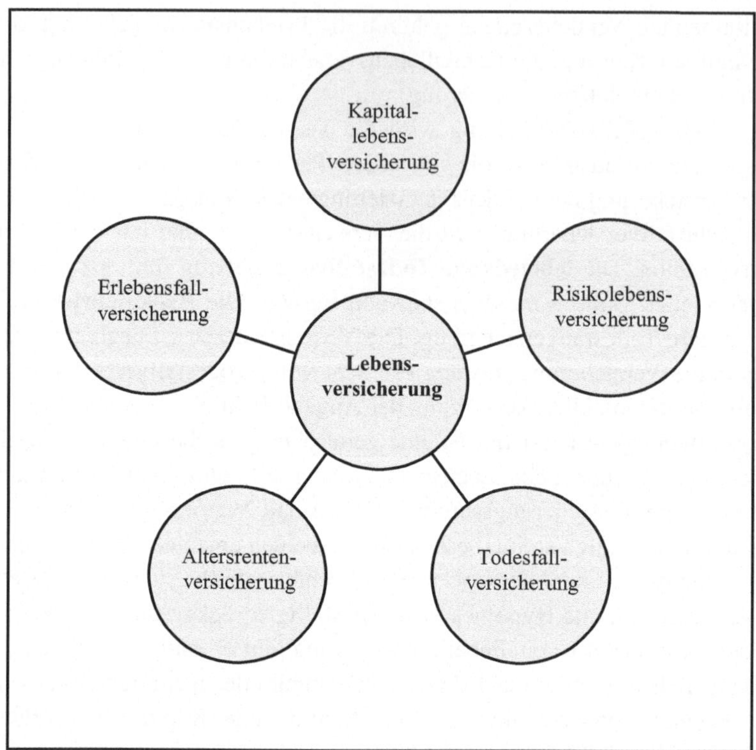

1.4   Geschäftsverbindung

Zum besseren Verständnis der Lebensversicherung diskutieren wir im Folgenden die vertragliche Beziehung der betroffenen Personen. Der **Versicherer (VR)** ist ein Lebensversicherungsunternehmen, welches mit dem **Versicherungsnehmer (VN)** den Versicherungsvertrag abschließt. Der Versicherungsnehmer kann eine natürliche oder eine juristische Person sein.

Der Versicherungsnehmer kann sich selbst oder eine andere Person versichern. Die **versicherte Person (VP)** ist diejenige Person, auf deren Leben sich der Vertrag bezieht. Allerdings muss der Versicherungsnehmer auch selbst betroffen sein. Man spricht davon, dass ein **versichertes Interesse** vorliegen muss, um eine andere Person zu versichern. So kann sich, zum Beispiel, ein Unternehmen (als VN) gegen den Ausfall seiner Top-Manager (als VP) durch Tod versichern.

Der **Bezugsberechtigte (BB)** ist diejenige Person, die im Versicherungsfall die vereinbarte Leistung erhält. Bei einer Todesfallversicherung sind üblicherweise die Angehörigen bezugsberechtigt. Es ist auch möglich, dass ein Versicherungsvertrag verpfändet oder abgetreten wird. In diesem Fall kann der Bezugsberechtigte eine juristische Person, zum Beispiel eine Bank, sein.

Der Versicherungsnehmer kann seine eigenen Zahlungsverpflichtungen delegieren. Der **Beitragszahler (BZ)** ist diejenige Person, die die Versicherungsbeiträge zahlt.

In vielen praktischen Fällen sind der Versicherungsnehmer, die versicherte Person und der Beitragszahler ein und dieselbe natürliche Person. Für den Fall, dass der Erlebensfall versichert wird, kann auch der Bezugsberechtigte mit den anderen beteiligten Personen zusammenfallen.

Versicherungsverträge werden im Allgemeinen durch einen **Versicherungsvermittler (VV)** angebahnt und abgeschlossen. Diese Person ist berechtigt, das Versicherungsunternehmen zu vertreten. Man unterscheidet zwischen gebundenen Vertretern, die genau ein Unternehmen repräsentieren, und Mehrfachvertretern, die an mehrere Versicherer gebunden sind. Daneben gibt es Versicherungsmakler, die keine Bindung zu irgendeinem Unternehmen haben. Für die Vermittlung des Versicherungsvertrages erhält der Vermittler eine einmalige **Provision**, auch **Courtage** genannt. Diesem Umstand werden wir noch besondere Beachtung schenken.

Die folgende Grafik verdeutlicht das Zusammenspiel der beteiligten Personen in der Lebensversicherung.

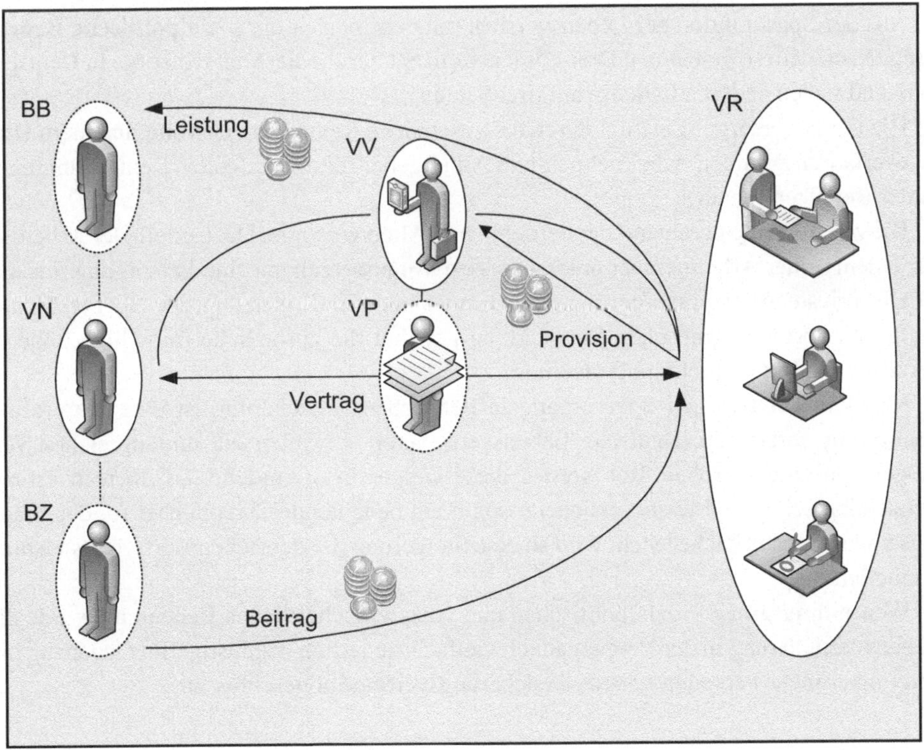

1.5 Bedeutung der Lebensversicherung

Der Lebensversicherung kommt große Bedeutung zu. Zunächst ist die **Sicherungs-funktion** zu nennen. Die Risikolebensversicherung ermöglicht den Hinterbliebenen eine angemessene finanzielle Versorgung. Daneben dient die Lebensversicherung auch zur Vermögens- und Kreditsicherung. Im Fall des Ablebens der versicherten Person kann ein aufgenommener Kredit zurückgezahlt werden. Dadurch werden die Erben finanzi-ell entlastet. Insofern kann eine Lebensversicherung den Versicherungsnehmer von der finanziellen Sorge um seine Familie und sein Vermögen befreien.

Neben der Sicherungsfunktion hat die Lebensversicherung auch eine **Sparfunktion**. Die bei Ablauf einer Erlebensfallversicherung fällige Kapitalleistung kann zur Rückzah-lung eines Darlehens oder zum Erwerb eines Besitzes verwendet werden. Besondere Be-deutung kommt der Altersvorsorge zu. Durch eine Leibrentenversicherung kann der Ver-sicherte seinen Altersruhestand vorfinanzieren.

Die gemischte Kapitallebensversicherung kombiniert die Sicherungs- und Sparfunkti-on in einem einzigen Vertrag. Sie stellt die beliebteste Versicherungsform in Deutschland dar. In den USA hingegen überwiegen reine Risikolebensversicherungen.

Aus der Sparfunktion der Lebensversicherung ergibt sich die **sozialpolitische Bedeu-tung**. Nach dem so genannten Drei-Säulen-Konzept beruht die Altersvorsorge in Deutsch-land und vielen anderen Ländern auf drei Säulen.

Die Grundversorgung erfolgt durch die gesetzliche Rentenversicherung. In einem Um-lageverfahren kommen Arbeitnehmer und Arbeitgeber für die laufenden Rentenzahlungen in der Bevölkerung auf.

Die zweite Säule beruht auf der betrieblichen Altersvorsorge. Dazu erteilt der Arbeitge-ber jedem seiner Arbeitnehmer unter gewissen Voraussetzungen eine Versorgungszusage.

Die private Altersvorsorge dient als dritte Säule der Ergänzung der eigenen Rente. Aufgrund der demografischen Entwicklung gewinnt die zusätzliche freiwillige Lebens-versicherung immer mehr an Bedeutung.

Mit dem langfristigen Sparvorgang in der Lebensversicherung ist eine **Kapitalan-sammlung** verbunden. Deutsche Lebensversicherer verwalten ein umfangreiches Ver-mögen. Zu einem großen Teil werden diese Gelder in öffentliche Anleihen investiert. Letztendlich sind die Lebensversicherer somit ein bedeutender Kreditgeber für den Staat. Aus volkswirtschaftlicher Sicht wird so eine Steigerung der deutschen Wirtschaftsleistung ermöglicht.

Wegen ihrer großen sozialpolitischen und volkswirtschaftlichen Bedeutung wurde die Lebensversicherung in der Vergangenheit vielfach steuerlich begünstigt. Im Gegenzug ha-ben immer mehr Personen Lebensversicherungsverträge abgeschlossen.

1.6 Historischer Hintergrund

Die Ursprünge der Lebensversicherung liegen in dem Umstand begründet, dass die Menschen sich einander auf strukturierte Weise geholfen haben. Schon in der Frühzeit und im Altertum gab es Vereinigungen, deren Ziel die gegenseitige Unterstützung bei Krankheit und Tod war.

Auf dieser Grundlage entstanden die ersten **Sterbekassen**. Für einen regelmäßigen Beitrag bekamen die Mitglieder ein würdiges Begräbnis. Derartige Sterbegeldversicherungen gab es nachweislich schon bei den alten Römern.

Im Mittelalter bildeten sich Vereinigungen von Kaufleuten, die so genannten Gilden, und Handwerkern, Zünfte genannt. Unter Eid verpflichteten sich die Mitglieder unter anderem zu gegenseitiger Hilfe bei Krankheit und im Todesfall.

Als Vorläufer der Rentenversicherung setzten im 13. Jahrhundert so genannte **Leibrentenkäufe** ein. Gegen Zahlung eines Einmalbetrages erhielt der Käufer eine lebenslange Rente. Die Höhe der Rente wurde dabei individuell ausgehandelt. Da bei diesem Geschäft der Kollektivgedanke fehlte, war es keine Versicherung.

Für die weitere Entwicklung waren die so genannten **Tontinen** von Bedeutung, die auf **Lorenzo Tonti** (1630–1695) zurückgehen. Dabei handelte es sich um Anleihen eines Veranstalters, Tontinarius genannt, die in Form von Renten an die Teilnehmer, die so genannten Tontinisten, zurückgezahlt wurden. Das folgende Beispiel erläutert das Prinzip einer Tontine.

Beispiel

Die Funktionsweise einer Tontine kann an einem Schachturnier verdeutlicht werden. Es gebe 64 Teilnehmer, die jeweils einen Euro als Startgeld zahlen. Das verfügbare Preisgeld beträgt somit 64 €.

Die Turnierform ist das Eliminationsverfahren. In jeder Spielrunde kommen alle noch im Wettbewerb befindlichen Spieler zum Einsatz. Es treffen jeweils zwei Spieler aufeinander. Der Sieger zieht in die nächste Runde ein, der Verlierer scheidet aus.

Nach der ersten Runde sind noch 32, nach der zweiten 16 und nach der dritten Runde 8 Spieler im Wettbewerb. Die Sieger der Achtelfinalbegegnungen erhalten jeweils 2 €, was sich insgesamt zu einer Ausschüttung von 16 € summiert.

In den folgenden Runden werden wiederum jeweils 16 € an die verbleibenden Schachspieler ausgezahlt. Die vier Sieger der Viertelfinale erhalten jeweils 4 €. Die Sieger der beiden Halbfinale erhalten je 8 € und der Sieger des Turniers darf sich an 16 € erfreuen. In den letzten vier Turnierrunden werden also jeweils 16 € ausgeschüttet, so dass das eingenommene Startgeld aufgebraucht wird.

Diese Preisgeldverleihung zeigt wesentliche Merkmale einer Tontine: Nach einer gewissen Aufschubzeit wurde unter den Überlebenden eine vorher vereinbarte Geldsumme verteilt. In jeder folgenden Periode wurde gleich viel ausgezahlt. Insgesamt wurde das eingenommene Startgeld, inklusive vereinbarter Zuwächse, wieder ausgeschüttet.

Im angelsächsischen Bereich sind Tontinen auch heute noch gebräuchlich. Sie stellen jedoch kein Versicherungsgeschäft im eigentlichen Sinn dar. Denn der Tontinarius trägt kein Sterblichkeitsrisiko.

Die Entwicklung der technischen Grundlagen der Lebensversicherung setzte im siebzehnten Jahrhundert ein. **Jakob Bernoulli** (1654–1705) formulierte das **Gesetz der großen Zahlen**, welches die Grundlage der Versicherung bildet. **Gottfried Wilhelm Leibniz** (1646–1716) entwickelte die **Zinsrechnung**. An der Weiterentwicklung der Lebensversicherungsmathematik beteiligten sich maßgeblich auch **Leonhard Euler** (1707–1783) und später **Carl Friedrich Gauß** (1787–1855). Im Jahr 1785 erschien das erste deutschsprachige Lehrbuch zur Lebensversicherungsmathematik von **Johannes Nicolaus Tetens** (1736–1807) unter dem Titel: *„Einleitung zur Berechnung der Leibrenten und Anwartschaften, die vom Leben und Tode einer oder mehrerer Personen abhangen"*.

Im Jahr 1706 wurde in England die **Amicable Society** als erste Lebensversicherungsgesellschaft der Welt gegründet. Im Jahr 1762 folgte die **Equitable Life Assurance Society**. Sie galt als erste Lebensversicherungsgesellschaft mit versicherungsmathematischen Rechnungsgrundlagen. Im Jahr 2000 wurde die Equitable für Neugeschäft geschlossen, nachdem sie sich massiv mit Optionen für garantierte Renten verkalkuliert hatte.

Die erste bedeutende Lebensversicherungsgesellschaft in Deutschland wurde 1827 gegründet; es war die **Gothaer Lebensversicherungsbank für Deutschland**. In den übrigen europäischen Ländern entwickelte sich die Lebensversicherung zunächst nur sehr schleppend.

Mit der Einführung der **Sozialversicherung** in Deutschland Ende des neunzehnten Jahrhunderts, die maßgeblich auf Reichskanzler **Bismarck** (1815–1898) beruht, gewann die private Lebensversicherung neue Impulse. Unternehmen widmeten sich verstärkt der **Volksversicherung**. Insbesondere wurden Verträge mit kleinen Versicherungssummen angeboten.

Die beiden folgenden Weltkriege erschütterten die Grundfesten der Lebensversicherung. Dabei war die erhöhte Anzahl von Todesfällen nicht der ausschlaggebende Grund. Vielmehr machte die mit den Kriegen verbundene Wirtschaftskrise der Lebensversicherungsbranche zu schaffen.

Durch die grassierende Inflation nach dem Ersten Weltkrieg wurde der vereinbarte Versicherungsschutz immer weniger wert. Mit der Währungsreform 1923 wurden vormals abgeschlossene Lebensversicherungen praktisch wertlos.

Der Zweite Weltkrieg brachte die Lebensversicherungswirtschaft wiederum an den Rand des Zusammenbruchs. Allerdings ging diesmal der bestehende Schutz für die Versicherten nur teilweise verloren.

Von der anschließenden Phase des wirtschaftlichen Aufschwungs profitierte auch die Lebensversicherungsbranche. Zurzeit bestehen in Deutschland etwa einhundert Millionen Lebensversicherungsverträge.

Elementare Finanzmathematik — 2

Wer sich mit der Lebensversicherungsmathematik vertraut machen möchte, sollte gute Kenntnisse der elementaren Finanzmathematik besitzen. Aus diesem Grund stellen wir in diesem Kapitel das notwendige Rüstzeug zusammen.

Gegenstand der elementaren Finanzmathematik ist die Bewertung sicherer Zahlungsströme. Dabei ist von entscheidender Bedeutung, dass Geldbeträge nur dann der Höhe nach miteinander verglichen werden dürfen, wenn sie zum gleichen Termin gezahlt werden. Der Wert des Geldes hängt also von zwei Variablen ab: Betrag und Fälligkeitszeitpunkt. In der finanzmathematischen Praxis werden deshalb Zahlungen am Zeitstrahl verdeutlicht.

2.1 Zinsrechnung

Die Transformationen des Kapitals in der Zeit erfolgt mit Hilfe des Kalküls der Zinsrechnung. Wir beschränken uns für die praktische Lebensversicherungsmathematik im Wesentlichen auf die **exponentielle Verzinsung**. Dabei werden insbesondere Zinsen auf erhaltene Zinszahlungen, die so genannten **Zinseszinsen**, berücksichtigt.

Es sei K_0 ein gegebenes Anfangskapital. Unter Berücksichtigung von Zinseszinsen wächst es nach n Zinsperioden zum gegebenen Zinssatz i auf den Wert

$$K_n = K_0(1 + i)^n \, .$$

Umgekehrt können wir bei gegebenem Endwert den Wert am Beginn berechnen:

$$K_0 = K_n v^n \text{ mit } v = (1 + i)^{-1} \, .$$

Mit Hilfe der Verzinsung können Zahlungen, die zu unterschiedlichen Terminen fällig sind, auf einen gemeinsamen Termin, der beliebig sein darf, transformiert werden. Den

© Springer Fachmedien Wiesbaden 2016
K.M. Ortmann, *Praktische Lebensversicherungsmathematik*,
Studienbücher Wirtschaftsmathematik, DOI 10.1007/978-3-658-10200-5_2

Wert des Kapitals am Beginn des Betrachtungshorizonts nennen wir **Barwert**, der **Zeitwert** am Ende der Laufzeit heißt **Endwert**.

Gibt es mehrere Zahlungen, so werden alle auf einen beliebigen, aber gemeinsamen Termin auf- oder abgezinst, und anschließend summiert. Dadurch erhalten wir den Zeitwert des Zahlungsstroms. Im Sinne der Lebensversicherung betrachten wir ohne Beschränkung der Allgemeinheit zumeist Barwerte und bezeichnen zwei zu vergleichende Zahlungsströme mit Leistung L und Gegenleistung GL. Anschließend können die so umgerechneten und zusammengefassten Beträge der Höhe nach miteinander verglichen werden. Dadurch ist das **finanzmathematische Äquivalenzprinzip** charakterisiert:

Barwert der Leistung ist gleich Barwert der Gegenleistung.

Dieses Prinzip ist die Grundlage sämtlicher Berechnungen der elementaren Finanzmathematik. Durch Gleichsetzen lässt sich die gesuchte finanzmathematische Größe, sei es Barwert, Endwert, Zinssatz oder Laufzeit, berechnen. Im Kapitel zur Beitragsberechnung werden wir das finanzmathematische Äquivalenzprinzip auf unsichere Zahlungsströme erweitern, indem wir die Zufälligkeit der Zahlungen adäquat berücksichtigen.

In nicht wenigen praktischen Anwendungen ist die Zeitperiode, auf die sich der Zinssatz bezieht, nicht identisch mit der Zinsperiode, also dem zeitlichen Abstand zwischen zwei Zinszuschlagterminen. So wird meistens ein Jahreszinssatz spezifiziert, wobei die Zinsen unterjährig, beispielsweise monatlich, gezahlt werden. Dazu unterscheiden wir zwei Ansätze: die **unterjährig lineare Verzinsung** und die **unterjährig konforme Verzinsung**.

Es sei i der vorgegebene Zinssatz für ein ganzes Jahr. Die Zinsen seien k-mal pro Jahr fällig. In bezug auf die unterjährig lineare Verzinsung nennen wir i den **nominalen Zinssatz** und i/k den **relativen unterjährigen Periodenzinssatz**. Nach der Zinseszinsformel gilt für den Endwert nach n Jahren mit jeweils k unterjährigen Zinszuschlagterminen zum relativen Periodenzins:

$$K_n = K_0(1 + i_{\text{rel}})^{k \cdot n} = K_0 \left(1 + \frac{i_{\text{nom}}}{k}\right)^{k \cdot n} .$$

In Bezug auf unterjährig konforme Verzinsung hingegen nennen wir i den **effektiven** und $\sqrt[k]{1 + i} - 1$ den **konformen Zinssatz**. Nach der Zinseszinsformel gilt für den Endwert nach n Jahren bei k unterjährigen Zinszuschlagterminen zum konformen Zinssatz:

$$K_n = K_0(1 + i_{\text{kon}})^{k \cdot n} = K_0(1 + i_{\text{eff}})^n .$$

Daran erkennen wir, dass die Definition des konformen Zinssatzes eine sinnvolle Verallgemeinerung des Konzepts der exponentiellen Verzinsung ist. Zur Vereinfachung wird dennoch gelegentlich die unterjährig lineare Verzinsung verwendet.

2.2 Investitionsrechnung

Zur Bewertung von Investitionen werden nach dem finanzmathematischen Äquivalenz-prinzip die Einnahmen und Ausgaben gegenübergestellt. Dabei wird analysiert, ob eine gegebene Investition durchgeführt oder unterlassen werden soll. Stehen mehrere Investiti-onsmöglichkeiten zur Wahl, so soll die beste Alternative identifiziert werden. Wir diskutie-ren in diesem Zusammenhang die **Kapitalwertmethode** und die **Methode der internen Rendite**. Beide Methoden werden insbesondere auch für den **Finanzierbarkeitsnachweis** der Lebensversicherung angewendet.

Bei der **Kapitalwertmethode** werden zunächst die Barwerte der mit der Investition verbundenen Einnahmen und Ausgaben getrennt voneinander berechnet. Der **Kapital-wert** der Investition ist dann die Differenz der beiden Barwerte. Falls der Barwert der Einnahmen größer als der Barwert der Ausgaben ist, das heißt, wenn der Kapitalwert grö-ßer als null ist, so ist die Investition **vorteilhaft**. Sind die Barwerte identisch, so ist der Investor indifferent hinsichtlich der Durchführung der Investition. Ist der Barwert der Aus-gaben größer als der Barwert der Einnahmen, so gilt die Investition als **unvorteilhaft** und sollte nicht durchgeführt werden. Bei mehreren Investitionsalternativen wird diejenige In-vestition mit dem größten Kapitalwert ausgewählt.

Bei der **Methode der internen Rendite** werden die Nullstellen der Kapitalwertfunk-tion in Abhängigkeit des variablen Zinssatzes gesucht. Jede Nullstelle der Kapitalwert-funktion heißt interne Rendite der Investition. Diese Mehrdeutigkeit stellt ein Problem dar. In der Praxis gibt es häufig, aber nicht immer, nur genau einen finanzmathematisch sinnvollen Effektivzinssatz.

Üblicherweise kann das Nullstellenproblem der Kapitalwertgleichung nicht explizit ge-löst werden, da es sich im Allgemeinen um eine Polynomgleichung höherer Ordnung handelt. Deshalb wird eine Näherungslösung, zum Beispiel mit dem **Newton-Verfahren**, numerisch berechnet.

Ist die interne Rendite größer als der vorgegebene Zinssatz, der die **Eigenkapital-rendite** darstellt, so ist die Investition **vorteilhaft**. Ist die interne Rendite kleiner als die geforderte Rendite, dann ist die Investition **unvorteilhaft**. Die Methode der internen Rendite liefert somit ein qualitatives Entscheidungskriterium, wohingegen die Kapital-wertmethode darüber hinaus geeignet ist, Investitionen quantitativ zu beurteilen.

2.3 Rentenrechnung

Eine Rente ist ein Zahlungsstrom, dessen Zahlungen in gleichen Abständen erfolgen. Wir beschränken uns hier auf Renten mit gleich hohen Raten R. Da die Auszahlungen während der vereinbarten Vertragsdauer sicher sind, wird eine solche Rente als **garantierte Rente** bezeichnet. Deshalb spricht man in diesem Zusammenhang auch von einer **Zeitrente** – im Gegensatz zu einer **Leibrente** in der Lebensversicherung, die nur im Erlebensfall gezahlt wird. Aufgrund der zu berücksichtigenden Sterblichkeit des Individuums ist folglich die

Laufzeit der **Altersrente** ungewiss. Wir werden im Abschnitt zur Beitragsberechnung in der Lebensversicherung auf die Analyse solcher unsicheren Zahlungsströme zurückkommen.

Um den Barwert der jährlich vorschüssigen Rente der Höhe 1 über n Perioden zu berechnen, benötigen wir den so genannten **Rentenbarwertfaktor der vorschüssigen Rente** $\ddot{a}_{\overline{n}|}$. Es sei dazu $v = (1 + i)^{-1}$ der Abzinsungsfaktor. Dann gilt aufgrund der geometrischen Reihe für $v \neq 1$, beziehungsweise $i \neq 0$, dass

$$\ddot{a}_{\overline{n}|} = \sum_{k=0}^{n-1} 1 \cdot v^k = \frac{1 - v^n}{1 - v} \, .$$

Es ist eigentlich völlig ausreichend, nur den vorschüssigen Rentenbarwertfaktor zu kennen. Denn alle anderen Rentenfaktoren lassen sich darauf zurückführen. So ist der **Rentenbarwertfaktor der nachschüssigen Rente** $a_{\overline{n}|}$ der Höhe 1, die n mal fällig ist, gleich dem abgezinsten Barwert der vorschüssigen Rente:

$$a_{\overline{n}|} = v \ddot{a}_{\overline{n}|} = \frac{1 - v^n}{i} \, .$$

Analog erhalten wir den **Rentenendwertfaktor der vorschüssigen Rente** $\ddot{s}_{\overline{n}|}$ der Höhe 1 über n Perioden durch entsprechendes Aufzinsen des Rentenbarwertfaktors $\ddot{a}_{\overline{n}|}$:

$$\ddot{s}_{\overline{n}|} = (1 + i)^n \ddot{a}_{\overline{n}|} = \frac{(1 + i)^n - 1}{1 - v} \, .$$

Schließlich lässt sich der **Rentenendwertfaktor der nachschüssigen Rente** $s_{\overline{n}|}$ der Höhe 1, zahlbar über n Perioden, analog auf den Rentenbarwertfaktor $\ddot{s}_{\overline{n}|}$ zurückführen:

$$s_{\overline{n}|} = v \ddot{s}_{\overline{n}|} = (1 + i)^n a_{\overline{n}|} = \frac{(1 + i)^n - 1}{i} \, .$$

Eine Rente, deren Ratenzahlungen erst nach einer gewissen **Wartezeit**, oder auch **Karenzzeit**, beginnen, nennen wir eine **aufgeschobene Rente**. Der Rentenbarwertfaktor $m|\ddot{a}_{\overline{n}|}$ der um m Jahre aufgeschobenen für die folgenden n Jahre vorschüssig zahlbaren Rente der Höhe 1 lautet

$$_{m|}\ddot{a}_{\overline{n}|} = \ddot{a}_{\overline{n}|} \cdot v^m = \frac{v^m - v^{m+n}}{1 - v} \, .$$

In Analogie dazu können auch die übrigen Rentenfaktoren berechnet werden. Schließlich spricht man von einer **ewigen Rente**, wenn die Anzahl der Rentenzahlungen unbegrenzt ist. Der Rentenbarwertfaktor $\ddot{a}_{\overline{\infty}|}$ der ewig vorschüssig zahlbaren Rente der Höhe 1 erhält man durch Grenzwertbetrachtung aus der endlichen Rente:

$$\ddot{a}_{\overline{\infty}|} = \lim_{n \to \infty} \ddot{a}_{\overline{n}|} = \frac{1 + i}{i} \, .$$

Analog ist der Rentenbarwertfaktor $a_{\overline{\infty}|}$ der ewig nachschüssig zahlbaren Rente

$$a_{\overline{\infty}|} = \lim_{n \to \infty} a_{\overline{n}|} = \frac{1}{i} \; .$$

Die Bewertung unterjährig zahlbarer Renten erfolgt im Prinzip analog, indem zunächst die unterjährigen Verzinsungsmodalitäten festgelegt werden. Dabei muss man darauf achten, die Laufzeit der Rente korrekt zu erfassen. Mit den Formeln für die Rentenfaktoren können der Rentenbarwert, der Rentenendwert, die Rentenrate oder die Laufzeit direkt berechnet werden. Der Vollständigkeit halber sei bemerkt, dass wir den Zeitwert einer konkreten Rente der Höhe R durch Multiplikation mit dem entsprechenden Rentenfaktor erhalten. Um den Zinssatz zu ermitteln, muss man in den meisten Fällen auf ein Iterationsverfahren, wie beispielsweise das **Newton-Verfahren** zurückgegriffen, um eine Näherungslösung zu berechnen.

2.4 Tilgungsrechnung

Die **Tilgungsrechnung** befasst sich mit der Analyse von Krediten. Dazu wird das Äquivalenzprinzip auf die Leistungen des **Gläubigers** die Gegenleistungen des **Schuldners** angewendet. In der Praxis werden Schulden oftmals durch gleichmäßig wiederkehrende Raten abbezahlt, die in diesem Zusammenhang **Annuitäten** genannt werden. Somit lässt sich die Kreditrechnung auf die Rentenrechnung zurückführen.

Zur Verdeutlichung der **Annuitätentilgung** betrachten wir einen Kredit der Höhe 1 €, der durch eine konstante Annuität A in genau n Jahren vollständig zurückgezahlt werde. Dann ist die Annuität durch

$$A = \frac{1}{a_{\overline{n}|}} - \frac{i}{1 - v^n}$$

gegeben. Dieser Ausdruck, der von der Laufzeit n abhängt, wird **Annuitätenfaktor** oder auch **Kapitalwiedergewinnungsfaktor** genannt. Er gibt an, welcher Betrag jährlich nachschüssig zu zahlen ist, um einen Kredit der Höhe 1 € in genau n Jahren vollständig zu tilgen. Durch Multiplikation mit dem tatsächlichen Kreditbetrag K eines beliebigen Kredites wird die Berechnung der jährlich konstanten nachschüssigen Rückzahlungsrate ermöglicht.

2.5 Duration

Von besonderem Interesse in der Finanzmathematik ist die Beurteilung der Änderung des Barwerts einer beliebigen Zahlungsreihe in Abhängigkeit vom verwendeten Zinssatz. Dazu wird der Barwert $BW(i)$ in allgemeiner Form dargestellt durch

$$BW(i) = \sum_{k=1}^{n} Z_k (1 + i)^{-k} \; .$$

Dabei ist Z_k die nachschüssige Zahlung in der k-ten Periode. Die Ableitung der Barwertfunktion ist dann

$$BW'(i) = \sum_{k=1}^{n} -kZ_k(1+i)^{-k-1} \, .$$

Zur Approximation der Barwertfunktion machen wir eine Taylorentwicklung erster Ordnung von $BW(i)$ um den anfänglichen Zinssatz $i = i_0$:

$$BW(i) \approx BW(i_0) + BW'(i_0) \cdot (i - i_0) \, .$$

Dieser Ausdruck lässt sich unter Verwendung der Duration $D(i_0)$ äquivalent schreiben als

$$BW(i) \approx BW(i_0) - \frac{D(i_0)}{1 + i_0} BW(i_0) \cdot (i - i_0) \, .$$

Die Duration ist dabei definiert durch

$$D(i) = -(1 + i) \frac{BW'(i)}{BW(i)} \, .$$

Wir können die Duration auch allgemein berechnen, indem wir die konkrete Ableitung
der Barwertfunktion berechnen. So ist

$$D(i) = \sum_{k=1}^{n} k \cdot w_k$$

mit Gewichten w_k gemäß

$$w_k = \frac{Z_k(1+i)^{-k}}{\sum\limits_{k=1}^{n} Z_k(1+i)^{-k}} \, ,$$

Die Duration kann folglich als der gewichtete Mittelwert der Zahlungszeitpunkte interpretiert werden.

Die genannte Approximation des Barwerts anhand der Taylorentwicklung ist in der
Praxis weit verbreitet. Wir können die Näherung verbessern, indem wir die Evolution der
Barwertfunktion betrachten:

$$BW'(i) = -\frac{D(i)}{1 + i} BW(i) \, .$$

Dann approximieren wir die rechte Seite dieser Gleichung, indem wir $D(i)$ durch $D(i_0)$
ersetzen. Als Näherung für die Evolution der Barwertfunktion erhalten wir:

$$BW'(i) \approx -\frac{D(i_0)}{1 + i} BW(i) \, .$$

Diese Differentialgleichung wird gelöst durch die Funktion

$$BW(i) = BW(i_0) \left(\frac{1 + i_0}{1 + i} \right)^{D_0(i_0)} \, .$$

Es lässt sich zeigen, dass diese Approximationsformel stets genauere Ergebnisse liefert als die Standardformel. Außerdem wird die Barwertfunktion immer unterschätzt.

2.6 Formeln der Finanzmathematik

An dieser Stelle fassen wir die wichtigsten Formeln der Finanzmathematik zusammen.

Typ	Symbol	Formel
Rechnungszins	i	i
Abzinsungsfaktor	v	$\dfrac{1}{1+i}$
Diskontfaktor	d	$\dfrac{i}{1+i}$
Unterjährig relativer Zinssatz	i_{rel}	$\dfrac{i_{\text{nom}}}{k}$
Unterjährig konformer Zinssatz	i_{kon}	$\sqrt[k]{1+i_{\text{eff}}}-1$
Barwertfaktor der vorschüssigen Rente	$\ddot{a}_{\overline{n}\rvert}$	$\dfrac{1-v^n}{1-v}$
Barwertfaktor der nachschüssigen Rente	$a_{\overline{n}\rvert}$	$\dfrac{1-v^n}{i}$
Endwertfaktor der vorschüssigen Rente	$\ddot{s}_{\overline{n}\rvert}$	$\dfrac{(1+i)^n-1}{1-v}$
Endwertfaktor der nachschüssigen Rente	$s_{\overline{n}\rvert}$	$\dfrac{(1+i)^n-1}{i}$
Barwertfaktor der aufgeschobenen vorschüssigen Rente	$_{m\rvert}\ddot{a}_{\overline{n}\rvert}$	$\dfrac{v^m-v^{m+n}}{1-v}$
Barwertfaktor der ewigen vorschüssigen Rente	$\ddot{a}_{\overline{\infty}\rvert}$	$\dfrac{1+i}{i}$
Barwertfaktor der ewigen nachschüssigen Rente	$a_{\overline{\infty}\rvert}$	$\dfrac{1}{i}$
Annuitätenfaktor	$A_{\overline{n}\rvert}$	$\dfrac{i}{1-v^n}$
Barwertfunktion	$BW(i)$	$\sum\limits_{k=1}^{n} Z_k(1+i)^{-k}$
Duration gemäß Definition	$D(i)$	$-(1+i)\dfrac{BW'(i)}{BW(i)}$
Duration als Mittelwert der Zahlungszeitpunkte	$D(i)$	$\dfrac{\sum\limits_{k=1}^{n} kZ_k(1+i)^{-k}}{\sum\limits_{k=1}^{n} Z_k(1+i)^{-k}}$
Approximation des Kurswerts nach Taylor	$BW^{\mathrm{T}}(i)$	$BW(i_0)-BW(i_0)\dfrac{D(i_0)}{1+i_0}(i-i_0)$
Verbesserte Approximation des Kurswerts	$BW^{+}(i)$	$BW(i_0)\left(\dfrac{1+i_0}{1+i}\right)^{D(i_0)}$

2.7 Aufgaben

Die fachspezifische Arbeitsweise der elementaren Finanzmathematik gliedert sich in vier
klare Schritte. Die einzelnen Schritte sind im Allgemeinen:

1. Verdeutlichen Sie im Detail alle vorkommenden Zahlungen am Zeitstrahl! Ordnen Sie jede Zahlung der Leistung beziehungsweise der Gegenleistung zu!
2. Legen Sie einen gemeinsamen Stichtag für alle Zahlungen fest und berechnen
   Sie die Zeitwerte der Leistung und der Gegenleistung!
3. Wenden Sie das finanzmathematische Äquivalenzprinzip an, indem sie zunächst
   Leistung und Gegenleistung gleichsetzen und anschließend durch äquivalentes
   Umformen die gesuchte Größe in allgemeiner Form berechnen!
4. Setzen Sie die konkreten Parameterwerte ein und interpretieren Sie Ihr Ergebnis!

A 2.1 Eine 60-jährige Person habe 100.000 € zur freien Verfügung, die sie bei einer Bank
anlegen möchte, um ab dem Alter 65 für die folgenden 20 Jahre eine jährlich vorschüssige
Rente zu beziehen. Der jährliche Zinssatz sei 5 %. Berechnen Sie die Höhe der Rente!

A 2.2 Ein Beamter schließe im Alter von genau 40 Jahren eine Todesfallversicherung
über 150.000 € ab. Im Fall des Todes, der mit Sicherheit irgendwann eintritt, bekommen
die Angehörigen die Versicherungssumme ausbezahlt. Der Einfachheit halber nehmen
wir an, dass die Todesfallsumme am Ende des tatsächlichen Todesjahres ausgezahlt werde. Der jährlich vorschüssige Versicherungsbeitrag, den der Beamte zu zahlen hat, sei
3.400 €. Die Versicherung rechne intern mit einer Verzinsung von 5 % p.a.

a) Welchen Verlust macht das Versicherungsunternehmen, wenn der Beamte mit 57 Jahren und 3 Monaten verstirbt?
b) Welchen Gewinn macht das Versicherungsunternehmen, wenn der Beamte im Alter 72
   und 9 Monate verstirbt?
c) In welchem Alter müsste der Beamte versterben, damit das Unternehmen weder Verlust noch Gewinn macht?

A 2.3 Die Todesfallleistung einer Lebensversicherung sei auf vier verschiedene Arten
äquivalent abrufbar:

1. Eine vorschüssige ewige monatliche Rente vom Betrag 101,44 € ab dem Todesfalltag.
2. Eine vorschüssige monatliche Rente vom Betrag 468,60 € ab dem Todesfalltag, zahlbar für n Jahre.

3. Eine Einmalleistung in Höhe von 31.907,04 € zahlbar genau n Jahre nach dem Todesfalltag.
4. Eine Einmalleistung in Höhe von K_0 am Todesfalltag.

Berechnen Sie die Variablen i, n und K_0!

A 2.4 Eine genau 42-jährige Person möchte für den Altersruhestand vorsorgen und lege
monatlich nachschüssig 500 € zurück. Bei Erreichen des Rentenalters von genau 67 Jahren soll das angesparten Kapitals in eine zwanzigjährige Rente verwandelt, die monatlich
vorschüssig ausbezahlt werden soll. Der jährliche Zinssatz sei 2 % pro Jahr bei unterjährig
konformer Verzinsung.
a) Wie hoch ist das angesparte Kapital im Alter 67?
b) Wie hoch ist die monatliche Rente ab dem Alter 67?
c) Die Person sterbe kurz vor Erreichen des Alters 75. Wie hoch ist das Erbe aus dem
   Altersruhevertrag?

A 2.5 Ein Anleger erwäge den Abschluss einer Erlebensfallversicherung. Nach Ablauf
von 25 Jahren sei die Versicherungssumme von 100.000 € zuzüglich eines voraussichtli-
chen Zuschlags von 50.000 € fällig. Der jährliche vorschüssig fällige Versicherungsbeitrag sei 4.000 €. Das Renditeziel betrage 3,75 % pro Jahr. Beantworten Sie die Frage, ob
die Investition lohnenswert ist mit der Kapitalwertmethode sowie mit der Methode der
internen Rendite?

Biometrische Rechnungsgrundlagen 3

Im Mittelpunkt des vorherigen Kapitels stand die finanzmathematische Analyse deterministischer Zahlungsströme. An diskreten Zeitpunkten sind vorab festgelegte, sichere Zahlungen fällig.

In der Lebensversicherungsmathematik wird das finanzmathematische Kalkül im Hinblick auf die Zufälligkeit der Zahlungen erweitert. Der Zufall erstreckt sich dabei nur auf den Fälligkeitszeitpunkt beziehungsweise das Eintreten der Zahlung zu einem konkreten Termin. Denn die Höhe der Leistung ist in der Lebensversicherung durch die Versicherungssumme vertraglich festgelegt.

In diesem Sinn sind neben dem Zinssatz die **biometrischen Rechnungsgrundlagen** wesentliche Einflussgrößen der Lebensversicherungsmathematik: Die Todesfallwahrscheinlichkeit bestimmt den Zahlungsstrom der Versicherungsleistungen. Die Erlebensfallwahrscheinlichkeit beeinflusst maßgeblich die Gegenleistung des Versicherten. Denn nur die Lebenden können verpflichtet werden, Versicherungsbeiträge zu zahlen.

Dieses Kapitel befasst sich mit der Bedeutung und Herleitung geeigneter Rechnungsgrundlagen bezüglich der Todesfallwahrscheinlichkeit. Für das Verständnis der nachfolgenden Kapitel ist es lediglich notwendig, die Modellierung der Sterblichkeit und die Anpassung derselben zu erlernen. Die übrigen Abschnitte können gegebenenfalls übersprungen werden. Hier findet der interessierte Leser Ergänzungen und Erweiterungen des Kalküls der Lebensversicherungsmathematik, die zum Teil fortgeschrittene Stochastik- und Statistikkenntnisse erfordern. Die Methoden der Sterblichkeitsanalyse und die Ausgleichsverfahren dienen der Vollständigkeit zur Ermittlung geeigneter biometrischer Rechnungsgrundlagen in der Lebensversicherungsmathematik. Die Modellierung des Gesamtschadens und die Ergänzungen bilden die Grundlage für das Verständnis aktueller Entwicklungen auf dem Gebiet der praktischen Lebensversicherungsmathematik.

© Springer Fachmedien Wiesbaden 2016   21
K.M. Ortmann, *Praktische Lebensversicherungsmathematik*,
Studienbücher Wirtschaftsmathematik, DOI 10.1007/978-3-658-10200-5_3

3.1 Modellierung des Gesamtschadens

In diesem einführenden Abschnitt geht es um die risikotheoretisch fundierte Analyse des möglichen finanziellen Schadens eines Lebensversicherungsunternehmens. Dabei interessieren wir uns nicht für eine einzelne Versicherungspolice, sondern die Gesamtheit aller Verträge.

Im Gegensatz zur Schadenversicherung beruht die Beitragsberechnung in der Lebensversicherung nicht auf der Verteilung des Gesamtschadens. Dennoch sind die hier dargestellten Modelle nützlich, insbesondere im Hinblick auf den **Eigenkapitalbedarf** des Versicherers.

Im **individuellen Modell** wird der zufällige Versicherungsschaden von einzelnen Policen analysiert. Durch Faltung der Verteilungen gelangt man zu einem Modell für den Jahresgesamtschaden des versicherten Kollektivs.

Im **kollektiven Modell** wird der Gesamtschaden durch die **Schadenfrequenz**, die Häufigkeit mit der Versicherungsschäden vorkommen, und die **Schadenhöhe** im Falle eines Schadens, in der Regel die einmal fällige Versicherungssumme, erzeugt. Die Kenntnis individueller Versicherungspolicen ist nicht notwendig.

3.1.1 Individuelles Modell

Für die stochastische Modellierung des Gesamtschadens in der Lebensversicherung eignet sich insbesondere das so genannte **individuelle Modell**. Das Ziel ist die Herleitung eines einfachen **parametrischen Verteilungsmodells** für den **Jahresgesamtschaden** eines Kollektivs von versicherten Risiken. Damit sollen insbesondere Erwartungswert und Varianz für den gesamten versicherten Schaden innerhalb eines Jahres berechnet werden. Darüber hinaus finden die Ergebnisse dieses Abschnitts Anwendung für weiterführende stochastische Analysen in der Lebensversicherung.

Im mathematischen Sinn ist ein **Risiko** eine nichtnegative Zufallsvariable X_i. Im versicherungstechnischen Kontext lässt sich das Risiko X_i als der zufällige Schaden des i-ten Versicherungsvertrages innerhalb eines Jahres interpretieren.

Die Menge aller versicherten Risiken bildet den **Versicherungsbestand**. Wir definieren somit den Gesamtschaden G des Kollektivs von n Risiken durch

$$G = \sum_{i=1}^{n} X_i \, .$$

Dabei gehen wir stets davon aus, dass die einzelnen Lebensversicherungsrisiken unabhängig und identisch verteilt sind. Aus praktischer Sicht bedeutet diese Festlegung, dass wir kumulierte Todesfallereignisse, wie sie zum Beispiel durch Verkehrsunfälle, Epidemien, Terroranschläge, Kriege und Naturkatastrophen durchaus vorkommen können, in diesem Modellansatz ignorieren.

Zunächst wird der Versicherungsschaden eines einzelnen Risikos beschrieben. Der Jahresgesamtschaden des Bestands und seine Momente können anschließend aus der Schadensverteilung der Einzelrisiken hergeleitet werden.

Wir betrachten zunächst exemplarisch eine Todesfallversicherung der Höhe 1 Euro. Der Wert einer Zufallsvariable ist in diesem Kontext entweder null, wenn kein Schaden auftritt, oder gleich eins, nämlich der Versicherungssumme, im Schadenfall. Es gibt also genau zwei mögliche Ausgänge, Tod oder Erleben. Somit genügt das Risiko einer **Bernoulli-Verteilung**.

In der Statistik wäre es üblich, den Todesfall als Erfolg zu interpretieren. Eine solche Festlegung wird jedoch als makaber empfunden. Deshalb wird stattdessen der Erlebensfall als Erfolg interpretiert. Es sei p die Erlebenswahrscheinlichkeit und $q = 1 - p$ die Todesfallwahrscheinlichkeit. Dann genügt der zufällige Schaden X_i des i-ten Risikos einer Bernoulli-Verteilung mit Parameter q. Man schreibt dafür:

$$X_i \sim Ber(q) \; .$$

Das bedeutet, $P(X_i = 1) = q$ sowie $P(X_i = 0) = 1 - q$. Der Erwartungswert der Verteilung ist folglich

$$E(X_i) = q$$

und die Varianz ist

$$Var(X_i) = q \cdot (1 - q) \; .$$

Unter der Voraussetzung, dass alle n Versicherungsrisiken des Bestandes unabhängig und identisch verteilt sind, ist der Gesamtschaden $G = X_1 + \ldots X_n$ **binomialverteilt**:

$$G \sim Bin(n, q) \; .$$

Zum besseren Verständnis für diesen Zusammenhang betrachten wir die Wahrscheinlichkeit dafür, dass genau k Todesfälle auftreten. Die Anzahl der Kombinationen, k Tote und $n - k$ Überlebende auf den gesamten Bestand zu verteilen, ist durch den **Binomialkoeffizienten** $\binom{n}{k}$ gegeben. Jede einzelne dieser Möglichkeiten hat die Wahrscheinlichkeit $q^k \cdot (1 - q)^{n-k}$. Demnach gilt

$$P(G = k) = \binom{n}{k} \cdot q^k \cdot (1 - q)^{n-k} \; .$$

Als direkte Folgerung können wir analog den Gesamtschaden zweier Kollektive G_1 und G_2 betrachten, die unabhängig und binomialverteilt sind mit den Parametern n_1 beziehungsweise n_2 sowie der gleichen Todesfallwahrscheinlichkeit q. Dann folgt

$$G_1 + G_2 \sim Bin(n_1 + n_2, q) \; ,$$

denn die Summe lässt sich als $(n_1 + n_2)$ unabhängige Bernoulli-Experimente auffassen.

Der Vollständigkeit halber sei erwähnt, dass der Erwartungswert des Gesamtschadens G einer Binomial-Verteilung für n unabhängig und identisch verteilte Einzelrisiken durch

$$E(G) = E(X_1 + \ldots + X_n) = E(X_1) + \ldots + E(X_n) = nE(X_i) = n \cdot q$$

und die Varianz durch

$$Var(G) = Var(X_1 + \ldots X_n) = Var(X_1) + \ldots Var(X_n) = nVar(X_i) = n \cdot q \cdot (1 - q)$$

gegeben sind.

Betrachten wir nun eine Todesfallversicherung über die Versicherungssumme S. Für $Y = SX$ folgt mit den elementaren Rechenregeln für Erwartungswerte und Varianzen, da S konstant ist:

$$E(Y) = E(SX) = S \cdot E(X) = S \cdot q$$

sowie

$$Var(Y) = Var(SX) = S^2 \cdot Var(X) = S^2 \cdot q \cdot (1 - q) \ .$$

Sobald also die Todesfallwahrscheinlichkeit q_k eines Risikos einer Tarifgruppe $k = 1, \ldots, m$ bekannt ist und die Anzahl der versicherten Risiken n_k mitsamt der zugehörigen einheitlichen Versicherungssummen S_k ebenfalls gegeben sind, so lassen sich in dem dargestellten Kalkül die Momente des gesamten Schadens $G = G_1 + \ldots + G_m$ innerhalb eines Jahres berechnen:

$$E(G) = \sum_{k=1}^{m} E(n_k \cdot S_k \cdot X_k) = \sum_{k=1}^{m} n_k \cdot S_k \cdot q_k$$

sowie

$$Var(G) = \sum_{k=1}^{m} Var(n_k \cdot S_k \cdot X_k) = \sum_{k=1}^{m} n_k \cdot S_k^2 \cdot q_k \cdot (1 - q_k) \ .$$

Diesen Sachverhalt möchten wir an dem folgenden Beispiel verdeutlichen.

Beispiel

Die Anzahl der Risiken eines Versicherungsbestands sei wie folgt aufgeteilt.

Kollektiv	q	$S = 100.000$	$S = 200.000$
1	0,0005	10	15
2	0,001	20	30
3	0,01	15	10

Wir haben hier sechs Tarifgruppen. Somit ist der Erwartungswert des Jahresgesamtschadens

$$E(G) = 0{,}0005 \cdot (10 \cdot 100.000 + 15 \cdot 200.000)$$
$$+ 0{,}001 \cdot (20 \cdot 100.000 + 30 \cdot 200.000)$$
$$+ 0{,}01 \cdot (15 \cdot 100.000 + 10 \cdot 200.000)$$
$$= 45.000 \ .$$

sowie die Varianz

$$Var(G) = 0{,}0005 \cdot (1 - 0{,}0005) \cdot (10 \cdot 100.000^2 + 15 \cdot 200.000^2)$$
$$+ 0{,}001 \cdot (1 - 0{,}001) \cdot (20 \cdot 100.000^2 + 30 \cdot 200.000^2)$$
$$+ 0{,}01 \cdot (1 - 0{,}01) \cdot (15 \cdot 100.000^2 + 10 \cdot 200.000^2)$$
$$= 7.193.425.000 \ .$$

Für viele Anwendungen der praktischen Lebensversicherung reicht es aus, den Erwartungswert und die Varianz des Jahresgesamtschadens eines Lebensversicherungsbestandes zu kennen. Selbstverständlich ist es auch möglich, mit dem individuellen Modell die Verteilung des Jahresgesamtschadens explizit zu berechnen. Dazu eignet sich insbesondere der rekursive Algorithmus von **de Pril**.

3.1.2 Approximationsmethoden

Selbstverständlich kann und wird es in der Realität passieren, dass der Schaden eines Versicherungsunternehmens von seinem Erwartungswert abweicht. Dabei ist für uns von Interesse, mit welcher Wahrscheinlichkeit eine erlaubte Abweichung überschritten wird.

Durch die Approximation der **Binomial-Verteilung** durch die **Normal-Verteilung** lässt sich die Ermittlung der Gesamtschadenwahrscheinlichkeit auf die Auswertung der Standardnormal-Verteilung zurückführen. Diese Approximation erleichtert die Berechnung und die Interpretation der Modellierung.

Die Sterbewahrscheinlichkeit q eines homogenen Kollektivs von n Risiken mit jeweils gleicher Versicherungssumme S sei gegeben. Der erwartete Versicherungsschaden einer einzelnen Todesfallversicherung ist dann Sq und die Varianz ist $S^2 q(1 - q)$. Falls die n Risiken unabhängig und identisch verteilt sind, so ist der erwartete Versicherungsschaden des Kollektivs nSq und die Varianz $nS^2 q(1 - q)$.

Der binomialverteilte Versicherungsschaden G kann näherungsweise durch eine Normalverteilung Y approximiert werden. Dazu sind $\mu = nSq$ und $\sigma = S\sqrt{nq(1 - q)}$ die Parameter der Normal-Verteilung; also ist $Y \sim N(\mu, \sigma^2)$.

In der Praxis findet der ungünstige Fall Beachtung, dass der Gesamtschaden einen gewissen Wert überschreitet. Sei $\alpha \in [0; 1]$ vorgegeben. Dann ist G_0 gesucht, so dass

$$P\,(G > G_0) = \alpha$$

beziehungsweise

$$P\,(G \leq G_0) = 1 - \alpha\,.$$

Mit Hilfe der Approximation folgt

$$P\,(G \leq G_0) \approx P(Y \leq G_0)\,.$$

In der Statistik wird oftmals eine Korrektur um 0,5 verwendet, da die Binomial-Verteilung diskret, die Normal-Verteilung hingegen stetig ist. Für die Lebensversicherungspraxis ist eine solche **Stetigkeitskorrektur** im Allgemeinen eher unbedeutend, da der Gesamtschaden sehr groß ist.

Durch die so genannte Standardisierung folgt sodann

$$P(Y \leq G_0) = P\left(\frac{Y - \mu}{\sigma} \leq \frac{G_0 - \mu}{\sigma}\right)\,.$$

Die Zufallsvariable $Z = \frac{Y-\mu}{\sigma}$ hat den Erwartungswert null und die Varianz eins. Außerdem ist sie standardnormalverteilt, also $Z \sim N(0,1)$. Mit der Verteilungsfunktion $\Phi\,(z)$ der Standardnormal-Verteilung folgt

$$\Phi\left(\frac{G_0 - \mu}{\sigma}\right) = 1 - \alpha\,.$$

Unter Verwendung des Quantils $z_{1-\alpha}$ ist

$$\frac{G_0 - \mu}{\sigma} = z_{1-\alpha}\,.$$

Daraus folgt

$$G_0 = \mu + \sigma \cdot z_{1-\alpha}\,.$$

Bei fest vorgegebener Anzahl der Risiken und der Versicherungssumme ist nur die Sterbewahrscheinlichkeit variabel. Mittels der Todesfallwahrscheinlichkeit q_0 erhalten wir unter Ausnutzung von $G_0 = n \cdot S \cdot q_0$:

$$q_0 = \frac{\mu + \sigma \cdot z_{1-\alpha}}{nS}\,.$$

Schließlich ist durch Auflösen von Erwartungswert und Standardabweichung:

$$q_0 = q + \frac{\sqrt{q \cdot (1 - q)}}{\sqrt{n}} \cdot z_{1-\alpha} \,.$$

Somit lässt sich zu einem vorgegebenen Niveau α eine obere Schranke für die Sterbewahrscheinlichkeit berechnen.

Beispiel

Wir betrachten ein Kollektiv von 50 Männern im Alter von 40 Jahren. Die Sterbewahrscheinlichkeit sei 0,001. Bei einem Sicherheitsniveau von 95 %, also $\alpha = 0{,}05$, erhalten wir folgende Schranke:

$$q_0 = 0{,}001 + \frac{\sqrt{0{,}001 \cdot 0{,}999}}{\sqrt{50}} 1{,}645 = 0{,}001233 \,.$$

Mit 95 % Wahrscheinlichkeit wird die tatsächliche Todesfallwahrscheinlichkeit im Kollektiv kleiner als 0,001233 sein. Bei einer angenommenen Versicherungssumme von jeweils 100.000 € gilt für den zufälligen Gesamtschaden somit

$$P\,(G \leq 100.000 \cdot 50 \cdot 0{,}001233) = P\,(G \leq 6.162{,}51) = 0{,}95 \,.$$

Der erwartete Gesamtschaden ist 5.000 €. Mit 95 % Wahrscheinlichkeit wird der Gesamtschaden im Kollektiv kleiner als 6.162,51 € sein.

Mit dem Approximationsverfahren kann außerdem die Wahrscheinlichkeit bestimmt werden, dass die Todesfallwahrscheinlichkeit in einem vorgegebenen Intervall liegt. Dazu geht man analog vor. Es seien a und b zwei positive reelle Zahlen mit $a \leq b$. Dann ist die Wahrscheinlichkeit, dass der Gesamtschaden innerhalb der beiden Grenzen liegt:

$$P\,(a \leq G \leq b) \approx P\,(a \leq Y \leq b) = P\left(\frac{a-\mu}{\sigma} \leq \frac{Y-\mu}{\sigma} \leq \frac{b-\mu}{\sigma}\right) \,.$$

Mit der Substitution $Z = \frac{Y-\mu}{\sigma}$ folgt

$$P\left(\frac{a-\mu}{\sigma} \leq Z \leq \frac{b-\mu}{\sigma}\right) = \Phi\left(\frac{b-\mu}{\sigma}\right) - \Phi\left(\frac{a-\mu}{\sigma}\right) \,.$$

Mit Hilfe der Standardnormal-Verteilung kann man sodann die gesuchten Werte bestimmen.

Beispiel

Wir betrachten ein versichertes Kollektiv von 75 Frauen im Alter von 35 Jahren mit einer jeweiligen Versicherungssumme in Höhe von 100.000 €. Die Sterbewahrscheinlichkeit sei 0,00075. Die Wahrscheinlichkeit dafür, dass die Todesfallwahrscheinlichkeit im Intervall [0,7; 0,9] liegt, ist

$$P(0,0007 \leq q \leq 0,0009) = P(0,0007nS \leq qnS \leq 0,0009nS)$$
$$= P(5.250 \leq G \leq 6.750) \,.$$

Mit

$$\mu = S \cdot n \cdot q = 5.625$$

und

$$\sigma = S \sqrt{n \cdot q(1-q)} = 649{,}03$$

folgt

$$P(5.250 \leq G \leq 6.750) = P\left(\frac{5.250 - \mu}{\sigma} \leq \frac{G - \mu}{\sigma} \leq \frac{6.750 - \mu}{\sigma}\right)$$
$$= P\left(\frac{5.250 - 5.625}{649{,}03} \leq Z \leq \frac{6.750 - 5.625}{649{,}03}\right)$$
$$= \Phi\left(\frac{1.125}{649{,}03}\right) - \Phi\left(\frac{-375}{649{,}03}\right)$$
$$= \Phi(1{,}73) - \Phi(-0{,}58) = 0{,}677 \,.$$

Die Wahrscheinlichkeit, dass die tatsächliche Sterbewahrscheinlichkeit für das betrachtete Kollektiv innerhalb des angegebenen Intervalls [0,7; 0,9] liegt, beträgt 67,7 %.

3.1.3 Kollektives Modell

Im so genannten **kollektiven Modell** wird direkt der Jahresgesamtschaden eines Lebensversicherungsbestandes modelliert. Dabei wird auf die verfügbaren Informationen über die einzelnen Risiken verzichtet. Grundlagen dieses Modells sind die Verteilung der Anzahl der Toten und die Verteilung der Versicherungssummen.

Seien also N die Schadenzahl und X_i die Schadenhöhe für den i-ten Versicherungsfall. Die Schadenhöhen seien unabhängig und identisch verteilt. Ferner sei die Verteilung der Schadenanzahl unabhängig von der Verteilung der Versicherungssummen. Dann ist der Gesamtschaden definiert durch

$$G = \sum_{i=1}^{N} X_i \ .$$

Im Gegensatz zum individuellen Modell wird im kollektiven Modell über eine zufällige Anzahl N summiert. Mit den Rechenregeln für bedingte Erwartungswerte können die **Wald'schen Formeln** nachvollzogen werden. So ist der Erwartungswert des Gesamtschadens

$$E(G) = E_N \left(E_X \left(\sum_{i=1}^{N} X_i | N \right) \right) = E_N \left(\sum_{i=1}^{N} E_X(X_i | N) \right)$$
$$= E_N \left(N \cdot E(X) \right) = E(N) \cdot E(X) \ .$$

Das zweite Moment ist mit einigen Umformungen

$$E(G^2) = E \left(\left(\sum_{i=1}^{N} X_i \right)^2 \right)$$
$$= E_N \left(E_X \left(\left(\sum_{i=1}^{N} X_i \right)^2 \Big| N \right) \right)$$
$$= E_N \left(Var_X \left(\sum_{i=1}^{N} X_i \right) + \left(E_X \left(\sum_{i=1}^{N} X_i \right) \right)^2 \Big| N \right)$$
$$= E_N \left(N\, Var(X) + N^2 \left(E(X) \right)^2 \right)$$
$$= E(N) \cdot Var(X) + E(N^2) \cdot \left(E(X) \right)^2 \ .$$

Daraus folgt nach dem Verschiebungssatz für die Varianz des Jahresgesamtschadens

$$Var(G) = E(G^2) - (E(G))^2$$
$$= E(N)Var(X) + E(N^2)(E(X))^2 - (E(N))^2 (E(X))^2$$
$$= E(N)Var(X) + \left(E(N^2) - (E(N))^2 \right) (E(X))^2$$
$$= E(N)Var(X) + Var(N)(E(X))^2 \ .$$

Die Verteilung der Schadenhöhe ist in der Lebensversicherung im Allgemeinen durch die diskrete Verteilung der Versicherungssummen gegeben. Der Wertebereich ist meistens nicht allzu groß. Durch eine deskriptive Datenanalyse kann die Schadenhöhenverteilung deshalb empirisch bestimmt werden.

Zur Ermittlung der Schadenzahlverteilung gibt es verschiedene Ansätze. Wie wir gesehen haben, beruht die Todesfallversicherung auf der Summe unabhängiger Bernoulli-Experimente. Für den Spezialfall, dass die Versicherungssumme gleich 1 ist und wir nur eine gemeinsame Todesfallwahrscheinlichkeit q annehmen, ist die Gesamtschadenverteilung binomialverteilt. Aufgrund des Zentralen Grenzwertsatzes kann eine binomialverteilte Zufallsgröße für eine große Anzahl von Risiken durch eine **Normal-Verteilung** approximiert werden. Es gilt asymptotisch

$$G \sim Bin(n,q) \Rightarrow G \sim N(\mu,\sigma^2) \,,$$

wobei $\mu = nq$ und $\sigma^2 = nq(1-q)$ ist. Für eine kleine Todesfallwahrscheinlichkeit muss die Anzahl der unabhängigen Risiken recht groß sein, damit die Approximation gut genug ist. Meistens verlangt man $\sigma^2 \geq 9$.

Ist die Anzahl n der Risiken groß und die Todesfallwahrscheinlichkeit q klein, so kann man die Binomial-Verteilung auch durch eine **Poisson-Verteilung** approximieren. Es gilt dann näherungsweise, dass

$$P(G = k) = \frac{\lambda^k}{k!}e^{-\lambda}$$

mit $\lambda = nq$ ist. Erwartungswert und Varianz der Poisson-Verteilung sind gleich dem Parameter λ. Im Vergleich zur Binomial-Verteilung hat die Poisson-Verteilung bei gleichem Erwartungswert die höhere Varianz.

Auch die Poisson-Verteilung kann durch eine Normal-Verteilung approximiert werden. Für große λ gilt asymptotisch:

$$G \sim Poi(\lambda) \Rightarrow G \sim N(\mu,\sigma^2) \,,$$

wobei $\mu = \sigma^2 = \lambda$ ist. Auch hier sollte $\sigma^2 \geq 9$ sein.

Beispiel

Einhundert Risiken eines Versicherungsbestand seien wie folgt aufgeteilt:

Kollektiv	q	$S = 100.000$	$S = 200.000$
1	0,0005	10	15
2	0,001	20	30
3	0,01	15	10

Zählen wir die Anzahl der Policen, so ist die relative Häufigkeit dafür, dass der Versicherungsschaden 100.000 € beträgt, 45 %. Mit 55 % Wahrscheinlichkeit ist die Versicherungssumme 200.000 €. Folglich sind die Momente der Schadenhöhenverteilung X:

$$E(X) = 0{,}45 \cdot 100.000 + 0{,}55 \cdot 200.000 = 155.000 \tag{3.1}$$

$$E(X^2) = 0{,}45 \cdot 100.000^2 + 0{,}55 \cdot 200.000^2 = 26.500.000.000 \tag{3.2}$$

$$Var(X) = E(X^2) - (E(X))^2 = 2.475.000.000 \ . \tag{3.3}$$

Ferner ist die mittlere Todesfallwahrscheinlichkeit

$$\bar{q} = 0{,}0005 \cdot (10 + 15) + 0{,}001 \cdot (20 + 30) + 0{,}01 \cdot (15 + 10) = 0{,}003125$$

und somit die Anzahl der erwarteten Schäden

$$E(N) = n \cdot \bar{q} = 100 \cdot 0{,}003125 = 0{,}3125 \ .$$

Nehmen wir nun an, dass die Schadenzahl poissonverteilt sei mit Parameter $\lambda = 0{,}3125$, so folgt nach den Wald'schen Formeln für den Gesamtschaden, dass

$$E(G) = E(N) \cdot E(X) = 0{,}3125 \cdot 155.000 = 48.437{,}50$$

sowie

$$Var(G) = E(N)Var(X) + Var(N)\,(E(X))^2$$
$$= E(N)\left(Var(X) + (E(X))^2\right) = E(N) \cdot E(X^2)$$
$$= 0{,}3125 \cdot 26.500.000.000 = 8.281.250.000$$

ist.

Wenn wir alternativ annehmen, dass die Schadenzahl N binomialverteilt ist, so ist die Varianz

$$Var(N) = n\bar{q}(1 - \bar{q}) = 0{,}3115 \ .$$

Daraus folgt für den Gesamtschaden:

$$Var(G) = E(N)Var(X) + Var(N)\,(E(X))^2$$
$$= 0{,}3125 \cdot 2.475.000.000 + 0{,}3115 \cdot 155.000^2 = 8.257.788.086 \ .$$

In beiden Fällen liegen sowohl Erwartungswert als auch Varianz oberhalb der exakt berechneten zentralen Momente. Man beachte, dass die Schadenanzahl und die Schadenhöhenverteilung in diesem Beispiel nicht unabhängig sind.

Zur Ermittlung der Gesamtschadenverteilung im kollektiven Modell eignet sich unter gewissen Voraussetzungen der sogenannten **Panjer-Algorithmus**, auf den wir in diesem Rahmen nicht näher eingehen wollen. Mit beiden Ansätzen, dem individuellen und dem kollektiven Modell, lassen sich insbesondere der Erwartungswert und die Varianz des Jahresgesamtschadens ermitteln. Die Kenntnis der Verteilung des Gesamtschadens oder zumindest seiner Momente und Quantile eröffnet eine Vielzahl weiterer Anwendungen in der Praxis. Wir werden auf diese Modellbildung insbesondere im Rahmen der Sicherheitszuschläge und der Rückversicherung zurückkommen.

3.2 Klassische Glaubwürdigkeitstheorie

In der Realität ist die Gesamtheit sämtlicher versicherter Personen keineswegs homogen. Die Todesfallwahrscheinlichkeit einer ausgewählten Untergruppe unterscheidet sich im Allgemeinen von der erwarteten Sterbewahrscheinlichkeit aller möglichen Risiken. Daraus resultiert die Fragestellung, wie glaubwürdig die eigens beobachtete Sterblichkeit ist. Ebenso wird ein Lebensversicherungsunternehmen wissen wollen, wie groß der versicherte Bestand sein muss, damit die eigene Schadenanalyse volle Glaubwürdigkeit besitzt.

Eine in der Praxis verwendete Methode zur Bestimmung der Glaubwürdigkeit beruht auf dem Modell von **Bühlmann-Straub**, die insbesondere in der Schadenversicherungsmathematik breite Anwendung findet. Wir wollen stattdessen den klassischen und praktischen Ansatz für die Lebensversicherungsmathematik hier darstellen.

Anwendung findet dieser Ansatz insbesondere in der **Gruppenlebensversicherung**. Dabei wird eine zusammengehörende Menge von Personen, beispielsweise die Angehörigen eines Unternehmens, gemeinsam versichert. Der Versicherungsvertrag wird in diesem Fall zwischen dem Arbeitgeber und dem Versicherungsunternehmen geschlossen. Die Aufgabe der **Credibility-Theorie** besteht nun darin, der individuellen Schadenerfahrung der Gruppe eine gewisse Glaubwürdigkeit zuzuordnen.

Im Rahmen der **Erfahrungstarifierung** setzt sich die zu verwendende Sterbewahrscheinlichkeit aus der unternehmenseigenen Todesfallwahrscheinlichkeit und der allgemein gültigen Todesfallwahrscheinlichkeit zusammen. Dazu wird die **Glaubwürdigkeit** der eigenen Schadenerfahrung eingeschätzt. Es ist intuitiv klar, dass die Glaubwürdigkeit sowohl mit zunehmender Zahl der Risiken als auch mit der Beobachtungsdauer steigt.

3.2.1 Volle Glaubwürdigkeit

Wir wollen die Größe des Bestandes bestimmen, ab der die beobachtete Schadenerfahrung vollkommen glaubwürdig ist. Diese minimale Größe wird als der **Standard für volle Glaubwürdigkeit** bezeichnet. Dazu ist es notwendig, den Begriff der Glaubwürdigkeit zu präzisieren.

Zunächst betrachten wir die Schadenanzahlverteilung $N \sim Bin(n, q)$ mit dem Erwartungswert $\mu_N = nq$ und der Varianz $\sigma_N^2 = n \cdot q \cdot (1 - q)$, wobei q die einheitliche Todesfallwahrscheinlichkeit im Bestand von n Versicherungspolicen sei. Weiterhin sei β die zugelassene relative Abweichung vom Mittelwert und α das zulässige Irrtumsniveau. Das heißt, die Wahrscheinlichkeit dafür, dass die Anzahl der Schäden größer als $(1+\beta)\mu_N$ ist, wird beschränkt durch α:

$$P\left(N > (1 + \beta)\mu_N\right) = \alpha$$

beziehungsweise äquivalent

$$P\left(N \leq (1 + \beta)\mu_N\right) = 1 - \alpha \, .$$

Durch Standardisierung folgt

$$P\left(N \leq (1 + \beta)\mu_N\right) = P\left(\frac{N - \mu_N}{\sigma_N} \leq \frac{(1 + \beta)\mu_N - \mu_N}{\sigma_N} = \beta\frac{\mu_N}{\sigma_N}\right) = 1 - \alpha \, .$$

Die Zufallsvariable $Z = \frac{N - \mu}{\sigma}$ ist standardnormalverteilt. Demnach ist

$$P\left(Z \leq \beta\frac{\mu_N}{\sigma_N}\right) = \Phi\left(\beta\frac{\mu_N}{\sigma_N}\right) = 1 - \alpha \, .$$

wobei Φ die Standardnormalverteilungsfunktion ist. Mit Hilfe des Quantils folgt dann

$$\beta = \frac{\sigma_N}{\mu_N}z_{1-\alpha} \, .$$

Beispiel
Die erwartete Schadenanzahl einer versicherten Gruppe sei 460 mit Varianz 529. Weiterhin sei ein Sicherheitsniveau $\alpha = 0,1$ vorgegeben. Dann ist

$$\beta = \frac{\sigma_N}{\mu_N}z_{1-\alpha} = \frac{\sqrt{529}}{460}z_{0,9} = \frac{1,2816}{20} = 0,0641 \, .$$

Die Wahrscheinlichkeit, dass die Anzahl der Versicherungsschäden kleiner als $489,5 = 460 \cdot 1,0641$ ist, liegt bei 90 %.

Ist umgekehrt die Abweichung $\beta = 0,05$ vorgegeben, so gilt

$$P\left(Z \leq \beta\frac{\mu_N}{\sigma_N} = 0,05\frac{460}{23} = 1,15\right) = \Phi(1) = 0,8413 \, .$$

Daraus folgt, dass das Sicherheitsniveau $\alpha = 1 - 0{,}8413 = 0{,}1587$ ist. Mit Wahrscheinlichkeit 84,13 % ist die Anzahl der tatsächlichen Schäden kleiner gleich $483 = 460 \cdot 1{,}05$.

Setzen wir in obige Gleichung den Erwartungswert und die Varianz ein, so erhalten wir

$$\beta = \frac{\sqrt{nq(1-q)}}{nq} z_{1-\alpha} = \sqrt{\frac{1-q}{nq}} z_{1-\alpha} \; .$$

Dann lösen wir diese Gleichung nach der Bestandsgröße auf

$$n_N = \frac{1-q}{q\beta^2} z_{1-\alpha}^2$$

und erhalten dadurch eine Forderung an die Mindestgröße n_N für den Bestand an Versicherungspolicen. Bei vorgegebenen Sicherheitsniveau α, zulässiger relativer Abweichung β und bekannter Todesfallwahrscheinlichkeit q können wir somit die notwendige Anzahl n_N von Risiken berechnen, um definitionsgemäß volle Glaubwürdigkeit hinsichtlich der beobachteten Anzahl der Versicherungsschäden zu erzielen. Die notwendige Anzahl von Schäden ist äquivalent

$$n_N q = \frac{1-q}{\beta^2} z_{1-\alpha}^2 \; .$$

Beispiel
Ein Lebensversicherungsunternehmen verlange, dass die Anzahl der Todesfälle mit 99 % Wahrscheinlichkeit um höchstens 5 % von der zu erwartenden Anzahl der Toten gemäß einer gewissen Marktstatistik abhängt, welche die Sterbewahrscheinlichkeit mit $q = 0{,}005$ beziffert. Dann ist

$$n_N = \frac{1-0{,}005}{0{,}005 \cdot 0{,}05^2} 2{,}3263^2 = 430.786{,}80 \; .$$

Das Unternehmen sollte also mindestens 430.787 Personen versichern, damit die eigene Bestandserfahrung bezüglich der Anzahl der Todesfälle volle Glaubwürdigkeit besitzt. Ist die Todesfallwahrscheinlichkeit q unbekannt, so können wir stattdessen die nötige Anzahl von Schäden $n_N q$ berechnen:

$$n_N q = \frac{1-0{,}005}{0{,}05^2} 2{,}3263^2 = 2.153{,}93 \; .$$

Das Unternehmen sollte also mindestens 2.154 Todesfälle registriert haben, damit die eigene Statistik bezüglich der Anzahl der Versicherungsschäden volle Glaubwürdigkeit besitzt.

Die volle Glaubwürdigkeit für die zufällige Schadenhöhe können wir analog analysieren. Üblicherweise ist die Versicherungssumme für jeden Kunden vertraglich festgelegt. Für das Unternehmen ist der Versicherungsschaden hingegen zufällig, da nicht bekannt ist, welche Person denn sterben mag. Für gewöhnlich kann die Verteilung der Versicherungssummen empirisch aus den Vertragsdaten der Versicherten ermittelt werden.

Es sei X_i für $i = 1, \ldots, n$ die zufällige Schadenhöhe bezüglich n Versicherungsschäden, die stochastisch unabhängig und identisch verteilt seien mit Erwartungswert $E(X_i) = \mu_X$ und Varianz $Var(X_i) = \sigma_X^2$. Dann betrachten wir das arithmetische Mittel

$$\bar{X} = \frac{1}{n} \sum_{i=1}^{n} X_i$$

sowie seinen Erwartungswert und seine Varianz:

$$\mu_{\bar{X}} = E\left(\frac{1}{n} \sum_{i=1}^{n} X_i\right) = \frac{1}{n} \sum_{i=1}^{n} E(X_i) = \mu_X$$

$$\sigma_{\bar{X}}^2 = Var\left(\frac{1}{n} \sum_{i=1}^{n} X_i\right) = \frac{1}{n^2} \sum_{i=1}^{n} Var(X_i) = \frac{\sigma_X^2}{n} \ .$$

Für die Wahrscheinlichkeit, dass die durchschnittliche Schadenhöhe um weniger als $\beta \cdot 100\%$ nach oben vom Erwartungswert abweicht, ist dann

$$P(\bar{X} \le \mu_{\bar{X}} + \beta\mu_{\bar{X}}) = P\left(\frac{\bar{X} - \mu_X}{\sigma_X / \sqrt{n}} \le \frac{\beta\mu_X}{\sigma_X / \sqrt{n}}\right) \ .$$

Mit der Standardapproximation

$$Z = \frac{\bar{X} - \mu_X}{\sigma_X / \sqrt{n}} \sim N(0,1)$$

folgt gemäß dem Zentralen Grenzwertsatz sodann

$$P\left(Z \le \frac{\beta\mu_X}{\sigma_X / \sqrt{n}}\right) = \Phi\left(\frac{\beta\mu_X}{\sigma_X} \sqrt{n}\right) \ .$$

Ist das Sicherheitsniveau $1 - \alpha$ vorgegeben, so folgt daraus für den Anpassungsfaktor β:

$$\frac{\beta \mu_X}{\sigma_X} \sqrt{n} = z_{1-\alpha}$$

und weiter

$$\beta = \frac{\sigma_X z_{1-\alpha}}{\mu_X \sqrt{n}} \ .$$

Sind umgekehrt die Parameter α und β gegeben, so ist die Bestandsgröße

$$n_X = \left(\frac{\sigma_X z_{1-\alpha}}{\mu_X \beta} \right)^2 .$$

Damit haben wir den Standard für volle Glaubwürdigkeit n_X bezüglich der Versicherungs-schäden hergeleitet.

Beispiel

Das Sicherheitsniveau sei $\alpha = 0{,}01$ und die tolerierte Abweichung sei $\beta = 0{,}05$. Erwartungswert und Standardabweichung der durchschnittlichen Versicherungs-summe seien 400.000 € beziehungsweise 300.000 €. Dann ist

$$n = \left(\frac{300.000 \cdot 2{,}3263}{400.000 \cdot 0{,}05} \right)^2 = 1.217{,}68 \ .$$

Das Unternehmen sollte also mindestens 1.218 Personen versichern, damit die eigene Bestandserfahrung volle Glaubwürdigkeit bezüglich der Schadenhöhe im To-desfall besitzt.

Gemäß dem kollektiven Modell betrachten wir abschließend den zufälligen Gesamt-schaden $S = \sum_{i=1}^{N} X_i$ eines Bestandes von Lebensversicherungspolicen. Anhand der Wald'schen Formeln ist $E(S) = \mu_S = \mu_X \mu_N$ und $Var(S) = \sigma_S^2 = \mu_N \sigma_X^2 + \mu_X^2 \sigma_N^2$. Wir können damit die Wahrscheinlichkeit berechnen, dass der Gesamtschaden bei vorgegebe-nem Anpassungsfaktor β kleiner oder gleich $(1 + \beta)\mu_S$ ist. Es gilt nämlich

$$P(S \leq \mu_S + \beta \mu_S) = P\left(\frac{S - \mu_S}{\sigma_S} \leq \frac{\beta \mu_S}{\sigma_S} \right) \ .$$

Unter der Voraussetzung, dass $N \sim Bin(n, q)$ ist, gilt vereinfachend, dass

$$\frac{\mu_S}{\sigma_S} = \frac{\mu_X n q}{\sqrt{n q \sigma_X^2 + \mu_X^2 n q (1 - q)}} = \frac{\mu_X \sqrt{n q}}{\sqrt{\sigma_X^2 + \mu_X^2 (1 - q)}} \ ,$$

Mit der üblichen Approximation durch die Standardnormalverteilung, $Z = \frac{S - \mu_S}{\sigma_S} \sim N(0,1)$, ist dann

$$P\left(Z \leq \frac{\beta \mu_X \sqrt{nq}}{\sqrt{\sigma_X^2 + \mu_X^2(1-q)}}\right) = \Phi\left(\frac{\beta \mu_X \sqrt{nq}}{\sqrt{\sigma_X^2 + \mu_X^2(1-q)}}\right) .$$

Ist diese Wahrscheinlichkeit durch den Parameter $1 - \alpha$ vorgegeben, dann ist

$$\frac{\beta \mu_X \sqrt{nq}}{\sqrt{\sigma_X^2 + \mu_X^2(1-q)}} = z_{1-\alpha}$$

und daraus folgt für den Mindestbestand

$$n_S = \frac{z_{1-\alpha}^2 \left(\sigma_X^2 + \mu_X^2(1-q)\right)}{\beta^2 \mu_X^2 q} .$$

Mit den Kennzahlen für Schadenanzahl $n_N = \frac{1-q}{q\beta^2} z_{1-\alpha}^2$ und Schadenhöhe $n_X = \left(\frac{\sigma_X z_{1-\alpha}}{\mu_X \beta}\right)^2$ folgt für die Anzahl der Versicherten

$$n_S = n_N + n_X \frac{1}{q}$$

beziehungsweise äquivalent für die Anzahl der versicherten Schäden

$$n_S q = n_N q + n_X .$$

Beispiel

Das Sicherheitsniveau sei $\alpha = 0{,}01$ und die tolerierte Abweichung sei $\beta = 0{,}05$. Erwartungswert und Standardabweichung der durchschnittlichen Versicherungssumme seien $400.000\,€$ beziehungsweise $300.000\,€$. Die Todesfallwahrscheinlichkeit sei $q = 0{,}005$. Dann ist

$$n_S = \frac{2{,}3263^2 \left(300.000^2 + 400.000^2(1 - 0{,}005)\right)}{0{,}05^2 \cdot 400.000^2 \cdot 0{,}005} = 674.322{,}05 .$$

Das Unternehmen sollte also mindestens 674.323 Personen versichern, damit die eigene Bestandserfahrung volle Glaubwürdigkeit bezüglich des Gesamtschadens besitzt.

3.2.2 Partielle Glaubwürdigkeit

Ist der versicherte Bestand zu klein, so besitzt die beobachtete Schadenerfahrung lediglich eingeschränkte Glaubwürdigkeit. Jene wird durch den **Glaubwürdigkeitsfaktor** $c \in [0,1]$ gemessen. Zur Quantifizierung dieser Begrifflichkeit betrachten wir die Schadenanzahl, die Schadenhöhe und den Gesamtschaden als zufälliges Ereignis R. Außerdem setzen wir die Wahrscheinlichkeit, dass cR im Intervall $[0, \mu_{cR} + \beta\mu_R]$ liegt, gleich $1 - \alpha$ für einen gegebenen Anpassungsfaktor β. Für den Fall, dass das betrachtete Risikomaß die zufällige Schadenanzahl N ist, verlangen wir konkret, dass

$$P\left(cN \leq \mu_{cN} + \beta\mu_N\right) = 1 - \alpha$$

ist. Die beobachtbare Anzahl der versicherten Todesfälle möge also um höchstens $\beta \cdot 100\%$ der bei voller Glaubwürdigkeit zu erwartenden Schadenzahl nach oben abweichen. Durch die übliche Standardisierung folgt

$$P\left(cN \leq \mu_{cN} + \beta\mu_N\right) = P\left(\frac{cN - \mu_{cN}}{\sigma_{cN}} \leq \frac{\mu_{cN} + \beta\mu_N - \mu_{cN}}{\sigma_{cN}} = \frac{\beta\mu_N}{c\sigma_N}\right) = 1 - \alpha \, .$$

Mit der Substitution $Z = \frac{cN - \mu_{cN}}{\sigma_{cN}} = \frac{N - \mu_N}{\sigma_N} \sim N(0,1)$ folgt

$$P\left(Z \leq \frac{\beta\mu_N}{c\sigma_N}\right) = \Phi\left(\frac{\beta\mu_N}{c\sigma_N}\right) = 1 - \alpha \, .$$

Also ist

$$\frac{\beta\mu_N}{c\sigma_N} = z_{1-\alpha} \, .$$

Unter der Voraussetzung, dass die Schadenanzahl binomialverteilt ist, $N \sim Bin(n, q)$, gilt

$$\frac{\beta n q}{c\sqrt{nq(1 - q)}} = z_{1-\alpha} \, .$$

Man beachte, dass der Parameter n hier die Anzahl der versicherten Personen darstellt. Äquivalent dazu ist

$$c = \frac{\beta}{z_{1-\alpha}} \sqrt{\frac{nq}{1 - q}} \, .$$

Setzen wir in diese Gleichung den Standard für volle Glaubwürdigkeit $n_N = \frac{1-q}{q\beta^2} z_{1-\alpha}^2$ ein, so erhalten wir offensichtlich $c = 1$. Für jedes kleinere Kollektiv mit $k < n_N$ Einzelrisiken ist der Glaubwürdigkeitsfaktor:

$$c_k = \sqrt{k} \frac{\beta}{z_{1-\alpha}} \sqrt{\frac{q}{1 - q}} \, .$$

Daraus folgt für unabhängige, identisch verteilte Risiken, dass

$$c_k = \frac{c_k}{c_{n_N}} = \frac{\sqrt{k}\,\frac{\beta}{z_{1-\alpha}}\sqrt{\frac{q}{1-q}}}{\sqrt{n_N}\,\frac{\beta}{z_{1-\alpha}}\sqrt{\frac{q}{1-q}}} = \sqrt{\frac{k}{n_N}}\,,$$

wobei n_N die Mindestbestandsgröße für volle Glaubwürdigkeit ist. Diese Gleichung wird als **Quadratwurzelregel** der partiellen Glaubwürdigkeit bezeichnet.

In der Gruppenlebensversicherung wird zunächst die Sterbewahrscheinlichkeit q_i der betrachteten Gruppe ermittelt. Die für die Tarifierung zu verwendende Sterbewahrscheinlichkeit q wird als gewichtetes Mittel aus der allgemeinen Todesfallwahrscheinlichkeit q_a und der Sterbewahrscheinlichkeit des betrachteten Bestandes q_i modelliert:

$$q = cq_i + (1 - c)q_a \,.$$

Das Gewicht $c \in [0,1]$ ist der genannte **Credibility-Faktor**. Er entspricht der Glaubwürdigkeit der Schadenerfahrung des betrachteten Bestands. Volle Glaubwürdigkeit ist für $c = 1$, keine Glaubwürdigkeit ist für $c = 0$ vorhanden.

Die allgemeine Sterblichkeit orientiert sich an den gültigen biometrischen Annahmen im Markt. Die individuelle Todesfallwahrscheinlichkeit kann durch Standardverfahren geschätzt werden, wie wir in den nachfolgenden Abschnitten aufzeigen werden.

Beispiel
Die extern vorgegebene Sterbewahrscheinlichkeit q_a sei gleich 0,005. Bei einer zulässigen relativen Abweichung von 10 % und einem Sicherheitsniveau von 95 % ist die Mindestbestandsgröße

$$n_N = \frac{1{,}645^2(1 - 0{,}004)}{0{,}004 \cdot 0{,}1^2} = 53.840{,}31 \,.$$

Ab einer Anzahl von 53.841 Risiken ist bei den vorgegeben Kriterien volle Glaubwürdigkeit erreicht. Somit lautet der Glaubwürdigkeitsfaktor für $k = 2.000$ Versicherte:

$$c_{2.000} = \sqrt{\frac{2.000}{53.840{,}31}} = 0{,}1927 \,.$$

Wir nehmen an, eine versicherte Gruppe bestehe aus 2.000 Einzelrisiken und hatte im vergangenen Jahr acht Todesfälle zu verzeichnen. Die eigene Sterbewahrscheinlichkeit q_i sei also 0,004. Die für die Gruppentarifierung zu verwendende

Sterbewahrscheinlichkeit ist folglich

$$q = 0{,}1927 \cdot 0{,}004 + 0{,}8073 \cdot 0{,}005 = 0{,}004807 \,.$$

Die anzuwendende Todesfallwahrscheinlichkeit liegt somit etwas unter 0,005.

Wir können nun analog den Glaubwürdigkeitsfaktor für partielle Glaubwürdigkeit hinsichtlich der Verteilung der Versicherungssummen berechnen. Dazu betrachten wir

$$P\left(c\bar{X} \le \mu_{c\bar{X}} + \beta\mu_{\bar{X}}\right) = 1 - \alpha \,.$$

Wir nehmen außerdem an, dass gemäß dem Zentralen Grenzwertsatz die Approximation durch die Standardnormalverteilung möglich ist. Dann ist

$$P(c\bar{X} \le \mu_{c\bar{X}} + \beta\mu_{\bar{X}}) = P\left(\frac{c\bar{X} - \mu_{c\bar{X}}}{\sigma_{c\bar{X}}} \le \frac{\mu_{c\bar{X}} + \beta\mu_{\bar{X}} - \mu_{c\bar{X}}}{\sigma_{c\bar{X}}} = \sqrt{n}\frac{\beta\mu_X}{c\sigma_X}\right) \,.$$

Wir ersetzen dann $\frac{c\bar{X} - \mu_{c\bar{X}}}{\sigma_{c\bar{X}}}$ durch die standardnormalverteilte Zufallsgröße Z und erhalten mit Hilfe ihrer Verteilungsfunktion Φ:

$$1 - \alpha = \Phi\left(\sqrt{n}\frac{\beta\mu_X}{c\sigma_X}\right) \,.$$

Diese Gleichung lösen wir mit Hilfe des Quantils nach dem Glaubwürdigkeitsfaktor auf:

$$c = \sqrt{n}\,\frac{\beta\mu_X}{z_{1-\alpha}\sigma_X}$$

Dabei ist n nicht die Mindestbestandsgröße für volle Glaubwürdigkeit, sondern die Anzahl der beobachteten Versicherungsschäden. Die Quadratwurzelregel gilt auch für die partielle Glaubwürdigkeit hinsichtlich der zufälligen Schadenhöhe

$$c_k = \sqrt{k}\,\frac{\beta\mu_X}{z_{1-\alpha}\sigma_X},$$

wie wir schon an der Struktur der Formel erkennen.

Der Vollständigkeit halber leiten wir abschließend die partielle Glaubwürdigkeit für den gesamten Versicherungsschaden her. Der Ansatz für $S = \sum_{i=1}^{N} X_i$ lautet

$$P(cS \le \mu_{cS} + \beta\mu_S) = P\left(\frac{cS - \mu_{cS}}{\sigma_{cS}} \le \frac{\mu_{cS} + \beta\mu_S - \mu_{cS}}{\sigma_{cS}} = \frac{\beta\mu_S}{c\sigma_S}\right) = 1 - \alpha \,.$$

Wenden wir wiederum die Approximation durch die Standardnormalverteilung an, so ist

$$c = \frac{\beta \mu_S}{z_{1-\alpha} \sigma_S} \,.$$

Erwartungswert und Varianz des Gesamtschadens können wir mit Hilfe der Wald'schen Formeln angeben. Dazu sei die Schadenanzahl wie gewohnt binomialverteilt mit Parametern n und q. Somit ist der Glaubwürdigkeitsfaktor für k Versicherungsschäden

$$c_k = \sqrt{k}\,\frac{\beta}{z_{1-\alpha}}\sqrt{\frac{q\mu_X^2}{\sigma_X^2 + (1-q)\mu_X^2}} \,.$$

Die Quadratwurzelregel gilt auch für den Gesamtschaden, wie man leicht nachrechnet.

3.2.3 Diskussion

Das hier dargestellte Konzept der klassischen Glaubwürdigkeitstheorie basiert auf der Normalverteilungsannahme. Für die Schadenzahlverteilung ist diese Annahme bei hinreichend großer Anzahl von Todesfällen gerechtfertigt. Die Schadenhöhenverteilung kann auf der Grundlage einer empirischen Auswertung der versicherten Risiken ermittelt werden. Dabei ist nicht unbedingt klar, ob die Anzahl der Versicherungsfälle ausreicht, um nach dem Zentralen Grenzwertsatz die Approximation durch die Normalverteilung vorzunehmen. Abmildernd sei vermerkt, dass in der Praxis die Schadenanzahlverteilung dominant ist.

Grundlage der klassischen Glaubwürdigkeit ist die Existenz einer allgemein gültigen Information hinsichtlich der zu erwartenden Anzahl von Todesfällen und der mittleren Versicherungssumme. In der Lebensversicherung ist diese Forderung aufgrund allgemein verfügbarer Markt- und Bevölkerungsstatistiken sicherlich weniger restriktiv als in der Sachversicherung.

Kritisch ist die Vorgabe der Parameter α und β zu sehen. Leider gibt es keine objektive Vorgehensweise zur Bestimmung der Parameterwerte. Insofern ist auch unklar, inwiefern eine Kalibrierung des Modells die Glaubwürdigkeitsergebnisse beeinflusst. In der Praxis werden die zu verwendenden Parameterwerte vom Management geschäftspolitisch vorgegeben.

In der nachfolgenden Tabelle sind die wichtigsten Formeln der klassischen Glaubwürdigkeitstheorie zusammengefasst. Für die Schadenanzahl und den Gesamtschaden berechnen wir die notwendige Anzahl der Versicherungspolicen, für die Schadenhöhe hingegen die Mindestforderung an die Anzahl der Versicherungsschäden.

Risikomaß	Standard für volle Glaubwürdigkeit	Anpassungsfaktor für partielle Glaubwürdigkeit
Schadenanzahl	$\dfrac{(1-q)z_{1-\alpha}^2}{q\beta^2}$	$\sqrt{k}\,\dfrac{\beta}{z_{1-\alpha}}\sqrt{\dfrac{q}{1-q}}$
Schadenhöhe	$\left(\dfrac{\sigma_X z_{1-\alpha}}{\mu_X \beta}\right)^2$	$\sqrt{k}\,\dfrac{\mu_X \beta}{\sigma_X z_{1-\alpha}}$
Gesamtschaden	$\dfrac{z_{1-\alpha}^2\left(\sigma_X^2+\mu_X^2(1-q)\right)}{\beta^2 q\mu_X^2}$	$\sqrt{k}\,\dfrac{\beta}{z_{1-\alpha}}\sqrt{\dfrac{q\mu_X^2}{\sigma_X^2+(1-q)\mu_X^2}}$

Für die partielle Glaubwürdigkeit bezüglich dieser drei Risikomaße R gilt insbesondere die **Quadratwurzelregel** für ein Kollektiv mit k Risiken unter Berücksichtigung des Standards für volle Glaubwürdigkeit n_R:

$$c_k = \sqrt{\frac{k}{n_R}}\,.$$

Ab einer Kollektivgröße in Höhe von 25 % des Mindestbestandes ist die eigene Schadenerfahrung demnach eher glaubwürdig als unglaubwürdig.

3.3 Stochastisches Modell der Sterblichkeit

Die so genannte biometrische Rechnungsgrundlage der Lebensversicherungsmathematik schlechthin ist die Sterbewahrscheinlichkeit. Dazu wird die Gefahr des Todes für ein Individuum betrachtet. Im Folgenden gehen wir vereinfacht davon aus, dass die Sterblichkeit von nur einem einzigen Risikofaktor abhängt: der Anzahl der vollendeten Lebensjahre.

In der Lebensversicherung ist der Tod das wesentliche Ereignis. Von besonderem Interesse ist die Zeit bis zum Tod. Zu diesem Zweck wird die verbleibende Lebensdauer eines Individuums als Zufallsvariable dargestellt. Für die Analyse der **Ereigniszeit** sind geeignete Methoden und Notationen notwendig. In diesem Rahmen diskutieren wir die Grundlagen des stochastischen Modells der Mortalität.

3.3.1 Ereigniszeitenanalyse

Wir betrachten eine Person im Alter x mit $x \geq 0$. Apriori ist ungewiss, wie lange diese Person noch leben wird. Die unbekannte weitere Lebensdauer sei deshalb durch eine stetige Zufallsvariable T_x beschrieben. Sie wird die zufällige **Überlebensdauer** genannt. Wir verlangen, dass der Erwartungswert und die Varianz von T_x existieren mögen.

Die zugehörige **Verteilungsfunktion** $F_x(t)$ gibt die Wahrscheinlichkeit an, dass die betroffene Person innerhalb der nächsten t Jahre stirbt:

$$F_x(t) = P(T_x \leq t) \ .$$

Wir postulieren, dass $F_x(t)$ stetig differenzierbar sei. Dann ist die **Dichtefunktion** $f_x(t)$ gegeben durch

$$f_x(t) = \frac{d}{dt} F_x(t) \ .$$

Mit dem Hauptsatz der Integralrechnung gilt umgekehrt:

$$F_x(t) = \int_0^t f_x(s)ds \ .$$

Aufgrund der Normierung der Wahrscheinlichkeit ist insbesondere richtig, dass

$$\lim_{t \to \infty} P(T_x \leq t) = \lim_{t \to \infty} F_x(t) = \int_0^\infty f_x(s)ds = 1 \ .$$

Dadurch wird ausgedrückt, dass jede Person irgendwann stirbt. Die **Überlebensfunktion** $S_x(t)$ gibt die Wahrscheinlichkeit an, dass eine x-jährige Person mehr als t Jahre überlebt:

$$S_x(t) = P(T_x > t) = 1 - P(T_x \leq t) = 1 - F_x(t) \ .$$

An der Definition erkennen wir direkt, dass

$$S_x(0) = 1 - F_x(0) = 1$$

sowie

$$\lim_{t \to \infty} S_x(t) = 1 - \lim_{t \to \infty} F_x(t) = 0$$

gilt. Einerseits überlebt jede Person mindestens null Jahre, da sie aktuell lebendig ist. Andererseits stirbt jedes Individuum irgendwann. Mit der Dichtefunktion erhalten wir eine äquivalente Darstellung für die Überlebensfunktion:

$$S_x(t) = 1 - \int_0^t f_x(s)ds = \int_t^\infty f_x(s)ds \ .$$

Folglich ist die Ableitung der Überlebensfunktion dem Negativen der Dichtefunktion:

$$\frac{d}{dt} S_x(t) = -f_x(t) \ .$$

Überlebt eine Person im Alter x weitere t Jahre, so erreicht sie ein Gesamtalter von $x + t$ Lebensjahren. Folglich kann die Wahrscheinlichkeit, dass die x-jährige Person höchstens t Jahre überlebt, ausgedrückt werden anhand der Gesamtlebenszeit $x + t$ eines Neugeborenen. Dazu betrachten wir **bedingte Wahrscheinlichkeiten**:

$$P(T_x \leq t) = P(T_0 \leq x + t \,|\, T_0 > x) \,.$$

Die Wahrscheinlichkeit, dass eine x-jährige Person innerhalb der nächsten t Jahre stirbt, ist gleich der Wahrscheinlichkeit für eine neugeborene Person, innerhalb von $x + t$ Jahren zu sterben – gegeben, dass sie mindestens x Jahre überlebt. Nach den Regeln für das Rechnen mit bedingten Wahrscheinlichkeiten ist

$$P(T_x \leq t) = \frac{P(x < T_0 \leq x + t)}{P(T_0 > x)} = \frac{P(T_0 \leq x + t) - P(T_0 \leq x)}{1 - P(T_0 \leq x)} \,.$$

Folglich gilt für die Verteilungsfunktion:

$$F_x(t) = P(T_x \leq t) = \frac{F_0(x + t) - F_0(x)}{1 - F_0(x)}$$

und für die Überlebensfunktion mit $S_x(t) = 1 - F_x(t)$ folgt daraus durch äquivalentes Umformen

$$S_x(t) = \frac{1 - F_0(x) - F_0(x + t) + F_0(x)}{1 - F_0(x)} = \frac{1 - F_0(x + t)}{1 - F_0(x)}$$

und somit ist

$$S_x(t) = \frac{S_0(x + t)}{S_0(x)} \,.$$

Kennt man die Überlebensfunktion für eine neugeborene Person, ist also $S_0(t)$ für alle $t \geq 0$ gegeben, so kann man daraus die weitere Überlebenswahrscheinlichkeit $S_x(t)$ in jedem erreichten Alter x berechnen. Äquivalent dazu ist die Produktdarstellung

$$S_0(x + t) = S_0(x) \cdot S_x(t) \,.$$

Die Überlebenswahrscheinlichkeit eines Neugeborenen bis zum Alter $x + t$ ergibt sich als Produkt der Überlebenswahrscheinlichkeiten von 0 bis zum Alter x und vom Alter x bis zum Alter $x + t$. Weiterhin können wir die Überlebenswahrscheinlichkeit vom Alter x über $t + u$ Lebensjahre bis zum Alter $x + t + u$ berechnen:

$$S_x(t + u) = \frac{S_0(x + t + u)}{S_0(x)} \,.$$

Erweitern wir Zähler und Nenner mit $S_0(x + t)$ so folgt

$$S_x(t + u) = \frac{S_0(x + t + u)}{S_0(x + t)} \cdot \frac{S_0(x + t)}{S_0(x)} = S_{x+t}(u) \cdot S_x(t) \ .$$

Setzen wir nun $u = 1$, so erkennen wir daran insbesondere, dass die mehrjährige Überlebenswahrscheinlichkeit als Produkt von einjährigen Überlebenswahrscheinlichkeiten berechnet werden kann. Außerdem verstehen wir mit Hilfe dieser Formel, dass die Überlebensfunktion monoton fallend ist, also $S_x(t + u) \leq S_x(t)$ für $x, t, u \geq 0$. Denn es gilt

$$S_x(t + u) - S_x(t) = S_{x+t}(u) \cdot S_x(t) - S_x(t) = (S_{x+t}(u) - 1) S_x(t)$$
$$= -F_{x+t}(u) \cdot S_x(t) \leq 0 \ .$$

Die Überlebenswahrscheinlichkeit nimmt also mit zunehmender Dauer, die noch durchlebt werden soll, ab.

Beispiel

Die Verteilungsfunktion sei für $0 \leq t \leq 100$ gegeben durch

$$F_0(t) = 1 - \left(1 - \frac{t}{100}\right)^{\frac{1}{5}} \ .$$

Dann ist die Überlebensfunktion eines Neugeborenen für $t = 100$

$$S_0(100) = 1 - F_0(100) = \left(1 - \frac{100}{100}\right)^{\frac{1}{5}} = 0 \ .$$

Außerdem gilt $S_0(0) = 1 - F_0(0) = 1 - 1 = 0$. Die Lebensspanne liegt also zwischen null und 100 Jahren. Exemplarisch beträgt die Wahrscheinlichkeit, dass eine 20-jährige Person vor dem Erreichenden des Alters 60 stirbt, 12,94 %:

$$F_{20}(40) = \frac{F_0(60) - F_0(20)}{1 - F_0(20)} = \frac{1 - \left(1 - \frac{60}{100}\right)^{\frac{1}{5}} - 1 + \left(1 - \frac{20}{100}\right)^{\frac{1}{5}}}{1 - 1 + \left(1 - \frac{20}{100}\right)^{\frac{1}{5}}}$$

$$= \frac{\sqrt[5]{0,4} - \sqrt[5]{0,8}}{\sqrt[5]{0,8}} = 0,1294 \ .$$

Die Wahrscheinlichkeit, dass eine 50-jährige Person das Alter 80 erreicht ist, beträgt 83,26 %:

$$S_{50}(30) = \frac{S_0(80)}{S_0(50)} = \frac{1 - F_0(80)}{1 - F_0(50)} = \frac{1 - 1 + \left(1 - \frac{80}{100}\right)^{\frac{1}{5}}}{1 - 1 + \left(1 - \frac{50}{100}\right)^{\frac{1}{5}}} = \frac{\sqrt[5]{0,2}}{\sqrt[5]{0,5}} = 0,8326 \ .$$

3.3.2   Sterbeintensität

Aus mathematischer Sicht ist es von Interesse, die Wahrscheinlichkeit zu betrachten, dass eine x-jährige Person eine infinitesimal kurze Zeit überlebt. Dazu stellen wir eine Grenzwertüberlegung an. Die **Sterbeintensität** μ_x ist definiert durch

$$\mu_x = \lim_{dx \to 0} \frac{1}{dx} P(T_0 \leq x + dx \,|\, T_0 > x).$$

In der Statistik wird diese Funktion alternativ als **Risikofunktion**, beziehungsweise englisch als **Hazard** bezeichnet. Die Sterbeintensität kann als **momentane Sterberate** verstanden werden. Für ein kleines Zeitintervall dx ist nämlich näherungsweise

$$\mu_x dx \approx P(T_0 \leq x + dx \,|\, T_0 > x) \,.$$

Folglich gibt das Produkt $\mu_x dx$ approximativ die Wahrscheinlichkeit an, dass eine Person, die das Alter x erreicht hat, vor dem Alter $x + dx$ stirbt.

Beispiel
Für eine 50-jährige Person sei die Sterbeintensität $\mu_{50} = 0{,}0044$. Das Differential sei klein, beispielsweise ein Tag. Also sei $dx = 1/365 = 0{,}00274$. Dann beträgt die Chance, dass diese Person an ihrem Geburtstag stirbt, etwa zwölf zu einer Million:

$$P(T_0 \leq 50{,}00274 \,|\, T_0 > 50) \approx \mu_{50} dx = 0{,}0044 \cdot 0{,}00274 = 0{,}000012 \,.$$

Es gibt einen nennenswerten Zusammenhang zwischen der Sterbeintensität und der Überlebensfunktion, den wir herleiten wollen. Aufgrund der Definition der bedingten Wahrscheinlichkeit ist zunächst

$$\mu_x = \lim_{dx \to 0} \frac{1}{dx} P(T_x \leq dx) = \lim_{dx \to 0} \frac{1}{dx} F_x(dx) \,.$$

Mit Hilfe der Definition der Überlebensfunktion und ihrer Berechnungsformel gilt

$$\mu_x = \lim_{dx \to 0} \frac{1}{dx} (1 - S_x(dx)) = \lim_{dx \to 0} \frac{1}{dx} \left(1 - \frac{S_0(x + dx)}{S_0(x)} \right) \,.$$

Durch äquivalentes Umformen finden wir heraus, dass

$$\mu_x = \lim_{dx \to 0} \frac{S_0(x) - S_0(x + dx)}{dx \cdot S_0(x)} = \frac{-1}{S_0(x)} \lim_{dx \to 0} \frac{S_0(x + dx) - S_0(x)}{dx} \,.$$

Aufgrund der Definition der Ableitung gilt also

$$\mu_x = -\frac{S_0'(x)}{S_0(x)} \; .$$

Unter Ausnutzung der Beziehung zwischen Dichtefunktion und Überlebensfunktion, $f_t(x) = -S_t'(x)$, lässt sich die Sterbeintensität für $t = 0$ auch schreiben als

$$\mu_x = \frac{f_0(x)}{S_0(x)} \; .$$

Mit der Kettenregel der Differentiation prüft man leicht nach, dass alternativ und äquivalent

$$\mu_x = -\frac{d}{dx} \ln \left(S_0(x) \right)$$

gilt. Bilden wir das Integral so sehen wir, dass

$$\int_0^x \mu_s ds = \int_0^x -\frac{d}{ds} \ln \left(S_0(s) \right) ds = -\ln \left(S_0(x) \right) + \ln \left(S_0(0) \right) = -\ln \left(S_0(x) \right) \; .$$

Daraus folgt

$$S_0(x) = \exp \left(\int_0^x \mu_s ds \right) \; .$$

Zur Verallgemeinerung dieser Beziehung betrachten wir

$$S_x(t) = \frac{S_0(x+t)}{S_0(x)} = \frac{\exp \left(-\int_0^{x+t} \mu_s ds \right)}{\exp \left(-\int_0^x \mu_s ds \right)} \; .$$

Mit den Rechenregeln für die Exponentialfunktion und für die Integralrechnung folgt daraus

$$S_x(t) = \exp \left(-\int_0^{x+t} \mu_s ds + \int_0^x \mu_s ds \right) = \exp \left(-\int_x^{x+t} \mu_s ds \right) = \exp \left(-\int_0^t \mu_{x+s} ds \right) \; .$$

Die Überlebensfunktion wird also durch die Kenntnis der Sterbeintensität vollständig beschrieben. Bildet man die Ableitung des Logarithmus der Überlebensfunktion

$$\frac{d}{dt} \ln \left(S_x(t) \right) = \frac{d}{dt} \ln \left(\exp \left(-\int_0^t \mu_{x+s} ds \right) \right) = \frac{d}{dt} - \int_0^t \mu_{x+s} ds = -\mu_{x+t} \; ,$$

so erkennen wir daran den verallgemeinerten Zusammenhang zwischen Überlebensfunktion und Sterbeintensität für beliebiges Alter x und beliebige Überlebensdauer t. Daraus folgt

$$\mu_{x+t} = -\frac{S_x'(t)}{S_x(t)} = \frac{f_x(t)}{S_x(t)}.$$

Wir haben also für jedes Alter $x + t$ mit $t > 0$ einen analogen Ausdruck für die Sterbeintensität hergeleitet.

Beispiel

Die Verteilungsfunktion sei für $0 \leq t \leq 100$ wiederum gegeben durch

$$F_0(t) = 1 - \left(1 - \frac{t}{100}\right)^{\frac{1}{5}}.$$

Dann ist die Überlebensfunktion für $0 \leq t \leq 100$

$$S_0(t) = \left(1 - \frac{t}{100}\right)^{\frac{1}{5}}.$$

Die Ableitung der Überlebensfunktion ist dann

$$S_0'(t) = \frac{1}{5} \cdot \frac{-1}{100} \left(1 - \frac{t}{100}\right)^{\frac{-4}{5}}.$$

Daraus folgt für die Sterbeintensität

$$\mu_x = -\frac{S_0'(x)}{S_0(x)} = -\frac{\frac{-1}{500}\left(1 - \frac{x}{100}\right)^{\frac{-4}{5}}}{\left(1 - \frac{x}{100}\right)^{\frac{1}{5}}} = \frac{1}{500}\left(1 - \frac{x}{100}\right)^{-1} = \frac{100}{500(100 - x)}$$

$$= \frac{1}{500 - 5x}.$$

Die Sterbeintensität ist im Gegensatz zur Überlebensfunktion nicht für $t = 100$ definiert.

3.3.3 Aktuarielle Notationen

Die dargestellten Notationen der Ereigniszeitenanalyse entstammen der Statistik. In der Lebensversicherungsmathematik hat sich eine eigene Schreibweise durchgesetzt, die als **internationale aktuarielle Notation** bezeichnet wird.

Wie bereits gezeigt, beschreibt die Überlebensfunktion $S_0(x)$ die zufällige Überlebensdauer T_x vollständig. In der Vergangenheit, als es noch keine Computer gab, war es üblich, die Werte der Überlebensfunktion für ganzzahlige Lebensalter x zu tabellieren. Aus Lesbarkeits- und Normierungsgründen wurde deshalb $S_0(x)$ mit einer hinreichend großen Zahl l_0 multipliziert. Der Wert l_0 gibt die hypothetische Anzahl der neugeborenen Personen im Alter null an. Meisterns wird ohne Einschränkung der Allgemeinheit $l_0 = 100.000$ oder $l_0 = 1.000.000$ gesetzt. Die individuellen, zufälligen Lebenszeiten dieser Personen seien stochastisch unabhängig und identisch verteilt. Mit dieser Festlegung erhalten wir die Anzahl der Personen im Alter x durch

$$l_x = l_0 S_0(x) \ .$$

Man kann zeigen, dass l_x die erwartete Anzahl von Personen ist, die ausgehend von der Personengesamtheit l_0 mindestens bis zum Alter x überleben. Sei dazu L_x die zufällige Anzahl lebender Personen im Alter x. Nach Voraussetzung ist L_x binomialverteilt: $L_x \sim Bin(l_0, p)$ mit $p = S_0(x)$. Der Erwartungswert ist dann $E(L_x) = l_0 p = l_x$.

Sind umgekehrt die Werte l_x für alle ganzzahligen Lebensalter x gegeben, so ist die Überlebensfunktion gegeben durch

$$S_0(x) = \frac{l_x}{l_0} \ .$$

Die Wahrscheinlichkeit, dass ein x-Jähriger bis zum Alter $x+n$ überlebt, ist in aktuarieller Notation:

$$_n p_x = S_x(n) \ .$$

Aufgrund der Eigenschaft der Überlebensfunktion gilt

$$_n p_x = \frac{S_0(x+n)}{S_0(x)} = \frac{\frac{l_{x+n}}{l_0}}{\frac{l_x}{l_0}} = \frac{l_{x+n}}{l_x} \ .$$

Für $n = 1$ kann man den linken unteren Index der Überlebenswahrscheinlichkeit weglassen:

$$p_x = {_1 p_x} = S_x(1) = \frac{l_{x+1}}{l_x} \ .$$

Beispiel

Mit der internationalen aktuariellen Notation können wir $_{n+m}p_x$ berechnen. Es gilt nämlich

$$_{m+n}p_x = S_x(m+n) = \frac{S_0(x+m+n)}{S_0(x)} \cdot \frac{S_0(x+m)}{S_0(x+m)}$$

$$= \frac{S_0(x+m)}{S_0(x)} \cdot \frac{S_0(x+m+n)}{S_0(x+m)} = S_x(m) \cdot S_{x+m}(n) = {_m}p_x \cdot {_n}p_{x+m} .$$

Dieses Ergebnis können wir auch alternativ nachvollziehen:

$$_m p_x \cdot {_n}p_{x+m} = \frac{l_{x+m}}{l_x} \cdot \frac{l_{x+m+n}}{l_{x+m}} = \frac{l_{x+m+n}}{l_x} = {_{m+n}}p_x .$$

Also ist die gesuchte Überlebenswahrscheinlichkeit das Produkt zweier aufeinander folgender Überlebenswahrscheinlichkeiten:

$$_{m+n}p_x = {_m}p_x \cdot {_n}p_{x+m} .$$

Mit Hilfe der Lebenden l_x können wir auch die Verstorbenen d_x zwischen dem Alter x und $x+1$ angeben:

$$d_x = l_x - l_{x+1}.$$

Dabei ist d_x die erwartete Anzahl von Toten. In äquivalenter Form finden wir

$$d_x = l_0 S_0(x) - l_0 S_0(x+1) .$$

Durch Einsetzen der Definition ergibt sich

$$d_x = l_0 \left(P(T_0 > x) - P(T_0 > x+1) \right)$$

und mit der Komplementaritätsbedingung folgt

$$d_x = l_0 \left(1 - P(T_0 \leq x) - 1 + P(T_0 \leq x+1) \right) = l_0 \left(P(x < T_0 \leq x+1) \right) .$$

Analog zur Überlebenswahrscheinlichkeit können wir auch die Sterbewahrscheinlichkeit spezifizieren. Es sei $_n q_x$ die Wahrscheinlichkeit, dass eine x-jährige Person vor Erreichen des Alters $x+n$ stirbt, also

$$_n q_x = P(T_x \leq n) = F_x(n) .$$

Unter Verwendung der Überlebensfunktion gilt dann

$$_nq_x = 1 - S_x(n) = 1 - \frac{l_{x+n}}{l_x} = \frac{l_x - l_{x+n}}{l_x} \, .$$

Für $n = 1$ wird auch hier der linke unter Index weglassen:

$$q_x = {}_1q_x = \frac{l_x - l_{x+1}}{l_x} = \frac{d_x}{l_x} \, .$$

Die Sterbewahrscheinlichkeit ist also die **relative Häufigkeit** der Anzahl der Toten geteilt durch die Anzahl der Lebenden. Insbesondere sei noch einmal auf die Komplementarität der Überlebens- und Sterbewahrscheinlichkeit hingewiesen:

$$_np_x + {}_nq_x = \frac{l_{x+n}}{l_x} + \frac{l_x - l_{x+n}}{l_x} = \frac{l_x}{l_x} = 1 \, .$$

Beispiel

Es soll die Wahrscheinlichkeit $_{m|n}q_x$ berechnet werden, dass eine x-jährige Person zwischen dem Alter $x + m$ und $x + m + n$ stirbt. In diesem Sinne wird $_{m|n}q_x$ als aufgeschobene Sterbewahrscheinlichkeit bezeichnet. Sie lässt sich einerseits als Produkt berechnen: $_{m|n}q_x = {}_mp_x \cdot {}_nq_{x+m}$. Dann ist

$$_{m|n}q_x = \frac{l_{x+m}}{l_x} \cdot \frac{l_{x+m} - l_{x+m+n}}{l_{x+m}} = \frac{l_{x+m} - l_{x+m+n}}{l_x} \, .$$

Andererseits kann die gesuchte Wahrscheinlichkeit auch als Differenz $_{m|n}q_x = {}_mp_x - {}_{m+n}p_x$ dargestellt werden:

$$_{m|n}q_x = \frac{l_{x+m}}{l_x} - \frac{l_{x+m+n}}{l_x} = \frac{l_{x+m} - l_{x+m+n}}{l_x} \, .$$

Die beiden Notationen der Überlebenswahrscheinlichkeit und der Sterbewahrscheinlichkeit können wir mit den Begriffen der Dichte und der Sterbeintensität in Verbindung bringen: Die Dichtefunktion ist gleich dem Negativen der Ableitung der Überlebensfunktion, $f_x(t) = -S_x'(t)$ und für diese gilt wiederum $-S_x'(t) = \mu_{x+t}S_x(t)$. Daraus folgt

$$f_x(t) = \mu_{x+t}S_x(t) = \mu_{x+t} \cdot {}_tp_x \, .$$

Aufgrund der Definition der Verteilungsfunktion folgt für die Sterbewahrscheinlichkeit

$$_tq_x = F_x(t) = \int\limits_0^t f_x(s)ds = \int\limits_0^t (\mu_{x+s} \cdot {}_sp_x)\,ds\ .$$

Für $t = 1$ und kleine Sterbewahrscheinlichkeit q_x ist dann näherungsweise

$$q_x = \int\limits_0^1 (\mu_{x+s} \cdot {}_sp_x)\,ds \approx \int\limits_0^1 \mu_{x+s}ds \approx \mu_{x+0,5}\ .$$

Beispiel
Die Verteilungsfunktion sei für $0 \le t \le 100$ wiederum gegeben durch

$$F_0(t) = 1 - \left(1 - \frac{t}{100}\right)^{\frac{1}{5}}\ .$$

Dann ist die Sterbeintensität, wie bereits gezeigt, $\mu_x = \frac{1}{500-5x}$. Folglich ist die einjährige Todesfallwahrscheinlichkeit für eine 20-jährige Person:

$$q_{20} = F_{20}(1) = \frac{F_0(21) - F_0(20)}{1 - F_0(20)} = \frac{1 - \left(1 - \frac{21}{100}\right)^{\frac{1}{5}} - 1 + \left(1 - \frac{20}{100}\right)^{\frac{1}{5}}}{1 - 1 + \left(1 - \frac{20}{100}\right)^{\frac{1}{5}}}$$

$$= 0{,}002513\ .$$

Approximativ gilt

$$q_{20} \approx \mu_{20,5} = \frac{1}{500 - 5 \cdot 20{,}5} = 0{,}002516\ .$$

Für höhere Lebensalter ist die Näherung natürlich nicht mehr so gut.

3.3.4 Lebenserwartung

Der Erwartungswert der Überlebenszeit T_x wird als **restliche Lebenserwartung** e_x^0 bezeichnet:

$$e_x^0 = E(T_x) = \int\limits_0^\infty t f_x(t)dt = \int\limits_0^\infty t\left(-\frac{d}{dt}S_x(t)\right)dt\ .$$

Dabei setzen wir voraus, dass das uneigentliche Integral existiert. Wir lösen es durch partielle Integration:

$$\int_0^\infty t\left(-\frac{d}{dt}S_x(t)\right)dt = -[tS_x(t)]_0^\infty + \int_0^\infty S_x(t)dt \ .$$

Für jede versicherungsmathematisch sinnvolle Überlebensfunktion geht $S_x(t)$ für $t \to \infty$ hinreichend schnell gegen null, sodass der erste Term verschwindet. In der Praxis wird oftmals ein Höchstalter vorgeschrieben, sodass $S_x(t) = 0$ für $x + t \geq \omega \in \mathrm{N}$ ist. Folglich ist dann in aktuarieller Notation

$$\overset{\circ}{e}_x = \int_0^\infty {}_t p_x dt \ .$$

Die Berechnung der Varianz erfolgt nach dem Verschiebungssatz, $Var(T_x) = E(T_x^2) - (E(T_x))^2$. Zunächst erhalten wir durch partielle Integration

$$E(T_x^2) = \int_0^\infty t^2 f_x(t)dt = \int_0^\infty t^2\left(-\frac{d}{dt}S_x(t)\right)dt = \left[-t^2 S_x(t)\right]_0^\infty + \int_0^\infty 2t \cdot {}_t p_x dt.$$

Wir gehen dann wiederum davon aus, dass der erste Term verschwindet. Daraus folgt

$$Var(T_x) = \int_0^\infty 2t \cdot {}_t p_x dt - \left(\int_0^\infty {}_t p_x dt\right)^2 \ .$$

Beispiel

Die Überlebensfunktion sei für $0 \leq t \leq 100$ gegeben durch

$$S_0(t) = \left(1 - \frac{t}{100}\right)^{\frac{1}{5}} \ .$$

Folglich ist die Überlebenswahrscheinlichkeit

$${}_t p_x = S_x(t) = \frac{S_0(x+t)}{S_0(x)} = \frac{\left(1 - \frac{x+t}{100}\right)^{\frac{1}{5}}}{\left(1 - \frac{x}{100}\right)^{\frac{1}{5}}} = \left(\frac{1 - \frac{x}{100} - \frac{t}{100}}{1 - \frac{x}{100}}\right)^{\frac{1}{5}}$$

$$= \left(1 - \frac{t}{100 - x}\right)^{\frac{1}{5}} \ .$$

Also ist die Lebenserwartung

$$e_x^0 = \int\limits_0^\infty {}_t p_x \, dt = \int\limits_0^{100-x} \left(1 - \frac{t}{100-x}\right)^{\frac{1}{5}} dt \,.$$

Mit der Substitution $y = 1 - \frac{t}{100-x}$ ist $y' = \frac{-1}{100-x}$ und folglich $dt = (x - 100)dy$. Daraus folgt

$$e_x^0 = (x - 100)\int\limits_1^0 y^{\frac{1}{5}} dy = (100 - x)\left[\frac{5}{6}y^{\frac{6}{5}}\right]_0^1 = \frac{5}{6}(100 - x) \,.$$

Die restliche Lebenserwartung ist also stets fünf Sechstel der verbleibenden Jahre bis zum Alter 100. Speziell für eine vierzigjährige Person ist die restliche Lebenserwartung fünfzig Jahre:

$$e_{40}^0 = \frac{5}{6}(100 - 40) = 50.$$

In vielen Anwendungen der Lebensversicherung interessieren wir uns nicht für die vollständige Lebenserwartung sondern für den ganzzahligen Anteil. Dazu betrachten wir die **ganzzahlige Überlebensdauer**

$$K_x = [T_x],$$

die aus der Überlebensdauer T_x hervorgeht, indem die Nachkommastellen abgeschnitten werden. Der Erwartungswert $E(K_x)$ wird **ganzzahlig verkürzte Lebenserwartung** e_x genannt. Er ist definiert durch

$$e_x^{\,i} = E(K_x) = \sum_{k=0}^\infty k \cdot P(K_x = k) \,.$$

Aus Stetigkeitsgründen gilt zunächst

$$P(K_x = k) = P(k \le T_x < k + 1) = P(k < T_x \le k + 1) \,.$$

Dieser Ausdruck lässt sich als aufgeschobene Sterbewahrscheinlichkeit interpretieren

$$P(K_x = k) = {}_{k|}q_x = {}_k p_x \cdot q_{x+k} = {}_k p_x - {}_{k+1} p_x \,,$$

die bekanntermaßen auf zwei verschiedene Weisen berechnet werden kann. Daraus folgt

$$e_x = \sum_{k=0}^{\infty} k \cdot ({}_k p_x - {}_{k+1} p_x)$$

$$= 1 \left({}_1 p_x - {}_2 p_x\right) + 2 \left({}_2 p_x - {}_3 p_x\right) + 3 \left({}_3 p_x - {}_4 p_x\right) + \dots .$$

In dieser Teleskopsumme können wir aufeinanderfolgende Summanden miteinander verrechnen. Somit ist die ganzzahlig verkürzte Lebenserwartung

$$e_x = \sum_{k=1}^{\infty} {}_k p_x .$$

In aktuarieller Notation ist äquivalent

$$e_x = \sum_{k=1}^{\omega - x} \frac{l_{x+k}}{l_x} .$$

Alternativ können wir die ganzzahlig verkürzte Lebenserwartung auch durch

$$e_x = \frac{1}{l_x} \sum_{k=1}^{\omega - x} k d_{x+k}$$

darstellen. Denn mit $d_{x+k} = l_{x+k} - l_{x+k+1}$ lässt sich diese Summe ebenfalls als Teleskopsumme auffassen, in der sich nachfolgende Glieder aufheben. Die ganzzahlig verkürzte Lebensdauer ist also der gewichtete Mittelwert der verbleibenden Zeit bis zum Tod. Da jede Person irgendwann stirbt, können wir die Lebenden l_x durch die Summe aller nachfolgenden Sterbefälle ersetzen. Damit haben wir folgende Darstellung

$$e_x = \frac{\displaystyle\sum_{k=0}^{\omega - x} k d_{x+k}}{\displaystyle\sum_{k=0}^{\omega - x} d_{x+k}} .$$

Daran erkennen wir eine formale Analogie zum Konzept der Duration der Finanzmathematik. Die verkürzte ganzzahlige Lebenserwartung ist also als Todesduration interpretierbar.

Um die Varianz zu berechnen, betrachten wir zunächst den Erwartungswert von K_x^2:

$$E(K_x^2) = \sum_{k=0}^{\infty} k^2 \cdot P(K_x = k) .$$

In analoger Form schlussfolgern wir, dass

$$E(K_x^2) = \sum_{k=0}^{\infty} k^2 \cdot ({}_k p_x - {}_{k+1} p_x) .$$

Auch hier können wir aufeinanderfolgende Summanden zusammenfügen, so dass

$$E(K_x^2) = 1\,({}_1p_x - {}_2p_x) + 4\,({}_2p_x - {}_3p_x) + 9\,({}_3p_x - {}_4p_x) + \dots$$
$$= 1 \cdot {}_1p_x + 3 \cdot {}_2p_x + 5 \cdot {}_3p_x + 7 \cdot {}_4p_x + \dots$$

gilt. In kompakter Form ist also

$$E(K_x^2) = \sum_{k=1}^{\infty} (2k - 1) \cdot {}_kp_x \,.$$

Somit können wir die Varianz der verkürzten ganzzahligen Lebenserwartung durch den Verschiebungssatz berechnen:

$$Var(K_x) = E(K_x^2) - (E(K_x))^2 = \sum_{k=1}^{\infty} (2k - 1) \cdot {}_kp_x - \left(\sum_{k=1}^{\infty} {}_kp_x\right)^2 \,.$$

Wenn die Überlebenswahrscheinlichkeiten beziehungsweise Sterbewahrscheinlichkeiten in Tabellenform vorliegen, vereinfachen sich die unendlichen Reihen zu endlichen Summen, die leicht mit einem Tabellenkalkulationsprogramm ausgewertet werden können.

Abschließend wollen wir den Zusammenhang zwischen e_x und e_x^0 näher betrachten. Unter Verwendung der ganzzahligen Stützstellen ist die Lebenserwartung

$$e_x^0 = \int_0^{\infty} {}_tp_x \, dt = \sum_{k=0}^{\infty} \int_k^{k+1} {}_tp_x \, dt \,.$$

Jedes einzelne Integral kann approximiert werden durch die bekannte Trapezformel

$$\int_k^{k+1} {}_tp_x \, dt \approx \frac{1}{2}({}_kp_x + {}_{k+1}p_x) \,.$$

Daraus folgt

$$e_x^0 \approx \sum_{k=0}^{\infty} \frac{1}{2}({}_kp_x + {}_{k+1}p_x) = \frac{1}{2} + \sum_{k=1}^{\infty} {}_kp_x \,.$$

Dabei stellt die Summe über alle folgenden Lebensalter den Erwartungswert der restlichen Lebensdauer dar. Es gilt somit näherungsweise die einfache Beziehung

$$e_x^0 \approx e_x + 0{,}5 \,.$$

Die Addition von ein halb erklärt sich dadurch, dass die Todesfälle im Mittel zur Jahresmitte auftreten. Im allgemeinen Sprachgebrauch wird die Lebenserwartung eines Neugeborenen als die Lebenserwartung schlechthin bezeichnet. Diese ist nicht mit der restlichen Lebenserwartung zu verwechseln, die vom bereits erreichten Lebensalter abhängt.

Beispiel

Datengrundlage der folgenden Grafik sind die Sterbewahrscheinlichkeiten für die Bundesrepublik Deutschland, analysiert vom Statistischen Bundesamt über den Zeitraum 2005 bis 2007.

Die Lebenserwartung eines neugeborenen Jungen ist demnach 76,9 Jahre im Vergleich zu 82,2 Jahre für ein neugeborenes Mädchen. Die restliche Lebenserwartung eines 65-jährigen Mannes beträgt 16,9 Jahre. 65-jährige Männer werden also im Mittel 81,9 Jahre alt. 65-jährige Frauen haben eine Restlebenserwartung von 20,3 Jahren. Die Differenz zwischen den Geschlechtern in der verbleibenden Lebenserwartung wird im Verlauf des Lebens kleiner, wie die nachfolgende Grafik zeigt.

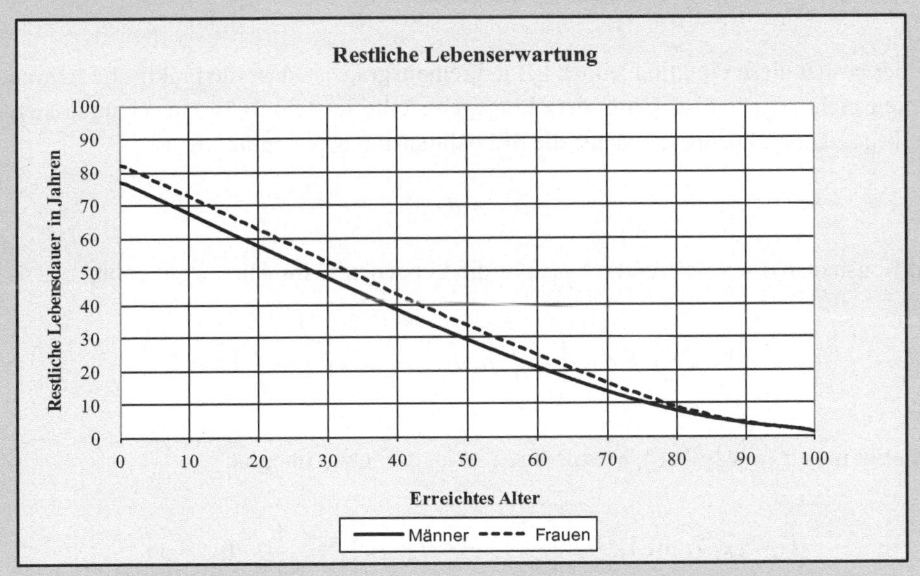

3.3.5 Sterbegesetze

In der Vergangenheit wurden zahlreiche Verteilungsfunktionen im Hinblick auf Ihre Anwendbarkeit für die Sterblichkeit untersucht. Die Motivation bestand darin, ein allgemein gültiges **Sterbegesetz** zu finden, welches analog den Naturgesetzen den natürlichen

Abbau einer Personengesamtheit beschreibt. Analytische Formeln haben sicherlich gewisse mathematische und statistische Vorzüge. In der Praxis spielen diese Sterbegesetze heutzutage jedoch eine eher untergeordnete Rolle. Die nachfolgenden Verfahren werden deshalb lediglich skizziert. Der interessierte Leser findet ausführlichere Ausarbeitungen zu diesem Thema in der weiterführenden Literatur.

Im Jahr 1724 formulierte **de Moivre** ein Sterbegesetz, das den Abbau der Lebenden durch eine mathematische Formel beschreibt. Er postulierte, dass es ein Höchstalter gibt, und dass die Toten sich gleichmäßig auf die Lebensspanne verteilen. Dieses älteste bekannte Sterbegesetz hat heutzutage lediglich noch historischen Wert. Danach wird der Abbau der Lebenden l_x des Alters x durch eine lineare Funktion gemäß

$$l_x = 86 - x \qquad \text{für } 0 \le x \le 86$$

beschrieben. Das erreichbare Höchstalter ist nach de Moivre demnach 86 Jahre. Für die Sterbewahrscheinlichkeit folgt sodann

$$q_x = \frac{d_x}{l_x} = \frac{l_x - l_{x+1}}{l_x} = \frac{86 - x - (86 - (x+1))}{86 - x} = \frac{1}{86 - x} \ .$$

Leider besitzt diese Funktion jedoch keine Freiheitsgrade, sodass die praktische Anwendbarkeit nicht gegeben ist. **Gompertz** hingegen stellte im Jahr 1824 ein parametrisiertes Sterbegesetz auf. Demnach wächst die Sterbeintensität exponentiell. Es ist

$$\mu_x = b \cdot c^x$$

mit Konstanten $0 < b < 1$ und $c > 1$. Für die Lebenden l_x im Alter x gilt dann

$$l_x = l_0 S_0(x) = l_0 \exp\left(-\int_0^x \mu_t \, dt \right) = l_0 \exp\left(-\int_0^x b \cdot c^t \, dt \right) \ .$$

Schreibt man $c^t = \exp(\ln c) = \exp(t \ln c)$ so ist das letzte Integral

$$\int_0^x b \cdot \exp\left(t \ln c\right) dt = \left[\frac{b}{\ln c} \cdot \exp\left(t \ln c\right) \right]_0^x = \frac{b}{\ln c} \cdot (c^x - 1) \ .$$

Folglich ist insgesamt

$$l_x = l_0 \exp\left(\frac{b}{\ln c} \cdot (1 - c^x) \right) \ .$$

In der Literatur findet man gelegentlich die äquivalente Darstellung

$$l_x = k \cdot g^{(c^x)}$$

mit $k = l_0 \exp\left(\frac{b}{\ln c}\right)$ und $g = \exp\left(\frac{-b}{\ln c}\right)$. Anhand der Sterbeintensität μ_x, beziehungsweise den Lebenden l_x, können leicht alle anderen relevanten Größen berechnet werden.

Makeham fügte 1860 dem Sterbegesetz nach Gompertz einen zusätzlichen Parameter $a > 0$ hinzu, so dass die Sterbeintensität durch

$$\mu_x = a + b \cdot c^x$$

modelliert wurde. Die Konstante a dient dazu, altersunabhängige Todesursachen, wie beispielsweise Unfälle, einzubeziehen. Für $a = 0$ sind die Gesetze nach Gompertz und Makeham offensichtlich identisch. Man kann zudem zeigen, dass für die Lebenden

$$l_x = k \cdot s^x \cdot g^{(c^x)}$$

mit $s = \exp(-a)$ gilt.

Sterbegesetzte beschreiben den Verlauf der Sterblichkeit abschnittsweise, das heißt für mittlere Alter, hinreichend gut. In der praktischen Versicherungsmathematik werden jedoch stattdessen bevorzugt die ganzzahligen Werte der Lebenden für alle vorkommenden Lebensalter tabelliert. Dieser Ansatz führt auf den Begriff der **Sterbetafel**, den wir im nächsten Abschnitt präzisieren.

3.4 Deterministisches Modell der Sterblichkeit

Ist die Todesfallwahrscheinlichkeit für jedes Lebensjahr bekannt, so kann der Abbau einer Menge von gleichaltrigen Personen im Verlauf der Zeit beschrieben werden. Diese Kenntnisse sind unverzichtbar für die praktische Lebensversicherungsmathematik.

3.4.1 Klassischer Modellansatz

Die praktische Lebensversicherungsmathematik beruht auf dem Prinzip des **Risikoausgleichs im Kollektiv** gemäß dem **Gesetz der großen Zahlen**: In einem hinreichend großen Kollektiv von versicherten Personen ist es sehr wahrscheinlich, dass sich die tatsächlichen Versicherungsleistungen für den Bestand nur wenig vom Erwartungswert unterscheiden. Aufgrund des großen Umfangs der betrachteten Personengesamtheit ist dieser klassische Ansatz in der Lebensversicherung gerechtfertigt. Die Grundvoraussetzung für den Ausgleich im Kollektiv ist ein homogener Versicherungsbestand.

Es sei dazu q die einjährige Sterbewahrscheinlichkeit. Wir betrachten nun n unabhängige, identisch verteilte Risiken X_i, die im Todesfall den Wert 1 und im Überlebensfall den Wert 0 annehmen. Durch die Annahme der Unabhängigkeit schließen wir aus, dass mehrere versicherte Personen aufgrund ein und desselben Ereignisses sterben. Die identische Verteilungsannahme beinhaltet, dass wir alle Zufallsgrößen auf dieselbe Art und Weise, insbesondere mittels derselben Sterbewahrscheinlichkeit beschreiben können.

Ferner sei $S_n = X_i + \ldots + X_n$ die Summe der Risiken. Dann besagt das so genannte schwache Gesetz der großen Zahlen, dass

$$\lim_{n \to \infty} P\left(\left| \frac{S_n}{n} - q \right| \leq \varepsilon \right) = 1 \, .$$

Die Wahrscheinlichkeit dafür, dass die Differenz aus der gemittelten relativen Häufigkeit des Eintretens des Todes und der erwarteten Sterblichkeit q kleiner als eine beliebig vorgegebene Zahl ε ist, konvergiert mit wachsender Bestandsgröße n gegen eins. In diesem Zusammenhang spricht man von **stochastischer Konvergenz**.

In der starken Aussage lautet das Gesetz der großen Zahlen

$$P\left(\lim_{n \to \infty} \frac{S_n}{n} = q \right) = 1$$

Man sagt, dass die durchschnittliche Todeshäufigkeit fast sicher gegen den Erwartungswert q konvergiert. **Fast sichere Konvergenz** impliziert stochastische Konvergenz, aber nicht umgekehrt.

Die Konvergenz gegen den Erwartungswert ist langsamer, wenn das Ableben einiger Versicherter positiv miteinander korreliert ist. Negative Korrelationen würden die Konvergenz schneller machen, treten bei gleichartigen Versicherungen aber praktisch nicht auf.

Aus der Anwendung des Gesetzes der großen Zahlen ergeben sich zwei wesentliche Folgerungen. Betrachtet man Risiken als unabhängige Wiederholungen eines einzelnen Versicherungsgeschäfts, so sollte die Beitragskalkulation auf dem Erwartungswert für die Sterbewahrscheinlichkeit q beruhen. Andererseits bildet das arithmetische Mittel $\frac{X_1 + \ldots + X_n}{n}$ für n unabhängige Risiken einen konsistenten **Schätzer** für die erwartete Sterbewahrscheinlichkeit q eines einzelnen Risikos. Je mehr gleichartige Risiken herangezogen werden können, umso genauer wird diese Schätzung. Insofern bildet das Gesetz der großen Zahlen die Grundlage der Beitragsberechnung in der Lebensversicherungsmathematik.

Wenn der versicherte Bestand eines Lebensversicherers hinreichend groß ist, dann ist die Schwankung der Versicherungsleistungen im Verhältnis zum Erwartungswert gering. Folglich kann die Sterblichkeit als quasi deterministisch angenommen werden. Man sagt, dass das Sterblichkeitsrisiko **diversifizierbar** ist, wenn der Variationskoeffizient mit steigender Anzahl Risiken gegen Null konvergiert. Der **Diversifikationseffekt** lässt sich in der Lebensversicherung dadurch begründen, dass die betrachteten versicherten Risiken stochastisch unabhängig und identisch verteilt sind und außerdem der versicherte Bestand hinreichend groß ist.

In der Praxis gilt das Sterblichkeitsrisiko in vielen Fällen als vollständig diversifiziert. Ausnahmen bilden sehr alte Versicherte, deren Anzahl im Allgemeinen eher gering ist, oder Verträge mit besonders hohen Versicherungssummen. Unter der Voraussetzung der Diversifikation hinsichtlich des Sterblichkeitsrisikos können wir annehmen, dass die tatsächliche Anzahl der Versicherungsschäden gleich dem Erwartungswert ist. Insofern rechnen wir in den nachfolgenden Kapiteln deterministisch.

Die Sterblichkeitsannahmen werden empirisch aus den Daten der Vergangenheit geschätzt, wie wir im folgenden Abschnitt zeigen werden. Die zufälligen Schwankungen der Todesfallwahrscheinlichkeit werden in der Praxis faktisch ignoriert. Man rechnet mit der Sterblichkeit so, als ob sie keine Zufallsvariable sei sondern eine feste Größe ohne jede Schwankung. In diesem Zusammenhang spricht man vom **deterministischen Modell** der Lebensversicherungsmathematik. Im deterministischen Modell bleibt der Einfluss des Zufalls unberücksichtigt. Die Anzahl der tatsächlichen Todesfälle wird im Allgemeinen trotz des Ausgleichs im Kollektiv und des Gesetzes der großen Zahlen nicht exakt mit dem Erwartungswert übereinstimmen. Die unvermeidlichen kleinen Schwankungen werden im deterministischen Modell jedoch nicht weiter berücksichtigt.

Zusätzlich wird in Lebensversicherungsmathematik davon ausgegangen, dass sowohl Beiträge als auch Versicherungsleistungen nur an endlich vielen diskreten Terminen fällig werden. Man spricht in diesem Zusammenhang von der so genannten **diskontinuierlichen Methode**.

Wie wir im Rahmen der Sterblichkeitsanalyse sehen werden, lassen sich aus Bevölkerungsstatistiken und unternehmensspezifischen Analysen mittlere Todesfallwahrscheinlichkeiten schätzen. Dabei werden **relative Häufigkeiten** berechnet, durch die der erwartete Abbau einer Menge gleichaltriger Individuen beschrieben werden kann. In der praktischen Lebensversicherungsmathematik wird mit den Schätzern gerechnet, als seien sie deterministisch und nicht vom Zufall abhängig. Für einzelne Personen oder kleine Gruppen von Menschen haben diese Kennziffern jedoch wenig Aussagekraft.

In der Praxis wird **vorsichtig** kalkuliert, das heißt, die Versicherungsleistungen werden überschätzt, so dass mit sehr großer Wahrscheinlichkeit Unternehmensgewinne entstehen. Ein großer Teil dieser **Überschüsse** wird im Nachhinein wieder an die Versicherten ausgeschüttet. Im Kapitel zur Ertragsanalyse werden wir uns ausführlich mit der **Überschussbeteiligung** befassen.

3.4.2 Sterbetafel

Eine Menge von Personen stellt eine **Personengesamtheit** dar. Sie kann **offen** oder **geschlossen** sein, je nachdem, ob Eintritte und Austritte möglich sind oder nicht. Die Bevölkerung eines Landes stellt im Allgemeinen eine offene Gesamtheit dar, da Einwanderungen und Auswanderungen stattfinden. Abgesehen von Wanderungen baut sich der Bevölkerungsbestand im Verlauf der Zeit durch Tod ab und wird durch Geburten erneuert.

Unsere mathematische Analyse der Bevölkerungsentwicklung beruht auf dem deterministischen Modell. Unter Vernachlässigung von Wanderungen und Neugeburten wird der Abbau einer geschlossenen Personengesamtheit durch Tod beschrieben. Ausgehend von einer festen Anzahl von Neugeborenen wird die Anzahl der zu einem späteren Zeitpunkt noch lebenden Personen berechnet. Die Grundlage dazu bietet die so genannte **Sterbetafel**.

Eine Sterbetafel beschreibt den natürlichen Abbau einer geschlossenen Personengesamtheit von der Geburt bis zum Tod eines jeden Individuums in Abhängigkeit vom erreichten Lebensalter. Die Elemente einer Sterbetafel bestehen aus

- dem erreichten **Lebensalter** x,
- der Anzahl der **Lebenden** l_x im Alter x,
- die Anzahl der **Gestorbenen** d_x zwischen den Altern x und $x + 1$,
- der **Überlebenswahrscheinlichkeit** p_x, genauer gesagt, die relative Häufigkeit, dass ein x-Jähriger das Alter $x + 1$ erreicht,
- der **Sterbewahrscheinlichkeit** q_x, genauer gesagt, die relative Häufigkeit, dass ein x-Jähriger vor Erreichen des Alters $x + 1$ stirbt.

Die **einfache Sterbetafel** ist somit eine Tabelle, welche aus diesen fünf Spalten besteht. Wir werden später sehen, wie die Tafel um die so genannten **Kommutationswerte** ergänzt werden kann. Man spricht dann von der **erweiterten Sterbetafel**. In der Praxis benutzt man häufig die **verkürzte Sterbetafel**, welche lediglich aus dem Alter und der zugehörigen Sterbewahrscheinlichkeit besteht. Denn alle anderen Elemente der Sterbetafel können abgeleitet werden.

Die Begriffe der Sterbetafel sind intuitiv festgelegt. Das **Endalter**, also das höchstmögliche vollendete Lebensalter, wird mit ω bezeichnet; das heißt, ω ist so festgelegt, dass

$$d_\omega = l_\omega \qquad \text{beziehungsweise } l_{\omega+1} = 0$$

gilt.

Der Anfangsbestand l_0 wird häufig auf 100.000 oder 1.000.000 Lebende festgesetzt. Dieser Wert dient lediglich der Normierung und hat keinen Einfluss auf die relevanten versicherungstechnischen Größen.

Ferner ist die Überlebenswahrscheinlichkeit in Anlehnung an das stochastische Modell der Sterblichkeit definiert durch

$$p_x = \frac{l_{x+1}}{l_x} \, .$$

Die Anzahl der Gestorbenen eines Jahres berechnet sich aus der Differenz der Lebenden in zwei aufeinander folgenden Jahren:

$$d_x = l_x - l_{x+1} \, .$$

Folglich ist die Sterbewahrscheinlichkeit

$$q_x = 1 - p_x = \frac{d_x}{l_x} \, .$$

Diese Wahrscheinlichkeiten sind korrekterweise als relative Häufigkeiten des Eintretens des Überlebens oder des Sterbens gemäß der Sterbetafel zu interpretieren.

Sterbetafeln beziehen sich auf das tatsächliche Alter der Individuen. Eine Lebensversicherung beginnt jedoch meistens nicht am Geburtstag der versicherten Person. Deshalb muss eine Regelung getroffen werden, die das ganzzahlige Alter des Versicherten festlegt.

Zur Definition des versicherungstechnischen Alters im Hinblick auf den Versicherungsvertrag gibt es verschiedene Ansätze:

- die Kalenderjahrmethode, bei der das Alter das Kalenderjahr bei Vertragsbeginn abzüglich des Geburtsjahres ist,
- die Halbjahresmethode, bei der das exakte Alter des Versicherten bei Vertragsbeginn kaufmännisch gerundet wird,
- die Methode des bürgerlichen Alters, wonach die Anzahl der vollendeten Lebensjahre das versicherungstechnische Alter definiert,
- die Methode des nächsten Alters, welches das Alter am nächstfolgenden Geburtstag nach Vertragsbeginn berücksichtigt.

Für Versicherungen mit Todesfallschutz gilt es als vorsichtig, das Alter der versicherten Person zu überschätzen. Der umgekehrte Fall gilt für Versicherungen mit Erlebensfallleistungen.

Eine Sterbetafel liefert lediglich Werte für ganzzahlige Lebensalter. Sind versicherungsmathematische Werte für rationale Alter zu ermitteln, so müssen wir dazu eine Approximation verwenden. Ein einfacher Ansatz ist die **Gleichverteilung der Toten** im Jahresverlauf. Dabei wird für $0 \leq t \leq 1$ die Anzahl der Lebenden l_{x+t} innerhalb des Jahres definiert durch:

$$l_{x+t} = l_x \quad t d_x = l_x - t(l_x - l_{x+1}) = (1-t)l_x + t l_{x+1} \ .$$

An der rechten Seite dieser Formel erkennen wir die lineare Interpolation der Lebenden. Es folgt daraus, dass die Überlebenswahrscheinlichkeit durch

$$_t p_x = \frac{l_{x+t}}{l_x} = \frac{(1-t)l_x + t l_{x+1}}{l_x} = 1 - t + t p_x$$

berechnet werden kann. Die Sterbewahrscheinlichkeit ist dann

$$_t q_x = 1 - {}_t p_x = t - t p_x = t(1 - p_x) = t q_x \ .$$

Beispiel

Die einjährige Überlebenswahrscheinlichkeit einer 80-jährigen Person sei $p_{80} = 0{,}8$. Dann ist die Wahrscheinlichkeit, im nächsten halben Jahr zu sterben, 10 %:

$$_{0{,}5} q_{80} = 0{,}5 q_{80} = 0{,}5\,(1 - p_{80}) = 0{,}5\,(1 - 0{,}8) = 0{,}1 \ .$$

Ein alternativer Modellierungsansatz setzt eine **konstante Sterbeintensität** voraus. Wir verlangen dabei, dass

$$\mu_{x+t} = \mu_x$$

für $0 \leq t \leq 1$ ist. Für die einjährige Überlebenswahrscheinlichkeit gilt, wie gezeigt, im Rahmen des stochastischen Modells, dass

$$p_x = S_x(1) = \exp\left(-\int_0^1 \mu_{x+t}\,dt\right) = \exp(-\mu_x)\,.$$

Analog ist die unterjährige Überlebenswahrscheinlichkeit

$$_t p_x = S_x(t) = \exp\left(-\int_0^t \mu_{x+s}\,ds\right)\,.$$

Nach Voraussetzung folgt daraus

$$_t p_x = \exp\left(-\int_0^t \mu_x\,ds\right) = \exp(-t\mu_x)\,.$$

Mit den Rechenregeln der Exponentialfunktion gilt somit schließlich

$$_t p_x = (\exp(-\mu_x))^t = (p_x)^t\,.$$

Beispiel

Es sei wiederum $p_{80} = 0{,}8$. Unter der Annahme der konstanten Sterbeintensität, ist die Wahrscheinlichkeit, im nächsten halben Jahr zu sterben, $10{,}6\,\%$:

$$_{0{,}5}q_{80} = 1 - {}_{0{,}5}p_{80} = 1 - (p_{80})^{0{,}5} = 1 - \sqrt{0{,}8} = 0{,}106\,.$$

3.4.3   Historischer Hintergrund

Im Verlauf der Geschichte hat es anhaltendes Interesse an der Erforschung der Bevölkerungsentwicklung gegeben. Im Folgenden werden die Meilensteine der historischen Entwicklung dargestellt.

Der römische Rechtsgelehrte Domitius Ulpianus, 170–223 n. Chr., hat zahlreiche Veröffentlichungen herausgebracht. Eine dieser Schriften befasst sich mit der restlichen Lebenserwartung in Abhängigkeit vom erreichten Lebensalter. Sie war lange Zeit einzigartig.

Wegweisend für die Entwicklung der **Sterbetafeln** war die Arbeit von John Graunt, einem Londoner Tuchhändler, mit dem Titel *„Natural and Political Observations made upon the Bills of Mortality"* aus dem Jahr 1662. Seit etwa 1590 wurden in London wöchentliche Bekanntmachungen veröffentlicht, aus welchen die Anzahl der Todesfälle hervorging. Graunt hat diese Daten mit der Anzahl der Geburten in London in Verbindung gebracht. Sein Ziel war die Vorhersage der Bevölkerungsentwicklung, um so ein Frühwarnsystem für die Beulenpest zu schaffen.

Die von Graunt verwendete Methodik vernachlässigte jedoch Bevölkerungswanderungen. Die Anzahl der Lebenden konnte deshalb nicht genau angegeben werden, sondern bestenfalls geraten werden. Folglich war es unmöglich, verlässliche Sterbewahrscheinlichkeiten zu bestimmen. Nichtsdestotrotz gelten die Arbeiten von John Graunt als die ersten statistischen Bevölkerungsanalysen.

Eine bessere Datenquelle stellten die Totenregister der Stadt Breslau dar. Aus den Kirchenbüchern der Stadt leitete der Mathematiker und Astronom Edmund Halley Sterbeziffern ab. Aus diesen Berechnungen ging 1693 die erste Sterbetafel hervor.

Johann Peter Süßmilch veröffentlichte im Jahr 1741 sein Werk *„Die göttliche Ordnung in den Veränderungen des menschlichen Geschlechts, aus der Geburt, Tod und Fortpflanzung desselben erwiesen"*. Damit gilt er als einer der Gründerväter der demografischen Forschung in Deutschland.

Erst in der zweiten Hälfte des 19. Jahrhundert wurden mathematische Verfahren entwickelt, mit denen Sterbetafeln hergeleitet und die Bevölkerungsentwicklung vorhergesagt werden konnten. Die wichtigsten Methoden der praktischen Sterblichkeitsanalyse werden im folgenden Abschnitt dargestellt.

3.5   Methoden der Sterblichkeitsanalyse

Lebensversicherungsunternehmen sind auf verlässliche Angaben über die von ihnen versicherten Risiken angewiesen. Dazu reichen die intern verfügbaren Daten nicht immer aus, so dass ein Zusammenlegen sämtlicher verfügbarer statistischer Informationen wünschenswert ist. Nach der europäischen **Gruppenfreistellungsverordnung** sind Lebensversicherer zum Zwecke der Auswertung biometrischer Statistiken vom Kartellverbot ausgenommen. Damit ist es den Unternehmen erlaubt, **Datenpools** zu bilden und gemeinsame Analysen durchzuführen. Insbesondere dürfen die gewonnenen Erkenntnisse für die Berechnungen des eigenen Lebensversicherungsgeschäfts verwendet werden. Es ist also rechtlich zulässig, dass verschiedene Lebensversicherer die gleiche Sterbetafel verwenden.

Auf der anderen Seite ist der Grundsatz zu betrachten, nach dem Gleiches gleich zu behandeln ist und Ungleiches ungleich behandelt werden muss. Demnach sind gleiche

Versicherungsbedingungen dann und nur dann anzuwenden, wenn die Risiken im Hinblick auf die Lebensversicherung gleich sind. Dieser **Gleichbehandlungsgrundsatz** ist in Paragraph 11 Absatz 2 Versicherungsaufsichtsgesetz (**VAG**) niedergeschrieben:

Bei gleichen Voraussetzungen dürfen Prämien und Leistungen nur nach gleichen Grundsätzen bemessen werden.

Somit werden Lebensversicherer in die Pflicht genommen, die biometrischen Rechnungsgrundlagen, insbesondere die Sterbewahrscheinlichkeiten in Abhängigkeit von gewissen Gefahrenmerkmalen auf ihre statistische Signifikanz zu untersuchen. Im Allgemeinen gilt es als unstrittig, dass das erreichte Lebensalter einen wesentlichen Einfluss auf die Sterblichkeit hat. Im Folgenden beschränken wir uns auf die Analyse der Todesfallwahrscheinlichkeit in Abhängigkeit vom Alter. Wir weisen in diesem Zusammenhang auf Paragraph 19 Allgemeines Gleichbehandlungsgesetz (**AGG**) hin, wonach alle Menschen unabhängig vom Geschlecht, gleich behandelt werden müssen.

Zur Analyse der Sterblichkeit wird eine Menge von Personen, die so genannte **Personengesamtheit**, über einen bestimmten Zeitraum hinweg beobachtet. Das Ziel ist die **empirische Schätzung** der einjährigen Sterbewahrscheinlichkeiten in Abhängigkeit von Alter und Geschlecht. Mit Hilfe der Anzahl der Lebenden l_x und der Toten d_x definieren wir den naiven Schätzer für die Sterbewahrscheinlichkeit:

$$\hat{q}_x = \frac{d_x}{l_x} \, .$$

Dabei ist es notwendig, sowohl die Anzahl der Todesfälle als auch die Anzahl der unter Risiko stehenden Personen adäquat zu bestimmen. Das korrekte Zählen hat jedoch seine Tücken, denn die Beobachtungen sind oft unvollständig, beziehungsweise zensiert.

Zum besseren Verständnis der Zählvorgänge betrachten wir dazu das so genannte **Lexis-Diagramm**. In einem Koordinatensystem wird auf der horizontalen Achse, der Abszisse, das beobachtete Kalenderjahr und auf der vertikalen Achse, der Ordinate, das Lebensalter abgetragen. Dann enthalten waagerechte Linien genau die Punkte gleichen Alters. Senkrechte Linien bestehen aus Punkten zum gleichen Zeitpunkt im Kalenderjahr. Die Winkelhalbierende und ihre Parallelen stellen Lebenslinien oder auch Verweildauern eines Individuums dar. Die Linie einer jeden Person beginnt auf der Abszisse mit seinem Eintritt ins Kollektiv, also dem Geburtstag oder dem Versicherungsbeginn, und endet mit seinem Todestag oder dem Vertragsende. Die nachfolgende Grafik stellt diesen Sachverhalt bildlich dar. Die eingezeichnete Verweildauerlinie gehört zu einem Individuum, welches dem Kollektiv am 1.10.2000 beigetreten ist und am 30.6.2005 im Alter von drei und drei viertel Jahren ausgeschieden ist.

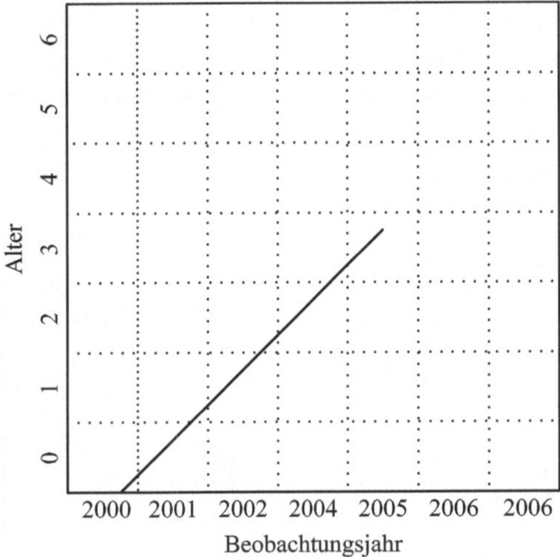

Um die Sterbewahrscheinlichkeit q_x einer x-jährigen Person zu ermitteln, ist es notwendig, alle Risiken vom Alter x bis zum Alter $x + 1$ zu beobachten. Leider ist diese Voraussetzung in der Praxis selten erfüllt. In vielen Fällen stimmt der Beobachtungszeitraum mit der individuellen Verweildauer, die unter anderem durch die Vertragslaufzeit determiniert ist, nicht überein. In anderen Fällen werden nicht alle Risiken über das gesamte Lebensjahr hinweg beobachtet. So kann es passieren, dass relevante Todesfälle nicht erkannt werden. Im Folgenden werden verschiedene Methoden vorgestellt, welche diese Schwierigkeiten berücksichtigen, um die Sterbewahrscheinlichkeit adäquat zu schätzen.

Der Vollständigkeit halber sei erwähnt, dass man das so genannte **Becker-Diagramm** aus dem Lexis-Diagramm erhält, wenn man die beiden Achsen vertauscht. Die nachfolgenden Methoden der Sterblichkeitsanalyse lassen sich *mutatis mutandis* auch anhand dieses Diagramms darstellen.

3.5.1 Geburtsjahrmethode

Die **Geburtsjahrmethode nach Becker** beruht auf der vollständigen Beobachtung einer Generation. Alle Risiken der Personengesamtheit werden von ihrem Eintritt bis zu ihrem Austritt betrachtet. Die Geburtsjahrmethode ist demnach ein **Längsschnittverfahren** zur Ermittlung einer **Generationensterbetafel**.

Die Analyse eines Geburtsjahrgangs, auch **Kohorte** genannt, erfolgt im Lexis-Diagramm entlang desjenigen diagonalen Korridors, welche die Abszisse genau im gewählten Geburtsjahr schneidet. Für die Sterblichkeitsanalyse sind all jene Verweillinien von Interesse, die innerhalb dieses Korridors verlaufen.

In der verallgemeinerten Form können auch mehrere Geburtsjahre zusammengefasst werden. Sämtliche Personen werden solange beobachtet, bis das letzte Mitglied der ursprünglichen Gesamtheit ausgeschieden ist. Für Bevölkerungsstatistiken wird somit ein Beobachtungszeitraum von mehr als hundert Jahren erforderlich. Durch diese Anforderung ist die praktische Bedeutung der Geburtsjahrmethode eingeschränkt.

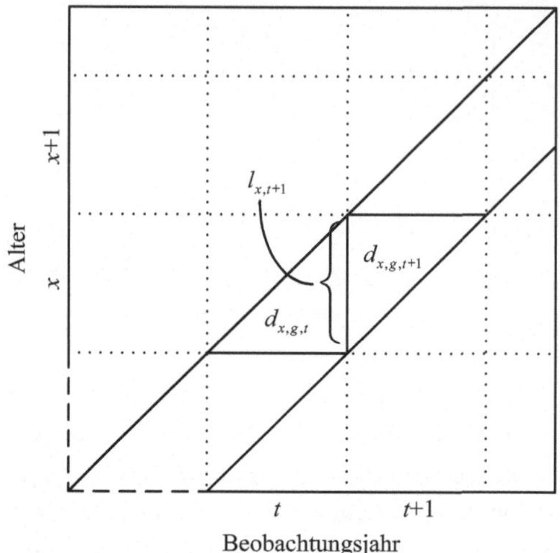

Gemäß der obigen Grafik greifen wir ein Parallelogramm heraus. Alle Verweillinien, die in diesem Parallelogramm enden, zeigen Sterbefälle derjenigen Personen an, die im gleichen Jahr g geboren wurden und im erreichten Alter x gestorben sind.

Die Lebenslinien enden entweder im linken oder im rechten Dreieck. Somit werden die Toten in zwei aufeinander folgenden Beobachtungsjahren, t und $t + 1$, erfasst. Dementsprechend unterscheiden wir zwischen der Anzahl der Toten $d_{x,g,t}$ und $d_{x,g,t+1}$.

Alle Verweillinien, welche die Trennlinie zwischen den beiden Dreiecken schneiden, können als Lebende im Alter x zum Anfang des Beobachtungsjahres $t + 1$ identifiziert werden. Die Anzahl wird mit $l_{x,t+1}$ bezeichnet. Addieren wir dazu $d_{x,g,t}$, so erhalten wir die Summe aller Lebenslinien, welche die untere Seite des Parallelogramms schneiden. Jene Zahl stellt die Anzahl der Lebenden des Alters x dar, aus denen die beobachteten Sterbefälle in dem Parallelogramm hervorgegangen sind. Als Schätzer für die Sterbewahrscheinlichkeit nach der Geburtsjahrmethode setzen wir deshalb an:

$$\hat{q}_{x,g,t}^{GJ} = \frac{d_{x,g,t} + d_{x,g,t+1}}{l_{x,t+1} + d_{x,g,t}} .$$

Dabei steht x für das Alter, g für das Geburtsjahr und t für das Beobachtungsjahr.

Beispiel

Eine Auszählung für die Geborenen des Jahres 1960 habe folgendes Ergebnis gebracht:

Alter	Lebende 2006	Tote 2006	Lebende 2007	Tote 2007
…	–	–	–	–
45	691.817	927	–	–
46	670.043	955	689.437	997
47	–	–	667.725	1.152
…	–	–	–	–

Somit ist die geschätzte Sterbewahrscheinlichkeit einer 46-jährigen Person nach der Geburtsjahrmethode mit $x = 60;\ g = 1960;\ t = 2006$

$$\hat{q}^{GJ}_{46,1960,2006} = \frac{d_{46,1960,2006} + d_{46,1960,2007}}{l_{46,2007} + d_{46,1960,2006}} = \frac{955 + 997}{689.437 + 955} = 0{,}00283\ .$$

Ein Nachteil dieser Methode besteht in der Abhängigkeit der ermittelten Sterbewahrscheinlichkeit vom Geburtsjahr, welches in der Vergangenheit liegt. Für die Kalkulation von Neugeschäft in der Lebensversicherung gelten die so ermittelten biometrischen Rechnungsgrundlagen im Allgemeinen als veraltet.

Andererseits sind gerade Generationensterbetafeln für die Kalkulation von Altersrenten von besonderer Bedeutung. So basieren die von der Deutschen Aktuarvereinigung veröffentlichten Rentensterbetafeln auf dem Geburtsjahr des Versicherten. Allerdings werden diese Tafeln gemäß dem antizipierten Sterblichkeitstrend an die aktuelle und zukünftige Sterblichkeit angepasst, wie wir noch sehen werden.

3.5.2 Sterbejahrmethode

Die **Sterbejahrmethode nach Raths** geht aus der Beobachtung einer Personengesamtheit über einen relativ kurzen Beobachtungszeitraum hervor. Dabei werden die Sterbewahrscheinlichkeiten gleichzeitig lebender Personen ermittelt. Die Sterbejahrmethode ist demnach ein **Querschnittverfahren** zur Ermittlung einer **Periodensterbetafel**.

Die Analyse der Sterblichkeit erfolgt im Lexis-Diagramm entlang eines Korridors, welcher parallel zur Ordinate verläuft. Dabei sind all jene Lebenslinien zu betrachten, die durch diesen Korridor hindurch laufen.

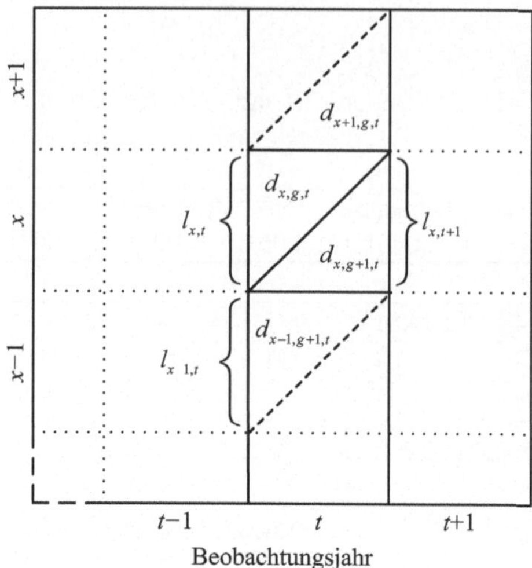

In der obigen Grafik betrachten wir das markierte Rechteck. Die Toten werden als
diejenigen Verweillinien identifizierbar, welche innerhalb des Vierecks abreißen. Dabei
wird unterschieden, ob sie im oberen oder im unteren Dreieck auslaufen. Die gesamten
Toten $d_{x,t}$ lassen sich demnach zwei aufeinander folgenden Geburtsjahren zuordnen, die
mit $d_{x,g,t}$ beziehungsweise $d_{x,g+1,t}$ bezeichnet werden:

$$d_{x,t} = d_{x,g,t} + d_{x,g+1,t} \;.$$

Die Toten $d_{x,g,t}$ aus dem oberen Dreieck sind aus den Lebenden $l_{x,t}$ hervorgegangen, die
zu Beginn des Jahres t gezählt worden sind. Analog entstammen die Toten $d_{x,g+1,t}$ aus
den Lebenden $l_{x-1,t}$.

Es ist allerdings zu beachten, dass die Personengesamtheit außerhalb des Quadrats
weiter abgebaut wird. Geht man davon aus, dass die Sterbefälle gleichmäßig in der Zeit
verteilt sind, so sind genau die Hälfte der Toten beobachtet worden. Somit ist es zweckmäßig, folgenden Schätzer für die Sterbewahrscheinlichkeit nach der Sterbejahrmethode
anzusetzen:

$$\hat{q}_{x,t}^{SJ} = \frac{2d_{x,t}}{l_{x,t} + l_{x-1,t}} \;.$$

Dabei steht x für das Alter und t für das Beobachtungsjahr. Man beachte, dass dieser
Schätzer nicht für das Alter null definiert ist.

Beispiel

Die Volkszählung 1987 hat folgendes Ergebnis gebracht.

Alter	Lebende	Tote
…	…	…
59	326.884	5.158
60	305.207	5.072
61	292.865	5.220
…	…	…

Somit ist die geschätzte Sterbewahrscheinlichkeit für $x = 60$ und $t = 1987$:

$$\hat{q}^{SJ}_{60,1987} = \frac{2d_{60,1987}}{l_{60,1987} + l_{59,1987}} = \frac{2 \cdot 5.072}{305.207 + 326.884} = 0{,}01605 \, .$$

Unter Vernachlässigung von Wanderungen kann folgender Zusammenhang für die Lebenden und Toten ausgenutzt werden:

$$l_{x,t+1} = l_{x-1,t} - d_{x,g+1,t} - d_{x-1,g+1,t} \, ,$$

wie wir im Lexis-Diagramm anschaulich erkennen können. Folglich ist dann

$$\hat{q}^{SJ}_{x,t} = \frac{2d_{x,t}}{l_{x,t} + l_{x,t+1} + d_{x,g+1,t} + d_{x-1,g+1,t}} \, .$$

Dadurch kann auch die Sterbewahrscheinlichkeit im Altersbereich von null bis einem Jahr geschätzt werden. Die Annahme der Gleichverteilung der Sterbefälle über das Lebensjahr und Kalenderjahr ist allerdings nicht für alle Lebensabschnitte sinnvoll. Beispielsweise ist die Säuglingssterblichkeit im ersten Lebensjahr erfahrungsgemäß sehr ungleichmäßig verteilt. In solchen Fällen muss der Nenner durch eine modifizierte Gewichtung der Summanden verändert werden. Die Festsetzung geeigneter Gewichte bedarf dabei einer detaillierten Analyse der Todesfallzeitpunkte.

3.5.3 Sterbeziffermethode

Die **Sterbeziffermethode nach Farr** beruht auf der Periodenanalyse. Zunächst wird die so genannte **Sterbeziffer** $k_{x,t}$ in Abhängigkeit vom Alter x und Beobachtungsjahr t ermittelt:

$$k_{x,t} = \frac{d_{x,t}}{0{,}5 \cdot (l_{x,t} + l_{x,t+1})} \, .$$

Dieser Wert stellt die Anzahl der Todesfälle im Alter x bezogen auf die durchschnittliche Anzahl der Lebenden im Beobachtungsjahr dar. Darauf aufbauend wird der Schätzer für die Sterbewahrscheinlichkeit nach der Sterbeziffermethode definiert durch

$$\hat{q}_{x,t}^{SZ} = \frac{k_{x,t}}{1 + 0{,}5 \cdot k_{x,t}} \ .$$

In äquivalenter Form finden wir durch Einsetzen

$$\hat{q}_{x,t}^{SZ} = \frac{2d_{x,t}}{l_{x,t} + l_{x,t+1} + d_{x,t}} \ .$$

Der Sterblichkeitsschätzer $\hat{q}_{x,t}^{SZ}$ wird im Vergleich mit der Sterbeziffer $k_{x,t}$ durch einen Korrekturterm im Nenner angepasst, nämlich durch Addition von $0{,}5d_{x,t}$. Die Begründung dafür lautet, dass die zu berücksichtigenden Toten zu Beginn des Beobachtungsjahres noch gelebt haben müssen. Geht man nun davon aus, dass sich die Todesfälle gleichmäßig über das Jahr verteilen, so haben die im Beobachtungsjahr verstorbenen Personen im Mittel ein halbes Jahr lang gelebt. Damit erhöht sich der Bestand der Lebenden um die Hälfte der Verstorbenen.

Beispiel
Anhand der Volkszählung 1987 und der Fortschreibung 1988 wurden folgende Zahlen festgehalten

Alter	Lebende 1987	Tote 1987	Lebende 1988	Tote 1988
...	...	...	...	...
59	326.884	5.158	363.869	5.311
60	305.207	5.072	327.004	5.444
61	292.865	5.220	305.086	5.385
...	...	...	...	...

Somit schätzen wir die Sterbewahrscheinlichkeit einer 60-jährigen Person durch

$$\hat{q}_{60,1987}^{SZ} = \frac{2 \cdot d_{60,1987}}{l_{60,1987} + l_{60,1988} + d_{60,1987}} = \frac{2 \cdot 5.072}{305.207 + 327.004 + 5.072} = 0{,}01592 \ .$$

Die Sterbeziffermethode berücksichtigt Zu- und Abwanderungen aufgrund der Tatsache, dass die Sterbefälle auf die durchschnittliche Bevölkerungsanzahl im Beobachtungszeitraum bezogen werden. In Deutschland wird diese Methode vom statistischen Bundesamt für die Berechnung der Bevölkerungssterblichkeit verwendet.

3.5.4 Verweildauermethode

Auch die **Verweildauermethode** ist eine Periodenanalyse. Im Gegensatz zu den oben dargestellten Methoden wird die Anzahl der unter Risiko stehenden Personen auf den Tag genau berechnet. Dazu muss eine exakte Bestandszählung zu jedem Tag des Beobachtungszeitraums vorliegen. Der Schätzer für die einjährige Sterbewahrscheinlichkeit in Bezug auf die einfache Verweildauermethode lautet

$$\hat{q}_{x,t}^{VD} = \frac{d_{x,t}}{d_{x,t} + \sum\limits_{n=1}^{365} \frac{1}{365} l_{x,t+n/365}} \,.$$

Dabei ist $l_{x,t+n/365}$ die Anzahl der lebenden Personen am Ende des n-ten Tages im Beobachtungszeitraum t. Es sei angemerkt, dass die Sterbefälle zu der Gesamtheit der Lebenden in Beziehung gesetzt, aus denen sie hervorgegangen sind. Folglich ist der Nenner die Summe der Toten und aller nicht Verstorbenen.

Beispiel

Der Beobachtungszeitraum betrage 2 Tage. Eine Personengesamtheit von anfänglich 1.000 Patienten schrumpfe durch eine Epidemie zunächst auf 800 und schließlich auf 500 Lebende. Dann ist der Schätzer für die Sterbewahrscheinlichkeit über 2 Tage nach der Verweildauermethode

$$\hat{q}_2^{VD} = \frac{500}{500 + \frac{1}{2}800 + \frac{1}{2}500} = \frac{500}{1150} = 0{,}435 \,.$$

Interessiert man sich für die eintägige Sterbewahrscheinlichkeit, so lautet der Schätzer

$$\hat{q}_1^{VD} = \frac{200 + 300}{200 + 800 + 300 + 500} = \frac{500}{1800} = 0{,}278 \,.$$

Hierbei handelt es sich um die mittlere tägliche Sterbewahrscheinlichkeit bei zwei Beobachtungsperioden von jeweils einem Tag.

Die einfache Verweildauermethode liefert eine genauere Schätzung der Sterbewahrscheinlichkeit, insofern detaillierte Bestandsdaten zur Verfügung stehen. Aus diesem Grund werden Verweildauermethoden bevorzugt in der Lebensversicherungspraxis angewendet.

3.5.5 Kaplan-Meier-Methode

Für die Analyse der Überlebenszeiten hat sich in der Medizin die Methode nach **Kaplan-Meier** durchgesetzt. Dabei wird die Überlebensfunktion $S_x(t)$ geschätzt, aus der sich alle anderen relevanten Größen ableiten lassen. Bei dieser Berechnung werden insbesondere **zensierte Daten** adäquat berücksichtigt, bei denen das interessierende Ereignis nicht beobachtet wird. Zensur kommt in der Lebensversicherung vor, wenn die Versicherung vorzeitig gekündigt wird oder der Tod nicht innerhalb des Beobachtungszeitraums eintritt.

Beispiel

Ausgangspunkt unserer Überlegung ist ein gegebener Bestand an Versicherungsverträgen. Wir interessieren uns für die geschätzte einjährige Sterbewahrscheinlichkeit $\hat{q}_{90}$ einer 90-jährigen Person, die im Jahr 1920 geboren wurde. Als Beobachtungszeitraum sei 1.1.2010 bis 31.12.2011 gewählt, damit diese Kohorte vollständig analysiert werden kann. Um Selektionseffekte auszuschließen, betrachten wir nur solche Personen, die zu Beginn der Studie mindestens schon zwei Jahre versichert waren. Der Einfachheit halber beschränken wir uns exemplarisch auf sieben versicherte Personen.

Person	Geburtstag	Vertrags-beginn	Kündigung	Todestag	Ereigniszeit in Tagen
1	26.6.1920	1.3.2006	–	30.9.2010	107
2	30.10.1919	1.9.1998	–	–	–
3	17.3.1920	1.6.1990	–	–	365
4	15.9.1920	1.12.1987	23.4.2011	–	221
5	8.8.1920	1.7.2009	–	–	–
6	27.1.1920	1.12.1989	–	2.7.2010	157
7	2.11.1920	1.4.2000	–	30.6.2011	241

Person 1 ist zwischen Alter 90 und 91 verstorben. Person 2 entfällt aus der Studie, weil sie nicht im Jahr 1920 geboren wurde. Person 3 war über das gesamte Lebensalter 90 im versicherten Bestand. Person 4 wurde nur für einen Teil des Jahres, in dem sie 90 Jahre alt war, beobachtet. Es ist also unklar, ob diese Person vor Erreichen des Alters 91 gestorben ist. Person 5 ist an seinem 90. Geburtstag am 8.8.2010 weniger als zwei Jahre versichert und entfällt deshalb aus dieser Studie. Person 6 und Person 7 sind zwischen Alter 90 und 91 gestorben.

Die Ereigniszeit misst die Zeit zwischen dem Erreichen des Alters 90 und dem nachfolgenden Ereignis Kündigung, Tod oder Vollendung des nächsten Lebensjahres. Der erste und der letzte Tag werden voll mitgezählt. Grundlage der Tagzählung ist der Jahreskalender.

Es sei $i = 1,\ldots,n$ die Nummer der aufsteigend sortierten Ereigniszeiten t_i, also die jeweilige Dauer bis zur Kündigung, zum Tod oder zum Erreichen des nächsten Lebensjahres. Diese drei Ereignisse mögen sich gegenseitig ausschließen. Im Folgenden gehen wir davon aus, dass Kündigung und Todesfall voneinander unabhängig sind. Diese Annahme ist in der Praxis nicht unbedingt zutreffend, wenn man beispielsweise selektives Storno von gesunden Versicherten bei der Todesfallversicherung beobachtet hat. Außerdem sei d_i die Anzahl der Todesfälle und n_i die Anzahl der versicherten Personen jeweils zum Zeitpunkt t_i.

Der **Kaplan-Meier-Schätzer** der Überlebensfunktion ist dann definiert durch

$$\hat{S}_x(t) = \prod_{t_i \leq t} \frac{n_i - d_i}{n_i} \,.$$

Die Idee zur Herleitung dieser Formel besteht darin, dass

$$\hat{\mu}_x(t) = P(T_x = t_i \,|\, T_x \geq t_i) = \frac{d_i}{n_i}$$

ein Schätzer für die stückweise konstante Sterbeintensität im Intervall $[t_i, t_{i+1})$ ist. Daraus folgt $1 - \hat{\mu}_x(t) = 1 - d_i/n_i$. Außerdem ist

$$P(T_x > t) = P(T_x > t \,|\, T_x \geq t_i) \cdot P(T_x \geq t_i)$$

für $t \in [t_i, t_{i+1})$. Folglich ist

$$\hat{S}_x(t_i) = \left(1 - \frac{d_i}{n_i}\right) \hat{S}_x(t_{i-1})$$

ein Schätzer für die Überlebensfunktion. Diese Beziehung lässt sich rekursiv fortsetzen, sodass sich dadurch $\hat{S}_x(t)$ als stückweise konstante Funktion ergibt.

Greenwood leitete darüber hinaus eine Formel zur Berechnung der Varianz des Kaplan-Meier-Schätzers her:

$$Var\left(\hat{S}_x(t)\right) = \left(\hat{S}_x(t)\right)^2 \sum_{t_i \leq t} \frac{d_i}{n_i(n_i - d_i)} \,.$$

Unter der Normalverteilungsannahme kann somit das Konfidenzintervall zu jedem Zeitpunkt angegeben werden:

$$\mathrm{KI}(t) = \left[\hat{S}_x(t) - z_{1-\alpha/2} \cdot \sqrt{Var\left(\hat{S}_x(t)\right)}; \hat{S}_x(t) + z_{1-\alpha/2} \cdot \sqrt{Var\left(\hat{S}_x(t)\right)}\right] \,.$$

Beispiel

In Fortsetzung der obigen Bestandsliste werden die fünf Personen mit aufsteigender Ereigniszeit geordnet, sodass die Schätzung der Überlebensfunktion sukzessive erfolgen kann.

i	Person	t_i	n_i	d_i	$\hat{\mu}_{90}(t_i)$	$\hat{S}_{90}(t_i)$
1	1	107	5	1	$1/5$	$1 - 1/5 = 4/5$
2	6	157	4	1	$1/4$	$3/4 \cdot 4/5 = 3/5$
3	4	221	3	0	$0/3$	$3/3 \cdot 3/5 = 3/5$
4	7	241	2	1	$1/2$	$1/2 \cdot 3/5 = 3/10$
5	3	365	1	0	$0/1$	$1/1 \cdot 3/10 = 3/10$

Die einjährige Überlebenswahrscheinlichkeit ist somit 0,3. Nimmt man an, dass Person 3 am Ereignistag gestorben wäre, so wäre die geschätzte einjährige Überlebenswahrscheinlichkeit 0,2, wie man leicht auf analoge Art und Weise nachrechnet. Wenn man annimmt, dass Person 3 das 91. Lebensjahr vollendet hat, so liefert der Kaplan-Meier-Schätzer 0,4 als Wert für die einjährige Überlebenswahrscheinlichkeit. Grundsätzlich ist es unsicher, was mit der ausgeschiedenen Person 3 weiterhin geschah. Der Kaplan-Meier-Schätzer im ursprünglichen Beispiel berücksichtigt diese Unsicherheit, die durch die Zensur hervorgerufen wird, indem ein Zwischenwert berechnet wird. Die einjährige Sterbewahrscheinlichkeit einer 90-jährigen Person ist folglich:

$$\hat{q}_{90}^{KM} = 1 - \hat{S}_{90}(365) = 0{,}7 \ .$$

Den Schätzer für die Varianz der einjährigen Überlebenswahrscheinlichkeit berechnen wir analog.

i	Person	t_i	n_i	d_i	$\frac{d_i}{n_i(n_i-d_i)}$	$Var\left(\hat{S}_{90}(t_i)\right)$
1	1	107	5	1	$1/20$	0,032
2	6	157	4	1	$1/12$	0,048
3	4	221	3	0	0	0,048
4	7	241	2	1	$1/2$	0,057
5	3	365	1	0	0	0,057

Somit lässt sich die Überlebensfunktion mitsamt Konfidenzintervallen unterjährig als stückweise konstante Funktion darstellen. Sei nun $\alpha = 0{,}1$, dann ist $z_{1-\alpha/2} = z_{0,95} = 1{,}6449$. Die Grenzen im 90 %-Konfidenzintervall für die einjährige Sterbewahrscheinlichkeit sind dann $0{,}7 \pm 1{,}6449 \cdot \sqrt{0{,}057}$. Mit 90 % Wahrscheinlichkeit liegt die Todesfallwahrscheinlichkeit einer 90-jährigen Person somit im Intervall von 0,6062 bis 0,7938.

Im Vergleich dazu ist der Schätzer nach der einfachen Verweildauermethode:

$$\hat{q}_{90}^{VD} = \frac{3 \cdot 365}{3 \cdot 365 + 221 + 365} = 0{,}6514 \,.$$

In der Praxis ist insbesondere die Frage relevant, ob zwei gegebene Kollektive dieselbe Kaplan-Meier-Kurve haben. Dazu verwendet man den so genannten **Logrank-Test**, auf den wir in dieser Einführung nicht näher eingehen wollen. Es handelt sich dabei um einen nichtparametrischen statistischen Test zum Vergleich zweier Überlebenskurven.

Für fortgeschrittene statistische Modellierungen der Sterblichkeit interessiert man sich für das Überleben einer Person in Abhängigkeit von mehreren erklärenden Variablen. Das **Cox-Modell** geht von einer proportionalen Sterbeintensität aus und beruht auf dem Ansatz

$$\mu_x(t) = \tilde{\mu}_x(t) \exp\left(\beta_1 X_1 + \ldots + \beta_n X_n\right) \,,$$

wobei $\tilde{\mu}_x(t)$ die Basissterbeintensität ist, $X_1, \ldots, X_n$ die Werte der Einflussvariablen sind und $\beta_1, \ldots, \beta_n$ die zu schätzenden Regressionskoeffizienten sind. Aus der Kenntnis der Sterbeintensität kann dann für jede Merkmalskombination die einjährige Sterbewahrscheinlichkeit einer versicherten Person geschätzt werden.

3.6 Ausgleichsverfahren

Die beobachtete Sterbewahrscheinlichkeit ist zufälligen Schwankungen unterworfen. Deshalb weist der Polygonzug der geschätzten Sterblichkeit in Abhängigkeit vom erreichten Lebensalter im Allgemeinen sowohl Anstiege als auch Abfälle sowie Sprünge auf. Teilweise mag der Verlauf der Todesfallwahrscheinlichkeit wenig plausibel erscheinen.

Derartige Feststellungen lassen eine **Glättung** des Verlaufs der Sterblichkeit wünschenswert erscheinen. Dabei sollte jedoch darauf geachtet werden, dass es Charakteristika gibt, die typisch für den Abbau einer Personengesamtheit sind. Ein sinnvolles Ausgleichsverfahren sollte die wesentlichen Eigenschaften der beobachteten Sterblichkeit erhalten.

So ist zum Beispiel die Sterblichkeit der Säuglinge relativ hoch im Vergleich zur Kindersterblichkeit. Das Minimum der Sterbewahrscheinlichkeit liegt im Allgemeinen bei etwa 10 Jahren. Im Altersbereich von 18 bis 23 Jahren wird für viele Personengesamtheiten ein lokales Maximum erreicht. Dieser Umstand beruht auf tödlichen Verkehrsunfällen junger Menschen und wird als **Unfallbuckel** bezeichnet. Bis etwa Anfang dreißig fällt die Sterblichkeit wieder, um danach monoton anzuwachsen. Die folgende Grafik verdeutlicht diese Eigenheiten anhand der Bevölkerung der Bundesrepublik Deutschland.

Beispiel

Datengrundlage der folgenden Grafik ist die Sterbetafel 2005/07 für ganz Deutschland, herausgegeben vom Statistischen Bundesamt.

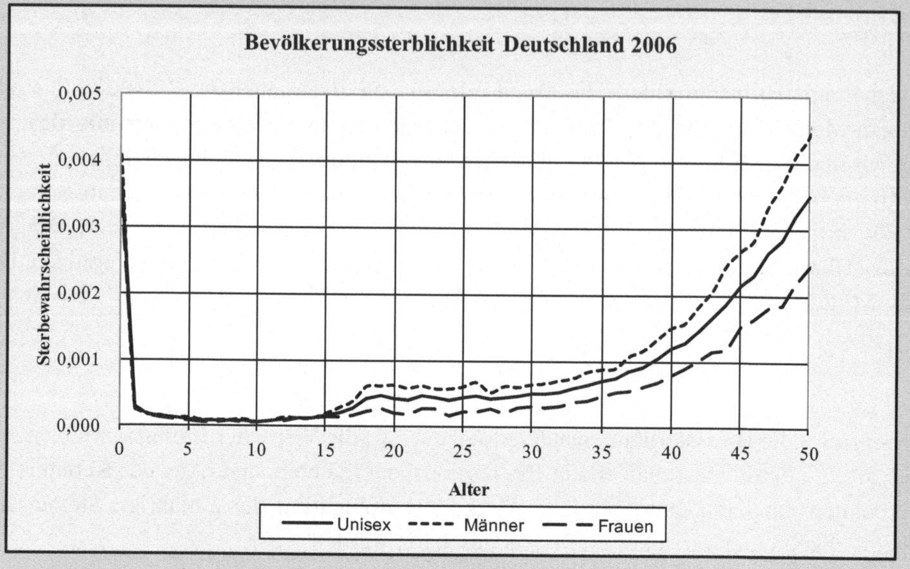

Im Folgenden werden verschiedene Verfahren vorgestellt, die in der Praxis bekannt sind, um eine Glättung vorzunehmen. Die empirisch geschätzten Werte werden in diesem Zusammenhang **rohe Sterbewahrscheinlichkeiten** genannt. Demgegenüber stehen die geglätteten Werte, die als **ausgeglichene Sterbewahrscheinlichkeiten** bezeichnet werden.

3.6.1 Analytische Verfahren

Analytische Ausgleichsverfahren beruhen auf der Vorgabe einer Funktion zur Beschreibung der Lebenden, der Toten, der Sterbewahrscheinlichkeit oder der Überlebenswahrscheinlichkeit in Abhängigkeit vom erreichten Lebensalter. Die Motivation hinter diesem Ansatz liegt in der Annahme begründet, dass die Sterblichkeit einem Naturgesetz folgt. In der Vergangenheit wurden insbesondere die so genannten **Sterbegesetze** erforscht.

Der Vorteil dieses Verfahrens liegt auf der Hand: die Sterbewahrscheinlichkeit ist für alle Werte aus dem Intervall $[0, \omega]$ definiert. Die betrachtete Funktion ist meistens mehrfach differenzierbar. Die zugrunde liegende Gesetzmäßigkeit stellt eine axiomatisch begründbare Entwicklung der Sterblichkeit unter Berücksichtigung bestimmter Charakteristika dar.

In der Praxis geht es dann darum, die Parameter des Sterbegesetzes derart zu festzulegen, dass die Sterbewahrscheinlichkeiten, oder alternativ die Überlebenswahrscheinlichkeiten oder auch die Anzahl der Lebenden oder Toten, die geschätzten rohen Werte möglichst gut approximieren. Ein gängiger Lösungsweg ist die Methode der kleinsten Quadrate. Dabei wird die Summe der quadratischen Abweichungen zwischen den rohen Werten und den ausgeglichenen Werten minimiert.

Neben den Sterbegesetzen eignen sich auch Methoden der Angewandten Mathematik zum Ausgleich der rohen Sterbewahrscheinlichkeiten. So lässt sich der **polynomiale Ansatz** machen:

$$q_x = a_0 + a_1 x + a_2 x^2 + \ldots + a_k x^k \, .$$

Dadurch wird der Verlauf der Sterbewahrscheinlichkeit durch ein Polynom k-ten Grades approximiert. Die Parameter $a_0, a_1, a_2, \ldots, a_k$ können ebenfalls durch die Methode der kleinsten Quadrate aus den Messdaten für alle Lebensalter bestimmt werden, solange der Grad des Polynoms hinreichend klein ist.

Zu guter Letzt sei darauf verwiesen, dass die **Spline-Interpolation** geeignet ist, um die rohen Sterbewahrscheinlichkeiten auszugleichen. In der numerischen Mathematik wurde die Spline-Interpolation zu dem Zweck entwickelt, um gegebene Punkte durch eine möglichst glatte Kurve zu verbinden. Splines bestehen stückweise aus Polynomen. Die rohen Sterbewahrscheinlichkeiten bilden unter Berücksichtigung der zugehörigen Streuung, die zumeist durch die zugehörigen Standardabweichungen berücksichtigt wird, die Stützstellen für den Algorithmus zur numerischen Berechnung der ausgeglichenen Sterbewahrscheinlichkeiten.

3.6.2 Mechanische Verfahren

Im Gegensatz zu den analytischen Verfahren können die beobachteten Schätzer der Sterblichkeit auch durch wohl definierte Prozeduren ausgeglichen werden. Der Ausgleich beruht dann nicht auf einer vorgegebenen parametrisierten Funktion, sondern vielmehr auf einem Algorithmus, der den Übergang von rohen zu ausgeglichenen Werten beschreibt.

Die Beurteilung der Güte der Anpassung ist dabei nicht frei von einer gewissen Willkür. Tatsächlich gibt es eine Fülle von verschiedenen mechanischen Verfahren. Wir beschränken uns deshalb hier auf zwei Verfahren, die bevorzugt in der Praxis angewendet werden.

Ein sehr einfaches Verfahren ist das Ausgleichsverfahren nach **Finlaison-Wittstein**. Es beruht auf der Bildung von **gleitenden Durchschnitten**. Es sei dazu $\hat{q}_x$ der ermittelte Schätzer der rohen Sterbewahrscheinlichkeit im Alter x. Dann definiert man

$$\tilde{q}_x = \frac{1}{5} \left(\hat{q}_{x-2} + \hat{q}_{x-1} + \hat{q}_x + \hat{q}_{x+1} + \hat{q}_{x+2} \right) \qquad \text{für } 2 \leq x \leq \omega - 2$$

und durch wiederholte Anwendung erhält man

$$q_x = \frac{1}{5} \left(\tilde{q}_{x-2} + \tilde{q}_{x-1} + \tilde{q}_x + \tilde{q}_{x+1} + \tilde{q}_{x+2} \right) \qquad \text{für } 4 \leq x \leq \omega - 4 \, .$$

Setzen wir die erste Gleichung in die zweite ein, so erhalten wir

$$q_x = \frac{1}{25}\left(\hat{q}_{x-4} + \hat{q}_{x-3} + \hat{q}_{x-2} + \hat{q}_{x-1} + \hat{q}_x\right)$$

$$+ \frac{1}{25}\left(\hat{q}_{x-3} + \hat{q}_{x-2} + \hat{q}_{x-1} + \hat{q}_x + \hat{q}_{x+1}\right)$$

$$+ \frac{1}{25}\left(\hat{q}_{x-2} + \hat{q}_{x-1} + \hat{q}_x + \hat{q}_{x+1} + \hat{q}_{x+2}\right)$$

$$+ \frac{1}{25}\left(\hat{q}_{x-1} + \hat{q}_x + \hat{q}_{x+1} + \hat{q}_{x+2} + \hat{q}_{x+3}\right)$$

$$+ \frac{1}{25}\left(\hat{q}_x + \hat{q}_{x+1} + \hat{q}_{x+2} + \hat{q}_{x+3} + \hat{q}_{x+4}\right)$$

und vereinfacht

$$q_x = \frac{1}{25}\left(1q_{x-4} + 2\hat{q}_{x-3} + 3\hat{q}_{x-2} + 4\hat{q}_{x-1} + 5\hat{q}_x + 4\hat{q}_{x+1} + 3\hat{q}_{x+2} + 2\hat{q}_{x+1} + 1\hat{q}_{x+4}\right) .$$

Zur Bildung der ausgeglichenen Sterbewahrscheinlichkeit q_x im Alter x werden die benachbarten 4 Lebensalter in symmetrischer Weise und absteigender Gewichtung berücksichtigt. Das folgende Beispiel verdeutlicht den Effekt des Ausgleichs nach Finlaison-Wittstein.

Beispiel

Datengrundlage der folgenden Grafik ist die Sterbetafel 2005/07 für Männer in Deutschland, herausgegeben vom Statistischen Bundesamt. Dargestellt sind die rohen und ausgeglichenen Sterbewahrscheinlichkeiten.

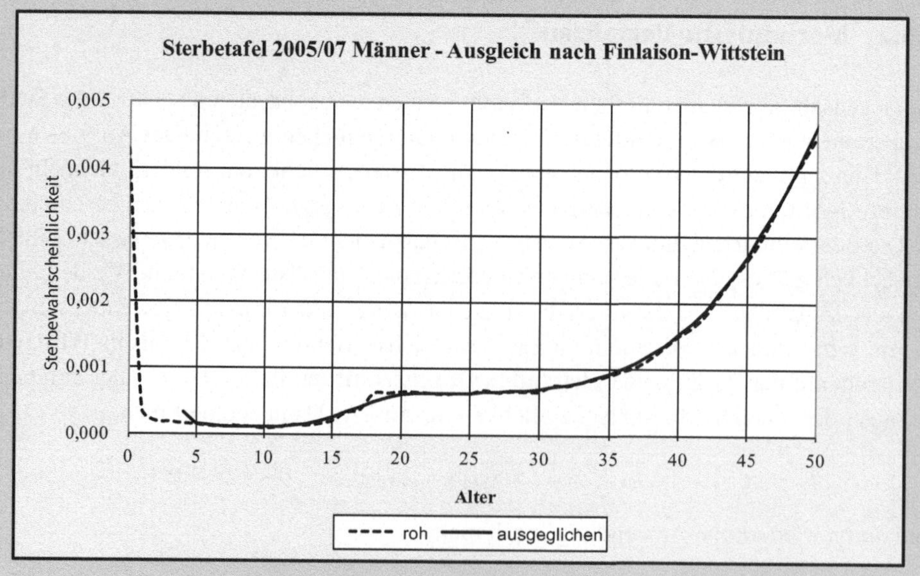

Der offensichtliche Nachteil dieses Verfahrens ist, dass die Randwerte nicht ausgeglichen werden. Eine Möglichkeit, dieses Randproblem zu berücksichtigen, beruht auf dem Algorithmus von **Whittaker-Henderson**, welcher als eines der Standardverfahren zum Ausgleich der rohen Sterblichkeit angesehen werden kann. Das Prinzip dieses Verfahrens besteht in der gleichzeitigen Optimierung eines Anpassungsmaßes und eines Glättemaßes.

Zur Beschreibung des Algorithmus sei zunächst $\hat{\mathbf{q}} = (\hat{q}_0, \ldots, \hat{q}_\omega)^T$ der Vektor der geschätzten rohen Sterbewahrscheinlichkeiten und $\mathbf{q} = (q_0, \ldots, q_\omega)^T$ der Vektor der gesuchten ausgeglichenen Sterbewahrscheinlichkeiten. Weiterhin seien $w_0, \ldots, w_\omega$ vorgegebene Gewichte mit $\sum_{i=0}^{\omega} w_i = 1$. In der Praxis werden diese Gewichte oft durch die Kehrwerte der zugehörigen Standardabweichungen festgelegt. Damit ist dann das **Anpassungsmaß** definiert durch

$$a = \sum_{x=0}^{\omega} w_x (q_x - \hat{q}_x)^2 .$$

Für die Beschreibung der Glätte betrachtet man den linearen Differenzenoperator Δ^s der Ordnung s, der definiert ist durch

$$\Delta^0 q_x = q_x \quad \text{und} \quad \Delta^s q_x = \Delta^{s-1} q_{x+1} - \Delta^{s-1} q_x .$$

> **Beispiel**
>
> Für $s = 0, 1, 2, 3$ lassen sich folgende Vorwärtsdifferenzen berechnen:
>
> $$\Delta^0 q_x = q_x$$
> $$\Delta^1 q_x = q_{x+1} - q_x$$
> $$\Delta^2 q_x = \Delta^1 q_{x+1} - \Delta^1 q_x = q_{x+2} - 2q_{x+1} + q_x 7$$
> $$\Delta^3 q_x = \Delta^2 q_{x+1} - \Delta^2 q_x = q_{x+3} - 3q_{x+1} + 3q_{x+1} - q_x .$$

In expliziter Form gilt

$$\Delta^s q_x = \sum_{k=0}^{s} (-1)^{s-k} \binom{s}{k} q_{x+k} .$$

Das **Glättemaß** ist dann gegeben durch die Summe der Quadrate der Vorwärtsdifferenzen:

$$b = \sum_{x=0}^{\omega-s} (\Delta^s q_x)^2 .$$

Das Whittaker-Henderson-Verfahren basiert nun auf der Minimierung der Funktion

$$f(\mathbf{q}) = a + g \cdot b = \sum_{x=0}^{\omega} w_x (q_x - \hat{q}_x)^2 + g \sum_{x=0}^{\omega-s} (\Delta^s q_x)^2 \,,$$

wobei $g > 0$ die Gewichtung der Glätte darstellt. In der Praxis verwendet man häufig die Parameterwerte $s = 3$ und $g = 0{,}5$.

Zur Vereinfachung der Schreibweise sei

$$\mathbf{W} = \begin{pmatrix} w_1 & & 0 \\ & \ddots & \\ 0 & & w_{\omega+1} \end{pmatrix}$$

die Diagonalmatrix der Gewichte $\mathbf{K} = (k)_{ij}$ mit $i, j = 1, \ldots, \omega + 1$ und

$$k_{ij} = \begin{cases} (-1)^{s-j+1} \begin{pmatrix} s \\ j-i \end{pmatrix} & i \leq j \ \wedge \ j - i \leq s \\ 0 \text{ sonst} \end{cases}$$

die Koeffizientenmatrix der genannten Vorwärtsdifferenzen.

Beispiel

Für $s = 3$ lautet die Matrix $\mathbf{K}$:

$$\mathbf{K} = \begin{pmatrix} -1 & 3 & -3 & 1 & 0 & \cdots & 0 \\ 0 & -1 & 3 & -3 & 1 & 0 & 0 \\ \vdots & \ddots & \ddots & \ddots & \ddots & \ddots & 0 \\ 0 & \cdots & 0 & -1 & 3 & -3 & 1 \end{pmatrix} \,.$$

Dabei sind die Koeffizienten in jeder Zeile auf die Differenzen dritter Ordnung zurückzuführen. Man beachte, dass die Koeffizienten in den Zeilen der Matrix $\mathbf{K}$ im Vergleich mit den Vorwärtsdifferenzen $\Delta^s q_x$ in umgekehrter Reihenfolge, das heißt mit aufsteigendem Altern, sortiert sind.

Mit diesen Notationen lässt sich die zu optimierende Funktion f darstellen durch

$$f(\mathbf{q}) = (\mathbf{q} - \hat{\mathbf{q}})^T \cdot \mathbf{W} \cdot (\mathbf{q} - \hat{\mathbf{q}}) + g \cdot (\mathbf{K} \cdot \mathbf{q})^T \cdot (\mathbf{K} \cdot \mathbf{q}) \,.$$

Durch Ableitung entsteht

$$\nabla f(\mathbf{q}) = 2 \cdot \mathbf{W} \cdot (\mathbf{q} - \hat{\mathbf{q}}) + 2 \cdot g \cdot \mathbf{K}^T \cdot \mathbf{K} \cdot \mathbf{q} \,.$$

Notwendige Bedingung für ein Minimum ist das Verschwinden der Ableitung. Dies ist äquivalent zu

$$\left(\mathbf{W} + g \cdot \mathbf{K}^T \cdot \mathbf{K}\right) \cdot \mathbf{q} = \mathbf{W} \cdot \hat{\mathbf{q}}\,.$$

Dieses lineare Gleichungssystem kann mit den Standardverfahren der linearen Algebra gelöst werden. Im Allgemeinen existiert eine eindeutige Lösung für den Vektor der Sterbewahrscheinlichkeiten $\mathbf{q}$. Damit ist der Ausgleich der rohen Sterbewahrscheinlichkeiten nach dem Whittaker-Henderson-Verfahren theoretisch vollzogen.

3.7 Anpassungen

Bevölkerungssterbetafeln werden in der Regel auf der Grundlage von Volkszählungen erstellt. Die daraus abgeleiteten Sterbewahrscheinlichkeiten lassen sich jedoch nicht ohne weiteres auf den Lebensversicherungsmarkt übertragen. Denn die Zusammensetzung eines versicherten Bestandes unterscheidet sich mitunter erheblich von der Gesamtbevölkerung.

Tatsächlich haben aktuarielle Untersuchungen gezeigt, dass die **Versichertensterblichkeit** im Allgemeinen deutlich niedriger ist als die Bevölkerungssterblichkeit. Für diesen Tatbestand gibt es vorwiegend zwei Erklärungsansätze.

Die Hauptursache stellt die bei Vertragsbeginn mehr oder weniger gründliche **Gesundheitsprüfung** dar. Dadurch wird erreicht, dass überwiegend gesunde Personen Lebensversicherungen zu Standardbedingungen abschließen. Die derart durchgeführte Auslese von guten Risiken nennt man **Selektion**. Die sonstigen Antragsteller können unter Umständen zu besonderen Bedingungen akzeptiert werden. Es ist zu beachten, dass sich Sterblichkeitsanalysen, die zum Zwecke der Tarifierung durchgeführt werden, normalerweise ausschließlich auf Standardrisiken beschränken.

Eine weitere Ursache sind **geodemographische** und **sozioökonomische Faktoren**. Man geht davon aus, dass wohlhabende Menschen einen größeren Bedarf an Lebensversicherungen haben. Wohlstand wirkt sich im Allgemeinen positiv auf die Lebensumstände, den Lebensstandard und den Gesundheitszustand aus. Daraus ergibt sich eine verbesserte Sterblichkeit der Versicherten gegenüber der Gesamtbevölkerung. Das folgende Beispiel verdeutlicht den Zusammenhang der Bevölkerungssterblichkeit und der Versichertensterblichkeit. Die hier verwendeten Versichertensterbetafeln werden im Folgenden noch genauer beschrieben werden.

Beispiel

Lebensversicherer machen konservative Annahmen über die Sterblichkeit. Nach dem Vorsichtsprinzip liegt die Versichertensterbetafel DAV2008T oberhalb der

Bevölkerungssterbetafel 2005/07. Man nimmt an, dass mehr Leute sterben und somit mehr Todesfallleistungen ausgezahlt werden.

Umgekehrt liegt die Versichertensterbetafel DAV2004R unterhalb der Bevölkerungssterbetafel 2005/07. Unter dieser Annahme erhalten mehr Personen für längere Zeit ihre Rente.

Die folgende Grafik zeigt die Bevölkerungssterblichkeit für Männer in Deutschland anhand der Sterbetafel 2005/07 im Vergleich mit der Sterbetafel DAV2004RM und der Sterbetafel DAV2008TM im Altersbereich von sechzig bis achtzig Jahren.

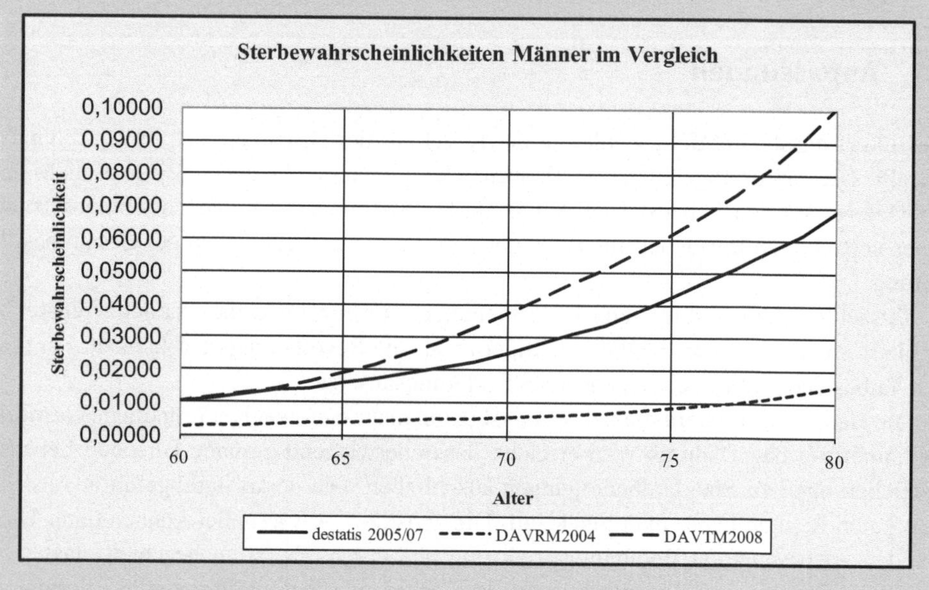

In der Praxis der Lebensversicherung werden die Wahrscheinlichkeiten sehr vorsichtig gewählt. Für Versicherungen mit ausschließlich Todesfallleistungen werden die Sterbewahrscheinlichkeiten überschätzt, für Versicherungen mit ausschließlich Erlebensfallleistungen werden sie unterschätzt. Diese Festsetzungen führen fast sicher zu Unternehmensgewinnen, die wiederum nahezu vollständig im Rahmen einer **Überschussbeteiligung** an die Versicherten zurückgegeben werden. Die konservative, vorsichtige Wahl der biometrischen Rechnungsgrundlagen wird im Folgenden näher erörtert.

3.7.1 Sicherheitszuschläge

In der Versicherungspraxis finden die so genannten **versicherungstechnischen Risiken** besondere Beachtung. Im Wesentlichen unterscheidet man drei Gefahrenquellen für ein Versicherungsunternehmen.

Das **Zufallsrisiko** ist die Gefahr, dass die Zahl der tatsächlichen Versicherungsfälle aus zufälligen Gründen so weit oberhalb der erwarteten Anzahl liegt, dass dem Versicherungsunternehmen ein ernster wirtschaftlicher Verlust entsteht. Bei zunehmender Zahl an Versicherungsverträgen sinkt das Zufallsrisiko nach dem Gesetz der großen Zahlen.

Bei der Herleitung der Rechnungsgrundlagen können Fehler auftreten, sei es in den Daten und deren korrekter Interpretation oder auch in den darauf aufbauenden aktuariellen Berechnungen. Außerdem mag es strukturelle Unterschiede zwischen dem beobachteten Kollektiv und dem versicherten Kollektiv geben. Die Gefahr der möglichen Abweichung vom korrekterweise zu erwartenden Schadenbedarf nennt man das **Irrtumsrisiko**.

Jede Sterblichkeitsanalyse basiert auf beobachteten Ereignissen der Vergangenheit. Dabei ist unklar, ob und inwiefern sich die versicherten Risiken im Verlauf der zukünftigen Versicherungsdauer ändern werden. Für die Lebensversicherung sind diesbezüglich insbesondere Epidemien sowie Durchbrüche in der Heilung, zum Beispiel von Krebs, relevant. Die Gefahr der zukünftigen Veränderung der Umstände wird als **Änderungsrisiko** bezeichnet. Sowohl das Irrtumsrisiko als auch das Änderungsrisiko steigen mit zunehmender Bestandsgröße.

Würde ein Versicherungsunternehmen mit den Erwartungswerten der wahren Todesfallwahrscheinlichkeiten rechnen, so würde nach dem **Zentralen Grenzwertsatz** mit 50 % Wahrscheinlichkeit ein Verlust auftreten. In der Hälfte aller Fälle wäre der tatsächliche Schaden größer als der Erwartungswert. Dann droht die Insolvenz des Unternehmens.

Der Bankrott eines Versicherungsunternehmens würde eine Vielzahl von Versicherten betreffen. Zum Schutz seiner Kunden ist jedes Lebensversicherungsunternehmen dazu angehalten, die biometrischen Rechnungsgrundlagen vorsichtig anzusetzen. Außerdem verlangt die Aufsichtsbehörde weitergehende Absicherungen. In Paragraph 11 Absatz 1 des Versicherungsaufsichtsgesetzes (**VAG**) heißt es dazu:

Die Prämien in der Lebensversicherung müssen unter Zugrundelegung angemessener versicherungsmathematischer Annahmen kalkuliert werden und so hoch sein, dass das Versicherungsunternehmen allen seinen Verpflichtungen nachkommen, ... kann.

In der Praxis wird deshalb nach dem **Vorsichtsprinzip** ein Zu- beziehungsweise Abschlag auf die Sterbewahrscheinlichkeit berücksichtigt. Die so modifizierte Sterbetafel ist Teil der **Rechnungsgrundlagen erster Ordnung**, die zur Kalkulation der Beiträge und Reserven berücksichtigt werden. Im Gegensatz dazu stehen die **Rechnungsgrundlagen zweiter Ordnung**, die die wahren Sterblichkeitsraten angeben. Durch die Differenz der Rechnungsgrundlagen entsteht letztendlich eine potentielle Gewinnquelle für das Unternehmen.

Zur Vermeidung der Insolvenz wird ein **Sicherheitskapital** c benötigt, welches die Schwankungen des tatsächlichen Schadens abfängt. Seine Höhe hängt vom gewünschten **Sicherheitsniveau** $1 - \alpha$ mit $\alpha \in [0; 1]$ ab. Die **Ruinwahrscheinlichkeit** $P(G > E(G) + c)$ ist die Wahrscheinlichkeit dafür, dass der tatsächliche Schaden G den erwarteten Schaden $E(G)$ zuzüglich des gehaltenen Sicherheitskapitals c übersteigt.

Das notwendige Sicherheitskapital nimmt mit der Größe des betrachteten Bestandes ab. Kleine Unternehmen brauchen relativ mehr Eigenkapital als große Unternehmen, um auf die gleiche Sicherheitswahrscheinlichkeit zu kommen.

In der Praxis wird eine Schranke vorgegeben, die die Ruinwahrscheinlichkeit nicht überscheiten sollte. Sie beträgt meistens 5 %, wenn man einen mehrjährigen Zeitraum betrachtet, oder 1 %, über ein Kalenderjahr gesehen. Aus dieser Vorgabe lässt sich das Sicherheitskapital berechnen.

Beispiel

Wir betrachten einen Versicherungsbestand mit $n = 100.000$ unabhängigen, identisch verteilten Risiken mit der durchschnittlichen Sterbewahrscheinlichkeit von $q = 0{,}005$ und einer mittleren Versicherungssumme von $S = 250.000\,€$. Dann ist der Erwartungswert des Jahresgesamtschadens $\mu = n \cdot S \cdot q = 125.000.000$ und die Varianz $\sigma^2 = n \cdot S^2 \cdot q \cdot (1 - q) = 31.093.750.000.000$. Ferner nehmen wir an, dass der Jahresgesamtschaden G näherungsweise normalverteilt ist mit den Parametern μ und σ^2.

Die einjährige Ruinwahrscheinlichkeit soll $\alpha = 0{,}01$ nicht überschreiten:

$$P(G > \mu + c) \leq \alpha \,.$$

Dann ist mittels Standardisierung

$$
\begin{aligned}
P(G > \mu + c) &= 1 - P(G \leq \mu + c) \\
&= 1 - P\left(\frac{G - \mu}{\sigma} \leq \frac{\mu + c - \mu}{\sigma} \right) \\
&= 1 - P\left(\frac{G - \mu}{\sigma} \leq \frac{c}{S\sqrt{n \cdot q \cdot (1 - q)}} \right) .
\end{aligned}
$$

Dabei ist die Zufallsvariable $Z = \frac{G - \mu}{\sigma}$ standardnormalverteilt mit

$$P\left(Z \leq \frac{c}{\bar{S}\sqrt{n \cdot q \cdot (1 - q)}} \right) \geq 1 - \alpha \,,$$

Mit dem entsprechende Quantil $z_{1-\alpha}$ der Standardnormal-Verteilung folgt

$$\frac{c}{S\sqrt{nq(1 - q)}} \geq z_{1-\alpha} \,.$$

Demnach ist das benötigte Sicherheitskapital für den Bestand

$$c \geq S\sqrt{nq(1 - q)}\, z_{1-\alpha} = 12.972.128 \,.$$

Das Sicherheitskapital für das gesamte Kollektiv beträgt also etwa 12,97 Millionen Euro; relativ zum Erwartungswert des Schadens etwa 10,38 %. Nach Konstruktion ist die einjährige Ruinwahrscheinlichkeit für den Bestand somit kleiner als 1 %:

$$P(G > 137.972.128) \leq 0,01 \ .$$

Wir halten folgende Einsichten fest: Das Vorsichtsprinzip ermahnt den Versicherungsmathematiker Zuschläge zur Deckung der versicherungstechnischen Risiken zu berücksichtigen. Aufgrund der Langfristigkeit der Lebensversicherungsverträge sind die Versicherer dazu aufgefordert, die Rechnungsgrundlagen vorsichtig zu wählen, um die zufälligen Schwankungen abfangen zu können. Die Forderung nach einem ausreichenden Sicherheitskapital macht einen Zuschlag auf die erwartete Sterbewahrscheinlichkeit notwendig.

Nachdem sowohl der erwartete Schadenbedarf als auch das Sicherheitskapital bestimmt worden sind, wird die Höhe des Schwankungszuschlags für das Kollektiv festlegt. Anschließend geht es um die Aufteilung des Zuschlags auf die einzelnen Risiken des Bestandes.

Es ist prinzipiell übertrieben, das gesamte Sicherheitskapital auf die einzelnen Versicherungspolicen zu verteilen. Tatsächlich kann es als ausreichend betrachtet werden, wenn das Sicherheitskapital c eine gewisse vorgegebene Rendite r erwirtschaftet. Geht man davon aus, dass das Eigenkapital zu opportunistischen Zwecken risikofrei angelegt werden könnte, so ergibt sich eine risikolose Vermehrung des Kapitals in einer Periode um $c \cdot r_0$, wenn r_0 der risikofreie Marktzinssatz ist.

Demnach sollte der Schwankungs- oder Sicherheitszuschlag gleich der Renditedifferenz bezogen auf das Sicherheitskapital sein:

$$SZ = c \cdot (r - r_0)$$

Eine Vorschrift, die jedem einzelnen Risiko aus einem gegebenen versicherten Kollektiv einen Anteil am Schwankungszuschlag zuordnet, wird in der Literatur **Prämienprinzip** genannt. Das Wort „Prämie" ist in diesem Zusammenhang allerdings nicht ganz passend, da wir uns ausschließlich mit der Sterbewahrscheinlichkeit befassen.

Wichtige Prämienprinzipien sind

Erwartungswertprinzip	$q_x^I = E(q_x^{II}) + \alpha \cdot E(q_x^{II})$
Varianzprinzip	$q_x^I = E(q_x^{II}) + \beta \cdot Var(q_x^{II})$
Standardabweichungsprinzip	$q_x^I = E(q_x^{II}) + \gamma \cdot \sqrt{Var(q_x^{II})}$

Dabei sind q_x^{II} die Rechnungsgrundlagen zweiter Ordnung und q_x^I die Rechnungsgrundlagen erster Ordnung. Mit den vorsichtigen Sterbewahrscheinlichkeiten q_x^I wird sodann deterministisch gerechnet. Der eigentliche zufällige Charakter dieser Rechnungsgröße wird ignoriert. In der praktischen Lebensversicherung wird deterministisch gerechnet.

Man mache sich jedoch bewusst, dass die Sterblichkeit in Wirklichkeit eine Zufallsgröße ist, deren Erwartungswert und Varianz geschätzt werden kann.

Man kann sich überlegen, dass eine Aufteilung des Schwankungszuschlags nur dann als fair betrachtet werden kann, wenn das Prämienprinzip additiv ist. Wird ein Versicherungsbestand in mehrere Teilbestände zerlegt, so wird verlangt, dass die Summe der Sicherheitszuschläge für die Teilbestände gleich dem Zuschlag für den gesamten Bestand ist. Eine Aufteilung proportional zum Erwartungswert ist zwar additiv, aber nicht fair. Denn der Kapitalbedarf wird letztendlich durch die Streuung verursacht.

Das Standardabweichungsprinzip ist nicht additiv, da die Standardabweichung nicht linear ist. Insofern bleibt nur das Varianzprinzip übrig. Für den Koeffizienten β wählen wir

$$\beta = \frac{c}{Var(G)} \text{ oder auch } \beta = \frac{c(r - r_0)}{Var(G)} \ .$$

Es sollte betont werden, dass das Aufteilungsproblem des Sicherheitszuschlags für die Beitragsberechnung in der Praxis von eher untergeordneter Priorität ist. Häufig wird der Zuschlag so hoch angesetzt, dass fast sicher ein Gewinn entsteht. An den daraus resultierenden **Überschüssen** werden die Versicherten zu sehr großen Teilen beteiligt.

Der Wettbewerb in der Lebensversicherung vollzieht sich hauptsächlich über die Höhe dieser Überschussbeteiligung, auf die wir noch ausführlich eingehen werden. Im Hinblick auf eine faire Gewinnbeteiligung für einzelne Versicherte ist das Prämienprinzip jedoch durchaus von Bedeutung.

3.7.2 Versichertensterbetafeln

In der Vergangenheit wurden Bevölkerungssterbetafeln als Basis für die Versichertensterblichkeit verwendet und mit entsprechenden Zu- und Abschlägen modifiziert. Die Grundlage des Lebensversicherungsgeschäfts in Deutschland sind speziell entwickelte Versichertensterbetafeln. Es ist heutzutage üblich, die Daten mehrerer Unternehmen zusammenzufassen, um dadurch statistisch signifikante Aussagen über die Sterblichkeit zu erlangen. Die folgende Tabelle gibt einen Einblick in die für die deutsche Lebensversicherung relevanten Versichertensterbetafeln.

Zeitraum (ab)	Name
1883	Deutsche Sterbetafel aus den Erfahrungen von 23 Lebensversicherungsgesellschaften
1927	Sterbetafel 1924/1926
1967	Allgemeine Deutsche Sterbetafel 1960/62
1987	Sterbetafel 1986
1995	DAV 1994T und DAV 1994R
2005	DAV 2004R
2009	DAV 2008T

Die in der Praxis verwendeten Versichertensterbetafeln enthalten konservative Sicherheitszuschläge beziehungsweise Sicherheitsabschläge. Für die Sterbetafeln der Lebensversicherungen mit Todesfallcharakter wurde ein Schwankungszuschlag angesetzt. Darüber hinaus gibt es einen Irrtumszuschlag, der pauschal festgesetzt wurde und sich auf zwei Komponenten verteilt. Im Ergebnis weist die Sterbetafel 1. Ordnung DAV2004T einen Sicherheitszuschlag von 34 % auf. Bezüglich der Sterbetafeln mit Erlebensfallcharakter wurden die Abschläge für Irrtumsrisiko und statistisches Schwankungsrisiko ebenfalls multiplikativ zusammengesetzt. Der Gesamtabschlag auf die Basistafeln der DAV2004R beträgt 15,6 % für Männer und 16,5 % für Frauen. Des Weiteren wurden für den Sterblichkeitstrend Zuschläge bezüglich des Modellrisikos und des Änderungsrisikos angesetzt. Die aktuellen Sterbetafeln für Versicherungen mit Erlebensfallcharakter, die Grundtafeln DAV2004R, sowie mit Todesfallcharakter, die Sterbetafeln DAV2008T, befinden sich im Anhang. Sie bilden die Grundlagen unserer versicherungsmathematischen Berechnungen.

Seit 1987 wurden in Deutschland aufgrund des gestiegenen Wettbewerbs in der Lebensversicherungsbranche die Sterbewahrscheinlichkeiten getrennt nach den beiden Geschlechtern modelliert, denn Männer und Frauen hatten nachweislich eine unterschiedliche Lebenserwartung. Aufgrund der **Europäischen Richtlinie 2004/113/EG** zur Verwirklichung des Grundsatzes der Gleichbehandlung von Männern und Frauen beim Zugang zu und bei der Versorgung mit Gütern und Dienstleistungen wurde die geschlechtsspezifische Tarifierung in der Versicherungsbranche unzulässig. Die genannte europäische Richtlinie wurde durch das Allgemeine Gleichbehandlungsgesetz (**AGG**) in deutsches Recht übernommen. In Paragraph 19 Absatz 1 Nummer 2 heißt es konkret

(1) Eine Benachteiligung aus Gründen der Rasse oder wegen der ethnischen Herkunft, wegen des Geschlechts, der Religion, einer Behinderung, des Alters oder der sexuellen Identität bei der Begründung, Durchführung und Beendigung zivilrechtlicher Schuldverhältnisse, die

. . .

2. eine privatrechtliche Versicherung zum Gegenstand haben,

ist unzulässig.

In den Übergangsbestimmungen in Paragraph 33 Absatz 5 Allgemeines Gleichbehandlungsgesetz (**AGG**) wurde für die Versicherungsbranche faktisch eine befristete Ausnahmeregelung geschaffen:

(5) Bei Versicherungsverhältnissen, die vor dem 21. Dezember 2012 begründet werden, ist eine unterschiedliche Behandlung wegen des Geschlechts im Falle des § 19 Absatz 1 Nummer 2 bei den Prämien oder Leistungen nur zulässig, wenn dessen Berücksichtigung bei einer auf relevanten und genauen versicherungsmathematischen und statistischen Daten beruhenden Risikobewertung ein bestimmender Faktor ist. Kosten

im Zusammenhang mit Schwangerschaft und Mutterschaft dürfen auf keinen Fall zu unterschiedlichen Prämien oder Leistungen führen.

Dadurch wurde es Versicherern ermöglicht, für gleiche Leistungen unterschiedliche Beiträge von Männern und Frauen zu verlangen. Zur Begründung dieser Ausnahmeregelung wurde seinerzeit auf den Gleichbehandlungsgrundsatz verwiesen, der festlegt, dass Gleiches gleich und Ungleiches ungleich behandelt werden soll.

Durch das einschlägige Urteil des Europäischen Gerichtshofs vom 1.3.2011 wurde diese Ausnahmeregelung jedoch für unrechtmäßig erklärt. Die vorübergehende Ausnahme für die Versicherungsbranche wurde folglich nicht verlängert. Ab dem 21.12.2012 ist deshalb die **Unisex-Tarifierung** für Neugeschäft in der Lebensversicherung durch das Allgemeine Gleichbehandlungsgesetz (**AGG**) verbindlich vorgeschrieben. Eine Differenzierung der Versicherungsbeiträge nach dem Alter wird in der Praxis jedoch nach wie vor umgesetzt.

Die Deutsche Aktuarvereinigung hat bislang keine **Unisex-Sterbetafel** veröffentlicht. Jedes Versicherungsunternehmen ist deshalb angehalten, aus den verfügbaren Bisex-Sterbetafeln eine geeignete Unisex-Sterbetafel abzuleiten. Für die Kombination der Sterbewahrscheinlichkeiten für Männer und Frauen muss eine Annahme bezüglich des Mischungsverhältnisses getroffen werden. Der **Männeranteil** wird dadurch Bestandteil der biometrischen Rechnungsgrundlagen. Er wird für jedes Unternehmen und jeden Tarif auf der Grundlage des geschätzten Verhältnisses zwischen Männern und Frauen im Neugeschäft spezifisch festgelegt.

Es sei nun q_x^M die Männersterblichkeit und q_x^F die Sterbewahrscheinlichkeit für Frauen im Alter $[x, x+1)$. Außerdem sei λ der Männeranteil im Neugeschäft. Dann ist die Unisex-Sterbewahrscheinlichkeit bei Vertragsbeginn im Alter x

$$q_x^U = \lambda q_x^M + (1 - \lambda) q_x^F \;.$$

Das Problem ist nun, dass sich der Männeranteil für den Bestand im Verlauf der Vertragsdauer ändern mag. Mögliche Gründe sind unterschiedliche **Kündigungsraten** w_x zwischen Männern und Frauen einerseits und die **natürliche Entmischung** aufgrund von Alterung andererseits. Deshalb betrachten wir die Entwicklung der lebenden Männern l_x^M und Frauen l_x^F für die nachfolgenden Vertragsjahre gemäß

$$l_{x+1}^M = l_x^M \left(1 - q_x^M - w_x^M\right)$$
$$l_{x+1}^F = l_x^F \left(1 - q_x^F - w_x^F\right)$$

zusammen mit den normierten Anfangsbedingungen

$$l_x^M = \lambda \cdot 1.000.000$$
$$l_x^F = (1 - \lambda) \cdot 1.000.000 \;.$$

Mit Hilfe der Definition der Todesfallwahrscheinlichkeit ist dann die Unisex-Sterbewahrscheinlichkeit

$$q_x^U = \frac{d_x^U}{l_x^U} = \frac{l_x^U - l_{x+1}^U}{l_x^U} = \frac{l_x^M + l_x^F - l_{x+1}^M - l_{x+1}^F}{l_x^M + l_x^F} = 1 - \frac{l_{x+1}^M - l_{x+1}^F}{l_x^M + l_x^F} \,.$$

In äquivalenter Form finden wir

$$q_x^U = \frac{l_x^M + l_x^F - l_{x+1}^M - l_{x+1}^F}{l_x^M + l_x^F} = \frac{l_x^M - l_{x+1}^M}{l_x^M + l_x^F} \cdot \frac{l_x^M}{l_x^M} + \frac{l_x^F - l_{x+1}^F}{l_x^M + l_x^F} \cdot \frac{l_x^F}{l_x^F} \,.$$

Also ist die Unisex-Sterbewahrscheinlichkeit der gewichtete Mittelwert der Bisex-Todesfallwahrscheinlichkeiten:

$$q_x^U = \frac{l_x^M}{l_x^M + l_x^F} \cdot q_x^M + \frac{l_x^F}{l_x^M + l_x^F} \cdot q_x^F \,.$$

Die in der Praxis zur Tarifierung und Reservierung verwendeten Sterbewahrscheinlichkeiten zusammen mit dem Männeranteil und den Stornoraten sowie den Sicherheitszuschlägen stellen in ihrer Gesamtheit die biometrischen Rechnungsgrundlagen erster Ordnung der Lebensversicherungsmathematik dar. Im Allgemeinen haben diese Sterbetafeln in der Vergangenheit erhebliche Versicherungsgewinne impliziert. Das ist vollkommen beabsichtigt, da der weitaus größte Teil der Gewinne an die Versicherten ausgeschüttet wird. Auf diesen Umstand gehen wir im Rahmen der Ertragsanalyse näher ein.

Die Annahme von Lebensversicherungsrisiken erfolgt auf der Grundlage von Versichertensterbetafeln nach erfolgreich durchgeführter **Risikoprüfung**. Zu diesem Zweck legt der Versicherer die Annahmerichtlinien fest, nach denen Verträge zu Normalbedingungen akzeptiert werden. Die Versicherung dieser Personen erfolgt anhand der Standardsterbetafel des Unternehmens.

Insbesondere die Gesundheitsprüfung führt zu einer positiven **Risikoauslese**, auch **Selektion** genannt. Die so identifizierten Antragsteller haben eine bessere Sterblichkeit vorzuweisen als der Durchschnitt der Versicherten. So hat zum Beispiel ein Kollektiv aus vierzigjährigen Männern, die alle vor zehn Jahren eine Todesfallversicherung abgeschlossen haben, eine deutlich höhere Todesfallwahrscheinlichkeit als ein Kollektiv von vierzigjährigen Männern, die alle gerade einen Neuabschluss vornehmen.

In der Praxis werden deshalb mitunter **Selektionssterbetafeln** eingeführt. Neben dem Lebensalter wird die zurückgelegte Versicherungsdauer berücksichtigt. Das Ergebnis ist eine zweidimensionale Tafel für die Sterbewahrscheinlichkeit.

Die beobachte Sterblichkeit im Versicherungsverband ist für Neukunden anfänglich geringer sein als für Bestandskunden im gleichen Alter aufgrund der genannten Selektion durch Risikoprüfung. Überlebenswahrscheinlichkeiten sollten also sowohl vom erreichten Alter als auch vom Alter bei Vertragsbeginn abhängen. Analog hängt die Sterbewahrscheinlichkeit eines Invaliden, davon ab, wie lange er schon invalide ist.

Es bezeichne $[x]$ das Alter bei Versicherungsbeginn. Der anfänglich zu beobachtende Selektionseffekt klingt allmählich ab und sei nach d Jahren nicht mehr existent. Dann nennt man d die Selektionsperiode. Wenn die seit Vertragsbeginn verstrichene Zeit t die Selektionsperiode d übersteigt, so hängt die Überlebenswahrscheinlichkeit nur von x und t ab. Es gilt dann also

$$q_{[x]+t} = q_{x+t} \qquad \text{für } t \geq d \ .$$

Das bedeutet, dass die Sterbewahrscheinlichkeit unabhängig vom Versicherungsabschluss ist, wenn der Vertragsbeginn in der fernen Vergangenheit liegt. Diese Werte werden als **ultimative** Werte bezeichnet. Innerhalb der Selektionsperiode gelten die Selektionswerte:

$$q_{[x]+t} \neq q_{x+t} \qquad \text{für } t < d \ .$$

Das bedeutet, dass innerhalb des Zeitintervalls $[0; d]$ die Sterblichkeit eines Versicherten ungleich der Sterblichkeit eines Nichtversicherten, beziehungsweise der Sterblichkeit eines Versicherten, der schon seit einiger Zeit versichert ist. Der Effekt der Selektion lässt sich oftmals über mehrere Versicherungsjahre statistisch nachweisen. In europäischen Lebensversicherungsmärkten geht man davon aus, dass die Selektionsdauer bis zu 5 Jahre betragen kann. In den USA rechnet man hingegen mit Selektionseffekten über einen Zeitraum von 15 bis 25 Jahren.

Beispiel
Der Auszug einer Selektionssterbetafel mit Selektionsperiode von zwei Jahren sei wie folgt gegeben

x	$q_{[x]}$	$q_{[x-1]+1}$	$q_{[x-2]+2}$
...	...	...	...
40	0,00156	0,00168	0,00183
41	0,00176	0,00189	0,00207
42	0,00200	0,00214	0,00234
43	0,00226	0,00242	0,00264
...	...	...	...

Dann ist die Sterbewahrscheinlichkeit einer anfänglich 40-jährigen Person zunächst 0,00156, im nächsten Versicherungsjahr 0,00189, im dritten Versicherungsjahr 0,00234 und danach 0,00264.

3.7.3 Kohortensterblichkeit

In der Erlebensfallversicherung und insbesondere der Altersrentenversicherung führen fallende Sterbewahrscheinlichkeiten zu höheren erwarteten Schadenleistungen. Die Lebenserwartung für Neugeborene als auch die erwartete Restlebenszeit für ältere Menschen ist in den vergangenen Jahrzehnten beständig gestiegen. Verschiedene aktuarielle Analysen haben gezeigt, dass der Trend zur Sterblichkeitsverbesserung insbesondere für Rentner in unserer heutigen Zeit unvermindert anhält. Eine Erklärung liegt im medizinischen Fortschritt begründet, insbesondere für Herz-Kreislauf-Erkrankungen durch kardiovaskuläre Prävention.

Gemäß dem Vorsichtsprinzip der Lebensversicherung sollte die erwartete zukünftige Sterblichkeitsverbesserung ins Kalkül gezogen werden. Dadurch ergibt sich die Notwendigkeit, für die Berechnung einer Lebensversicherung nicht eine konstante Periodensterbetafel zu verwenden, sondern zusätzlich das Geburtsjahr des Versicherten zu berücksichtigen. Dadurch erhält man eine Familien von Generationensterbetafeln, die die Sterblichkeitsentwicklung einer jeden Kohorte von gleichzeitig Geborenen angeben.

Das traditionelle Modell der Deutschen Aktuarvereinigung, welches auch für die Sterbetafeln DAV2004R Anwendung fand, beruht auf dem Ansatz

$$\exp\left(-F(x)\right) = \frac{q_{x,t+1}}{q_{x,t}} \ .$$

Dabei ist $q_{x,t}$ die einjährige Sterbewahrscheinlichkeit eines x-Jährigen im Jahr t und $F(x)$ die altersabhängige Trendfunktion. In Bezug auf die Sterbetafel DAV2004R wurde ein **Basisjahr** $t_0 = 1999$ festgelegt. Somit ist die Sterbewahrscheinlichkeit in der Rentenaufschubzeit definiert durch

$$q_{x,t} = q_{x,t_0} \exp\left((t_0 - t)F(x)\right) \ .$$

Für die Rentenbezugszeit gilt andererseits

$$q_{x,t}^s = f^s \cdot q_{x,t_0}^6 \exp\left((t_0 - t)F(x)\right) \ ,$$

wobei $0 < f^s \leq 1$ Selektionsfaktoren sind, die ebenfalls von der DAV veröffentlicht wurden. Die Selektionsperiode für die DAV2004R beträgt sechs Jahre. Ab dem sechsten Jahr nach Rentenbeginn wird die ultimative Sterbewahrscheinlichkeit q_{x,t_0}^6 verwendet. Es ist außerdem $f^s = 1$ für $s \geq 6$.

Die Sterbewahrscheinlichkeiten im Basisjahr 1999 bilden die so genannte Basistafel. Die Werte der altersabhängigen Trendfunktion sind von der DAV ebenfalls tabelliert worden. Der Anwender ist also gehalten, die alters- und kalenderjahrabhängigen Sterbewahrscheinlichkeiten eigenständig zu berechnen. Aufgrund der damit verbundenen Komplexität verzichten wir aus didaktischen Gründen auf diese Vorgehensweise.

Beispiel

Um die Sterblichkeit eines 70-jährigen Mannes zu berechnen, der 1940 geboren worden ist, erhalten wir mit den Werten erster Ordnung

$$q_{70,2010} = q_{70,1999} \exp\left((1999 - 2010)\,F(70)\right)$$
$$= 0{,}015887 \exp(-11 \cdot 0{,}02826066) = 0{,}011642\,.$$

Dabei ist $q_{70,1999}$ die Sterbewahrscheinlichkeit eines 70-jährigen Manns anhand der Basissterbetafel DAV2004RM für das Basisjahr 1999. Der Wert $F(70)$ entstammt der Tabelle der von der DAV herausgegebenen Werte der Trendfunktion.

Auf Rueff geht die Idee zurück, zwei Sterbetafeln durch eine Altersverschiebung ineinander zu transformieren. Hat man umgekehrt also erst einmal eine Generationensterbetafel zur Hand, so erhält man weitere Tafeln durch eine geeignete Alterskorrektur.

In weniger entwickelten Lebensversicherungsmärkten wird die Methode der Altersanpassung beispielsweise zur Differenzierung der Todesfallwahrscheinlichkeit nach dem Rauchverhalten oder dem Geschlecht verwendet. Typische Annahmen sind, dass die Alterserhöhung für den Übergang von Nichtrauchern zu Rauchern sechs Jahre beträgt. Das bedeutet, dass ein Raucher dieselbe Sterbewahrscheinlichkeit hat wie ein sechs Jahre jüngerer Nichtraucher. Ebenso wird in Abwesenheit geeigneter Statistiken festgesetzt, dass die Sterblichkeit einer Frau derjenigen eines drei Jahre jüngeren Mannes entspricht. Durch diesen Ansatz wird die altersabhängige Sterbewahrscheinlichkeit einer gewissen Risikogruppe durch die Kohortensterblichkeit einer anderen Altersgruppe von Standardrisiken approximiert.

In Deutschland wurde für die Familie der Generationensterbetafeln in der Rentenversicherung eine **Grundtafel** für ein gewisses Geburtsjahr festgelegt. Bei der von der Deutschen Aktuarvereinigung veröffentlichten Sterbetafel DAV2004R ist dieses Referenzjahr das Jahr 1965. Die Sterblichkeitswerte für andere Geburtsjahrgänge erhält man aus dieser Grundtafel, indem das tatsächliche Alter des Versicherten gemäß einer festgelegten Vorgabe entsprechend reduziert oder erhöht wird.

Beispiel

Die folgende Grafik zeigt den Verlauf der Sterblichkeit anhand der DAV2004R für die Geburtsjahre 1930, 1965 und 2000. Die von der DAV festgelegte Altersanpassung beträgt $+5$ Jahre für den Geburtsjahrgang 1935 und -9 Jahre für Versicherte, die im Jahr 2000 geboren worden sind.

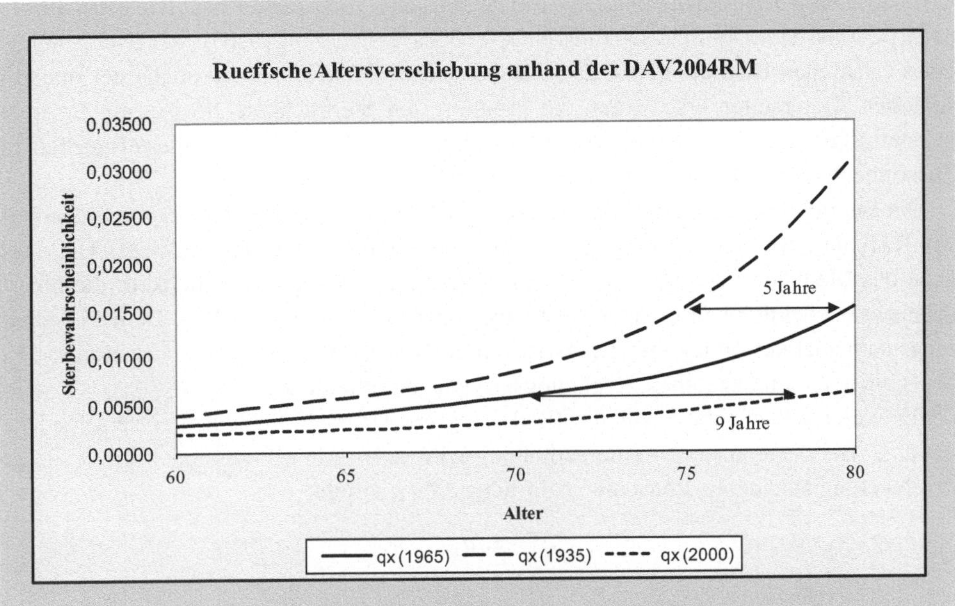

In diesem Sinne stellt die **Rueff'sche Altersverschiebung** somit ein Verfahren dar, um die antizipierte zukünftige Sterblichkeitsverbesserung approximativ zu berücksichtigen. In dem vorliegendem Lehrbuch verwenden wir aus didaktischen Gründen die Grundtafel der DAV2004R für das Geburtsjahr 1965 ohne weitere Altersanpassung. Diese Sterbetafel befindet sich im Anhang.

3.7.4 Erhöhte Risiken

Unter erhöhten Risiken versteht man solche, die in Bezug auf die Realisierung der versicherten Gefahr mehr gefährdet sind als die so genannten Standardrisiken. Für eine Exponierung kann es vielfältige Gründe geben: zum Beispiel den Gesundheitszustand, die Krankheitsgeschichte, erbliche oder familiäre Veranlagungen, gefährliche Freizeitaktivitäten oder die Ausübung eines unfallträchtigen Berufs, um nur einige zu nennen. Wir wollen uns im Folgenden auf die medizinisch erhöhten Risiken beschränken.

Die Schwierigkeit der Versicherung erhöhter Risiken besteht in der Unsicherheit über die zu verwendenden biometrischen Rechnungsgrundlagen. Nach dem Vorsichtsprinzip ist zumindest klar, dass die Sterbewahrscheinlichkeit im Hinblick auf eine Todesfallversicherung erhöht werden und im Bezug auf eine Altersrentenversicherung verringert werden sollte.

Die großen Rückversicherungsunternehmen haben zum Zweck der Tarifierung Richtlinien für die Gesundheitsprüfung ermittelt und publiziert. Danach werden erhöhte Risiken in Erschwerungsklassen eingeteilt. Die Zuordnungen von Krankheitsbildern zu

Übersterblichkeiten sind unabhängig vom Herausgeber recht einheitlich. Nichtsdestotrotz bedarf die individuelle Einschätzung eines Lebensversicherungsrisikos der Sachkenntnis eines erfahrenen **Risikoprüfers**. Denn insbesondere die Wechselwirkungen der diagnostizierten Krankheiten erschweren die Prognose der Sterblichkeit. So ist zum Beispiel bekannt, dass die Kombination von Bluthochdruck und erhöhtem Cholesteringehalt in Zusammenhang mit Diabetes das Herzinfarktrisiko wesentlich erhöht.

Die Beurteilung eines einzelnen Risikos erfolgt in interdisziplinärer Zusammenarbeit von Risikoprüfern, Versicherungsmedizinern und Versicherungsmathematikern. Die Aufgabe des Mediziners ist es, eine Prognose für die Sterbewahrscheinlichkeit, die Überlebenswahrscheinlichkeit oder die restliche Lebenserwartung zu geben. Dem Versicherungsmathematiker obliegt es, die Aussagen des Arztes im kaufmännischen Kontext zu plausibilisieren und geeignete Rechnungsgrundlagen festzulegen.

Im Wesentlichen gibt es für die Festlegung der Übersterblichkeit drei verschiedene Ansätze. Bei der konstanten Alterserhöhung wird jedes Alter x um eine vom Grad der Erschwerung abhängige, konstante, natürliche Zahl a erhöht:

$$q_x^{\text{sub}} = q_{x+a} \ .$$

Beispiel

Der Versicherungsmediziner kommt zu der Feststellung, dass der Antragsteller einer Todesfallversicherung aufgrund seines Gesundheitszustandes als vorgealtert zu betrachten ist. Die Alterserhöhung betrage 5 Jahre. Anhand der Sterbetafel DAV2008TM ist das Verhältnis aus erhöhter Sterblichkeit und Normalsterblichkeit für verschiedene Lebensalter grafisch dargestellt.

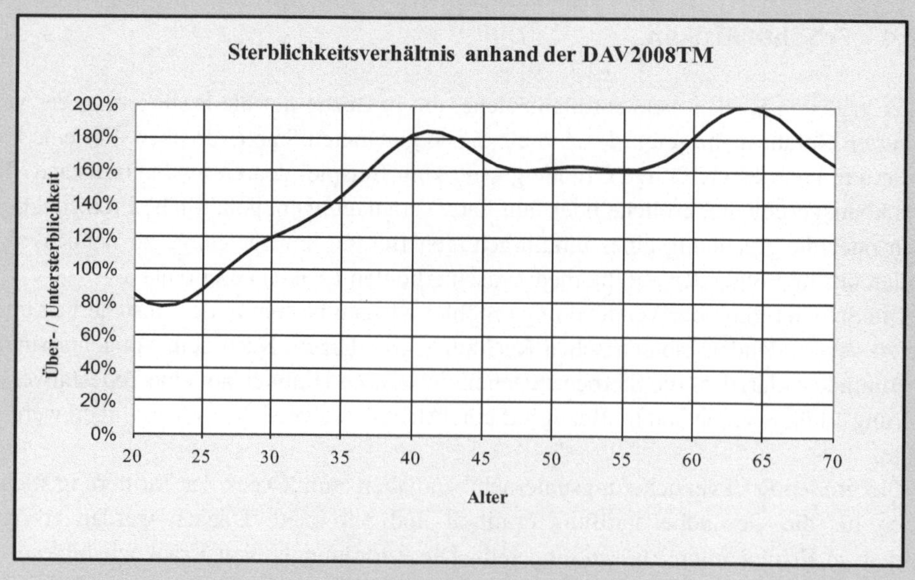

Dieses Verfahren entspricht der Rueff'schen Altersverschiebung. In dem Modellansatz ist die durch die Krankheit hervorgerufene Erhöhung der Todesfallwahrscheinlichkeit für ältere Personen ausgeprägter als für jüngere. Als alternativer Ansatz bietet sich die konstante additive Sterblichkeitserhöhung an:

$$q_x^{\text{sub}} = q_x + b \, ,$$

wobei b eine positive reelle Zahl ist. Bei dieser Arbeitshypothese bessert sich das Krankheitsbild im Verlauf der Zeit. Denn das Verhältnis aus erhöhter Sterbewahrscheinlichkeit und Normalsterblichkeit verringert sich mit zunehmendem Alter, wie das folgende Beispiel zeigt.

Beispiel

Der Risikoprüfer ist aufgrund der versicherungsmedizinischen Untersuchung zu dem Entschluss gelangt, dass eine additive Erhöhung der Sterbewahrscheinlichkeit in Höhe von 0,5 Promille festgelegt werden sollte. Anhand der Sterbetafel DAV2008TM ist das Verhältnis aus erhöhter Sterblichkeit und Normalsterblichkeit dargestellt.

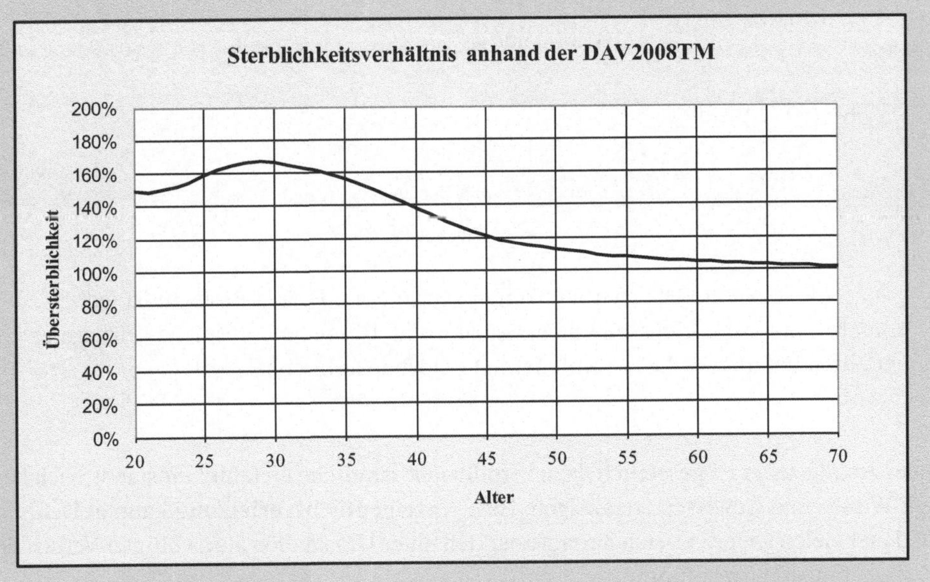

In der Praxis wird am häufigsten die konstante multiplikative Erhöhung der Sterbewahrscheinlichkeit angewendet:

$$q_x^{\text{sub}} = q_x \cdot (1 + c) \, ,$$

wobei c eine positive reelle Zahl ist. Dadurch wird impliziert, dass sich das Krankheitsbild im Verlauf der Zeit nicht bessert. Denn das Verhältnis aus der erhöhten Sterblichkeit und der Normalsterblichkeit bleibt konstant.

Im Kontext der Übersterblichkeit mag die Kommunikation zwischen Medizinern und Mathematikern einige Schwierigkeiten bereiten. Die Kompetenzen sind im Allgemeinen weitestgehend disjunkt. Versicherungsmathematiker sollten vermeiden, ihre medizinischen Kollegen bewusst oder unbewusst zu überfordern, was Aussagen für die zu verwendenden Rechnungsgrundlagen betrifft.

Beispiel

Aufgrund seiner Krankheitsgeschichte kommt der Versicherungsmediziner zum Schluss, dass der 50-jährige Antragssteller eine verbleibende Lebenserwartung von 15 Jahren hat. Allerdings fällt es ihm schwer, die zugehörige Übersterblichkeit zu bestimmen. Der Versicherungsmathematiker ermittelt nun diejenige Konstante c, sodass die restliche Lebenserwartung des Antragsstellers, basierend auf den Sterbewahrscheinlichkeiten $q_x^{\text{sub}} = q_x \cdot (1 + c)$ und bezogen auf die Sterbetafel DAV2008TM, genau 15 Jahre beträgt.

Zunächst lassen sich rekursiv die Lebenden l_x^{sub} berechnen:

$$l_0^{\text{sub}} = 100.000 \text{ und } l_{x+1}^{\text{sub}} = l_x^{\text{sub}} \cdot (1 - q_x^{\text{sub}}) \, .$$

Anhand der Gleichung

$$e_{50}^{0.\text{sub}} = \frac{1}{2} + \sum_{k=1}^{71} \frac{l_{50+k}^{\text{sub}}}{l_{50}^{\text{sub}}} = 15$$

gilt es, die inhärente Übersterblichkeit c zu ermitteln. Dieses Problem ist jedoch zu komplex, um es geschlossen und exakt zu lösen. Ein rechnergestütztes Näherungsverfahren liefert $c = 3{,}81$. Somit beträgt die Übersterblichkeit 381 %.

Jeder Antragsteller ist gesetzlich dazu verpflichtet, sämtliche Gefahrenumstände nach bestem Wissen und Gewissen anzuzeigen. Eine **Anzeigepflichtverletzung** kann in Deutschland und vielen anderen Versicherungsmärkten unter Umständen zum völligen Verlust des Versicherungsschutzes führen.

In den USA hingegen endet die juristische Anfechtbarkeit eines Lebensversicherungsvertrages mit Ablauf von zwei Vertragsjahren. Basierend auf die potentielle Informationsschieflage über den wahren Gesundheitszustand des Versicherten hat sich deshalb in den USA ein regelrechter Zweitmarkt mit zahlreichen Facetten entwickelt, der mit gebrauchten Todesfallversicherungen handelt.

3.7.5 Bevorzugte Risiken

Der umgekehrte Ansatz, um zum Beispiel besonders günstige Todesfalltarife anzubieten, besteht in der Maßnahme, durch die Risikoprüfung überdurchschnittlich gesunde und fitte Antragsteller ausfindig zu machen. Dem einzelnen Versicherungsunternehmen obliegt es, statistisch signifikante Kriterien aufzustellen, nach denen gute Risiken gezielt ausgewählt werden können.

Ein gutes Beispiel für so genannte „**Preferred Lives**" sind Nichtraucher, die im Gegensatz zu Rauchern eine deutlich niedrigere Sterbewahrscheinlichkeit vorzuweisen haben. Aus medizinischer Sicht ist nachgewiesen, dass Rauchen zu Herz-Kreislaufproblemen oder Krebs führen kann. Unter diesem Hintergrund ist es verständlich, dass eine Nichtrauchersterbetafel deutlich niedriger ausfällt als die zugehörige Rauchersterbetafel. Aus diesem Grund zahlen Nichtraucher deutlich geringere Beiträge für eine Versicherung mit ausschließlich Todesfallleistungen. Die Varianten der Sterbetafeln DAV2008TNR und DAV2008TR verdeutlichen diesen Zusammenhang.

Im Bezug auf die Altersrentenversicherung hingegen werden Raucher bevorzugt, denn sie werden im Mittel früher sterben und damit über einen kürzeren Zeitraum ihre Rente beziehen. In angelsächsischen Märkten gibt es entsprechende Rentenerhöhungen für so genannte „**Impaired Annuities**", die neuerdings auch „**Enhanced Annuities**" genannt werden.

Wenn auf der Grundlage einer statistischen Studie für gewisse Risiken eine geringere Sterbewahrscheinlichkeit angenommen werden soll, so muss einem anderen Teilkollektiv eine höhere Sterblichkeit zugewiesen werden. Ausgehend von der mittleren beobachteten Sterbewahrscheinlichkeit im Bestand wird eine neue Basissterblichkeit festgelegt, die die Grundlage der Zu- und Abschläge ist.

> **Beispiel**
>
> Ein Bestand für Todesfallversicherungen bestehe aus 100.000 Risiken. Eine statistische Analyse habe gezeigt, dass sich Menschen mit blauen Augen einer besseren Gesundheit erfreuen. Demnach sei ein Abschlag in Höhe von $d = 0,1$ auf die durchschnittliche Sterbewahrscheinlichkeit der sonstigen Versicherten angemessen.
>
> Der Anteil α von Versicherten mit blauen Augen mache $40\,\%$ aus. Die beobachtete relative Häufigkeit q der Todesfälle im versicherten Bestand liege bei $0,01$. Dann muss folgende Konsistenzgleichung für die Anzahl der Toten erfüllt sein:
>
> $$100.000q = 100.000 \left(\alpha(1-d)\tilde{q} + (1-\alpha)\tilde{q} \right) .$$

Durch äquivalente Umformung finden wir die neue Basissterbewahrscheinlichkeit $\tilde{q}$:

$$\tilde{q} = \frac{q}{\alpha(1-d)+(1-\alpha)} = \frac{0{,}01}{0{,}36+0{,}6} = 0{,}010417 \, .$$

Zusammengefasst haben wir folgende Situation:

Augenfarbe	Risiken	$\tilde{q}$	Tote
Blau	40.000	0,009375	375
Sonstige	60.000	0,010417	625
Gesamt	100.000	0,01	1.000

Es wäre falsch anzunehmen, die Versicherten mit blauen Augen hätten eine Todesfallwahrscheinlichkeit von 0,009, die mit sonstiger Augenfarbe eine Sterbewahrscheinlichkeit von 0,01. Diese Annahmen würden in diesem Beispiel auf insgesamt 960 Tote im versicherten Bestand führen. Wir hätten also 40 Tote unterschlagen.

3.8 Ergänzungen

Für die praktische Lebensversicherungsmathematik sind einige neuere Entwicklungen von besonderem Interesse und Belang. Die dargestellten Themenbereiche stellen ein aktuelles Entwicklungsfeld der modernen praktischen Lebensversicherungsmathematik dar, welche wir in diesem Zusammenhang kurz vorstellen wollen.

In der Tarifierung der Lebensversicherung geht es unter anderem darum, die Sterbewahrscheinlichkeit möglichst risikogerecht zu bestimmen. Zu diesem Zweck wird das versicherte Kollektiv in homogene Teile zerlegt, deren Individuen eine ähnliche Sterblichkeit beziehungsweise Langlebigkeit aufweisen. Allerdings ist ein homogener Bestand tendenziell eher klein, wodurch die robuste Schätzung der Todesfallwahrscheinlichkeit erschwert wird. Als sinnvoller mathematischer Ansatz bieten sich die Schadenversicherung etablierten **verallgemeinerten linearen Modelle** an, die im nachfolgenden Abschnitt skizziert werden.

Im abschließenden Abschnitt dieses Kapitels geht es um die Prognose der Sterblichkeit. Sicherlich kann kein Versicherungsmathematiker die Zukunft vorhersagen, indem die Vergangenheit intensiv analysiert wird. Dennoch lassen sich vernünftige **Prognosemodelle** erstellen. Wir stellen kurz und knapp die Grundzüge des **Lee-Carter-Modells** dar, welches als das Standardverfahren angesehen werden kann.

3.8.1 Tarifierungsfaktoren

Im Zuge der Wettbewerbsverschärfung wird auf dem deutschen Lebensversicherungsmarkt immer genauer und besser kalkuliert. Eine wesentliche Rechnungsgrundlage ist die Sterbewahrscheinlichkeit. Neben dem Alter hängt die Todesfallwahrscheinlichkeit sicherlich von vielen weiteren Merkmalen ab, die derzeit nur ansatzweise berücksichtigt werden. In erster Linie sind sozioökonomische Faktoren zu nennen, die die Lebensumstände der versicherten Person betreffen. Neuerdings werden stellvertretend geodemografische Merkmale in Betracht gezogen, um die Sterblichkeit nach dem Wohnort zu modellieren. Weitere potentielle Risikomerkmale sind Zivilstand, Essgewohnheiten, Körpermaßindex, Freizeitaktivitäten, sportliche Betätigungen, Beruf, Einkommen, Rauchverhalten, geschlechtsspezifische Besonderheiten, um nur einige zu nennen.

Es ist als zunehmend notwendig, die Todesfallwahrscheinlichkeit nicht nur in Abhängigkeit vom Alter sondern von vielen weiteren Merkmalen zu schätzen. Im Rahmen der klassischen Modellbildung könnte man versuchen, für jede Kombination der Merkmalsausprägungen eine separate Sterbetafel aufzustellen. Dieser Ansatz führt jedoch sehr schnell an seine praktischen Grenzen, da in den einzelnen Tarifzellen zu wenige Sterbefälle beobachtet werden. Denn selbst wenige Tarifmerkmale können in Kombination miteinander schnell zu einer großen Anzahl von Tarifklassen führen.

Das in der Schadenversicherungsmathematik weit verbreitete **Marginalsummenverfahren** stellt ein Ausgleichsverfahren bei mehrfacher Klassifikation dar. Dazu werden die Sterbewahrscheinlichkeit und die Anzahl der unter Risiko stehenden Personen für jede Merkmalskombination benötigt. Zur Veranschaulichung der Methode gehen wir von einer multiplikativen Struktur der Todesfallwahrscheinlichkeit aus. Das bedeutet bei beispielsweise zwei Merkmalen, dass

$$\tilde{q}_{ij} = q \cdot x_i \cdot y_j$$

ist, wobei $\tilde{q}_{ij}$ die ausgeglichene Sterbewahrscheinlichkeit für ein Risiko mit den Ausprägungen i in Merkmal 1 und j in Merkmal 2, x_i der Anpassungsfaktor für das Merkmal 1 in der Ausprägung i, y_j der Anpassungsfaktor für das Merkmal 2 in der Ausprägung j und q die Todesfallwahrscheinlichkeit für den gesamten Bestand ist.

Das Marginalsummenverfahren stellt nun sicher, dass die eindimensionalen Randverteilungen der ausgeglichenen Sterbewahrscheinlichkeit gerade der vorgegebenen Todesfallwahrscheinlichkeit nach der zugrunde liegenden Statistik entsprechen. Sei dazu n_{ij} ein Maß für das Volumen in der entsprechenden Tarifzelle, also zum Beispiel die Anzahl der Risiken oder die gesamte Versicherungssumme, und q_{ij} die zugehörige beobachtete Sterbewahrscheinlichkeit. Wir verlangen dann, dass

$$\text{I)}\qquad \sum_{j=1}^{m} n_{ij} \cdot q \cdot x_i \cdot y_j = \sum_{j=1}^{m} n_{ij} \cdot q_{ij} \qquad \forall i = 1, \ldots, n$$

$$\text{II)}\qquad \sum_{i=1}^{n} n_{ij} \cdot q \cdot x_i \cdot y_j = \sum_{i=1}^{n} n_{ij} \cdot q_{ij} \qquad \forall j = 1, \ldots, m$$

gelten soll. Wir gehen dabei davon aus, dass es n verschiedene Ausprägungen des Merkmals X und m Ausprägungen des Merkmals Y gibt. Um die ausgeglichene Sterblichkeit zu berechnen, wenden wir ein Iterationsverfahren an, welches im Allgemeinen sehr schnell konvergiert.

1a) $\qquad x_i^{(0)} = 1 \qquad\qquad\qquad \forall i = 1, \ldots, n$

1b) $\qquad y_k^{(0)} = 1 \qquad\qquad\qquad \forall j = 1, \ldots, m$

2a) $\qquad x_i^{(k)} = \dfrac{\displaystyle\sum_{j=1}^{m} n_{ij} \cdot q_{ij}}{\displaystyle\sum_{j=1}^{m} n_{ij} \cdot q \cdot y_j^{(k-1)}} \qquad \forall i = 1, \ldots, n$

2b) $\qquad y_j^{(k)} = \dfrac{\displaystyle\sum_{i=1}^{n} n_{ij} \cdot q_{ij}}{\displaystyle\sum_{i=1}^{n} n_{ij} \cdot q \cdot x_i^{(k)}} \qquad \forall j = 1, \ldots, m$

Die Verallgemeinerung des Marginalsummenverfahrens auf mehr als zwei Merkmale mit mehreren Ausprägungen erfolgt analog. Dabei werden im vorbreitenden Schritt sämtliche Anpassungsfaktoren gleich eins gesetzt. Die nachfolgenden Schritte können in beliebiger, aber fester Reihenfolge bezüglich der Merkmale durchgeführt werden.

Beispiel

Gegeben seien folgende Daten für eine Sterblichkeitsanalyse nach den Merkmalen Altersgruppe X und Wohnort Y mit jeweils zwei Ausprägungen:

Anzahl Risiken n_{ij}	Stadt	Land	Gesamt
Jung	5.000	15.000	20.000
Alt	10.000	20.000	30.000
Gesamt	15.000	35.000	50.000

Anzahl Tote d_{ij}	Stadt	Land	Gesamt
Jung	30	40	70
Alt	200	150	350
Gesamt	230	190	420

Dann sind die Todesfallwahrscheinlichkeiten $q_{ij} = n_{ij}/d_{ij}$:

Todesfall-wahrscheinlichkeit	Stadt	Land	Gesamt
Jung	0,0060	0,0027	0,0035
Alt	0,0200	0,0075	0,0117
Gesamt	0,0153	0,0054	0,0084

Gemäß dem Algorithmus des Marginalsummenverfahrens setzen wir $y_1^{(0)} = y_2^{(0)} = 1$. Weiterhin gilt

$$x_1^{(1)} = \frac{n_{11} \cdot q_{11} + n_{12} \cdot q_{12}}{n_{11} \cdot q \cdot y_1^{(0)} + n_{12} \cdot q \cdot y_2^{(0)}} = \frac{5.000 \cdot 0,0060 + 15.000 \cdot 0,0027}{5.000 \cdot 0,0084 \cdot 1 + 15.000 \cdot 0,0084 \cdot 1}$$

$$= 0,4167$$

$$x_2^{(1)} = \frac{n_{21} \cdot q_{21} + n_{22} \cdot q_{22}}{n_{21} \cdot q \cdot y_1^{(0)} + n_{22} \cdot q \cdot y_2^{(0)}} = \frac{10.000 \cdot 0,0200 + 20.000 \cdot 0,0075}{10.000 \cdot 0,0084 \cdot 1 + 20.000 \cdot 0,0084 \cdot 1}$$

$$= 1,3889 \,.$$

Daraus folgt

$$y_1^{(1)} = \frac{n_{11} \cdot q_{11} + n_{21} \cdot q_{21}}{n_{11} \cdot q \cdot x_1^{(1)} + n_{21} \cdot q \cdot x_2^{(1)}}$$

$$= \frac{5.000 \cdot 0,0060 + 10.000 \cdot 0,0200}{5.000 \cdot 0,0084 \cdot 0,4167 + 10.000 \cdot 0,0084 \cdot 1,3889} = 1,7143$$

$$y_2^{(1)} = \frac{n_{12} \cdot q_{12} + n_{22} \cdot q_{22}}{n_{12} \cdot q \cdot x_1^{(1)} + n_{22} \cdot q \cdot x_2^{(1)}}$$

$$= \frac{15.000 \cdot 0,0027 + 20.000 \cdot 0,0075}{15.000 \cdot 0,0084 \cdot 0,4167 + 20.000 \cdot 0,0084 \cdot 1,3889} = 0,6647 \,.$$

Im nächsten Schritt ist dann

$$x_1^{(2)} = \frac{n_{11} \cdot q_{11} + n_{12} \cdot q_{12}}{n_{11} \cdot q \cdot y_1^{(1)} + n_{12} \cdot q \cdot y_2^{(1)}}$$

$$= \frac{5.000 \cdot 0,0060 + 15.000 \cdot 0,0027}{5.000 \cdot 0,0084 \cdot 1,7143 + 15.000 \cdot 0,0084 \cdot 0,6647} = 0,4494$$

$$x_2^{(2)} = \frac{n_{21} \cdot q_{21} + n_{22} \cdot q_{22}}{n_{21} \cdot q \cdot y_1^{(1)} + n_{22} \cdot q \cdot y_2^{(1)}}$$

$$= \frac{10.000 \cdot 0,0200 + 20.000 \cdot 0,0075}{10.000 \cdot 0,0084 \cdot 1,7143 + 20.000 \cdot 0,0084 \cdot 0,6647} = 1,3689 \,.$$

Für $k = 3$ ist die Genauigkeit von zwei Nachkommastellen erreicht. Es ist dann

$$x_1^{(3)} = 0,4496; \qquad x_2^{(3)} = 1,3688; \qquad y_1^{(3)} = 1,7182; \qquad y_2^{(3)} = 0,6629 \,.$$

Daraus erhalten wir die ausgeglichenen Sterbewahrscheinlichkeiten $q_{ij} = q \cdot x_i \cdot y_j$:

Todesfall-wahrscheinlichkeit	Stadt	Land	Gesamt
Jung	0,0065	0,0025	0,0035
Alt	0,0198	0,0076	0,0117
Gesamt	0,0153	0,0054	0,0084

Das so dargestellte Marginalsummenverfahren ist verteilungsfrei. Folglich kann die Güte der Anpassung nicht geschätzt werden. Allerdings kann dem Marginalsummenverfahren ein **verallgemeinertes lineares Modell** auf Basis der modifizierten Poissonverteilung zu Grunde gelegt werden. Dadurch ergeben sich vielfältige statistische Möglichkeiten zur Beurteilung der Anpassungsgüte.

Das verallgemeinerte lineare Modell ist ein parametrisches Modell zur Modellierung der Sterblichkeit in Abhängigkeit von mehreren Merkmalen, welches wir im Folgenden skizzieren wollen. Die folgende Tabelle zeigt in vereinfachter Form die Sterbewahrscheinlichkeit für die Kombinationen von zwei Merkmalen, Alter und Wohnsitz.

Alter \ Region	Stadt	Land
Jung	q_1	q_3
Alt	q_2	q_4

Der versicherungsmathematische Modellansatz besteht darin, dass die Todesfallwahrscheinlichkeit einerseits vom Alter abhängt, und dass es zusätzliche eine pauschale additive Erhöhung der Sterbewahrscheinlichkeit durch die Merkmalsausprägung „Stadt" gibt, welche unabhängig vom Alter ist. Die so genannten **Kovariaten** sind dann definiert durch

X_1 Altersgruppe „jung",

X_2 Altersgruppe „alt",

X_3 Region „Stadt",

welche jeweils die Werte „0" und „1" annehmen können. Die zufällige Sterbewahrscheinlichkeit Y im Bestand ist dann

$$Y = \beta_1 X_1 + \beta_2 X_2 + \beta_3 X_3 + \varepsilon \, .$$

Dabei sind ε der zufällige Fehler mit dem Erwartungswert null und $\beta_1, \beta_2, \beta_3$ reelle Zahlen, die es zu bestimmen gilt. Allerdings ist der **lineare Prädiktor** in dieser Form nicht dazu geeignet, die Sterblichkeit zu beschreiben, es sei denn man schränkt die Parameter entsprechend ein. Denn die Sterbewahrscheinlichkeit muss im Intervall $[0; 1]$ liegen.

Ein eleganterer Ausweg besteht darin, eine so genannten **Link-Funktion** $g : [0; 1] \to$ R einzuführen, welche den Erwartungswert der Variablen Y transformiert. Im Grunde ist diese Link-Funktion beliebig, sie muss lediglich monoton und stetig differenzierbar, also umkehrbar, sein. Dadurch erhalten wir den verallgemeinerten Ansatz

$$E(Y) = g^{-1}\left(\beta_1 X_1 + \beta_2 X_2 + \beta_3 X_3\right) \, .$$

Üblicherweise werden die Parameter $\beta_1, \beta_2, \beta_3$ mit der **Maximum-Likelihood-Methode** geschätzt. Dazu wird eine Verteilungsannahme benötigt. Im Verallgemeinerten Linearen Modell stehen die Verteilungen aus der Exponentialfamilie zur Verfügung; dies sind die Normal-Verteilung, Binomial-Verteilung, Poisson-Verteilung, Gammaverteilung und die Inverse Gauss Verteilung.

Es werden nun diejenigen Parameterwerte der gegebenen Verteilung gesucht, für welche die gegebenen Beobachtungen am wahrscheinlichsten sind. Es geht also darum, das Maximum der Dichtefunktion unter den gegebenen Daten zu bestimmen.

Wählt man als Grundlage die Normal-Verteilung und als Link die Identität, so sind wir beim **linearen Modell**. Die einfache lineare Regression ist somit ein Spezialfall des verallgemeinerten linearen Modells. Die Maximum-Likelihood-Methode läuft in diesem Fall auf das gleiche hinaus wie die **Methode der kleinsten Quadrate** hinsichtlich der zufälligen Fehler.

Im folgenden Beispiel nehmen wir stattdessen an, dass Y poissonverteilt ist. Zur Vereinfachung der Rechnungen bietet sich die Logarithmusfunktion als Link-Funktion an. Anstelle der Sterbewahrscheinlichkeit modellieren wir äquivalent die Anzahl der Todesfälle. Unter diesen Voraussetzungen lässt sich das verallgemeinerte lineare Modell explizit durchrechnen.

Beispiel

Als Ausgangspunkt verwenden wir die Daten des vorherigen Beispiels. Durch die vier Beobachtungen erhalten wir unter den Modellannahmen folgende vier Gleichungen für die erwartete Anzahl von Todesfällen in jeder Zelle:

$$y_1 = \exp\left(\beta_1 + 0 + \beta_3\right) = d_1 = 30 \, ,$$
$$y_2 = \exp\left(\beta_1 + 0 + 0\right) = d_2 = 40 \, ,$$
$$y_3 = \exp\left(0 + \beta_2 + \beta_3\right) = d_3 = 200 \, ,$$
$$y_4 = \exp\left(0 + \beta_2 + 0\right) = d_4 = 150 \, .$$

Die Likelihoodfunktion ist das Produkt der Dichtefunktionen der einzelnen Poisson-Verteilungen:

$$L(y) = \prod_{i=1}^{4} \frac{(d_i)^{y_i} \cdot \exp(-d_i)}{y_i!} \, .$$

Da der Logarithmus eine streng monotone Transformation darstellt, reicht es zur Bestimmung der Maximalstelle der Likelihoodfunktion aus, die Log-Likelihoodfunktion $l(y) = \ln L(y)$ zu betrachten. Dadurch zerfällt das Produkt in eine Summe:

$$l(y) = \sum_{i=1}^{4} \ln \frac{(d_i)^{y_i} \cdot \exp(-d_i)}{y_i!} = \sum_{i=1}^{4} y_i \ln(d_i) - d_i - \ln(y_i!) \,.$$

Durch Einsetzen der vier Beobachtungswerte erhalten wir

$$\begin{aligned}
l(y) = \ {}& 30\,(\beta_1 + \beta_3) + 40\,(\beta_1) + 200\,(\beta_2 + \beta_3) + 150\,(\beta_2) \\
& - \exp(\beta_1 + \beta_3) - \exp(\beta_1) - \exp(\beta_2 + \beta_3) - \exp(\beta_2) \\
& - \ln(30!) - \ln(40!) - \ln(200!) - \ln(150!) \,.
\end{aligned}$$

Zur Berechnung der Maximalstelle werden die partiellen Ableitungen gleich null gesetzt:

$$\frac{\partial l(y,q)}{\partial \beta_1} = 30 + 40 - \exp(\beta_1 + \beta_3) - \exp(\beta_1) = 0 \,,$$

$$\frac{\partial l(y,q)}{\partial \beta_2} = 200 + 150 - \exp(\beta_2 + \beta_3) - \exp(\beta_2) = 0 \,,$$

$$\frac{\partial l(y,q)}{\partial \beta_3} = 30 + 200 - \exp(\beta_1 + \beta_3) - \exp(\beta_2 + \beta_3) = 0 \,.$$

Durch die Substitutionen $a = \exp(\beta_1)$, $b = \exp(\beta_2)$, $c = \exp(\beta_3)$ ist das folgende nicht lineare Gleichungssystem zu lösen:

$$\left| \begin{aligned}
a(1 + c) &= 70 \\
b(1 + c) &= 350 \\
c(a + b) &= 230
\end{aligned} \right| \,.$$

Einsetzen der ersten beiden Gleichungen in die dritte Gleichung ergibt

$$c \left(\frac{70}{1 + c} + \frac{350}{1 + c} \right) = 230 \,.$$

Daraus folgt

$$c = \frac{230}{70 + 350 - 230} = 1{,}21$$

sowie mittels der ersten beiden Gleichungen

$$a = \frac{70}{1 + c} = 31{,}67 \quad \text{und} \quad b = \frac{350}{1 + c} = 158{,}33 \,.$$

Somit ist nach Rücksubstitution das Ergebnis unserer Schätzungen:

$$E(Y) = \exp\left(3{,}46X_1 + 5{,}06X_2 + 0{,}19X_3\right) .$$

Im Speziellen sind die ausgeglichenen Todesfälle in diesem verallgemeinerten linearen Modell:

Anzahl Tote	Stadt	Land	Gesamt
Jung	38,33	31,67	70
Alt	191,67	158,33	350
Gesamt	230	190	420

Wir erkennen, dass in diesem Beispiel die gesamte Anzahl der Toten für Stadt und Land jeweils konstant geblieben sind. Ebenso sind die gesamten Todesfälle für junge sowie für alte Versicherte gleich geblieben. Man sagt, dass die eindimensionalen Randverteilungen erhalten geblieben sind.

Die ausgeglichenen Sterbewahrscheinlichkeiten sind dann:

Todesfall-wahrscheinlichkeit	Stadt	Land	Gesamt
Jung	0,0077	0,0021	0,0035
Alt	0,0192	0,0079	0,0117
Gesamt	0,0153	0,0054	0,0084

Im Allgemeinen wird die Anzahl der Risiken pro Tarifzelle variieren. Zur Modellierung der Sterbewahrscheinlichkeit werden dann Gewichte in der Höhe der Bestandgröße einbezogen. Falls alternativ die Anzahl der Toten modelliert wird, so wird ein so genanntes **Offset** durch den Logarithmus der Bestandsgröße berücksichtigt.

Selbstverständlich sollte die Anzahl der verwendeten Merkmale zum Zwecke der Tarifierung begrenzt werden. Im linearen Modell eignet sich zur Entscheidungsfindung, ob es sich lohnt ein größeres Modell anzunehmen, der so genannte **F-Test**. Das Pendant für verallgemeinerte lineare Modelle ist der **Likelihood-Quotienten-Test**.

Eine zusätzliche Fragestellung in der Tarifierung der Sterbefallwahrscheinlichkeit nach mehreren Merkmalen ist es, den tatsächlichen Einfluss einer Kovariate zu bestimmen. Dazu testet man zu einer vorgegebenen Irrtumswahrscheinlichkeit die Nullhypothese, dass der entsprechende Parameter gleich null ist.

Außerdem ist von Interesse, wie sich die Variabilität der Todesfallwahrscheinlichkeit zusammensetzt. Dazu wird die gesamte Variabilität aufgespalten in die Variabilität, die von den Kovariaten erzeugt wird und eine so genannte Restvariabilität, die durch die **Residuen** des Fehlerterms entstehen.

Als Maß für die Güte der Anpassung des Modells wird die Abweichung der restlichen **Devianz** untersucht. Im linearen Modell verwendet man dazu das **Bestimmtheitsmaß**.

Mit Hilfe der Methode der verallgemeinerten linearen Modelle lässt sich also die Sterbewahrscheinlichkeit auch in Abhängigkeit von sehr vielen Merkmalen statistisch adäquat modellieren. Nicht umsonst hat sich diese Methode insbesondere in der Kraftfahrzeugversicherung längst etabliert.

Durch die statistische Fundierung des Modells lässt sich außerdem die Güte der Anpassung bewerten. Das Ergebnis der Modellierung ist eine Formel, die in Abhängigkeit der Merkmalsausprägungen des Individuums die Sterbewahrscheinlichkeit angibt. Für eine vollständige Beschreibung von verallgemeinerten linearen Modellen sei der interessierte Leser auf die weiterführende Literatur verwiesen.

Lässt man alle individuellen Ausprägungen mit Ausnahme des Lebensalters konstant, so kann man für das betrachtete Risiko eine eigene Sterbetafel erstellen. Die nachfolgenden Kapitel zur Berechnungen der versicherungstechnischen Werte sind somit ohne Einschränkungen anwendbar.

3.8.2 Sterblichkeitstrends und Prognosen

Ein weiteres Ziel der Sterblichkeitsanalyse ist es, **Trends** zu erkennen und **Prognosen** zu erstellen. Denn für Versicherungsunternehmen ist es außerordentlich wichtig zu wissen, inwiefern sich die Sterblichkeit im Verlauf der Zeit geändert hat, um daraus zukünftige Entwicklungen erahnen zu können.

Gerade für die Pensions- und Altersrentenversicherung ist es unumgänglich, zukünftige Sterblichkeitsverbesserungen zu antizipieren. Denn derartige Trends können potentiell zu erheblichen Mehrausgaben der Versicherungsunternehmen führen.

Prinzipiell unterscheidet man drei verschiedene Effekte der Sterblichkeitsveränderung. Ein **Alterseffekt** liegt vor, wenn alle Personen gleichen Alters, unabhängig vom Geburtsjahr und Beobachtungsjahr, die gleiche oder zumindest eine ähnliche Sterblichkeitsveränderung vorzuweisen haben. Denkbar ist beispielsweise, dass sich die Sterblichkeit beim Austritt aus dem aktiven Arbeitsleben im Alter von 65 Jahren in einem bestimmten Beobachtungszeitraum verbessert. Stellt man die Veränderungsraten im **Lexis-Diagramm** dar, so werden potentielle Alterseffekte auf einer Parallelen zur Abszisse sichtbar.

Unter einem **Periodeneffekt** versteht man einen Sterblichkeitstrend, der in einer bestimmten Zeitperiode, unabhängig vom Alter und Geburtsjahr, sichtbar wird. So beobachtet man zum Beispiel in Russland eine wesentliche Sterblichkeitsverbesserung in der zweiten Hälfte der achtziger Jahre für die gesamte Bevölkerung. Wohlmöglich liegt die Ursache in der Alkoholprohibition begründet. Im Lexis-Diagramm wird ein Periodeneffekt auf einer Parallelen zur Ordinate sichtbar.

Ein **Kohorteneffekt** bezeichnet einen gemeinsamen Sterblichkeitstrend für Personen mit gleichem Geburtsjahr über mehrere Beobachtungsjahre. Britische Aktuare haben zum Beispiel festgestellt, dass diejenigen Personen, die zwischen 1927 und 1936 in England geboren worden sind, die höchste Sterblichkeitsverbesserung vorzuweisen haben. Somit werden die Menschen nicht nur immer älter, sondern gerade die heutigen Rentner auch immer schneller immer älter. Man erkennt einen Kohorteneffekt im Lexis-Diagramm auf einer Parallelen zur Diagonalen.

Beispiel
Anhand der Bevölkerung in Westdeutschland untersuchen wir die Veränderung der geglätteten Männersterblichkeit anhand eines so genannten Hitzediagramms. Hellgraue Bereiche geben eine Verbesserung der Sterblichkeit im Vergleich zum Vorjahr und dunkle Zellen geben eine Verschlechterung an.

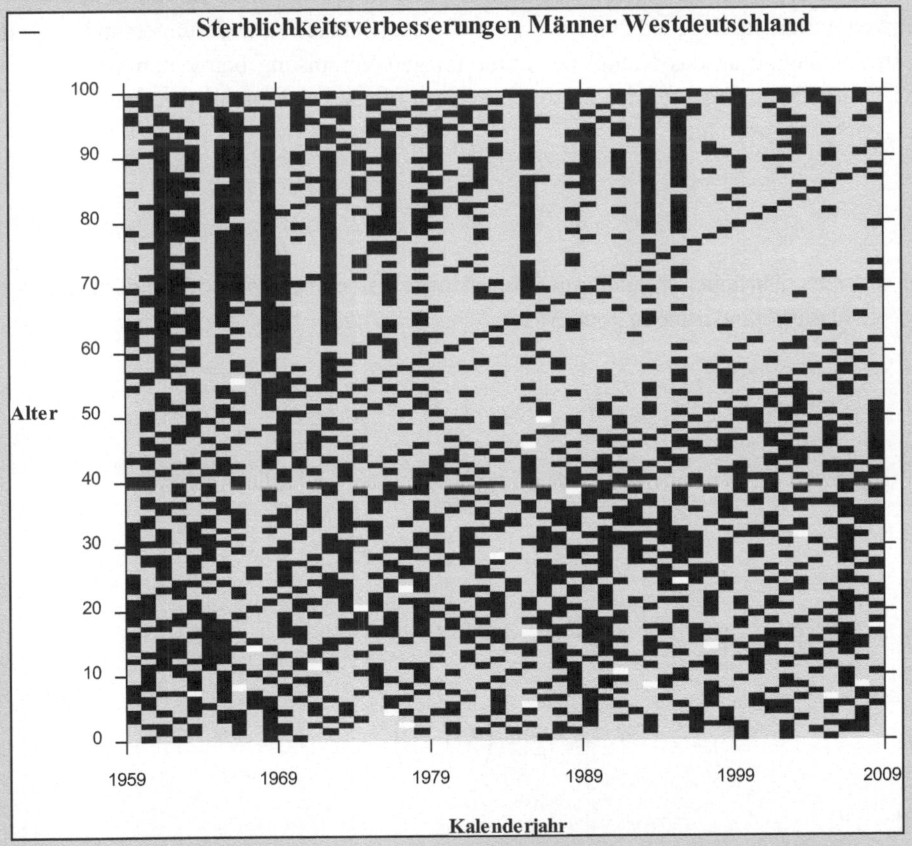

Wir erkennen schon mit bloßem Auge gewisse Muster: Für die Neugeborenen ist fast im gesamten Zeitraum eine Sterblichkeitsverbesserung zu erkennen, welche als Alterseffekt interpretiert werden kann. Für gewisse Altersbereiche entdecken wir in ausgewählten Kalenderjahren senkrechte schwarze Linien; sie stellen

Periodeneffekte dar und bedeuten eine Sterblichkeitsverschlechterung im Vergleich zum Vorjahr. Auffällig sind ausgedehnte helle Bereiche, die diagonal verlaufen. Dabei handelt es sich um Kohorteneffekte, die auf Sterblichkeitsverbesserungen gewisser Geburtsjahrgänge schließen lassen. Mathematisch valide Erkenntnisse lassen sich gewinnen, indem Methoden der Bildverarbeitung auf die Daten angewendet werden.

Die Aufgabe der Trendanalyse ist es, Effekte der Sterblichkeitsveränderung zu identifizieren und in vernünftiger Weise in die Zukunft zu projizieren. Dabei ist auch die Angemessenheit der mathematischen Modellierung zu beurteilen – unter Berücksichtigung von Umwelteinflüssen, des medizinischen Fortschritts, sozialen Veränderungen und so weiter.

In Anlehnung an das Kalkül der unterjährigen Verzinsung betrachten wir eine jährliche Veränderungsrate λ_t der Sterblichkeit $q_{x,t}$ eines x-Jährigen im Kalenderjahr t im Vergleich zum Vorjahr,

$$\lambda_t = \frac{q_{x,t}}{q_{x,t-1}} - 1\,,$$

bei diskreter jährlicher Veränderung. Betrachten wir nun zeitproportionale unterjährige Sterblichkeitsveränderungen gemäß

$$q_{x,t} = q_{x,t-1} \cdot \left(1 + \frac{\lambda_t}{n}\right)^n$$

im Grenzwert immer feinerer Unterteilungen des Jahres, so erhalten wir

$$q_{x,t} = q_{x,t-1} \cdot \lim_{n\to\infty} \left(1 + \frac{\lambda_t}{n}\right)^n\,.$$

Mit der Substitution $x = \frac{n}{\lambda_t}$ folgt

$$q_{x,t} = q_{x,t-1} \cdot \lim_{n\to\infty} \left(1 + \frac{1}{x}\right)^{x\lambda_t} = q_{x,t-1} \cdot e^{\lambda_t}$$

und somit

$$\lambda_t = \ln\left(\frac{q_{x,t}}{q_{x,t-1}}\right)\,.$$

Damit haben wir den Ansatz für eine **stetige Sterblichkeitsveränderung** motiviert. Durch diese theoretischen Vorüberlegungen wird deutlich, warum in der Praxis oft die logarithmische Änderungsrate betrachtet wird.

Diese Festsetzung ist konsistent mit der Beobachtung, dass die Sterblichkeit mit zunehmendem Alter ebenfalls exponentiell ansteigt. Denn im Allgemeinen ist der Verlauf der logarithmischen Sterblichkeitswahrscheinlichkeit in einem großen Altersbereich annähernd linear.

Das am weitesten verbreitete Verfahren zur Analyse der Sterblichkeitsveränderung beruht auf der **Lee-Carter-Methode**, die im Folgenden skizziert werden soll. Sie geht aus dem Ansatz

$$\ln q_{x,t} = a_x + b_x \cdot k_t + \varepsilon_{x,t}$$

hervor. Dabei ist b_x der altersabhängige Intensitätsparameter, k_t der Zeittrend und $\varepsilon_{x,t}$ ein normalverteilter Fehlerterm. Aus Normierungsgründen wird

$$\sum_{x=0}^{\omega} b_x = 1 \text{ und } \sum_{t=1}^{n} k_t = 0$$

gefordert. Weiterhin ist a_x der natürliche Logarithmus der durchschnittlichen Sterbewahrscheinlichkeit im Alter x über alle n verfügbaren Beobachtungsjahre, die im Einzelnen mit t bezeichnet werden. Aus der Normierung folgt

$$a_x = \frac{1}{n} \sum_{t=1}^{n} \ln q_{x,t} \ .$$

Der Intensitätsparameter und der Zeittrend können mit Hilfe der Singulärwertzerlegung berechnet werden, die als Verallgemeinerung der Hauptachsentransformation betrachtet werden kann. Es sei nun $\mathbf{A}$ die Matrix, welche $\omega + 1$ Zeilen und n Spalten hat und deren Elemente durch $\ln q_{x,t} - a_x$ gegeben sind. Dann kann gezeigt werden, dass orthonormale Matrizen $\mathbf{U}$ und $\mathbf{V}$ sowie eine rechteckige Diagonalmatrix $\mathbf{S}$ existieren, sodass

$$\mathbf{A} = \mathbf{U}\mathbf{S}\mathbf{V}^{T}$$

ist. Daraus folgt

$$\mathbf{A}^{T}\mathbf{A} = \left(\mathbf{U}\mathbf{S}\mathbf{V}^{T}\right)^{T}\mathbf{U}\mathbf{S}\mathbf{V}^{T} = \mathbf{V}\mathbf{S}^{T}\mathbf{U}^{T}\mathbf{U}\mathbf{S}\mathbf{V}^{T} = \mathbf{V}\left(\mathbf{S}^{T}\mathbf{S}\right)\mathbf{V}^{T} \ .$$

Demnach ist die Matrix $\mathbf{A}^{T}\mathbf{A}$ ähnlich zur quadratischen Diagonalmatrix $\mathbf{S}^{T}\mathbf{S}$, deren Diagonalelemente die Eigenwerte von $\mathbf{A}^{T}\mathbf{A}$ sind. Die Matrix $\mathbf{V}^{T}$ besteht spaltenweise aus den normierten Eigenvektoren der Matrix $\mathbf{A}^{T}\mathbf{A}$. Die Werte für den Zeittrend k_t ergeben sich aus der ersten Zeile von $\mathbf{V}^{T}$ dividiert durch das erste Element von $\mathbf{S}$, also dem normierten Eigenvektor zum größten Eigenwert von $\mathbf{A}^{T}\mathbf{A}$ geteilt durch den größten Eigenwert von $\mathbf{A}^{T}\mathbf{A}$.

Völlig analog lässt sich die Matrix $\mathbf{U}$ durch

$$\mathbf{AA}^T = \mathbf{USV}^T \left(\mathbf{USV}^T\right)^T = \mathbf{USV}^T \mathbf{VS}^T \mathbf{U}^T = \mathbf{U}\left(\mathbf{SS}^T\right)\mathbf{U}^T$$

ermitteln. Die Matrix $\mathbf{U}^T$ besteht somit spaltenweise aus den normierten Eigenvektoren der Matrix $\mathbf{AA}^T$. Die Werte für den Intensitätsparameter b_x erhält man aus der ersten Spalte von $\mathbf{U}$, also dem normierten Eigenvektor zum größten Eigenwert von $\mathbf{AA}^T$.

Für die Prognose der Sterblichkeit in die Zukunft wird der Zeittrend als so genannter Random Walk mit Drift modelliert. Dabei wird die Abtreibung ϑ im beobachteten Zeitraum als konstant angenommen. Dieser Parameter kann durch lineare Regression geschätzt werden. Alternativ kann man der Einfachheit halber festsetzen, dass

$$\vartheta = \frac{k_n - k_1}{n}$$

ist. Die Zeitreihe wird dann linear extrapoliert werden. Dadurch erhalten wir den folgenden Zeittrend für die Zukunft

$$k_{n+s} = k_n + s\vartheta \, .$$

Folglich lautet die zukünftige Sterbewahrscheinlichkeit für das Alter x im Jahr $n + s$:

$$q_{x,n+s} = \exp\left(a_x + b_x \cdot k_{n+s}\right).$$

Damit ist die zukünftige Todesfallwahrscheinlichkeit für jedes Alter und jedes zukünftige Jahr angegeben. Ferner gibt es einige Anpassungen und Erweiterungen des Lee-Carter-Modells, insbesondere um Kohorteneffekte adäquat erfassen zu können. Darüber sind gerade in letzter Zeit zahlreiche alternative stochastische Prognosemodelle für die zukünftige Sterblichkeitsentwicklung aufgestellt worden.

3.9 Aufgaben

A 3.1 Die Schadenanalyse eines Lebensversicherungsunternehmens brachte folgende Ergebnisse: es gab 892 Schäden bezogen auf 245.430 Versicherungspolicen, die Schadenhöhen waren gleichverteilt im Intervall $[100.000; 200.000]$. Berechnen Sie die minimale Anzahl von Schäden, um volle Glaubwürdigkeit bezüglich Schadenanzahl, Schadenhöhe und Gesamtschaden zu erreichen! Dazu seien $\alpha = 0{,}01$ und $\beta = 0{,}05$.

A 3.2 Die Schadenanzahl eines Lebensversicherungsunternehmens sei binomialverteilt mit den Parameters $n = 300.000$ und $q = 0{,}001$. Volle Glaubwürdigkeit basiere darauf, dass mit 95 % Wahrscheinlichkeit die Anzahl der Schäden um höchstens 10 % nach oben abweicht. Berechnen Sie den partiellen Glaubwürdigkeitsfaktor! Wie ändert sich dieser Anpassungsfaktor, wenn als Sicherheitsniveau 99 % gewählt wird?

A 3.3 Der Schadenbedarf einer einjährigen Todesfallversicherung ist definiert als Gesamtschaden geteilt durch Anzahl der versicherten Risiken. Der wahre Schadenbedarf für eine Gruppenlebensversicherung mit einheitlicher Versicherungssumme von 100.000 € sei 260 € pro Person und Jahr. Anhand der eigenen Schadenerfahrung wurde im letzten Jahr 123 Schäden und ein Schadenbedarf in Höhe von 247 € pro Person und Jahr berechnet.

a) Wie lautet die Formel für den Mindestbestand?

b) Wie hoch ist der Schadenbedarf im nächsten Jahr im Sinne der Glaubwürdigkeitstheorie, wenn die Parameter $\alpha = 0{,}1$ und $\beta = 0{,}1$ sind?

A 3.4 Die folgende Verteilungsfunktion sei gegeben:

$$F_0(x) = 1 - \frac{1}{1+x} \qquad \text{für } x \geq 0 \, .$$

a) Finden Sie kompakte Darstellungen für $F_x(t)$, $f_0(x)$, $f_x(t)$, $S_0(x)$, $S_x(t)$, μ_x!

b) Berechnen Sie die einjährige Überlebenswahrscheinlichkeit einer 20-jährigen Person!

c) Berechnen Sie die Wahrscheinlichkeit, dass eine 30-jährige Person zwischen dem Alter 40 und 45 stirbt!

A 3.5 Die Überlebensfunktion sei gegeben durch

$$S_0(x) = \frac{1}{10} \sqrt{100 - x} \qquad \text{für } 0 \leq x \leq 100 \, .$$

a) Finden Sie kompakte Darstellungen für $S_x(t)$, $F_0(x)$, $F_x(t)$, $f_0(x)$, $f_x(t)$, μ_x!

b) Berechnen Sie die Wahrscheinlichkeit, dass ein Neugeborener zwischen dem Alter 19 und 36 stirbt!

A 3.6 Die Sterbeintensität sei gegeben durch $\mu_x = \lambda$ mit $\lambda > 0$.

a) Finden Sie kompakte Darstellungen für $S_0(t)$, $S_x(t)$, $F_0(x)$, $F_x(t)$, $f_0(x)$, $f_x(t)$!

b) Zeigen Sie, dass die ganzzahlige restliche Lebenserwartung $e_x = \frac{1}{\exp(\lambda)-1}$ ist!

c) Zeigen Sie, dass die restliche Lebenserwartung $e_x^0 = 1/\lambda$ ist!

A 3.7 Die Sterbeintensität sei gegeben durch $\mu_x = 0{,}002$ für $30 \leq x < 40$. Berechnen Sie die Wahrscheinlichkeit, dass eine 30-jährige Person

a) das folgende Jahr überlebt!

b) bis zum Alter 35 überlebt!

c) vor Erreichen des Alters 38 stirbt!

d) zwischen Alter 36 und 40 stirbt!

A 3.8 Die Dichtefunktion einer stetigen Zufallsvariablen T_0, die die Überlebensdauer eines Neugeborenen angibt, sei im Intervall $[0; \omega]$ gegeben durch

$$f_0(x) = \frac{2}{75} x^{-\frac{1}{3}} \ .$$

Berechnen Sie

a) das Schlussalter ω anhand der Bedingung $P(T_0 > \omega) = 0$!

b) die Wahrscheinlichkeit eines 25-Jährigen im nächsten Jahr zu sterben!

c) die Lebenserwartung eines Neugeborenen!

A 3.9 Eine Selektionssterbetafel habe eine Selektionsperiode von 3 Jahren. Die ultimative Sterblichkeit sei durch die Sterbetafel DAV2008TM gegeben. Für alle Alter $x > 65$ gelte $p_{[x]} = 0{,}999$; $p_{[x-1]+1} = 0{,}998$; $p_{[x-2]+2} = 0{,}997$. Berechnen Sie für eine Person, die genau 70 Jahre alt ist, die Überlebenswahrscheinlichkeit bis zum Alter 75, gegeben dass sie den Versicherungsvertrag

a) im Alter 67 abgeschlossen hat,

b) im Alter 68 abgeschlossen hat,

c) im Alter 69 abgeschlossen hat,

d) im Alter 70 abgeschlossen hat.

A 3.10 Berechnen Sie die Wahrscheinlichkeit dafür, dass ein aktuell 75-Jähriger ein halbes Jahr überlebt und anschließend innerhalb von neun Monaten stirbt – unter der Voraussetzung, dass die Toten linear über das Jahr verteilt sind, also $l_{x+t} = l_x + t(l_{x+1} - l_x)$ für $0 \leq t \leq 1$ und weiterhin $q_{75} = 0{,}05$ sowie $q_{76} = 0{,}06$ gilt.

A 3.11 Gegeben seien die einjährigen Sterbewahrscheinlichkeiten $q_{50} = 0{,}0012$ und $q_{51} = 0{,}0014$. Die Toten seien zwischen ganzzahligen Lebensaltern gleichmäßig verteilt. Berechnen Sie $_{0{,}7}q_{50{,}6}$!

A 3.12 Berechnen Sie die Wahrscheinlichkeit $_{1{,}7}q_{75}$ unter der Voraussetzung, dass die Sterbeintensität konstant ist! Dazu sei $q_{75} = 0{,}05$ sowie $q_{76} = 0{,}06$.

A 3.13 Als Leiter der Produktentwicklung eines Lebensversicherungsunternehmens stehen Sie vor der Aufgabe, eine Differenzierung des bestehenden Tarifs für Raucher und Nichtraucher vorzunehmen. Die zur Verfügung stehenden medizinischen Studien weisen die relative Übersterblichkeit der Raucher zu den Nichtrauchern in Höhe von 86 % aus. Der Anteil der Raucher betrage 30 %. Berechnen Sie den Zu- und Abschlag für Raucher beziehungsweise Nichtraucher in Bezug auf die alte Versicherungsprämie!

A 3.14 Der Bestand eines Mikrolebensversicherers sei nach zwei Merkmalen differenziert. Die folgende Tabelle zeigt die Gesamtschäden in tausend Euro für eine einjährige Todesfallversicherung:

Merkmale	Kind $j = 1$	Erwachsener $j = 2$	Senior $j = 3$
Männlich $i = 1$	100	400	300
Weiblich $i = 2$	50	200	200

Die Anzahl der versicherten Risiken betrage in jeder Zelle 1.000. Berechnen Sie den ausgeglichenen Schadenbedarf pro Risiko mit dem Marginalsummenverfahren!

A 3.15 In der nachfolgenden Tabelle sind beobachtete Sterblichkeitsraten nach Region und Beruf angegeben. Wenden Sie das Marginalsummenverfahren an, um die ausgeglichenen Todesfallwahrscheinlichkeiten zu bestimmen!

Region i	Beruf j	Versicherungssumme V_{ij}	Sterbewahrscheinlichkeit q_{ij}
1	1	1.200	0,00029
1	2	500	0,00019
2	1	900	0,00042
2	2	1.000	0,00020

Die Anzahl der versicherten Risiken betrage in jeder Zelle 1.000. Als Gewichtung sei der maximale Gesamtschaden pro Zelle zu verwenden.

Beitragsberechnung 4

Obwohl in der Lebensversicherung die Versicherungssumme vertraglich vereinbart ist und damit die Schadenhöhe im Allgemeinen bekannt ist, so ist doch der Zeitpunkt des Schadeneintritts ungewiss. *Mors certa, hora incerta* – der Tod [ist] gewiss, die Stunde [ist] ungewiss, wie schon ein altes lateinisches Sprichwort sagt. Durch den Lebensversicherungsvertrag wird nun ein Tauschgeschäft initiiert. Der Versicherer verpflichtet sich zur Zahlung einer genau bestimmten Leistung, wenn sich die versicherte Gefahr realisiert. Im Gegenzug erbringt der Versicherte eine geldwerte Gegenleistung. Die **Produktentwicklung** der Lebensversicherung beschäftigt sich mit der Ausgestaltung der Vertrags und der Berechnung der dazugehörigen versicherungsmathematischen Werte.

In der elementaren Finanzmathematik haben wir Ströme von sicheren Zahlungen analysiert. In der Lebensversicherung hängen die zu betrachtenden Zahlungen vom Eintreten eines Ereignisses ab, meist dem Tod oder dem Erleben des Versicherten. In diesem Sinne stellt die Lebensversicherungsmathematik eine Erweiterung des Kalküls der elementaren Finanzmathematik dar.

Der **Versicherungsbarwert** ist der Barwert der Summe sämtlicher zukünftigen Versicherungsleistungen, gewichtet mit den zugehörigen Eintrittswahrscheinlichkeiten. Anstatt die Wahrscheinlichkeiten für den Zahlungseintritt zu analysieren, beschränkt man sich in der Lebensversicherungspraxis im Allgemeinen auf die Betrachtung von Erwartungswerten. Der gängige Ansatz zur Bewertung von unsicheren Zahlungsströmen besteht in der Berechnung des diskontierten Erwartungswerts der Zahlungen nach dem so genannten **Erwartungswertprinzip**.

Die Grundregel der Lebensversicherungsmathematik ist das so genannte **versicherungsmathematische Äquivalenzprinzip**, welches sich als Verallgemeinerung des **finanzmathematischen Äquivalenzprinzips** auffassen lässt. Es verlangt, dass der erwartete Barwert der Versicherungsleistungen gleich dem erwarteten Beitragsbarwert ist – unter Berücksichtigung der Rechnungsgrundlagen Zinssatz, Sterblichkeit und Kosten. Das Äquivalenzprinzip der Lebensversicherungsmathematik lautet:

© Springer Fachmedien Wiesbaden 2016
K.M. Ortmann, *Praktische Lebensversicherungsmathematik*,
Studienbücher Wirtschaftsmathematik, DOI 10.1007/978-3-658-10200-5_4

> **Erwarteter Versicherungsbarwert**
> **ist gleich**
> **erwarteter Beitragsbarwert.**

Das versicherungsmathematische Äquivalenzprinzip bildet das Kernstück dieses Kapitels; es lässt sich wie folgt beschreiben. Das Versicherungsunternehmen leistet zu bestimmten diskreten Terminen gewisse vertraglich festgelegte Leistungen für den Fall, dass sich die versicherte Gefahr realisiert. Üblicherweise bestehen diese Zusagen aus **Todesfallleistungen, Erlebensfallleistungen** oder **Rentenleistungen**. Zusätzlich entstehen dem Versicherungsunternehmen gewisse **Kosten**, die im Voraus bei Vertragsabschluss genau spezifiziert werden.

Der Versicherungsnehmer auf der anderen Seite leistet ein vertraglich vereinbartes Entgelt. Diejenige Geldsumme, die als Gegenleistung für den Versicherungsschutz einmalig oder periodisch gezahlt wird, nennt man **Beitrag** oder auch **Prämie**. Diese beiden Begriffe gelten heutzutage als synonym; früher wurde bei Versicherungsvereinen auf Gegenseitigkeit der Begriff Beitrag gebraucht, wohingegen Aktiengesellschaften das Wort Prämie benutzten. Das Versicherungsvertragsgesetz (**VVG**) verwendet nach wie vor den Ausdruck Prämie.

Die Versicherungsbeiträge sind somit das Entgelt, welches für den Versicherungsschutz gezahlt wird. Das versicherungsmathematische Äquivalenzprinzip verlangt, dass die zu erwartenden Barwerte der Leistung und Gegenleistung für den Versicherungsbestand identisch sind. Das Prinzip bedeutet nicht, dass in jedem Einzelfall die tatsächlichen Versicherungsleistungen den gezahlten Beiträgen entsprechen.

Betrachten wir eine Todesfallversicherung für den Fall, dass der Versicherte stirbt. Dann hat das Versicherungsunternehmen für diesen Vertrag im Allgemeinen weniger Beiträge eingenommen als die vertraglich festgelegte Versicherungssumme, die an den Nutznießer ausgezahlt wird. Das Äquivalenzprinzip ist jedoch nicht verletzt, denn es gilt nicht für die Realisation des Risikos eines einzelnen Vertrages. Es ist deshalb wichtig zu erkennen, dass das versicherungsmathematische Äquivalenzprinzip nur für versicherte Kollektive unter der Annahme der rechnungsmäßigen Leistungen und Gegenleistungen angewendet wird.

Im Voraus weiß man nicht, welcher Versicherte sterben wird. Demnach sind die Ergebnisse der Analyse des Kollektivs auf jeden einzelnen Versicherten anwendbar. Im Nachhinein stellt man fest, dass für kein einziges Risiko oder nur sehr wenige Risiken der tatsächliche Leistungsbarwert gleich dem tatsächlichen Gegenleistungsbarwert ist. Wir gehen jedoch davon aus, dass gemäß dem Gesetz der großen Zahlen ein **Ausgleich im Kollektiv** stattfindet.

Aus der Sicht des Versicherten ist ein Versicherungsgeschäft somit ein Tauschgeschäft: Sichere Beitragszahlungen werden gegen unsichere Versicherungsleistungen getauscht. Die vertraglich zugesagten Leistungen des Versicherungsunternehmens werden im Allgemeinen durch periodische Beiträge finanziert, die während der Vertragslaufzeit konstant bleiben oder sich nach einer vorgegebenen **Dynamik** ändern. Die Höhe der

Versicherungsbeiträge wird im Voraus fest vereinbart. Nach Paragraph 163, Absatz 1 des Versicherungsvertragsgesetz (**VVG**) gilt insbesondere:

Der Versicherer ist zu einer Neufestsetzung der vereinbarten Prämie berechtigt, wenn

1. *sich der Leistungsbedarf nicht nur vorübergehend und nicht voraussehbar gegenüber den Rechnungsgrundlagen der vereinbarten Prämie geändert hat,*
2. *die nach den berichtigten Rechnungsgrundlagen neu festgesetzte Prämie angemessen und erforderlich ist, um die dauernde Erfüllbarkeit der Versicherungsleistung zu gewährleisten, und*
3. *ein unabhängiger Treuhänder die Rechnungsgrundlagen und die Voraussetzungen der Nummern 1 und 2 überprüft und bestätigt hat.*

Eine Neufestsetzung der Prämie ist insoweit ausgeschlossen, als die Versicherungsleistungen zum Zeitpunkt der Erst- oder Neukalkulation unzureichend kalkuliert waren und ein ordentlicher und gewissenhafter Aktuar dies insbesondere anhand der zu diesem Zeitpunkt verfügbaren statistischen Kalkulationsgrundlagen hätte erkennen müssen.

Da die Beiträge also in aller Regel während der Vertragslaufzeit nicht mehr geändert werden können, müssen die Rechnungsgrundlagen bei Vertragsbeginn äußerst vorsichtig gewählt sein, denn typischerweise hat ein Lebensversicherungsvertrag eine Dauer von 20, 30 oder auch noch viel mehr Jahren. Die bei der Kalkulation verwendeten Rechnungsgrundlagen nennt man die **Rechnungsgrundlagen erster Ordnung**. Jene enthalten gemäß dem **Vorsichtsprinzip** entsprechende **Sicherheitszuschläge**, die bereits im Zusammenhang mit der Sterbetafel ausführlich diskutiert worden sind. Die der Realität entsprechenden wahren Modellierungsannahmen hingegen nennt man die **Rechnungsgrundlagen zweiter Ordnung**. Die Differenz der Rechnungsgrundlagen erster und zweiter Ordnung spielt eine große Rolle für die Ermittlung der **Gewinne und Verluste** eines Versicherungsunternehmens.

In diesem Kapitel werden wir die verschiedenen Leistungsbarwerte des Versicherungsunternehmens vorstellen und berechnen. Dann stellen wir den Barwert der Beitragszahlungen des Versicherten gegenüber. Sodann wird das versicherungsmathematische Äquivalenzprinzip angewendet, um die gesuchte Größe, meist den Beitrag oder die Versicherungssumme, zu berechnen.

Bevor wir nun *in medias res* gehen, wollen wir die wichtigsten **Modellvoraussetzungen** der praktischen Lebensversicherungsmathematik noch einmal zusammenfassen. Wir fordern, dass

- wir mit relativen Sterbehäufigkeiten anhand einer Sterbetafel rechnen,
- das Alter der versicherten Person ganzzahlig sei,
- die Sterbewahrscheinlichkeit innerhalb eines Jahres konstant sei,
- der Rechnungszins über die gesamte Vertragslaufzeit konstant sei,
- die Kostenzuschläge im Voraus festgelegt werden,
- die Leistungen und Gegenleistungen an endlich vielen diskreten Terminen fällig seien,
- verschiedene Leistungen zu einer Resultanten addiert werden

- und das versicherungsmathematische Äquivalenzprinzip die Grundlage unserer Berechnungen sei.

4.1 Rechnungsgrundlagen

Für die Beitragskalkulation bedarf es zunächst der Festlegung der Rechnungsgrößen. Man unterscheidet in der Lebensversicherung drei Typen von **Rechnungsgrundlagen**:

- Zins
- Sterblichkeit
- Kosten.

Im Folgenden werden wir diese zentralen Größen näher diskutieren.

4.1.1 Rechnungszins

Gemäß unseren Modellvoraussetzungen wird der zu verwendende Zinssatz a priori deterministisch festgelegt. Dieser **technische Zinssatz**, auch **Rechnungszins** genannt, dient als Kalkulationsgrundlage zur Diskontierung zukünftiger Zahlungen. Es ist klar, dass ein hoher Zinssatz zukünftige Versicherungsleistungen stärker abzinst, und die notwendige Gegenleistung nach dem Äquivalenzprinzip somit senkt. Umgekehrt führt ein niedriger Zins zur Verteuerung der Versicherung.

Wird ein zu hoher Zinssatz verwendet, droht dem Versicherungsunternehmen im Extremfall die Insolvenz, da höhere Leistungen versprochen werden, als eingehalten werden können. In diesem Sinne wird durch den Rechnungszins eine **garantierte Minimalverzinsung** festgelegt, insbesondere in Bezug auf Versicherungen mit Erlebensfallleistungen. Damit ist klar, dass die Wahl des Rechnungszinses nicht einzelnen Unternehmen überlassen werden darf, sondern gesetzlich geregelt werden muss, um die Verbraucher vor unlauteren Angeboten zu schützen.

In Deutschland wird vom Bundesministerium für Finanzen in § 65 des Versicherungsaufsichtsgesetzes (**VAG**) der **Höchstrechnungszins** für die Deckungsrückstellung festgelegt. Auf den Begriff der Deckungsrückstellung werden wir im nächsten Kapitel ausführlich eingehen.

(1) Das Bundesministerium der Finanzen wird ermächtigt, zur Berechnung der Deckungsrückstellung unter Beachtung der Grundsätze ordnungsmäßiger Buchführung durch Rechtsverordnung,

1. *bei Versicherungsverträgen mit Zinsgarantie einen oder mehrere Höchstwerte für den Rechnungszins festzusetzen, ausgehend*
   (a) *vom jeweiligen Zinssatz der Anleihen des Staates, auf dessen Währung der Vertrag lautet, wobei der jeweilige Höchstwert nicht mehr als 60 vom Hundert*

betragen darf; hiervon können Versicherungsverträge in Anteilseinheiten, gegen Einmalprämie bis zu einer Laufzeit von acht Jahren, Versicherungsverträge ohne Überschussbeteiligung sowie Rentenversicherungsverträge ohne Rückkaufswert ausgenommen oder für sie höhere Höchstwerte festgesetzt werden, oder

(b) *vom Ertrag der zum betreffenden Zeitpunkt im Bestand des Lebensversicherungsunternehmens vorhandenen Aktiva sowie den erwarteten Erträgen künftiger Aktiva, wobei angemessene Sicherheitsabschläge vorzunehmen sind;*

Die Deutsche Aktuarvereinigung unterbreitet dem Bundesministerium für Finanzen jährlich einen Vorschlag zur Festsetzung des Höchstrechnungszinssatzes für Neugeschäft in der Lebensversicherung. Als Bemessungsgrenze für den Rechnungszins dienen die Umlaufrenditen von europäischen Staatsanleihen mit einer Restlaufzeit von zehn Jahren. Aus den Daten der letzten zehn Jahre wird der Mittelwert gebildet. Der zulässige Höchstrechnungszins darf 60 % dieses Wertes nicht überschreiten. In den genannten Ausnahmefällen wird der Höchstrechnungszinssatz durch 85 % des arithmetischen Mittels der Umlaufrendite von festverzinslichen Wertpapieren mit einer entsprechenden Restlaufzeit festgelegt.

Beispiel

Die nachfolgende Grafik zeigt die Entwicklung der Umlaufrenditen der öffentlichen Hand in Deutschland mit einer Restlaufzeit von neun bis zehn Jahren anhand der festgestellten Monatsschlusskurse. Ferner ist der gleitende Durchschnitt der jeweils vergangenen zehn Jahre dargestellt. In Ergänzung wird der jeweils gültige Höchstrechnungszins angezeigt. Wir erkennen daran, dass der Höchstrechnungszins gesenkt wurde, sobald der gleitende Durchschnitt den aktuellen gültigen Höchstrechnungszinssatz erreicht hatte.

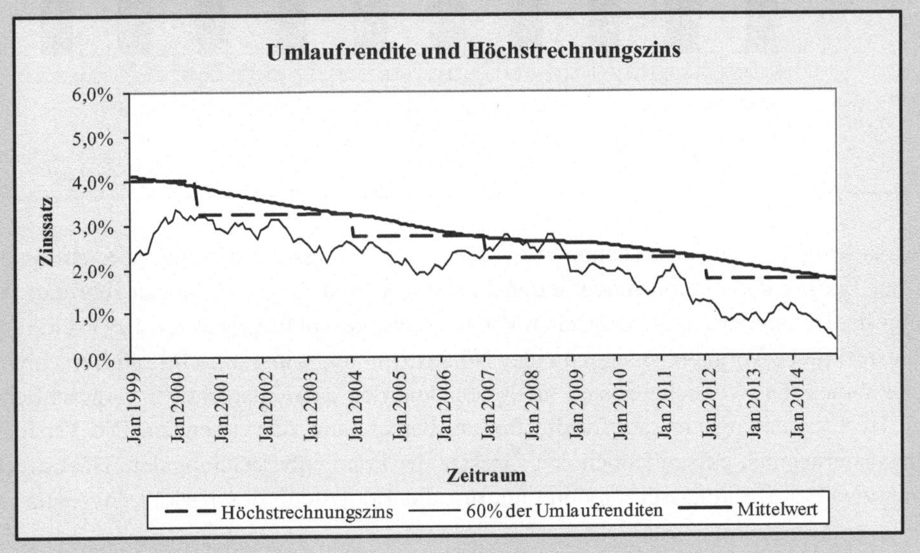

Die Festsetzung des Rechnungszinses erfolgt nicht automatisch, sondern durch eine gesetzliche Verordnung. In Paragraph 2, Absatz 1 der Verordnung über Rechnungsgrundlagen für die Deckungsrückstellungen (Deckungsrückstellungsverordnung – **DeckRV**) wird der Wert des Höchstzinssatzes genau beziffert.

(1) Bei Versicherungsverträgen mit Zinsgarantie, die auf Euro oder die nationale Währungseinheit eines an der Europäischen Wirtschafts- und Währungsunion teilnehmenden Mitgliedstaates lauten, wird der Höchstzinssatz für die Berechnung der Deckungsrückstellungen auf 1,25 vom Hundert festgesetzt.

Jede Veränderung dieser Verordnung bedarf der Zustimmung des Bundesrates. Seit dem Jahr 2000 ist der Höchstrechnungszinssatz gefallen. Der maximal zulässige Zinssatz für neue Vertragsabschlüsse ab dem 1. Januar 2015 beträgt 1,25 %. Dieser Zinssatz ist die Grundlage aller versicherungsmathematischen Berechnungen in diesem Lehrbuch. Die folgende Grafik zeigt den Höchstrechnungszins im Verlauf der Zeit.

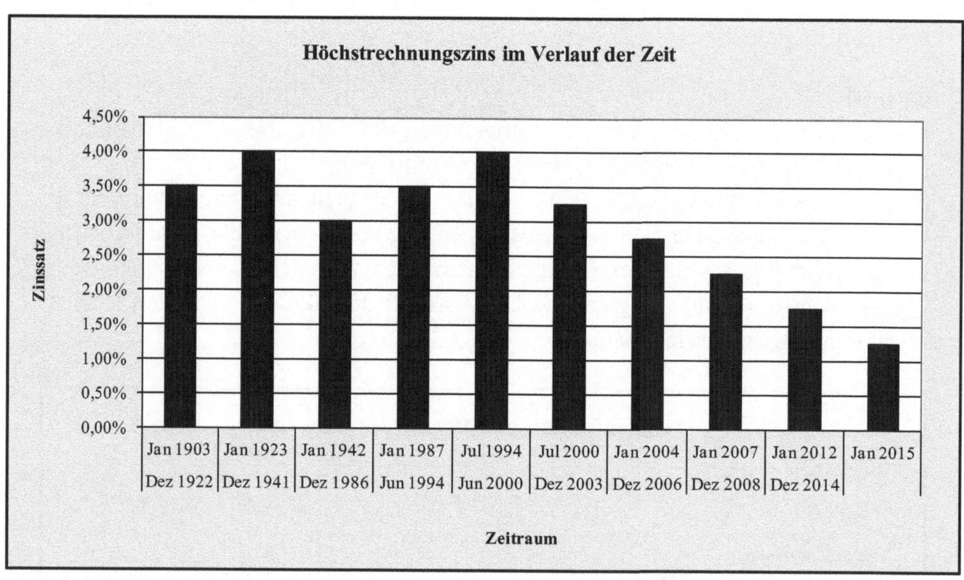

Der so festgelegte Höchstrechnungszins für die Deckungsrückstellung ist auch für die in der Beitragskalkulation modellierten Leistungen und Gegenleistungen relevant. Als Folge der Deregulierung des deutschen Versicherungsgeschäfts gibt es seit 1994 keine aufsichtsrechtliche Vorgabe bezüglich eines Höchstrechnungszinssatzes für die Berechnung der Prämien. Die Versicherer sind nicht gehalten, den aufsichtsrechtlich vorgeschriebenen Höchstrechnungszinssatz für die Beitragsberechnung zu verwenden. Die Versicherungsunternehmen passen jedoch den Zinssatz der Prämienberechnung dem Höchstrechnungszins der Deckungsrückstellung an, um die Konsistenz des Kalküls insgesamt zu gewährleisten. Andernfalls ergibt sich nämlich ein **Nachreservierungsbedarf**, der in der Regel aus Eigenmitteln finanziert werden muss.

Grundsätzlich dürfen zur Berechnung der Beiträge und Deckungsrückstellungen niedrigere Zinssätze als der Höchstrechnungszins verwendet werden. Dadurch würden sich allerdings die Versicherungsprämien erhöhen. Potentielle Folgen wären Wettbewerbsnachteile.

Stillschweigend verwenden wir für unsere Berechnungen stets den Rechnungszinssatz in Höhe von **1,25 %**.

4.1.2 Sterblichkeit

Traditionell verwendet man in der praktischen Lebensversicherung deterministische Werte für die Sterblichkeit, die wir anhand des Konzepts der **Sterbetafel** bereits eingehend diskutiert haben. Wir rechnen im Folgenden mit den geschlechtsspezifischen deutschen Versichertensterbetafeln **DAV2004RM/RF** und **DAV2008TM/TF**. In diesem Zusammenhang sei noch einmal erwähnt, dass seit dem 21.12.2012 in Europa für Neugeschäft in der Lebensversicherung nur noch Unisex-Sterbetafeln verwendet werden dürfen. Eine allgemein gültige Unisex-Sterbetafel gibt es nicht, wie wir bereits diskutiert haben. Um unsere Berechnungen für den Leser nachvollziehbar zu halten, verzichten wir aus didaktischen Gründen auf die geschlechtsneutrale Kalkulation.

Durch die benutzten Sterbetafeln wird zudem der Charakter der Lebensversicherung ersichtlich: Eine Lebensversicherung hat **Todesfallcharakter**, wenn jede Erhöhung der Todesfallwahrscheinlichkeiten zumindest keine Verringerung des Beitrags zur Folge hat. Eine Lebensversicherung hat **Erlebensfallcharakter**, wenn die Anwendung jeder Sterbetafel mit niedrigeren Todesfallwahrscheinlichkeiten aus der Sicht des Versicherers vorsichtiger ist, also nicht zur Verringerung der Prämie führt. Daneben gibt es auch Versicherungen, die keinen eindeutigen Charakter haben. Man spricht dann von einem **gemischten Charakter**.

4.1.3 Kosten

Durch den Abschluss von Versicherungsverträgen entstehen Kosten. Diese so genannten Abschluss- und Vertriebskosten werden nicht gesondert in Rechnung gestellt, sondern direkt bei der Tarifkalkulation berücksichtigt. In der Praxis werden die Kosten traditionell in drei Gruppen aufgeteilt:

- **Abschlusskosten**, darunter fallen Aufwendungen für
  - Außendienst, Vermittler und Makler
  - Schulung des Vertriebs
  - direkte Werbung und Produktmarketing

- Angebotserstellung
- Antragsbearbeitung, Anlegen des Vertrages, Ausstellen des Versicherungsscheins, und so weiter
- Ärztliche Untersuchungen zur Feststellung des Gesundheitszustands.

- **Inkassokosten**, das heißt, Transaktionskosten im Zusammenhang mit dem Geldverkehr.

- **Verwaltungskosten**, darunter fallen direkte und indirekte Kosten für
  - Bestandverwaltung
  - Schadenregulierung
  - Vertragsänderungen
  - Personalkosten
  - Bürokosten.

Im Prinzip sollte jedes Versicherungsunternehmen eine ursachengerechte Kostenbelastung vornehmen. Dadurch würde es möglich, die Kosten entstehungsgerecht einzelnen Versicherungspolicen zuzuordnen. Allerdings stünde der Aufwand in keinem Verhältnis zum Nutzen. In der Praxis werden die Kosten im Allgemeinen pauschal zugeordnet. Dabei wird Folgendes festgelegt:

- Höhen der Kostensätze
- Bezugsgrößen für die Kostensätze
- Fälligkeitstermine der Kosten.

Als Ergebnis dieser Kostenrechnung stehen Parameter zur Verfügung, die sich sehr schön in das Kalkül der praktischen Lebensversicherungsmathematik nach dem deterministischen und diskontinuierlichen Modell einbinden lassen.

4.2 Kommutationswerte

Im Folgenden geht es darum, das Konzept der finanzmathematischen Barwertberechnung auf die Versicherungsmathematik zu verallgemeinern. Im deterministischen Modell der praktischen Lebensversicherungsmathematik kümmern wir uns nicht um Wahrscheinlichkeiten. Stattdessen rechnen wir mit relativen Häufigkeiten, also mit der Anzahl der Lebenden l_x und der Toten d_x, so als ob sie nicht vom Zufall abhingen. Dazu ist es sinnvoll, die Sterbetafel um die so genannten **Kommutationswerte**, auch **Kommutationszahlen** genannt, zu erweitern.

Aus der elementaren Finanzmathematik ist bekannt, dass zukünftige Zahlungen abgezinst werden, um Barwerte zu berechnen. Nach dem Kommutativgesetz der Multiplikation ist es gleichwertig, die einzelnen Beträge selbst oder aber die Anzahl derjenigen Individuen, die diese Leistungen empfangen oder zahlen, zu diskontieren.

Es hat sich im Kalkül als elegant erwiesen, anstelle der Versicherungssummen und der Beiträge die Lebenden und die Toten abzuzinsen. Als Stichtag wird ohne Beschränkung der Allgemeinheit das Alter null gewählt. In diesem Sinne sind die Kommutationswerte Hilfsgrößen in der versicherungstechnischen Darstellung. Anstelle der fälligen Beträge werden die Lebenden und die Toten diskontiert, die diese Zahlungen erhalten beziehungsweise leisten.

$$D_x = l_x v^x \qquad \text{Anzahl der diskontierten Lebenden im Alter } x$$

$$N_x = \sum_{k=0}^{\omega-x} D_{x+k} \qquad \text{Summe der diskontierten Lebenden im Alter } x \text{ bis } \omega$$

$$S_x = \sum_{k=0}^{\omega-x} N_{x+k} \qquad \text{doppelte Summe der diskontierten Lebenden}$$

$$C_x = d_x v^{x+1} \qquad \text{Anzahl der diskontierten Toten im Alter } x$$

$$M_x = \sum_{k=0}^{\omega-x} C_{x+k} \qquad \text{Summe der diskontierten Toten im Alter } x \text{ bis } \omega$$

$$R_x = \sum_{k=0}^{\omega-x} M_{x+k} \qquad \text{doppelte Summe der diskontierten Toten}$$

Man beachte, dass die Toten um eine Periode mehr abgezinst werden als die Lebenden. Der Hintergrund dieser Festlegung ist, dass man davon ausgeht, dass die Versicherungsleistungen für Todesfälle am Ende des Jahres stattfinden. Beitragszahlungen und Erlebensfallleistungen hingegen werden am Anfang des Jahres fällig.

Folgende Beziehungen zwischen den Kommutationswerten sollten für $0 \leq x \leq \omega$ festgehalten werden:

$$C_x = d_x v^{x+1} = (l_x - l_{x+1})v^{x+1} = v l_x v^x - l_{x+1} v^{x+1} = v D_x - D_{x+1}$$

sowie

$$M_x = \sum_{k=0}^{\omega-x} C_{x+k} = \sum_{k=0}^{\omega-x} (v D_{x+k} - D_{x+k+1}) = v N_x - N_{x+1}$$

und analog

$$R_x = \sum_{k=0}^{\omega-x} M_{x+k} = \sum_{k=0}^{\omega-x} (v N_{x+k} - N_{x+k+1}) = v S_x - S_{x+1} \, .$$

4.3 Barwerte von Verbleibeleistungen

Unter gewissen Umständen mag der Versicherungsnehmer den Wunsch haben, einmalig zu Beginn des Vertrages die fällige Prämie zu zahlen. Am häufigsten trifft man diesen Zahlungswunsch bei der Sofortrente an. Der Versicherungsnehmer zahlt einmalig eine Prämie und erhält im Gegenzug vom Versicherer eine sofort beginnende Rente. Der Barwert der rechnungsmäßigen Rentenzahlungen stellt die Leistung des Versicherers dar. Die Gegenleistung des Versicherten ist in diesem Fall die einmalig fällige Prämie.

Im Gegensatz zu **Zeitrenten** spricht man in der Lebensversicherungsmathematik von **Leibrenten**, weil neben der Rechnungsgröße Zins zusätzlich Sterbewahrscheinlichkeiten berücksichtigt werden. Setzt man den einmaligen Beitrag gleich dem Barwert der Versicherungsleistungen, so ist das versicherungsmathematische Äquivalenzprinzip erfüllt – und umgekehrt. Die so berechnete Prämie wird **Nettoeinmalbeitrag** genannt.

Im Folgenden befassen wir uns mit den **Barwertfaktoren** verschiedener Verbleibeleistungen einer Lebensversicherung. Dabei interessieren wir uns für jene Versicherungsleistungen, die im Erlebens- oder Überlebensfall erbracht werden. Die Versicherungssumme betrage 1 €. Für den allgemeinen Fall ist der entsprechende Barwertfaktor mit der tatsächlichen Versicherungssumme S zu multiplizieren.

Im Folgenden unterscheiden wir konsequent zwischen der Versicherungsleistung L und der Gegenleistung des Versicherungsnehmers GL. Dadurch wird die Anwendung des versicherungsmathematischen Äquivalenzprinzips klar.

4.3.1 Einmalige Erlebensfallleistung

Zur Verdeutlichung der mathematischen Vorgehensweise betrachten wir zunächst exemplarisch den Barwertfaktor $_nE_x$ für die Versicherung eines x-Jährigen über die Versicherungssumme 1 € im Erlebensfall nach n Jahren. Man benutzt dazu das versicherungsmathematische Äquivalenzprinzip und unterscheidet drei verschiedene Ansätze.

Wahrscheinlichkeitsansatz
Die Wahrscheinlichkeit, dass das betrachtete Individuum n Jahre überlebt, ist $_np_x$. Im Überlebensfall zahlt die Versicherung die Versicherungssumme in Höhe von 1 € aus. Den Barwert dieser Leistung erhalten wir durch Diskontieren über n Perioden. Als Stichtag sei also der Vertragsbeginn gewählt. Im Gegenzug zahlt der Versicherte zu Versicherungsbeginn einmalig einen Beitrag in Höhe von $_nE_x$ Euro an das Versicherungsunternehmen. Damit haben wir für die Leistung L und die Gegenleistung GL:

$$L = {}_np_x \cdot v^n$$
$$GL = {}_nE_x \, .$$

Durch Gleichsetzen von Leistung und Gegenleistung erhalten wir mit dem Äquivalenzprinzip:

$$_nE_x = {_np_x} \cdot v^n = \frac{l_{x+n}}{l_x} v^n = \frac{l_{x+n} \cdot v^{x+n}}{l_x \cdot v^x} = \frac{D_{x+n}}{D_x} \,.$$

Dasselbe Ergebnis erhalten wir auch durch den Sterbetafelansatz.

Sterbetafelansatz

Das Versicherungsunternehmen zahlt an alle Überlebenden l_{x+n} einer anfänglichen Personengesamtheit l_x von x-Jährigen die Versicherungssumme in Höhe von $1\,€$ aus. Als Gegenleistung zahlen die Lebenden l_x des Alters x jeweils $_nE_x$ Euro an das Versicherungsunternehmen. Dann wählen wir als Stichtag wiederum den Vertragsbeginn und setzen Leistung und Gegenleistung folgendermaßen fest:

$$L = l_{x+n} \cdot v^n$$
$$GL = l_x \cdot {_nE_x} \,.$$

Durch Gleichsetzen dieser beiden Gleichungen haben wir

$$_nE_x = \frac{l_{x+n} \cdot v^n}{l_x} = \frac{l_{x+n} \cdot v^{x+n}}{l_x \cdot v^x} = \frac{D_{x+n}}{D_x} \,.$$

Alternativ kann man den Barwertfaktor $_nE_x$ durch den versicherungstechnischen Ansatz bestimmen.

Versicherungstechnischer Ansatz

Dieser Ansatz ähnelt dem Sterbetafelansatz mit dem einzigen Unterschied, dass die verwendeten Kommutationswerte die Diskontierung auf das Alter null bereits beinhalten:

$$L = D_{x+n}$$
$$GL = {_nE_x} \cdot D_x \,.$$

Als Stichtag ist hier nicht der Vertragsbeginn gewählt sondern der Beginn des Lebens. Wie wir aus der elementaren Finanzmathematik wissen, ist die Wahl des Stichtags unerheblich.

Nach diesem Ansatz zahlen D_x diskontierte Lebende jeweils den Betrag $_nE_x$. Im Gegenzug erhalten D_{x+n} diskontierte Lebenden den Betrag $1\,€$ nach Ablauf von n Jahren. Das Äquivalenzprinzip liefert dann:

$$L = GL \Leftrightarrow {_nE_x} = \frac{D_{x+n}}{D_x} \,.$$

Wir erkennen, dass alle drei Ansätze zu demselben Ergebnis führen. In Analogie zur versicherungsmathematischen Betrachtung steht die finanzmathematische Barwertberechnung einer sicheren Zahlung der Höhe $1\,€$ nach n Jahren:

$$K_n = v^n \,.$$

Beispiel

Der Effekt der Sterblichkeit lässt sich anhand eines Beispiels mittels der Sterbetafel DAV2008TM verdeutlichen. Einerseits ist der versicherungsmathematische Barwert für einen sechzigjährigen Mann im Hinblick auf die Auszahlung der Versicherungssumme in Höhe von 100.000 € im Überlebensfall nach zwanzig Jahren:

$$L_V = S \cdot {}_{20}E_{60} = 100.000 \frac{D_{80}}{D_{60}} = 34.215{,}31 \; .$$

Andererseits ist der finanzmathematische Barwert der sicheren Zahlung von 100.000 € in 20 Jahren:

$$L_F = S \cdot K_{20} = S v^{20} = \frac{100.000}{1{,}0125^{20}} = 78.000{,}85 \; .$$

Der Barwert der sicheren Zahlung in Höhe von 100.000 €, die nach Ablauf von zwanzig Jahren für den ursprünglich 60-jährigen Mann beim Zinssatz von 1,25 % fällig ist, beträgt 78.000,85 €. Wird dieselbe Versicherungssumme nur im Überlebensfall fällig, so ist der Barwert 34.215,31 €, also etwa 43,9 % des finanzmathematischen Barwerts.

Man kann unschwer nachrechnen, dass es für ein junges Eintrittsalter mit kurzer Versicherungslaufzeit kaum einen Unterschied gibt zwischen dem versicherungsmathematischen Barwert einerseits und dem finanzmathematischen Barwert andererseits. Für ein höheres Alter mit längerer Laufzeit ist die Differenz wesentlich, wie in diesem Beispiel vorgeführt.

Gemäß dem klassischen Kalkül der Lebensversicherungsmathematik werden wir im Folgenden vorwiegend den versicherungstechnischen Ansatz anwenden. Bei einfachen Rechnungen werden wir auf die explizite Aufstellung von Leistung und Gegenleistung verzichten. Dieser Zwischenschritt sei dem Leser gegebenenfalls zur Übung überlassen.

4.3.2 Sofort beginnende lebenslange vorschüssige Leibrente

Wir betrachten nun Summen von Erlebensfallversicherungen. Eine Leibrente besteht aus einer Zahlungsreihe, die für jede einzelne Periode im Erlebensfall die vereinbarte Versicherungsleistung vorsieht. Wir betrachten zunächst eine gleich bleibende Rate, die vorschüssig fällig ist.

Der Barwertfaktor der lebenslangen vorschüssigen Leibrente $\ddot{a}_x$ eines x-Jährigen in Höhe von jährlich 1 € ist die Summe aus den Barwerten der einmaligen Erlebensfallversicherungen bis zum höchstmöglichen Alter ω. Mit dieser Überlegung ist

$$\ddot{a}_x = \sum_{k=0}^{\omega-x} {}_k E_x = \sum_{k=0}^{\omega-x} \frac{D_{x+k}}{D_x} = \frac{N_x}{D_x} \; .$$

Um den Barwert einer beliebigen Leibrente zu erhalten, multipliziert man den Barwertfaktor mit der Versicherungssumme.

Beispiel

Anhand der Grundsterbetafel DAV2004RM betrachten wir die Barwerte einer lebenslangen, jährlichen, sofortigen Leibrente in Höhe von 10.000 € für das Eintrittsalter 20 und 60:

$$R\ddot{a}_{20} = 10.000\frac{N_{20}}{D_{20}} = 468.512{,}56$$

$$R\ddot{a}_{60} = 10.000\frac{N_{60}}{D_{60}} = 269.578{,}61 \ .$$

Um eine lebenslange Leibrente von jährlich vorschüssig 10.000 € zu bekommen, muss ein sechzigjähriger Mann einmalig 269.578,61 € zahlen. Für eine ewige Rente in derselben Höhe muss derselbe Mann 810.000,00 € zahlen, also ungefähr das Dreifache, wie man unschwer nachrechnen kann:

$$R\ddot{a}_{\overline{\infty}|} = 10.000\frac{1{,}0125}{0{,}0125} = 810.000{,}00 \ .$$

Man kann zeigen, dass die Differenz zwischen dem Barwert der lebenslangen Leibrente und dem Barwert der ewigen Zeitrente umso größer ist, je kleiner der Rechnungszins und je höher das Eintrittsalter ist. Es sei zusätzlich bemerkt, dass der finanzmathematische Barwertfaktor der unendlichen Rente für immer kleiner werdende Zinssätze gegen Unendlich strebt.

4.3.3 Sofort beginnende lebenslange nachschüssige Leibrente

Der Vollständigkeit halber möchten wir kurz auf die nachschüssige Rentenzahlungsweise eingehen. Der Barwertfaktor der lebenslangen nachschüssigen Leibrente a_x eines x-Jährigen in Höhe von jährlich 1 € lässt sich analog berechnen. Er lässt sich ebenfalls als Summe von Barwertfaktoren einzelner Erlebensfallversicherungen darstellen. Man achte dabei auf die Summationsgrenzen: Sie verschieben sich um eine Periode. Es gilt

$$a_x = \sum_{k=1}^{\omega-x} {}_k E_x = \sum_{k=1}^{\omega-x} \frac{D_{x+k}}{D_x} = \frac{N_{x+1}}{D_x} \ .$$

Nachschüssige Rentenzahlungen spielen in der praktischen Lebensversicherung eine eher untergeordnete Rolle. Dieser Umstand liegt darin begründet, dass sowohl Versicherungsunternehmen als auch Privatpersonen es bevorzugen, die ihnen zustehende Geldbeträge vorschüssig zu erhalten.

4.3.4 Unterjährige lebenslange Leibrente

In vielen praktischen Anwendungen sind Zahlungen nicht jährlich sondern unterjährig, zum Beispiel monatlich, vierteljährlich oder halbjährlich fällig.

Es sei $\ddot{a}_x^{(k)}$ der Barwertfaktor der lebenslangen vorschüssigen Leibrente eines x-Jährigen in Höhe von jährlich 1 €, die in k gleich hohen Raten pro Jahr zahlbar ist. Dann erfolgen die Auszahlungen in der Höhe $\frac{1}{k}$ zu den Zeitpunkten $x, x+\frac{1}{k}, x+\frac{2}{k}, \ldots, x+\frac{k-1}{k}$, $x+1, x+1+\frac{1}{k}, x+1+\frac{2}{k}, \ldots, \omega+\frac{k-1}{k}$. Um den unterjährigen Leistungsbarwert zu berechnen, müssen wir zunächst die unterjährige Sterblichkeit sowie die unterjährigen Verzinsungsmodalitäten festlegen. Der am weitesten verbreitete Modellansatz verwendet dazu die lineare Interpolation der Anzahl der diskontierten Lebenden. Wir nehmen also, dass die Toten gleichmäßig über das Jahr verteilt sind und außerdem unterjährig zeitproportionale Verzinsung anzuwenden ist. Denn dann erfolgt durch Aufstellen von Leistung und Gegenleistung gemäß dem versicherungstechnischen Ansatz, dass

$$L = \sum_{l=0}^{\omega-x} \frac{1}{k} \sum_{j=0}^{k-1} \left(\frac{k-j}{k} D_{x+l} + \frac{j}{k} D_{x+l+1} \right)$$

$$GL = \ddot{a}_x^{(k)} D_x$$

ist. Nach dem versicherungsmathematischen Äquivalenzprinzip, $L = GL$, ist dann

$$\ddot{a}_x^{(k)} = \frac{1}{D_x} \sum_{l=0}^{\omega-x} \frac{1}{k} \sum_{j=0}^{k-1} \left(\frac{k-j}{k} D_{x+l} + \frac{j}{k} D_{x+l+1} \right).$$

Dann vertauschen wir die Summationen und benutzen die Definition von N_x:

$$\ddot{a}_x^{(k)} = \frac{1}{D_x} \sum_{j=0}^{k-1} \left(\frac{1}{k} \cdot \frac{k-j}{k} \sum_{l=0}^{\omega-x} D_{x+l} + \frac{1}{k} \cdot \frac{j}{k} \sum_{l=0}^{\omega-x} D_{x+l+1} \right)$$

$$= \frac{1}{D_x} \sum_{j=0}^{k-1} \left(\frac{k-j}{k^2} N_x + \frac{j}{k^2} N_{x+1} \right).$$

Da $N_{x+1} = N_x - D_x$ ist, vereinfacht sich dieser Ausdruck zu

$$\ddot{a}_x^{(k)} = \frac{1}{D_x} \sum_{j=0}^{k-1} \frac{k}{k^2} N_x - \frac{1}{D_x} \sum_{j=0}^{k-1} \frac{j}{k^2} D_x = \frac{N_x}{D_x} - \frac{1}{k^2} \cdot \frac{(k-1)k}{2} = \ddot{a}_x - \frac{k-1}{2k}.$$

Beispiel

Eine Lottogesellschaft setzt als Hauptgewinn eine lebenslange monatliche Sofortrente in Höhe von 8.000 € aus. Daraus ergibt sich die interessante Fragestellung für die psychologische Marktforschung, wie Lottospieler die Sofortrente bewerten und einordnen. Was denken Sie: Hätten Sie lieber 2.500.000 €, bar auf die Hand, oder eine lebenslange Sofortrente von monatlich 8.000 €?

Wir berechnen dazu den Barwert der unterjährigen Rente anhand der Grundsterbetafel DAV2004RM:

$$R\ddot{a}_{20}^{(12)} = 12 \cdot 8.000 \left(\frac{N_{20}}{D_{20}} - \frac{11}{24} \right) = 4.453.720{,}54$$

$$R\ddot{a}_{40}^{(12)} = 12 \cdot 8.000 \left(\frac{N_{40}}{D_{40}} - \frac{11}{24} \right) = 3.590.304{,}38$$

$$R\ddot{a}_{60}^{(12)} = 12 \cdot 8.000 \left(\frac{N_{60}}{D_{60}} - \frac{11}{24} \right) = 2.543.954{,}70 \; .$$

Anhand der DAV2004RF gilt analog:

$$R\ddot{a}_{20}^{(12)} = 12 \cdot 8.000 \left(\frac{N_{20}}{D_{20}} - \frac{11}{24} \right) = 4.536.780{,}13$$

$$R\ddot{a}_{40}^{(12)} = 12 \cdot 8.000 \left(\frac{N_{40}}{D_{40}} - \frac{11}{24} \right) = 3.670.704{,}99$$

$$R\ddot{a}_{60}^{(12)} = 12 \cdot 8.000 \left(\frac{N_{60}}{D_{60}} - \frac{11}{24} \right) = 2.611.492{,}85 \; .$$

In allen Fällen ist es vorteilhafter, die monatliche Sofortrente zu wählen, da sämtliche Versicherungsbarwerte größer als zweieinhalb Millionen Euro sind.

4.3.5 Sofort beginnende temporäre vorschüssige Leibrente

Wenn die Rentenzahlungen auf ein Höchstalter befristet sind, so spricht man von einer temporären Leibrente. Der Versicherungsbarwert lässt sich analog anhand von einzelnen Erlebensfallbarwerten berechnen. Er umfasst die ersten n Glieder der lebenslangen Leibrente. Der Barwertfaktor der temporären vorschüssigen Leibrente $\ddot{a}_{x,\overline{n}|}$ eines x-Jährigen in Höhe von jährlich 1 € über eine Laufzeit von n Jahren ist deshalb gegeben durch

$$\ddot{a}_{x,\overline{n}|} = \sum_{k=0}^{n-1} {}_{k}E_{x} = \sum_{k=0}^{n-1} \frac{D_{x+k}}{D_{x}} = \frac{1}{D_{x}} \sum_{k=0}^{\omega-x} D_{x+k} - \frac{1}{D_{x}} \sum_{k=n}^{\omega-x} D_{x+k} = \frac{N_{x} - N_{x+n}}{D_{x}} \; .$$

Beispiel

Wir berechnen den Barwert der Beitragszahlungen eines Versicherten. Der jährliche Beitrag eines 37-jährigen Mannes bezüglich seiner 12-Jährigen Lebensversicherung betrage 500 €. Dann ist der Rentenbarwert dieser Beitragszahlungen

$$B\ddot{a}_{37,\overline{12}|} = 500 \frac{N_{37} - N_{49}}{D_{37}} = 5.565{,}84 \; .$$

Wir stellen fest, dass der Barwert der Beitragszahlungen unterhalb der nominellen Summe der Beiträge in Höhe von insgesamt 6.000 € liegt. Diese Tatsache ist dadurch bedingt, dass zukünftige Beiträge nur im Überlebensfall gezahlt werden müssen und außerdem abgezinst werden.

Für manche Leser mag der Begriff des Rentenbarwerts in Bezug auf die Beitragszahlung irreführend erscheinen. Man bedenke, dass der Zahlungsstrom der Beiträge des Versicherten eine vorschüssige Rente für das Lebensversicherungsunternehmen darstellt.

4.3.6 Unterjährige temporäre Leibrente

Der Barwertfaktor der temporären vorschüssigen Leibrente $\ddot{a}_{x,\overline{n}|}^{(k)}$ eines x-Jährigen in Höhe von jährlich 1 €, die zahlbar ist in k gleich hohen Raten pro Jahr der Höhe $1/k$, ist gegeben durch

$$\ddot{a}_{x,\overline{n}|}^{(k)} = \ddot{a}_{x,\overline{n}|} + (_nE_x - 1)\frac{k-1}{2k} \ .$$

Zum Beweis dieser Behauptung machen wir in Analogie zur unterjährigen lebenslangen Leibrente den Ansatz

$$L = \sum_{l=0}^{n-1} \frac{1}{k} \sum_{j=0}^{k-1} \left(\frac{k-j}{k} D_{x+l} + \frac{j}{k} D_{x+l+1} \right)$$

$$GL = \ddot{a}_{x,\overline{n}|}^{(k)} D_x \ .$$

Mit dem Äquivalenzprinzip erhalten wir durch Vertauschen der Summationsreihenfolge

$$\ddot{a}_{x,\overline{n}|}^{(k)} = \frac{1}{D_x} \sum_{j=0}^{k-1} \left(\frac{1}{k} \cdot \frac{k-j}{k} \sum_{l=0}^{n-1} D_{x+l} + \frac{1}{k} \cdot \frac{j}{k} \sum_{l=0}^{n-1} D_{x+l+1} \right) \ .$$

Aufgrund der Definition des Kommutationswertes N_x folgt daraus

$$\ddot{a}_{x,\overline{n}|}^{(k)} = \frac{1}{D_x} \sum_{j=0}^{k-1} \left(\frac{k-j}{k^2}(N_x - N_{x+n}) + \frac{j}{k^2}(N_{x+1} - N_{x+1+n}) \right) \ .$$

Nun verwenden wir die Beziehungen $N_{x+1} = N_x - D_x$ und $N_{x+1+n} = N_{x+n} - D_{x+n}$:

$$\ddot{a}_{x,\overline{n}|}^{(k)} = \frac{1}{D_x} \sum_{j=0}^{k-1} \left(\frac{k-j}{k^2}(N_x - N_{x+n}) + \frac{j}{k^2}(N_x - D_x - N_{x+n} + D_{x+n}) \right) \ .$$

Fassen wir dann diesen Ausdruck zusammen, so gilt

$$\ddot{a}_{x,\overline{n}|}^{(k)} = \frac{1}{D_x} \cdot \frac{k}{k^2}k(N_x - N_{x+n}) + \frac{1}{D_x} \cdot \frac{1}{k^2} \cdot \frac{(k-1)k}{2}(D_{x+n} - D_x)$$

$$= \ddot{a}_{x,\overline{n}|} + (_nE_x - 1)\frac{k-1}{2k} .$$

Unterjährige Renten sind weit verbreitet, jedoch bedient man sich in der Praxis nicht selten eines pragmatischen Verfahrens, um ausgehend von jährlichen Raten unterjährige Ersatzraten festzulegen. So werden beispielsweise für die Beitragszahlung fast ausschließlich Barwerte mit Bezug auf die jährliche Zahlungsweise berechnet. Wird dann eine unterjährige Beitragszahlungsweise vereinbart, so wird für diese Zahlungsweise auf pragmatische Art und Weise ein pauschaler Zuschlag festgelegt.

4.3.7 Aufgeschobene lebenslange vorschüssige Leibrente

Wenn der Rentenbeginn in der Zukunft liegen soll, so spricht man von einem Aufschub oder auch Moratorium. In der Summendarstellung der sofort beginnenden Leibrente lässt man dazu die ersten m Glieder weg. Der Barwertfaktor der um m Jahre aufgeschobenen lebenslangen vorschüssigen Leibrente $_{m|}\ddot{a}_x$ eines x-Jährigen in Höhe von jährlich 1 € ist somit gegeben durch

$$_{m|}\ddot{a}_x = \sum_{k=m}^{\omega-x} {}_k E_x = \sum_{k=m}^{\omega-x} \frac{D_{x+k}}{D_x} = \sum_{k=0}^{\omega-(x+m)} \frac{D_{x+m+k}}{D_x} = \frac{N_{x+m}}{D_x} \, .$$

Dieser Barwertfaktor lässt sich alternativ als Produkt herleiten. Um in den Genuss der aufgeschobenen Rente zu kommen, muss man zunächst das Moratorium überleben, um anschließend, in entsprechend fortgeschrittenem Lebensalter, sofort Rentenzahlungen zu beziehen. Folglich ist

$$_{m|}\ddot{a}_x = {}_m E_x \cdot \ddot{a}_x = \frac{D_{x+m}}{D_x} \cdot \frac{N_{x+m}}{D_{x+m}} = \frac{N_{x+m}}{D_x} \, .$$

Außerdem ist die aufgeschobene Rente als Differenz einer lebenslangen Rente und einer temporären Rente darstellbar:

$$_{m|}\ddot{a}_x = \ddot{a}_x - \ddot{a}_{x,\overline{m|}} = \frac{N_x}{D_x} - \frac{N_x - N_{x+m}}{D_{x+m}} = \frac{N_{x+m}}{D_x} \, .$$

Beispiel
Die Nettoeinmalprämie für eine lebenslange jährliche Rente in Höhe von 12.000 €, die ab dem erreichten Alter 65 zahlbar sein soll, lässt sich leicht anhand der DAV2004RM für einen zwanzigjährigen und einen sechzigjährigen Mann berechnen:

$$R_{45|}\ddot{a}_{20} = 12.000 \frac{N_{65}}{D_{20}} = 153.569{,}81$$

$$R_{5|}\ddot{a}_{60} = 12.000 \frac{N_{65}}{D_{60}} = 265.300{,}74 \, .$$

An diesem Beispiel erkennen wir deutlich, wie wichtig es ist, frühzeitig an die Altersvorsorge zu denken. Die Nettoeinmalkosten zur Finanzierung des Altersruhestands sind für einen sechzigjährigen etwa 1,7 mal so hoch wie für einen zwanzigjährigen Mann.

4.3.8 Aufgeschobene temporäre vorschüssige Leibrente

Der Barwertfaktor $_{m|}\ddot{a}_{x,\overline{n}|}$ bezieht sich auf die um m Jahre aufgeschobene temporäre vorschüssige Leibrente eines x-Jährigen in Höhe von jährlich 1 € über eine Laufzeit von n Jahren. Die Rente wird also nur bei Erreichen des jeweiligen Alters $x + m$, $x + m + 1$, $x + m + 2, \ldots, x + m + n - 1$ ausgezahlt. Ausgehend von der Summendarstellung für die sofort beginnende lebenslange Leibrente werden die ersten m Glieder weggelassen und nur die nachfolgenden n Glieder betrachtet. Der Barwertfaktor ist folglich gegeben durch

$$
_{m|}\ddot{a}_{x,\overline{n}|} = \sum_{k=m}^{n+m-1} {}_{k}E_x = \sum_{k=m}^{n+m-1} \frac{D_{x+k}}{D_x} = \sum_{k=0}^{n-1} \frac{D_{x+m+k}}{D_x} = \frac{N_{x+m} - N_{x+m+n}}{D_x} .
$$

In der Produktdarstellung lässt sich der Barwertfaktor eleganter herleiten:

$$
_{m|}\ddot{a}_{x,\overline{n}|} = {}_{m}E_x \cdot \ddot{a}_{x+m,\overline{n}|} = \frac{D_{x+m}}{D_x} \cdot \frac{N_{x+m} - N_{x+m+n}}{D_{x+m}} = \frac{N_{x+m} - N_{x+m+n}}{D_x} .
$$

Als Differenz gilt gleichermaßen

$$
_{m|}\ddot{a}_{x,\overline{n}|} = \ddot{a}_{x,\overline{m+n}|} - \ddot{a}_{x,\overline{m}|} = \frac{N_x - N_{x+m+n}}{D_x} - \frac{N_x - N_{x+m}}{D_x} = \frac{N_{x+m} - N_{x+m+n}}{D_x} .
$$

Beispiel

Wir betrachten die Lebensversicherung für einen fünfundzwanzigjährigen Mann, der seine Beiträge in Form einer aufgeschobenen vorschüssigen temporären Leibrente an das Versicherungsunternehmen zahlen möge. Die gesamte Vertragslaufzeit sei 30 Jahre; der junge Mann möchte nach Ablauf der ersten fünf Jahren damit anfangen, den Beitrag in Höhe von jährlich 500 € zu zahlen. Dann ist der Prämienbarwert dieser Rente für das Unternehmen anhand der DAV2008TM:

$$
B_{5|}\ddot{a}_{25,\overline{30-5}|} = 500 \frac{N_{30} - N_{55}}{D_{25}} = 9.966{,}95 .
$$

Wenn in den ersten fünf Jahren Versicherungsrisiken gedeckt werden, kann eine derartige Regelung für die Beitragszahlung nicht zugelassen werden. Denn angenommen, der Versicherte würde nach Ablauf des Moratoriums kündigen, dann hätte er bis dahin Versicherungsschutz genossen, ohne dafür bezahlt zu haben.

4.3.9 Sofort beginnende lebenslange vorschüssige Leibrente mit Garantiezeit

In der Lebensversicherung kann eine Leibrente mit einer Zeitrente kombiniert werden. Eine Zeit lang werden dann unabhängig vom vorzeitigen Ableben der versicherten Person Renten gezahlt, im Anschluss daran sind weitere Zahlungen an das Erleben geknüpft.

Der Barwertfaktor der lebenslangen vorschüssigen Leibrente $^{g}\ddot{a}_x$ eines x-Jährigen in Höhe von jährlich 1 € mit einer garantierten Auszahlungsdauer von g Jahren setzt sich folglich additiv aus zwei Teilen zusammen. Da ist zum einen der finanzmathematische Barwertfaktor $\ddot{a}_{\overline{g}|}$ der garantierten Rente über die ersten g Jahre. Zum anderen haben wir den versicherungsmathematischen Barwertfaktor $_{g|}\ddot{a}_x$ der um die Garantiezeit aufgeschobenen lebenslangen Leibrente. Also gilt

$$^{g}\ddot{a}_x = \ddot{a}_{\overline{g}|} + {}_{g|}\ddot{a}_x = \frac{1 - v^g}{1 - v} + \frac{N_{x+g}}{D_x} \; .$$

Beispiel

Garantiezeiten sind in der privaten Rentenversicherung sehr beliebt – insbesondere dann, wenn die Rente gegen einen Einmalbeitrag verkauft wird. Für die Praxis bedeutet diese Vereinbarung, dass im Fall des Ablebens der versicherten Person die bezugsberechtigte Person die vertragliche Rente für den Rest der Garantiezeit ausbezahlt bekommt. Zum Vergleich berechnen wir anhand der DAV2004RM den Leistungsbarwert einer sofort beginnenden lebenslangen vorschüssigen Leibrente in Höhe von 6.000 € mit und ohne Garantiezeit von zehn Jahren für einen 65-jährigen Mann:

$$R\,{}^{10}\ddot{a}_{65} = 6.000\,\frac{1 - 1{,}0125^{-10}}{1 - 1{,}0125^{-1}} + 6.000\,\frac{N_{75}}{D_{65}} = 144.644{,}98$$

sowie

$$R\ddot{a}_{65} = 6.000\,\frac{N_{65}}{D_{65}} = 143.438{,}82 \; .$$

Insgesamt ergibt sich also ein Aufschlag von etwa 0,8 % für die Garantiezeit. Das Versprechen einer Garantiezeit ist kostengünstig für das Unternehmen. Dieser

Umstand ist sicher auch ein Grund dafür, weshalb Garantiezeiten so gerne in Zusammenhang mit Altersrenten angeboten werden.

Wir können die Kosten für die Garantie in allgemeinerer Form untersuchen.

Beispiel

Die nachfolgende Grafik zeigt den Aufschlag auf den Einmalbeitrag für die Garantiezeit bei einer sofort beginnenden lebenslangen Altersrentenversicherung für verschiedene Alter und verschiedene Garantiezeiten anhand der Sterbetafel DAV2004RM. Für jüngere Eintrittsalter oder kürzere Garantiezeiten ist der Aufschlag auf den Nettoeinmalbeitrag kleiner als 1 %.

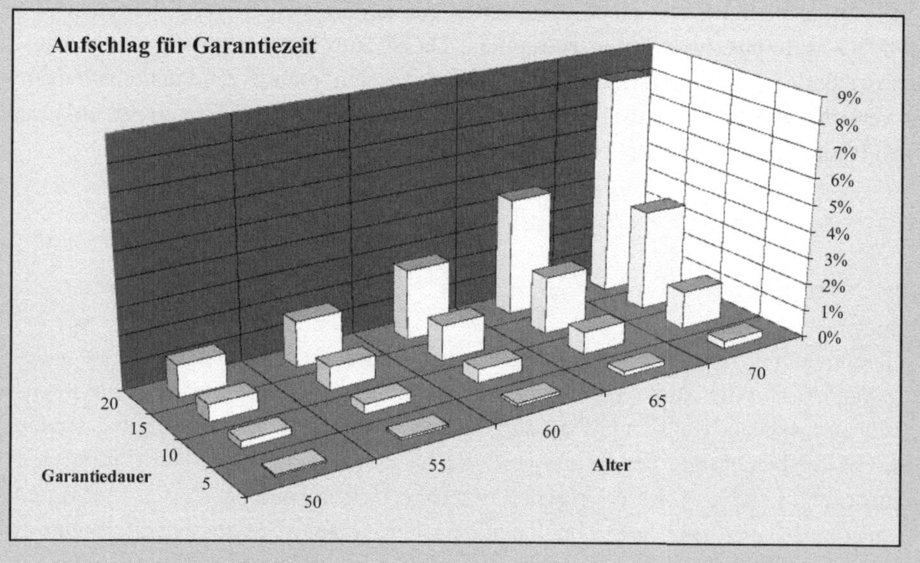

4.3.10   Aufgeschobene lebenslange vorschüssige Leibrente mit Garantiezeit

Als nächste wichtige Anwendung möchten wir die garantierte Leibrente aus dem vorherigen Abschnitt mit einem Aufschub kombinieren. Dann ist die Garantiezeit an das Überleben des Moratoriums geknüpft. An die Aufschub- und Garantiezeit schließt sich die lebenslange Leibrente an.

Der Barwertfaktor der um m Jahre aufgeschobenen lebenslangen vorschüssigen Leibrente $\,_{m|}^{g}\ddot{a}_x$ eines x-Jährigen in Höhe von jährlich 1 € mit einer garantierten

Auszahlungsdauer von g Jahren ist folglich gegeben durch

$$\,_{m|}^{g}\ddot{a}_x = \ddot{a}_{\overline{g}|} \cdot \,_m E_x + \,_{m+g|}\ddot{a}_x = \frac{1-v^g}{1-v} \cdot \frac{D_{x+m}}{D_x} + \frac{N_{x+g+m}}{D_x}\,.$$

Man beachte, dass die Garantiezeit g nur dann greift, wenn der Versicherte das Rentenalter überhaupt erreicht. Die garantierte Rente ist deshalb an das Überleben über die ersten m Jahre geknüpft. Die anschließende lebenslange Leibrente ist um $m + g$ Jahre verschoben.

Beispiel

Betrachten wir einen dreißigjährigen Mann, der für seinen Altersruhestand ab dem Alter 67 vorsorgen möchte. Der Nettoeinmalbeitrag für eine lebenslange Rente von jährlich vorschüssig 6.000 € mit einer Garantiezeit von zehn Jahren ist anhand der DAV2004RM:

$$B^{NE} = R\,_{37|}^{10}\ddot{a}_{30} = 6.000\frac{1-v^{10}}{1-v} \cdot \frac{D_{67}}{D_{30}} + 6.000\frac{N_{77}}{D_{30}} = 81.028{,}29\,.$$

Im Vergleich dazu ist der Barwert bei Verzicht auf die Garantie

$$\tilde{B}^{NE} = R\ddot{a}_{67} = 6.000\frac{N_{67}}{D_{30}} = 80.205{,}39\,.$$

Die relative Differenz der beiden Barwerte beträgt 1 %, da das Erreichen des Rentenalters jeweils berücksichtigt wird. Alternativ kann man die Versicherungszusage betrachten, dass die garantierte Rente unabhängig vom Erreichen des Rentenalters auf jeden Fall fällig wird. In diesem Fall wird der Faktor $\,_{37}E_{30}$ durch v^{37} ersetzt. Wir berechnen

$$\hat{B}^{NE} = R\left(\ddot{a}_{\overline{10}|}v^{37} + \,_{37+10|}\ddot{a}_{30}\right) = 6.000\frac{1-1{,}0125^{-10}}{1-1{,}0125^{-1}}1{,}0125^{-37} + 6.000\frac{N_{77}}{D_{30}}$$

$$= 83.391{,}07\,.$$

Der Aufschlag für diese Form der Garantie beträgt 4 %.

4.3.11 Arithmetisch steigende lebenslange vorschüssige Leibrente

Anstelle einer gleich bleibenden Rentenhöhe können in einer Lebensversicherung auch unterschiedliche Zahlungen geleistet werden. Wir wollen im Folgenden auf zwei Spezialfälle eingehen. Die Rente mit den Zahlungen $R, 2R, 3R, \ldots$ nennt man eine arithmetisch steigende Rente. Der Barwertfaktor der arithmetisch steigenden Risikolebensversicherung

$(I\ddot{a})_x$ eines x-Jährigen in Höhe von anfänglich 1 €, die mit jedem Jahr um 1 € steigt, setzt sich aus der Summe von aufeinander folgenden Erlebensfallversicherungen zusammen, deren Höhe jährlich um 1 steigt. Es gilt also

$$
(I\ddot{a})_x = \sum_{k=0}^{\omega-x} (k+1)_k E_x = \sum_{k=0}^{\omega-x} (k+1) \frac{D_{x+k}}{D_x}
$$

$$
= \frac{1}{D_x} \left(D_x + 2D_{x+1} + 3D_{x+2} + \ldots + (\omega - x + 1)D_\omega \right) \; .
$$

Ordnen wir diese Terme untereinander wie folgt an:

$$
(I\ddot{a})_x = \frac{1}{D_x}(D_x + D_{x+1} + D_{x+2} + \ldots + D_\omega
$$

$$
+ D_{x+1} + D_{x+2} + \ldots + D_\omega
$$

$$
+ D_{x+2} + \ldots + D_\omega
$$

$$
+ \ldots
$$

$$
+ D_\omega)
$$

so erkennen wir, dass

$$
(I\ddot{a})_x = \frac{1}{D_x}(N_x + N_{x+1} + \ldots + N_{x+\omega}) = \sum_{k=0}^{\omega-x} \frac{N_{x+k}}{D_x} = \frac{S_x}{D_x} \; .
$$

In eleganterer Schreibweise lautet diese Rechnung

$$
(I\ddot{a})_x = \sum_{k=0}^{\omega-x} (k+1)_k E_x = \sum_{k=0}^{\omega-x} (k+1) \frac{D_{x+k}}{D_x} = \sum_{k=0}^{\omega-x} \sum_{j=0}^{k} \frac{D_{x+k}}{D_x}
$$

$$
= \sum_{k=0}^{\omega-x} \sum_{j=k}^{\omega-x} \frac{D_{x+j}}{D_x} = \sum_{k=0}^{\omega-x} \frac{N_{x+k}}{D_x} = \frac{S_x}{D_x} \; .
$$

Alternativ können wir den Barwertfaktor $(I\ddot{a})_x$ anhand der Summe aufgeschobener Leibrenten berechnen:

$$
(I\ddot{a})_x = \sum_{k=0}^{\omega-x} {}_{k|}\ddot{a}_x = \sum_{k=0}^{\omega-x} \frac{N_{x+k}}{D_x} = \frac{S_x}{D_x} \; .
$$

Durch den Rentenbarwertfaktor $(I\ddot{a})_x$ erhält der Kommutationswert höherer Ordnung S_x seine Existenzberechtigung. Er findet Anwendung, wenn die Versicherungssumme im Verlauf der Vertragslaufzeit linear steigt oder fällt.

Beispiel

Wir wollen den Barwert einer lebenslangen Rente von anfänglich 10.000 €, die jährlich um 500 € steigt, für eine siebzigjährige Frau anhand der Sterbetafel DAV2004RF berechnen. Dann setzt sich der gesuchte Leistungsbarwert aus zwei Teilen zusammen: einer konstanten Rente in Höhe von 9.500 € zuzüglich einer Rente in Höhe von anfänglich 500 €, die in jedem Jahr um weitere 500 € steigt. Der Leistungsbarwert ist demnach

$$
L = 9.500\ddot{a}_{70} + 500(I\ddot{a})_{70} = 9.500\frac{N_{70}}{D_{70}} + 500\frac{S_{70}}{D_{70}} = 232.523{,}88 + 173.219{,}01
$$

$$
= 405.742{,}89 \; .
$$

Wir erkennen, dass die Rentensteigerung von jährlich 500 € einen wesentlichen Anteil, nämlich 42,7 %, vom gesamten Leistungsbarwert ausmacht.

4.3.12 Geometrisch fortschreitende lebenslange vorschüssige Leibrente

Die Rente mit den Zahlungen R, $(1 + p)R$, $(1 + p)^2 R$, $\ldots$ nennt man eine sich geometrisch verändernde Rente. Meistens ist $p > 0$, sodass wir von einer geometrischen Steigerung sprechen. Der Barwertfaktor der lebenslangen vorschüssigen Leibrente $^{\%}(I\ddot{a})_x$ einer x-jährigen Person in Höhe von jährlich 1 €, die sich in jedem Jahr um den Faktor $(1 + p)$ ändert, lässt sich anhand der Summe von Erlebensfallversicherungen darstellen, deren Höhe geometrisch wächst. Dabei zeigt es sich, dass die Steigerungsrate p mit dem Zinssatz i verrechnet werden kann. Es gilt nämlich zunächst mit einigen Umformungen, dass

$$
^{\%}(I\ddot{a})_x = \sum_{k=0}^{\omega-x} (1 + p)^k_{\,k} E_x = \sum_{k=0}^{\omega-x} (1 + p)^k \frac{D_{x+k}}{D_x} \; .
$$

Führen wir die diskontierten Lebenden auf die Lebenden zurück, $D_x = l_x v^x$, so gilt

$$
^{\%}(I\ddot{a})_x = \sum_{k=0}^{\omega-x} (1 + p)^k \frac{l_{x+k} v^{x+k}}{l_x v^x} = \sum_{k=0}^{\omega-x} \frac{l_{x+k}}{l_x} \left(\frac{1 + p}{1 + i}\right)^k
$$

Daraus folgt durch äquivalentes Umformen

$$
^{\%}(I\ddot{a})_x = \sum_{k=0}^{\omega-x} \frac{l_{x+k}}{l_x} \left(\frac{1}{\frac{1+i+p-p}{1+p}}\right)^k = \sum_{k=0}^{\omega-x} \frac{l_{x+k}}{l_x} \left(\frac{1}{1 + \frac{i-p}{1+p}}\right)^k \; .
$$

Mit der Substitution $\tilde{i} := \frac{i-p}{1+p}$ gilt dann schließlich:

$$^{\%}(I\ddot{a})_x = \sum_{k=0}^{\omega-x} \frac{l_{x+k}}{l_x}\left(\frac{1}{1+\tilde{i}}\right)^k = \sum_{k=0}^{\omega-x} \frac{l_{x+k}\,\tilde{v}^{x+k}}{l_x\,\tilde{v}^x} = \sum_{k=0}^{\omega-x} \frac{\tilde{D}_{x+k}}{\tilde{D}_x} = \frac{\tilde{N}_x}{\tilde{D}_x}\ .$$

Wir erkennen daran, dass sich der Barwertfaktor $^{\%}(I\ddot{a})_x$ ganz analog zu $\ddot{a}_x$ berechnen lässt. Der einzige Unterschied besteht in dem zu verwendenden Zinssatz $\tilde{i}$ an Stelle von i. Die prozentuale Steigerung der Versicherungsleistung lässt sich somit durch einen geänderten Zinssatz darstellen. Für die praktische Umsetzung ist es zweckmäßig, eine neue Sterbetafel mit entsprechend verändertem Zinssatz zu erzeugen.

Beispiel

Für eine lebenslange Rente in Höhe von 10.000 €, die jährlich um 2 % steigt, ist zunächst der neue Rechnungszins

$$\tilde{i} = \frac{0{,}0125 - 0{,}02}{1{,}02} = -0{,}007353\ .$$

Der zu verwendende Rechnungszinssatz ist hier negativ, was für das Kalkül jedoch keine Rolle spielt. Es folgt daraus für den Barwert anhand der Sterbetafel DAV2004RM in Bezug auf einen sechzigjährigen Mann

$$R\,^{\%}(I\ddot{a})_{60} = 10.000\,\frac{\tilde{N}_{60}}{\tilde{D}_{60}} = 382.428{,}46\ .$$

Im Vergleich dazu ist der Barwert der konstanten Rente

$$R\ddot{a}_{60} = 10.000\,\frac{N_{60}}{D_{60}} = 269.578{,}61\ .$$

Wir erkennen daran, dass die scheinbar kleine Dynamisierung der Rentenhöhe eine starke Erhöhung des Rentenbarwerts verursacht, nämlich um 41,9 %.

4.3.13 Zusammenfassung

Der Übersichtlichkeit halber fassen wir die vorgestellten Leibrentenbarwertfaktoren in Tabellenform zusammen:

Versicherungstyp	Symbol	Formel
Erlebensfallleistung	$_nE_x$	$\dfrac{D_{x+n}}{D_x}$
Lebenslange vorschüssige Leibrente	$\ddot{a}_x$	$\dfrac{N_x}{D_x}$
Lebenslange nachschüssige Leibrente	a_x	$\dfrac{N_{x+1}}{D_x}$
Unterjährige lebenslange Leibrente	$\ddot{a}_x^{(k)}$	$\dfrac{N_x}{D_x} - \dfrac{k-1}{2k}$
Temporäre Leibrente	$\ddot{a}_{x,\overline{n}\mid}$	$\dfrac{N_x - N_{x+n}}{D_x}$
Unterjährige temporäre Leibrente	$\ddot{a}_{x,\overline{n}\mid}^{(k)}$	$\dfrac{N_x - N_{x+n}}{D_x} + \left(\dfrac{D_{x+n}}{D_x} - 1\right)\dfrac{k-1}{2k}$
Aufgeschobene lebenslange Leibrente	$_m{\mid}\ddot{a}_x$	$\dfrac{N_{x+m}}{D_x}$
Aufgeschobene temporäre Leibrente	$_m{\mid}\ddot{a}_{x,\overline{n}\mid}$	$\dfrac{N_{x+m} - N_{x+m+n}}{D_x}$
Lebenslange Leibrente mit Garantiezeit	$^g\ddot{a}_x$	$\dfrac{1-v^g}{1-v} + \dfrac{N_{x+g}}{D_x}$
Aufgeschobene lebenslange Leibrente mit Garantiezeit	$^g_m{\mid}\ddot{a}_x$	$\dfrac{1-v^g}{1-v}\dfrac{D_{x+m}}{D_x} + \dfrac{N_{x+g+m}}{D_x}$
Arithmetisch steigende lebenslange Leibrente	$(I\ddot{a})_x$	$\dfrac{S_x}{D_x}$
Sich geometrisch verändernde lebenslange Leibrente	$^{\%}(I\ddot{a})_x$	$\dfrac{\tilde{N}_x}{\tilde{D}_x}$ mit $\tilde{i} := \dfrac{i-p}{1+p}$

Selbstverständlich gibt es weitere, hier nicht dargestellte, Barwertfaktoren für Verbleibeleistungen, die für die Praxis relevant sind.

4.3.14 Nomenklatur

Ein versicherungsmathematisches Symbol besteht, wie wir gesehen haben, in der Regel aus mehreren Komponenten. Das Zeichen wird dabei von unten nach oben und links nach rechts gelesen. Diese international einheitliche versicherungsmathematische Bezeichnungsweise reicht zurück bis in die zweite Hälfte des neunzehnten Jahrhunderts.

Der Barwertfaktor einer vorschüssigen Leibrente der Höhe 1 €, die zunächst m Jahre aufgeschoben ist, dann für g Jahre garantiert ist, für eine anfänglich x Jahre alte Person mit einer Laufzeit von n Jahren und einer Auszahlung in k gleich hohen Teilbeträgen pro Jahr lautet:

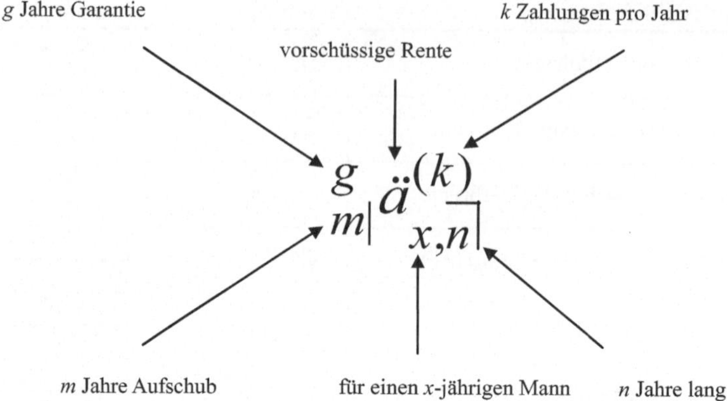

Wir erkennen in der Darstellung folgende Anordnung:

- in der Mitte steht das Grundsymbol des betrachteten Barwertfaktors
- links unten steht die Aufschubzeit gefolgt von einem senkrechten Strich
- links oben steht die Garantiezeit
- rechts oben steht in Klammern die Anzahl der Auszahlungen pro Jahr
- rechts unten steht zunächst das Eintrittsalter
- daneben steht, durch ein Komma getrennt, die Laufzeit unter einem Winkel.

Auch hier gilt jedoch, wie so oft im Leben, dass Ausnahmen die Regel bestätigen.

4.4 Barwerte von Ausscheideleistungen

Im Folgenden befassen wir uns mit den Barwertfaktoren verschiedener Ausscheideleistungen eines Lebensversicherers. Dabei interessieren wir uns für Leistungen, die im Todesfall erbracht werden.

4.4.1 Lebenslange Todesfallversicherung

Zunächst betrachten wir exemplarisch den Barwertfaktor A_x für die Versicherung eines x-Jährigen über die Auszahlung der Versicherungssumme in Höhe von 1 € im Todesfall. Die Versicherungsdauer ist lebenslänglich. Es kommt garantiert zur Auszahlung der Versicherungssumme, da jeder Mensch irgendwann stirbt.

Wir wenden das versicherungsmathematische Äquivalenzprinzip an und unterscheiden wiederum drei verschiedene Ansätze.

Wahrscheinlichkeitsansatz

Die Wahrscheinlichkeit, dass die versicherte Person k Jahre überlebt und im anschließenden Jahr stirbt, ist $_k p_x \cdot q_{x+k}$. Im Todesfall zahlt die Versicherung am Ende des Todesfalljahres die Versicherungssumme in Höhe von 1 € aus. Diese Auszahlung wird deshalb über $k + 1$ Perioden abgezinst. Für die lebenslange Todesfallversicherung summieren wir über alle Jahre k, bis das Höchstalter erreicht ist. Der Bewertungsstichtag sei der Vertragsbeginn. Dann ist der Leistungsbarwert

$$L = \sum_{k=0}^{\omega-x} {_k p_x} \cdot q_{x+k} \cdot v^{k+1} \ .$$

Im Gegenzug zahlt der Versicherte zu Versicherungsbeginn einen Beitrag in Höhe von A_x an das Versicherungsunternehmen. Somit lautet die Gegenleistung:

$$GL = A_x \ .$$

Das versicherungsmathematische Äquivalenzprinzip liefert mittels $L = GL$:

$$A_x = \sum_{k=0}^{\omega-x} {_k p_x} \cdot q_{x+k} \cdot v^{k+1} = \sum_{k=0}^{\omega-x} \frac{l_{x+k}}{l_x} q_{x+k} v^{k+1} = \sum_{k=0}^{\omega-x} \frac{d_{x+k} v^{x+k+1}}{l_x v^x}$$

$$= \sum_{k=0}^{\omega-x} \frac{C_{x+k}}{D_x} = \frac{M_x}{D_x} \ .$$

Sterbetafelansatz

Das Versicherungsunternehmen zahlt an alle Bezugsberechtigten der Toten d_{x+k} im k-ten Jahr nach Versicherungsbeginn einer anfänglichen Personengesamtheit l_x von x-Jährigen die Versicherungssumme in Höhe von 1 € aus. Den Barwert dieser Leistung erhält man durch Diskontieren über $k + 1$ Perioden und Summation über alle Jahre k. Als Gegenleistung zahlen die Lebenden l_x des Alters x jeweils A_x Euro an das Versicherungsunternehmen. Dann gilt zunächst zum Stichtag des Vertragsbeginns

$$L = \sum_{k=0}^{\omega-x} d_{x+k} \cdot v^{k+1}$$

$$GL = A_x \cdot l_x \ .$$

Nach dem Äquivalenzprinzip folgt durch Gleichsetzen, $L = GL$:

$$A_x = \frac{\sum\limits_{k=0}^{\omega-x} d_{x+k} v^{k+1}}{l_x} = \frac{\sum\limits_{k=0}^{\omega-x} d_{x+k} v^{x+k+1}}{l_x v^x} = \frac{\sum\limits_{k=0}^{\omega-x} C_{x+k}}{D_x} = \frac{M_x}{D_x} \ .$$

Versicherungstechnischer Ansatz

Auch hier ähnelt der versicherungstechnische Ansatz dem Sterbetafelansatz. Der einzige Unterschied ist, dass die verwendeten Kommutationswerte die Diskontierung bereits beinhalten. Leistung und Gegenleistung sind somit

$$L = \sum_{k=0}^{\omega-x} C_{x+k}$$

$$GL = A_x \cdot D_x \, .$$

Dabei ist als Stichtag der Geburtstermin gewählt. Es folgt direkt mit $L = GL$, dass

$$A_x = \frac{\sum_{k=0}^{\omega-x} C_{x+k}}{D_x} = \frac{M_x}{D_x} \, .$$

Wir erkennen, dass alle drei Ansätze zu demselben Ergebnis führen. Auch in diesem Zusammenhang lässt sich der Leistungsbarwertfaktor A_x als Nettoeinmalbeitrag für die lebenslange Todesfallversicherung interpretieren. Den Versicherungsbarwert einer allgemeinen lebenslangen Todesfallversicherung erhalten wir durch Multiplikation des Barwertfaktors A_x mit der Versicherungssumme S.

Beispiel

Der Nettoeinmalbetrag für eine lebenslange Todesfallversicherung der Höhe 100.000 € für einen dreißigjährigen Mann ist nach der DAV2008TM:

$$B^{NE} = SA_x = S\frac{M_x}{D_x} = 100.000\frac{M_{30}}{D_{30}} = 56.848{,}91 \, .$$

Da nach heutiger Erkenntnis auch dieser Mann irgendwann das Zeitliche segnen wird, bekommt der Bezugsberechtigte auf jeden Fall 100.000 € ausbezahlt. Der Nettoeinmalbeitrag beträgt hingegen mit 56.848,91 € vergleichsweise wenig, da der erwartete Todesfallzeitpunkt weit in der Zukunft liegt. Das Versicherungsunternehmen kann in der Zwischenzeit Zinsen auf den eingezahlten Beitrag erwirtschaften.

Mit Hilfe des finanzmathematischen Äquivalenzprinzips lässt sich die Anlagedauer berechnen, für die der Nettoeinmalbeitrag und die Versicherungssumme äquivalent sind. Aus dem Ansatz

$$B^{NE}(1 + i)^n = S$$

folgt

$$n = \frac{\ln \frac{S}{B^{NE}}}{\ln(1 + i)} = \frac{\ln \frac{100.000}{56.848{,}91}}{\ln(1{,}0125)} = 45{,}5 \, .$$

Zum Vergleich dazu beträgt die restliche mittlere Lebenserwartung für den dreißigjährigen Mann

$$e_x^0 = \frac{1}{2} + \frac{1}{l_x} \sum_{k=1}^{\omega-x} l_{x+k} = 45{,}8 \ .$$

4.4.2 Formale Zusammenhänge

Der Versicherungsbarwert einer lebenslangen Todesfallversicherung lässt sich auf die
Summe von einjährigen aufgeschobenen Todesfallversicherungen zurückführen. Dadurch
lassen sich verschiedene rekursive Gleichungen finden. Zunächst haben wir nach dem
wahrscheinlichkeitstheoretischen Ansatz

$$A_x = \sum_{k=0}^{\omega-x} {}_k p_x \cdot q_{x+k} \cdot v^{k+1} = v q_x + \sum_{k=1}^{\omega-x} {}_k p_x \cdot q_{x+k} \cdot v^{k+1} \ .$$

Durch Indexverschiebung erhalten wir

$$A_x = v q_x + \sum_{k=0}^{\omega-x-1} {}_{k+1} p_x \cdot q_{x+k+1} \cdot v^{k+2}$$

$$= v q_x + \sum_{k=0}^{\omega-(x+1)} p_x \cdot {}_k p_{(x+1)} \cdot q_{(x+1)+k} \cdot v^{k+1} \cdot v$$

und folglich

$$A_x = v q_x + v p_x \sum_{k=0}^{\omega-(x+1)} {}_k p_{(x+1)} \cdot q_{(x+1)+k} \cdot v^{k+1} = v q_x + v p_x A_{x+1} \ .$$

Der Nettoeinmalbeitrag einer lebenslangen Todesfallversicherung in Höhe von 1 € für
einen x-Jährigen ist die diskontierte Todesfallwahrscheinlichkeit zuzüglich des diskontierten Nettoeinmalbeitrages einer lebenslangen Todesfallversicherung für eine $(x + 1)$-
jährige Person im Überlebensfall.

Mit $p_x = 1 - q_x$ erhalten wir ferner

$$A_x = v q_x + v p_x A_{x+1} = v q_x + v(1 - q_x)A_{x+1} = v A_{x+1} + v q_x(1 - A_{x+1}) \ .$$

Der Nettoeinmalbeitrag einer lebenslangen Todesfallversicherung in Höhe von 1 € für
einen x-Jährigen ist der diskontierte Nettoeinmalbeitrag einer $(x + 1)$-jährigen Person

zuzüglich der abgezinsten Leistung einer gewissen einjährigen Todesfallversicherung für den x-Jährigen.

Weiterhin können wir folgende Beziehung mit dem Diskontsatz d betrachten:

$$d A_{x+1} = \frac{i}{1+i} A_{x+1} = \frac{1+i-1}{1+i} A_{x+1} = \left(\frac{1+i}{1+i} - \frac{1}{1+i} \right) A_{x+1} = (1-v) A_{x+1}$$

und mit

$$-v A_{x+1} = -A_x + v q_x (1 - A_{x+1})$$

gemäß obiger Formel folgt

$$d A_{x+1} = A_{x+1} - A_x + v q_x (1 - A_{x+1}) \,.$$

Die Zinsen auf den diskontierten Nettoeinmalbeitrag, $d A_{x+1}$, einer lebenslangen Todesfallversicherung für einen $(x+1)$-Jährigen haben einen doppelten Effekt: Sie verursachen die Veränderung der Nettoeinmalbeiträge und finanzieren eine gewisse einjährige Todesfallversicherung für den x-Jährigen.

Des Weiteren gibt es noch eine interessante Anmerkung: Zwischen dem Barwertfaktor der lebenslangen Todesfallversicherung A_x und dem Barwertfaktor $\ddot{a}_x$ der vorschüssigen ewigen Leibrente besteht folgender Zusammenhang:

$$A_x = 1 + (v-1)\ddot{a}_x = 1 - d\ddot{a}_x \,,$$

wie wir mit Hilfe der Kommutationswerte nachrechnen können. Denn es gilt

$$M_x = v N_x - N_{x+1} = v N_x - (N_x - D_x) = D_x + (v-1) N_x \,,$$

und daraus folgt

$$A_x = \frac{M_x}{D_x} = \frac{D_x + (v-1) N_x}{D_x} = 1 + (v-1) \frac{N_x}{D_x} = 1 + (v-1)\ddot{a}_x \,.$$

4.4.3 Aufgeschobene lebenslange Todesfallversicherung

In Analogie zu den Erlebensfallbarwerten werden wir uns im Folgenden auf den versicherungstechnischen Ansatz beschränken. Ähnlich wie für die Leibrentenversicherung, so wird gelegentlich auch für Todesfallversicherungen eine Aufschubzeit vereinbart. Die Initiative geht dabei meistens vom Versicherer aus. Wenn Selbstmordgefahr besteht, so wird mitunter vereinbart, dass die Versicherungssumme nur bei Tod nach Ablauf einer gewissen **Wartezeit**, auch **Karenzzeit** genannt, ausgezahlt wird.

Der Barwertfaktor der um m Jahre aufgeschobenen lebenslangen Todesfallversicherung $_{m|}A_x$ eines x-Jährigen über die Versicherungssumme 1 € ist demnach gegeben durch

$$_{m|}A_x = \sum_{k=m}^{\omega-x} \frac{C_{x+k}}{D_x} = \sum_{k=0}^{\omega-x} \frac{C_{x+m+k}}{D_x} = \frac{M_{x+m}}{D_x} \,.$$

Gegenüber der sofort beginnenden lebenslangen Todesfallversicherung sind die ersten m Glieder in der Summendarstellung weggefallen. Wir können den Barwertfaktor $_{m|}A_x$ alternativ durch eine Produktdarstellung berechnen. Denn der versicherte muss zunächst m Jahre überleben, um anschließend, im Alter $x+m$ eine lebenslange Todesfallversicherung zu beginnen. Es ist also

$$_{m|}A_x = {_m}E_x \cdot A_{x+m} = \frac{D_{x+m}}{D_x} \cdot \frac{M_{x+m}}{D_{x+m}} = \frac{M_{x+m}}{D_x} \,.$$

Beispiel

Ein 30-jähriger Mann möchte eine lebenslange Todesfallversicherung über 100.000 € abschließen. Aufgrund akuter Selbstmordgefahr wird eine Wartezeit von 2 Jahren festgelegt. Dann ist der Nettoeinmalbeitrag anhand der DAV2008TM:

$$B^{NE} = S {_{m|}}A_x = 100.000 \frac{M_{32}}{D_{30}} = 56.699{,}78 \,.$$

Durch die Karenzzeit hat sich der Beitrag um 149,13 € gegenüber dem Einmalbeitrag der regulären Todesfallversicherung aus dem vorherigen Beispiel reduziert.

4.4.4 Risikolebensversicherung

Die Risikolebensversicherung ist eine temporäre Todesfallversicherung. Im Vergleich zur lebenslangen Todesfallversicherung endet der Versicherungsschutz mit Ablauf der Vertragslaufzeit. Die Versicherungssumme wird nur dann ausgezahlt, wenn der Versicherte während der Versicherungsdauer stirbt. Der Barwertfaktor der Risikolebensversicherung $_nA_x$ eines x-Jährigen in Bezug auf Tod in den nächsten n Jahren über die Versicherungssumme 1 € ist demnach gegeben durch die verkürzte Summendarstellung:

$$_nA_x = \sum_{k=0}^{n-1} \frac{C_{x+k}}{D_x} = \sum_{k=0}^{\omega-x} \frac{C_{x+k}}{D_x} - \sum_{k=n}^{\omega-x} \frac{C_{x+k}}{D_x} = \frac{M_x - M_{x+n}}{D_x} \,.$$

Den Versicherungsbarwert der Risikolebensversicherung $_nA_x$ können wir alternativ als Differenz der Barwerte einer lebenslangen Todesfallversicherung und einer entsprechend aufgeschobenen lebenslangen Todesfallversicherung berechnen:

$$_nA_x = A_x - {_{n|}A_x} = \frac{M_x}{D_x} - \frac{M_{x+n}}{D_x} = \frac{M_x - M_{x+n}}{D_x} \, .$$

Speziell für $n = 1$ ist der Barwert der einjährigen Todesfallversicherung

$$_1A_x = \frac{M_x - M_{x+1}}{D_x} = \frac{C_x}{D_x} \, .$$

Es gilt analog zur lebenslangen Todesfallversicherung folgender Zusammenhang mit dem Barwertfaktor der temporären Leibrente:

$$_nA_x = 1 - {_nE_x} - d\,\ddot{a}_{x,\overline{n}|} \, ,$$

denn es gilt analog zur lebenslangen Todesfallversicherung mit $M_x = D_x + (v-1)N_x$ und $d = 1 - v$, dass

$$_nA_x = \frac{M_x - M_{x+n}}{D_x} = \frac{D_x + (v-1)N_x - D_{x+n} + (v-1)N_{x+n}}{D_x}$$
$$= 1 - {_nE_x} + (v-1)\ddot{a}_{x,\overline{n}|} \, .$$

Beispiel

Der Nettoeinmalbeitrag bezüglich einer zwanzigjährigen Risikolebensversicherung über 100.000 € für eine fünfundzwanzigjährige Frau beträgt nach der DAV2008TF:

$$B^{NE} = S\,_nA_x = 100.000\,\frac{M_{25} - M_{45}}{D_{25}} = 1.006{,}28 \, .$$

Um im Falle des Ablebens eine Todesfallleistung in Höhe von 100.000 € zu erhalten, ist zu Vertragsbeginn einmalig ein Nettobeitrag in Höhe von 1.006,28 € fällig.

4.4.5 Aufgeschobene Risikolebensversicherung

Der Barwertfaktor der Risikolebensversicherung $_{m|n}A_x$ eines x-Jährigen in Höhe von 1 €
in Bezug auf Tod nach frühestens m Jahren und spätestens $m + n$ Jahren ist gegeben durch

$$_{m|n}A_x = \sum_{k=m}^{m+n-1} \frac{C_{x+k}}{D_x} = \sum_{k=0}^{n-1} \frac{C_{x+m+k}}{D_x} = \sum_{k=0}^{\omega-x} \frac{C_{x+m+k}}{D_x} - \sum_{k=n}^{\omega-x} \frac{C_{x+m+k}}{D_x}$$

$$= \frac{M_{x+m} - M_{x+m+n}}{D_x} \ .$$

Die Schwierigkeit der Berechnung dieses Barwertfaktors beruht auf der korrekten Summation. Die Versicherungsdauer beginnt nach einer Aufschubzeit von m Jahren und endet nach weiteren n Jahren. Diese Festlegungen definieren die Grenzen der obigen Summe.

Alternativ können wir den Barwertfaktor $_{m|n}A_x$ herleiten, indem wir verlangen dass die versicherte Person im Alter x zunächst m Jahre überleben muss, um anschließend, im Alter $x + m$ den Schutz einer Risikolebensversicherung mit Laufzeit n Jahre zu genießen:

$$_{m|n}A_x = {}_mE_x \cdot {}_nA_{x+m} = \frac{D_{x+m}}{D_x} \cdot \frac{M_{x+m} - M_{x+m+n}}{D_{x+m}} = \frac{M_{x+m} - M_{x+m+n}}{D_x} \ .$$

Die um k Jahre aufgeschobenen einjährigen Todesfallversicherungsbarwerte $_{k|1}A_x$ haben in erster Linie theoretische Bedeutung für die Berechnungen der sonstigen Todesfallbarwertfaktoren. Es ist nämlich

$$_{k|1}A_x = \frac{M_{x+k} - M_{x+k+1}}{D_x} = \frac{C_{x+k}}{D_x} \ .$$

Dieser Ausdruck kommt in den Summendarstellungen anderer Barwertfaktoren vor. So ergibt sich der Barwertfaktor A_x der lebenslangen Todesfallversicherung als Summe von Barwertfaktoren einjähriger Todesfallversicherungen, die aufeinander folgen:

$$A_x = \sum_{k=0}^{\omega-x} {}_{k|1}A_x = \sum_{k=0}^{\omega-x} \frac{C_{x+k}}{D_x} = \frac{M_x}{D_x} \ .$$

Beispiel
Ein vierzigjähriger Mann kann schon absehen, dass er in fünf Jahren für eine Laufzeit von dann zwanzig Jahren eine Risikolebensversicherung in Höhe von 200.000 € benötigen wird. Da er sich gegenwärtig guter Gesundheit erfreut und dadurch Risikozuschläge seitens der Versicherungsgesellschaft vermeiden kann, schließt er

frühzeitig eine aufgeschobene Versicherung gegen Einmalbeitrag ab. Die Prämie wird anhand der DAV2008TM berechnet durch:

$$B^{NE} = S_{m|n}A_x = 200.000\frac{M_{45} - M_{65}}{D_{40}} = 21.349,78 \ .$$

Der fällige Nettoeinmalbeitrag ist also 21.349,78 €.

Für die vier bisher behandelten Todesfallbarwertfaktoren erkennen wir die folgende Identität:

$$A_x = {}_mA_x + {}_{m|n}A_x + {}_{m+n|}A_x \ ,$$

denn für die rechte Seite der Formel gilt

$${}_mA_x + {}_{m|n}A_x + {}_{m+n|}A_x = \frac{M_x - M_{x+m}}{D_x} + \frac{M_{x+m} - M_{x+m+m}}{D_x} + \frac{M_{x+m+n}}{D_x} = \frac{M_x}{D_x} \ .$$

Der Barwert der lebenslangen Todesfallversicherung setzt sich also zusammen aus dem Barwert der zunächst über m Jahre laufenden Risikolebensversicherung, der um m Jahre aufgeschobenen Risikolebensversicherung mit einer Laufzeit von n Jahren sowie einer um $n + m$ Jahre aufgeschobenen lebenslangen Todesfallversicherung.

Zusammengesetzte Lebensversicherungen lassen sich oft auf verschiedene Art und Weise darstellen, wie das folgende Beispiel illustriert.

Beispiel

Ein dreißigjähriger Mann schließt eine lebenslange Todesfallversicherung ab. Die Versicherungssumme soll in den ersten zehn Jahren 200.000 €, danach 100.000 € betragen.

Der Barwert der Versicherungsleistung lässt sich auf verschiedene Weise interpretieren. In der ersten Darstellung setzt sich die Leistung aus einer temporären Risikolebensversicherung und einer aufgeschobenen lebenslangen Todesfallversicherung zusammen:

$$L = 2S_{10}A_{30} + S_{10|}A_{30} = 200.000\frac{M_{30} - M_{40}}{D_{30}} + 100.000\frac{M_{40}}{D_{30}}$$

$$= 100.000\frac{2M_{30} - M_{40}}{D_{30}} \ .$$

In einem alternativen Modellierungsansatz ist der Leistungsbarwert gleich einer lebenslangen Todesfallversicherung zuzüglich einer temporären Risikolebensversicherung. Bei dieser Konstruktion wird im Todesfall in jedem Fall 100.000 €

geleistet. Sollte der Tod in den ersten zehn Jahren erfolgen, werden zusätzlich weitere 100.000 € ausgezahlt. Der Leistungsbarwert ist demnach:

$$L = SA_{30} + S_{10}A_{30} = 100.000\frac{M_{30}}{D_{30}} + 100.000\frac{M_{30} - M_{40}}{D_{30}}$$

$$= 100.000\frac{2M_{30} - M_{40}}{D_{30}}\,.$$

Schließlich stellen wir fest, dass der Versicherungsbarwert gleich einer lebenslangen Todesfallversicherung abzüglich einer aufgeschobenen lebenslangen Todesfallversicherung ist. Die Todesfallleistung ist generell 200.000 €, bei Tod nach Ablauf der ersten zehn Jahre werden davon 100.000 € abgezogen. Durch diesen Ansatz lautet der Versicherungsbarwert:

$$L = 2SA_{30} - S_{10|}A_{30} = 200.000\frac{M_{30}}{D_{30}} - 100.000\frac{M_{40}}{D_{30}} = 100.000\frac{2M_{30} - M_{40}}{D_{30}}\,.$$

Der Nettoeinmalbeitrag anhand der DAV2008TM ist folglich durch verschiedene Ansätze berechenbar; er beträgt 57.691,16 €.

4.4.6 Arithmetisch steigende lebenslange Todesfallversicherung

Anstelle gleich bleibender Versicherungssummen können auch Leistungsversprechen vorkommen, die sich während der Vertragslaufzeit ändern. Wir wollen uns im Folgenden den häufigsten Formen veränderlicher Versicherungssummen widmen. Zunächst betrachten wir sich arithmetisch verändernde Leistungszusagen.

Der Barwertfaktor der arithmetisch steigenden lebenslangen Todesfallversicherung $(IA)_x$ eines x-Jährigen über die Versicherungssumme von anfänglich 1 €, die mit jedem Jahr um 1 € steigt, lässt sich auf das bereits Erlernte zurückführen. Wir betrachten dazu die Summe aus aufgeschobenen einjährigen Todesfallversicherungen, deren Versicherungssumme in jedem Jahr um 1 € steigt. Die Berechnung erfolgt analog zur Berechnung des Versicherungsbarwerts der arithmetisch steigenden lebenslangen vorschüssigen Leibrente in allgemeiner Form:

$$(IA)_x = \sum_{k=0}^{\omega-x}(k+1)\,_{k|1}A_x = \sum_{k=0}^{\omega-x}(k+1)\frac{C_{x+k}}{D_x}$$

$$= \sum_{k=0}^{\omega-x}\sum_{j=0}^{k}\frac{C_{x+k}}{D_x} = \sum_{k=0}^{\omega-x}\sum_{j=k}^{\omega-x}\frac{C_{x+j}}{D_x} = \sum_{k=0}^{\omega-x}\frac{M_{x+k}}{D_x} = \frac{R_x}{D_x}\,.$$

Der eigentliche Trick in der Berechnung dieses Barwertfaktors liegt in der Interpretation des Leistungsversprechens. Die Todesfallleistung ist für jedes einzelne Versicherungsjahr festgelegt. In jedem Jahr steigt die Versicherungssumme der einjährigen Todesfallversicherung um einen Euro. In kompakter Form lautet die Berechnung des Barwertfaktors $(IA)_x$ deshalb:

$$(IA)_x = \sum_{k=0}^{\omega-x} (k+1)_{k|1}A_x = \sum_{k=0}^{\omega-x} (k+1)\frac{M_{x+k} - M_{x+k+1}}{D_x} \,,$$

wobei die rechte Seite eine Teleskopsumme ist. Deshalb gilt mit $M_{\omega+1} = 0$

$$(IA)_x = \sum_{k=0}^{\omega-x} (k+1)\frac{M_{x+k}}{D_x} - \sum_{k=1}^{\omega-x+1} k\frac{M_{x+k}}{D_x} = \frac{M_x}{D_x} - 0 + \sum_{k=1}^{\omega-x} \frac{M_{x+k}}{D_x} = \frac{R_x}{D_x} \,.$$

Darüber hinaus gibt es eine alternative Darstellung der Versicherungsleistung. Sie setzt sich aus aufgeschobenen Todesfallversicherungen mit konstanter Leistung und geringer werdender Restlaufzeit zusammen, wie die nachfolgende Abbildung zeigt.

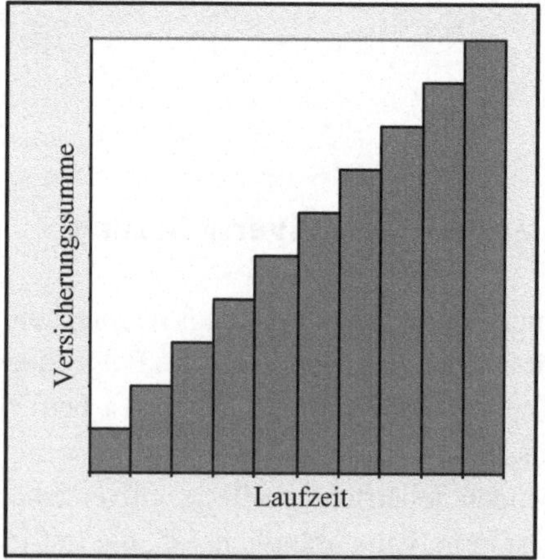

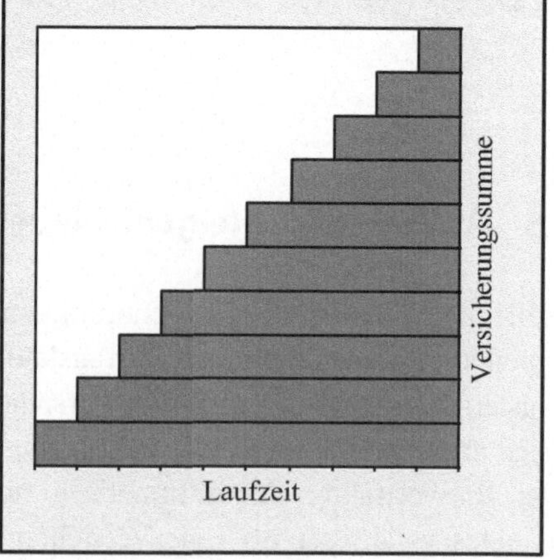

Wir erkennen daran, dass die Versicherungsleistung, dargestellt durch die Fläche, in beiden Fällen identisch ist. Betrachten wir die Grafik auf der rechten Seite, so lässt sich der Barwertfaktor $(IA)_x$ durch die Summe aufgeschobener lebenslanger Todesfallversicherungen darstellen. Es gilt nämlich

$$(IA)_x = \sum_{k=0}^{\omega-x} {}_{k|}A_x = \sum_{k=0}^{\omega-x} \frac{M_{x+k}}{D_x} = \frac{R_x}{D_x} \,.$$

An dieser Darstellung wird der Nutzen des Kommutationswerts höherer Ordnung R_x erkennbar.

Beispiel

Der Leistungsbarwert einer Todesfallversicherung von anfänglich 5.000 €, die jährlich um 100 € steigt, ist für einen fünfzigjährigen Mann anhand der DAV2008TM:

$$L = 4.900 A_x + 100 (IA)_x = 4.900 \frac{M_{50}}{D_{50}} + 100 \frac{R_{50}}{D_{50}} = 3.585{,}11 + 1.877{,}11$$

$$= 5.462{,}22 \, .$$

Der Barwert setzt sich zusammen aus dem Versicherungsbarwert der konstanten lebenslangen Todesfallversicherung über 4.900 € zuzüglich des Barwerts der arithmetisch steigenden lebenslangen Todesfallversicherung, die anfänglich 100 € beträgt und in jedem folgenden Jahr um 100 € steigt.

4.4.7 Arithmetisch fallende lebenslange Todesfallversicherung

Fallende Versicherungssummen sind in der Praxis von Interesse, wenn der Versicherungsbedarf im Verlauf der Zeit fällt. Der Barwertfaktor der arithmetisch fallenden Risikolebensversicherung $(DA)_x$ eines x-Jährigen, die mit jedem Jahr der Versicherung um 1 € fällt und im letzten Jahr 1 € beträgt, lässt sich auf die arithmetisch steigende lebenslange Todesfallversicherung zurückführen. Dazu betrachten wir die Differenz zwischen einer konstanten, ausreichend hohen, lebenslangen Todesfallversicherung und einer arithmetisch steigenden lebenslangen Todesfallversicherung. Der folgende Zahlungsstrahl verdeutlicht die Leistungen der betrachteten Versicherungen:

	x	$x+1$	$x+2$	$\omega-1$	ω	$\omega+1$
$(\omega-x+2)A_x$:		$\omega-x+2$	$\omega-x+2$	$\omega-x+2$	$\omega-x+2$	$\omega-x+2$
$(IA)_x$:		1	2	$\omega-x-1$	$\omega-x$	$\omega-x+1$
$(DA)_x$:		$\omega-x+1$	$\omega-x$	3	2	1

Somit ist der gesuchte Versicherungsbarwert

$$(DA)_x = (\omega - x + 2)A_x - (IA)_x = \frac{(\omega - x + 2)M_x - R_x}{D_x} \, .$$

Beispiel

Der Leistungsbarwert einer Todesfallversicherung von zuletzt 10.000 €, die jährlich um 100 € fällt, ist für einen fünfzigjährigen Mann anhand der DAV2008TM mit $\omega = 121$:

$$L = 9.900 A_x + 100(DA)_x = 9.900 \frac{M_{50}}{D_{50}} + 100 \frac{73 \cdot M_{50} - R_{50}}{D_{50}}$$

$$= 7.098{,}52 + 5.215{,}49 = 12.314{,}01 \ .$$

Der Nettoeinmalbeitrag dieser arithmetisch fallenden Todesfallversicherung ist also 12.314,01 €.

4.4.8 Arithmetisch steigende Risikolebensversicherung

Das Konzept der arithmetisch fortschreitenden Leistungszusagen lässt sich auch auf die temporäre Risikolebensversicherung anwenden. Der Barwertfaktor der arithmetisch steigenden n-jährigen Risikolebensversicherung $_n(IA)_x$ eines x-Jährigen in Höhe von anfänglich 1 €, die mit jedem Jahr um 1 € steigt, ist analog berechenbar. Im Vergleich zur lebenslangen Todesfallversicherung muss man lediglich die Summation einschränken.

$$_n(IA)_x = \sum_{k=0}^{\omega-x} (k+1)_{k|1}A_x = \sum_{k=0}^{\omega-x} (k+1) \frac{M_{x+k} - M_{x+k+1}}{D_x} \ ,$$

wobei die rechte Seite wiederum eine Teleskopsumme ist:

$$_n(IA)_x = \sum_{k=0}^{n-1} (k+1) \frac{M_{x+k}}{D_x} - \sum_{k=1}^{n} k \frac{M_{x+k}}{D_x} = \frac{M_x}{D_x} - n \frac{M_{x+n}}{D_x} + \sum_{k=1}^{n-1} \frac{M_{x+k}}{D_x} \ .$$

Im Ergebnis ist

$$_n(IA)_x = \frac{R_x - R_{x+n} - n M_{x+n}}{D_x} \ .$$

Alternativ lässt sich der Barwertfaktor $_n(IA)_x$ durch die Summe aufgeschobener Risikolebensversicherungen berechnen:

$$_n(IA)_x = \sum_{k=0}^{n-1} {}_{k|n-k}A_x = \sum_{k=0}^{n-1} \frac{M_{x+k} - M_{x+k+n-k}}{D_x} = \sum_{k=0}^{n-1} \frac{M_{x+k}}{D_x} - \sum_{k=0}^{n-1} \frac{M_{x+n}}{D_x} \ .$$

Das Ergebnis ist selbstverständlich dasselbe.

Beispiel

Wir betrachten den Leistungsbarwert für Beitragsrückgewähr im Todesfall. Der jährliche Beitrag für eine Rentenversicherung mit Rentenbeginn im Alter 65, zahlbar für einen ursprünglich 30-jährigen Mann, betrage 1.200 €. Im Todesfall sollen die bis dahin geleisteten Beiträge zurückgezahlt werden. Dann ist der Leistungsbarwert dieses Versprechens anhand der DAV2008RM:

$$L = B \cdot {}_n(IA)_x = B\frac{R_x - R_{x+n} - nM_{x+n}}{D_x} = 1.200\frac{R_{30} - R_{65} - 35M_{65}}{D_{30}}$$

$$= 3.312{,}28$$

Der Leistungsbarwert für diese Beitragsrückgewähr ist also 3.312,28 €.

4.4.9 Arithmetisch fallende Risikolebensversicherung

Der Vollständigkeit halber diskutieren wir abschließend die arithmetisch fallende Risikolebensversicherung, die sich analog behandeln lässt. Das Leistungsversprechen dieser Versicherung lässt sich als Differenz einer konstanten Risikolebensversicherung und einer arithmetisch steigenden Risikolebensversicherung darstellen, wie der folgende Zahlungsstrahl verdeutlicht.

	0	1	2	$n-1$	n
$(n+1)\,{}_nA_x:$		$n+1$	$n+1$	$n+1$	$n+1$
${}_n(IA)_x:$		1	2	$n-1$	n
${}_n(DA)_x:$		n	$n-1$	2	1

Der Barwertfaktor der arithmetisch fallenden n-jährigen Risikolebensversicherung ${}_n(DA)_x$ eines x-Jährigen in Höhe von zuletzt 1 €, die mit jedem Jahr um 1 € fällt, ist somit gegeben durch

$$\begin{aligned}
{}_n(DA)_x &= (n+1){}_nA_x - {}_n(IA)_x = (n+1)\frac{M_x - M_{x+n}}{D_x} - \frac{R_x - R_{x+n} - nM_{x+n}}{D_x} \\
&= \frac{(n+1)M_x - M_{x+n} - R_x + R_{x+n}}{D_x} = \frac{nM_x - R_{x+1} + R_{x+n+1}}{D_x}.
\end{aligned}$$

Beispiel

Fallende Risikolebensversicherungen finden ihre Anwendung bei fallendem Schutzbedarf. Typische Beispiele sind die Absicherung von Krediten oder Hypotheken. Als Beispiel betrachten wir eine fallende Risikolebensversicherung von anfänglich 100.000 €, die über zehn läuft und jährlich um $a = 10.000$ € fällt, für einen fünfzigjährigen Mann anhand der DAV2008TM. Dann ist der Leistungsbarwert

$$L = a \cdot {}_n(DA)_x = 10.000 \frac{nM_x - R_{x+1} + R_{x+n+1}}{D_x} = 10.000 \frac{10M_{50} - R_{51} + R_{61}}{D_{50}}$$

$$= 2.792,72 \,.$$

Der Nettoeinmalbeitrag ist gleich dem Leistungsbarwert, also 2.792,72 €.

4.4.10 Geometrisch fortschreitende Risikolebensversicherung

Als exemplarische Ergänzung betrachten wir Todesfallversicherungen, für die sich die Versicherungssumme von Jahr zu Jahr geometrisch Umformungen der Rechnungszins i mit der Veränderungsrate p gekoppelt wird. Dadurch ergibt sich der neue Zinssatz, der zur Berechnung der Kommutationswerte herangezogen wird.

Der Barwertfaktor der sich geometrisch verändernden n jährigen Risikolebensversicherung ${}^{\%}_n(IA)_x$ eines x-Jährigen in Höhe von anfänglich 1 €, die sich mit jedem Jahr des Überlebens um den Faktor $(1 + p)$ ändert, wird berechnet durch

$$\begin{aligned}
{}^{\%}_n(IA)_x &= \sum_{k=0}^{n-1} (1 + p)^k {}_{k|1}A_x = \sum_{k=0}^{n-1} (1 + p)^k \frac{C_{x+k}}{D_x} = \sum_{k=0}^{n-1} (1 + p)^k \frac{d_{x+k}}{l_x} v^{k+1} \\
&= \frac{1}{1 + p} \sum_{k=0}^{n-1} \frac{d_{x+k}}{l_x} \left(\frac{1 + p}{1 + i} \right)^{k+1} = \frac{1}{1 + p} \sum_{k=0}^{n-1} \frac{d_{x+k}}{l_x} \left(\frac{1}{\frac{1+i+p-p}{1+p}} \right)^{k+1} \\
&= \frac{1}{1 + p} \sum_{k=0}^{n-1} \frac{d_{x+k}}{l_x} \left(\frac{1}{1 + \frac{i-p}{1+p}} \right)^{k+1} \,.
\end{aligned}$$

Mit der Substitution $\tilde{i} = \frac{i-p}{1+p}$ folgt:

$$ {}^{\%}_n(IA)_x = \frac{1}{1 + p} \sum_{k=0}^{n-1} \frac{d_{x+k}}{l_x} \left(\frac{1}{1 + \tilde{i}} \right)^{k+1} = \frac{1}{1 + p} \sum_{k=0}^{n-1} \frac{\tilde{C}_{x+k}}{\tilde{D}_x} = \frac{1}{1 + p} \cdot \frac{\tilde{M}_x - \tilde{M}_{x+n}}{\tilde{D}_x} \,.$$

In Analogie zur geometrisch veränderbaren Leibrente berechnen wir zunächst den neuen Rechnungszins $\tilde{i}$ und wendet sodann das Kalkül der Versicherung mit konstanter Leistung auf die modifizierte Sterbetafel an. Wir erkennt daran, dass sich der Barwertfaktor ${}_n^{\%}(IA)_x$ analog zum Barwertfaktor ${}_n A_x$ berechnen lässt. Neben dem veränderten Rechnungszins beachte man insbesondere auch den Adjustierungsfaktor $1/(1+p)$.

4.4.11 Zusammenfassung

Zusammengefasst listen wir die wichtigsten Todesfallbarwertfaktoren in Tabellenform auf:

Versicherungstyp	Symbol	Formel
Lebenslange Todesfallversicherung	A_x	$\dfrac{M_x}{D_x}$
Aufgeschobene lebenslange Todesfallversicherung	${}_{m\|} A_x$	$\dfrac{M_{x+m}}{D_x}$
Risikolebensversicherung	${}_n A_x$	$\dfrac{M_x - M_{x+n}}{D_x}$
Aufgeschobene Risikolebensversicherung	${}_{m\|n} A_x$	$\dfrac{M_{x+m} - M_{x+m+n}}{D_x}$
Arithmetisch steigende lebenslange Todesfallversicherung	$(IA)_x$	$\dfrac{R_x}{D_x}$
Arithmetisch fallende lebenslange Todesfallversicherung	$(DA)_x$	$\dfrac{(\omega - x + 2)M_x - R_x}{D_x}$
Arithmetisch steigende Risikolebensversicherung	${}_n(IA)_x$	$\dfrac{R_x - R_{x+n} - n M_{x+n}}{D_x}$
Arithmetisch fallende Risikolebensversicherung	${}_n(DA)_x$	$\dfrac{n M_x - R_{x+1} + R_{x+n+1}}{D_x}$
Geometrisch fortschreitende Risikolebensversicherung	${}_n^{\%}(IA)_x$	$\dfrac{1}{1+p} \cdot \dfrac{\tilde{M}_x - \tilde{M}_{x+n}}{\tilde{D}_x}$ mit $\tilde{\imath} = \dfrac{i - p}{1 + p}$

Selbstverständlich gibt es auch in diesem Zusammenhang weitere Todesfallbarwertfaktoren mit praktischer Relevanz, die hier nicht genannt sind.

4.5 Gemischte Leistungsbarwerte

Sehr häufig trifft man in der Praxis zusammengesetzte Lebensversicherungen an. Der Bezugsberechtigte erhält dann im Todesfall oder im Erlebensfall der versicherten Person die vertraglich vereinbarte Versicherungssumme. Im Folgenden möchten wir die wichtigsten gemischten Versicherungsbarwerte vorstellen.

4.5.1 Kapitallebensversicherung

Die Kapitallebensversicherung ist eine zusammengesetzte Versicherung aus einer Erlebensfallversicherung und einer Risikolebensversicherung. Die Versicherungssumme wird zum Vertragsende ausgezahlt, wenn der Versicherte die Vertragsdauer überlebt. Sollte der Versicherte vorher sterben, wird die Versicherungssumme vorzeitig ausbezahlt.

Der Barwertfaktor $A_{x,\overline{n}|}$ der Kapitallebensversicherung für einen x-Jährigen in Höhe von 1 € mit n Jahren Vertragslaufzeit ist somit die Summe aus den beiden Barwertfaktoren für den Erlebensfall und den Todesfall. Es gilt

$$A_{x,\overline{n}|} = {}_nA_x + {}_nE_x = \frac{M_x - M_{x+n} + D_{x+n}}{D_x} .$$

Man unterscheide dabei sorgsam den Barwertfaktor der Risikolebensversicherung ${}_nA_x$ von dem Barwertfaktor der Kapitallebensversicherung $A_{x,\overline{n}|}$. Indem wir die bekannte Beziehung $M_x = D_x + (v-1)N_x$ ausnutzen, erhalten wir einen interessanten Zusammenhang zur temporären Leibrente:

$$\begin{aligned}
A_{x,\overline{n}|} &= \frac{D_x + (v-1)N_x - D_{x+n} - (v-1)N_{x+n} + D_{x+n}}{D_x} \\
&= \frac{D_x + (v-1)(N_x - N_{x+n})}{D_x} = 1 + (v-1)\ddot{a}_{x,\overline{n}|} = 1 - d\ddot{a}_{x,\overline{n}|} .
\end{aligned}$$

Beispiel

Anfang des zwanzigsten Jahrhunderts war es üblich, im Rahmen einer Kapitallebensversicherung eine gestaffelte Todesfallsumme anzubieten, um die so zusammen gesetzte Lebensversicherung besonders attraktiv erscheinen zu lassen. Als Beispiel betrachten wir das Eintrittsalter $x = 30$, die Versicherungsdauer $n = 20$ Jahre und die Versicherungssumme im Erlebensfall $S = 50.000$. Ferner sei die Versicherungssumme im Todesfall bei Tod in den ersten fünf Jahren das Dreifache, in den nächsten fünf Jahren das Zweifache, und danach gleich der Versicherungssumme im Erlebensfall. Formal ist also

$$T_k = \begin{cases} 3 & S0 \le k \le 4 \\ 2 & S4 < k \le 9 \\ S & 9 < k \le 19 \end{cases} .$$

Somit sind die Leistungsbarwerte für den Erlebensfall und den Todesfall gegeben durch

$$L_E = S\, {}_nE_x = S\,\frac{D_{x+n}}{D_x}$$

$$L_T = \sum_{k=0}^{n-1} T_k\,\frac{C_{x+k}}{D_x} = 3S_5A_x + 2S_{5|5}A_x + S_{10|n-10}A_x$$

$$= 3S\,\frac{M_x - M_{x+5}}{D_x} + 2S\,\frac{M_{x+5} - M_{x+10}}{D_x} + S\,\frac{M_{x+10} - M_{x+n}}{D_x}$$

$$= S\,\frac{3M_x - M_{x+5} - M_{x+10} - M_{x+n}}{D_x}\,.$$

Folglich ist die gesamte Leistung

$$L = L_E + L_T = S\,\frac{D_{x+n} + 3M_x - M_{x+5} - M_{x+10} - M_{x+n}}{D_x}\,.$$

Im Speziellen haben wir

$$L = 100.000\,\frac{D_{50} + 3M_{30} - M_{35} - M_{40} - M_{50}}{D_{30}} = 79.443{,}92\,.$$

Der äquivalente Nettoeinmalbeitrag der betrachteten Versicherung ist demnach 79.443,92 €.

Bis zum 31.12.2004 waren die Einkünfte aus Kapitallebensversicherungen mit einer Todesfallleistung in Höhe von 60 % der Beitragssumme und einer Vertragslaufzeit von mindestens zwölf Jahren steuerfrei. Diese Gesetzgebung hatte seinerzeit Lebensversicherern gewisse Vorteile im Wettbewerb um Spareinlagen verschafft. Mit Wirkung vom 1.1.2005 hatte sich die Steuergesetzgebung für Kapitallebensversicherungen geändert. Ist die Vertragslaufzeit länger als zwölf Jahre und wurde der Vertrag erst nach Vollendung des sechzigsten Lebensjahrs fällig, so musste die Hälfte der ausgezahlten Einmalleistung versteuert werden.

Beispiel

Gegeben sei eine Versicherung auf den Todes- und Erlebensfall mit der Erlebensfallversicherungssumme S und der Todesfallversicherungssumme T. Zur Anlage stehen einmalig 50.000 € als Versicherungsbeitrag B zur Verfügung. Aus steuerlichen Gründen soll T mindestens 60 % des Beitrags, also 30.000 €, betragen.

Gesucht ist die garantierte Erlebensfallleistung S für einen 40-jährigen Mann bei einer Vertragslaufzeit von 12 Jahren anhand der DAV2008TM. Zunächst berechnen wir die Leistungsbarwerte im Erlebens- und im Todesfall:

$$L_E = S\frac{D_{x+n}}{D_x}$$

$$L_T = T\frac{M_x - M_{x+n}}{D_x}\,.$$

Nach Voraussetzung ist $T \geq 0{,}6B = 30.000$. Daraus folgt für die gesamte Leistung

$$L = L_E + L_T \geq S\frac{D_{x+n}}{D_x} + 0{,}6B\frac{M_x - M_{x+n}}{D_x}\,.$$

Nach dem versicherungsmathematischen Äquivalenzprinzip mit $L = GL = B$ gilt:

$$B \geq S\frac{D_{x+n}}{D_x} + 0{,}6B\frac{M_x - M_{x+n}}{D_x}\,,$$

was äquivalent ist zu

$$S \leq \frac{BD_x - 0{,}6B(M_x - M_{x+n})}{D_{x+n}} = \frac{50.000\,D_{40} - 30.000(M_{40} - M_{60})}{D_{60}}$$

$$= 66.976{,}89\,.$$

Um also in den Genuss von Steuervorteilen zu kommen, wird die Todesfallleistung auf 30.000 € festgesetzt. Dadurch beträgt die vertraglich festgesetzte Erlebensfallleistung höchstens 66.976,89 €. Wenn die Todesfallleistung steigt, wird die Erlebensfallleistung geringer.

4.5.2 Rentenversicherung mit Beitragsrückgewähr

Eine beliebte Versicherungsform ist die aufgeschobene lebenslange Rentenversicherung, die im Falle des Todes vor Rentenbeginn den bereits eingezahlten Einmalbeitrag zurückerstattet. Sei also R die Höhe der jährlichen Rente, x das Eintrittsalter des Versicherten, m die Aufschubzeit, und B der Nettoeinmalbeitrag, dann lassen sich die Leistungsbarwerte dieser Versicherung wie folgt berechnen:

$$L_E = R \cdot {}_{m|}\ddot{a}_x$$

$$L_T = B \cdot {}_{m}A_x$$

$$L = L_E + L_T = \frac{RN_{x+m} + B(M_x - M_{x+m})}{D_x}\,.$$

Demgegenüber steht die Gegenleistung des Versicherten mit $GL = B$. Mit dem Äquivalenzprinzip lässt sich dann die gesuchte Größe berechnen.

Beispiel

Gegeben sei eine aufgeschobene Rentenversicherung gegen Einmalbeitrag in Höhe von 100.000 € für eine 40-jährige Frau. Das Renteneintrittsalter sei mit 60 Jahren vorgesehen. Gesucht ist die Höhe der jährlichen Rente R. Dann ist

$$L = \frac{RN_{x+m} + B(M_x - M_{x+m})}{D_x}$$

$$GL = B \ .$$

Nach dem versicherungsmathematischen Äquivalenzprinzip $L = GL$ ist sodann

$$R = B\frac{D_x - M_x + M_{x+m}}{N_{x+m}} = 100.000\frac{D_{40} - M_{40} + M_{60}}{N_{60}} = 4.363{,}79 \ .$$

Ohne Beitragsrückgewähr ist die Rentenhöhe um 82,43 € pro Jahr höher:

$$R = B\frac{D_x}{N_{x+m}} = 100.000\frac{D_{40}}{N_{60}} = 4.446{,}62 \ .$$

4.5.3   Risikolebensversicherung mit Beitragsrückgewähr

Eine weitere interessante Versicherungsform ist die Risikolebensversicherung, die im Erlebensfall die nominelle Summe der bereits eingezahlten Beiträge zurückerstattet. Dadurch entsteht dem Versicherten während der Vertragslaufzeit lediglich ein Zinsverlust, durch den die Versicherungsleistungen finanziert werden. Sei also T die Todesfallleistung, B der Nettoeinmalbeitrag für eine x-jährige Person mit n-jähriger Vertragslaufzeit. Dann sind die Leistungsbarwerte gegeben durch

$$L_T = T_n A_x = T\frac{M_x - M_{x+n}}{D_x}$$

$$L_E = B_n E_x = B\frac{D_{x+n}}{D_x}$$

$$L = L_T + L_E = \frac{BD_{x+n} + T(M_x - M_{x+n})}{D_x} \ .$$

Beispiel

Gesucht ist der Einmalbeitrag für eine Risikolebensversicherung über 100.000 €
mit Beitragsrückgewähr im Erlebensfall bei 20 Jahren Vertragslaufzeit für einen
40-jährigen Mann. Dann sind Leistung und Gegenleistung nach dem versicherungstechnischen Ansatz:

$$L_T = S_n A_x$$

$$L_E = B_n E_x$$

$$L = L_T + L_E = S_n A_x + B_n E_x)$$

$$GL = B \,.$$

Nach dem versicherungsmathematischen Äquivalenzprinzip $GL = L$ ist sodann

$$B = B \frac{D_{x+n}}{D_x} + S \frac{M_x - M_{x+n}}{D_x} \,,$$

was äquivalent ist zu

$$B = S \frac{M_x - M_{x+n}}{D_x - D_{x+n}} \,.$$

Anhand der DAV2008TM berechnen wir

$$B = 100.000 \frac{M_{40} - M_{60}}{D_{40} - D_{60}} = 24.823,88 \,.$$

Im Vergleich dazu ist der Nettoeinmalbeitrag für die Versicherung ohne Beitragsrückgewähr

$$B = 100.000 \frac{M_{40} - M_{60}}{D_{40}} = 7.079,36 \,.$$

Die Differenz 17.744,52 € wird vom Versicherungsunternehmen benötigt, um im
Überlebensfall am Vertragsende 24.823,88 € auszuzahlen. Wie man zur Probe leicht
nachrechnet, gilt nämlich:

$$24.823,88 - 7.079,36 = 17.744,52 = 24.823,88 \frac{D_{60}}{D_{40}} \,.$$

4.6 Erfüllungsbetrag

Die bislang berechneten Leistungsbarwerte sind als **erwartete Versicherungsleistungen** zu interpretieren. Gemäß dem Gesetz der Großen Zahlen rechnen wir demnach quasi deterministisch. Der von der Versicherung auszuzahlende Betrag ist jedoch tatsächlich vom Zufall abhängig, je nachdem, ob der Versicherungsfall eintritt oder nicht. Um diesen Sachverhalt zu verdeutlichen, betrachten wir die Indikator-Zufallsvariable

$$I(V) = \begin{cases} 1 & \text{falls } V \text{ wahr ist} \\ 0 & \text{falls } V \text{ falsch ist.} \end{cases}$$

Dabei steht V für das versicherte Ereignis, beispielsweise den Todesfall einer x-jährigen Person im ersten Versicherungsjahr, das heißt, bei Tod vor Erreichen des Alters $x + 1$. Die Wahrscheinlichkeit dafür, dass der Versicherungsfall eintritt, ist dann

$$P(I(V) = 1) = q_x \, .$$

Folglich ist der Erwartungswert:

$$E(I) = 1q_x + 0(1 - q_x) = q_x \, .$$

Der Erwartungswert des Eintretens des Versicherungsfalls ist also gleich der Eintrittswahrscheinlichkeit des versicherten Ereignisses. Die Realisation der Versicherungsverpflichtung ist prinzipiell unsicher. Die zugehörige Zufallsvariable wird als **Erfüllungsbetrag** bezeichnet. Der Erwartungswert des Erfüllungsbetrags ist der in den vorherigen Abschnitten berechnete Leistungsbarwert der Versicherung. Im Folgenden wollen wir die Zufallsabhängigkeit der Versicherungsbarwerte der klassischen Lebensversicherungsprodukte näher betrachten, indem wir insbesondere die Varianz des Erfüllungsbetrags berechnen.

4.6.1 Erlebensfallversicherung

Ausgangspunkt unserer Überlegungen ist die ganzzahlige Überlebensdauer für eine x-jährige Person, $K_x = [T_x]$, die aus der zufälligen Überlebenszeit T_x hervorgeht, indem die Nachkommastellen abgeschnitten werden. Die Zufallsvariable Z_x beschreibe nun den Barwert der Versicherungsleistung für eine Erlebensfallversicherung der Höhe 1 € mit Laufzeit von n Jahre wissen wir bereits, dass

$$P(Z_x = v^n) = {}_n p_x$$
$$P(Z_x = 0) = 1 - {}_n p_x$$

gilt. Folglich ist der Erwartungswert des Erfüllungsbetrags

$$E(Z_x) = {}_n p_x \cdot v^n = \frac{l_{x+n}}{l_x} v^n \frac{v^x}{v^x} = \frac{D_{x+n}}{D_x} = {}_n E_x \,,$$

wie wir schon durch den stochastischen Ansatz zur Berechnung des Leistungsbarwerts gesehen hatten. Um nun die Varianz zu berechnen, betrachten wir zunächst

$$E(Z_x^2) = (v^n)^2 \cdot {}_n p_x = (v^n)^2 \frac{l_{x+n}}{l_x} \cdot \frac{(v^x)^2}{(v^x)^2} = \frac{l_{x+n} \left(v^2\right)^{x+n}}{l_x \left(v^2\right)^x} = \frac{\tilde{D}_{x+n}}{\tilde{D}_x} = {}_n \tilde{E}_x \,,$$

wobei die Kommutationswerte mit der Zinsrate $\tilde{i} = (1+i)^2 - 1$ berechnet werden, sodass

$$\tilde{v} = \frac{1}{1+\tilde{i}} = \frac{1}{(1+i)^2} = v^2 \,.$$

Wir erhalten also die Kommutationswerte $\tilde{D}_x$ und $\tilde{D}_{x+n}$ demnach dadurch, dass der Rechnungszins der zu verwendenden Sterbetafel entsprechend geändert wird. Mit dem Verschiebungssatz folgt daraus für die Varianz des Erfüllungsbetrags

$$Var(Z_x) = E(Z_x^2) - (E(Z_x))^2 = \frac{\tilde{D}_{x+n}}{\tilde{D}_x} - \frac{D_{x+n}^2}{D_x^2} \,.$$

Wenn wir dann eine Erlebensfallversicherung mit beliebiger Versicherungssumme S betrachten, so sind Erwartungswert und Varianz:

$$E(S \cdot Z_x) = S \cdot E(Z_x) = S \frac{D_{x+n}}{D_x}$$

$$Var(S \cdot Z_x) = S^2 \cdot Var(Z_x) = S^2 \left(\frac{\tilde{D}_{x+n}}{\tilde{D}_x} - \frac{D_{x+n}^2}{D_x^2} \right) \,.$$

Beispiel

Wir betrachten die Erlebensfallversicherung für einen 30-jährigen Mann mit 20 Jahren Vertragslaufzeit über die Versicherungssumme 100.000 € und berechnen Erwartungswert und Standardabweichung des Erfüllungsbetrags anhand der Sterbetafel DAV2004RM mit den Zinssätzen $i = 0{,}0125$ beziehungsweise $\tilde{i} = 0{,}0252$:

$$E(S \cdot Z_x) = 100.000 \frac{D_{50}}{D_{30}} = 76.350{,}08$$

$$\sqrt{Var(S \cdot Z)} = 100.000 \sqrt{\frac{\tilde{D}_{50}}{\tilde{D}_{30}} - \frac{D_{50}^2}{D_{30}^2}} = 11.226{,}61 \,.$$

Der erwartete Barwert ist also 76.350,08 €, die Standardabweichung ist 11.226,61 €.

4.6.2   Lebenslange Todesfallversicherung

Wir betrachten nun die lebenslange Todesfallversicherung der Höhe 1 € für eine anfänglich x-jährige Person. Dabei gehen wir wiederum von der ganzzahligen Überlebensdauer K_x aus. Die zugehörigen Wahrscheinlichkeiten sind für $k = 0, \ldots, \omega - x$ gegeben durch

$$P(K_x = k) = P(k \le T_x < k + 1) = {}_{k|1}q_x$$

Die Zufallsvariable Z_x beschreibe den Barwert der zufälligen Versicherungsleistung:

$$Z_x = v^{K_x+1}.$$

Dabei gehen wir wie immer davon aus, dass die Versicherungssumme am Ende des Todesjahres ausgezahlt wird. Der Erwartungswert des zufälligen Erfüllungsbetrags ist dann

$$E(Z_x) = E\left(v^{K_x+1}\right) = \sum_{k=0}^{\omega-x} v^{k+1} P(K_x = k) = \sum_{k=0}^{\omega-x} v^{k+1}_{k|1}q_x = \frac{M_x}{D_x} = A_x \ .$$

Die letzten Schritte dieser Rechnung hatten wir schon bei der Berechnung des Leistungsbarwerts mittels des stochastischen Ansatzes ausführlich dargestellt. Die Varianz berechnen wir mit dem Verschiebungssatz und betrachten deshalb zunächst

$$E(Z_x^2) = E\left(\left(v^{K_x+1}\right)^2\right) = \sum_{k=0}^{\omega-x} \left(v^{k+1}\right)^2 P(K_x = k) = \sum_{k=0}^{\omega-x} \left(v^2\right)^{k+1} {}_{k|1}q_x \ .$$

Setzen wir nun $\tilde{i} = (1 + i)^2 - 1$ so ist $\tilde{v} = v^2$ und wir erhalten damit

$$E(Z_x^2) = \sum_{k=0}^{\omega-x} \tilde{v}^{k+1}{}_{k|1}q_x = \frac{\tilde{M}_x}{\tilde{D}_x} \ .$$

Somit ist die Varianz des Erfüllungsbetrags:

$$Var(Z_x) = E(Z_x^2) - (E(Z_x))^2 = \frac{\tilde{M}_x}{\tilde{D}_x} - \frac{M_x^2}{D_x^2} \ .$$

Für eine Todesfallversicherung mit Versicherungssumme S ist dann

$$E(S \cdot Z_x) = S \frac{M_x}{D_x}$$

$$Var(S \cdot Z_x) = S^2 \left(\frac{\tilde{M}_x}{\tilde{D}_x} - \frac{M_x^2}{D_x^2} \right) \ .$$

Beispiel

Wir betrachten die Sterbegeldversicherung über 10.000 € für einen 50-jährigen Mann. Anhand der Sterbetafel DAV2008TM mit $i = 0,0125$ und $\tilde{i} = 0,0252$ sind Erwartungswert und Standardabweichung:

$$E(S \cdot Z_x) = 10.000 \frac{M_{50}}{D_{50}} = 7.170,22$$

$$\sqrt{Var(S \cdot Z_x)} = 10.000 \sqrt{\frac{\tilde{M}_{50}}{\tilde{D}_{50}} - \frac{M_{50}^2}{D_{50}^2}} = 884,44 \; .$$

Der erwartete Barwert ist also 7.170,22 €, die Standardabweichung ist 884,44 €.

4.6.3 Risikolebensversicherung

Die Risikolebensversicherung ist eine temporäre Todesfallversicherung. Die Zufallsvariable Z_x beschreibe den Barwert der zufälligen Versicherungsleistung für eine solche Versicherung mit Vertragslaufzeit von n Jahren und Versicherungssumme in Höhe von 1 € für eine x-jährige Person:

$$Z_x = \begin{cases} v^{K_x+1} & \text{falls } K_x \leq n - 1 \\ 0 & \text{falls } K_x \geq n \end{cases} \; .$$

Dabei ist K_x bekanntermaßen die ganzzahlige Überlebensdauer. Dann ist der Erwartungswert des Erfüllungsbetrags Z_x in Analogie zur lebenslangen Todesfallversicherung:

$$E(Z_x) = \sum_{k=0}^{n-1} v^{k+1} P(K_x = k) = \sum_{k=0}^{n-1} v_{k|1}^{k+1} q_x = \frac{M_x - M_{x+n}}{D_x} \; .$$

Zur Berechnung der Varianz des Erfüllungsbetrags betrachten wir zunächst

$$E(Z_x^2) = \sum_{k=0}^{n-1} \left(v^{k+1}\right)^2 P(K_x = k) = \sum_{k=0}^{n-1} \left(v^2\right)^{k+1} \cdot {}_{k|1}q_x = \sum_{k=0}^{n-1} \tilde{v}^{k+1} {}_{k|1}q_x$$

$$= \frac{\tilde{M}_x - \tilde{M}_{x+n}}{\tilde{D}_x} \; .$$

Auch hier ist $\tilde{v} = v^2$. Daraus folgt sodann

$$Var(Z_x) = E(Z_x^2) - (E(Z_x))^2 = \frac{\tilde{M}_x - \tilde{M}_{x+n}}{\tilde{D}_x} - \frac{(M_x - M_{x+n})^2}{D_x^2} \; .$$

Betrachten wir eine beliebige Risikolebensversicherung mit Versicherungssumme S, so ist:

$$E(S \cdot Z_x) = S \frac{M_x - M_{x+n}}{D_x}$$

$$Var(S \cdot Z_x) = S^2 \left(\frac{\tilde{M}_x - \tilde{M}_{x+n}}{\tilde{D}_x} - \frac{(M_x - M_{x+n})^2}{D_x^2} \right).$$

Beispiel

Anhand der Sterbetafel DAV2008TM gilt für die Risikolebensversicherung über 200.000 € für einen vierzigjährigen Mann mit Vertragslaufzeit von zwanzig Jahren können wir Erwartungswert und Standardabweichung des Erfüllungsbetrags berechnen. Es sei $i = 0{,}0125$ und $\tilde{i} = 0{,}0252$. Dann ist

$$(S \cdot Z_x) = 200.000 \frac{M_{40} - M_{60}}{D_{40}} = 14.158{,}72$$

$$\sqrt{Var(S \cdot Z_x)} = 200.000 \sqrt{\left(\frac{\tilde{M}_{40} - \tilde{M}_{60}}{\tilde{D}_{40}} - \frac{(M_{40} - M_{60})^2}{D_{40}^2} \right)} = 46.995{,}11.$$

Der erwartete Barwert des Erfüllungsbetrags ist gleich dem Leistungsbarwert und beträgt 14.158,72 €. Die Standardabweichung ist im Vergleich dazu mit 46.995,11 € relativ hoch. Risikolebensversicherungen sind für einen Versicherer somit riskanter als andere Lebensversicherungen.

4.6.4 Kapitallebensversicherung

Die Kapitallebensversicherung umfasst zwei Versicherungsprodukte in einem Vertrag: die Risikolebensversicherung zuzüglich der Erlebensfallversicherung. Es sei also Z_{1x} der zufällige Erfüllungsbetrag der Risikolebensversicherung und Z_{2x} der zufällige Erfüllungsbetrag der Erlebensfallversicherung für eine x-jährige Person mit n Jahren Vertragslaufzeit und identischer Versicherungssumme 1 €. Dann ist der Erfüllungsbetrag der Kapitallebensversicherung

$$Z_x = Z_{1x} + Z_{2x}.$$

Explizit gilt also

$$Z_x = \begin{cases} v^{K_x+1} & \text{falls } K_x \leq n-1 \\ v^n & \text{falls } K_x = n \\ 0 & \text{falls } K_x > n. \end{cases}$$

Die Berechnung der Momente können wir auf die bereits erzielten Einsichten zurückführen. Aufgrund der Linearität des Erwartungswertes ist

$$E(Z_x) = E(Z_{1x} + Z_{2x}) = E(Z_{1x}) + E(Z_{2x}) = \frac{M_x - M_{x+n} + D_{x+n}}{D_x} \, .$$

Für die Varianz gilt

$$Var(Z_x) = Var(Z_{1x}) + Var(Z_{2x}) + 2Cov(Z_{1x}, Z_{2x}) \, ,$$

wobei die Kovarianz definiert ist durch

$$Cov(Z_{1x}, Z_{2x}) = E(Z_{1x} \cdot Z_{2x}) - E(Z_{1x}) \cdot E(Z_{2x}) \, .$$

Das Produkt $Z_{1x} \cdot Z_{2x}$ ist identisch Null, da entweder der Schaden für die Risikolebensversicherung oder die Erlebensfallversicherung anfällt, aber eben nicht für beide zusammen:

$$Z_{1x} \cdot Z_{2x} = \begin{cases} 0 & \text{falls } K_x \leq n - 1 \\ 0 & \text{falls } K_x = n \\ 0 & \text{falls } K_x > n \end{cases} \, .$$

Somit ist die Varianz

$$Var(Z_x) = Var(Z_{1x}) + Var(Z_{2x}) - 2E(Z_{1x})E(Z_{2x}) \, .$$

Diesen Ausdruck können wir leicht auswerten, da uns die einzelnen Terme bekannt sind:

$$Var(Z_x) = \frac{\tilde{M}_x - \tilde{M}_{x+n}}{\tilde{D}_x} - \frac{(M_x - M_{x+n})^2}{D_x^2} + \frac{\tilde{D}_{x+n}}{\tilde{D}_x} - \frac{D_{x+n}^2}{D_x^2}$$
$$- 2 \left(\frac{M_x - M_{x+n}}{D_x} \cdot \frac{D_{x+n}}{D_x} \right) \, .$$

Durch Ordnen der Terme erhalten wir mit der binomischen Formel:

$$Var(Z_x) = \frac{\tilde{M}_x - \tilde{M}_{x+n} + \tilde{D}_{x+n}}{\tilde{D}_x} - \left(\frac{M_x - M_{x+n} + D_{x+n}}{D_x} \right)^2 \, .$$

Die Formel für die Varianz des Erfüllungsbetrags der Kapitallebensversicherung hat also dieselbe Struktur, die wir bereits für die anderen klassischen Lebensversicherungsprodukte hergeleitet hatten. Dabei werden die Kommutationswerte mit dem Zinssatz i beziehungsweise $\tilde{i} = (1 + i)^2 - 1$ ausgewertet. Ist die Versicherungssumme nicht 1 € sondern beliebig, so ist zusammengefasst:

$$E(S \cdot Z_x) = S \frac{M_x - M_{x+n} + D_{x+n}}{D_x}$$
$$Var(S \cdot Z_x) = S^2 \left(\frac{\tilde{M}_x - \tilde{M}_{x+n} + \tilde{D}_{x+n}}{\tilde{D}_x} - \left(\frac{M_x - M_{x+n} + D_{x+n}}{D_x} \right)^2 \right) \, .$$

Beispiel

Für einen 25-jährigen Mann mit 40-jähriger Vertragslaufzeit und Versicherungssumme 100.000 € berechnen wir anhand der Sterbetafel DAV2008TM mit $i = 0,0125$ und $\tilde{i} = 0,0252$ den Erwartungswert und die Standardabweichung des zufälligen Erfüllungsbetrags der Kapitallebensversicherung:

$$E(S \cdot Z_x) = 100.000 \frac{M_{25} - M_{65} + D_{65}}{D_{25}} = 62.081,07$$

$$\sqrt{Var(S \cdot Z_x)} = 100.000 \sqrt{\left(\frac{\tilde{M}_{25} - \tilde{M}_{65} + \tilde{D}_{65}}{\tilde{D}_{25}} - \frac{(M_{25} - M_{65} + D_{65})^2}{D_{25}^2} \right)}$$

$$= 4.385,87 \, .$$

Der Erwartungswert ist 62.081,07 € und die Standardabweichung beträgt 4.385,87 €.

4.6.5   Rentenversicherung

Die Altersrentenversicherung lässt sich als Summe von Erlebensfallversicherungen darstellen, wie wir bereits anhand der Herleitung des Barwertfaktors $\ddot{a}_x$ gesehen hatten. Dieser Ansatz zur Analyse des Erfüllungsbetrags ist allerdings recht mühsam, da wir eine Summe von abhängigen Zufallsvariablen zu betrachten haben. Stattdessen greifen wir auf die Überlebensdauer K_x für eine x-jährige Person zurück. Wenn diese Person k Jahre überlebt, so erhält sie eine $k + 1$-fache vorschüssige Rente, deren finanzmathematischer Barwertfaktor

$$\ddot{a}_{\overline{k+1}} = \frac{1 - v^{k+1}}{1 - v}$$

ist. Wir betrachten nun exemplarisch eine sofort beginnende lebenslange Leibrente mit Rentenhöhe 1 € für eine anfänglich x-jährige Person. Der zufällige Erfüllungsbetrag sei mit Z_x bezeichnet. Dann ist offensichtlich mit den genannten Vorüberlegungen

$$Z_x = \ddot{a}_{x,\overline{K_x+1}} = \frac{1 - v^{K_x+1}}{1 - v} \, .$$

Mit den Rechenregeln für Erwartungswerte gilt

$$E(Z_x) = \ddot{a}_{x,\overline{K_x+1}} = \frac{1 - E\left(v^{K_x+1}\right)}{1 - v}$$

und durch den Abgleich mit der lebenslangen Todesfallversicherung finden wir

$$E(Z_x) = \frac{1 - \frac{M_x}{D_x}}{1 - v} \; .$$

Diesen Zusammenhang hatten wir bereits in der Form

$$\ddot{a}_x = \frac{1 - A_x}{1 - v}$$

bei der Herleitung der Leistungsbarwerte kennengelernt. Mit den Rechenregeln für die Varianz gilt außerdem:

$$Var(Z_x) = \frac{Var\left(v^{K_x+1}\right)}{(1 - v)^2} = \frac{\frac{\tilde{M}_x}{\tilde{D}_x} - \frac{M_x^2}{D_x^2}}{(1 - v)^2} \; ,$$

wobei wiederum $\tilde{v} = v^2$ angewendet wird. Für eine allgemeine Rentenhöhe R halten wir fest:

$$E(R \cdot Z_x) = R\frac{1 - \frac{M_x}{D_x}}{1 - v}$$

$$Var(R \cdot Z_x) = \frac{R^2}{(1 - v)^2} \cdot \left(\frac{\tilde{M}_x}{\tilde{D}_x} - \frac{M_x^2}{D_x^2}\right) \; .$$

Beispiel

Wir betrachten einen 67-jährigen Mann, der gegen einen Einmalbeitrag eine lebenslange Leibrente von jährlich 6.000 € erhalten möchte. Anhand der Sterbetafel DAV2004RM mit $i = 0,0125$ und $\tilde{i} = 0,0252$ berechnen wir den Erwartungswert und die Standardabweichung des zufälligen Erfüllungsbetrags:

$$E(R \cdot Z_x) = 6.000\frac{1 - \frac{M_{67}}{D_{67}}}{1 - 1,0125^{-1}} = 135.964,84$$

$$Var(R \cdot Z_x) = \frac{6.000^2}{(1 - 1,0125^{-1})^2} \cdot \left(\frac{\tilde{M}_{67}}{\tilde{D}_{67}} - \frac{M_{67}^2}{D_{67}^2}\right) = 3.521,88 \; .$$

Der Erwartungswert ist 135.964,84 € und die Standardabweichung beträgt 3.521,88 €.

4.6.6   Ergänzungen

Neben der Berechnung des Erwartungswerts und der Varianz können wir natürlich auch die Verteilung des Erfüllungsbetrags betrachten. Nach dem **Zentralen Grenzwertsatz** ist der tatsächliche Versicherungsschaden mit etwa 50 % Wahrscheinlichkeit größer als der

Erwartungswert, wenn mit Rechnungsgrundlagen 2. Ordnung gerechnet wird, die keine Sicherheiten enthalten. Diese Aussage können wir präzisieren. Exemplarisch betrachten wir dazu einen Bestand mit identischen lebenslangen Todesfallversicherungen.

Es werden n gleiche lebenslange Todesfallversicherungen mit Versicherungssumme S an x-jährige Personen betrachtet. Die zufälligen ganzzahligen Überlebenszeiten $(K_x)_1$, $\ldots$, $(K_x)_n$ seien stochastisch unabhängig und identisch verteilt. Der zufällige Erfüllungsbetrag sei somit $Z_x = S v^{K_x+1}$. Für den gesamten Versicherungsschaden Z gilt dann

$$Z = \sum_{i=1}^{n} Z_x = S \sum_{i=1}^{n} v^{K_x+1} \ .$$

Folglich sind Erwartungswert und Varianz

$$E(Z) = n S E\left(Z_x\right)$$
$$Var(Z) = n S^2 Var\left(Z_x\right) \ .$$

Es stellt sich die Frage, wie hoch der Nettoeinmalbeitrag B pro Police gewählt werden sollte, damit die gesamte Prämieneinnahme des Versicherers zu einem vorgegebenen Niveau $\alpha \in [0; 1]$ größer als der zufällige Gesamtschaden Z ist. Mathematisch ausgedrückt, betrachten wir also

$$P(Z > nB) = \alpha \Leftrightarrow P(Z \le nB) = 1 - \alpha \ .$$

Durch Standardisierung erhalten wir zunächst

$$P(Z \le nB) = P\left(\frac{Z - E(Z)}{\sqrt{Var(Z)}} \le \frac{nB - E(Z)}{\sqrt{Var(Z)}}\right) \ .$$

Mit der Substitution $Y = \frac{Z - E(Z)}{\sqrt{Var(Z)}} \sim N(0,1)$ folgt daraus

$$P\left(Y \le \frac{nB - E(Z_x)}{\sqrt{Var(Z_x)}}\right) = 1 - \alpha$$

und somit

$$\frac{nB - E(Z)}{\sqrt{Var(Z)}} = z_{1-\alpha} \ ,$$

wobei $z_{1-\alpha}$ bekanntermaßen das $(1-\alpha)$-Quantil der Standardnormalverteilung ist. Durch äquivalentes Umformen erhalten wir den Nettoeinmalbeitrag

$$B = \frac{n S E\left(Z_x\right) + z_{1-\alpha} \sqrt{n S^2 Var\left(Z_x\right)}}{n} \ .$$

Setzen wir nun Erwartungswert und Varianz des Erfüllungsbetrags der Todesfallversicherung ein, so erhalten wir:

$$B = S \frac{M_x}{D_x} + S \frac{z_{1-\alpha}}{\sqrt{n}} \sqrt{\frac{\tilde{M}_x}{\tilde{D}_x} - \frac{M_x^2}{D_x^2}} \ .$$

Beispiel

Wir betrachten einen Bestand von 100 Sterbegeldversicherungen über je 10.000 €
für 50-jährige Männer anhand der Sterbetafel DAV2008TM mit $i = 0,0125$ und
$\tilde{i} = 0,0252$. Außerdem sei das Sicherheitsniveau $1 - \alpha = 0,9$. Dann ist

$$B = 10.000\frac{M_{50}}{D_{50}} + 10.000\frac{1,2816}{\sqrt{100}}\sqrt{\frac{\tilde{M}_{50}}{\tilde{D}_{50}} - \frac{M_{50}^2}{D_{50}^2}} = 7.283,57 \,.$$

Wird der Nettoeinmalbeitrag von 7.170,22 € auf 7.283,57 € angehoben, so reicht
die Bestandsprämie für 100 gleichartige Risiken mit 90 % Wahrscheinlichkeit aus,
um alle Versicherungsschäden tatsächlich zu bezahlen. Die in der Sterbetafel enthaltenen Sicherheitsmargen wurden dabei ignoriert.

4.7 Nettoprämien

Wie in den vorherigen Abschnitten bereits diskutiert, lassen sich Barwertfaktoren als
Nettoeinmalprämien interpretieren. Am häufigsten kommt in der Praxis jedoch die re-
gelmäßige Beitragszahlung vor. Der Versicherte möchte dabei Sicherheit bezüglich seiner
Verpflichtungen haben. Deshalb wird im Allgemeinen eine konstante Prämie vereinbart.

Im Folgenden wollen wir Nettobeiträge berechnen, die während der gesamten Vertragslaufzeit gleich hoch und im Allgemeinen jährlich vorschüssig zahlbar sind. Wenn nichts
anderes gesagt ist, gehen wir davon aus, dass die Beitragszahlungsdauer mit der Vertragsdauer übereinstimmt, jedoch spätestens mit dem Tod der versicherten Person endet.

Nach dem versicherungsmathematischen Äquivalenzprinzip muss der Barwert der Prämien gleich dem Versicherungsbarwert sein. Aus dieser Gleichung lässt sich der jährliche
Nettobeitrag ableiten. Exemplarisch betrachten wir im Folgenden jährliche Nettoprämien
für die klassischen Lebensversicherungsprodukte.

4.7.1 Erlebensfallversicherung

Zunächst betrachten wir eine Erlebensfallversicherung der Höhe S für eine x-jährige
Person. Die Vertragslaufzeit betrage n Jahre und stimme mit der Beitragszahlungsdau-
er überein. Dann wird der jährliche Nettobeitrag B^N aus den Barwerten der Leistung des
Versicherungsunternehmens

$$L = S_n E_x = S\frac{D_{x+n}}{D_x}$$

und der Gegenleistung des Versicherungsnehmers

$$GL = B^N \ddot{a}_{x,\overline{n}|} = B^N \frac{N_x - N_{x+n}}{D_x}$$

berechnet. Der Zahlungsstrom aus den Nettobeiträgen der Höhe B^N des Versicherten lässt sich dabei als vorschüssige temporäre Leibrente für den Versicherer interpretieren. Mit dem Äquivalenzprinzip folgt durch Gleichsetzen von Leistung und Gegenleistung, dass

$$B^N = S \frac{D_{x+n}}{N_x - N_{x+n}} \, .$$

Beispiel
Die folgende Tabelle zeigt die jährlichen Nettobeiträge der Erlebensfallversicherung für Männer über die Versicherungssumme 100.000 €. Dargestellt sind die Ergebnisse für verschiedene Kombinationen aus Eintrittsalter und Vertragslaufzeit anhand der Sterbetafel DAV2004RM

Alter \ Laufzeit	5	10	15	20	25	30
20	19.230,56	9.302,40	5.996,44	4.342,50	3.348,80	2.685,26
25	19.230,56	9.300,52	5.989,31	4.332,13	3.336,52	2.670,96
30	19.226,96	9.290,47	5.976,39	4.317,70	3.320,19	2.654,17
35	19.211,94	9.274,61	5.959,78	4.299,32	3.301,72	2.631,97
40	19.193,24	9.256,13	5.939,51	4.279,39	3.277,38	2.597,35
45	19.171,29	9.233,29	5.917,97	4.252,45	3.238,28	2.545,85
50	19.144,08	9.210,13	5.887,71	4.207,52	3.179,38	2.458,20
55	19.118,89	9.174,57	5.834,44	4.138,96	3.077,40	2.275,93
60	19.069,87	9.107,88	5.752,81	4.018,19	2.860,96	1.921,82

Analog erhalten wir anhand der Sterbetafel DAV2004RF:

Alter \ Laufzeit	5	10	15	20	25	30
20	19.253,28	9.321,26	6.013,07	4.359,16	3.366,61	2.705,09
25	19.250,60	9.317,37	6.006,54	4.350,89	3.357,71	2.696,24
30	19.245,41	9.309,13	5.996,77	4.340,82	3.347,99	2.686,28
35	19.234,19	9.297,57	5.985,54	4.330,35	3.337,33	2.673,28
40	19.220,54	9.285,40	5.974,62	4.319,16	3.323,29	2.655,02
45	19.206,95	9.274,14	5.962,85	4.303,79	3.302,96	2.625,43
50	19.195,07	9.261,35	5.945,46	4.280,65	3.269,08	2.575,76
55	19.179,03	9.240,41	5.918,26	4.241,04	3.211,45	2.467,28
60	19.151,91	9.207,63	5.871,08	4.173,22	3.083,19	2.209,25

4.7.2   Lebenslange Todesfallversicherung

Die lebenslange Todesfallversicherung kann analog behandelt werden. Zunächst stellen wir den Versicherungsbarwert und den Barwert der Gegenleistung auf. Dabei gehen wir von der Versicherungssumme der Höhe S sowie lebenslanger Beitragszahlungsdauer für einen x-jährigen Mann aus. Leistung und Gegenleistung sind dann:

$$L = SA_x = S\,\frac{M_x}{D_x}$$

$$GL = B^N \ddot{a}_x = B^N \frac{N_x}{D_x}\,.$$

Durch Gleichsetzen, $L = GL$, erhalten wir den jährlichen Nettobeitrag B^N:

$$B^N = S\,\frac{M_x}{N_x}\,.$$

Beispiel

Die folgende Tabelle zeigt jährliche Nettobeiträge der lebenslangen Todesfallversicherung über 10.000 € für Männer und Frauen bei verschiedenen Eintrittsaltern anhand der Sterbetafel DAV2008T.

Alter \ Geschlecht	Männer	Frauen
50	312,82	262,97
55	383,66	316,70
60	482,37	390,08
65	625,98	494,78
70	829,30	648,37
75	1.109,44	881,96
80	1.532,00	1.252,67
85	2.154,87	1.839,50
90	2.981,75	2.705,13

Unter Umständen wird der Erwerb einer lebenslangen Todesfallversicherung dadurch beeinflusst, wie viel Geld für die jährliche Beitragszahlung zur Verfügung steht. Ist der Nettobeitrag vorgegeben und die Versicherungssumme gesucht, so erhalten wir nach dem Äquivalenzprinzip:

$$S = B^N \frac{N_x}{M_x}\,.$$

Beispiel

Die folgende Tabelle zeigt die Versicherungssumme der Todesfallversicherung für verschiedene Eintrittsalter anhand der Sterbetafel DAV2008TM beziehungsweise DAV2008TF bei einem Nettojahresbeitrag von 1.200 €.

Alter \ Geschlecht	Männer	Frauen
50	38.360,63	45.632,76
55	31.277,75	37.890,37
60	24.877,05	30.763,28
65	19.170,09	24.253,17
70	14.470,01	18.508,05
75	10.816,27	13.606,12
80	7.832,91	9.579,51
85	5.568,78	6.523,50
90	4.024,48	4.436,01

4.7.3 Risikolebensversicherung

Im Vergleich zur lebenslangen Todesfallversicherung wird bei der Risikolebensversicherung nur dann die Versicherungsleistung fällig, wenn der Tod der versicherten Person innerhalb der Vertragslaufzeit eintritt. Um den jährlichen Nettobeitrag B^N der temporären Risikolebensversicherung der Höhe S mit n-jähriger Vertragsdauer für einen x-jährigen Mann zu berechnen, betrachten wir zunächst die Barwerte

$$L = S_n A_x = S \frac{M_x - M_{x+n}}{D_x}$$

$$GL = B^N \ddot{a}_{x,\overline{n}|} = B^N \frac{N_x - N_{x+n}}{D_x} \,.$$

Dabei gehen wir davon aus, dass die Beitragszahlungsdauer gleich der Versicherungsdauer ist. Nach dem Äquivalenzprinzip, bezogen auf Leistung und Gegenleistung, folgt

$$B^N = S \frac{M_x - M_{x+n}}{N_x - N_{x+n}} \,.$$

Beispiel

Die folgende Tabelle zeigt jährliche Nettobeiträge der Risikolebensversicherung über die Versicherungssumme in Höhe von 100.000 €. Die Grundlage der Berechnungen bildet zunächst die Sterbetafel DAV2008TM. Die Ergebnisse für verschiedene Kombinationen aus Eintrittsalter und Vertragslaufzeit lauten:

Alter \ Laufzeit	5	10	15	20	25	30
20	97,10	87,75	84,92	88,49	101,49	128,35
25	77,76	78,20	85,22	102,78	135,96	183,24
30	78,67	89,33	112,29	153,13	209,01	285,79
35	100,73	130,87	181,52	247,66	336,86	461,60
40	163,14	226,34	304,09	407,67	552,07	791,67
45	294,32	382,94	502,81	670,98	953,87	1.349,98
50	478,99	620,98	820,57	1.162,10	1.636,57	2.143,97
55	776,63	1.018,15	1.442,87	2.023,43	2.635,74	3.227,74
60	1.287,89	1.842,49	2.570,19	3.321,32	4.054,81	4.577,31

Analog erhalten wir anhand der Sterbetafel DAV2008TF:

Alter \ Laufzeit	5	10	15	20	25	30
20	30,93	30,06	31,80	38,66	50,85	70,16
25	29,13	32,28	41,59	56,68	79,63	110,43
30	35,64	48,44	67,11	94,44	130,14	174,86
35	62,09	84,44	116,76	157,98	208,84	277,26
40	108,32	146,98	194,56	252,39	330,33	454,64
45	188,40	242,47	307,79	396,97	541,49	766,97
50	300,68	374,64	478,14	649,37	916,07	1.301,02
55	454,79	578,59	787,54	1.109,73	1.571,17	2.173,79
60	714,02	979,37	1.377,79	1.941,76	2.678,04	3.400,05

4.7.4 Kapitallebensversicherung

Die gemischte Kapitallebensversicherung setzt sich aus einer Erlebensfallversicherung und einer Risikolebensversicherung zusammen. Die Versicherungsleistungsbarwerte für die gemischte Kapitallebensversicherung über die Versicherungssumme S für eine x-jährige Person mit n-jähriger Vertragslaufzeit sind somit

$$L_T = S\,_nA_x = S\,\frac{M_x - M_{x+n}}{D_x}$$

$$L_E = S\,_nE_x = S\,\frac{D_{x+n}}{D_x}$$

$$L = L_E + L_T = S\,\frac{D_{x+n} + M_x - M_{x+n}}{D_x}\,.$$

Mit der Gegenleistung des Versicherten

$$GL = B^N \ddot{a}_{x,\overline{n}|} = B^N \frac{N_x - N_{x+n}}{D_x}$$

folgt durch Gleichsetzen nach dem Äquivalenzprinzip für den jährlichen Nettobeitrag B^N:

$$B^N = S\,\frac{D_{x+n} + M_x - M_{x+n}}{N_x - N_{x+n}}\,.$$

Beispiel

Die folgende Tabelle zeigt jährliche Nettobeiträge der gemischten Kapitallebensversicherung über die Versicherungssumme 100.000 € für verschiedene Kombinationen aus Eintrittsalter und Vertragslaufzeit anhand der Sterbetafel DAV2008TM.

Alter \ Laufzeit	5	10	15	20	25	30
20	19.306,27	9.377,96	6.071,86	4.422,76	3.437,75	2.786,74
25	19.298,41	9.370,39	6.066,97	4.421,36	3.441,48	2.797,02
30	19.296,65	9.372,01	6.072,71	4.433,40	3.461,38	2.826,16
35	19.303,91	9.384,89	6.094,04	4.464,53	3.503,54	2.882,04
40	19.324,64	9.419,02	6.140,46	4.523,95	3.579,26	2.982,81
45	19.373,82	9.484,07	6.220,62	4.623,67	3.710,49	3.165,62
50	19.444,05	9.579,62	6.343,14	4.789,00	3.945,12	3.480,41
55	19.556,48	9.735,02	6.560,52	5.103,49	4.366,90	4.010,91
60	19.740,63	10.029,74	7.000,94	5.690,89	5.102,25	4.883,45

Analog erhalten wir anhand der Sterbetafel DAV2008TF:

Alter \ Laufzeit	5	10	15	20	25	30
20	19.278,40	9.348,07	6.042,52	4.394,00	3.409,29	2.757,49
25	19.277,25	9.347,70	6.043,91	4.397,92	3.416,33	2.768,37
30	19.278,81	9.352,10	6.051,70	4.409,56	3.432,55	2.789,68
35	19.287,96	9.365,69	6.069,83	4.433,03	3.461,82	2.825,74
40	19.305,02	9.389,73	6.100,68	4.470,68	3.507,37	2.883,38
45	19.334,81	9.429,53	6.148,43	4.527,66	3.579,27	2.980,06
50	19.378,62	9.485,42	6.216,29	4.615,29	3.699,48	3.148,46
55	19.437,75	9.564,96	6.324,93	4.769,04	3.917,52	3.454,13
60	19.530,30	9.709,04	6.534,78	5.067,01	4.333,96	4.011,82

Die Summe aus dem Nettobeitrag für die Erlebensfallversicherung und dem Beitrag für die Risikolebensversicherung aus unseren Beispielen ergibt nicht den Nettobeitrag für die gemischte Kapitallebensversicherung, denn für diese Beispiele haben wir unterschiedliche Sterbetafeln benutzt. Die Erlebensfallversicherung hat Erlebensfallcharakter. Die Verwendung der Sterbetafel DAV2004R führt zu höheren Nettobeiträgen. Die Risikolebensversicherung hat Todesfallcharakter. Verwendet man die Sterbetafel DAV2008T, so ergeben sich höhere Nettoprämien. Die Wahl der Sterbetafel ist immer dem **Vorsichtsprinzip** geschuldet.

4.7.5 Rentenversicherung

Zu guter Letzt betrachten wir die Altersrentenversicherung als klassisches Produkt der Lebensversicherung. Im Allgemeinen beginnt die Rente erst im fortgeschrittenen Alter. Die Beitragszahlungsdauer ist üblicherweise bis zum Renteneintritt begrenzt. Andernfalls würden gleichzeitig Beiträge erhoben und Renten ausgezahlt.

Der jährliche Nettobeitrag B^N der bis zum Renteneintrittsalter z aufgeschobenen lebenslangen vorschüssigen Leibrente eines x-Jährigen in Höhe von jährlich R mit Beitragszahlungsdauer bis zum Rentenbeginn lässt sich anhand der Barwerte

$$L = R_{z-x|}\ddot{a}_x$$
$$GL = B^N \ddot{a}_{x,\overline{z-x|}} \ .$$

berechnen. Mittels des Äquivalenzprinzips folgt sodann

$$B^N = R \frac{N_z}{N_x - N_z} \ .$$

Beispiel

Die folgende Tabelle zeigt jährliche Nettobeiträge, zahlbar bis zum Renteneintrittsalter 67, für die bis dann aufgeschobene lebenslange Rentenversicherung für verschiedene Eintrittsalter anhand der Sterbetafel DAV2004RM beziehungsweise DAV2004RF für die jährliche Rente 12.000 €.

Alter \ Geschlecht	Männer	Frauen
20	4.010,37	4.557,66
25	4.656,45	5.284,69
30	5.484,30	6.215,45
35	6.580,43	7.446,24
40	8.095,57	9.144,71
45	10.316,76	11.630,36
50	13.869,12	15.598,34
55	20.419,50	22.902,78
60	36.398,40	40.701,06

Oftmals orientiert sich der Erwerb einer Altersrentenversicherung daran, was man sich leisten kann. Falls also der Versicherungsbeitrag vorgegeben ist und die Versicherungssumme gesucht ist, so erhält man nach dem Äquivalenzprinzip

$$R = B^N \frac{N_x - N_{x+m}}{N_{x+m}} \, .$$

Beispiel
Die folgende Tabelle zeigt die jährliche Rente ab dem Alter 67 für verschiedene Eintrittsalter anhand der Sterbetafel DAV2004RM beziehungsweise DAV2004RF bei einem Nettojahresbeitrag von 1.200 €, zahlbar bis zum Alter 65.

Alter \ Geschlecht	Männer	Frauen
20	3.590,69	3.159,51
25	3.092,48	2.724,85
30	2.625,68	2.316,81
35	2.188,31	1.933,86
40	1.778,75	1.574,68
45	1.395,79	1.238,14
50	1.038,28	923,17
55	705,21	628,74
60	395,62	353,80

4.7.6 Formeln für typische Nettoprämien

Die Nettoprämien der klassischen fünf Lebensversicherungsprodukte sind hier noch einmal zusammengefasst.

Produkt	Nettobeitrag
Erlebensfallversicherung	$S \dfrac{D_{x+n}}{N_x - N_{x+n}}$
Lebenslange Todesfallversicherung	$S \dfrac{M_x}{N_x}$
Risikolebensversicherung	$S \dfrac{M_x - M_{x+n}}{N_x - N_{x+n}}$
Kapitallebensversicherung	$S \dfrac{D_{x+n} + M_x - M_{x+n}}{N_x - N_{x+n}}$
Rentenversicherung	$R \dfrac{N_z}{N_x - N_z}$

4.8 Gezillmerte Nettoprämien

In diesem Abschnitt widmen wir unser Augenmerk den unmittelbaren Abschlusskosten, die einmalig zum Vertragsbeginn fällig werden. Ein großer Teil der Kosten einer Lebensversicherung entsteht durch die Vermittlung der Police.

Seit jeher hatte der Versicherungsvertrieb das Anliegen, die beim Versicherungsabschluss fällige Provision sofort zur Auszahlung zu bringen. Es ist wichtig zu wissen, dass die Abschlussprovision den Jahresbeitrag übersteigen kann – insbesondere bei langfristigen Verträgen. Dadurch ergeben sich für das Unternehmen zwei Problemfelder: die Liquidität sowie die Rechnungslegung.

Die Provision muss zwar sofort ausbezahlt werden, doch erst nach und nach wird sie durch Prämieneinnahmen verdient. Aus Sicht des Unternehmens haben die zu Vertragsbeginn fälligen Abschlusskosten eine Wert schaffende Wirkung, die im Zuge der Vertragslaufzeit realisiert wird.

In Analogie zu Wirtschaftsgütern werden deshalb die Abschlusskosten über die Beitragszahlungsdauer unter Berücksichtigung von Zins und Sterblichkeit getilgt. Aus bilanzieller Sicht nimmt der Versicherer einen Kredit auf, um die einmalige Vermittlerprovision aufbringen zu können. Die Rückzahlung erfolgt im Vertragsverlauf durch die Beitragszahlungen des Versicherten.

Die Rückstellung für noch nicht getilgte Abschlusskosten kann als noch nicht fällige Forderung des Versicherungsunternehmens gegen den Versicherungsnehmer verstanden werden. Die Verbuchung erfolgt unter gewissen Voraussetzungen anstelle auf der Passivseite auf der Aktivseite der Bilanz; in diesem Zusammenhang spricht man von der Aktivierung der der Abschlusskosten.

Der Ursprung dieses Verfahren geht zurück auf das Jahr 1863 und wird nach seinem Urheber August Zillmer **Zillmerung** genannt. Die versicherungsmathematische Problematik ist eng mit dem finanzmathematischen Konzept der **Tilgung** verbunden.

Die **unmittelbaren Abschlusskosten**, die einmalig bei Vertragsabschluss fällig werden, wie in erster Linie Provisionen für den Versicherungsvermittler, Vertreter oder Makler, unter Umständen auch Kosten für direkte Werbung, Arztkosten und so weiter, werden durch den Parameter α^Z erfasst. Bis 1994 wurden die unmittelbaren Abschlusskosten, die so genannten α^Z-Kosten, auf die Versicherungssumme bezogen und in der Höhe auf maximal 35 Promille begrenzt. Im Juli 1994 wurde die von der Europäischen Union beschlossene **Dritte Lebensversicherungsrichtlinie** in deutsches Recht umgesetzt, die eine Deregulierung der Versicherungswirtschaft bewirkte. Seitdem beziehen sich die Abschlusskosten üblicherweise auf die Beitragssumme, das heißt die nominelle Summe aller fälligen Versicherungsbeiträge. In Paragraph 65 des Versicherungsaufsichtsgesetzes (**VAG**) werden für die Zillmerung Höchstbeträge vorgesehen, die in Paragraph 4, Absatz 1 der Deckungsrückstellungsverordnung (**DeckRV**) genauer festgelegt werden:

Im Wege der Zillmerung werden die Forderungen auf Ersatz der geleisteten, einmaligen Abschlusskosten einzelvertraglich bis zur Höhe des Zillmersatzes ab Versicherungsbeginn aus den höchstmöglichen Prämienteilen gedeckt, die nach den verwendeten Berechnungsgrundsätzen in dem Zeitraum, für den die Prämie gezahlt wird, weder für Leistungen im Versicherungsfall noch zur Deckung von Kosten für den Versicherungsbetrieb bestimmt sind. Der Zillmersatz darf 25 vom Tausend der Summe aller Prämien nicht überschreiten.

Mit Wirkung vom 1.1.2015 wurde der Höchstzillmersatz von 40 auf 25 Promille gesenkt. Die Deckungsrückstellung werden wir erst im nächsten Kapitel ausführlich behandeln. In diesem Zusammenhang ist jedoch wichtig, dass die Begrenzung des Zillmersatzes von den meisten Versicherern aus Konsistenzgründen auch hinsichtlich der Beitragsrechnung befolgt wird. Dabei ist zu erwähnen, dass die Versicherungsunternehmen im Prinzip frei sind, für die Beitragsberechnung höhere Abschlusskosten einzurechnen. Denn für die Prämienkalkulation ist lediglich Paragraph 11, Absatz 1 Versicherungsaufsichtsgesetz (**VAG**) maßgeblich. Insofern besteht grundsätzlich die Möglichkeit, für die Reservierung und für die Prämienkalkulation unterschiedliche Rechnungsgrundlagen anzusetzen.

Im Klartext bedeutet die gesetzliche Anweisung für uns Versicherungsmathematiker Folgendes: Die einmalige Kostenleistung besteht aus den α^Z-Kosten. Diese Leistung wird nach dem versicherungsmathematischen Äquivalenzprinzip gleich dem Barwert der so genannten **Amortisationsprämien** gesetzt, die der Versicherungsnehmer im Vertragsverlauf zur Finanzierung der Provision zu zahlen hat. Der Zahlungsstrom der Amortisationsbeiträge dient somit der Tilgung der unmittelbaren Abschlusskosten, die bei Vertragsbeginn fällig werden. Die folgende Grafik verdeutlicht den Zusammenhang exemplarisch für eine Kapitallebensversicherung mit Laufzeit von zwanzig Jahren. Auf die Einzelheiten der Berechnung werden wir in den nachfolgenden Abschnitten detailliert eingehen.

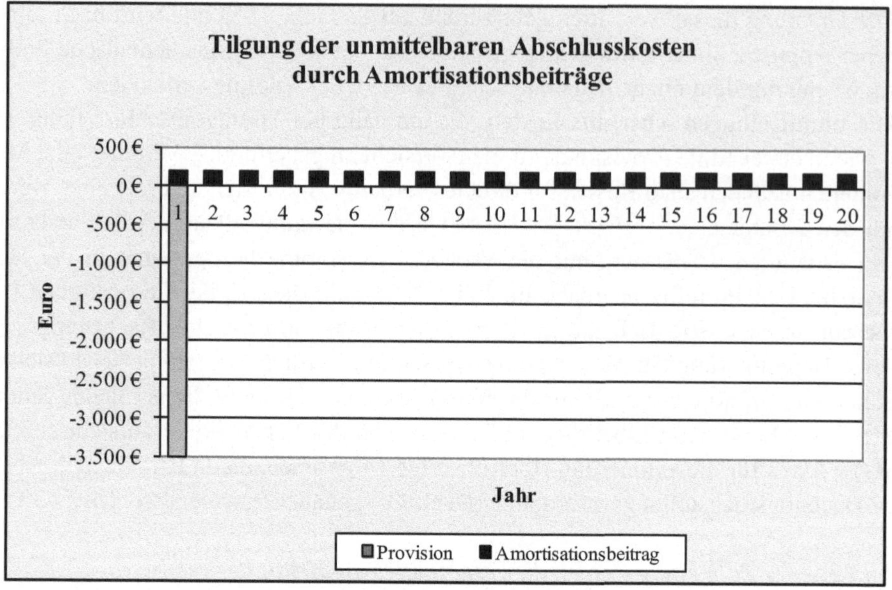

Die Summe aus Nettobeitrag und **Amortisationsbeitrag** wird **gezillmerter Nettobeitrag**, gelegentlich auch **Zillmerprämie**, genannt. Die Addition der Beiträge ist durch das Superpositionsprinzip gerechtfertigt. Anhand der klassischen Produkte der Lebensversicherungsmathematik wollen wir dieses Konzept verdeutlichen.

Aus didaktischen Gründen gehen wir an dieser Stelle zunächst davon aus, dass sich, so wie es früher üblich war, die Abschlusskosten auf die Versicherungssumme und nicht auf die Summe der Beiträge beziehen. Der Grund für unsere Vorgehensweise liegt darin begründet, dass wir die vom Versicherungsnehmer inklusive aller Zuschläge zu zahlenden Beiträge erst im nächsten Abschnitt berechnen werden. Es sei bemerkt, dass der zu zahlende Beitrag den Nettobeitrag deutlich übertrifft.

4.8.1 Todes- und Erlebensfallversicherung

Der jährliche Amortisationsbeitrag B^A einer allgemeinen Lebensversicherung der Höhe S mit n-jähriger Vertrags- und Beitragszahlungsdauer für eine x-jährige Person lässt sich wie folgt berechnen. Zunächst ist der Kostenbarwert der unmittelbaren Abschlusskosten

$$L_K = S\alpha^Z \; .$$

Im Gegenzug betrachten wir den Barwert der Amortisationszahlungen

$$GL = B^A \ddot{a}_{x,\overline{n}|} \; .$$

Das versicherungsmathematische Äquivalenzprinzip verlangt, dass $L_K = GL$ ist. Daraus folgt

$$B^A \frac{N_x - N_{x+n}}{D_x} = S\alpha^Z \ .$$

Folglich erhalten wir

$$B^A = S \frac{\alpha^Z D_x}{N_x - N_{x+n}} \ .$$

Die Amortisationsprämie gibt den Aufschlag auf die Nettoprämie zur Amortisation der unmittelbaren Abschlusskosten an. Die Summe aus Nettobeitrag und Amortisationsbeitrag ergibt die gezillmerte Nettoprämie B^Z:

$$B^Z = B^N + B^A \ .$$

Für die reine Erlebensfallversicherung haben wir somit

$$B^Z = S \frac{D_{x+n} + \alpha^Z D_x}{N_x - N_{x+n}} \ .$$

Diese Formel können wir leicht nachvollziehen, wenn wir den vollständigen Versicherungsbarwert betrachten

$$L = L_E + L_K = S{}_n E_x + S\alpha^Z$$

und das Äquivalenzprinzip mit $L = GL = B^Z \ddot{a}_{x,\overline{n}|}$ anwenden.

Wenn sich die Abschlusskosten, wie heutzutage üblich, nicht auf die Versicherungssumme sondern die Beitragssumme beziehen, so muss man zunächst den Bruttobeitrag berechnen, um den Barwert der unmittelbaren Abschlusskosten korrekt berücksichtigen zu können. Anschließend kann man dann die gezillmerte Nettoprämie nach dem Äquivalenzprinzip ermitteln. Wir betrachten also

$$L = S{}_n E_x + n B^B \alpha^Z$$
$$GL = B^Z \ddot{a}_{x,\overline{n}|} \ .$$

Gleichsetzen liefert dann

$$B^Z = \frac{S{}_n E_x + n B^B \alpha^Z}{\ddot{a}_{x,\overline{n}|}} = \frac{S D_{x+n} + n B^B \alpha^Z D_x}{N_x - N_{x+n}} \ .$$

Auch für diesen Fall lässt sich die Amortisationsprämie durch

$$B^A = B^Z - B^N = \frac{n B^B \alpha^Z D_x}{N_x - N_{x+n}}$$

berechnen. Wir beschränken uns allerdings weiterhin auf den Fall, dass die Abschluss-provision auf die Versicherungssumme bezogen ist, denn Bruttoprämien werden wir erst im nächsten Abschnitt berechnen. Für die temporäre Risikolebensversicherung gilt analog zur Erlebensfallversicherung

$$B^Z = S \frac{M_x - M_{x+n} + \alpha^Z D_x}{N_x - N_{x+n}}.$$

Weiterhin lautet der gezillmerte Nettobeitrag für die gemischte Kapitallebensversicherung

$$B^Z = S \frac{D_{x+n} + M_x - M_{x+n} + \alpha^Z D_x}{N_x - N_{x+n}}.$$

Diesen Lebensversicherungen ist gemeinsam, dass die Nettoprämie formal um den gleichen Amortisationsbeitrag erhöht wird. In der Praxis muss man allerdings auf die Wahl der zu verwendenden Sterbetafel achten. Nach dem Vorsichtsprinzip ist diejenige Tafel zu verwenden, die im Einzelfall zu einem höheren Beitrag führt. Dadurch kann es passieren, dass die Amortisationsprämie trotz gleicher mathematischer Struktur und Parameter unterschiedliche Werte annimmt. Die Höhe des Amortisationsbeitrags unterscheidet sich also je nach Charakter der Versicherung, wie die beiden folgenden Beispiele illustrieren. Zunächst betrachten wir Versicherungen mit Erlebensfallcharakter.

Beispiel

Die folgende Tabelle zeigt jährliche Amortisationsprämien für Versicherungen mit Erlebensfallcharakter für verschiedene Kombinationen aus Eintrittsalter und Vertragslaufzeit. Die Versicherungssumme beträgt 100.000 € und die unmittelbaren Abschlusskosten sind 3,5 % der Versicherungssumme. Anhand der Sterbetafel DAV2004RM berechnen wir folgende Zillmerprämien:

Alter \ Laufzeit	5	10	15	20	25	30
20	718,35	370,86	255,20	197,52	163,05	140,21
25	718,35	370,87	255,25	197,64	163,24	140,47
30	718,37	370,98	255,46	197,93	163,60	140,89
35	718,65	371,38	255,93	198,45	164,18	141,52
40	719,11	371,91	256,53	199,11	164,89	142,33
45	719,59	372,53	257,22	199,86	165,77	143,39
50	720,23	373,27	258,03	200,83	166,98	144,92
55	720,87	374,06	259,09	202,23	168,78	147,41
60	721,73	375,44	260,92	204,57	172,01	152,22

Analog erhalten wir anhand der Sterbetafel DAV2004RF:

Alter \ Laufzeit	5	10	15	20	25	30
20	717,78	370,23	254,55	196,86	162,38	139,51
25	717,83	370,30	254,66	197,01	162,57	139,74
30	717,93	370,46	254,88	197,27	162,87	140,05
35	718,16	370,76	255,22	197,64	163,25	140,46
40	718,48	371,14	255,62	198,05	163,69	140,94
45	718,81	371,51	256,01	198,48	164,17	141,53
50	719,13	371,87	256,43	198,99	164,81	142,35
55	719,44	372,32	257,02	199,75	165,80	143,72
60	720,02	373,09	258,00	201,03	167,57	146,49

Die Amortisationsbeiträge anhand der Sterbetafel für Frauen fallen etwas geringer aus, da weibliche Versicherte eine höhere Überlebenswahrscheinlichkeit haben.

Gleichermaßen können wir diese Rechnungen für Versicherungen mit Todesfallcharakter ausführen.

Beispiel

Die folgende Tabelle zeigt jährliche Amortisationsprämien für Versicherungen mit Todesfallcharakter für verschiedene Kombinationen aus Eintrittsalter und Vertragslaufzeit anhand der Sterbetafel DAV2008TM. Die Versicherungssumme ist 100.000 € und die unmittelbaren Abschlusskosten betragen 3,5 % der Versicherungssumme.

Alter \ Laufzeit	5	10	15	20	25	30
20	718,93	371,44	255,72	198,01	163,53	140,75
25	718,65	371,17	255,55	197,96	163,66	141,11
30	718,59	371,23	255,75	198,38	164,36	142,13
35	718,85	371,68	256,50	199,47	165,83	144,08
40	719,57	372,88	258,13	201,55	168,48	147,61
45	721,29	375,15	260,93	205,04	173,08	154,01
50	723,75	378,50	265,22	210,82	181,29	165,02
55	727,69	383,94	272,83	221,83	196,05	183,59
60	734,13	394,25	288,24	242,39	221,79	214,13

Analog erhalten wir anhand der Sterbetafel DAV2008TF:

Alter \ Laufzeit	5	10	15	20	25	30
20	717,95	370,39	254,70	197,00	162,54	139,72
25	717,91	370,38	254,75	197,14	162,78	140,10
30	717,97	370,53	255,02	197,54	163,35	140,85
35	718,29	371,01	255,65	198,37	164,37	142,11
40	718,89	371,85	256,73	199,68	165,97	144,13
45	719,93	373,24	258,40	201,68	168,48	147,51
50	721,46	375,20	260,78	204,75	172,69	153,41
55	723,53	377,98	264,58	210,13	180,32	164,10
60	726,77	383,03	271,93	220,56	194,90	183,62

Wir erkennen daran, dass die Amortisationsprämien für Versicherungen mit Todesfallcharakter etwas höher sind als die für Versicherungen mit Erlebensfallcharakter; denn die Sterbewahrscheinlichkeiten der DAV2008T sind höher als die der DAV2004R. Dieser Effekt macht sich insbesondere bei höherem Eintrittsalter und längerer Versicherungsdauer bemerkbar.

In Analogie zu den oben betrachteten Versicherungen können wir die jährliche gezillmerte Nettoprämie B^Z der lebenslangen Todesfallversicherung der Höhe S mit lebenslanger Beitragszahlungsdauer für einen x-jährigen Mann berechnen:

$$L_T = SA_x$$
$$L_K = S\alpha^Z$$
$$GL = B^Z \ddot{a}_x \ .$$

Nach dem versicherungsmathematischen Äquivalenzprinzip folgt sodann

$$B^Z \frac{N_x}{D_x} = S \frac{M_x}{D_x} + S\alpha^Z \ .$$

Folglich ist

$$B^Z = S \frac{M_x + \alpha^Z D_x}{N_x} \ .$$

Die Amortisationsprämie ist demnach hier:

$$B^A = B^Z - B^N = S \frac{\alpha^Z D_x}{N_x} \ .$$

Beispiel

Die folgende Tabelle zeigt jährliche Amortisationsbeiträge für die lebenslange Todesfallversicherung über 10.000 € für verschiedene Eintrittsalter anhand der Sterbetafel DAV2008T. Die α^Z-Kosten betragen 3,5 % der Versicherungssumme.

Alter \ Geschlecht	Männer	Frauen
50	15,27	13,52
55	17,75	15,41
60	21,20	17,97
65	26,23	21,64
70	33,35	27,01
75	43,15	35,19
80	57,94	48,16
85	79,74	68,70
90	108,68	99,00

Die Amortisationszuschläge auf die Nettoprämien sind für jüngere Versicherte niedriger, da die Versicherungsdauer länger ist.

4.8.2   Rentenversicherung

Abschließend wenden wir das Kalkül der Zillmerung auf die Altersrentenversicherung an. Der jährliche gezillmerte Nettobeitrag B^Z der um m Jahre aufgeschobenen lebenslangen vorschüssigen Leibrente eines x-Jährigen in Höhe von jährlich R mit Beitragszahlungsdauer von m Jahren bis zum Rentenbeginn im Alter $x + m$ lässt sich anhand der Leistungsbarwerte

$$L_E = R_{m|}\ddot{a}_x$$
$$L_K = R\alpha^Z$$
$$GL = B^Z \ddot{a}_{x,\overline{m|}} \, .$$

und mittels des Äquivalenzprinzips berechnen:

$$B^Z \frac{N_x - N_{x+m}}{D_x} = R \frac{N_{x+m}}{D_x} + R\alpha^Z \, .$$

Damit folgt für den gezillmerten Nettobeitrag

$$B^Z = R \frac{N_{x+m} + \alpha^Z D_x}{N_x - N_{x+m}} \, .$$

Durch Bildung der Differenz von gezillmerter Nettoprämie und Nettoprämie

$$B^A = B^Z - B^N = R\,\frac{\alpha^Z D_x}{N_x - N_{x+m}}$$

erhalten wir den Amortisationsbeitrag B^A zur Tilgung der unmittelbaren Abschlusskosten.

> **Beispiel**
>
> Die folgende Tabelle zeigt jährliche Amortisationsbeiträge, zahlbar bis zum Renteneintrittsalter 67, für die bis dahin aufgeschobene lebenslange Rentenversicherung für verschiedene Eintrittsalter anhand der Sterbetafel DAV2004RM beziehungsweise DAV2004RF. Die jährliche Rente beträgt 12.000 € und die α^Z-Kosten sind 35 % der Jahresrente.
>
> | Alter \ Geschlecht | Männer | Frauen |
> |---|---|---|
> | 20 | 119,60 | 118,50 |
> | 25 | 130,12 | 128,99 |
> | 30 | 143,59 | 142,40 |
> | 35 | 161,40 | 160,06 |
> | 40 | 185,79 | 184,26 |
> | 45 | 221,17 | 219,42 |
> | 50 | 277,25 | 275,22 |
> | 55 | 379,75 | 377,53 |
> | 60 | 628,37 | 625,99 |

Falls der Versicherungsbeitrag vorgegeben ist und die Versicherungssumme gesucht ist, so erhält man nach dem Äquivalenzprinzip

$$R = B^Z\,\frac{N_x - N_{x+m}}{N_{x+m} + \alpha^Z D_x}\,.$$

> **Beispiel**
>
> Wir betrachten hier die Reduktion in der jährlichen Rentenhöhe, die sich aus der Differenz der Nettomethode und des Zillmerverfahrens ergibt. Der rentenbeginn sei im Alter 67. Wir betrachten verschiedene Eintrittsalter anhand der Sterbetafel DAV2004R. Der gezillmerte Nettojahresbeitrag in Höhe von 1.200 € sei zahlbar bis zum Alter 67. Als unmittelbare Abschlusskosten setzen wir 35 % der Jahresrente an.

Alter \ Geschlecht	Männer	Frauen
20	103,99	80,06
25	84,07	64,93
30	66,99	51,89
35	52,39	40,69
40	39,91	31,10
45	29,30	22,93
50	20,35	16,01
55	12,88	10,20
60	6,71	5,36

Die Verringerung der Rente nimmt mit zunehmendem Eintrittsalter ab. Ein Grund liegt darin, dass die absolute Rentenhöhe bei spätem Versicherungsbeginn absolut niedrig ist. Aber auch die relative Reduktion der Rentenhöhe ist für junge Versicherte höher.

4.9 Bruttoprämien

In diesem Abschnitt betrachten wir nun sämtliche Kostenzuschläge als dritte Rechnungsgrundlage neben Zinssatz und Sterblichkeit. Die Kosten lassen sich nahtlos in das vorgestellte Kalkül einbetten, indem sie als gesonderte Versicherungsleistungen interpretiert werden.

In den Anfängen der Lebensversicherung war es üblich, die Kosten proportional auf den Beitrag zu beziehen. Damit war der Übergang von der Nettoprämie zur **Bruttoprämie** trivial.

Selbst nach Einführung der Zillmerung blieb die Berechnung des Bruttobeitrags recht übersichtlich: Es sei dazu B^Z die gezillmerte Nettoprämie, wie sie im vorherigen Abschnitt berechnet worden ist, und β der Anteil der sonstigen Kosten bezogen auf den Bruttobeitrag B^B. Dann galt

$$B^B = \frac{B^Z}{1 - \beta} \, .$$

Der Bruttobeitrag konnte in diesem Fall, basierend auf der gezillmerten Nettoprämie, einfach hochgerechnet werden. Heutzutage ist die Kostenstruktur deutscher Lebensversicherer etwas komplexer. In der Praxis unterscheidet man im Allgemeinen fünf verschiedene Kostentypen, die durch die folgenden Parameter erfasst werden.

Beispiel

α^Z **unmittelbare Abschlusskosten** werden einmalig fällig bei Vertragsabschluss, zum Beispiel Provision, Kosten für direkte Werbung, Arztkosten, und so weiter. Dieser Kostensatz bezieht sich üblicherweise auf die Beitragssumme.

α^γ **Amortisationskosten** stehen mittelbar im Zusammenhang mit dem **Vertragsabschluss** und werden während der Beitragszahlungsdauer vorschüssig fällig, zum Beispiel Vertretergehälter und Bürokosten. Der Kostensatz wird üblicherweise in Promille der Versicherungssumme bemessen.

β **Inkassokosten**, die üblicherweise die **Transaktionskosten** im Geldverkehr sind, werden zumeist in Prozent der laufenden Jahresbeiträge bemessen und sind während der Beitragszahlungsdauer vorschüssig fällig.

γ_1 **Verwaltungskosten** des Versicherungsunternehmens, die laufend während der Versicherungsdauer fällig werden und in Promille der Versicherungssumme angegeben werden, zum Beispiel alle Kosten die direkt und indirekt mit der **Bestandsverwaltung** oder **Rentenverwaltung** zu tun haben.

γ_2 **Verwaltungskosten** des Versicherungsunternehmens, die während der Beitragszahlungsdauer oder der Rentenbezugsphase fällig werden und in Promille der Versicherungssumme angegeben werden, zum Beispiel alle Kosten, die mit der **Leistungsabwicklung** zu tun haben.

Es sei angemerkt, dass die obige Klassifizierung der Verwaltungskosten heutzutage in der Praxis nicht mehr so strikt eingehalten wird, wie es früher der Fall war. Die Kosten werden beispielsweise nicht selten in Bezug zur beitragsfreien und zur beitragspflichtigen Zeit aufgeteilt. Einmalige Abschlusskosten werden häufig auf fünf Jahre verteilt. Darüber hinaus existieren in der Lebensversicherungspraxis weitere Arten von Kostensätzen und Bezugsgrößen, die wir jedoch nicht weiter untersuchen wollen, da sie nicht als Standard anzusehen sind.

Im Folgenden erläutern wir die Berechnung von Bruttobeiträgen, häufig synonym **Ausreichende Beiträge** genannt, für die klassischen Produkte der Lebensversicherung. Die Schwierigkeit besteht dabei darin, den Kostenbarwert als zusätzliche Versicherungsleistung korrekt zu erfassen.

4.9.1 Erlebensfallversicherung

Durch den ständig steigenden Wettbewerbsdruck verändern sich auch die Kosten für Versicherungsprodukte. Typische Kostensätze in 2014 für Erlebensfallversicherungen sind in der folgenden Tabelle angegeben.

Kostenart	Höhe	Bezugsgröße	Fälligkeit
α^Z	40 ‰	Beitragssumme	einmalig bei Vertragsbeginn
α^γ	0,2 ‰	Versicherungssumme	vorschüssig für jedes Jahr der Beitragszahlungsdauer
β	4,5 %	Jährlicher Beitrag	vorschüssig für jedes Jahr der Beitragszahlungsdauer
γ_1	0,5 ‰	Versicherungssumme	vorschüssig für jedes Jahr der Beitragszahlungsdauer
γ_2	1,0 ‰	Versicherungssumme	vorschüssig für jedes Jahr der Versicherungsdauer

Die jährliche Bruttoprämie B^B der Erlebensfallversicherung der Höhe S mit n-jähriger Vertrags- und h-jähriger Beitragszahlungsdauer für eine x-jährige Person lässt sich auf der Grundlage der versicherungsmathematischen Barwerte für Leistung und Gegenleistung berechnen, die wie folgt aufgestellt werden:

$$L_E = S_n E_x$$
$$L_K = \alpha^Z h B^B + \alpha^\gamma S \ddot{a}_{x,\overline{h}|} + \beta B^B \ddot{a}_{x,\overline{h}|} + \gamma_1 S \ddot{a}_{x,\overline{h}|} + \gamma_2 S \ddot{a}_{x,\overline{n}|}$$
$$GL = B^B \ddot{a}_{x,\overline{h}|} \ .$$

Der Kostenbarwert bedarf der Erläuterung: Der jährliche Bruttobeitrag B^B wird über h Jahre gezahlt, also ist die Beitragssumme $h B^B$. Da die unmittelbaren Abschlusskosten einmalig zu Beginn des Vertrages fällig werden, ist der Barwert dieser Leistung $\alpha^Z h B^B$. Die Amortisationskosten, die Inkassokosten sowie die Kosten für die Bestandsverwaltung fallen parallel zur Beitragszahlung an. Unter Berücksichtigung der Bezugsgrößen sind die zugehörigen Leistungsbarwerte folglich: $\alpha^\gamma S \ddot{a}_{x,\overline{h}|}$, $\beta B^B \ddot{a}_{x,\overline{h}|}$ und $\gamma_1 S \ddot{a}_{x,\overline{h}|}$. Die Kosten für die Leistungsabwicklung beziehen sich auf die Versicherungssumme und sind während der gesamten Vertragsdauer fällig. Der Barwert dieser Kosten ist damit $\gamma_2 S \ddot{a}_{x,\overline{n}|}$.

Die einzelnen Versicherungsbarwerte addieren sich zur Gesamtleistung und sind nach dem versicherungsmathematischen Äquivalenzprinzip gleich der Gegenleistung. Demnach gilt, indem wir die Terme sortieren,

$$B^B \ddot{a}_{x,\overline{h}|} - \alpha^Z h B^B - \beta B^B \ddot{a}_{x,\overline{h}|} = S_n E_x + \alpha^\gamma S \ddot{a}_{x,\overline{h}|} + \gamma_1 S \ddot{a}_{x,\overline{h}|} + \gamma_2 S \ddot{a}_{x,\overline{n}|}$$

und daraus folgt

$$B^B = S \frac{_n E_x + (\alpha^\gamma + \gamma_1) \ddot{a}_{x,\overline{h}|} + \gamma_2 \ddot{a}_{x,\overline{n}|}}{\ddot{a}_{x,\overline{h}|}(1 - \beta) - \alpha^Z h} \ .$$

Somit ist der Bruttobeitrag, vollständig in Kommutationswerten ausgedrückt, gegeben durch

$$B^B = S \frac{D_{x+n} + (\alpha^\gamma + \gamma_1 + \gamma_2) N_x - (\alpha^\gamma + \gamma_1) N_{x+h} - \gamma_2 N_{x+n}}{(1 - \beta)(N_x - N_{x+h}) - \alpha^Z h D_x} \ .$$

Beispiel

Die folgende Tabelle zeigt jährliche Bruttobeiträge der Erlebensfallversicherung über 100.000 € anhand verschiedener Kombinationen aus Eintrittsalter und Vertragslaufzeit. Wir verwenden dazu die Sterbetafel DAV2004RM und typische Kostensätze.

Alter \ Laufzeit	5	10	15	20	25	30
20	21.227,12	10.379,39	6.767,00	4.959,59	3.873,57	3.148,29
25	21.227,12	10.377,34	6.759,24	4.948,34	3.860,28	3.132,81
30	21.223,20	10.366,48	6.745,33	4.932,84	3.842,73	3.114,80
35	21.207,15	10.349,62	6.727,69	4.913,29	3.823,10	3.091,05
40	21.187,29	10.330,06	6.706,20	4.892,18	3.797,14	3.053,79
45	21.163,92	10.305,82	6.683,43	4.863,48	3.755,11	2.998,16
50	21.134,98	10.281,40	6.651,22	4.815,25	3.691,63	2.903,08
55	21.108,26	10.243,42	6.594,05	4.741,50	3.581,26	2.704,30
60	21.055,76	10.172,07	6.506,64	4.611,32	3.345,96	2.317,01

Analog berechnen wir anhand der Sterbetafel DAV2004RF:

Alter \ Laufzeit	5	10	15	20	25	30
20	21.251,23	10.399,23	6.784,43	4.977,08	3.892,35	3.169,31
25	21.248,35	10.395,06	6.777,40	4.968,19	3.882,79	3.159,82
30	21.242,81	10.386,24	6.766,96	4.957,44	3.872,45	3.149,22
35	21.230,84	10.373,97	6.755,06	4.946,39	3.861,18	3.135,37
40	21.216,33	10.361,13	6.743,59	4.934,60	3.846,25	3.115,80
45	21.201,89	10.349,28	6.731,16	4.918,23	3.824,46	3.083,84
50	21.189,32	10.335,71	6.712,61	4.893,42	3.787,90	3.029,99
55	21.172,19	10.313,36	6.683,49	4.850,79	3.725,59	2.911,79
60	21.143,27	10.278,42	6.632,93	4.777,76	3.586,27	2.629,67

Die Bruttobeiträge für Frauen würden durchweg etwas höher als für Männer sein, wenn nicht Unisex-Prämien vorgeschrieben wären. Der Grund liegt darin, dass im Mittel mehr Frauen die Erlebensfallleistung tatsächlich erhalten. Im Gegenzug sind deshalb die Versicherungsbeiträge höher.

4.9.2 Lebenslange Todesfallversicherung

Die typischen Kostensätze für die lebenslange Todesfallversicherung entsprechen denjenigen der Erlebensfallversicherung. Der Grund für diese Festsetzung ist, dass bei beiden Versicherungen die vereinbarte Versicherungssumme angespart werden muss. Denn für die lebenslange Todesfallversicherung wird die Leistung kalkulatorisch spätestens im Schlussalter $\omega + 1$ fällig. Zur Berechnung der jährlichen Bruttoprämie B^B für die Versicherungssumme S mit lebenslanger Beitragszahlungsdauer für eine x-jährige Person stellen wir zunächst die Barwerte der Versicherungsleistungen sowie der Gegenleistung auf:

$$L_T = SA_x$$
$$L_K = \alpha^Z(\omega - x + 1)B^B + \alpha^\gamma S\ddot{a}_x + \beta B^B\ddot{a}_x + \gamma_1 S\ddot{a}_x + \gamma_2 S\ddot{a}_x$$
$$GL = B^B\ddot{a}_x \ .$$

Mit dem versicherungsmathematischen Äquivalenzprinzip, $L_T + L_K = L = GL$, folgt

$$B^B\ddot{a}_x - \alpha^Z(\omega - x + 1)B^B - \beta B^B\ddot{a}_x = SA_x + \alpha^\gamma S\ddot{a}_x + \gamma_1 S\ddot{a}_x + \gamma_2 S\ddot{a}_x$$

und daraus ergibt sich

$$B^B = S\frac{A_x + (\alpha^\gamma + \gamma_1 + \gamma_2)\ddot{a}_x}{(1 - \beta)\ddot{a}_x - \alpha^Z(\omega - x + 1)} \ ,$$

oder auch vereinfacht dargestellt

$$B^B = S\frac{M_x + (\alpha^\gamma + \gamma_1 + \gamma_2)N_x}{(1 - \beta)N_x - \alpha^Z(\omega - x + 1)D_x} \ .$$

Beispiel
Die folgende Tabelle zeigt jährliche Bruttobeiträge der Todesfallversicherung in Höhe von 10.000 € für verschiedene Eintrittsalter anhand der Sterbetafel DAV2008TM beziehungsweise DAV2008TF bei typischen Kostensätzen.

Alter \ Geschlecht	Männer	Frauen
50	397,68	331,83
55	489,15	398,67
60	620,53	491,85
65	819,99	628,69
70	1.118,22	837,51
75	1.557,54	1.173,60
80	2.288,43	1.754,15
85	3.515,45	2.793,91
90	5.378,60	4.590,90

Wäre die geschlechtsspezifische Tarifierung rechtlich erlaubt, so wären die Beiträge für Frauen geringer als die Prämien für Männer.

Ist umgekehrt die Versicherungssumme gesucht und der Versicherungsbeitrag bekannt, so erhalten wir nach dem Äquivalenzprinzip

$$S = B^B \frac{(1 - \beta)N_x - \alpha^Z(\omega - x + 1)D_x}{M_x + (\alpha^\gamma + \gamma_1 + \gamma_2)N_x} \, .$$

Beispiel
Die folgende Tabelle zeigt die Versicherungssummen der Todesfallversicherung für verschiedene Eintrittsalter anhand der Sterbetafel DAV2008TM beziehungsweise DAV2008TF. Der Bruttojahresbeitrag beträgt 1.200 €. Außerdem rechnen wir mit typischen Kostensätzen.

Alter \ Geschlecht	Männer	Frauen
50	30.174,65	36.162,98
55	24.532,35	30.099,94
60	19.338,38	24.397,75
65	14.634,40	19.087,28
70	10.731,31	14.328,24
75	7.704,44	10.224,96
80	5.243,78	6.840,91
85	3.413,51	4.295,05
90	2.231,06	2.613,87

Frauen bekommen aufgrund der Unisex-Tarifierung eine geringere Versicherungssumme, Männer erhalten eine höhere Versicherungssumme.

4.9.3 Risikolebensversicherung

Typische Kostensätze für die temporäre n-jährige Todesfallversicherung in 2014 waren

Kostenart	Höhe	Bezugsgröße	Fälligkeit
α^Z	40 ‰	Beitragssumme	einmalig bei Vertragsbeginn
α^γ	0,1 ‰	Versicherungssumme	vorschüssig für jedes Jahr der Beitragszahlungsdauer
β	5 %	Jährlicher Beitrag	vorschüssig für jedes Jahr der Beitragszahlungsdauer
γ_1	0,25 ‰	Versicherungssumme	vorschüssig für jedes Jahr der Beitragszahlungsdauer
γ_2	0,5 ‰	Versicherungssumme	vorschüssig für jedes Jahr der Versicherungsdauer

Der jährliche Bruttobeitrag B^B der Risikolebensversicherung der Höhe S mit n-jähriger Vertragsdauer und h-jähriger Beitragszahlungsdauer für eine x-jährige Person lässt sich ebenfalls anhand der Barwerte der Versicherungsleistung und Gegenleistung berechnen:

$$L_T = S_n A_x$$
$$L_K = \alpha^Z h B^B + \alpha^\gamma S \ddot{a}_{x,\overline{h}|} + \beta B^B \ddot{a}_{x,\overline{h}|} + \gamma_1 S \ddot{a}_{x,\overline{h}|} + \gamma_2 S \ddot{a}_{x,\overline{n}|}$$
$$GL = B^B \ddot{a}_{x,\overline{h}|} \ .$$

Mit dem Äquivalenzprinzip bezogen auf Leistung und Gegenleistung, $L_T + L_K = L = GL$, gilt

$$B^B \ddot{a}_{x,\overline{h}|} - \alpha^Z h B^B - \beta B^B \ddot{a}_{x,\overline{h}|} = S_n A_x + \alpha^\gamma S \ddot{a}_{x,\overline{h}|} + \gamma_1 S \ddot{a}_{x,\overline{h}|} + \gamma_2 S \ddot{a}_{x,\overline{n}|} \ .$$

Folglich ist

$$B^B = S \frac{_n A_x + (\alpha^\gamma + \gamma_1)\ddot{a}_{x,\overline{h}|} + \gamma_2 \ddot{a}_{x,\overline{n}|}}{(1 - \beta)\ddot{a}_{x,\overline{h}|} - \alpha^Z h}$$
$$= S \frac{M_x - M_{x+n} + (\alpha^\gamma + \gamma_1 + \gamma_2)N_x - (\alpha^\gamma + \gamma_1)N_{x+h} - \gamma_2 N_{x+n}}{(1 - \beta)(N_x - N_{x+h}) - \alpha^Z h D_x} \ .$$

Beispiel

Die folgende Tabelle zeigt jährliche Bruttobeiträge der Risikolebensversicherung für Männer. Die Versicherungssumme beträgt 100.000 €. Es gelten die typischen

Kostensätze. Anhand der Sterbetafel DAV2008TM ergibt sich für verschiedene Kombinationen aus Eintrittsalter und Vertragslaufzeit:

Alter \ Laufzeit	5	10	15	20	25	30
20	200,34	190,35	187,52	191,76	206,46	236,60
25	179,07	179,82	187,84	207,55	244,63	297,51
30	180,07	192,09	217,72	263,22	325,58	411,41
35	204,34	237,87	294,16	367,82	467,37	606,93
40	273,01	343,12	429,58	545,03	706,39	974,73
45	417,39	515,85	649,32	837,06	1.153,60	1.599,40
50	620,70	778,59	1.001,15	1.382,88	1.916,68	2.494,88
55	948,50	1.217,44	1.691,57	2.344,53	3.043,38	3.734,54
60	1.511,91	2.129,96	2.948,28	3.807,66	4.669,14	5.318,73

Analog erhalten wir anhand der Sterbetafel DAV2008TF:

Alter \ Laufzeit	5	10	15	20	25	30
20	127,54	126,76	128,87	136,65	150,35	171,99
25	125,56	129,21	139,67	156,56	182,22	216,67
30	132,72	147,02	167,84	198,31	238,17	288,19
35	161,83	186,69	222,65	268,58	325,39	401,94
40	212,69	255,62	308,57	373,07	460,16	599,22
45	300,81	360,91	433,69	533,21	694,66	947,24
50	424,39	506,71	622,05	813,08	1.111,49	1.544,48
55	594,05	731,79	964,51	1.324,58	1.843,30	2.527,35
60	879,52	1.174,51	1.619,23	2.252,99	3.089,57	3.928,84

4.9.4 Kapitallebensversicherung

Typische Kostensätze für die gemischte Kapitallebensversicherung entsprechen denjenigen der Erlebensfallversicherung, denn auch für diese Versicherung wird es mit Sicherheit eine Auszahlung geben. Für die gemischte Kapitallebensversicherung der Höhe S für eine x-jährige Person bei n-jähriger Vertragslaufzeit und h-jähriger Beitragszahlungsdauer sind die drei Leistungsbarwerte

$$L_T = S\,_nA_x$$
$$L_E = S\,_nE_x$$
$$L_K = \alpha^Z h B^B + \alpha^\gamma S \ddot{a}_{x,\overline{h}|} + \beta B^B \ddot{a}_{x,\overline{h}|} + \gamma_1 S \ddot{a}_{x,\overline{h}|} + \gamma_2 S \ddot{a}_{x,\overline{n}|} .$$

Mit der Gegenleistung des Versicherten

$$GL = B^B \ddot{a}_{x,\overline{h}|}$$

folgt durch Gleichsetzen nach dem Äquivalenzprinzip

$$B^B \ddot{a}_{x,\overline{h}|} - \alpha^Z h B^B - \beta B^B \ddot{a}_{x,\overline{h}|} = S_n A_x + S_n E_x + \alpha^\gamma S \ddot{a}_{x,\overline{h}|} + \gamma_1 S \ddot{a}_{x,\overline{h}|} + \gamma_2 S \ddot{a}_{x,\overline{n}|}\,.$$

Die jährliche Bruttoprämie B^B ist somit

$$B^B = S \frac{{}_n A_x + {}_n E_x + (\alpha^\gamma + \gamma_1)\ddot{a}_{x,\overline{h}|} + \gamma_2 \ddot{a}_{x,\overline{n}|}}{(1 - \beta)\ddot{a}_{x,\overline{h}|} - \alpha^Z h}$$

und ausgedrückt in Kommutationswerten

$$B^B = S \frac{M_x - M_{x+n} + D_{x+n} + (\alpha^\gamma + \gamma_1 + \gamma_2)N_x - (\alpha^\gamma + \gamma_1)N_{x+h} - \gamma_2 N_{x+n}}{(1 - \beta)(N_x - N_{x+h}) - \alpha^Z h D_x}\,.$$

Beispiel

Die folgende Tabelle zeigt jährliche Bruttobeiträge der gemischten Kapitallebensversicherung über die Versicherungssumme 100.000 € für Männer. Dargestellt sind verschiedene Kombinationen aus Eintrittsalter und Vertragslaufzeit. Wir setzen typische Kostensätze an und rechnen mit der Sterbetafel DAV2008TM.

Alter \ Laufzeit	5	10	15	20	25	30
20	21.310,74	10.462,94	6.850,44	5.048,42	3.972,08	3.260,83
25	21.301,76	10.454,31	6.844,86	5.046,83	3.976,35	3.272,61
30	21.299,75	10.456,15	6.851,41	5.060,59	3.999,14	3.306,03
35	21.308,04	10.470,85	6.875,79	5.096,21	4.047,45	3.370,19
40	21.331,70	10.509,84	6.928,86	5.164,25	4.134,32	3.486,11
45	21.387,81	10.584,15	7.020,58	5.278,59	4.285,23	3.697,22
50	21.467,96	10.693,39	7.160,96	5.468,61	4.556,14	4.063,14
55	21.596,34	10.871,23	7.410,59	5.831,60	5.046,69	4.686,84
60	21.806,73	11.209,21	7.918,55	6.515,02	5.913,03	5.732,24

Analog finden wir anhand der Sterbetafel DAV2008TF:

Alter \ Laufzeit	5	10	15	20	25	30
20	21.278,94	10.428,83	6.816,93	5.015,55	3.939,52	3.227,33
25	21.277,63	10.428,40	6.818,51	5.020,02	3.947,57	3.239,78
30	21.279,40	10.433,43	6.827,41	5.033,33	3.966,13	3.264,20
35	21.289,84	10.448,94	6.848,12	5.060,17	3.999,64	3.305,54
40	21.309,31	10.476,38	6.883,37	5.103,25	4.051,84	3.371,73
45	21.343,30	10.521,84	6.937,97	5.168,50	4.134,33	3.482,95
50	21.393,28	10.585,69	7.015,63	5.268,98	4.272,55	3.677,36
55	21.460,77	10.676,62	7.140,08	5.445,65	4.524,20	4.032,47
60	21.566,44	10.841,49	7.381,00	5.789,39	5.008,22	4.687,91

Geschlechtsabhängige Effekte sind insbesondere bei höherem Eintrittsalter und längerer Vertragslaufzeit erkennbar. Die exemplarisch berechneten Bruttobeiträge der Erlebensfallversicherung und der Risikolebensversicherung aus den vorherigen Beispielen addieren sich nicht zu den Bruttoprämien der Kapitallebensversicherung, da wir mit unterschiedlichen Parameterwerten und verschiedenen Sterbetafeln gerechnet haben.

4.9.5 Rentenversicherung

Typische Kostensätze für die lebenslange Rentenversicherung in 2014 waren:

Kostenart	Höhe	Bezugsgröße	Fälligkeit
α^Z	4,0 %	Beitragssumme	einmalig bei Vertragsbeginn
α^γ	0,2 %	Jahresrente	vorschüssig für jedes Jahr der Beitragszahlungsdauer
β	4,5 %	Jährlicher Beitrag	vorschüssig für jedes Jahr der Beitragszahlungsdauer
γ_1	0,5 %	Jahresrente	vorschüssig für jedes Jahr bis zum Renteneintritt
γ_2	1,5 %	Jahresrente	vorschüssig für jedes Jahr während des Rentenbezugs

Man beachte, dass die Kostensätze im Vergleich zu den anderen klassischen Produkten höhere Werte annehmen, da Jahresrenten im Allgemeinen viel kleiner als Versicherungssummen sind.

Altersrentenversicherungen werden für gewöhnlich auf das Renteneintrittsalter z aufgeschoben. Die Aufschubzeit für einen ursprünglich x-Jährigen beträgt dann $z - x$ Jahre. Die Beitragszahlungsdauer endet gelegentlich schon vor Erreichen des Alters z.

Der Bruttobeitrag B^B für die Altersrentenversicherung der um $z - x$ Jahre aufgeschobenen lebenslangen jährlich vorschüssig zahlbaren Leibrente R einer ursprünglich x-jährigen Person mit Beitragszahlungsdauer von h Jahren, mit $h \leq z - x$, kann anhand der Barwerte

$$L_E = R_{z-x|}\ddot{a}_x$$
$$L_K = \alpha^Z h B^B + \alpha^\gamma R\ddot{a}_{x,\overline{h}|} + \beta B^B \ddot{a}_{x,\overline{h}|} + \gamma_1 R\ddot{a}_{x,\overline{z-x}|} + \gamma_2 R_{z-x|}\ddot{a}_x$$
$$GL = B^B \ddot{a}_{x,\overline{h}|} \, .$$

und mittels des Äquivalenzprinzips, $L_E + L_K = L = GL$, berechnet werden:

$$B^B \ddot{a}_{x,\overline{h}|} - \alpha^Z h B^B - \beta B^B \ddot{a}_{x,\overline{h}|} = R_{z-x|}\ddot{a}_x + \alpha^\gamma R\ddot{a}_{x,\overline{h}|} + \gamma_1 R\ddot{a}_{x,\overline{z-x}|} + \gamma_2 R_{z-x|}\ddot{a}_x \, .$$

Folglich ist

$$B^B = R\frac{_{z-x|}\ddot{a}_x + \alpha^\gamma \ddot{a}_{x,\overline{h}|} + \gamma_1 \ddot{a}_{x,\overline{z-x}|} + \gamma_2 {_{z-x|}}\ddot{a}_x}{(1 - \beta)\ddot{a}_{x,\overline{h}|} - \alpha^Z h}$$
$$= R\frac{(\alpha^\gamma + \gamma_1)N_x - \alpha^\gamma N_{x+h} + (1 + \gamma_2 - \gamma_1)N_z}{(1 - \beta)(N_x - N_{x+h}) - \alpha^Z h D_x} \, .$$

Beispiel

Die folgende Tabelle zeigt jährliche Bruttobeiträge für Männer und Frauen für die bis zum Renteneintrittsalter 67 aufgeschobene lebenslange Rentenversicherung. Die Beiträge sind jährlich vorschüssig bis zum Alter 67 zahlbar. Anhand der Sterbetafel DAV2004RM beziehungsweise DAV2004RF berechnen wir mit typischen Kostensätzen für verschiedene Eintrittsalter die äquivalente Bruttoprämie in Bezug auf die Jahresrente in Höhe von 12.000 €.

Alter \ Geschlecht	Männer	Frauen
20	4.608,65	5.222,00
25	5.327,30	6.030,49
30	6.247,86	7.065,14
35	7.466,39	8.432,77
40	9.149,87	10.319,19
45	11.616,58	13.078,64
50	15.559,80	17.482,01
55	22.827,78	25.585,59
60	40.551,99	45.326,88

Wir erkennen daran, dass Männer eigentlich weniger Beitrag als Frauen für die gleiche Rentenhöhe zahlen müssten, wenn getrennt nach Geschlechtern tarifiert werden dürfte.

Falls der Versicherungsbeitrag vorgegeben und die Jahresrente gesucht ist, so erhält man durch Umstellen

$$R = B^B \frac{(1-\beta)(N_x - N_{x+h}) - \alpha^Z h D_x}{(1 + \gamma_2 - \gamma_1)N_z + (\gamma_1 + \alpha^\gamma)N_x - \alpha^\gamma N_{x+h}} \, .$$

Beispiel

Die folgende Tabelle zeigt die jährliche Rente für Männer und Frauen ab dem Alter 67 für verschiedene Eintrittsalter. Wir verwenden typische Kostensätzen, die Sterbetafel DAV2004RM beziehungsweise DAV2004RF und gehen von einem Bruttojahresbeitrag von 1.200 €, zahlbar bis zum Alter 67, aus.

Alter / Geschlecht	Männer	Frauen
20	3.124,56	2.757,56
25	2.703,06	2.387,87
30	2.304,79	2.038,18
35	1.928,64	1.707,62
40	1.573,79	1.395,46
45	1.239,61	1.101,03
50	925,46	823,70
55	630,81	562,82
60	355,10	317,69

Einem männlichen Versicherten würde eigentlich eine höhere Rente als einer weiblichen Versicherten zustehen, denn Frauen leben tendenziell länger als Männer. Wir erkennen außerdem, wie wichtig es ist, vorzeitig für den Ruhestand vorzusorgen: beginnt man in jungen Jahren, so bekommt man für den gleichen Beitrag eine viel höhere Rente, als wenn man erst spät anfängt, Altersvorsorge zu betreiben.

4.9.6   Formeln für typische Bruttoprämien

An dieser Stelle fassen wir die Bruttobeiträge der fünf wichtigsten Lebensversicherungsprodukte mit typischen Kostensätzen aus dem Jahr 2014 zusammen:

Produkt	Typischer Bruttobeitrag
Erlebensfallversicherung	$S\dfrac{D_{x+n} + 0{,}0017N_x - 0{,}0007N_{x+h} - 0{,}001N_{x+n}}{0{,}955(N_x - N_{x+h}) - 0{,}04hD_x}$
Todesfallversicherung	$S\dfrac{M_x + 0{,}0017N_x}{0{,}955N_x - 0{,}04(\omega - x + 1)D_x}$
Risikolebensversicherung	$S\dfrac{M_x - M_{x+n} + 0{,}00085N_x - 0{,}00035N_{x+h} - 0{,}0005N_{x+n}}{0{,}95(N_x - N_{x+h}) - 0{,}04hD_x}$
Kapitallebensversicherung	$S\dfrac{M_x - M_{x+n} + D_{x+n} + 0{,}0017N_x - 0{,}0007N_{x+h} - 0{,}001N_{x+n}}{0{,}955(N_x - N_{x+h}) - 0{,}04hD_x}$
Rentenversicherung	$R\dfrac{0{,}007N_x - 0{,}002N_{x+h} + 1{,}01N_z}{0{,}955(N_x - N_{x+h}) - 0{,}04hD_x}$

4.10 Kostenprämien

In diesem Abschnitt wollen wir unser Augenmerk ausschließlich auf die sonstigen Kosten richten. In diesem Zusammenhang ist es möglich, denjenigen Beitrag zu berechnen, der nach dem versicherungsmathematischen Äquivalenzprinzip benötigt wird, um die Vertragskosten einer klassischen Lebensversicherung zu decken.

Mit Hilfe der im vorherigen Abschnitt eingeführten Kostensätze können die so genannten **Kostenbarwerte** berechnet werden. Jene lassen sich in Analogie zu Nettoeinmalbeiträgen als **einmalige Kostenprämien** interpretieren.

Den unmittelbaren Abschlusskosten kommt eine gesonderte Rolle zu. Sie können bei der Berechnung des Kostenbarwerts vernachlässigt werden, da sie schon in der Form des Amortisationsbeitrags als Teil des gezillmerten Nettobeitrags ihre Berücksichtigung finden. Dadurch wird in der Beitragsberechnung eine Trennung der Vertragskosten in Abschlusskosten und sonstige Kosten darstellbar.

4.10.1 Todes- und Erlebensfallversicherung

Wie wir gesehen haben, sind sich die reine Erlebensfallversicherung, die lebenslange Todesfallversicherung, die gemischte Kapitallebensversicherung einerseits und die temporäre Risikolebensversicherung andererseits in Bezug auf die vorgesehene Kostenstruktur sehr ähnlich. Lediglich die typischen Werte für die Kostenparameter sind unterschiedlich. Aus diesem Grund, behandeln wir diese Versicherungen im Folgenden gemeinsam.

Wir betrachten zunächst die temporäre Lebensversicherung. Der Barwert der sonstigen Kosten L_K für eine derartige Versicherung mit Versicherungssumme S, jährlichem Bruttobeitrag B^B, Beitragszahlungsdauer h Jahre, Versicherungsdauer n Jahre, Eintrittsalter x ist

$$L_K = \alpha^\gamma S\ddot{a}_{x,\overline{h}|} + \beta B^B \ddot{a}_{x,\overline{h}|} + \gamma_1 S\ddot{a}_{x,\overline{h}|} + \gamma_2 S\ddot{a}_{x,\overline{n}|}\,.$$

Diesen Barwert der sonstigen Kosten hatten wir bereits zur Berechnung der Bruttoprämie kennengelernt. Als Gegenleistung setzen wir den Barwert der jährlichen Kostenbeiträge B^K an:

$$GL = B^K \ddot{a}_{x,\overline{h}|} \, .$$

Gleichsetzen nach dem Äquivalenzprinzip liefert dann

$$B^K \ddot{a}_{x,\overline{h}|} = \alpha^\gamma S \ddot{a}_{x,\overline{h}|} + \beta B^B \ddot{a}_{x,\overline{h}|} + \gamma_1 S \ddot{a}_{x,\overline{h}|} + \gamma_2 S \ddot{a}_{x,\overline{n}|}$$

und folglich ist

$$B^K = \frac{S(\alpha^\gamma + \gamma_1)\ddot{a}_{x,\overline{h}|} + \beta B^B \ddot{a}_{x,\overline{h}|} + S\gamma_2 \ddot{a}_{x,\overline{n}|}}{\ddot{a}_{x,\overline{h}|}} \, .$$

Ausgedrückt in Kommutationswerten ist der Kostenbeitrag somit

$$B^K = \frac{\left((\alpha^\gamma + \gamma_1 + \gamma_2)S + \beta B^B\right) N_x - \left((\alpha^\gamma + \gamma_1)S + \beta B^B\right) N_{x+h} - \gamma_2 S N_{x+n}}{N_x - N_{x+h}} \, .$$

Für die lebenslange Todesfallversicherung mit ebenso langer Beitragszahlungsdauer entfallen die Abzugsglieder im Zähler und Nenner, denn sowohl Kosten als auch Beiträge sind lebenslang fällig. Folglich taucht in diesem Fall der Kommutationswert N_x sowohl im Zähler und Nenner auf und kann deshalb gekürzt werden. Die Formel für den Kostenbeitrag der lebenslangen Todesfallversicherung lautet somit

$$B^K = S(\alpha^\gamma + \gamma_1 + \gamma_2) + \beta B^B \, .$$

Dieselbe Formel ergibt sich auch für die temporären Lebensversicherungen, falls die Beitragszahlungsdauer gleich der Vertragslaufzeit ist. Wir erkennen insbesondere, dass es notwendig ist, die Bruttoprämie B^B der betrachteten Versicherung zu kennen, beziehungsweise zunächst zu ermitteln, um die Kostenprämie korrekt berechnen zu können.

Durch die Zerlegung der Kosten in unmittelbare Abschlusskosten und sonstige Kosten ergibt sich der folgende Zusammenhang zwischen Bruttoprämie, gezillmerter Nettoprämie, Amortisationsprämie und Kostenprämie:

$$B^B = B^N + B^A + B^K = B^Z + B^K \, .$$

Dabei muss darauf geachtet werden, dass die α^Z-Kosten genau einmal berücksichtigt werden, nämlich nur bei der Berechnung der gezillmerten Nettoprämie. Es bleibt zu erwähnen, dass wir zur Berechnung der gezillmerten Nettoprämien angenommen hatten, dass sich die Abschlusskosten auf die Versicherungssumme beziehen. Für die Beispielrechnungen zur Bruttoprämien hingegen hatten wir festgelegt, dass sich die α^Z-Kosten auf die Beitragssumme beziehen. Deshalb addieren sich die exemplarisch berechnete gezillmerte Prämie und die Kostenprämie aus unseren Beispielen nicht zum Bruttobeitrag. Der Vollständigkeit halber sei erwähnt, dass der Amortisationsbeitrag B^A bei bekannter Bruttoprämie B^B gegeben ist durch

$$B^A = \frac{h B^B \alpha^Z D_x}{N_x - N_{x+h}} \, .$$

Beispiel

Die folgende Grafik zeigt die Zusammensetzung des Bruttobeitrags der Erlebensfallversicherung. Es wird der prozentuale Anteil der Nettoprämie, der Amortisationsprämie und der Kostenprämie an der Bruttoprämie gezeigt. Wir betrachten
dazu exemplarisch einen vierzigjährigen Mann und verschiedene Vertragslaufzeiten.
Ferner gehen wir von der Versicherungssumme 100.000 € sowie typischen Kostensätzen aus. Anhand der Sterbetafel DAV2008TRM ergibt sich dann folgendes Bild.

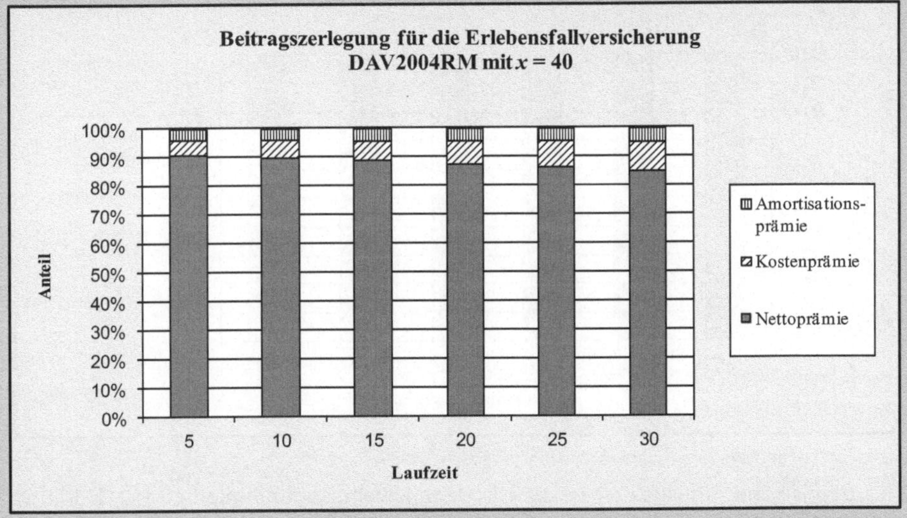

Wir erkennen daran, dass der relative Kostenanteil mit zunehmender Vertragsdauer
steigt.

Beispiel

Die Zusammensetzung des Bruttobeitrags der lebenslangen Todesfallversicherung lässt sich analog darstellen. Die Versicherungssumme ist hier 10.000 €. Weiterhin verwenden wir typische Kostensätze. Anhand der Sterbetafel DAV2008TM ergibt sich folgendes Bild für verschiedene Eintrittsalter.

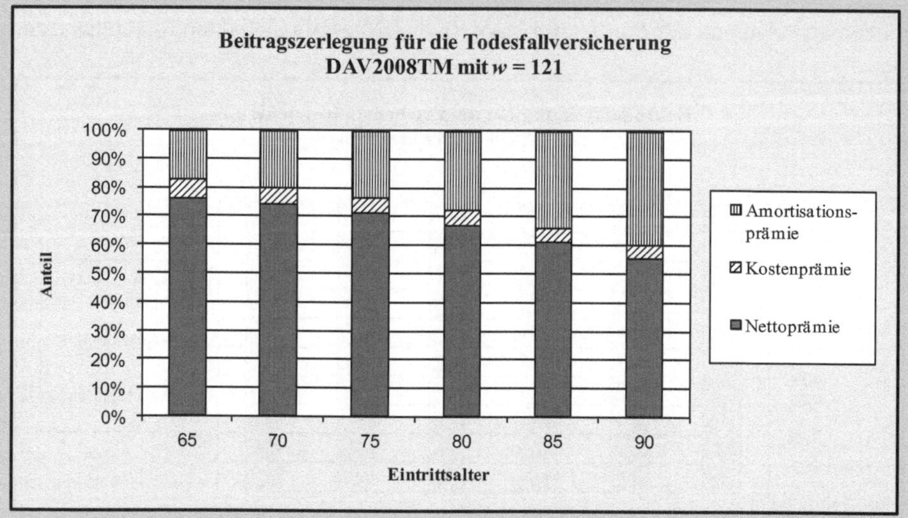

Gerade für hohe Eintrittsalter ist die Überlebenswahrscheinlichkeit gering. Dadurch steigt der Anteil der Amortisationsprämie an der Bruttoprämie mit zunehmendem Eintrittsalter stark an.

Beispiel

Wir betrachten nun die Zusammensetzung der Bruttobeiträge der temporären Risikolebensversicherung über die Versicherungssumme 100.000 € für einen vierzigjährigen Mann bei verschiedenen Vertragslaufzeiten. Bei Verwendung typischer Kostensätze ergibt sich anhand der Sterbetafel DAV 2008TM folgendes Bild:

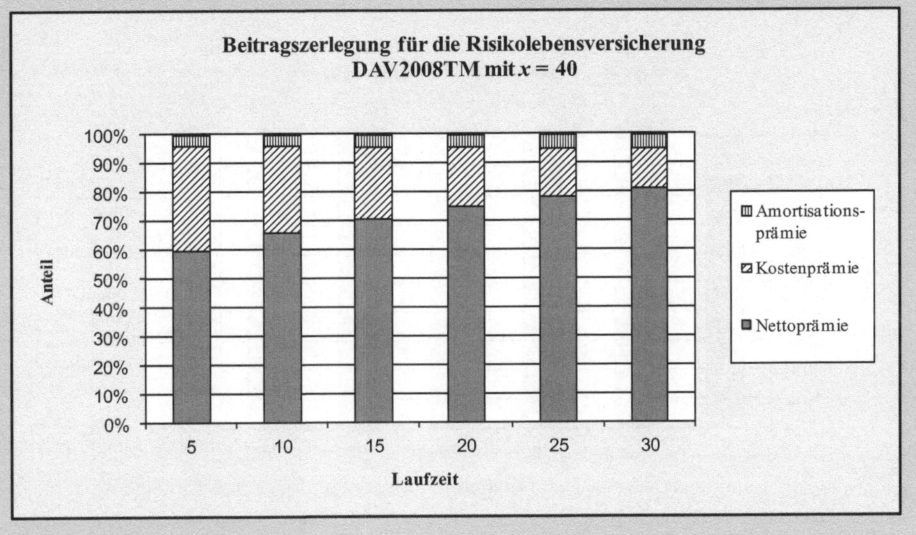

Beispiel

Schließlich lässt sich auch die gemischte Kapitallebensversicherung über 100.000 €
analog anhand der Sterbetafel DAV2008TM für unsere exemplarischen Kostensätze
analysieren. Wir betrachten wiederum einen vierzigjährigen Mann und verschiedene
Vertragslaufzeiten.

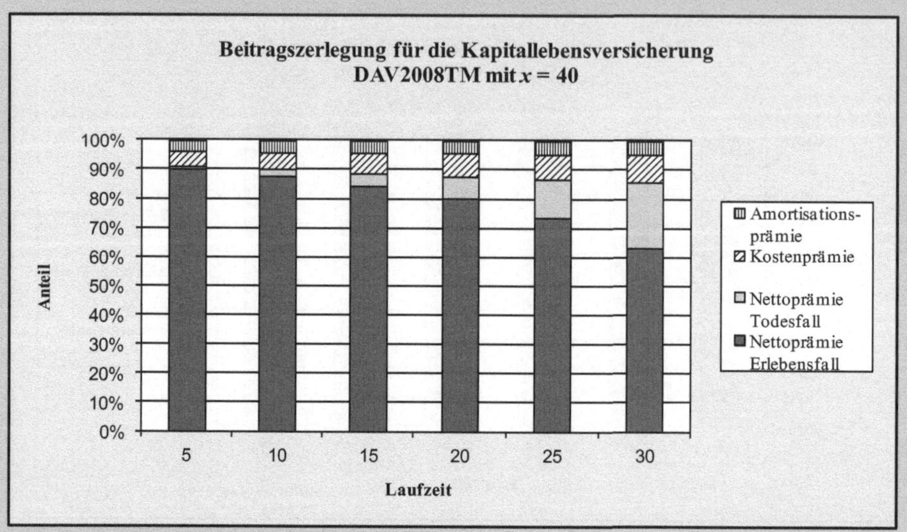

Der Anteil der Nettoprämie für den Todesfall steigt mit zunehmender Vertragslaufzeit ebenso wie die der Anteil der sonstigen Kosten.

4.10.2   Rentenversicherung

Die Kostensätze der Rentenversicherung unterscheiden sich strukturell von denen der anderen klassischen Lebensversicherungsprodukte. Als typische Bezugsgröße der laufenden
Kosten haben wir hier die Rente. Der Kostenbarwert der sonstigen Kosten für die um m
Jahre aufgeschobenen lebenslangen Leibrentenversicherung ist mit versicherter Jahresrente R, jährlichem Bruttobeitrag B^B, Beitragszahlungsdauer h Jahre, Eintrittsalter x ist:

$$L_K = \alpha^\gamma R\ddot{a}_{x,\overline{h}|} + \beta B^B \ddot{a}_{x,\overline{h}|} + \gamma_1 R\ddot{a}_{x,\overline{m}|} + \gamma_2 R_{m|}\ddot{a}_x \, .$$

Als Gegenleistung haben wir $GL = B^K \ddot{a}_{x,\overline{h}|}$ und somit ist nach dem Äquivalenzprinzip

$$B^K = \frac{\alpha^\gamma R\ddot{a}_{x,\overline{h}|} + \beta B^B \ddot{a}_{x,\overline{h}|} + \gamma_1 R\ddot{a}_{x,\overline{m}|} + \gamma_2 R_{m|}\ddot{a}_x}{\ddot{a}_{x,\overline{h}|}} \, .$$

In Kommutationswerten gilt

$$B^K = \frac{\left(\beta B^B + R(\alpha^\gamma + \gamma_1)\right) N_x - (\beta B^B + R\alpha^\gamma)N_{x+h} + R(\gamma_2 - \gamma_1)N_{x+m}}{N_x - N_{x+h}} .$$

Beispiel

Für die lebenslange Altersrentenversicherung mit Beitragszahlungsdauer bis zum Renteneintrittsalter von 67 Jahren haben wir die Zusammensetzung der Beiträge für verschiedene Eintrittsalter anhand der Basissterbetafel DAV2004RM für die Jahresrente in Höhe von 12.000 € bei typischen Kostensätzen in der folgenden Grafik dargestellt.

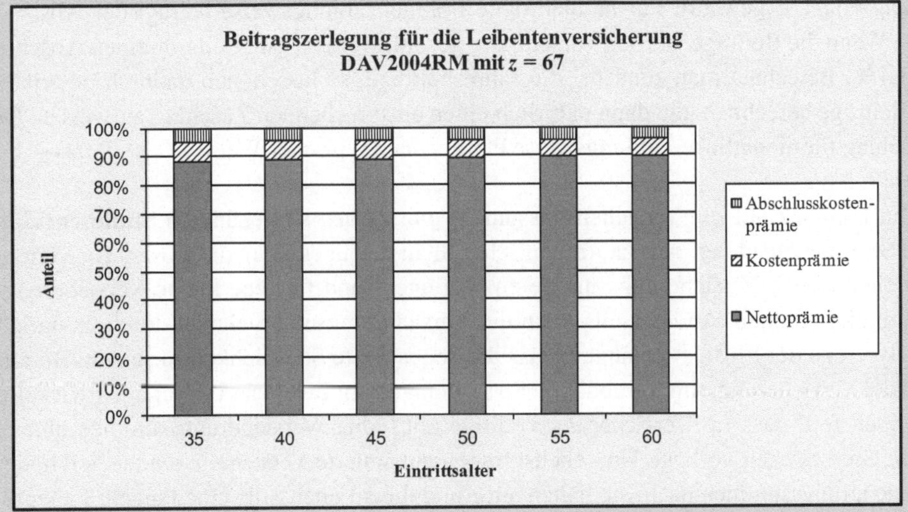

Der relative Verwaltungskostenanteil bezüglicher der Altersrentenversicherung ist deutlich geringer als für die übrigen klassischen Lebensversicherungsprodukte.

4.11 Tarifprämien

In der Praxis gibt es weitere Kostenparameter, die berücksichtigt werden. Zunächst gibt es den **Stückkostenzuschlag**, der als absoluter Geldbetrag zur Bruttoprämie addiert wird. Dadurch werden insbesondere diejenigen Kosten abgedeckt, die unabhängig vom Beitrag und der Versicherungssumme für jeden Vertrag gleichermaßen anfallen. Typische Werte in 2014 waren:

- 18 € Stückkostenzuschlag für die Erlebensfallversicherung, lebenslange Todesfallversicherung, Kapitallebensversicherung und Altersrentenversicherung,
- 12 € Stückkostenzuschlag für die Risikolebensversicherung.

Des Weiteren sind **Ratenzuschläge** und **Ratenabschläge** zu erwähnen. Üblicherweise wird für den Übergang von monatlichen Beiträgen zu vierteljährlichen Prämien ein Abschlag von 1 % gewährt. Für halbjährliche Prämienzahlungsweise beträgt der Abschlag 2 %. Wenn die Beiträge jährlich vorschüssig gezahlt werden, gibt es dafür einen Abschlag von 4 %. Berechnet man zunächst die Jahresbeiträge, so lassen sich dadurch unterjährige Beiträge berechnen, die dann natürlich einen entsprechenden Zuschlag aufweisen. Der Zuschlag für monatliche Zahlungsweise beträgt dann typischer Weise $1/(1 - 0{,}04) - 1 = 0{,}0417$.

Im Hinblick auf die Versicherungssumme gibt es den so genannten **Summenrabatt** und **Summenzuschlag**. Aus kaufmännischer Sicht macht es Sinn, die Kosten für Verträge mit einer hohen Versicherungssumme zu verringern und für eine kleine Versicherungssumme zu erhöhen. Andererseits kann ein Versicherungsunternehmen durch aktuarielle Analysen zu der Einsicht gelangen, dass die beobachtete Sterblichkeit in seinem Bestand von der Versicherungssumme abhängt. So stellt man zum Beispiel in weniger entwickelten Märkten fest, dass für Versicherungsverträge mit hohen Versicherungssummen eine erhöhte Sterblichkeit vorliegt. Umgekehrt fragen gutsituierte Versicherte tendenziell höhere Versicherungssummen nach; sie haben aufgrund ihres Lebensstils eine längere Lebenserwartung. Deshalb ist hier unter Umständen ein Summenrabatt möglich.

Die Gefahr, dass der Versicherungsnehmer mehr über seinen Gesundheitszustand weiß als der Versicherer, nennt man das **subjektive Risiko**. Dieser Umstand kann einen Versicherungssummenzuschlag notwendig machen. In ausgereiften Märkten beobachtet man hingegen, dass Individuen mit einem echten Bedarf an hohen Versicherungssummen im Schnitt ein gesünderes und unfallfreieres Leben führen. Unter diesen Umständen mag ein Summenrabatt vertretbar sein.

Schließlich gibt es die so genannten **Risikozuschläge**, die sich an dem gesundheitlichen Zustand, den Lebensumständen, der Freizeitgestaltung, dem Beruf und anderen sozio-ökonomischen oder geo-demografischen Merkmalen orientieren. Die Festsetzung geeigneter Zuschläge erfolgt im Allgemeinen durch die interne **Risikoprüfung**. Aus aktuarieller Sicht wäre es wünschenswert, diese Zuschläge auf die Sterbewahrscheinlichkeiten zu beziehen. In der Praxis wird stattdessen der Einfachheit halber oft die Bruttoprämie als Bezugsgröße gewählt.

Aus Wettbewerbsgründen werden **Risikorabatte** immer bedeutender. Üblicherweise bekommen Nichtraucher in Deutschland einen Risikorabatt für Risikolebensversicherungen. Sie bezahlen eine geringere Prämie oder erhalten einen höheren Versicherungsschutz. Gleichermaßen gibt es gerade in angelsächsischen Märkten Risikoabschläge für Raucher in Bezug auf Rentenversicherungen. Da man annimmt, dass Raucher früher sterben, können sie eine höhere Rente erhalten.

Es bleibt noch anzumerken, dass die Sterblichkeit in der Realität von weitaus mehr Einflussfaktoren als dem Alter und dem Geschlecht abhängt. Der praktischen Produktgestaltung sind hier im Prinzip keine Grenzen gesetzt. Das Geschlecht darf jedoch aufgrund europäischer Rechtsprechung kein Tarifierungsfaktor mehr sein.

Vor der Einführung eines Produktes mit einer Prämiendifferenzierung ist jedoch der **Gleichbehandlungsgrundsatz** zu beachten, den wir bereits im Zusammenhang mit der Herleitung biometrischer Rechnungsgrundlagen erwähnt hatten. Insbesondere folgt daraus, dass Beiträge nicht nach dem Nachfrageprinzip festgelegt werden dürfen. Klassische Preisoptimierung mit dem Ziel der Preisdifferenzierung durch Kundensegmentierung auf der Grundlage der Zahlungsbereitschaft der Versicherten ist in diesem Licht unzulässig. Die geforderte Gleichheit ist für alle vertraglichen Leistungen sicher zu stellen. Unterschiedliche Behandlungen müssen analytisch begründbar sein und statistisch nachgewiesen werden.

Das Auffinden von Risiken mit geringer Schadeneintrittswahrscheinlichkeit ist auch in der Lebensversicherung von großer Bedeutung. Für Versicherungen mit Todesfallcharakter werden diejenigen Antragssteller herausgefiltert, die sich besonders guter Gesundheit erfreuen. Im angelsächsischen Raum spricht man in diesem Zusammenhang von **Preferred Lives** Produkten. Für bevorzugte Risiken ist es möglich, die Beiträge zu reduzieren. Dadurch kann sich ein Unternehmen letztendlich einen Wettbewerbsvorteil im Markt verschaffen und sowohl den Umsatz als auch den Gewinn steigern.

Im Bezug auf Rentenversicherungen spricht man im Zusammenhang der Selektion von Risiken von **Impaired Annuities** oder auch **Enhanced Annuities**. Personen, die gemäß statistischen Untersuchungen eine geringere Lebenserwartung haben, können nur eine kürzere Rentenzahlungsdauer genießen. Im Gegenzug kann man deshalb die Rentenhöhe anheben. So können gebrechliche Personen bei ansonsten gleichen Vertragsbedingungen eine höhere Rente bekommen als kerngesunde.

Abschließend beurteilt, lässt sich die Beitragsgestaltung in der Lebensversicherung wie folgt in einer kaufmännischen Darstellung zusammenfassen:

$\qquad$ Nettobeitrag
$+\quad$ Amortisationsbeitrag für unmittelbare Abschlusskosten
$=\quad$ Gezillmerter Nettobeitrag

$\qquad$ Gezillmerter Nettobeitrag
$+\quad$ Kostenbeitrag für sonstige Kosten
$=\quad$ Bruttobeitrag

$\qquad$ Bruttobeitrag
$+\quad$ Zuschläge
$-\quad$ Abschläge
$=\quad$ Tarifbeitrag

In versicherungsmathematischer Form halten wir die beiden wesentlichen Formeln zur Beitragsberechnung fest. Die gezillmerte Prämie setzt sich aus der Nettoprämie und der Amortisationsprämie zusammen:

$$B^Z = B^N + B^A \,.$$

Der Bruttoprämie ist die Summe aus gezillmerter Nettoprämie und Kostenprämie:

$$B^B = B^Z + B^K \,.$$

Anhand der Bruttoprämie wird ferner die Tarifprämie B^T gemäß dem **Geschäftsplan** berechnet, der die unternehmenseigenen Zuschläge und Abschläge dokumentiert.

4.12 Ausgewählte Produktbeispiele

Wir haben nun die Grundlagen zur Beitragsberechnung anhand der klassischen Produkte der Lebensversicherung kennen gelernt. Das dargestellte Kalkül lässt sich auf sämtliche Varianten anwenden. In diesem Kapital werden einige spezielle Lebensversicherungsprodukte vorgestellt und durchgerechnet.

4.12.1 Ausbildungsversicherung

In der **Ausbildungsversicherung**, auch **Termefixversicherung** genannt, ist die Versicherungssumme unabhängig vom Tod oder Erleben auf jeden Fall fällig. Der Versicherungsnehmer leistet die anfälligen Beiträge allerdings nur bis zu seinem eigenen Tod. Anwendung findet diese Versicherung insbesondere bei Sparvorgängen in Bezug auf die

Finanzierung eines Studiums oder auf die Aussteuer für die spätere Heirat des eigenen Kindes. Wir betrachten folgende konkrete Situation.

Ein dreißigjähriger Mann möchte für sein neugeborenes Baby vorsorgen. Zu diesem Zweck schließt er eine Ausbildungsversicherung ab, die dem Sprössling nach genau achtzehn Jahren ein Startkapital in Höhe von 50.000 € zur Verfügung stellt.

Mit Hilfe der Leistungsbarwerte lässt sich die jährliche Bruttoprämie berechnen. Dabei gehen wir von typischen Kostensätzen für die Erlebensfallversicherung aus. Die Besonderheit in diesem Beispiel liegt darin, dass die Leistung unabhängig vom Überleben des Kindes und des Familienvaters garantiert ist. Mit $S = 50.000$, $x = 30$, $n = 18$ und $i = 0{,}0125$ haben wir also

$$L_A = S v^n$$
$$L_K = \alpha^Z n B^B + \alpha^\gamma S \ddot{a}_{x,\overline{n}|} + \beta B^B \ddot{a}_{x,\overline{n}|} + \gamma_1 S \ddot{a}_{x,\overline{n}|} + \gamma_2 S \ddot{a}_{x,\overline{n}|}$$
$$GL = B^B \ddot{a}_{x,\overline{n}|} \, .$$

Durch Gleichsetzen von Gesamtleistung und Gegenleistung, $L_A + L_K = L = GL$, erhalten wir zunächst

$$B^B \ddot{a}_{x,\overline{n}|} - \beta B^B \ddot{a}_{x,\overline{n}|} - \alpha^Z n B^B = S v^n + \alpha^\gamma S \ddot{a}_{x,\overline{n}|} + \gamma_1 S \ddot{a}_{x,\overline{n}|} + \gamma_2 S \ddot{a}_{x,\overline{n}|} \, .$$

Daraus folgt

$$B^B = S \frac{v^n + (\alpha^\gamma + \gamma_1 + \gamma_2)\ddot{a}_{x,\overline{n}|}}{(1-\beta)\ddot{a}_{x,\overline{n}|} - \alpha^Z n} = S \frac{v^n D_x + (\alpha^\gamma + \gamma_1 + \gamma_2)(N_x - N_{x+n})}{(1-\beta)(N_x - N_{x+n}) - \alpha^Z n D_x} \, .$$

Für die Tarifierung verwenden wir aus Vorsichtsgründen die Sterbetafel DAV2008TM. Denn je mehr Sterbefälle angenommen werden, umso weniger Beitragszahler gibt es in späteren Versicherungsjahren. Der Versicherungsbeitrag ist also höher als bei Verwendung der Sterbetafel DAV2004RM. Konkret berechnen wir:

$$B^B = 50.000 \frac{1{,}0125^{-18} D_{30} + 0{,}0017(N_{30} - N_{48})}{0{,}955(N_{30} - N_{48}) - 0{,}72 D_{30}} = 2.822{,}17 \, .$$

Demnach muss der frischgebackene Familienvater jährlich vorschüssig 2.822,17 € in die Versicherung einzahlen.

4.12.2 Kapitallebensversicherung für Berufseinsteiger

Ein Lebensversicherungsunternehmen biete eine gemischte Kapitallebensversicherung speziell für Berufseinsteiger an. Da das verfügbare Geld am Anfang knapp ist, soll der Beitrag in den ersten fünf Versicherungsjahren so gering wie möglich sein.

Wir betrachten dazu exemplarisch einen fünfundzwanzigjährigen Mann, der eine vierzigjährige Kapitallebensversicherung über 100.000 € abschließt. Es stellt sich die Frage, wie groß der Beitrag in den ersten fünf Jahren einerseits und in den darauf folgenden fünfunddreißig Jahren andererseits sein soll.

Die Lösung ergibt sich aus zweimaliger Anwendung des versicherungsmathematischen Äquivalenzprinzips. Die reduzierte Prämie B^I in den ersten fünf Jahren muss mindestens so hoch sein, dass die Todesfallleistung und die Kosten in diesem Zeitraum abgedeckt sind. Es sei $S = 100.000$, $x = 25$, $n = 40$. Damit haben wir folgende Leistungsbarwerte zu betrachten

$$L_T = S\,_5A_x$$
$$L_K = \alpha^Z 5 B^I + \alpha^\gamma S \ddot{a}_{x,\overline{5}|} + \beta B^I \ddot{a}_{x,\overline{5}|} + \gamma_1 S \ddot{a}_{x,\overline{5}|} + \gamma_2 S \ddot{a}_{x,\overline{5}|} \,.$$

Die Gegenleistung des Versicherungsnehmers in den ersten fünf Jahren ist

$$GL = B^I \ddot{a}_{x,\overline{5}|} \,.$$

Damit erhalten wir durch Gleichsetzen von Leistung und Gegenleistung

$$B^I \ddot{a}_{x,\overline{5}|} - \beta B^I \ddot{a}_{x,\overline{5}|} - \alpha^Z 5 B^I = S\,_5A_x + \alpha^\gamma S \ddot{a}_{x,\overline{5}|} + \gamma_1 S \ddot{a}_{x,\overline{5}|} + \gamma_2 S \ddot{a}_{x,\overline{5}|}$$

und folglich

$$B^I = S \frac{_5A_x + (\alpha^\gamma + \gamma_1 + \gamma_2)\ddot{a}_{x,\overline{5}|}}{(1-\beta)\ddot{a}_{x,\overline{5}|} - \alpha^Z 5} = S \frac{(M_x - M_{x+5}) + (\alpha^\gamma + \gamma_1 + \gamma_2)(N_x - N_{x+5})}{(1-\beta)(N_x - N_{x+5}) - \alpha^Z 5 D_{25}} \,.$$

Anhand der DAV2008TM ist für typische Kostenwerte:

$$B^I = \frac{100.000(M_{25} - M_{30}) + 170(N_{30} - N_{35})}{0{,}955(N_{25} - N_{30}) - 0{,}2 D_{25}} = 85{,}09$$

Um den Beitrag B^{II} für das sechste bis vierzigste Versicherungsjahr zu berechnen, wenden wir abermals das versicherungsmathematische Äquivalenzprinzip an. Über die gesamte Vertragslaufzeit gesehen, gilt:

$$L_E = S_n E_x$$
$$L_T = S_n A_x$$
$$L_K = \alpha^Z 5 B^I + \alpha^Z (n-5) B^{II} + \beta B^I \ddot{a}_{x,\overline{5}|} + \beta B^{II} \,_{5|}\ddot{a}_{x,\overline{n-5}|}$$
$$\quad + \alpha^\gamma S \ddot{a}_{x,\overline{n}|} + \gamma_1 S \ddot{a}_{x,\overline{n}|} + \gamma_2 S \ddot{a}_{x,\overline{n}|} \,.$$

Die Gegenleistung des Berufseinsteigers ist

$$GL = B^I \ddot{a}_{x,\overline{5}|} + B^{II} \,_{5|}\ddot{a}_{x,\overline{n-5}|} \,.$$

Nach dem finanzmathematischen Äquivalenzprinzip erhalten wir zunächst

$$B_{5|}^{II}\ddot{a}_{x,\overline{n-5}|} - \beta B_{5|}^{II}\ddot{a}_{x,\overline{n-5}|} - \alpha^{Z}(n-5)B^{II}$$
$$= S_{n}E_{x} + S_{n}A_{x} + S(\alpha^{\gamma} + \gamma_{1} + \gamma_{2})\ddot{a}_{x,\overline{n}|} + B^{I}\alpha^{Z}5 + B^{I}(\beta-1)\ddot{a}_{x,\overline{5}|}$$

und sodann

$$B^{II} = \frac{S_{n}E_{x} + S_{n}A_{x} + S(\alpha^{\gamma} + \gamma_{1} + \gamma_{2})\ddot{a}_{x,\overline{n}|} + B^{I}\alpha^{Z}5 + B^{I}(\beta-1)\ddot{a}_{x,\overline{5}|}}{(1-\beta)_{5|}\ddot{a}_{x,\overline{n-5}|} - \alpha^{Z}(n-5)} .$$

In Kommutationswerten ausgedrückt, ist der Beitrag folglich

$$B^{II} = S\frac{(D_{x+n} + M_{x} - M_{x+n}) + (\alpha^{\gamma} + \gamma_{1} + \gamma_{2})(N_{x} - N_{x+n})}{(1-\beta)(N_{x+5} - N_{x+n}) - \alpha^{Z}(n-5)D_{x}}$$
$$+ B^{I}\frac{\alpha^{Z}5D_{x} + (\beta-1)(N_{x} - N_{x+5})}{(1-\beta)(N_{x+5} - N_{x+n}) - \alpha^{Z}(n-5)D_{x}} .$$

Mit der der DAV2008TM haben wir im Speziellen bei typischen Kostensätzen:

$$B^{II} = \frac{100.000(D_{65} + M_{25} - M_{65}) + 170(N_{25} - N_{65})}{0{,}955(N_{30} - N_{65}) - 1{,}4D_{25}}$$
$$+ 85{,}09\frac{0{,}2D_{25} - 0{,}955(N_{25} - N_{30})}{0{,}955(N_{30} - N_{65}) - 1{,}4D_{25}} .$$

Konkret ist der Beitrag in den ersten fünf Jahren 85,09 € und in den darauf folgenden 35 Jahren 2.653,24 €. Die Prämie in den ersten fünf Jahren ist gerade ausreichend, um den Todesfallschutz zu bezahlen und die anteiligen Kosten zu decken. Der Ansparprozess für die Erlebensfallleistung beginnt erst nach fünf Jahren.

4.12.3 Erlebensfallversicherung mit Beitragsrückgewähr

Bei der Erlebensfallversicherung steht mittel- oder langfristiges Sparen im Vordergrund. Mit periodischen Prämien wird gezielt ein Kapital angespart, das zum gewünschten Zeitpunkt zur Verfügung steht. Damit die eingezahlten Beiträge für die Erben nicht verloren gehen, wird zusätzlich eine Beitragsrückgewähr vereinbart. Im Todesfall wird die Summe der tatsächlich bis dahin gezahlten Beiträge erstattet.

Ein vierzigjähriger Mann möchte für seinen Ruhestand vorsorgen. Dazu schließt er eine Erlebensfallversicherung in Höhe von 100.000 € ab, zahlbar nach 25 Jahren. Bei seinem vorzeitigem Ableben soll seine Familie die eingezahlten Beiträge unverzinst ausbezahlt bekommen.

Zunächst berechnen wir die Versicherungsleistungsbarwerte. Dabei gehen wir von typischen Kostensätzen für die Erlebensfallversicherung aus. Es sei $S = 100.000$, $x = 40$,

$n = 25$. Die Beitragsrückgewähr im Todesfall lässt sich durch den Barwertfaktor der arithmetisch steigenden Risikolebensversicherung modellieren:

$$L_E = S\,_nE_x$$
$$L_T = B_n^B (IA)_x$$
$$L_K = \alpha^Z n B^B + \alpha^\gamma S \ddot{a}_{x,\overline{n}|} + \beta B^B \ddot{a}_{x,\overline{n}|} + \gamma_1 S \ddot{a}_{x,\overline{n}|} + \gamma_2 S \ddot{a}_{x,\overline{n}|} \,.$$

Die Gegenleistung des Versicherungsnehmers ist

$$GL = B^B \ddot{a}_{x,\overline{n}|} \,.$$

Das versicherungsmathematische Äquivalenzprinzip liefert dann zunächst

$$B^B \ddot{a}_{x,\overline{n}|} - B_n^B (IA)_x - \beta B^B \ddot{a}_{x,\overline{n}|} - \alpha^Z n B^B = S\,_nE_x + \alpha^\gamma S \ddot{a}_{x,\overline{n}|} + \gamma_1 S \ddot{a}_{x,\overline{n}|} + \gamma_2 S \ddot{a}_{x,\overline{n}|}$$

sowie nach Umformung

$$B^B = S\,\frac{{}_nE_x + (\alpha^\gamma + \gamma_1 + \gamma_2)\ddot{a}_{x,\overline{n}|}}{(1-\beta)\ddot{a}_{x,\overline{n}|} - \alpha^Z n - {}_n(IA)_x}$$
$$= S\,\frac{D_{x+n} + (\alpha^\gamma + \gamma_1 + \gamma_2)(N_x - N_{x+n})}{(1-\beta)(N_x - N_{x+n}) - \alpha^Z n D_x - R_x + R_{x+n} + n M_{x+n}}$$

und hier speziell anhand der DAV2004RM bei typischen Kostensätzen

$$B^B = \frac{100.000 D_{65} + 170 N_{40} - 170 N_{65}}{0{,}955 N_{40} - 0{,}955 N_{65} - D_{40} - R_{40} + R_{65} + 25 M_{65}} = 3.924{,}12$$

Der Bruttobeitrag beträgt also 3.924,12 €.

4.12.4 Sterbegeldversicherung

Für die lebenslange Todesfallversicherung gibt es eine klassische Produktvariante für die Zielgruppe der älteren Leute. Die Sterbegeldversicherung entspricht dem Kundenwunsch, ein ordentliches Begräbnis zu erhalten. Eine Sterbegeldversicherung bietet hier die Möglichkeit, die Bestattung im Voraus zu finanzieren. Gewisse Anbieter im Markt haben sich auf dieses Produkt mit der Zielgruppe älterer Kunden spezialisiert.

Bei diesem Produkt steht die Versicherungssumme im Vordergrund. Es stellt sich also die Frage, wie viel Versicherungsschutz kann sich der Kunde mit einer vorgegebenen Versicherungsprämie kaufen.

Zunächst berechnen wir die Barwerte hinsichtlich der Todesfallleistung und Kostenleistung. Dabei gehen wir von typischen Kostensätzen für die Todesfallversicherung aus.

Es sei $B^B = 600$, $x = 60$, $\omega = 121$. Dann ist

$$L_T = SA_x$$
$$L_K = \alpha^Z(\omega + 1 - x)B^B + \alpha^\gamma S\ddot{a}_x + \beta B^B \ddot{a}_x + \gamma_1 S\ddot{a}_x + \gamma_2 S\ddot{a}_x \, .$$

Die Gegenleistung des Versicherungsnehmers ist

$$GL = B^B \ddot{a}_x$$

und das versicherungsmathematische Äquivalenzprinzip liefert durch Gleichsetzen:

$$SA_x + \alpha^\gamma S\ddot{a}_x + \gamma_1 S\ddot{a}_x + \gamma_2 S\ddot{a}_x = B^B \ddot{a}_x - \beta B^B \ddot{a}_x - (\omega - x + 1)\alpha^Z B^B \, .$$

Daraus folgt

$$S = B^B \frac{(1 - \beta)\ddot{a}_x - (\omega + 1 - x)\alpha^Z}{A_x + (\alpha^\gamma + \gamma_1 + \gamma_2)\ddot{a}_x} = B^B \frac{(1 - \beta)N_x - \alpha^Z(\omega + 1 - x)D_x}{M_x + (\alpha^\gamma + \gamma_1 + \gamma_2)N_x} \, .$$

Wir gehen von typischen Kostensätzen aus. Dann ist anhand der DAV2008TM:

$$S = 600 \frac{0{,}955 N_{60} - 2{,}48 D_{60}}{M_{60} + 0{,}00170 N_{60}} = 9.669{,}19 \, .$$

Man erkennt also, dass ein 60-Jähriger Mann mit einem Bruttobeitrag von jährlich 600 € seine eigene Beerdigung in Höhe von 9.669,19 € finanzieren kann.

4.12.5 Risikolebensversicherung mit Beitragsrückgewähr

Insbesondere bei eher kürzeren Risikolebensversicherungen mag der Versicherte ein Interesse daran haben, auf jeden Fall etwas Greifbares von der Versicherung zu bekommen.

Ein dreißigjähriger Mann benötige zur Absicherung einer Investitionen in Höhe von 100.000 € eine zwanzigjährige Risikolebensversicherung. Da sein Ableben aufgrund seines jungen Alters nicht so wahrscheinlich ist, vereinbart er Beitragsrückgewähr im Erlebensfall.

Anhand der DAV2008TM berechnen wir also den jährlichen Bruttobeitrag mit typischen Kostensätzen für die Risikolebensversicherung und vergleichen jenen mit der Bruttoprämie für die Risikolebensversicherung ohne Beitragsrückgewähr. Es sei $S = 100.000$, $x = 30$, $n = 20$. Zunächst sind die Leistungsbarwerte:

$$L_T = S_n A_x$$
$$L_E = n B_n^B E_x$$
$$L_K = \alpha^Z n B^B + \alpha^\gamma S\ddot{a}_{x,\overline{n}|} + \beta B^B \ddot{a}_{x,\overline{n}|} + \gamma_1 S\ddot{a}_{x,\overline{n}|} + \gamma_2 S\ddot{a}_{x,\overline{n}|} \, .$$

Der Prämienbarwert ist

$$GL = B^B \ddot{a}_{x,\overline{n}|} \, .$$

Durch Gleichsetzen der gesamten Leistung und der Gegenleistung folgt

$$B^B \ddot{a}_{x,\overline{n}|} - \beta B^B \ddot{a}_{x,\overline{n}|} - \alpha^Z n B^B - n B_n^B E_x = S_n A_x + (\alpha^\gamma + \gamma_1 + \gamma_2) S \ddot{a}_{x,\overline{n}|} \, .$$

Daraus folgt

$$B^B = S \frac{{}_n A_x + (\alpha^\gamma + \gamma_1 + \gamma_2) \ddot{a}_{x,\overline{n}|}}{(1 - \beta) \ddot{a}_{x,\overline{n}|} - \alpha^Z n - n \,{}_n E_x} = S \frac{M_x - M_{x+n} + (\alpha^\gamma + \gamma_1 + \gamma_2)(N_x - N_{x+n})}{(1 - \beta)(N_x - N_{x+n}) - \alpha^Z n D_x - n D_{x+n}} \, .$$

Speziell für die angegebenen Parameter und typischen Kostenwerte ist anhand der DAV2008TM

$$B^B = \frac{100.000(M_{30} - M_{50}) + 85(N_{30} - N_{50})}{0{,}95(N_{30} - N_{50}) - 0{,}8 D_{30} - 20 D_{50}} = 4.899{,}58 \, .$$

Die Todesfallleistung dieser Risikolebensversicherung mit Beitragsrückgewähr wird durch die Zinsen auf die eingezahlten Beiträge finanziert. Bei kurzen Laufzeiten reichen die Zinsgewinne nicht aus, um sämtliche Versicherungsleistungen zu finanzieren.

Im Vergleich dazu steht die Bruttoprämie $\tilde{B}^B$ der Risikolebensversicherung ohne Beitragsrückgewähr, die sich bei typischen Kostenwerten wie folgt darstellt:

$$\tilde{B}^B = \frac{100.000(M_{30} - M_{50}) + 85(N_x - N_{x+n})}{0{,}95(N_{30} - N_{50}) - 0{,}8 D_{30}} = 263{,}22 \, .$$

Aufgrund der großen Differenz der Prämien darf bezweifelt werden, ob sich eine solche Risikolebensversicherung mit Beitragsrückgewähr am Markt durchsetzen kann.

4.12.6 Kreditlebensversicherung

Die Kreditlebensversicherung deckt das Todesfallrisiko des Kreditnehmers ab. Im Fall des vorzeitigen Ablebens der versicherten Person werden die Erben von den Rückzahlungsverpflichtungen des Kredits befreit.

Ein fünfundzwanzigjähriger Student kauft sich ein Cabrio für 10.000 €, das er über einen Kredit mit Laufzeit von vier Jahren und einer Effektivverzinsung von 6 % finanziert. Die Ratenzahlung erfolge dabei durch jährlich nachschüssige Annuitäten. Das Todesfallrisiko werde durch eine vierjährige Risikolebensversicherung abgedeckt, deren Versicherungssumme zum Jahresende jeweils der um ein Jahr aufgezinsten Restschuld vom Jahresanfang entspricht.

Es sei $K_0 = 10.000$, $x = 25$, $n = 4$. Zunächst berechnen wir die Annuität des Kredits aus dem finanzmathematischen Ansatz

$$K_0 = Aa_{\overline{4}|} \;.$$

Folglich ist die jährliche Rückzahlungsrate zum Zinssatz 6 %:

$$A = \frac{10.000 \cdot 0{,}06}{1 - (1{,}06)^{-4}} = 2.885{,}91$$

Die Restschulden, das heißt, die Kontostände am jeweiligen Jahresende ergeben sich dadurch zu

$$
\begin{aligned}
K_0 &= 10.000 \\
K_1 &= K_0 \cdot 1{,}06 - A = 7.714{,}09 \\
K_2 &= K_1 \cdot 1{,}06 - A = 5.291{,}02 \\
K_3 &= K_2 \cdot 1{,}06 - A = 2.722{,}56 \\
K_4 &= K_3 \cdot 1{,}06 - A = 0 \;.
\end{aligned}
$$

Damit stehen die Versicherungssummen im Todesfall fest:

$$
\begin{aligned}
T_0 &= K_0 1{,}06 = 10.600 \\
T_1 &= K_1 1{,}06 = 8.176{,}93 \\
T_2 &= K_2 1{,}06 = 5.608{,}48 \\
T_3 &= K_3 1{,}06 = 2.885{,}91 \;.
\end{aligned}
$$

Somit berechnen wir den Todesfallbarwert als Summe von aufgeschobenen, einjährigen Todesfallversicherungen:

$$L_T = \sum_{k=0}^{3} T_k \cdot {}_{k|1}A_x = T_0 \frac{C_{25}}{D_{25}} + T_1 \frac{C_{26}}{D_{25}} + T_2 \frac{C_{27}}{D_{25}} + T_3 \frac{C_{28}}{D_{25}} = 21{,}63 \;.$$

Als Bezugsgröße für die Kosten wählen wir der Einfachheit halber anstelle der Todesfallsumme die Kreditsumme. Der Kostenbarwert lautet somit

$$L_K = \alpha^Z n B^B + \alpha^\gamma K_0 \ddot{a}_{x,\overline{n}|} + \beta B^B \ddot{a}_{x,\overline{n}|} + \gamma_1 K_0 \ddot{a}_{x,\overline{n}|} + K_0 K \ddot{a}_{x,\overline{n}|} \;.$$

Der Prämienbarwert andererseits ist

$$GL = B^B \ddot{a}_{x,\overline{n}|} \;.$$

Nach dem versicherungsmathematischen Äquivalenzprinzip muss Gesamtleistung gleich Gegenleistung sein. Also gilt

$$B^B \ddot{a}_{x,\overline{n}|} - \beta B^B \ddot{a}_{x,\overline{n}|} - \alpha^Z n B^B = L_T + K_0(\alpha^\gamma + \gamma_1 + \gamma_2)\ddot{a}_{x,\overline{n}|}$$

und daraus folgt

$$B^B = \frac{L_T + K_0(\alpha^\gamma + \gamma_1 + \gamma_2)\ddot{a}_{x,\overline{n}|}}{(1-\beta)\ddot{a}_{x,\overline{n}|} - \alpha^Z n} = \frac{L_T D_x + K_0(\alpha^\gamma + \gamma_1 + \gamma_2)(N_x - N_{x+n})}{(1-\beta)(N_x - N_{x+n}) - \alpha^Z n D_x} \; .$$

Im Speziellen finden wir

$$B^B = \frac{21{,}63 D_{25} + 8{,}5(N_{25} - N_{29})}{0{,}95(N_{25} - N_{29}) - 0{,}016 D_{25}} = 6{,}07$$

Demnach beträgt der jährliche Bruttobeitrag 6,07 €. Dieser Wert ist so gering, dass dem Studenten der Abschluss einer solchen Versicherung leicht fallen mag.

4.12.7 Hypothekenlebensversicherung

Die Hypothekenversicherung deckt das Todesfallrisiko des Schuldners. Im Gegensatz zur Kreditlebensversicherung wird die Restschuld nicht exakt berechnet, sondern durch eine linear fallende Todesfallsumme approximiert.

Zur Finanzierung seines Eigenheims nehme ein 35-jähriger Mann eine Hypothek in Höhe von 200.000 € auf, die er über 25 Jahre abzuzahlen gedenkt. Die Restschuld wird näherungsweise durch eine linear fallende Risikolebensversicherung, die jährlich gleichmäßig fällt, gegen seinen Tod abgesichert.

Anhand der DAV2008TM berechnen wir den jährlichen Bruttobeitrag mit typischen Kostensätzen für die Risikolebensversicherung. Bezugsgröße für die Kosten sei die mittlere Kreditsumme von 100.000 €. Es sei also $S = 200.000$, $x = 35$, $n = 25$. Dann sind die Barwerte:

$$L_T = \frac{S}{n} \cdot {}_n(DA)_x)$$

$$L_K = \alpha^Z n B^B + \alpha^\gamma \frac{S}{2}\ddot{a}_{x,\overline{n}|} + \beta B^B \ddot{a}_{x,\overline{n}|} + \gamma_1 \frac{S}{2}\ddot{a}_{x,\overline{n}|} + \gamma_2 \frac{S}{2}\ddot{a}_{x,\overline{n}|}$$

$$GL = B^B \ddot{a}_{x,\overline{n}|} \; .$$

Das Äquivalenzprinzip liefert dann zunächst

$$B^B \ddot{a}_{x,\overline{n}|} - \beta B^B \ddot{a}_{x,\overline{n}|} - \alpha^Z n B^B = \frac{S}{n} \cdot {}_n(DA)_x + \frac{S}{2}(\alpha^\gamma + \gamma_1 + \gamma_2)\ddot{a}_{x,\overline{n}|}$$

und durch Umformung

$$B^B = \frac{\frac{S}{n}\, n(DA)_x + \frac{S}{2}(\alpha^\gamma + \gamma_1 + \gamma_2)\ddot{a}_{x,\overline{n}|}}{(1-\beta)\ddot{a}_{x,\overline{n}|} - \alpha^Z n}\ .$$

Ausgedrückt in Kommutationswerten ist

$$B^B = \frac{\frac{S}{n}(nM_x - R_{x+1} + R_{x+n+1}) + \frac{S}{2}(\alpha^\gamma + \gamma_1 + \gamma_2)(N_x - N_{x+n})}{(1-\beta)(N_x - N_{x+n}) - \alpha^Z n D_x}\ .$$

Speziell für die angegebenen Parameter ist

$$B^B = \frac{200.000 M_{35} - 8.000(R_{36} - R_{61}) + 170(N_{35} - N_{60})}{0,95(N_{35} - N_{60}) - D_{25}} = 1.382,50\ .$$

Der jährliche Bruttobeitrag ist als 1.382,50 €.

4.12.8 Aufgeschobene Altersrentenversicherung mit Beitragsrückgewähr

Bei der privaten Altersrentenversicherung geht es um die Absicherung des Altersruhestandes. Mit periodischen Prämien wird gezielt ein Kapital angespart, das zum gewünschten Zeitpunkt zur Verrentung zur Verfügung steht. Bei unserem exemplarischen Produkt sollen im Todesfall vor Rentenbeginn die bereits eingezahlten Beiträge ausgezahlt werden.

Ein 30-jähriger Mann möchte für seinen Ruhestand vorsorgen. Dazu schließt er eine private Altersrentenversicherung ab, die ihm ab Alter 67 eine jährliche Rente von 6.000 € zusichert. Bei vorzeitigem Ableben soll seine Familie die bis dahin eingezahlten Beiträge unverzinst ausgezahlt bekommen. Es sei also $R = 6.000$, $x = 30$, $z = 67$. Dann stellen wir die Versicherungsbarwerte auf:

$$L_R = R \cdot {}_{z-x|}\ddot{a}_x$$
$$L_T = B^B{}_{z-x}(IA)_x$$
$$L_K = \alpha^Z(z-x)B^B + \alpha^\gamma R\ddot{a}_{x,\overline{z-x}|} + \beta B^B \ddot{a}_{x,\overline{z-x}|} + \gamma_1 R\ddot{a}_{x,\overline{z-x}|} + \gamma_2 R {}_{z-x|}\ddot{a}_x\ .$$

Die Gegenleistung des Versicherungsnehmers ist

$$GL = B^B \ddot{a}_{x,\overline{z-x}|}\ .$$

Das versicherungsmathematische Äquivalenzprinzip mit $L_R + L_T + L_K = L = GL$ liefert dann

$$B^B\ddot{a}_{x,\overline{z-x}|} - \beta B^B \ddot{a}_{x,\overline{z-x}|} - \alpha^Z(z-x)B^B - {}_{z-x}(IA)_x B^B$$
$$= R(1+\gamma_2){}_{z-x|}\ddot{a}_x + \alpha^\gamma R\ddot{a}_{x,\overline{z-x}|} + \gamma_1 R\ddot{a}_{x,\overline{z-x}|}\ .$$

Somit folgt allgemein

$$B^B = R \frac{(1 + \gamma_2)_{z-x|}\ddot{a}_x + (\alpha^\gamma + \gamma_1)\ddot{a}_{x,\overline{z-x|}}}{(1 - \beta)\ddot{a}_{x,\overline{z-x|}} - \alpha^Z(z - x) -_{z-x}(IA)_x}$$

und in Kommutationswerten

$$B^B = R \frac{(\alpha^\gamma + \gamma_1)N_x + (1 + \gamma_2 - \alpha^\gamma - \gamma_1)N_z}{(1 - \beta)(N_x - N_z) - \alpha^Z(z - x)D_x - R_x + R_z + (z - x)M_z} \cdot$$

Speziell anhand der DAV2004RM ist

$$B^B = \frac{42N_{30} + 6.000N_{67}}{0,955(N_{30} - N_{67}) - 1,4D_{30} - R_{30} + R_{67} + 37M_{67}} = 3.264,42 \ .$$

Um in den Genuss einer lebenslangen jährlichen Rente in Höhe von 6.000 € ab dem Alter 67 zu kommen, zahlt der Versicherte 37 Jahre lang jährlich vorschüssig 3.264,42 € in die Versicherung ein.

4.12.9 Sofortige Altersrentenversicherung gegen Einmalbeitrag

Bei Erreichen des Rentenalters stellt sich aktuell die Frage der Finanzierung des Altersruhestandes. Oftmals steht ein größerer Geldbetrag, beispielsweise aus einer Kapitallebensversicherung oder einer Erbschaft zur Verfügung, der ganz oder teilweise verrentet werden soll. Wir betrachten hier einen 67-jährigen Mann, der gegen einen Einmalbeitrag von 50.000 € eine lebenslange Rente mit einer Garantiezeit von 10 Jahren finanzieren möchte.

Es sei also $B^{BE} = 50.000$, $x = 67$, $g = 10$. Zunächst berechnen wir wie gewohnt die Versicherungsbarwerte mit typischen Kostensätzen für die Rentenversicherung:

$$L_R = R^g\ddot{a}_x$$
$$L_K = \alpha^Z B^{BE} + \alpha^\gamma R + \beta B^{BE} + \gamma_2 R\ddot{a}_x \ .$$

Die γ_1-Kosten entfallen hier. Die Gegenleistung des Versicherungsnehmers ist

$$GL = B^{BE}$$

und das versicherungsmathematische Äquivalenzprinzip, $L = GL$, liefert dann

$$R\ddot{a}_{\overline{g|}} + R_{g|}\ddot{a}_x + \alpha^\gamma R + \gamma_2 R\ddot{a}_x = B^{BE} - \beta B^{BE} - \alpha^Z B^{BE} \ .$$

Durch Auflösen der Gleichung nach der gesuchten Rentenhöhe erhalten wir

$$R = B^{BE} \frac{1 - \beta - \alpha^Z}{\ddot{a}_{\overline{g|}} + _{g|}\ddot{a}_x + \alpha^\gamma + \gamma_2\ddot{a}_x} = B^{BE} \frac{1 - \beta - \alpha^Z}{\frac{1-v^g}{1-v} + \frac{N_{x+g}}{D_x} + \alpha^\gamma + \gamma_2\frac{N_x}{D_x}} \ .$$

Anhand der DAV2004RM ist

$$R = \frac{50.000 \cdot 0,915}{\frac{1-1,0125^{-10}}{1-1,0125^{-1}} + \frac{N_{77}}{D_{67}} + 0,002 + 0,015\frac{N_{67}}{D_{67}}} = 1.968,99 \, .$$

Aus dem Einmalbeitrag kann eine jährliche Rente in Höhe von 1.968,99 € finanziert werden.

4.12.10 Fachspezifische Arbeitsweise

Anhand der obigen Produktbeispiele ist die Vorgehensweise zur Beitragsberechnung deutlich geworden, deren einzelne Schritte hier noch einmal zusammengefasst werden.

1. Aufstellen der Barwerte für die Erlebensfallleistung, Todesfallleistung, Rentenleistung und Kostenleistung des Versicherungsunternehmens in parametrisierter Form
2. Aufstellen des Barwerts der Gegenleistung des Versicherungsnehmers in parametrisierter Form
3. Gleichsetzen von Leistung und Gegenleistung gemäß dem versicherungsmathematischen Äquivalenzprinzip
4. Auflösen der erhaltenen Gleichung nach der gesuchten Größe
5. Einsetzen der gegebenen Vertragsparameter
6. Einsetzen der speziellen Zahlenwerte für die Kommutationswerte

4.13 Aufgaben

Durch das Bearbeiten der nachfolgenden Aufgaben ist es möglich, die fachspezifische Arbeitsweise zu üben. Dabei empfehlen wir, weitestgehend symbolisch, das heißt, mit allgemeinen Parametern anstelle von konkreten Werten, zu rechnen.

A 4.1 Eine dreijährige Risikolebensversicherung sehe die folgenden Parameter vor:

Jahr k	Todesfallwahrscheinlichkeit q_k	Versicherungssumme T_k
1	0,2	30.000 €
2	0,25	20.000 €
3	0,5	10.000 €

a) Der Abzinsungsfaktor sei $v = 0{,}9$. Berechnen Sie den Nettoeinmalbeitrag B^{NE}!

b) Berechnen Sie die Wahrscheinlichkeit dafür, dass die tatsächliche ausgezahlte Versicherungssumme größer als der Leistungsbarwert ist!

A 4.2 Gegeben seien folgende Kommutationswerte

Jahr x	25	26	27	28	29
S_x	1.869	1.767	1.671	1.579	1.490

Berechnen Sie den Barwertfaktor der Erlebensfallversicherung der Höhe 1 € für eine ursprünglich 25-jährige Person mit Versicherungsdauer von zwei Jahren!

A 4.3 Die Leistungen einer lebenslangen Todesfallversicherung seien wie folgt vereinbart: 10.000 € bei Tod innerhalb der ersten zehn Jahre sowie 20.000 € bei späterem Todesfall. Berechnen Sie mit dem versicherungstechnischen Ansatz den Leistungsbarwert im Allgemeinen sowie für $x = 30$ anhand der Sterbetafel DAV2008TM im Speziellen! Versuchen Sie, das Ergebnis auf verschiedenen Wegen auszurechnen!

A 4.4 Berechnen Sie den Leistungsbarwert einer Versicherung für eine anfänglich x-jährige Person, die beim Erreichen eines jeden Alters z mit $z \geq x$ im Erlebensfall eine Auszahlung in Höhe von $1.000(\omega - z)$ vorsieht, wobei ω das Schlussalter der zu verwendenden Sterbetafel DAV2004RM sei! Wie hoch ist der Nettoeinmalbeitrag für $x = 20$?

A 4.5 Eine zehnjährige Risikolebensversicherung sehe die folgenden Versicherungssummen vor: 10.000 € in den ersten beiden Jahren, 9.000 € in den folgenden drei Jahren, 8.000 € in den darauf folgenden vier Jahren und 7.000 € im letzten Jahr. Berechnen Sie den Nettoeinmalbeitrag für eine 20-jährige Person anhand der Sterbetafel DAV2008TF auf verschiedenen Wegen!

A 4.6 Eine zehnjährige Leibrentenversicherung sehe die folgenden Rentenzahlungen vor: 10.000 € in den ersten beiden Jahren, 9.000 € in den folgenden drei Jahren, 8.000 € in den darauf folgenden vier Jahren und 7.000 € im letzten Jahr. Berechnen Sie den Nettoeinmalbeitrag für eine 60-jährige Person anhand der Sterbetafel DAV2004RF auf verschiedenen Wegen!

A 4.7 Berechnen Sie den Barwert für eine geometrisch steigende Risikolebensversicherung: Die Versicherungssumme bei Tod im ersten Jahr sei 1, $(1 + g)$ im zweiten Jahr, $(1 + g)^2$ im dritten Jahr, und so weiter. Berechnen Sie außerdem den speziellen Wert für eine 25-jährige Person mit 20-jähriger Vertragslaufzeit anhand der DAV2008TF mit $g = 0{,}02$.

A 4.8 Eine Kapitalversicherung sei wie folgt definiert: Das Eintrittsalter x sei 30, die Vertragsdauer n sei 12 Jahre und die Versicherungssumme S im Erlebensfall sei 50.000 €. Die Versicherungssumme im Todesfall T_k bei Tod im Jahresintervall $[k, k+1)$ sei für $k = 0, \ldots, 11$ definiert durch

$$T_k = \begin{cases} 60.000 & 0 \leq k \leq 6 \\ 60.000 + (k-6) \cdot 10.000 & 7 \leq k \leq 11 \end{cases}.$$

Berechnen Sie die Nettoeinmalprämie anhand der Sterbetafel DAV2008TF!

A 4.9 Der Leistungsbarwert einer Lebensversicherung sei wie folgt definiert:

$$L = S \left(\ddot{a}_{\overline{n+1}|} - \ddot{a}_{x,\overline{n+1}|} \right).$$

a) Erläutern sie den Deckungsumfang dieser Versicherung in Worten! Um welche Form der Versicherung handelt es sich?

b) Berechnen Sie den jährlichen Nettobeitrag allgemein und speziell für Eintrittsalter $x = 40$, Laufzeit $n = 20$ und Versicherungssumme $S = 60.000$ anhand der Sterbetafel DAV2008TM!

A 4.10 Gegeben sei eine Risikolebensversicherung für eine 25jährige Person mit zehn Jahren Vertragslaufzeit. Der jährlich vorschüssig zu zahlende Nettobeitrag B^N sei im ersten Jahr gleich 100 € und steige in den folgenden Jahren jeweils um den Betrag $A = 15$.

a) Berechnen Sie die Versicherungssumme S in allgemeiner und möglichst kompakter Form!

b) Berechnen Sie die Versicherungssumme S für die speziell angegebenen Parameterwerte anhand der Sterbetafel DAV2008TM!

A 4.11 Gegeben sei eine Erlebensfallversicherung für eine 30-jährige Person mit 20 Jahren Vertragslaufzeit. Zusätzlich sei eine Beitragsrückerstattung im Todesfall in Höhe der Summe der tatsächlich gezahlten Beiträge vereinbart.

a) Berechnen Sie die Versicherungssumme S in allgemeiner und möglichst kompakter Form bei gegebenem jährlichen Nettobeitrag B^N!

b) Berechnen Sie die Versicherungssumme S konkret für den jährlichen Nettobeitrag in Höhe von 2.400 € sowie die speziell angegebenen Parameterwerte anhand der Sterbetafel DAV2004RM!

c) Betrachten Sie alternativ ein Bankkonto, auf das 20 Jahre lang jährlich vorschüssig 2.400 € eingezahlt werden. Welcher Kontostand ergibt sich am Ende der Laufzeit für $i = 0,0125$?

A 4.12 Eine lebenslange Todesfallversicherung wird für einen 16-jährigen Jungen abgeschlossen. Die Beiträge sind lebenslang jährlich vorschüssig fällig. Stirbt die versicherte Person vor dem Alter 18, so wird am Ende des Todesjahres der Endwert der bis zum Tode gezahlten Nettoprämien als Todesfallleistung erbracht, wobei mit dem Rechnungszins der Beitragskalkulation aufgezinst wird. Bei Tod ab dem Alter 18 beträgt die Todesfallsumme konstant 10.000 €. Berechnen Sie die Versicherungssumme S in allgemeiner und möglichst kompakter Form bei gegebenem jährlich vorschüssigen Nettobeitrag B!

a) Berechnen Sie die jährliche Nettoprämie allgemein in Kommutationswerten!

b) Vereinfachen sie die Formel aus Teil a) derart, dass nur noch die Kommutationswerte D_{18}, N_{18} und M_{18} sowie der Rechnungszins auftauchen! Interpretieren Sie das Ergebnis!

c) Wie lautet die Nettoprämie konkret anhand der Sterbetafel DAV2008TM?

A 4.13 Gegeben sei eine Risikolebensversicherung für eine 25-jährige Person mit zehn Jahren Vertragslaufzeit über 100.000 €. Der Nettobeitrag in den ersten drei Jahren betrage 10 % des Nettobeitrags in den letzten sieben Jahren.

a) Berechnen Sie die Höhe des Beitrags in den ersten drei sowie in den letzten sieben Jahren anhand der Sterbetafel DAV2008TM!

b) Berechnen Sie den erwarteten Versicherungsschaden am Ende jedes der ersten drei Jahre! Interpretieren Sie das Ergebnis!

A 4.14 Betrachten Sie die folgende aufgeschobene Altersrentenversicherung: Eintrittsalter x, Renteneintrittsalter z, Beitragszahlungsdauer bis zum Renteneintritt. Die Rentenhöhe während der Rentenbezugszeit für das 1.–10. Jahr sei $3R$, im 11.–20. Jahr $2R$ und danach R.

a) Berechnen Sie den Nettojahresbeitrag allgemein in möglichst kompakter Form!

b) Wie hoch ist der Beitrag speziell für $x = 30$; $z = 67$; $R = 3.6000$ anhand der Sterbetafel DAV2004RM?

A 4.15 Gegeben sei folgende lebenslange Rentenversicherung: Eintrittsalter $x = 39$, Beitragszahlungsdauer $h = 21$, Rentenaufschubzeit $m = 28$, vorschüssige Jahresrente $R = 6.000$. Bei Tod vor Rentenbeginn werden die bis dahin eingezahlten Beiträge erstattet. Nach Renteneintritt gebe es keine Todesfallleistungen. Berechnen Sie den Nettojahresbeitrag anhand der Sterbetafel DAV2004RM!

A 4.16 Gegeben sei eine aufgeschobene lebenslange Leibrentenversicherung mit den folgenden Parametern: Alter $x = 33$, Rentenaufschubzeit m Jahre, Beitragszahlungsdauer bis zum Rentenbeginn, Jahresrente R. Berechnen Sie anhand der Sterbetafel DAV2004RM die Aufschubzeit m derart, dass die Nettoprämie gleich der Rentenhöhe ist! Interpretieren Sie das Ergebnis!

A 4.17 Betrachten Sie die folgende Lebensversicherung einer 40-jährigen Person mit 20-jähriger Laufzeit gegen laufende Nettobeiträge. Die Versicherungssumme im Todes- und Erlebensfall sei 50.000 €. Zusätzlich sei Beitragsrückgewähr der tatsächlich gezahlten Prämien in den ersten zehn Jahren vereinbart. Danach gibt es keine Todesfallleistungen. Zeigen Sie, dass sich der Nettobeitrag mit einem gewissen $k \in$ R darstellen lässt durch:

$$B^N = S \frac{A_{x,\overline{n}|}}{k} \, .$$

Bestimmen Sie k in der allgemeinen Form durch Kommutationswerte und speziell für die angegebenen Parameterwerte anhand der Sterbetafel DAV2008TM! Interpretieren Sie die Bedeutung des Parameters k!

A 4.18 Ein Rentner im Alter 65 habe einen Betrag B von 100.000 € als Einmalbeitrag zur Verfügung, um für seinen Altersruhestand vorzusorgen. Es stehen zwei Verwendungsmöglichkeiten zur Wahl:
1. Eine sofort beginnende vorschüssige 20-jährige Zeitrente zum Zinssatz von 4 %.
2. Eine um 20 Jahre aufgeschobene lebenslange Leibrente.
Führen Sie die folgenden Berechnungen anhand der Sterbetafel DAV2004RM durch:
a) Wie hoch ist die Rente R allgemein und speziell für Produkt 1?
b) Wie hoch ist die Rente R allgemein und speziell für Produkt 2?
c) Der Betrag B soll derart zwischen beiden Produktvarianten aufgeteilt werden, dass die erzielte Rente R in beiden Fällen gleich hoch ist. Geben Sie die Aufteilung des Einmalbeitrags und die Rentenhöhe allgemein und konkret an!

A 4.19 Betrachten Sie die folgende Kapitallebensversicherung mit erhöhter Versicherungssumme im Todesfall: die Versicherungssumme im Erlebensfall sei 100.000 €, bei Tod innerhalb der ersten fünf Jahre werde das Vierfache ausbezahlt, bei Tod innerhalb der nächsten fünf Jahre das Zweifache und bei späterem Tod lediglich 100.000 €. Die weitere Vertragsparameter seien: Eintrittsalter 25, Versicherungsdauer 30 Jahre und Beitragszahlungsdauer 15 Jahre. Berechnen Sie den Nettojahresbeitrag allgemein in möglichst kompakter Form sowie speziell für die angegebenen Parameterwerte anhand der Sterbetafle DAV2008TM!

A 4.20 Eine Erlebensfallversicherung für eine 22-jährige Person über 20 Jahre sehe jährliche gezillmerte Beiträge in Höhe von 2.400 € vor. Außerdem sei für den Todesfall vereinbart, dass bei vorzeitigem Versterben die bis dahin einbezahlten Zillmerbeiträge zurückerstattet werden. Wie hoch ist die Versicherungssumme im Erlebensfall, wenn die Abschlusskosten 4 % der Beitragssumme betragen? Rechnen Sie mit der Sterbetafel DAV2004RF?

A 4.21 Für eine lebenslange Todesfallversicherung möchte ein 60-jähriger Mann jährlich vorschüssig bis zu seinem Tod 600 € als Beitrag zahlen. Welche Versicherungssumme für den Todesfall bekommt er dafür, wenn die Abschlusskosten 3,5 Prozent der Versicherungssumme betragen? Mit welcher Sterbetafel rechnen Sie?

A 4.22 Eine Risikolebensversicherung sehe als Versicherungssumme für den Todesfall 300.000 € in den ersten zehn Jahren, 200.000 € in den darauf folgenden zehn Jahren und 100.000 € in den letzten zehn Jahren vor. Die Abschlusskosten seien 4 % der Summe der gezillmerten Beiträge. Berechnen Sie die jährliche Zillmerprämie für eine 30 jährige Frau anhand der Sterbetafel DAV2008TF!

A 4.23 Eine aufgeschobene Leibrentenversicherung sehe folgende Eckdaten vor: Alter 25, Rentenbeginn im Alter 65, Beitragszahlungsdauer 35 Jahre, Abschlusskosten 4 % der Summe der Beiträge. Die Versicherungsnehmerin leiste jährlich vorschüssig 1.200 € sowie einmalig zu Versicherungsbeginn 50.000 €. Welche Rente erhält sie dafür vom Versicherungsunternehmen? Verwenden Sie die Sterbetafel DAV2004RF.

A 4.24 In der Versicherungsbranche ist es üblich, Produktangebote der Konkurrenz zu analysieren. Dabei sei folgendes Angebot für eine Kapitallebensversicherung beobachtet worden: Eintrittsalter 30 Jahre, Vertragslaufzeit 20 Jahre, Versicherungssumme 100.000 €, Beitrag 4.660,58 €. Es soll davon ausgegangen werden, dass als Kostenbestandteile nur eine einmalige Abschlussprovision angesetzt wurde, die sich auf die Beitragssumme bezieht. Die zu verwendende Sterbetafel sei DAV2008TM.
a) Berechnen Sie die Höhe der absoluten Abschlusskosten und des Parameters α^Z mit dem Äquivalenzprinzip!
b) Welcher allgemeine Zusammenhang besteht zwischen gezillmerter Nettoprämie und Nettoprämie bei bekannten Abschlusskosten? Berechnen Sie mit diesem Ansatz zunächst die Zillmerprämie und die Nettoprämie sowie daraus die einmalige Abschlussprovision und den Provisionssatz!

A 4.25 Für eine Kapitallebensversicherung seien folgende Daten bekannt: Versicherungssumme 100.000 €, Jahresbeitrag 3.631,94 €, Alter 30 Jahre, Laufzeit 25 Jahre. Als unmittelbare Abschlusskosten seien in den ersten k Jahren jeweils 25 % des Jahresbeitrags jährlich vorschüssig fällig. Der Versicherungsvermittler erhält zu Vertragsbeginn den versicherungsmathematischen Barwert dieser Leistung als Provision ausbezahlt.
a) Wie lautet für $k = 5$ der Kostenbarwert der unmittelbaren Abschlusskosten? Verwenden sie die dazu Sterbetafel DAV2008TM.
b) Für welches k kommt der Kostenbarwert dem Wert in Höhe von 4 % der gesamten Beitragssumme am nächsten?
c) Wie hoch ist der Kostenbarwert in allgemeiner Form, wenn alternativ die einmaligen Abschlusskosten $\tilde{\alpha}^Z$ auf die Summe der in der Vertragslaufzeit fälligen Beiträge bezogen sind? Für welches $\tilde{\alpha}^Z$ ist der Leistungsbarwert gleich dem Barwert aus Teil a)?

A 4.26 Eine lebenslange Todesfallversicherung sei folgendermaßen konzipiert: Versicherungssumme bei Tod vor dem Alter 60 sei die Rückerstattung der tatsächlich bis zum Tod gezahlten Bruttobeiträge und die Versicherungssumme bei Tod ab dem Alter 60 sei 25.000 €. Das Eintrittsalter sei 50 Jahre und die Beitragszahlung laufe bis zum Alter 70. Die α^Z-Kosten betragen einmalig 3,5 % der Versicherungssumme, β-Kosten seien jährlich 3 % des Bruttobeitrags während der Beitragszahlungsdauer und die γ-Kosten seien jährlich 2 ‰ von 25.000 € während der Vertragsdauer. Berechnen Sie den Bruttobeitrag anhand der Sterbetafel DAV2008TF.

A 4.27 Eine fünfjährige Risikolebensversicherung sehe als Versicherungssumme 10.000 € im ersten und fünften Versicherungsjahr, 30.000 € im zweiten und dritten Jahr sowie 20.000 € im vierten Jahr vor. Die α^Z-Kosten betragen einmalig 5 % der Beitragssumme, α^γ-Kosten seien jährlich 1 ‰ der mittleren Versicherungssumme, β-Kosten seien jährlich 3 % des Bruttobeitrags und γ-Kosten seien jährlich 2 ‰ der mittleren Versicherungssumme. Berechnen Sie den Bruttobeitrag für eine 46-jährige Person anhand der Sterbetafel DAV2008TM!

A 4.28 Ein 50-jähriger Verbraucher habe den Wunsch, eine Risikolebensversicherung gegen laufende Beitragszahlung auf das Endalter 65 abzuschließen. Die Versicherungssumme bei Tod in den ersten fünf Jahren soll 300.000 € sein, in den folgenden 5 Jahren 200.000 € und abschließend 100.000 €. Die α^Z-Kosten mögen einmalig 1,5 % der mittleren Versicherungssumme betragen, α^γ-Kosten seien jährlich 1 ‰ der mittleren Versicherungssumme, β-Kosten seien jährlich 3 % des Bruttobeitrags und γ-Kosten seien jährlich 3 ‰ der mittleren Versicherungssumme. Berechnen Sie den Bruttobeitrag anhand der Sterbetafel DAV2008TM!

A 4.29 Betrachten Sie eine 20-jährige Risikolebensversicherung, deren Versicherungssumme linear von 100.000 € im ersten Versicherungsjahr auf 5.000 € im letzten Jahr fällt. Die α^Z-Kosten betragen einmalig 4 % der Beitragssumme, β-Kosten seien jährlich 5 % des Bruttobeitrags und γ-Kosten seien jährlich 2 ‰ der anfänglichen Versicherungssumme. Berechnen Sie den Bruttobeitrag für eine 30-jährige Person anhand der Sterbetafel DAV2008TM!

A 4.30 Wir betrachten eine Kapitallebensversicherung mit fallender Versicherungssumme im Todesfall: die Versicherungssumme im Erlebensfall sei S, bei Tod in den ersten vier Jahren werde $4S$ ausbezahlt, bei Tod in den nächsten vier Jahren sei die Versicherungssumme $3S$, in den folgenden vier Jahren $2S$, und danach S. Die α^Z-Kosten seien einmalig 3,5 % der Versicherungssumme im Erlebensfall, α^γ-Kosten seien jährlich 1 ‰ der Versicherungssumme im Erlebensfall, β-Kosten betragen jährlich 4 % des Bruttobeitrags und γ-Kosten seien jährlich 3 ‰ Versicherungssumme im Todesfall. Berechnen Sie den Bruttobeitrag für eine 40-jährige Person mit Vertragslaufzeit von 30 Jahren anhand der Sterbetafel DAV2008TF!

A 4.31 Gegeben sei eine Kapitallebensversicherung mit den folgenden Parametern: Alter 30 Jahre, Versicherungsdauer 20 Jahre, Beitragszahlungsdauer 10 Jahre, Versicherungssumme im Erlebensfall: 100.000 € und im Todesfallsumme 60 % der Beitragssumme. Die Kostenstruktur sei wie folgt gegeben: α^Z-Kosten seien einmalig 4 % der Beitragssumme, α^γ-Kosten seien jährlich 1 ‰ der Beitragssumme während der Beitragszahlungsdauer, β-Kosten mögen jährlich 3 % des Bruttobeitrags während der Beitragszahlungsdauer betragen, γ_1-Kosten seien jährlich 1 ‰ der Versicherungssumme im Erlebensfall und γ_2-Kosten seien jährlich 2 ‰ der Versicherungssumme im Todesfall, jeweils vorschüssig während der Vertragsdauer. Berechnen Sie den Bruttobeitrag allgemein und konkret anhand der Sterbetafel DAV2008TM! Wie hoch ist die Versicherungssumme im Todesfall?

A 4.32 Betrachten Sie sei eine gemischte Versicherung auf den Todes- und Erlebensfall mit der Erlebensfallversicherungssumme S und der anfänglichen Todesfallversicherungssumme T, die ab dem 6. Versicherungsjahr auf den Betrag $T + 0{,}5(S - T)$ ansteigt. Aus steuerlichen Gründen soll T mindestens gleich 60 % der Summe der Bruttobeiträge sein. Berechnen Sie den Mindestwert von T (aufgerundet auf 1.000 €) anhand der Sterbetafel DAV2008TM für eine 30-jährige Person mit 30-jähriger Vertragslaufzeit sowie Versicherungssumme 100.000 € unter Zugrundelegung der folgenden Kostenzuschläge: α^Z-Kosten seien einmalig 4 %, α^γ-Kosten seien jährlich 1 ‰ der Beitragssumme, β-Kosten seien jährlich 3 % des Bruttobeitrags und γ-Kosten mögen jährlich 2 ‰ der Beitragssumme sein.

A 4.33 Eine 20-jährige Person schließe eine Kapitalversicherung auf das Endalter 65 mit jährlicher Beitragszahlung bis zum Alter 50. Die Versicherungssumme sei 100.000 €. Als α^Z-Kosten seien 8 ‰ der Beitragssumme festgelegt, die in jedem der ersten fünf Versicherungsjahre anfallen, α^γ-Kosten seien jährlich 1 ‰ der Versicherungssumme während der Beitragszahlungsdauer, β-Kosten mögen jährlich 3 % des Bruttobeitrags während der Beitragszahlungsdauer betragen und γ-Kosten seien jährlich 2 ‰ der Beitragssumme während der Vertragsdauer. Berechnen Sie den Bruttobeitrag allgemein und konkret anhand der Sterbetafel DAV2008TM! Ändert sich der Jahresbeitrag, wenn die Abschlusskosten alternativ 40 ‰ betragen und einmalig bei Vertragsabschluss anfallen?

A 4.34 Wir betrachten eine Kapitallebensversicherung mit Versicherungssumme 100.000 € für eine 40-jährige Person mit 25-jähriger Vertragslaufzeit. Als einmalige Abschlusskosten mögen α^Z-Kosten 40 ‰ der Beitragssumme betragen, α^γ-Kosten seien jährlich 1 ‰ der Beitragssumme, β-Kosten mögen jährlich 3 % des Bruttobeitrags betragen, γ_1-Kosten seien jährlich 1 ‰ der Beitragssumme und γ_2-Kosten mögen 2 ‰ der Versicherungssumme betragen. Verwenden Sie die Sterbetafel DAV2008TM!
a) Berechnen Sie den Bruttobeitrag allgemein und konkret!
Zusätzlich sei bei Vertragsabschluss eine optionale Beitragsdynamik vereinbart worden: In jedem Jahr steigt der Beitrag um fünf Prozent, wenn der Versicherte es wünscht. In

der Praxis wird eine solche Beitragsdynamik durch einen Neuabschluss modelliert: Die Differenzprämie zum Vorjahr wird als Basis für einen neuen Vertrag genommen. Anhand der festgelegten Rechnungs- und Vertragsgrundlagen kann dann die zusätzliche Versicherungssumme berechnet werden.

b) Berechnen Sie die Erhöhung des Bruttobeitrags im zweiten Jahr, und daraus die zugehörige Versicherungssumme in allgemeiner Form! Um wie viel Prozent ist die gesamte Versicherungssumme im Vergleich zum Vorjahr gestiegen? Erklären Sie, weshalb die Versicherungssumme um weniger als 5 % steigt!

A 4.35 Wir betrachten eine Kapitallebensversicherung mit Versicherungssumme 100.000 € für eine 30-jährige Person mit 35-jähriger Vertragslaufzeit. Als einmalige Abschlusskosten mögen α^Z-Kosten 40 ‰ der Beitragssumme anfallen, α^γ-Kosten seien jährlich 1 ‰ der Beitragssumme, β-Kosten mögen jährlich 4,5 % des Bruttobeitrags betragen und γ-Kosten seien jährlich 2 ‰ der Versicherungssumme. Verwenden Sie die Sterbetafel DAV2008TF!

a) Berechnen Sie den Bruttobeitrag allgemein und konkret!

Am Vertragsende entschließt sich die versicherte Person, den Vertrag bei gleich hoher Beitragszahlung für fünf Jahre zu verlängern.

b) Berechnen Sie die so genannte Optionssumme, das heißt die Erhöhung der Versicherungssumme! Als Gegenleistung des Versicherungsnehmers stehen die Versicherungssumme des abgelaufenen Vertrags einerseits und die in Teil a) berechnete Jahresprämie andererseits zur Verfügung.

Deckungsrückstellungen

5

Im Kapitel zur Beitragsberechnung haben wir uns damit beschäftigt, Versicherungsprämien zu berechnen, die über die gesamte Vertragslaufzeit konstant bleiben oder aber sich nach einer vorgeschriebenen Dynamik ändern. Diese Zahlungsweise ist in der Versicherungspraxis die Regel; andere Arten sind jedoch denkbar und gerade in weniger entwickelten Versicherungsmärkten durchaus üblich. Beispielsweise könnte vereinbart werden, dass die jährliche Prämie einer Todesfallversicherung dem für das jeweils laufende Jahr ermittelten Barwert des erwarteten Versicherungsschadens entspricht. Diesen sich jährlich ändernden Beitrag nennt man die **natürliche Prämie** für das entsprechende Versicherungsjahr. Dabei sei bemerkt, dass sich das einjährige Todesfallrisiko üblicherweise mit steigendem Alter erhöht. Denn die Wahrscheinlichkeit zu sterben, wird mit jedem Lebensjahr größer. Für Todesfallversicherungen wächst somit die natürliche Prämie mit der Zeit.

Im Allgemeinen wird in der Lebensversicherungspraxis jedoch stets eine gleich bleibende Prämie vereinbart. Der konstante zu zahlende Beitrag ist im Anfang höher und zum Vertragsende niedriger als die natürliche Prämie. Das folgende Beispiel illustriert den Zusammenhang zwischen der veränderlichen natürlichen Prämie und der konstanten Nettoprämie anhand der Risikolebensversicherung.

Beispiel

Betrachten wir am Beispiel der zehnjährigen Risikolebensversicherung über 100.000 € für einen vierzigjährigen Mann den konstanten Nettobeitrag im Vergleich mit den natürlichen Prämien anhand der Sterbetafel DAV2008TM. Der natürliche Beitrag B^{nat}_{x+t} für eine ursprünglich x-jährige Person nach Vollendung von t Versicherungsjahren ergibt sich dabei als Barwert der einjährigen Todesfallversicherung im Alter $x + t$:

$$B^{\text{nat}}_{x+t} = S_1 A_{x+t} = 100.000 \frac{C_{40+t}}{D_{40+t}} \qquad 0 \leq t \leq 9 \, .$$

© Springer Fachmedien Wiesbaden 2016
K.M. Ortmann, *Praktische Lebensversicherungsmathematik*,
Studienbücher Wirtschaftsmathematik, DOI 10.1007/978-3-658-10200-5_5

Die natürliche Prämie kann somit als Barwert der erwarteten Versicherungsleistung für das laufende Versicherungsjahr aufgefasst werden. Im ersten Versicherungsjahr beträgt die natürliche Prämie 128,49 €, im letzten 358,52 €. Zum Vergleich ist der konstante jährliche Nettobeitrag 226,34 €:

$$B^N = S\,\frac{{}_nA_x}{\ddot{a}_{x,\overline{n}|}} = 100.000\,\frac{M_{40} - M_{50}}{N_{40} - N_{50}} = 226{,}34 \ .$$

Die folgende Abbildung verdeutlicht die natürliche Prämie im Vergleich mit der konstanten Nettoprämie im Verlauf der Zeit.

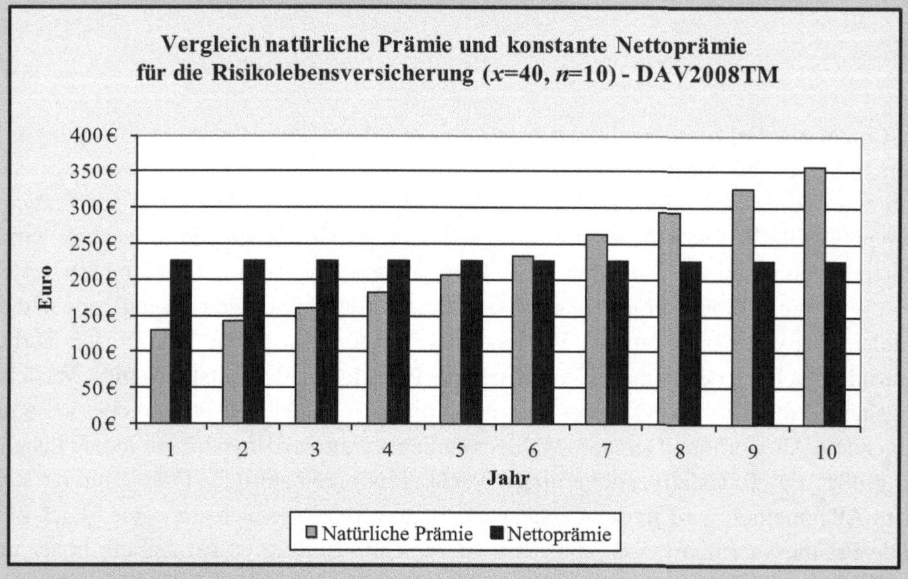

Wir erkennen daran deutlich, dass der natürliche Beitrag anfangs geringer und zum Ende der Vertragslaufzeit höher als der Nettobeitrag ist. Es gibt sich also für jedes Versicherungsjahr eine Diskrepanz zwischen den konstanten Beitragseinnahmen und den erwarteten Ausgaben für Leistungsfälle. Diese Differenzen können nicht als echte Gewinne oder Verluste angesehen werden, denn über die gesamte Vertragslaufzeit ist nach dem Äquivalenzprinzip der Barwert aus Leistungen und Gegenleistungen gleich hoch.

Aus obigem Beispiel erkennen wir die Notwendigkeit einer Kontoführung. Da die einjährigen Sterbewahrscheinlichkeiten in der Regel mit zunehmendem Alter steigen, werden die gleich bleibenden jährlichen Nettobeiträge anfangs nicht vollständig zur Deckung der erwarteten Versicherungsschäden benötigt. Die Differenz wird gespart und verzinst, ähnlich wie bei einem Bankkonto. Sobald in höherem Alter die natürliche Prämie die Nettoprämie übersteigt, wird der fehlende Betrag dem Guthaben entnommen. Bei Ablauf der Versicherung liegt der Kontostand bei null, da der Beitrag nach dem versicherungsmathematischen Äquivalenzprinzip berechnet wird.

Für die Bezeichnung dieses **Versicherungskontos** gibt es verschiedene synonyme Begriffe: **Reserve, Rückstellung, Deckungsrückstellung** und **Deckungskapital**. Die Kontoführung ist insbesondere für Versicherungen mit Erlebensfallleistungen oder Rentenleistungen von großer Bedeutung. Dabei dient die Reserve dazu, die Ablaufleistungen anzusparen. Anhand einer versicherungstechnischen Kontostaffelrechnung wollen wir die Entwicklung der Reserve für eine gemischte Kapitallebensversicherung nachvollziehen.

Beispiel

Wir betrachten den jährlichen Nettobeitrag für die Kapitallebensversicherung über $100.000\,€$ für eine 25-jährige Person mit 30-jähriger Vertragslaufzeit anhand der Sterbetafel DAV2008TM:

$$B^N = S\frac{{}_nE_x + {}_nA_x}{\ddot{a}_{x,\overline{n}|}} = 100.000\frac{D_{55} + M_{25} - M_{55}}{D_{25}} = 2.797{,}02$$

Damit lässt sich nach dem versicherungstechnischen Ansatz eine Kontostaffel für ein Kollektiv von anfänglich 100 Personen im Alter 25 aufstellen.

t (1)	l_{x+t} (2)	d_{x+t} (3)	BE_{x+t} (4)	${}_tV_x$ (5)	K_{x+t} (6)	Z_{x+t} (7)	L_{x+t} (8)	${}_{t+1}V_x$ (9)
0	100,00	0,09	279.702	0	279.702	3.496	8.560	274.638
1	99,91	0,08	279.463	274.638	554.101	6.926	8.073	552.954
2	99,83	0,08	279.237	552.954	832.191	10.402	7.707	834.886
3	99,76	0,08	279.021	834.886	1.113.907	13.924	7.502	1.120.329
…	…	…	…	…	…	…	…	…
27	95,63	0,46	267.483	8.426.365	8.693.848	108.673	46.018	8.756.503
28	95,17	0,51	266.196	8.756.503	9.022.699	112.784	50.517	9.084.966
29	94,67	0,55	264.783	9.084.966	9.349.750	116.872	55.446	9.411.175
30	94,11			9.411.175				

Legende

(1) Anzahl der vollendeten Jahre der Vertragslaufzeit: t

(2) Anzahl der Lebenden am Anfang des Jahres: l_{x+t}

(3) Anzahl der Toten im Laufe des Jahres: $d_{x+t} = l_{x+t} \cdot q_{+t}$

(4) Gesamte Beitragseinnahmen: $BE_{x+t} = B^N \cdot l_{x+t}$

(5) Deckungskapital am Anfang des Jahres: ${}_tV_x$

(6) Kontostand am Anfang des Jahres: $K_{x+t} = BE_{x+t} + {}_tV_x$

(7) Zinsen am Ende des Jahres: $Z_{x+t} = i \cdot K_{x+t}$

(8) Gesamte Versicherungsleistungen am Ende des Jahres:
$L_{x+t} = S \cdot d_{x+t}$ für $t = 0, \cdots, n-2$; $L_{x+n-1} = S \cdot d_{x+n-1} + S \cdot l_{x+n}$

(9) Deckungskapital am Ende des neuen Jahres: ${}_{t+1}V_x = K_{x+t} + Z_{x+t} - L_{x+t}$

> Wir erkennen, wie durch die Deckungsrückstellung allmählich die Erlebensfall-
> leistung für die Überlebenden am Ende der Vertragslaufzeit angespart wird. Am
> Anfang ist die Reserve gleich null; zum Ablauf der Vertragslaufzeit beträgt das Net-
> todeckungskapital pro Police genau 100.000 €.

Aus Kundensicht bezeichnet das Deckungskapital das Guthaben des Versicherten, welches beim Versicherungsunternehmen im Hinblick auf die zukünftige Vertragserfüllung
angespart wird. Das Deckungskapital kann somit als eine Geldanlage interpretiert werden, die beim Versicherungsunternehmen deponiert ist.

Im versicherungsmathematischen Sinn entspricht die Reserve einer Zahlungsverpflich-
tung des Versicherungsunternehmens gegenüber dem Kunden. Bei Erlebensfallversicherungen ist die Auszahlung der Versicherungssumme im Allgemeinen am Vertragsende
fällig. Die Rückstellung steigt im Verlauf der Zeit von null auf die vereinbarte Versicherungssumme.

In der elementaren Finanzmathematik sieht die Kontostaffelrechnung für einen reinen
Sparvorgang sehr ähnlich aus. Im versicherungsmathematischen Kontext werden zusätzlich Todesfallwahrscheinlichkeiten berücksichtigt.

Im Wesentlichen werden spätere Versicherungsleistungen durch den Versicherungsnehmer vorab finanziert. In diesem Sinne steht das Versicherungsunternehmen beim Versicherten in der Schuld. Der Kunde hat selbstverständlich Anspruch darauf, dass der
Versicherer seinen Leistungsversprechen in der Zukunft nachkommen kann. Aus Verbrau-
cherschutzgründen ist deshalb gesetzlich festgelegt, wie das Deckungskapital zu berechnen ist.

Aus Unternehmenssicht stellt die Deckungsrückstellung eine **Verbindlichkeit** des Versicherungsunternehmens dar. In der **Bilanz** eines Versicherungsunternehmens erscheint
die Reserve deshalb auf der **Passivseite**.

Nach dem versicherungsmathematischen Äquivalenzprinzip ist der Barwert der Beiträge gleich dem Barwert der Versicherungsleistungen. Aus der elementaren Finanzmathematik mit Bezug auf die exponentielle Zinseszinsrechnung wissen wir, dass dann auch
die Zeitwerte zu jedem anderen Zeitpunkt gleich sind. Diese Tatsache wollen wir weiter
ausführen.

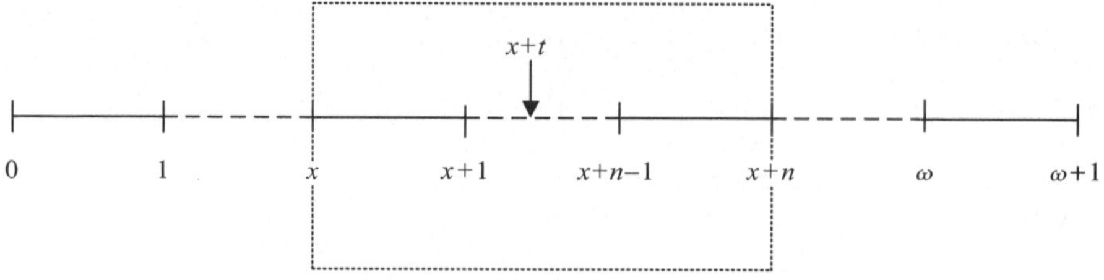

Liegt der Betrachtungszeitpunkt innerhalb der Vertragslaufzeit, so setzt sich der Zeitwert einer Zahlungsreihe aus dem Endwert der vergangenen Zahlungen und dem Barwert der erwarteten zukünftigen Zahlungen zusammen. Es bezeichne der Index *retro* die retrospektive Endwertbetrachtung, und der Index *pro* die prospektive Barwertbetrachtung, dann gilt nach dem versicherungsmathematischen Äquivalenzprinzip für die Zeitwerte der Leistung L des Versicherers und der Gegenleistungen GL des Versicherungsnehmers zum Zeitpunkt t:

$$L_t^{\text{retro}} + L_t^{\text{pro}} = L_t = GL_t = GL_t^{\text{retro}} + GL_t^{\text{pro}} \, .$$

Ordnen wir diese Gleichung nach Endwerten und Barwerten, so erhalten wir

$$L_t^{\text{pro}} - GL_t^{\text{pro}} = GL_t^{\text{retro}} - L_t^{\text{retro}} \, .$$

Dabei bezeichnen wir die linke Seite als die prospektive **Deckungsrückstellung**, und die rechte Seite als die **retrospektive Deckungsrückstellung**. Die retrospektive Darstellung lässt sich analog zum Bankkonto als Versicherungskonto interpretieren. Dabei wird zum Bewertungsstichtag der Barwert der Beitragszahlungen um den erwarteten Barwert der Versicherungsleistungen reduziert. Diese Differenz entspricht dem Saldo aus Einzahlungen und Auszahlungen auf einem Bankkonto.

Aus Unternehmenssicht sind die zukünftigen Verpflichtungen aus dem getätigten Versicherungsgeschäft von besonderer Bedeutung. In Paragraph 341f, Absatz 1 Handelsgesetzbuch (**HGB**) wird festgelegt, dass für die klassische Lebensversicherung die prospektive Methode zur Berechnung der Reserven anzuwenden ist

1. *Deckungsrückstellungen sind für die Verpflichtungen aus dem Lebensversicherungs- und dem nach Art der Lebensversicherung betriebenen Versicherungsgeschäft in Höhe ihres versicherungsmathematisch errechneten Wertes einschließlich bereits zugeteilter Überschußanteile mit Ausnahme der verzinslich angesammelten Überschußanteile und nach Abzug des versicherungsmathematisch ermittelten Barwerts der künftigen Beiträge zu bilden (prospektive Methode). Ist eine Ermittlung des Wertes der künftigen Verpflichtungen und der künftigen Beiträge nicht möglich, hat die Berechnung auf Grund der aufgezinsten Einnahmen und Ausgaben der vorangegangenen Geschäftsjahre zu erfolgen (retrospektive Methode).*

Wir fokussieren uns deshalb auf die Zukunft und definieren zum Zeitpunkt $0 \le t \le n$ die prospektive Reserve durch die Formel

$$_t V^{\text{pro}} = L_t^{\text{pro}} - GL_t^{\text{pro}}$$

und in Worten

Prospektive Deckungsrückstellung

ist gleich

Barwert der zukünftigen Versicherungsleistungen

minus

Barwert der zukünftigen Beiträge.

In den folgenden Abschnitten wollen wir uns mit der Berechnung der Reserven am Beispiel der klassischen Produkte der Lebensversicherung befassen. Wir werden grundsätzlich die prospektive Methode zur Berechnung des Deckungskapitals anwenden. Der Einfachheit halber lassen wir dabei den Index *pro* wegfallen. Wir betrachten also zum Stichtag $x + t$ die Barwerte der zukünftigen Leistung und Gegenleistung:

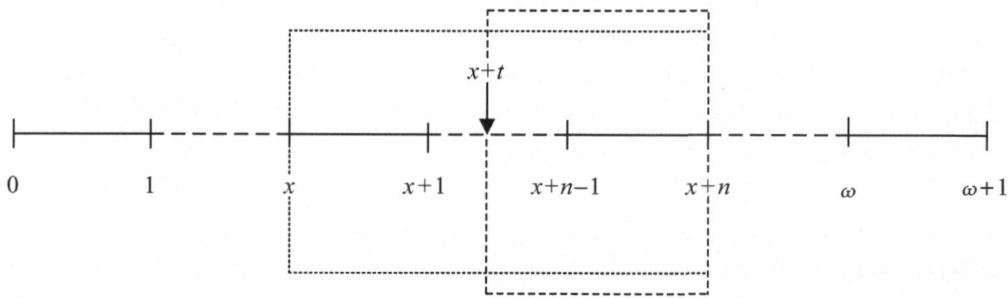

In Einzelfällen werden wir zeigen, wie die Deckungsrückstellung auch retrospektiv berechnet werden kann. Stillschweigend gehen wir dabei davon aus, dass die Rechnungsgrundlagen zur Beitrags- und Reserveberechnung während der Vertragslaufzeit konstant und identisch sind.

5.1 Nettodeckungsrückstellung

Wie auch bei der Beitragsberechnung so werden wir zunächst die Nettodeckungsrückstellung behandeln, bei der lediglich die Rechnungsgrundlagen Zins und Sterblichkeit, nicht aber die Kosten, berücksichtigt werden.

5.1.1 Erlebensfallversicherung

Ausgehend von der Nettobeitragsberechnung der klassischen Erlebensfallversicherung widmen wir uns der Berechnung der Nettoreserve. Mit dem jährlichen Nettobeitrag B^N mit Versicherungssumme S bei n-jähriger Vertrags- und Beitragszahlungsdauer für eine

x-jährige Person ergibt sich die prospektive Nettodeckungsrückstellung für $0 \leq t \leq n$ als Differenz der Barwerte der zukünftigen Versicherungsleistung und der Beitragszahlungen:

$$_tV_x^N = L_{x+t,\overline{n-t}|} - GL_{x+t,\overline{n-t}|} = S_{n-t}E_{x+t} - B^N \ddot{a}_{x+t,\overline{n-t}|} \,.$$

Ausgedrückt in Kommutationswerten haben wir somit

$$_tV_x^N = S\frac{D_{x+n}}{D_{x+t}} - B^N\frac{N_{x+t} - N_{x+n}}{D_{x+t}} = S\frac{D_{x+n}}{D_{x+t}} - S\frac{D_{x+n}}{N_x - N_{x+n}} \cdot \frac{N_{x+t} - N_{x+n}}{D_{x+t}} \,.$$

Der Vollständigkeit halber wollen wir für die Erlebensfallversicherung auch die explizite retrospektive Berechnung der Nettodeckungsrückstellung durchführen. Da die Versicherungsleistung erst am Vertragsende anfällt, müssen wir lediglich den Endwert der Beitragseinnahmen berechnen. Dazu benötigen wir den vorschüssigen Endwertfaktor $\ddot{s}_{x,\overline{t}|}$ einer jährlichen Leibrente der Höhe 1 €, der sich aus dem Sterbetafelansatz ermitteln lässt:

$$L = \sum_{k=0}^{t-1} l_{x+k}(1+i)^{t-k}$$

$$GL = \ddot{s}_{x,\overline{t}|} \cdot l_{x+t} \,.$$

Durch Gleichsetzen gemäß dem Äquivalenzprinzip erhalten wir

$$\ddot{s}_{x,\overline{t}|} = \sum_{k=0}^{t-1} \frac{l_{x+k}}{l_{x+t}}(1+i)^{t-k} = \sum_{k=0}^{t-1} \frac{l_{x+k}}{l_{x+t}} \cdot \frac{v^k}{v^t} = \sum_{k=0}^{t-1} \frac{l_{x+k}v^{x+k}}{l_{x+t}v^{x+t}}$$

$$= \sum_{k=0}^{t-1} \frac{D_{x+k}}{D_{x+t}} = \frac{N_x - N_{x+t}}{D_{x+t}} \,.$$

Die retrospektive Nettodeckungsrückstellung ist nun gleich dem Endwert der erhalten Beitragszahlungen:

$$_tV_x^{N,\text{retro}} = B^N \ddot{s}_{x,\overline{t}|} = S\frac{D_{x+n}}{N_x - N_{x+n}} \cdot \frac{N_x - N_{x+t}}{D_{x+t}} \,.$$

Die Gleichheit von prospektiver und retrospektiver Reserve können wir leicht nachprüfen, indem wir die beiden Summanden der prospektiven Reserve auf einen Nenner bringen:

$$_tV_x^N = S\frac{D_{x+n}}{D_{x+t}} \cdot \frac{N_x - N_{x+n}}{N_x - N_{x+n}} - S\frac{D_{x+n}}{N_x - N_{x+n}} \cdot \frac{N_{x+t} - N_{x+n}}{D_{x+t}}$$

$$= S\frac{D_{x+n}N_x - D_{x+n}N_{x+n} - D_{x+n}N_{x+t} + D_{x+n}N_{x+n}}{D_{x+t}(N_x - N_{x+n})}$$

$$= S\frac{D_{x+n}(N_x - N_{x+t})}{D_{x+t}(N_x - N_{x+n})} = {}_tV_x^{N,\text{retro}} \,.$$

Beispiel

Wir betrachten eine Erlebensfallversicherung über 100.000 € anhand der Sterbetafel DAV2004RM. Die folgende Grafik zeigt den Verlauf der Nettodeckungsrückstellung bei jährlicher Beitragszahlung für eine 25-jährige Person mit 40-jähriger Laufzeit im Vergleich mit einem reinen Sparvorgang bei einer Sparzinsrate von 1,25 %. Dann ist der Nettobeitrag

$$B^N = 100.000\,\frac{D_{65}}{N_{25} - N_{65}} = 1.834,43$$

um 4,4 % geringer als die reine Sparrate

$$B^S = 100.000 \cdot \frac{1 - 1,0125^{-1}}{1 - 1,0125^{-40}} = 1.918,16\,,$$

denn die Versicherungsleistung ist nur im Überlebensfall fällig. Die Spareinlage verfällt beim vorzeitigen Ableben nicht und ist deshalb höher als die Nettoreserve. Der Verlauf des Nettodeckungskapitals der Versicherung und des Sparkontostandes bei der Bank sind sehr ähnlich. Die Differenz wird maximal am Ende des 25. Vertragsjahres und beträgt dann 1.604,76 €.

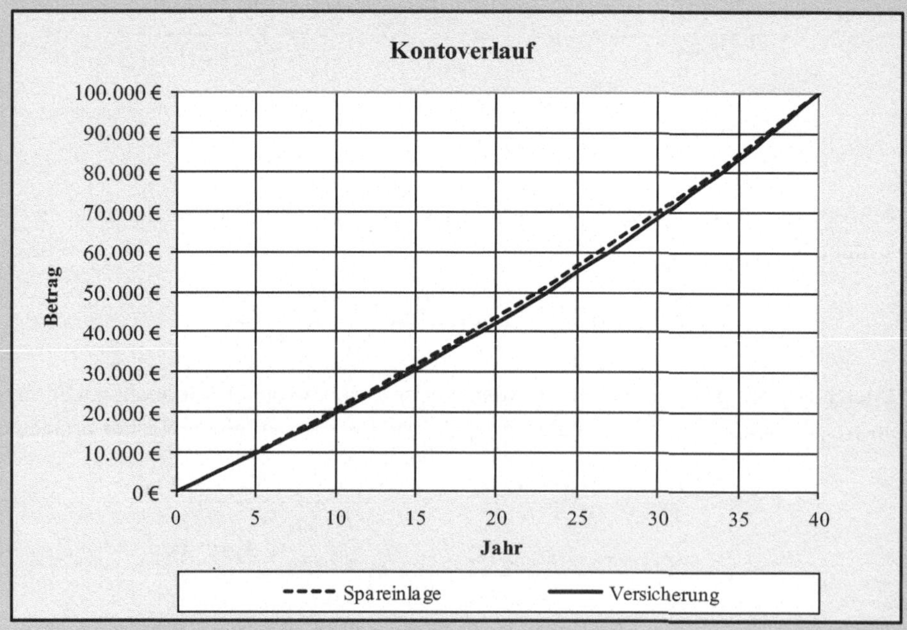

Für die Erlebensfallversicherung gegen Einmalbeitrag entfällt das Abzugsglied in der Berechnung der prospektiven Nettoreserve, da keine zukünftigen Beiträge erhoben werden:

$$_t V_x^{NE} = L_{x+t,\overline{n-t}|} = S_{n-t} E_{x+t} = S \frac{D_{x+n}}{D_{x+t}} \qquad \text{für } 0 < t \leq n \, .$$

Es ist zu beachten, dass auch in diesem Fall die Reserve bei Vertragsbeginn gleich null ist:

$$_0 V_x^{NE} = L_{x,\overline{n}|} - GL_{x,\overline{n}|} = S_{n-t} E_{x+t} - B = S \frac{D_{x+n}}{D_x} - S \frac{D_{x+n}}{D_{x+t}} = 0 \, ,$$

denn die Beitragseinnahme erfolgt nach der Berechnung des Deckungskapitals.

5.1.2 Lebenslange Todesfallversicherung

Zur Berechnung der prospektiven Nettoreserve der lebenslangen Todesfallversicherung greifen wir zunächst auf die Ergebnisse der Beitragsberechnung zurück. Sei B^N der Nettobeitrag bei lebenslanger Vertrags- und Beitragszahlungsdauer für eine x-jährige Person bezüglich der Versicherungssumme S. Dann ist für $0 \leq t \leq \omega + 1 - x$ das Deckungskapital die Differenz der Barwerte aus zukünftiger Versicherungsleistungen und zukünftigen Beitragszahlungen:

$$_t V_x^N = SA_{x+t} - B^N \ddot{a}_{x+t} = S \frac{M_{x+t}}{D_{x+t}} - B^N \frac{N_{x+t}}{D_{x+t}} = S \frac{M_{x+t}}{D_{x+t}} - S \frac{M_x}{N_x} \cdot \frac{N_{x+t}}{D_{x+t}} \, .$$

Um andererseits die retrospektive Nettodeckungsrückstellung zu ermitteln, benötigen wir den Endwert der Versicherungsleistung $L_{x,\overline{t}|}^{\text{retro}}$, den wir mittels des versicherungstechnischen Ansatzes aus der Gegenüberstellung von Leistung und Gegenleistung berechnen können

$$L = S \sum_{k=0}^{t-1} d_{x+k} (1+i)^{t-1-k}$$

$$GL = l_{x+t} \cdot L_{x,\overline{t}|}^{\text{retro}} \, .$$

Nach dem Äquivalenzprinzip folgt

$$L_{x,\overline{t}|}^{\text{retro}} = S \sum_{k=0}^{t-1} \frac{d_{x+k}}{l_{x+t}} (1+i)^{t-1-k} = S \sum_{k=0}^{t-1} \frac{d_{x+k}}{l_{x+t}} \frac{v^{x+k+1}}{v^{x+t}} = S \sum_{k=0}^{t-1} \frac{C_{x+k}}{D_{x+t}}$$

$$= S \frac{M_x - M_{x+t}}{D_{x+t}} \, .$$

Somit ist die retrospektive Nettodeckungsrückstellung

$$_t V_x^{N,\text{retro}} = GL_{x,\overline{t}|}^{\text{retro}} - L_{x,\overline{t}|}^{\text{retro}} = S \frac{M_x}{N_x} \cdot \frac{N_x - N_{x+t}}{D_{x+t}} - S \frac{M_x - M_{x+t}}{D_{x+t}} \, .$$

Um die Gleichheit der prospektiven und retrospektiven Reserve zu verifizieren, bringen wir die Summanden der retrospektiven Reserve auf einen Nenner:

$$_tV_x^{N,\text{retro}} = S\frac{M_x(N_x - N_{x+t})}{N_x D_{x+t}} - S\frac{(M_x - M_{x+t})N_x}{D_{x+t}N_x} = S\frac{M_{x+t}N_x - M_x N_{x+t}}{N_x D_{x+t}}.$$

Denselben Ausdruck erhalten wir durch äquivalentes Umformen der prospektiven Reserve:

$$_tV_x^N = S\frac{M_{x+t}}{D_{x+t}}\cdot\frac{N_x}{N_x} - S\frac{M_x}{N_x}\cdot\frac{N_{x+t}}{D_{x+t}} = S\frac{M_{x+t}N_x - M_x N_{x+t}}{N_x D_{x+t}}.$$

Folglich stimmen auch in diesem Fall die prospektive und die retrospektive Nettoreserve überein.

Beispiel

Die folgende Grafik zeigt das Nettodeckungskapital der lebenslangen Todesfallversicherung über die Versicherungssumme 100.000 € für verschiedene Eintrittsalter anhand der Sterbetafel DAV2008TM.

Da jeder Mensch früher oder später stirbt, steigt die Reserve im Laufe der Vertragslaufzeit monoton bis zum rechnerischen Höchstalter an. Aus qualitativer Sicht ähnelt das Deckungskapital der Todesfallversicherung derjenigen der Erlebensfallversicherung. Wird das Ende der Sterbetafel erreicht, so versterben, zumindest rechnerisch, die letzten Überlebenden. Die Reserve fällt dann im rechnerisch letzten Versicherungsjahr auf null.

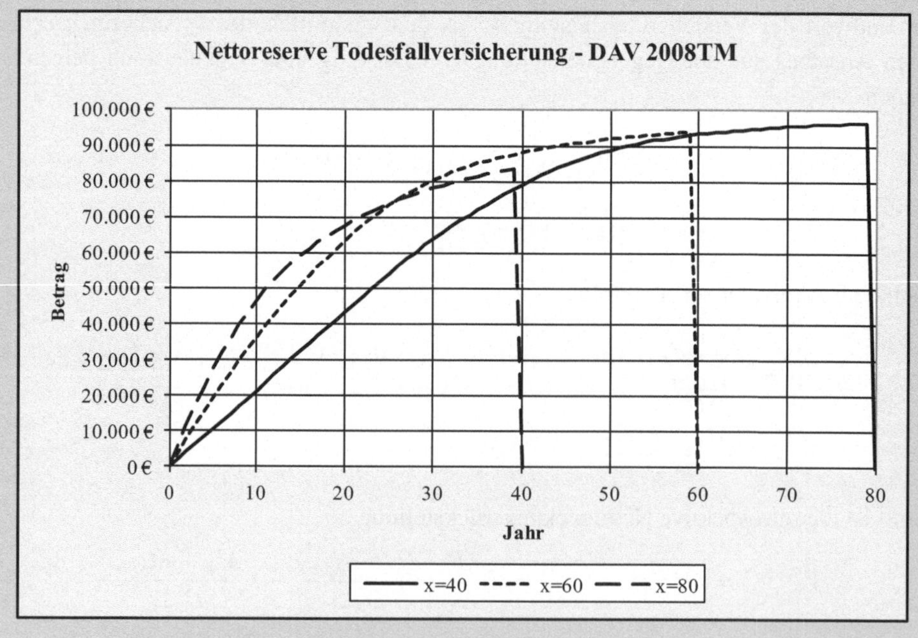

Für die lebenslange Todesfallversicherung gegen Einmalbeitrag ist die prospektive Netto-reserve

$$_tV_x^{NE} = L_{x+t} = SA_{x+t} = S\,\frac{M_{x+t}}{D_{x+t}} \qquad 0 < t \le \omega + 1 - x\,.$$

Auch für diese Versicherung ist die Nettoreserve zu Vertragsbeginn null. Anschließend steigt sie im Laufe der Vertragslaufzeit, da das vorhandene Kapital mit dem Rechnungs-zinssatz verzinst wird. weiter an.

5.1.3   Risikolebensversicherung

Das Nettodeckungskapital der temporären Risikolebensversicherung lässt sich analog be-rechnen. Sei dazu S die Versicherungssumme, n die Vertragslaufzeit, x das Eintrittsalter und B^N der Nettobeitrag. Dann ist für $0 \le t \le n$:

$$_tV_x^N = L_{x+t,\overline{n-t|}} - GL_{x+t,\overline{n-t|}} = S_{n-t}A_{x+t} - B^N\ddot{a}_{x+t,\overline{n-t|}}\,.$$

Ausgedrückt in Kommutationswerten haben wir

$$_tV_x^N = S\,\frac{M_{x+t} - M_{x+n}}{D_{x+t}} - S\,\frac{M_x - M_{x+n}}{N_x - N_{x+n}}\cdot\frac{N_{x+t} - N_{x+n}}{D_{x+t}}\,.$$

Die retrospektive Nettodeckungsrückstellung berechnet man mit Hilfe der vorangegange-nen Bemerkungen über die Berechnung der Endwerte wie folgt

$$\begin{aligned}
_tV_x^{N,\text{retro}} &= GL_{x,\overline{t|}}^{\text{retro}} - L_{x,\overline{t|}}^{\text{retro}}\\
&= B^N\,\frac{N_x - N_{x+t}}{D_{x+t}} - S\,\frac{M_x - M_{x+t}}{D_{x+t}}\\
&= S\,\frac{M_x - M_{x+n}}{N_x - N_{x+n}}\cdot\frac{N_x - N_{x+t}}{D_{x+t}} - S\,\frac{M_x - M_{x+t}}{D_{x+t}}\,.
\end{aligned}$$

Auch für die Risikolebensversicherung kann man die Gleichheit von prospektiver und re-trospektiver Reserve nachrechnen, indem man alle Terme auf den gleichen Nenner bringt.

Beispiel
Den Verlauf des Nettodeckungskapitals der Risikolebensversicherung über 100.000 € für verschiedene Kombinationen aus Eintrittsalter und Vertragslaufzeit erkennen wir anhand der folgenden Grafik; wobei wir die Sterbetafel DAV2008TM für Männer verwendet haben.

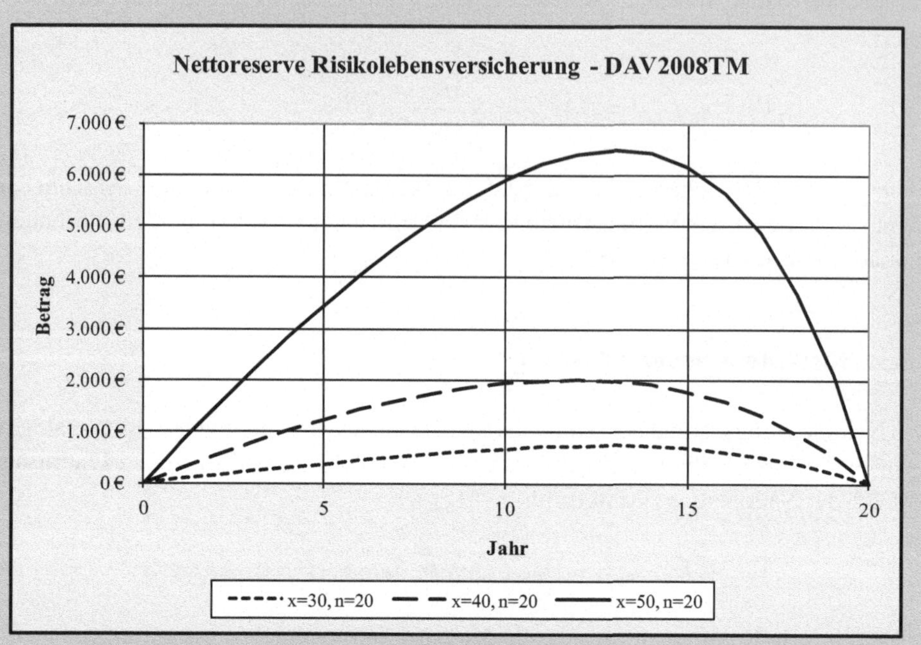

Wir erkennen an der Skala, dass die Nettoreserve der Risikolebensversicherung relativ niedrig ist und deutlich unterhalb derjenigen der Erlebensfallversicherung liegt. Aus kaufmännischer Sicht spielt die Deckungsrückstellung für Risikolebensversicherungen keine so große Rolle wie für Versicherungen mit Erlebensfallleistungen.

Der Vollständigkeit halber ist die Nettoreserve für die temporäre Risikolebensversicherung gegen Einmalbeitrag $_t V_x^{NE} = 0$ für $t = 0$ und ansonsten:

$$_t V_x^{NE} = L_{x+t} = S_{n-t} A_{x+t} = S \frac{M_{x+t} - M_{x+n}}{D_{x+t}} \qquad 0 < t \le n \, .$$

5.1.4 Kapitallebensversicherung

Die Leistungszusage der gemischten Kapitallebensversicherung setzt sich zusammen aus Todesfallleistung und Erlebensfallleistung. Dementsprechend ist die Rückstellung der Kapitallebensversicherung die Summe aus den Reserven der Erlebensfallversicherung und der Risikolebensversicherung. Dieser Umstand liegt in der Linearität des Beitrags und der Reserve in Leistung und Gegenleistung begründet.

Wir wollen die Deckungsrückstellung der Kapitallebensversicherung direkt herleiten. Die Nettoreserve der gemischten Kapitallebensversicherung über die Summe S für eine

x-jährige Person mit n-jähriger Vertragslaufzeit und Nettobeitrag B^N ist für $0 \leq t \leq n$ die Differenz aus dem Barwert zukünftiger Leistungen und zukünftiger Gegenleistungen:

$$_t V_x^N = S A_{x+t,\overline{n-t}|} - B^N \ddot{a}_{x+t,\overline{n-t}|} = S \frac{D_{x+n} + M_{x+t} - M_{x+n}}{D_{x+t}} - B^N \frac{N_{x+t} - N_{x+n}}{D_{x+t}}$$

$$= S \frac{D_{x+n} + M_{x+t} - M_{x+n}}{D_{x+t}} - S \frac{D_{x+n} + M_x - M_{x+n}}{N_x - N_{x+n}} \cdot \frac{N_{x+t} - N_{x+n}}{D_{x+t}} \ .$$

Es gilt hier insbesondere, dass $_0 V_x^N = 0$ und $_n V_x^N = S$ ist. Der Ansatz über die retrospektive Berechnungsweise der Nettoreserve liefert für $0 < t \leq n$

$$_t V_x^{N,\mathrm{retro}} = GL_{x+t,\overline{n-t}|}^{N,\mathrm{retro}} - L_{x+t,\overline{n-t}|}^{N,\mathrm{retro}}$$

$$= B^N \frac{N_x - N_{x+t}}{D_{x+t}} - S \frac{M_x - M_{x+t}}{D_{x+t}}$$

$$= S \frac{D_{x+n} + M_x - M_{x+n}}{N_x - N_{x+n}} \cdot \frac{N_x - N_{x+t}}{D_{x+t}} - S \frac{M_x - M_{x+t}}{D_{x+t}} \ .$$

Dabei beachte man, dass der Endwert der Versicherungsleistung nur Aufwendungen für Todesfälle beinhaltet, denn die Erlebensfallleitung ist erst nach Berechnung der Rückstellung $_n V_x^N$ fällig. Die Gleichheit der prospektiven und retrospektiven Reserve ist hier nicht offensichtlich, lässt sich aber mit etwas Aufwand nachrechnen.

Der Vollständigkeit halber geben wir die Nettoreserve einer Kapitallebensversicherung gegen Einmalbeitrag an:

$$_t V_x^{NE} = L_{x+t,\overline{n-t}|} = S \frac{D_{x+n} + M_{x+t} - M_{x+n}}{D_{x+t}} \qquad \text{für } 0 < t \leq n \ .$$

Außerdem ist dann $_0 V_x^N = 0$. Da die Nettoreserve der Risikolebensversicherung während der gesamten Vertragslaufzeit klein im Vergleich zur Deckungsrückstellung der Erlebensfallversicherung ist, ähnelt der Graph des Deckungskapitals der gemischten Kapitallebensversicherung demjenigen der Erlebensfallversicherung.

Beispiel
Anhand der Sterbetafel DAV2008TM wollen wir den Verlauf des Deckungskapitals für die gemischte Kapitallebensversicherung gegen Einmalbeitrag verdeutlichen. Dazu betrachten wir die Versicherung für eine 25-jährige Person mit Vertragslaufzeit über 40 Jahre und Versicherungssumme 100.000 €.

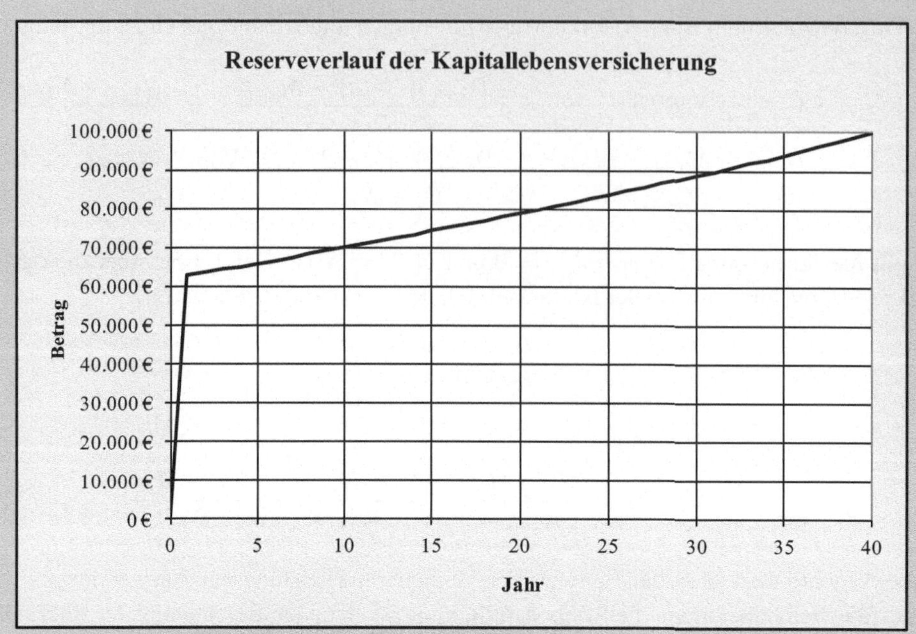

Der Nettoeinmalbeitrag in Höhe von 62.081,07 € wird zu Beginn des Vertrages eingezahlt. Im weiteren Vertragsverlauf steigt das Deckungskapital auf die Erlebensfallsumme an.

5.1.5 Rentenversicherung

Auch für die Altersrentenversicherung lässt sich das prospektive Nettodeckungskapital als Differenz der Barwerte zukünftiger Leistungen und Gegenleistungen berechnen. Es sei dazu B^N der Nettobeitrag der um m Jahre aufgeschobenen lebenslangen Leibrente einer x-jährigen Person mit Rentenhöhe R und Beitragszahlungsdauer über m Jahre. Dann ist für $0 \leq t \leq m$

$$_tV_x^N = R_{m-t|}\ddot{a}_{x+t} - B^N \ddot{a}_{x+t,\overline{m-t|}} = R\frac{N_{x+m}}{D_{x+t}} - R\frac{N_{x+m}}{N_x - N_{x+m}} \cdot \frac{N_{x+t} - N_{x+m}}{D_{x+t}} \,.$$

Für $m \leq t \leq \omega + 1 - x$ sind keine zukünftigen Beiträge zu berücksichtigen sind. Folglich ist die Nettoreserve gleich dem zukünftigen Leistungsbarwert:

$$_tV_x^N = R\ddot{a}_{x+t} = R\frac{N_{x+t}}{D_{x+t}} \,.$$

Für $t = m$ liefern beide Formeln dasselbe Ergebnis. Weiterhin wollen wir für $0 \le t \le m$ die retrospektive Deckungsrückstellung betrachten, die sich direkt aus den eingenommenen Beiträgen ergibt

$$_t V_x^{N,\text{retro}} = GL_{x+t}^{N,\text{retro}} - L_{x+t}^{N,\text{retro}} = B^N \frac{N_x - N_{x+t}}{D_{x+t}} = R \frac{N_{x+m}}{N_x - N_{x+m}} \cdot \frac{N_x - N_{x+t}}{D_{x+t}} \,,$$

da während der Beitragszahlungsdauer keine Rentenzahlungen fällig sind. Der Leser sei eingeladen, auch hier zur Übung nachzuweisen, dass $_t V_x^N = {}_t V_x^{N,\text{retro}}$ ist. Für $m \le t \le \omega + 1 - x$ betrachten wir die Differenz der Endwerte

$$_t V_x^{N,\text{retro}} = B^N \ddot{s}_{x,\overline{m}|} - R \ddot{s}_{x+m,\,\overline{t-m}|} = B^N \frac{N_x - N_{x+m}}{D_{x+t}} - R \frac{N_{x+m} - N_{x+t}}{D_{x+t}} \,.$$

Beispiel
Der folgende Graph zeigt anhand der Sterbetafel DAV2004RM das Nettodeckungskapital für eine Leibrentenversicherung mit Beitragszahlungsdauer bis zum Alter 65, die bis zum Renteneintrittsalter 65 aufgeschoben ist, für eine 30-jährige Person bezüglich der jährlichen Rente von 12.000 €.

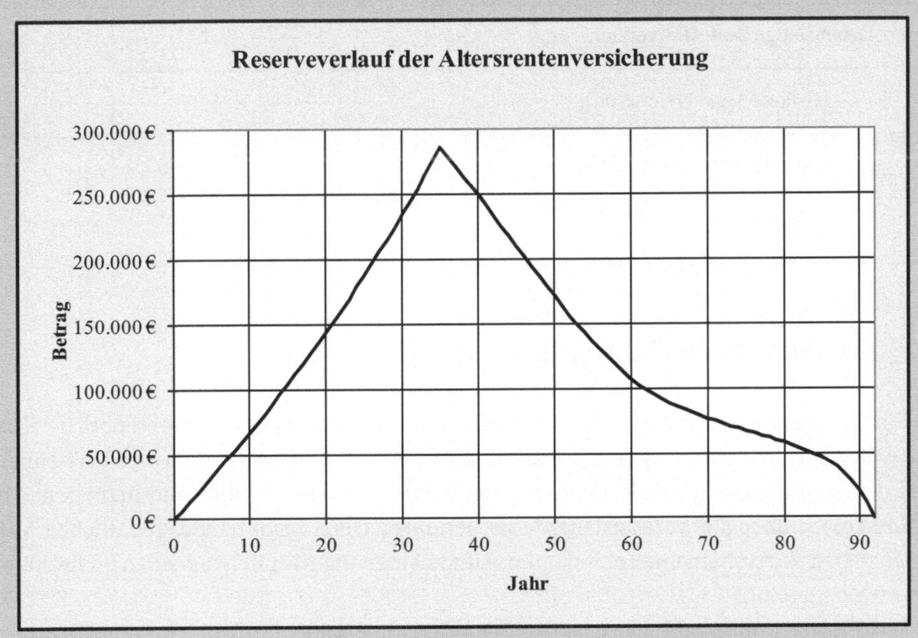

> Bis zum Alter 65 gleicht der Graph der Nettoreserve der Rentenversicherung demjenigen für eine Erlebensfallversicherung. Anschließend ist der Verlauf identisch mit der Reserve einer lebenslangen Leibrente gegen Einmalbeitrag.

Der Vollständigkeit halber ist die Nettodeckungsrückstellung bei Zahlung einer Einmalprämie

$$_tV_x^{NE} = L_{x+t} = R\frac{N_{x+t}}{D_{x+t}} \qquad 0 < t \leq \omega + 1 - x \; .$$

Auch hier gilt, wie immer, dass $_0V_x^{NE} = 0$ ist.

5.1.6 Formeln für typische Nettoreserven

Die typischen Nettoreserven der klassischen fünf Lebensversicherungsprodukte sind hier noch einmal zusammengefasst.

Produkt	Typische Nettoreserve
Erlebensfallversicherung	$S\dfrac{D_{x+n}}{D_{x+t}} - B^N\dfrac{N_{x+t} - N_{x+n}}{D_{x+t}}$
Lebenslange Todesfallversicherung	$S\dfrac{M_{x+t}}{D_{x+t}} - B^N\dfrac{N_{x+t}}{D_{x+t}}$
Risikolebensversicherung	$S\dfrac{M_{x+t} - M_{x+n}}{D_{x+t}} - B^N \cdot \dfrac{N_{x+t} - N_{x+n}}{D_{x+t}}$
Kapitallebensversicherung	$S\dfrac{D_{x+n} + M_{x+t} - M_{x+n}}{D_{x+t}} - B^N\dfrac{N_{x+t} - N_{x+n}}{D_{x+t}}$
Rentenversicherung	$R\dfrac{N_{x+m}}{D_{x+t}} - B^N\dfrac{N_{x+t} - N_{x+m}}{D_{x+t}}$

5.2 Gezillmerte Deckungsrückstellung

Jedem Versicherer entstehen beim Abschluss einer Lebensversicherung erhebliche Kosten, welche als Investition in eine geschäftliche Unternehmung aufgefasst werden können. Aus diesem Grund streben Versicherungsunternehmen danach, ihre unmittelbaren Abschlusskosten über die Vertragslaufzeit zu verteilen. Denn nach handelsrechtlichen Vorgaben haben Wirtschaftsunternehmen im Allgemeinen die Möglichkeit zur Abschreibung ihrer Investitionen.

Die **Zillmerung** manifestiert faktisch eine Kreditvergabe des Versicherungsunternehmens an den Versicherten zur Finanzierung der durch den Vertragsabschluss entstehenden unmittelbaren Kosten. Die Rückzahlung dieser Schulden erfolgt durch die Beitragszahlung. Dabei spielt es faktisch keine Rolle, ob der Vertrieb tatsächlich ausgegliedert ist.

Die unternehmerischen Belastungen durch die Abschlusskostenfinanzierung können somit über die Zeit verteilt werden. Die Vorgehensweise entspricht der Praxis in anderen Branchen, insbesondere der produzierenden Industrie. Zur Anschaffung einer neuen Maschine können die Kosten über einen festgelegten Zeitraum abgeschrieben werden. Die Investition wird nicht selten durch einen Bankkredit finanziert.

Nachteilig wirkt sich aus, dass der Gesetzgeber für Privatpersonen bislang keine Möglichkeit zur steuerlichen Absetzbarkeit der Abschlusskosten einer Lebensversicherung vorgesehen hat. Letztendlich stellt jedoch insbesondere eine kapitalbildende Versicherung oftmals eine private Investition zur Absicherung des zukünftigen Lebensstandards dar.

Für die Versicherungsbranche gibt es einen entscheidenden Unterschied: das nötige Geld für die Initiierung des Versicherungsvertrags stammt nicht von einer Finanzinstitution sondern vom Versicherten. Die Provision schmälert damit das Guthaben des Versicherungsnehmers beim Versicherungsunternehmen. Besonders spürbar ist dieser unschöne Umstand in frühen Versicherungsjahren, wie wir noch sehen werden.

Unmittelbare Abschlusskosten stellen also negative Verbindlichkeiten des Versicherungsunternehmens dar. Der Versicherte schuldet dem Unternehmen die Provision zur Vermittlung des Lebensversicherungsvertrages. Die α^Z-Kosten werden deshalb dem Guthaben des Versicherten belastet. Dadurch wird die Reserve zu Vertragsbeginn negativ. Diese Vorgehensweise führt auf das Konzept der gezillmerten Deckungsrückstellung.

Im Folgenden gehen wir ohne Beschränkung der Allgemeinheit davon aus, dass die Abschlusskosten, wie früher üblich, auf die Versicherungssumme bezogen sind. Der einzige Grund dieser Vereinbarung ist, dass wir Beispiele durchrechnen können, ohne vorher Bruttobeiträge ermitteln zu müssen. Ergänzend sei erwähnt, dass die Begriffe **gezillmerte Deckungsrückstellung**, **Zillmerreserve**, **gezillmertes Nettodeckungskapital** in der Praxis synonym verwendet werden.

5.2.1 Erlebens- und Todesfallversicherungen

Die gezillmerte Deckungsrückstellung der Erlebensfallversicherung berechnet man wie gewohnt als Differenz des zukünftigen Versicherungsbarwerts und des Barwerts der zukünftigen Beiträge. Es sei S die Versicherungssumme, n die Vertragslaufzeit und B^Z die gezillmerten Nettoprämie für eine x-jährige Person. Die α^Z-Kosten mögen sich auf die Versicherungssumme S beziehen. Dann ist für $0 \leq t \leq n$:

$$_tV_x^Z = S \cdot_{n-t} E_{x+t} - B^Z \ddot{a}_{x+t,\overline{n-t}|} = S \frac{D_{x+n}}{D_{x+t}} - S \frac{D_{x+n} + \alpha^Z D_x}{N_x - N_{x+n}} \cdot \frac{N_{x+t} - N_{x+n}}{D_{x+t}}.$$

Wir erkennen, dass obige Definition der gezillmerten Reserve nicht mit dem versicherungsmathematischen Äquivalenzprinzip konsistent ist, da die einmaligen Abschlusskosten, die sich hier auf die Versicherungssumme beziehen, im Fall $t = 0$ unberücksichtigt geblieben sind. Konkret ist nämlich $_0V_x^Z = -S\alpha^Z$, wie man durch Einsetzen nachvollziehen kann. Somit ist das gezillmerte Deckungskapital anfänglich negativ. Die anfängliche Höhe entspricht der negativen Abschlussprovision. Diese Festlegung liegt darin begründet, dass wir im Hinblick auf die Reserveberechnung annehmen, dass die einmaligen

Abschlusskosten vor dem eigentlichen Vertragsbeginn anfallen. Dadurch erhalten wir eine klare Trennung von Nettoreserve und gezillmerter Reserve, wie wir an folgendem Beispiel erkennen können.

Beispiel

Die folgende Grafik zeigt das gezillmerte Nettodeckungskapital der Erlebensfallversicherung über 100.000 € im Vergleich mit dem Nettodeckungskapital selbiger Versicherung für eine 25-jährige Person mit 40-jähriger Vertragslaufzeit. Die unmittelbaren Abschlusskosten mögen 3,5 % der Versicherungssumme betragen. Mit der Sterbetafel DAV2004RM berechnen wir den Reserveverlauf.

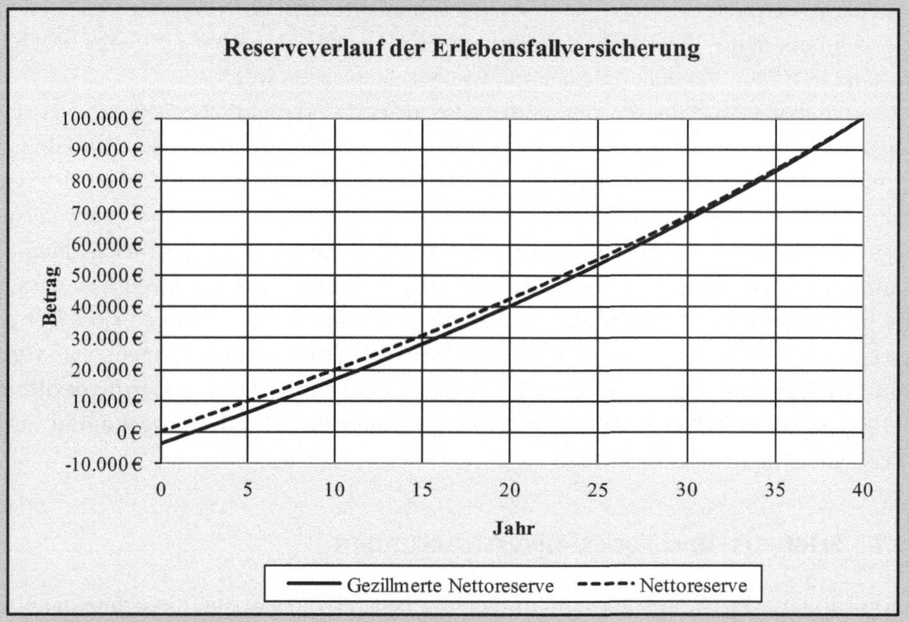

Wir erkennen daran, dass die gezillmerte Deckungsrückstellung im Jahr null genau −3.500 € beträgt, also gerade das Negative der unmittelbaren Abschlusskosten ist. Im Verlauf der Zeit nähert sich die gezillmerte Nettoreserve immer mehr der Nettoreserve an, bis beide Rückstellungen am Ende der Vertragslaufzeit identisch sind, nämlich gleich der Versicherungssumme von 100.000 €.

Analoge Feststellungen lassen sich auch für die nachfolgenden Versicherungsbeispiele machen: Zu Vertragsbeginn ist die gezillmerte Nettoreserve stets gleich dem Negativen der vorfinanzierten einmaligen Abschlusskosten. Im Vertragsverlauf nähern sich beide Rückstellungen an, bis am Ende der Beitragszahlungsdauer die gezillmerte Nettoreserve gleich der Nettoreserve ist.

Die Risikolebensversicherung und die gemischte Kapitallebensversicherung lassen sich ganz analog zur Erlebensfallversicherung darstellen. Die gezillmerte Nettodeckungsrückstellung der temporären Risikolebensversicherung der Höhe S mit n-jähriger Vertragsdauer für eine x-jährige Person mit jährlichem gezillmerten Nettobeitrag B^Z ist für $0 \le t \le n$:

$$
\begin{aligned}
{}_t V_x^Z &= S_{n-t} A_{x+t} - B^Z \ddot{a}_{x+t,\overline{n-t}|} \\
&= S \frac{M_{x+t} - M_{x+n}}{D_{x+t}} - S \frac{M_x - M_{x+n} + \alpha^Z D_x}{N_x - N_{x+n}} \cdot \frac{N_{x+t} - N_{x+n}}{D_{x+t}} \; .
\end{aligned}
$$

Für die Kapitallebensversicherung mit Versicherungssumme S und Vertragslaufzeit n Jahre für eine x-jährige Person sei B^Z die jährliche gezillmerte Nettoprämie. Dann ist die gezillmerte Nettodeckungsrückstellung für $0 \le t \le n$

$$
\begin{aligned}
{}_t V_x^Z &= S A_{x+t,\overline{n-t}|} - B^Z \ddot{a}_{x+t,\overline{n-t}|} \\
&= S \frac{D_{x+n} + M_{x+t} - M_{x+n}}{D_{x+t}} - S \frac{D_{x+n} + M_x - M_{x+n} + \alpha^Z D_x}{N_x - N_{x+n}} \cdot \frac{N_{x+t} - N_{x+n}}{D_{x+t}} \; .
\end{aligned}
$$

Das gezillmerte Deckungskapital ist also immer niedriger als das Nettodeckungskapital. Die Differenz kann als **noch nicht getilgte Abschlusskosten** interpretiert werden. Wir erkennen den Zusammenhang zwischen Nettoreserve und Zillmerreserve aus obiger Formel:

$$
{}_t V_x^Z = {}_t V_x^N - \alpha^Z S \frac{\ddot{a}_{x+t,\overline{n-t}|}}{\ddot{a}_{x,\overline{n}|}} \; .
$$

Für den Fall, dass die α^Z-Kosten von der Beitragssumme abhängen, ist es notwendig, zunächst den ausreichenden Bruttobeitrag B^B zu berechnen. Wir wissen, dass

$$
B^B = S \frac{A_{x,\overline{n}|} + \alpha^\gamma \ddot{a}_{x,\overline{n}|} + \gamma_1 \ddot{a}_{x,\overline{n}|} + \gamma_2 \ddot{a}_{x,\overline{n}|}}{(1-\beta)\ddot{a}_{x,\overline{n}|} - \alpha^Z n}
$$

ist. Die gezillmerte Nettoprämie wird berechnet, indem als Kostenbestandteil lediglich die unmittelbaren Abschlusskosten berücksichtigt werden. Es gilt also:

$$
B^Z = \frac{S A_{x,\overline{n}|} + \alpha^Z n B^B}{\ddot{a}_{x,\overline{n}|}} = \frac{S(D_{x+n} + M_x - M_{x+n}) + \alpha^Z n B^B D_x}{N_x - N_{x+n}} \; .
$$

Das gezillmerte Deckungskapital wird dann analog zum Nettodeckungskapital mit der gezillmerten Nettoprämie im Abzugsglied berechnet:

$$
\begin{aligned}
{}_t V_x^Z &= S A_{x+t,\overline{n-t}|} - B^Z \ddot{a}_{x+t,\overline{n-t}|} = S \frac{D_{x+n} + M_{x+t} - M_{x+n}}{D_{x+t}} \\
&\quad - \frac{S(D_{x+n} + M_x - M_{x+n}) + \alpha^Z n B^B D_x}{N_x - N_{x+n}} \cdot \frac{N_{x+t} - N_{x+n}}{D_{x+t}} \; .
\end{aligned}
$$

Somit gilt auch in diesem Fall der analoge Zusammenhang zwischen Nettoreserve und Zillmerreserve:

$$_tV_x^Z = {}_tV_x^N - \alpha^Z n B^B \frac{\ddot{a}_{x+t,\overline{n-t}|}}{\ddot{a}_{x,\overline{n}|}} \,.$$

Schließlich betrachten wir der Vollständigkeit halber die lebenslange Todesfallversicherung. Mit Hilfe der jährlichen gezillmerten Nettoprämie B^Z für die Versicherungssumme S bei lebenslanger Beitragszahlungsdauer für eine x-jährige Person können wir die gezillmerte Deckungsrückstellung analog berechnen. Die Abschlusskosten seien wiederum $\alpha^Z S$. Für $0 \leq t \leq \omega + 1 - x$ gilt dann:

$$_tV_x^Z = SA_{x+t} - B^Z \ddot{a}_{x+t} = S\frac{M_{x+t}}{D_{x+t}} - S\frac{M_x + \alpha^Z D_x}{N_x} \cdot \frac{N_{x+t} - N_{x+n}}{D_{x+t}} \,.$$

5.2.2 Rentenversicherung

Das gezillmerte Nettodeckungskapital der um m Jahre aufgeschobenen lebenslangen vorschüssigen Leibrente einer ursprünglich x-jährigen Person in Höhe von jährlich R mit Beitragszahlungsdauer über $h < m$ Jahre in Höhe des jährlich gezillmerten Nettobeitrags B^Z ist für $0 \leq t \leq h$:

$$_tV_x^Z = R_{m-t|}\ddot{a}_{x+t} - B^Z \ddot{a}_{x+t,\overline{h-t}|} \,.$$

Ausgedrückt in Kommutationswerten ist

$$_tV_x^Z = R\frac{N_{x+m}}{D_{x+t}} - B^Z \frac{N_{x+t} - N_{x+h}}{D_{x+t}} = R\frac{N_{x+m}}{D_{x+t}} - R\frac{N_{x+m} + \alpha^Z D_x}{N_x - N_{x+h}} \cdot \frac{N_{x+t} - N_{x+h}}{D_{x+t}} \,.$$

Für $h \leq t \leq m$ gilt

$$_tV_x^Z = R_{m-t|}\ddot{a}_{x+t} = R\frac{N_{x+m}}{D_{x+t}}$$

und für $m \leq t \leq \omega + 1 - x$ ist

$$_tV_x^Z = R\ddot{a}_{x+t} = R\frac{N_{x+t}}{D_{x+t}} \,.$$

Wir erkennen, dass die Zillmerreserve für $t \geq m$ gleich der Nettoreserve ist, denn die einmaligen Abschlusskosten werden im Verlauf der Beitragszahlungsdauer getilgt.

Beispiel

Wir betrachten die aufgeschobene Altersrentenversicherung mit folgenden Parametern: $x = 30$, $m = 20$, $n = 35$, $R = 12.000$. Der Beitrag dieser Versicherung ist so hoch, dass das gezillmerte Deckungskapital bereits nach einem Jahr positiv wird. Nach Ablauf der Beitragszahlungsdauer gleicht der Verlauf der Zillmerreserve der einer Versicherung gegen Einmalbeitrag: Die Rückstellung steigt exponentiell an, bis der Renteneintritt erreicht ist. In der Auszahlungsphase fällt die Reserve monoton. In den rechnerisch letzten Lebensjahren fällt sie schnell auf null. Anhand der Sterbetafel DAV2004RM ergibt sich folgendes Bild.

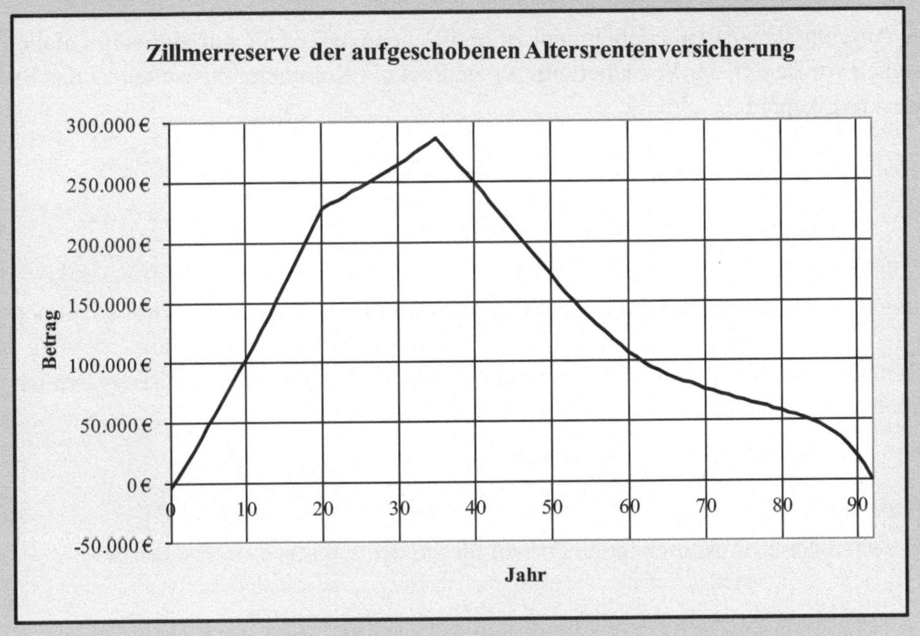

5.3 Bruttodeckungsrückstellung

Im Unterschied zur Nettodeckungsrückstellung werden wir in diesem Abschnitt die **Kostenzuschläge** als dritte Rechnungsgrundlage in unsere Berechnungen mit einbeziehen. Nach der prospektiven Methode werden wir das so genannte **Bruttodeckungskapital** für die klassischen Produkte der Lebensversicherung herleiten.

5.3.1 Erlebensfallversicherung

Ausgehend von typischen Kostensätzen haben wir gesehen, wie man die jährliche Bruttoprämie B^B der Erlebensfallversicherung der Höhe S mit n-jähriger Vertrags- und h-jähriger Beitragszahlungsdauer für eine x-jährige Person berechnet. Darauf aufbauend lässt sich das Bruttodeckungskapital aufstellen. Dazu haben wir sämtliche Leistungsarten in Betracht zu ziehen. Für $0 \leq t \leq h$ ist die Differenz des Leistungsbarwerts und des Gegenleistungsbarwerts im Alter $x + t$ bei typischen Kostensätzen

$$_tV_x^B = S_{n-t}E_{x+t} + (\alpha^\gamma + \gamma_1)S\ddot{a}_{x+t,\overline{h-t}|} + \beta B^B \ddot{a}_{x+t,\overline{h-t}|} + \gamma_2 S\ddot{a}_{x+t,\overline{n-t}|}$$
$$ - B^B \ddot{a}_{x+t,\overline{h-t}|} \ .$$

Die Abschlusskosten sind dabei nicht zu berücksichtigen, da sie nur einmalig anfallen – nämlich vor Beginn der Versicherung. Ausgedrückt in Kommutationswerten ist das Bruttodeckungskapital

$$_tV_x^B = S \frac{D_{x+n} + (\alpha^\gamma + \gamma_1 + \gamma_2)N_{x+t} - (\alpha^\gamma + \gamma_1)N_{x+h} - \gamma_2 N_{x+n}}{D_{x+t}}$$
$$ - (1 - \beta)B^B \frac{N_{x+t} - N_{x+h}}{D_{x+t}} \ .$$

Tatsächlich kann man das Bruttodeckungskapital in Beziehung setzen zum gezillmerten Nettodeckungskapital. Dazu unterscheiden wir die zwei Fälle zur Berücksichtigung der Abschlussprovision. Es sei $\alpha^Z S$ die einmaligen Abschlusskosten. Dann ist der Bruttobeitrag

$$B^B = S \frac{{}_nE_x + (\alpha^\gamma + \gamma_1)\ddot{a}_{x,\overline{h}|} + \gamma_2 \ddot{a}_{x,\overline{n}|} + \alpha^Z}{(1 - \beta)\ddot{a}_{x,\overline{h}|}} \ .$$

Wir setzen diesen Ausdruck in die Formel für die Bruttoreserve ein und erhalten:

$$_tV_x^B = S_{n-t}E_{x+t} + (\alpha^\gamma + \gamma_1)S\ddot{a}_{x+t,\overline{h-t}|} + \gamma_2 S\ddot{a}_{x+t,\overline{n-t}|}$$
$$ - (1 - \beta)S \frac{{}_nE_x + (\alpha^\gamma + \gamma_1)\ddot{a}_{x,\overline{h}|} + \gamma_2 \ddot{a}_{x,\overline{n}|} + \alpha^Z}{(1 - \beta)\ddot{a}_{x,\overline{h}|}\ddot{a}_{x+t,\overline{h-t}|}} \ .$$

Dabei hebt sich Einiges auf, sodass nach Zusammenfassen und Orden gilt:

$$_tV_x^B = S_{n-t}E_{x+t} - S \frac{{}_nE_x + \alpha^Z}{\ddot{a}_{x,\overline{h}|}}\ddot{a}_{x+t,\overline{h-t}|} + \gamma_2 S \left(\ddot{a}_{x+t,\overline{n-t}|} - \frac{\ddot{a}_{x,\overline{n}|}}{\ddot{a}_{x,\overline{h}|}}\ddot{a}_{x+t,\overline{h-t}|} \right) \ .$$

Dabei ergeben die ersten beiden Summanden genau die Zillmerreserve, so dass

$$_tV_x^B = {}_tV_x^Z + \gamma_2 S \left(\ddot{a}_{x+t,\overline{n-t}|} - \frac{\ddot{a}_{x,\overline{n}|}}{\ddot{a}_{x,\overline{h}|}}\ddot{a}_{x+t,\overline{h-t}|} \right) \ .$$

Wir erkennen an dieser Formel, dass die Terme bezüglich der Kostensätze α^γ, β und γ_1 weggefallen sind. Der Grund ist, dass diese Kosten gleichzeitig mit der Beitragszahlung anfallen. Es gibt demnach keinen Grund, für diese Kosten Rückstellungen zu bilden; denn die zugehörigen Aufwendungen können direkt aus den laufenden Beitragseinnahmen finanziert werden. Der Term bezüglich der γ_2-Kosten entfällt ebenfalls, falls die Vertragsdauer gleich der Beitragszahlungsdauer ist. Falls also $n = h$ ist, so ist die Bruttoreserve identisch mit der gezillmerten Reserve. Tatsächlich verwenden einige Versicherungsunternehmen die gezillmerte Reserve als Näherung für die Bruttoreserve.

Der genannte Zusammenhang bleibt auch dann gültig, wenn sich die α^Z-Kosten auf die Beitragssumme bezogen sind. Die Umformungen sind in diesem Fall etwas komplexer. Es sei $\alpha^Z h B^B$ die einmaligen Abschlusskosten. Dann ist der Bruttobeitrag

$$B^B = S\,\frac{{}_nE_x + \alpha^\gamma \ddot{a}_{x,\overline{h}|} + \gamma_1 \ddot{a}_{x,\overline{h}|} + \gamma_2 \ddot{a}_{x,\overline{n}|}}{(1-\beta)\ddot{a}_{x,\overline{h}|} - \alpha^Z h}\;.$$

Wir addieren und subtrahieren nun den Term $\frac{\alpha^Z h B^B}{\ddot{a}_{x,\overline{h}|}\ddot{a}_{x+t,\overline{h-t}|}}$ in der Formel für die Bruttoreserve und erhalten

$$\begin{aligned}
{}_tV_x^B &= S_{n-t}E_{x+t} + S\alpha^\gamma \ddot{a}_{x+t,\overline{h-t}|} + S\gamma_1 \ddot{a}_{x+t,\overline{h-t}|} + S\gamma_2 \ddot{a}_{x+t,\overline{n-t}|} \\
&\quad - \left((1-\beta) - \frac{\alpha^Z h}{\ddot{a}_{x,\overline{h}|}}\right) B^B \ddot{a}_{x+t,\overline{h-t}|} - \frac{\alpha^Z h B^B}{\ddot{a}_{x,\overline{h}|}} \ddot{a}_{x+t,\overline{h-t}|}\,.
\end{aligned}$$

Daraus folgt durch Einsetzen des Bruttobeitrags

$$\begin{aligned}
{}_tV_x^B &= S_{n-t}E_{x+t} + S\alpha^\gamma \ddot{a}_{x+t,\overline{h-t}|} + S\gamma_1 \ddot{a}_{x+t,\overline{h-t}|} + S\gamma_2 \ddot{a}_{x+t,\overline{n-t}|} - \frac{\alpha^Z h B^B}{\ddot{a}_{x,\overline{h}|}} \ddot{a}_{x+t,\overline{h-t}|} \\
&\quad + \left((\beta-1) + \frac{\alpha^Z h}{\ddot{a}_{x,\overline{h}|}}\right) S\,\frac{{}_nE_x + \alpha^\gamma \ddot{a}_{x,\overline{h}|} + \gamma_1 \ddot{a}_{x,\overline{h}|} + \gamma_2 \ddot{a}_{x,\overline{n}|}}{\ddot{a}_{x,\overline{h}|}\left((1-\beta) - \frac{\alpha^Z h}{\ddot{a}_{x,\overline{h}|}}\right)} \ddot{a}_{x+t,\overline{h-t}|}\,.
\end{aligned}$$

Damit vereinfacht sich die Darstellung zu

$$\begin{aligned}
{}_tV_x^B &= S_{n-t}E_{x+t} + S(\alpha^\gamma + \gamma_1)\ddot{a}_{x+t,\overline{h-t}|} + S\gamma_2 \ddot{a}_{x+t,\overline{n-t}|} - \frac{\alpha^Z h B^B}{\ddot{a}_{x,\overline{h}|}} \ddot{a}_{x+t,\overline{h-t}|} \\
&\quad - S\frac{{}_nE_x}{\ddot{a}_{x,\overline{h}|}} \ddot{a}_{x+t,\overline{h-t}|} - S(\alpha^\gamma + \gamma_1)\frac{\ddot{a}_{x,\overline{h}|}}{\ddot{a}_{x,\overline{h}|}} \ddot{a}_{x+t,\overline{h-t}|} - S\gamma_2 \frac{\ddot{a}_{x,\overline{n}|}}{\ddot{a}_{x,\overline{h}|}} \ddot{a}_{x+t,\overline{h-t}|}\,.
\end{aligned}$$

Schließlich erhalten wir durch Zusammenfassen:

$${}_tV_x^B = S_{n-t}E_{x+t} - \frac{S_nE_x - \alpha^Z h B^B}{\ddot{a}_{x,\overline{h}|}} \ddot{a}_{x+t,\overline{h-t}|} + S\gamma_2\left(\ddot{a}_{x+t,\overline{n-t}|} - \frac{\ddot{a}_{x,\overline{n}|}}{\ddot{a}_{x,\overline{h}|}\ddot{a}_{x+t,\overline{h-t}|}}\right)\,.$$

Insbesondere erkennen wir für $0 \leq t \leq h$ wiederum den direkten Zusammenhang zwischen dem Bruttodeckungskapital und dem gezillmerten Nettodeckungskapital:

$$_t V_x^B = {_t}V_x^Z + \gamma_2 S \left(\ddot{a}_{x+t,\overline{n-t}|} - \frac{\ddot{a}_{x,\overline{n}|}}{\ddot{a}_{x,\overline{h}|}} \ddot{a}_{x+t,\overline{h-t}|} \right) .$$

Der Vollständigkeit halber ist für $h \leq t \leq n$:

$$_t V_x^B = S_{n-t} E_{x+t} + \gamma_2 S \ddot{a}_{x+t,\overline{n-t}|} = S \frac{D_{x+n}}{D_{x+t}} + S \gamma_2 \frac{N_{x+t} - N_{x+n}}{D_{x+t}} ,$$

da die Beiträge und beitragsabhängigen Kosten wegfallen.

5.3.2 Lebenslange Todesfallversicherung

Wir betrachten nun die lebenslange Todesfallversicherung der Höhe S mit Beitragszahlungsdauer von h Jahren für eine x-jährige Person mit der jährlich ausreichenden Bruttoprämie B^B. Für $0 \leq t \leq h$ ist das Bruttodeckungskapital unter Einbeziehung typischer Kosten

$$\begin{aligned}
_t V_x^B &= S A_{x+t} + \alpha^\gamma S \ddot{a}_{x+t} + \beta B^B \ddot{a}_{x+t,\overline{h-t}|} + \gamma_1 S \ddot{a}_{x+t} + \gamma_2 S \ddot{a}_{x+t} - B^B \ddot{a}_{x+t,\overline{h-t}|} \\
&= S \frac{M_{x+t} + (\alpha^\gamma + \gamma_1 + \gamma_2) N_{x+t}}{D_{x+t}} - B^B \frac{(1 - \beta)(N_{x+t} - N_{x+h})}{D_{x+t}} .
\end{aligned}$$

Setzen wir in diese Formel den Bruttobeitrag ein, so finden wir nach einigen Umformungen analog zur Erlebensfallversicherung heraus, dass

$$_t V_x^B = S A_{x+t} - S \frac{A_x + \alpha^Z}{\ddot{a}_{x,\overline{h}|}} \ddot{a}_{x+t,\overline{h-t}|} + (\alpha^\gamma + \gamma_1 + \gamma_2) S \left(\ddot{a}_{x+t} - \frac{\ddot{a}_x}{\ddot{a}_{x,\overline{h}|}} \ddot{a}_{x+t,\overline{h-t}|} \right)$$

gilt. Dabei ist es irrelevant, ob sich die Abschlusskosten auf die Versicherungssumme oder aber auf die Beitragssumme beziehen. Also gilt auch hier, dass für $0 \leq t \leq h$

$$_t V_x^B = {_t}V_x^Z + (\alpha^\gamma + \gamma_1 + \gamma_2) S \left(\ddot{a}_{x+t} - \frac{\ddot{a}_x}{\ddot{a}_{x,\overline{h}|}} \ddot{a}_{x+t,\overline{h-t}|} \right)$$

ist. Falls die Beitragszahlungsdauer lebenslänglich ist, so stimmt die Bruttoreserve mit der gezillmerten Nettoreserve überein. Denn es gilt $\ddot{a}_{x,\overline{\omega}|} = \ddot{a}_x$ sowie $\ddot{a}_{x+t,\overline{\omega-t}|} = \ddot{a}_{x+t}$ und damit entfällt in diesem Fall der zweite Summand.

Der Vollständigkeit halber gilt für $t \geq h$

$$_t V_x^B = S A_{x+t} + \alpha^\gamma S \ddot{a}_{x+t} + \gamma_1 S \ddot{a}_{x+t} + \gamma_2 S \ddot{a}_{x+t} = S \frac{M_{x+t} + (\alpha^\gamma + \gamma_1 + \gamma_2) N_{x+t}}{D_{x+t}} .$$

5.3.3 Risikolebensversicherung

Es sei B^B die jährlich ausreichende Bruttoprämie der temporären Risikolebensversicherung der Höhe S mit n-jähriger Vertragsdauer und h-jähriger Beitragszahlungsdauer für eine x-jährige Person. Dann ist das Bruttodeckungskapital für $0 \leq t \leq h$

$$_tV_x^B = S_{n-t}A_{x+t} + (\alpha^\gamma + \gamma_1)S\ddot{a}_{x+t,\overline{h-t}|} + \beta B^B\ddot{a}_{x+t,\overline{h-t}|} + \gamma_2 S\ddot{a}_{x+t,\overline{n-t}|}$$
$$- B^B\ddot{a}_{x+t,\overline{h-t}|} \ .$$

Ausgedrückt in Kommutationswerten ist

$$_tV_x^B = S\frac{M_{x+t} - M_{x+n} + (\alpha^\gamma + \gamma_1 + \gamma_2)N_{x+t} - (\alpha^\gamma + \gamma_1)N_{x+h} - \gamma_2 N_{x+n}}{D_{x+t}}$$
$$- B^B\frac{(1-\beta)(N_{x+t} - N_{x+h})}{D_{x+t}} \ .$$

Für $0 \leq t \leq h$ erhalten wir in Analogie zu obigen Resultaten durch äquivalente Umformungen den bekannten Zusammenhang zwischen Bruttoreserve und Zillmerreserve

$$_tV_x^B = {}_tV_x^Z + \gamma_2 S\left(\ddot{a}_{x+t,\overline{n-t}|} - \frac{\ddot{a}_{x,\overline{n}|}}{\ddot{a}_{x,\overline{h}|}\ddot{a}_{x+t,\overline{h-t}|}}\right) \ .$$

Für $h \leq t \leq n$ haben wir lediglich den zukünftigen Leistungsbarwert zu betrachten, da die Beitragszahlungsdauer abgelaufen ist:

$$_tV_x^B = S_{n-t}A_{x+t} + \gamma_2 S\ddot{a}_{x+t,\overline{n-t}|} = S\frac{M_{x+t} - M_{x+n} + \gamma_2(N_{x+t} - N_{x+n})}{D_{x+t}} \ .$$

5.3.4 Kapitallebensversicherung

Die Bruttodeckungsrückstellung der gemischten Kapitallebensversicherung lässt sich analog berechnen. Sei dazu B^B der jährliche Bruttobeitrag für eine x-jährige Person bei gegebener Versicherungssumme S, Vertragslaufzeit n Jahre und Beitragszahlungsdauer h Jahre. Dann ist die Differenz der Barwerte für $0 \leq t \leq h$

$$_tV_x^B = SA_{x+t,\overline{n-t}|} + (\alpha^\gamma + \gamma_1)S\ddot{a}_{x+t,\overline{h-t}|} + \beta B^B\ddot{a}_{x+t,\overline{h-t}|} + \gamma_2 S\ddot{a}_{x+t,\overline{n-t}|} - B^B\ddot{a}_{x+t,\overline{h-t}|}$$

und entsprechend in Kommutationswerten

$$_tV_x^B = S\frac{M_{x+t} - M_{x+n} + D_{x+n} + (\alpha^\gamma + \gamma_1 + \gamma_2)N_{x+t} - (\alpha^\gamma + \gamma_1)N_{x+h} - \gamma_2 N_{x+n}}{D_{x+t}}$$
$$- B^B\frac{(1-\beta)(N_{x+t} - N_{x+h})}{D_{x+t}} \ .$$

Wie auch für die übrigen klassischen Lebensversicherungsprodukte, so gilt auch hier, wie sich der Leser selbst überzeugen möge, durch Einsetzen des Bruttobeitrags, dass für $0 \leq t \leq h$

$$_t V_x^B = {}_t V_x^Z + \gamma_2 S \left(\ddot{a}_{x+t,\overline{n-t|}} - \frac{\ddot{a}_{x,\overline{n|}}}{\ddot{a}_{x,\overline{h|}}} \ddot{a}_{x+t,\overline{h-t|}} \right) .$$

Dabei spielt es keine Rolle, ob sich die α^Z-Kosten auf die Versicherungssumme oder die Beitragssumme beziehen. Wenn $h \leq t \leq n$ gilt, so ist die Beitragszahlungsdauer abgelaufen. Deshalb ist in diesem Fall die Bruttoreserve gleich dem zukünftigen Leistungsbarwert

$$_t V_x^B = S_{n-t} A_{x+t} + \gamma_2 S \ddot{a}_{x+t,\overline{n-t|}} = S \frac{M_{x+t} - M_{x+n} + D_{x+n} + \gamma_2 (N_{x+t} - N_{x+n})}{D_{x+t}} .$$

5.3.5 Rentenversicherung

Der jährliche Bruttobeitrag B^B der auf das Renteneintrittsalter z aufgeschobenen lebenslangen jährlich vorschüssigen Leibrente R einer ursprünglich x-jährigen Person mit Beitragszahlungsdauer von h Jahren sei vorgegeben. Dann ist die Bruttoreserve für $0 \leq t \leq h$

$$\begin{aligned}
_t V_x^B = {} & R \cdot_{z-x-t|} \ddot{a}_{x+t} + \alpha^\gamma R \ddot{a}_{x+t,\overline{h-t|}} + \beta B^B \ddot{a}_{x+t,\overline{h-t|}} \\
& + \gamma_1 R \ddot{a}_{x+t,\overline{z-x-t|}} + \gamma_2 R_{z-x-t|} \ddot{a}_{x+t} - B^B \ddot{a}_{x+t,\overline{h-t|}}
\end{aligned}$$

und in Kommutationswerten

$$\begin{aligned}
_t V_x^B = {} & R \frac{(\alpha^\gamma + \gamma_1) N_{x+t} - \alpha^\gamma N_{x+h} + (1 + \gamma_2 - \gamma_1) N_z}{D_{x+t}} \\
& - B^B \frac{(1 - \beta)(N_{x+t} - N_{x+h})}{D_{x+t}}
\end{aligned}$$

Für $0 \leq t \leq h$ lässt sich mit $m = z - x$ der folgende Zusammenhang zwischen dem Bruttodeckungskapital und dem gezillmerten Nettodeckungskapital nachweisen:

$$_t V_x^B = {}_t V_x^Z + \gamma_1 R \left(\ddot{a}_{x+t,\overline{m-t|}} - \frac{\ddot{a}_{x,\overline{m|}}}{\ddot{a}_{x,\overline{h|}}} \ddot{a}_{x+t,\overline{h-t|}} \right) + \gamma_2 R \left({}_{m-t|} \ddot{a}_{x+t} - \frac{{}_{m|} \ddot{a}_x}{\ddot{a}_{x,\overline{h|}}} \ddot{a}_{x+t,\overline{h-t|}} \right) .$$

Im Gegensatz zu den anderen klassischen Lebensversicherungsprodukten wird hier zusätzlich eine Rückstellung für die γ_1-Kosten benötigt. Denn diese Verwaltungskosten fallen auch in der beitragsfreien Zeit vor dem Renteneintritt an.

Für $h \leq t \leq m$ ist nach Definition der prospektiven Reserve

$$_tV_x^B = R_{m-t|}\ddot{a}_{x+t} + \gamma_1 R\ddot{a}_{x+t,\overline{m-t|}} + \gamma_2 R_{m-t|}\ddot{a}_{x+t} = R\frac{\gamma_1 N_{x+t} + (1 + \gamma_2 - \gamma_1)N_z}{D_{x+t}}$$

und für $z - x \leq t \leq \omega + 1 - x$ ist

$$_tV_x^B = R\ddot{a}_{x+t} + \gamma_2 R\ddot{a}_{x+t} = R\frac{(1 + \gamma_2)N_{x+t}}{D_{x+t}} \, ,$$

da wir nur die zukünftigen Rentenzahlungen sowie die γ_2-Kosten zu berücksichtigen haben.

5.3.6 Formeln für typische Bruttoreserven

Die übersichtliche Zusammenfassung der Bruttodeckungsrückstellung ist schwierig. Einerseits sind die Formeln lang und komplex. Andererseits muss man auf die notwendige Fallunterscheidung für die bereits verstrichene Zeit t achten. Wir fassen hier die wichtigsten Formeln mit typischen Kostensätzen für den Fall $0 \leq t \leq h$ zusammen:

Produkt	Typische Bruttoreserve
Erlebensfallversicherung	$S\dfrac{D_{x+n} + 0{,}0017N_{x+t}}{D_{x+t}}$ $+S\dfrac{-0{,}0007N_{x+h} - 0{,}001N_{x+n}}{D_{x+t}}$ $-0{,}945B^B\dfrac{N_{x+t} - N_{x+h}}{D_{x+t}}$
Lebenslange Todesfallversicherung	$S\dfrac{M_{x+t} + 0{,}0017N_{x+t}}{D_{x+t}}$ $-0{,}945B^B\dfrac{N_{x+t} - N_{x+h}}{D_{x+t}}$
Risikolebensversicherung	$S\dfrac{M_{x+t} - M_{x+n} + 0{,}00085N_{x+t}}{D_{x+t}}$ $+S\dfrac{-0{,}00035N_{x+h} - 0{,}0005N_{x+n}}{D_{x+t}}$ $-0{,}95B^B\dfrac{N_{x+t} - N_{x+h}}{D_{x+t}}$
Kapitallebensversicherung	$S\dfrac{M_{x+t} - M_{x+n} + D_{x+n} + 0{,}0017N_{x+t}}{D_{x+t}}$ $+S\dfrac{-0{,}0007N_{x+h} - 0{,}001N_{x+n}}{D_{x+t}}$ $-0{,}945B^B\dfrac{N_{x+t} - N_{x+h}}{D_{x+t}}$
Rentenversicherung	$R\dfrac{0{,}007N_{x+t} - 0{,}002N_{x+h} + 1{,}01N_z}{D_{x+t}}$ $-0{,}945B^B\dfrac{N_{x+t} - N_{x+h}}{D_{x+t}}$

5.4   Kostendeckungsrückstellung

In diesem Abschnitt betrachten wir die so genannte **Verwaltungskostenreserve**, die sich auf die **sonstigen Kosten** einer Lebensversicherung bezieht. Die unmittelbaren Abschlusskosten bleiben dabei unberücksichtigt. Die Bildung einer Kostenreserve wird insbesondere dann notwendig, wenn die Beitragszahlungsdauer kürzer als die Vertragslaufzeit ist. Für diesen Fall gibt es einen Zeitabschnitt, in dem keine Beiträge eingenommen werden aber trotzdem Kosten anfallen, welche durch das Konzept der Reservierung vorfinanziert werden müssen.

Die Kostenreserven der Erlebensfall-, Risikolebens-, Kapitallebens- und lebenslange Todesfallversicherung lassen sich aufgrund der Ähnlichkeit in der Kostenstruktur gemeinsam behandeln.

5.4.1   Erlebens- und Todesfallversicherungen

Anhand typischer Kostensätze für eine allgemeine Lebensversicherung der Höhe S für eine x-jährige Person mit n-jähriger Vertragslaufzeit und h-jähriger Beitragszahlungsdauer können wir die Verwaltungskostenreserve mit Hilfe des Kostenbeitrags B^K als Differenz von Leistung und Gegenleistung im Alter $x + t$ für $0 \le t \le h$ aufstellen. Es gilt nämlich

$$ {}_t V_x^K = \alpha^\gamma S \ddot{a}_{x+t,\overline{h-t}|} + \beta B^B \ddot{a}_{x+t,\overline{h-t}|} + \gamma_1 S \ddot{a}_{x+t,\overline{h-t}|} + \gamma_2 S \ddot{a}_{x+t,\overline{n-t}|} - B^K \ddot{a}_{x+t,\overline{h-t}|} \,. $$

Setzen wir die Kostenprämie

$$ B^K = \frac{S \left(\alpha^\gamma \ddot{a}_{x,\overline{h}|} + \gamma_1 \ddot{a}_{x,\overline{h}|} + \gamma_2 \ddot{a}_{x,\overline{n}|}\right) + \beta B^B \ddot{a}_{x,\overline{h}|}}{\ddot{a}_{x,\overline{h}|}} $$

ein, so erhalten wir

$$ {}_t V_x^K = S \left(\alpha^\gamma \ddot{a}_{x+t,\overline{h-t}|} + \gamma_1 \ddot{a}_{x+t,\overline{h-t}|} + \gamma_2 \ddot{a}_{x+t,\overline{n-t}|}\right) + \beta B^B \ddot{a}_{x+t,\overline{h-t}|} $$
$$ - \left(\frac{S \left(\alpha^\gamma \ddot{a}_{x,\overline{h}|} + \gamma_1 \ddot{a}_{x,\overline{h}|} + \gamma_2 \ddot{a}_{x,\overline{n}|}\right) + \beta B^B \ddot{a}_{x,\overline{h}|}}{\ddot{a}_{x,\overline{h}|}}\right) \ddot{a}_{x+t,\overline{h-t}|} \,. $$

In dieser Formel hebt sich Einiges gegenseitig auf, so dass wir vereinfacht

$$ {}_t V_x^K = S \gamma_2 \left(\ddot{a}_{x+t,\overline{n-t}|} - \frac{\ddot{a}_{x,\overline{n}|}}{\ddot{a}_{x,\overline{h}|}} \ddot{a}_{x+t,\overline{h-t}|}\right) $$

erhalten. In Kommutationswerten ausgedrückt haben wir für $0 \le t \le h$:

$$ {}_t V_x^K = S \gamma_2 \left(\frac{N_{x+t} - N_{x+n}}{D_{x+t}} - \frac{N_x - N_{x+n}}{N_x - N_{x+h}} \cdot \frac{N_{x+t} - N_{x+h}}{D_{x+t}}\right) \,. $$

Daran erkennen wir den Zusammenhang zwischen Bruttoreserve, gezillmerter Reserve und Verwaltungskostenreserve:

$$_t V_x^B = {}_t V_x^Z + {}_t V_x^K \ .$$

Der Vollständigkeit halber ist die Kostendeckungsrückstellung für $h \leq t \leq n$

$$_t V_x^K = S\gamma_2 \ddot{a}_{x+t,\overline{n-t}|} = S\gamma_2 \frac{N_{x+t} - N_{x+n}}{D_{x+t}} \ .$$

Beispiel

Zur Veranschaulichung betrachten wir die 40-jährige Kapitallebensversicherung für eine 25-jährige Person bei einer Beitragszahlungsdauer von 30 Jahren. Die Versicherungssumme betrage 100.000 €. Bei typischen Kostensätzen erhalten wir den folgenden Verlauf der Kostenrückstellung anhand der Sterbetafel DAV2008TM.

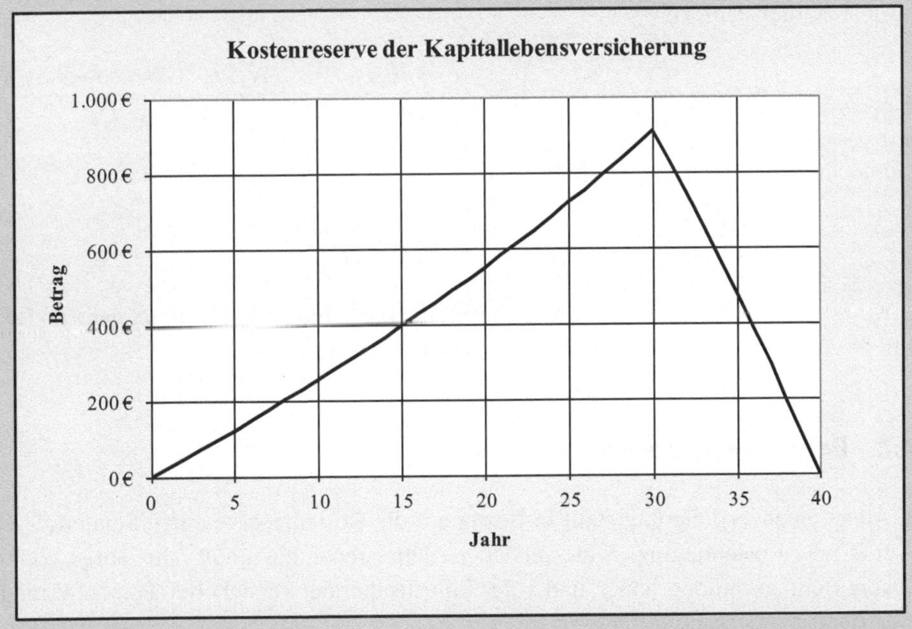

Das Maximum der Reserve liegt bei 911,61 € und wird nach 30 Jahren erreicht. Danach stehen keine laufenden Beitragseinnahmen zur Verfügung, um die später anfallenden Kosten zu zahlen. Zum Zweck der Kostendeckung über die letzten zehn Vertragsjahre wird die Verwaltungskostenreserve wieder abgebaut, bis sie am Vertragsende vollständig aufgelöst ist.

In Analogie zur temporären Versicherungen können wir die lebenslange Todesfallversicherung der Höhe S mit h-jähriger Beitragszahlungsdauer für eine x-jährige Person betrachten. Es sei dazu B^K der Kostenbeitrag, der gegeben ist durch:

$$B^K = \frac{S(\alpha^\gamma + \gamma_1)\ddot{a}_{x,\overline{h}|} + \beta B^B \ddot{a}_{x,\overline{h}|} + S\gamma_2 \ddot{a}_x}{\ddot{a}_{x,\overline{h}|}} \, .$$

Die Differenz von Kostenleistung und Kostengegenleistung im Alter $x + t$ für $0 \leq t \leq h$ ist

$$_tV_x^K = \alpha^\gamma S \ddot{a}_{x+t,\overline{h-t}|} + \beta B^B \ddot{a}_{x+t,\overline{h-t}|} + \gamma_1 S \ddot{a}_{x+t,\overline{h-t}|} + \gamma_2 S \ddot{a}_{x+t} - B^K \ddot{a}_{x+t,\overline{h-t}|} \, .$$

Setzen wir die Kostenprämie ein, so erhalten wir

$$\begin{aligned} _tV_x^K = {} & \alpha^\gamma S \ddot{a}_{x+t,\overline{h-t}|} + \beta B^B \ddot{a}_{x+t,\overline{h-t}|} + \gamma_1 S \ddot{a}_{x+t,\overline{h-t}|} + \gamma_2 S \ddot{a}_{x+t} \\ & - \frac{S(\alpha^\gamma + \gamma_1)\ddot{a}_{x,\overline{h}|} + \beta B^B \ddot{a}_{x,\overline{h}|} + S\gamma_2 \ddot{a}_x}{\ddot{a}_{x,\overline{h}|}} \ddot{a}_{x+t,\overline{h-t}|} \, . \end{aligned}$$

Dieser Ausdruck kann zu

$$_tV_x^K = \gamma_2 S \left(\ddot{a}_{x+t} - \frac{\ddot{a}_x}{\ddot{a}_{x,\overline{h}|}} \ddot{a}_{x+t,\overline{h-t}|} \right) = \gamma_2 S \left(\frac{N_{x+t}}{D_{x+t}} - \frac{N_x}{N_x - N_{x+h}} \cdot \frac{N_{x+t} - N_{x+h}}{D_{x+t}} \right)$$

vereinfacht werden. Für $t \geq h$ erhalten wir

$$_tV_x^K = \gamma_2 S \ddot{a}_{x+t} = \gamma_2 S \frac{N_{x+t}}{D_{x+t}} \, .$$

Die Kostenreserve für die lebenslange Todesfallversicherung verschwindet ganz und gar, wenn die Beitragszahlungsdauer ebenfalls lebenslang stattfindet.

5.4.2 Rentenversicherung

Die Altersrentenversicherung stellt in Bezug auf die Kostenreserve einen Sonderfall dar. Es sei B^K der Kostenbeitrag, R die versicherte Jahresrente, die um m Jahre aufgeschoben ist, h die Beitragszahlungsdauer, und x das Eintrittsalter der versicherten Person. Dann ist die Kostendeckungsrückstellung für $0 \leq t \leq h$

$$_tV_x^K = \alpha^\gamma R \ddot{a}_{x+t,\overline{h-t}|} + \beta B^B \ddot{a}_{x+t,\overline{h-t}|} + \gamma_1 R \ddot{a}_{x+t,\overline{m-t}|} + \gamma_2 R_{m-t|}\ddot{a}_{x+t} - B^K \ddot{a}_{x+t,\overline{h-t}|} \, .$$

Durch Einsetzen der Kostenprämie

$$B^K = \frac{\alpha^\gamma R \ddot{a}_{x,\overline{h}|} + \beta B^B \ddot{a}_{x,\overline{h}|} + \gamma_1 R \ddot{a}_{x,\overline{m}|} + \gamma_2 R_{m|}\ddot{a}_x}{\ddot{a}_{x,\overline{h}|}}$$

haben wir

$$_tV_x^K = \alpha^\gamma R\ddot{a}_{x+t,\overline{h-t}|} + \beta B^B \ddot{a}_{x+t,\overline{h-t}|} + \gamma_1 R\ddot{a}_{x+t,\overline{m-t}|} + \gamma_2 R_{m-t|}\ddot{a}_{x+t}$$
$$- \frac{\alpha^\gamma R\ddot{a}_{x,\overline{h}|} + \beta B^B \ddot{a}_{x,\overline{h}|} + \gamma_1 R\ddot{a}_{x,\overline{m}|} + \gamma_2 R_{m|}\ddot{a}_x}{\ddot{a}_{x,\overline{h}|}}\ddot{a}_{x+t,\overline{h-t}|} \ .$$

Dieser Ansatz liefert dann

$$_tV_x^K = \gamma_1 R \left(\ddot{a}_{x+t,\overline{m-t}|} - \frac{\ddot{a}_{x,\overline{m}|}}{\ddot{a}_{x,\overline{h}|}} \ddot{a}_{x+t,\overline{h-t}|} \right) + \gamma_2 R \left(_{m-t|}\ddot{a}_{x+t} - \frac{_{m|}\ddot{a}_x}{\ddot{a}_{x,\overline{h}|}\ddot{a}_{x+t,\overline{h-t}|}} \right) \ .$$

Wie schon für die Bruttoreserve der Rentenversicherung diskutiert, sind Rückstellungen sowohl für die γ_1-Kosten als auch für die γ_2-Kosten notwendig, denn diese Kosten fallen auch außerhalb der Beitragszahlungsdauer an.

Wir erkennen auch für die Rentenversicherung den bekannten Zusammenhang

$$_tV_x^B = {}_tV_x^Z + {}_t V_x^K \ .$$

Für $h \le t \le m$ ist nach Definition

$$_tV_x^K = \gamma_1 R\ddot{a}_{x+t,\overline{m-t}|} + \gamma_2 R \cdot_{m-t|} \ddot{a}_{x+t} = R\frac{\gamma_1 N_{x+t} + (\gamma_2 - \gamma_1)N_{x+m}}{D_{x+t}}$$

und für $m \le t \le \omega + 1 - x$ haben wir

$$_tV_x^K = \gamma_2 R\ddot{a}_{x+t} = R\frac{\gamma_2 N_{x+t}}{D_{x+t}} \ .$$

Die Besonderheit der Berechnung der Reserve für die Altersrentenversicherung liegt in der dreifachen Fallunterscheidung der bereits abgelaufenen Zeit t.

5.5 Vertragsänderungen

Lebensversicherungen haben in der Regel eine sehr lange Laufzeit. Der Versicherungsnehmer hat laut Versicherungsvertragsgesetz (**VVG**) das Recht, das bestehende Vertragsverhältnis zu verändern oder zu beenden. Dabei hat er Anspruch auf die so genannten **Garantiewerte**. Die Auszahlung oder Gutschrift des gebildeten Kapitals steht im Bezug zum Deckungskapital, welches, gewissermaßen das Guthaben auf dem Versicherungskonto darstellt.

Das Versicherungsunternehmen ist nur unter sehr restriktiven Bedingungen nach **VVG** Paragraphen 163 und 164, berechtigt, Beiträge, Leistungen oder Bedingungen für bestehende Verträge zu ändern. Der Versicherer darf den Vertrag kündigen, wenn der Versicherte die Aufforderung zur Beitragszahlung dauerhaft nicht erfüllt. Andere Vertragsauflösungsgründe sind die Verletzung vorvertraglicher **Anzeigepflichten**, zum Beispiel das Verschweigen von Vorerkrankungen im Hinblick auf Versicherungen mit Todesfallde-ckung.

In der Praxis kommen Vertragsänderungen oder Kündigung durch die Versicherten häufig vor. Der Gesetzgeber hat zwei wichtige Formen hervorgehoben: die Beendigung des Versicherungsvertrages, **Rückkauf** genannt, sowie die Umwandlung in eine beitrags-freie Versicherung, **Beitragsfreistellung** genannt. Daneben spielen auch die **Leistungsän-derung** sowie **Vertragslaufzeit-**, **Aufschubzeit-** und **Beitragszahlungsdaueränderung** eine nicht unbedeutende Rolle.

Im Grunde genommen gibt es vier verschiedene Ansätze, um eine Vertragsänderung angemessen durchzurechnen.

1. *Neuabschluss*
   Wenn ein Antrag auf Verlängerung der Vertragslaufzeit oder Erhöhung der Versiche-rungssumme gestellt wird, so kann dem bestehenden Vertrag ein zweiter hinzugefügt werden. Der neue Vertrag wird dazu rechtlich an den ersten gekoppelt.

2. *Zuzahlung*
   Ausgehend von den neu vereinbarten zukünftigen Leistungen und Gegenleistungen wird das neue Bruttodeckungskapital berechnet. Die Differenz zum alten Brutto-deckungskapital stellt denjenigen Einmalbeitrag dar, den der Versicherte für die Vertragsumstellung aufzubringen hat.

3. *Beginnverlegung*
   Für den neuen Vertrag wird ein hypothetisches Alter gesucht, welches zum Ände-rungszeitpunkt mit den neuen Vertragsparametern auf dasselbe Bruttodeckungskapital führt wie der alte Vertrag. Nach dem Äquivalenzprinzip kann dann die gesuchte versi-cherungsmathematische Größe, zumeist Beitrag oder Versicherungssumme, bestimmt werden.

4. *Konstruktive Prämien*
   Nach dem versicherungsmathematischen Äquivalenzprinzip werden zum Änderungs-zeitpunkt die Barwerte der neu vereinbarten Leistung und der neuen Gegenleistung gleichgesetzt. Dabei muss das vorhandene Bruttodeckungskapital des alten Vertrages als Einmalprämie als zusätzliche Gegenleistung berücksichtigt.

Es ist zu beachten, dass die einmal verwendeten Rechnungsgrundlagen auch bei etwai-gen Vertragsänderungen angewendet werden müssen. Somit behalten insbesondere der bei Vertragsabschluss festgelegte Rechnungszins und die verwendete Sterbetafel bis zum Vertragsende ihre Gültigkeit.

Es bleibt anzumerken, dass in der Praxis hauptsächlich die Methode der konstruktiven Prämien angewendet wird, um Vertragsänderungen zu modellieren. Eine Ausnahme bildet die quasi-automatische Beitragssteigerung, auch freiwillige **Dynamisierung** genannt, die aus verwaltungstechnischen Gründen nicht selten als Neuabschluss behandelt wird.

5.5.1 Beitragsdynamik

Einige Versicherer bietet ihren Kunden die Möglichkeit, die Beitragszahlungen planmäßig zu erhöhen. Man vereinbart dazu bei Vertragsabschluss eine freiwillige **Beitragsdynamik**. In jedem Jahr erhält der Versicherte die Möglichkeit, den Beitrag um einen vorher vereinbarten Prozentsatz zu erhöhen. Wird dieses Angebot zu häufig abgelehnt, so entfällt die Option der automatischen Beitragssteigerung für die folgenden Jahre. In der Praxis wird eine solche Beitragsdynamik zumeist als Neuabschluss modelliert.

Beispiel

Wir betrachten eine Kapitallebensversicherung über 100.000 €. Die Vertragslaufzeit betrage 30 Jahre für eine ursprünglich 30-jährige Person. Dann ist der Bruttobeitrag bei typischen Kostensätzen anhand der Sterbetafel DAV2008TF:

$$B^B = \frac{100.000(D_{60} + M_{30} - M_{60}) + 170(N_{30} - N_{60})}{0{,}955(N_{30} - N_{60}) - 1{,}2 D_{30}} = 3.264{,}20 \, .$$

Nun sei zusätzlich folgende Dynamik vereinbart: Die Beiträge steigen in jedem Jahr um 5 %, insofern die Versicherte zustimmt. Dadurch erhöht sich auch jeweils die Versicherungssumme. Die Differenzprämie zum Vorjahr wird als Basis für einen neuen Vertrag verwendet. Anhand der festgelegten Rechnungs- und Vertragsgrundlagen kann dann die zusätzliche Versicherungssumme berechnet werden.

Im zweiten Jahr steigt der Bruttobeitrag um 5 %. Damit ist $B_2^B = 3.427{,}41$; das sind 163,21 € mehr als im ersten Jahr. Mit Hilfe des Äquivalenzprinzips lässt sich die zusätzliche Versicherungssumme berechnen, die durch den zusätzlichen Beitrag erkauft wird. Dabei ist zu beachten, dass die versicherte Person ein Jahr älter geworden ist und die restliche Vertragslaufzeit des ursprünglichen Vertrags nur noch 29 Jahre beträgt. Es ist also

$$S_2 = (B_2^B - B^B)\frac{0{,}955(N_{31} - N_{60}) - 1{,}16 D_{31}}{D_{60} + M_{31} - M_{60} + 170(N_{31} - N_{60})} = 4.813{,}34 \, .$$

Die versicherte Frau stimmt auch im zweiten Jahr der Beitragssteigerung um 5 % zu, ihre Prämie steigt somit um 171,37 € auf 3.598,78 €. Dadurch erkauft sie sich eine zusätzliche Versicherungssumme:

$$S_3 = (B_3^B - B_2^B)\frac{0{,}955(N_{32} - N_{60}) - 1{,}12 D_{32}}{D_{60} + M_{32} - M_{60} + 0{,}0017(N_{32} - N_{60})} = 4.617{,}43 \, .$$

Die ursprüngliche Versicherungssumme hat sich somit im zweiten Jahr auf 104.813,34 € und im dritten Jahr auf 109.430,78 € erhöht. Relativ gesehen, betragen die jährlichen Steigerungen 4,8 % beziehungsweise 4,4 %. Die Versicherungssummen sind also geringer gestiegen als die Beiträge. Dieses Resultat ist eine Folge der verkürzten Restlaufzeit.

5.5.2 Rückkaufswert

Gemäß Paragraph 168 Versicherungsvertragsgesetz (**VVG**) kann der Versicherte kann der Versicherungsnehmer das Versicherungsverhältnis jederzeit für den Schluss der laufenden Versicherungsperiode kündigen. Bei vorzeitiger Beendigung oder Umwandlung seiner Lebensversicherung hat der Versicherungsnehmer Anspruch auf Auszahlung oder Anrechnung eines Geldbetrages, den so genannten **Rückkaufswert**. Dieser Betrag orientiert sich an dem Stand des Versicherungskontos. Paragraph 169, Absatz 1, des Versicherungsvertragsgesetzes (**VVG**) nimmt jedes Versicherungsunternehmen in die Pflicht, den Rückkaufswert zu zahlen:

(1) Wird eine Versicherung, die Versicherungsschutz für ein Risiko bietet, bei dem der Eintritt der Verpflichtung des Versicherers gewiss ist, durch Kündigung des Versicherungsnehmers oder durch Rücktritt oder Anfechtung des Versicherers aufgehoben, hat der Versicherer den Rückkaufswert zu zahlen.

Die Regelung betrifft insbesondere die Kapitallebensversicherung und die lebenslange Todesfallversicherung. Der Versicherer wird für diese Verträge auf jeden Fall die vertraglich vereinbarte Versicherungsleistung erbringen müssen, lediglich der Zeitpunkt ist ungewiss.

Für Risikolebensversicherungen gibt es im Allgemeinen keine Rückkaufswerte. Das Deckungskapital bleibt ohnehin über die gesamte Vertragslaufzeit vergleichsweise gering. Aus Unternehmersicht muss damit gerechnet werden, dass tendenziell eher gesunde Menschen ihre Risikolebensversicherung kündigen. Dieser Effekt würde durch die Schaffung eines Anreizes zur Stornierung verstärkt werden. Dadurch käme es zum so genannten **selektiven Storno**: Gute Risiken kündigen, schlechte Risiken bleiben versichert. Als Folge würde sich die Sterblichkeitserfahrung des versicherten Bestandes verschlechtern; dem Versicherungsunternehmen würden nicht einkalkulierte Verluste drohen.

Wenn denn einige Versicherer im Markt dennoch Rückkaufswerte für Risikolebensversicherungen anbieten, so liegt dieser Umstand darin begründet, dass der theoretische Selektionseffekt aus praktisch kaufmännischer Sicht vernachlässigt werden kann.

Für die Erlebensfallversicherung und die Rentenversicherung werden generell keine Rückkaufswerte gewährt. Man stelle sich vor, dass todkranke Menschen die Möglichkeit hätten, kurz vor ihrem sicheren Ableben ihre Erlebensfall- oder Rentenversicherung zu kündigen, um einen Rückkaufswert zu erhalten. Aus persönlicher Sicht ist ein solcher Wunsch sicher verständlich, aus Unternehmenssicht ist er kaum kalkulierbar und fast sicher verlustbringend. Das grundlegende Versicherungsprinzip der Ungewissheit der Leistungszahlung, zu dem auch Rückkaufswerte zählen, wäre verletzt.

Für die Berechnung des Rückkaufswerts erfolgt gemäß **VVG**, Paragraph 169, Absatz 3, mit den für die Beitragskalkulation verwendeten Rechnungsgrundlagen. Dabei sei erwähnt, dass die Beitragskalkulation nicht vom Gesetzgeber reguliert ist. Die Grundlage zur Berechnung des Rückkaufswerts steht somit im Gegensatz zur Berechnung des Deckungskapitals. Denn für die Reserve gelten die einschlägigen gesetzlichen Vorschriften aus der Rechnungslegungsverordnung (**RechVersV**) und der Deckungsrückstellungsverordnung (**DeckRV**). In der Praxis werden vorwiegend konsistente Rechnungsgrundlagen verwendet. Wir gehen deshalb stillschweigend davon aus, dass die Rechnungsgrundlagen der Beitrags- und Reserveberechnung identisch sind.

Nach **VVG**, Paragraph 169, Absatz 5 sind Versicherungsunternehmen dazu berechtigt, einen **Stornoabschlag** einzubehalten, insofern er vertraglich vereinbart und beziffert sowie angemessen ist. Die Vereinbarung eines Abzugs für noch nicht getilgte Abschluss- und Vertriebskosten hingegen ist jedoch unwirksam.

Für den Stornoabschlag gibt es verschieden Gründe: Aus betriebswirtschaftlicher Sicht werden die Kosten pro Vertrag vorab auf der Basis der Gesamtgröße des Bestandes angesetzt. Weniger verbleibende Versicherungsverträge implizieren deshalb höhere Kosten pro Vertrag als ursprünglich angenommen.

Aus risikotechnischer Sicht verringern sich die Bestandsgröße und damit die Volatilität der Schadenserfahrung. Außerdem werden eher solche Verträge gekündigt, bei denen das Eintreten des Versicherungsfalls gering ist. In diesem Sinne muss das Versicherungsunternehmen mit einer negativen Risikoauslese, auch **Antiselektion** genannt, rechnen.

Aus finanzieller Sicht müssen unter Umständen Kapitalanlagen vorzeitig aufgelöst werden, wodurch ein Zinsverlust entstehen kann. Für kapitalbildende Versicherungen ergeben sich dadurch unter Umständen finanzielle Nachteile für die verbleibenden Versicherten.

Die versicherungsmathematische Basis zur Berechnung des Rückkaufswerts ist das Bruttodeckungskapital, denn es gibt aus Sicht des Kunden den Stand des Versicherungskontos an. Anhand eines typischen Beispiels wollen wir den Rückkaufswert explizit berechnen.

Beispiel

Betrachten wir eine gemischte Kapitallebensversicherung über 100.000 € über 20 Jahre für eine 40-jährige Person. Dann ist der Bruttobeitrag bei typischen Kostensätzen anhand der Sterbetafel DAV2008TM

$$B^B = \frac{100.000(D_{60} + M_{40} - M_{60}) + 170(N_{40} - N_{60})}{0{,}955(N_{40} - N_{60}) - 0{,}8 D_{40}} = 5.164{,}25 \,.$$

Um den Rückkaufswert nach beispielsweise 10 Jahren zu ermitteln, berechnen wir das Bruttodeckungskapital:

$$_{10}V_{40}^B = \frac{100.000(D_{60} + M_{50} - M_{60}) + 170(N_{50} - N_{60})}{D_{50}} - 0{,}955B^B\frac{N_{50} - N_{60}}{D_{50}}$$

$$= 44.550{,}40 \, .$$

Unter Vernachlässigung des Stornoabzugs ist der Rückkaufswert nach zehn Jahren also 44.550,40 €. Zum Vergleich dazu ist die gezahlte Summe der Beiträge in Höhe von 51.642,50 € um 7.092,11 € höher. Der Unterschied liegt in der Kosten- und Todesfallleistung begründet.

Für die Berechnung des Rückkaufswerts ist in jedem Fall eine Besonderheit zu beachten, die sich in Paragraph 169, Absatz 3, Versicherungsvertragsgesetz (**VVG**) niederschlägt: Einerseits muss der Rückkaufswert mit den Rechnungsgrundlagen berechnet werden, die auch für die Beitragsberechnung verwendet wurden. Andererseits müssen dabei die Abschlusskosten auf fünf Jahre verteilt werden.

(3) Der Rückkaufswert ist das nach anerkannten Regeln der Versicherungsmathematik mit den Rechnungsgrundlagen der Prämienkalkulation zum Schluss der laufenden Versicherungsperiode berechnete Deckungskapital der Versicherung, bei einer Kündigung des Versicherungsverhältnisses jedoch mindestens der Betrag des Deckungskapitals, das sich bei gleichmäßiger Verteilung der angesetzten Abschluss- und Vertriebskosten auf die ersten fünf Vertragsjahre ergibt; die aufsichtsrechtlichen Regelungen über Höchstzillmersätze bleiben unberührt.

Beispiel

Betrachten wir eine Kapitallebensversicherung über 100.000 € über 20 Jahre für eine 40-jährige Person. Werden die unmittelbaren Abschlusskosten gleichmäßig über die ersten fünf Jahre verteilt, so ist zunächst $GL = B^B\ddot{a}_{x,\overline{n}|}$ und außerdem haben wir die folgenden Leistungsbarwerte

$$L_E = S_n E_x$$

$$L_T = S_n A_x$$

$$L_K = \frac{\alpha^Z}{5} B\ddot{a}_{x,\overline{5}|} + \alpha^\gamma S\ddot{a}_{x,\overline{n}|} + \beta B^B\ddot{a}_{x,\overline{n}|} + \gamma_1 S\ddot{a}_{x,\overline{n}|} + \gamma_2 S\ddot{a}_{x,\overline{n}|} \, .$$

> Gemäß dem Äquivalenzprinzip berechnen wir den Beitrag im Speziellen anhand
> der DAV2008TM:
>
> $$B^B = \frac{100.000(D_{60} + M_{40} - M_{60}) + 170(N_{40} - N_{60})}{0,955(N_{40} - N_{60}) - 0,16(N_{40} - N_{45})} = 5.157,14\,.$$
>
> Zur Berechnung der Bruttoreserve nach zehn Jahren sind die unmittelbaren Abschlusskosten hinfällig. Im Vergleich zu obigem Beispiel ändert sich lediglich die zu berücksichtigende Prämie.
>
> $$_{10}V^B_{40} = \frac{100.000(D_{60} + M_{50} - M_{60}) + 170(N_{50} - N_{60})}{D_{50}} - 0,955 B^B \frac{N_{50} - N_{60}}{D_{50}}$$
>
> $$= 44.613,18\,.$$
>
> Der Rückkaufswert ist somit 44.613,18 €, vorausgesetzt es gibt keinen Stornoabzug. Im Vergleich mit dem Ergebnis des vorherigen Beispiels erkennen wir, dass die unterschiedliche Berücksichtigung der unmittelbaren Abschlusskosten hier keine große Auswirkung auf den Rückkaufswert hat.

Tatsächlich ist die Bedeutung der Berechnungsweise des Rückkaufswerts in späteren Vertragsjahren gering, wie das obige Beispiel illustriert hat. Aus didaktischen Gründen werden wir der Einfachheit und der Fokussierung halber für die nachfolgend diskutierten Vertragsänderungen die vorgeschriebene Verteilung der Abschlusskosten ignorieren.

Abschließend sollte erwähnt werden, dass die Rückkaufswerte bereits mit Versicherungsbeginn vertraglich dokumentiert werden. Neben den anderen relevanten Vereinbarungen des Versicherungsvertrags wird auch die Höhe des Rückkaufswerts für jedes Versicherungsjahr im Versicherungsschein dokumentiert. Im Rahmen des so genannten **Profit-Testing** werden wir auf mögliche Konsequenzen aufmerksam machen, die durch inkonsistente Festlegungen der Rückkaufswerte entstehen können.

5.5.3 Kündigung

Zum besseren Verständnis des zeitlichen Verlaufs des Deckungskapitals und des damit verbundenen Rückkaufswerts rufen wir uns die Beitragsberechnung ins Gedächtnis: Die unmittelbaren Abschlusskosten werden vorfinanziert und im Laufe der Vertragsdauer durch Beitragseinnahmen getilgt. Aus diesem Grund ist sowohl das gezillmerte Nettodeckungskapital als auch das Bruttodeckungskapital zu Vertragsbeginn gleich dem Negativen der unmittelbaren Abschlusskosten.

Das beschriebene Verfahren hat wirtschaftlich zur Folge, dass in der Anfangszeit der Versicherung nur geringe Mittel zur Bildung einer Reserve zur Verfügung stehen. Für die Kapitallebensversicherung dauert es im Allgemeinen mehrere Jahre, bis das Deckungskapital positiv ist. Auch in den folgenden Jahren erreicht die Rückstellung nicht die Summe der eingezahlten Beiträge. Es gibt keine gesetzliche Grundlage, auf der der Versicherte die Erstattung der eingezahlten Beiträge verlangen kann, auch wenn es vom Verbraucherschutz gefordert wird. Im folgenden Beispiel wollen wir für die Erlebensfallversicherung zu verschiedenen Zeitpunkten das Bruttodeckungskapital mit den gezahlten Beiträgen vergleichen.

Beispiel

Anhand der Erlebensfallversicherung über die Versicherungssumme 100.000 € soll für typische Kostensätze exemplarisch gezeigt werden, wie viele ganze Jahre es dauert, bis das Deckungskapital die Summe der bis dato geleisteten Beiträge übersteigt. Als Grundlage unserer Berechnungen dient die Sterbetafel DAV2004RM. Für jede Kombination aus Eintrittsalter und Vertragslaufzeit haben wir den Bruttobeitrag und den Verlauf der Bruttoreserve berechnet. Dann haben wir notiert, in welchem Vertragsjahr die Summe der gezahlten Prämien zum ersten Mal das Bruttodeckungskapital übertrifft. Wir erkennen an der nachfolgenden Tabelle insbesondere, dass für kürzere Laufzeiten selbst die zu Vertragsende fällige Versicherungssumme im Erlebensfall geringer als die Beitragssumme ist.

Alter \ Laufzeit	5	10	15	20	25	30
20	–	–	–	20	22	25
25	–	–	–	19	22	24
30	–	–	–	19	22	24
35	–	–	–	19	21	23
40	–	–	–	18	21	23
45	–	–	–	18	20	22
50	–	–	15	18	20	22
55	–	–	15	17	19	21
60	–	–	14	16	18	20

Wie bereits diskutiert, gibt es für die Erlebensfallversicherung keine Rückkaufswerte. Qualitativ betrachtet, dauert es für die Kapitallebensversicherung länger als für die reine Erlebensfallversicherung, bis das Deckungskapital die Beitragssumme übersteigt, da zusätzlich Todesfallschutz besteht, der natürlich nicht kostenlos ist. An diesem Beispiel wird somit die Schwierigkeit der Verbraucherforderung nach Mindestrückkaufswerten in Höhe der Beitragssumme deutlich.

Im Falle einer vorzeitigen Kündigung kann es, wie schon erwähnt, passieren, dass das Deckungskapital negativ ist. Somit läuft das Versicherungsunternehmen Gefahr, bei vorzeitigem Storno Verluste realisieren zu müssen. Das folgende Beispiel illustriert, unter welchen Umständen das Nettodeckungskapital negativ werden kann. Insbesondere trifft dieser Umstand zu, falls die Versicherungssumme im Laufe der Vertragslaufzeit fällt.

Beispiel

Wir betrachten das Nettodeckungskapital einer linear fallenden Risikolebensversicherung. Die Versicherungssumme sei anfänglich S und falle im Verlauf der n-jährigen Vertragslaufzeit gleichmäßig auf S/n im letzten Versicherungsjahr. Dann ist der Nettobeitrag anhand der Sterbetafel DAV2008TM für eine x-jährige Person

$$B^N = \frac{S}{n} \cdot \frac{n(DA)_x}{\ddot{a}_{x,\overline{n}|}} = \frac{S}{n} \cdot \frac{nM_x - R_{x+1} + R_{x+n+1}}{N_x - N_{x+n}}$$

und die Nettoreserve ist

$$\begin{aligned}
{}_tV_x^N &= \frac{S}{n} \cdot \frac{n-t(DA)_{x+t}}{D_{x+t}} - B^N \ddot{a}_{x+t,\overline{n-t}|} \\
&= \frac{S}{n} \cdot \frac{(n-t)M_{x+t} - R_{x+t+1} + R_{x+n+1}}{D_{x+t}} - B^N \frac{N_{x+t} - N_{x+n}}{D_{x+t}} \ .
\end{aligned}$$

Für verschiedene Kombinationen aus Eintrittsalter und Vertragslaufzeit lässt sich die Nettoreserve veranschaulichen. Der Übersichtlichkeit halber setzen wir für das Vertragsende jeweils das Endalter 60 an.

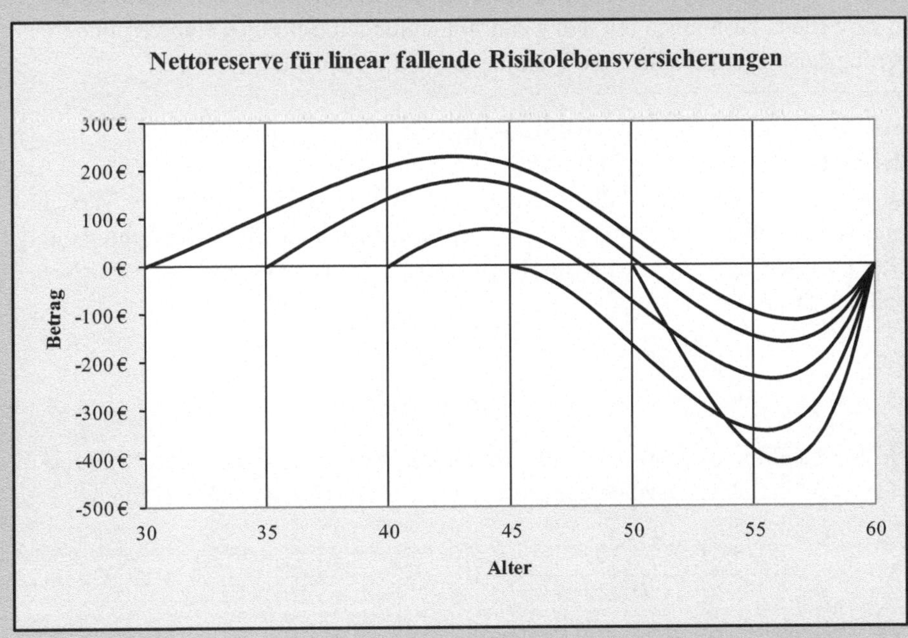

> Wir erkennen daran deutlich, dass die Nettoreserve für jede dieser Versicherungen spätestens mit Erreichen des Alters 52 negativ wird. Diese Tatsache liegt darin begründet, dass die Versicherungssumme stärker fällt, als die einjährigen Sterbewahrscheinlichkeiten steigen.
>
> Falls eine dieser Versicherung im Altersbereich 52 bis 59 gekündigt wird, macht das Versicherungsunternehmen Verlust. Denn der Endwert vergangener Versicherungsleistungen ist größer als der Endwert der gezahlten Beiträge.

Negative Nettoreserven sollten unbedingt vermieden werden, damit das Versicherungsunternehmen keine Verluste durch vorzeitige Kündigung hinnehmen muss. Derartige Produkte sollten also gar nicht erst auf dem Markt angeboten werden. Man kann das Entstehen negativer Nettoreserven in der Produktgestaltung dadurch vermeiden, dass die Beitragszahlungsdauer entsprechend verkürzt wird.

5.5.4 Teilauszahlung

Unter Umständen hegt der Kunde den Wunsch, die eingegangene Versicherung teilweise zu kündigen. Denn insbesondere für kapitalbildende Versicherungen ändern sich mitunter die Anlageziele. In solch einem Fall wird der Rückkaufswert nicht vollständig ausgezahlt. Der überschüssige Anteil wird im Sinn der Methode der konstruktiven Beiträge dazu verwendet, zusammen mit den weiterhin laufenden Beiträgen eine verminderte Versicherungsleistung zu finanzieren. Dazu betrachten wir folgendes Beispiel.

Beispiel

Gegeben sei eine Erlebensfallversicherung für eine 25-jährige Person. Die Versicherungssumme betrage 100.000 € und werde nach 40 Jahren fällig. Der Bruttobeitrag werde zu Vertragsbeginn mit typischen Kostensätzen anhand der DAV2004RM berechnet. Dann ist

$$B^B = \frac{100.000 D_{65} + 170(N_{25} - N_{65})}{0,955(N_{25} - N_{65}) - 1,6 D_{65}} = 2.218,21 \, .$$

Nach 35 Jahren, also im Alter 60, erbittet der Versicherte eine Teilauszahlung in Höhe von 50.000 €. Dazu berechnen wir zunächst das Bruttodeckungskapital

$$_{35}V_{25}^B = \frac{100.000 D_{65} + 170(N_{60} - N_{65})}{D_{60}} - B^B \frac{0,955(N_{60} - N_{65})}{D_{60}} = 83.030,06 \, .$$

Dieser Betrag wird – unter Vernachlässigung von Kosten – um die Teilauszahlung in Höhe von 50.000 € vermindert. Der so berechnete Rest bildet als Einmalprämie zusammen mit den zukünftigen Beiträgen die neue Gegenleistung des Versicherten. Zum Änderungszeitpunkt lauten also die Barwerte der neuen Leistung und der neuen Gegenleistung

$$L = \tilde{S} \left(\frac{D_{65}}{D_{60}} + 0{,}00170 \frac{N_{60} - N_{65}}{D_{60}} \right) + 0{,}045 B^B \frac{N_{60} - N_{65}}{D_{60}}$$

$$GL = {}_{35}V_{25}^B - 50.000 + B^B \frac{N_{60} - N_{65}}{D_{60}} \,,$$

wobei $\tilde{S}$ die reduzierte Versicherungssumme ist. Nach dem Äquivalenzprinzip berechnen wir

$$\tilde{S} = \frac{({}_{35}V_{25}^B - 50.000)D_{60} + B^B \cdot 0{,}955(N_{60} - N_{65})}{D_{65} + 0{,}00170(N_{60} - N_{65})} = 46.411{,}23 \,.$$

Die reduzierte Erlebensfallleistung beträgt also 46.411,23 €. Durch die vorzeitige Auszahlung von 50.000 € erhält der Versicherte am Vertragsende 3.588,77 € weniger als ursprünglich vereinbart. Die Differenz lässt sich einerseits durch den Zinseszinseffekt und andererseits durch die einkalkulierte Todesfallwahrscheinlichkeit bezüglich der letzten fünf Versicherungsjahre erklären.

5.5.5 Beitragsfreistellung

Der Versicherungsnehmer kann jederzeit – ohne Angabe von Gründen – die Umwandlung des Versicherungsvertrages in eine beitragsfreie Versicherung verlangen. Oftmals kann oder will der Versicherte zukünftig keine Beiträge mehr zahlen.

Die Forderung beinhaltet, dass der Kunde zwar zukünftig keine weiteren Prämien zu zahlen hat, aber dennoch einen reduzierten Versicherungsschutz behält. Für die Festlegung der neuen Versicherungsleistung ist Paragraph 165 Versicherungsvertragsgesetz (**VVG**) maßgeblich:

(1) Der Versicherungsnehmer kann jederzeit für den Schluss der laufenden Versicherungsperiode die Umwandlung der Versicherung in eine prämienfreie Versicherung verlangen, sofern die dafür vereinbarte Mindestversicherungsleistung erreicht wird. Wird diese nicht erreicht, hat der Versicherer den auf die Versicherung entfallenden Rückkaufswert einschließlich der Überschussanteile nach § 169 zu zahlen.

*(2) Die prämienfreie Leistung ist nach anerkannten Regeln der Versicherungsmathe-
matik mit den Rechnungsgrundlagen der Prämienkalkulation unter Zugrundelegung
des Rückkaufswertes nach § 169 Abs. 3 bis 5 zu berechnen und im Vertrag für jedes
Versicherungsjahr anzugeben.*

Die gesetzliche Regelung legt folgenden versicherungsmathematischen Ansatz nahe. Die
vertraglich getroffenen Vereinbarungen mit Ausnahme des Beitrags und der Versicherungssumme bleiben für die Restlaufzeit unverändert. Als Gegenleistung steht der Rückkaufswert gegebenenfalls abzüglich des Stornoabschlags als Einmalprämie zur Verfügung. Mittels des Äquivalenzprinzips lässt sich dann die reduzierte Versicherungssumme
berechnen. Die Vorgehensweise wollen wir an einem Beispiel erläutern.

Beispiel
Gegeben sei eine Kapitallebensversicherung für eine 35-jährige Person. Die Versi-
cherungssumme betrage 100.000 € und wird im Todesfall während der 30-jährigen
Laufzeit fällig, oder aber im Erlebensfall nach Ablauf der Versicherungsdauer. Die
Beitragszahlungsdauer entspreche der Versicherungsdauer. Der Bruttobeitrag werde
zu Vertragsbeginn mit typischen Kostensätzen anhand der DAV2008TM berechnet.
Dann ist

$$B^B = \frac{100.000(M_{35} - M_{65} + D_{65}) + 170(N_{35} - N_{65})}{0{,}955(N_{35} - N_{65}) - 1{,}2 D_{65}}$$

und im Speziellen gleich 3.370,19 €. Nach 20 Jahren entscheidet sich der
Versicherte für eine Beitragsfreistellung. Also berechnen wir zunächst das
Bruttodeckungskapital

$$_{20}V^B_{35} = \frac{100.000(M_{55} - M_{65} + D_{65}) + 170(N_{55} - N_{65})}{D_{55}}$$
$$- B^B \frac{0{,}955(N_{55} - N_{65})}{D_{55}},$$

welches speziell 60.954,79 € beträgt. Wenn kein Stornoabschlag verlangt wird, so
ist der Rückkaufswert gleich der Bruttoreserve. Dieser Betrag kann als Einmalprämie der geänderten Versicherung betrachtet werden. Zum Änderungszeitpunkt sind
also die Barwerte

$$L = \tilde{S} \frac{M_{55} - M_{65} + D_{65} + 0{,}00170(N_{55} - N_{65})}{D_{55}}$$
$$GL =_{20} V^B_{35},$$

wobei $\tilde{S}$ die neue Versicherungssumme ist. Es fallen keine neuen Inkassokosten
und auch keine zusätzlichen unmittelbaren Abschlusskosten an. Die übrigen Kosten beziehen sich auf die neue Versicherungssumme. In diesem Zusammenhang sei

noch einmal auf Paragraph 165 Absatz 2 Versicherungsvertragsgesetz (**VVG**) verwiesen, wonach die Rechnungsgrundlagen der ursprünglichen Beitragskalkulation zu verwenden sind. Nach dem Äquivalenzprinzip berechnen wir sodann die neue Versicherungssumme für die Restlaufzeit

$$\tilde{S} = \frac{{}_{20}V_{35}^{B} \cdot D_{55}}{M_{55} - M_{65} + D_{65} + 0{,}00170(N_{55} - N_{65})} \,,$$

die hier 67.506,07 € beträgt.

5.5.6 Leistungsänderung

Der Versicherungsnehmer hat jederzeit das Recht, eine Änderung der Versicherungsleistung zu beantragen. Konkrete gesetzliche Regelungen, wie sie für Rückkaufswerte und Beitragsfreistellung im Versicherungsvertragsgesetz (**VVG**) existieren, gibt es für allgemeine Vertragsänderungen in dieser Form nicht. Sinngemäß ist dennoch klar, dass auch in diesem Kontext der Rückkaufswert eine zentrale Rolle spielt.

In diesem Abschnitt wollen wir Leistungsänderungen mit Hilfe der Methode der konstruktiven Prämien modellieren. Die Grundlage unserer Berechnungen bildet wiederum das Deckungskapital, beziehungsweise der Rückkaufswert, sowie das Äquivalenzprinzip zum Zeitpunkt der Vertragsänderung.

Beispiel

Gegeben sei eine lebenslange Todesfallversicherung für eine 60-jährige Person. Die Versicherungssumme betrage 10.000 €. Die Beitragszahlungsdauer entspreche der Versicherungsdauer. Der Bruttobeitrag werde mit typischen Kostensätzen anhand der DAV2008TM berechnet. Dann ist

$$B^{B} = \frac{10.000 M_{60} + 17 N_{60}}{0{,}955 N_{60} - 2{,}48 D_{60}} = 620{,}53 \,.$$

Nach zehn Jahren entscheidet sich der Versicherte dafür, aufgrund allgemeiner Kostensteigerungen die Versicherungssumme um 5.000 € zu erhöhen. Also berechnen wir zunächst das Bruttodeckungskapital gemäß

$${}_{10}V_{60}^{B} = \frac{10.000 M_{70} + 17 N_{70}}{D_{70}} - B^{B} \frac{0{,}955 N_{70}}{D_{70}} = 2.662{,}77 \,.$$

Wenn kein Stornoabschlag verlangt wird, so ist der Rückkaufswert gleich der Bruttoreserve. Dieser Betrag kann als Einmalprämie für die geänderte Versicherung betrachtet werden. Ferner nehmen wir an, dass zusätzlich und einmalig unmittelbare Abschlusskosten in Höhe von 4 % bezogen auf die Summe der zusätzlichen Beiträge anfallen. Zum Änderungszeitpunkt lauten die Barwerte also

$$L = 15.000 \left(\frac{M_{70}}{D_{70}} + 0{,}00170 \frac{N_{70}}{D_{70}} \right) + 0{,}045 \tilde{B} \frac{N_{70}}{D_{70}}$$
$$+ 0{,}04 \cdot (121 - 70 + 1)(\tilde{B} - B)$$
$$GL = {}_{10}V^{B}_{60} + \tilde{B} \frac{N_{70}}{D_{70}} \, ,$$

wobei $\tilde{B}$ die neue Bruttoprämie ist. Für das Endalter haben wir $\omega = 121$ eingesetzt. Nach dem Äquivalenzprinzip berechnen wir dann

$$\tilde{B} = \frac{15.000(M_{70} + 0{,}00170 N_{70}) - (2{,}08 B + {}_{10}V^{B}_{60})D_{70}}{0{,}955 N_{70} - 2{,}08 D_{70}} = 1.179{,}64 \, .$$

Somit steigt der Beitrag für die erhöhte Leistung um 559,11 €. Die ursprüngliche Prämie hat sich um 90 % erhöht. Denn in den ersten zehn Versicherungsjahren wurde es versäumt, Rücklagen für die erhöhte Versicherungsleistung zu bilden. Der Verlauf der Bruttoreserve vor und nach Vertragsänderung wird an folgender Grafik deutlich. Die Differenz der beiden Rückstellungen zum Änderungszeitpunkt ist auf die neu angefallenen unmittelbaren Abschlusskosten zurückzuführen.

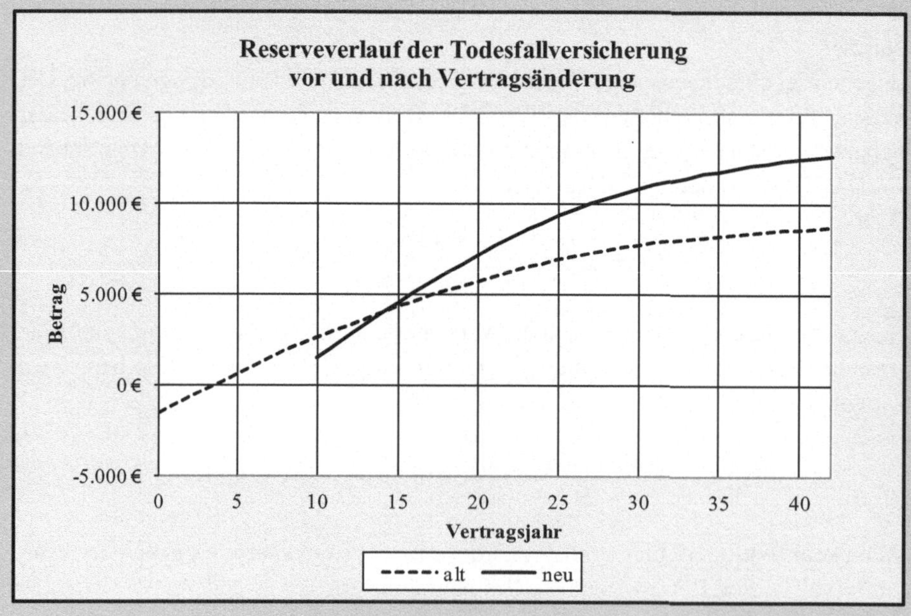

5.5.7 Daueränderung

Ein weiterer typischer Änderungswunsch betrifft die Verkürzung oder die Verlängerung der Beitragszahlungsdauer, der Vertragslaufzeit oder der Aufschubzeit. Auch solche Fälle lassen sich mit der Methode der konstruktiven Prämien durchrechnen.

Beispiel

Gegeben sei eine aufgeschobene Altersrentenversicherung für eine 30-jährige Person, die im Alter von 65 Jahren in Rente gehen möchte. Die versicherte Jahresrente betrage 12.000 €. Die Beitragszahlungsdauer erfolge bis zum Renteneintritt. Der Bruttobeitrag werde zu Vertragsbeginn mit typischen Kostensätzen anhand der DAV2004RM berechnet. Dann ist

$$B^B = 12.000 \frac{0{,}007 N_{30} + 1{,}008 N_{65}}{0{,}955(N_{30} - N_{65}) - 1{,}4 D_{30}} = 7.089{,}09 \ .$$

Nach 15 Jahren Vertragslaufzeit entschließt sich die versicherte Person dazu, erst mit 67 Jahren in Rente zu gehen. Also wird die Beitragszahlungsdauer um zwei Jahre verlängert. Im Gegenzug beantragt der Mann eine Erhöhung seiner Jahresrente. Zunächst berechnen wir das Bruttodeckungskapital gemäß

$$_{15}V_{30}^B = 12.000 \frac{1{,}008 N_{65} + 0{,}007 N_{45}}{D_{45}} - B^B \frac{0{,}955(N_{45} - N_{65})}{D_{45}} = 99.753{,}84 \ .$$

Dieser Betrag kann unter Vernachlässigung des Stornoabschlags als zusätzliche Einmalprämie der geänderten Versicherung betrachtet werden. Nach 15 Jahren Vertragslaufzeit, also im Alter 45, betrachten wir die Barwerte zukünftiger Versicherungsleitungen und Gegenleistungen:

$$L = \tilde{R}\left(1{,}008 \frac{N_{67}}{D_{45}} + 0{,}007 \frac{N_{45}}{D_{45}}\right) + 0{,}045 B \frac{N_{45} - N_{67}}{D_{45}} + 0{,}04 \cdot 2 \cdot B^B$$

$$GL = {}_{15}V_{30}^B + B^B \frac{N_{45} - N_{67}}{D_{45}} \ ,$$

wobei $\tilde{R}$ die neue Jahresrente ist. Erwähnenswert ist, dass zusätzliche Abschlusskosten anfallen. Nach dem Äquivalenzprinzip berechnen wir sodann

$$\tilde{R} = \frac{0{,}955 B^B (N_{45} - N_{67}) + {}_{15}V_{30}^B \cdot D_{45} - 0{,}08 B^B D_{45}}{1{,}008 N_{67} + 0{,}007 N_{45}} = 13.634{,}57 \ .$$

Somit steigt die Jahresrente um 1.634,57 €.

5.6 Bilanzdeckungsrückstellung

Um die betriebswirtschaftliche Situation eines Lebensversicherers zu beurteilen, werden einmal jährlich sämtliche Erträge und Verbindlichkeiten in der so genannten **Bilanz** zusammengefasst. Neben den tatsächlichen Aufwendungen für Versicherungszahlungen und Kosten ist insbesondere die Veränderung der Deckungsrückstellung ein bedeutender Bestandteil. Grundlage der erforderlichen betriebswirtschaftlichen Berechnung der versicherungstechnischen Reserven ist der bereits genannte Paragraph 341f Handelsgesetzbuch (**HGB**).

Die Berechnung der Deckungsrückstellung auf Unternehmensebene dient dazu, die gesamten Verpflichtungen des Versicherers hinsichtlich der vertraglich zugesagten Leistungen übersichtlich zu erfassen. Dazu werden gemäß Paragraph 252 Absatz 1 Handelsgesetzbuch (**HGB**) zunächst sämtliche einzelvertraglichen Bruttoreserven aufaddiert. Da Rechungspositionen in einer Bilanz nur positive Werte annehmen können, wird dabei die Deckungsrückstellung nach Paragraph 25 Absatz 2 Rechnungslegungsverordnung (**RechVersV**) auf den Mindestrückkaufswert angehoben:

(2) Liegt die nach § 341f des Handelsgesetzbuchs berechnete Deckungsrückstellung eines Versicherungsvertrags unter dem jeweils vertraglich oder gesetzlich garantierten Rückkaufswert, so ist sie in dessen Höhe anzusetzen; dies gilt sinngemäß für eine beitragsfreie Versicherungsleistung.

Dabei ist für Kapitalversicherungen das Fünfte Gesetz zur Förderung der Vermögensbildung der Arbeitnehmer (Fünftes Vermögensbildungsgesetz – **5. VermBG**) zu beachten, denn in Paragraph 9 Absatz 4 heißt es:

(4) Der Versicherungsvertrag sieht vor, daß bereits ab Vertragsbeginn ein nicht kürzbarer Anteil von mindestens 50 Prozent des gezahlten Beitrags als Rückkaufswert (§ 169 des Versicherungsvertragsgesetzes) erstattet oder der Berechnung der prämienfreien Versicherungsleistung (§ 165 des Versicherungsvertragsgesetzes) zugrunde gelegt wird.

Aufgrund des Einzelbewertungsgrundsatzes in Paragraph 252 Absatz 1 Handelsgesetzbuch (**HGB**) können die einmaligen Abschlusskosten, die, wie wir gesehen haben, dazu führen, dass die Bruttoreserve anfänglich negativ ist, auf der Passivseite der Bilanz nicht berücksichtigt werden. Das Versicherungsunternehmen ist also gezwungen, die einmaligen Abschlusskosten als **Aktiva** in der Bilanz zu berücksichtigen. Dazu wird der anfängliche Fehlbetrag als nichtfällige Forderung an den Versicherungsnehmer ausgewiesen. Der Betrag erscheint folglich nicht auf der Passivseite der Bilanz, sondern der Aktivseite. Man nennt man dieses Vorgehen die **Aktivierung der nichtfälligen Forderungen**. Die Differenz der Bilanzdeckungsrückstellung und der versicherungstechnischen Deckungsrückstellung ist also gerade die nichtfällige Forderung an den Versicherungsnehmer.

Aufgrund allgemeiner Bilanzierungsgrundsätze ist es zulässig, noch nicht fällige Forderungen, wie insbesondere Abschlussprovisionen, gegenüber Versicherungsnehmern zu aktivieren. In der Rechnungslegungsverordnung (**RechVersV**) wird festgelegt, nach welchen Regeln versicherungstechnische Reserven berechnet werden. Insbesondere ist es zulässig, das gezillmerte Deckungskapital zur bilanziellen Darstellung aller Verpflichtungen aus dem getätigten Versicherungsgeschäft zu verwenden. Denn in der Paragraph 25 Absatz 1 Rechnungslegungsverordnung (**RechVersV**) heißt es explizit

(1) Bei der Berechnung der Deckungsrückstellung sind für die Berücksichtigung der Risiken aus dem Versicherungsvertrag angemessene Sicherheitszuschläge anzusetzen. Einmalige Abschlusskosten dürfen nach einem angemessenen versicherungsmathematischen Verfahren, insbesondere dem Zillmerungsverfahren, berücksichtigt werden.

In Paragraph 4 Deckungsrückstellungsverordnung (**DeckRV**) wird insbesondere der Höchstzillmersatz festgelegt. Im Zillmerverfahren wird die periodische Amortisationsprämie dazu verwendet, die Abschlusskosten im Verlauf der Beitragszahlungsdauer zu tilgen. Die noch nicht getilgten α^Z-Kosten stellen somit die nichtfällige Forderung an den Versicherungsnehmer auf der Aktivseite der Bilanz dar.

Die Berechnung sämtlicher Rückstellungen eines Unternehmens erfolgt zum **Bilanzstichtag**, üblicherweise dem 31. Dezember eines jeden Kalenderjahres. Bislang haben wir die versicherungsmathematischen Reserven lediglich an den wiederkehrenden Jahrestagen der Police berechnet. In der Praxis kann der Versicherungsbeginn jedoch an jedem beliebigen Tag des Jahres erfolgen. Folglich sind das Versicherungsjahr und das Bilanzjahr im Allgemeinen unterschiedlich. In der Praxis wird die einzelvertragliche Rückstellung dann durch lineare Interpolation näherungsweise berechnet.

Die Reserve gilt als bedeutender Bestandteil des **Sicherungsvermögens**, welches in der Lebensversicherung von einem **Treuhänder** überwacht wird. Dadurch werden die Ansprüche der Versicherten für den Fall der Insolvenz des Unternehmens sichergestellt. Zusätzlich ist der **Beitragsübertrag** zu beachten. Insbesondere bei Jahresbeiträgen ist es wichtig, dem laufenden Kalenderjahr lediglich denjenigen Prämienanteil zuzuordnen, der der anteiligen Risikoübernahme entspricht. Die Festsetzung der Prämienreserve für den Beitragsübertrag erfolgt deshalb zeitproportional gemäß dem nicht verbrauchten Anteil. Aus bilanzieller Sicht sind Beitragsüberträge passive Rechnungsabgrenzungsposten.

Für das Sicherungsvermögen werden außerdem Rückstellungen zur risikotheoretisch fundierten Berechnung des von der Aufsichtsbehörde geforderten Eigenkapitals herangezogen. Des Weiteren hat das Versicherungsunternehmen Rückstellungen für noch nicht abgewickelte Versicherungsfälle zu bilden. Einerseits ist für bekannte, aber noch nicht regulierte Versicherungsfälle, eine **Einzelschadenreserve** zu bilden, die sich an der Versicherungssumme orientiert. Andererseits vergeht zwischen dem Schadeneintritt und der Benachrichtigung oft eine gewisse Zeit. Deshalb sind zum Bilanzstichtag im Allgemeinen nicht alle eingetretenen Schäden bekannt. Zu diesem Zweck wird die so genannte globale **IBNR Reserve** („incurred but not reported") gebildet. Die Berechnung dieser Rückstellung geht jedoch über die Einführung in die Lebensversicherungsmathematik hinaus. Eine ausführliche Darstellung erhält man durch das Studium der Schadenversicherungsmathematik.

5.7 Auffüllung und Nachreservierung

Eine besondere Komplexität des versicherungsmathematischen Kalküls in der Praxis liegt in der Verwendung inkonsistenter Rechnungsgrundlagen für die Beitragsberechnung einerseits und die Reserveberechnung andererseits begründet. Es ist zu beachten, dass sich die Rechnungsgrundlagen zur Beitragskalkulation von denen zur Reserveberechnung unterscheiden dürfen. Denn der Gesetzgeber hat durch verschiedene rechtliche Vorgaben nur die Berechnung der Deckungsrückstellung reguliert. Hinsichtlich der Tarifierung sind die Versicherer relativ frei. In Paragraph 11 Absatz 1 Versicherungsaufsichtsgesetz (**VAG**) heißt es lediglich

(1) Die Prämien in der Lebensversicherung müssen unter Zugrundelegung angemessener versicherungsmathematischer Annahmen kalkuliert werden und so hoch sein, daß das Versicherungsunternehmen allen seinen Verpflichtungen nachkommen, insbesondere für die einzelnen Verträge ausreichende Deckungsrückstellungen bilden kann.

Somit können sich die Rechnungsgrundlagen für die Beitragskalkulation einerseits und die Berechnung der Deckungsrückstellungen andererseits schon bei Vertragsbeginn unterscheiden. Mögliche Gründe sind, dass ein Lebensversicherer die gesetzlichen Vorgaben für Mindestrückkaufswerte, Höchstzillmersatz oder Höchstrechnungszinssatz nicht auf die Beitragsberechnung anwendet.

Außerdem können sich Rechnungsgrundlagen im Verlauf der Zeit ändern.. Für die Beitragsberechnung hatten wir festgestellt, dass nach Paragraph 163 Absatz 1 Versicherungsvertragsgesetz (**VVG**) die Versicherungsbeiträge für die Dauer des Vertrages fest vereinbart sind und im Allgemeinen nicht mehr geändert werden dürfen. Es ist jedoch beispielsweise bekannt, dass die restliche Lebenserwartung insbesondere für ältere Menschen in den letzten Jahren stark gestiegen ist. Ebenso wurde in den letzten Jahren der Höchstrechnungszinssatz für die Berechnung der Deckungsrückstellung immer weiter abgesenkt. Durch derartige Änderungen wird jedes Versicherungsunternehmen gezwungen, seine zukünftigen Leistungsversprechen insbesondere im aufsichtsrechtlichen Kontext zu überprüfen und gegebenenfalls neu zu bewerten.

Konkret sei bemerkt, dass der Verantwortliche Aktuar des Lebensversicherungsunternehmens gemäß Paragraph 6a Absatz 1 der Verordnung über die versicherungsmathematische Bestätigung, den Erläuterungsbericht und den Angemessenheitsbericht des Verantwortlichen Aktuars (**Aktuarverordnung – AktuarV**) die Angemessenheit der verwendeten Rechnungsgrundlagen zur Bewertung der Reserven zu bescheinigen hat.

In den allgemeinen Bewertungsgrundsätzen gemäß Paragraph 252 Handelsgesetzbuch (**HGB**) sind Deckungsrückstellungen vorsichtig zu bewerten, indem antizipierte Verluste so früh wie möglich adäquat berücksichtigt werden. Nach diesem so genannten **Imparitätsprinzip** sind noch nicht realisierte, aber vorhersehbare Verluste, wie sie beispielsweise durch veränderte Sterblichkeitserfahrungen auftreten können, im **Jahresabschluss** zu berücksichtigen. Im Gegenzug dürfen antizipierte Gewinne gemäß dem

Realisationsprinzip erst dann in der Bilanz ausgewiesen werden, wenn sie realisiert wurden. Dabei ist es wichtig zu berücksichtigen, dass die prospektive Methode zur Berechnung der Deckungsrückstellung angewendet wird, damit die zukünftig gültigen Rechnungsgrundlagen wirksam werden.

Bei der Verwendung inkonsistenter Rechnungsgrundlagen ergeben sich verschiedene Möglichkeiten, eine Rückstellung zu berechnen. Zunächst kann die Reserve ausschließlich mit den Rechnungsgrundlagen der Beitragskalkulation berechnet werden. Sie nennen wir kurz und bündig die Reserve erster Art. Alternativ kann die Rückstellung konsequent gemäß gesetzlicher Vorgaben ermittelt werden. Dabei wird insbesondere auch ein hypothetischer Beitrag mit den Rechnungsgrundlagen für die Reserveberechnung herangezogen. Das ist die Reserve zweiter Art. Wird in dieser Rechnung der sogenannte Reservebeitrag durch den tatsächlichen Beitrag ersetzt, der nach den dokumentierten Rechnungsgrundlagen für die Beitragskalkulation gemäß dem Geschäftsplan berechnet wird, so ergibt sich die für die Praxis relevante Rückstellung, die wir die Reserve dritter Art nennen. Von besonderer Bedeutung sind die Differenzen aus der praxisrelevanten Reserve dritter Art und der Reserve erster Art gemäß der Beitragskalkulation beziehungsweise der Reserve zweiter Art gemäß den gesetzlichen Vorgaben.

Man spricht von einem **Nachreservierungsbedarf**, wenn die Rechnungsgrundlagen zu Vertragsbeginn konsistent sind, zu einem späteren Zeitpunkt der Vertragslaufzeit jedoch für die Beurteilung der zukünftigen Verpflichtungen geändert werden müssen. Andererseits spricht man von einem **Auffüllungsbedarf**, wenn die Rechnungsgrundlagen für die Beitragskalkulation schon bei Vertragsbeginn nicht den gesetzlichen Vorgaben für die Berechnung der Rückkaufswerte und Deckungsrückstellungen entsprechen. Die Verwendung inkonsistenter Rechnungsgrundlagen impliziert also die Notwendigkeit zur Auffüllung der Reserve von Beginn an.

5.7.1 Beitragsdifferenzenformel

Zur Berechnung des **Nachreservierungsbedarfs** der Reserve eignet sich der nachfolgend dargelegte Ansatz. Wir betrachten die Änderung von gewissen Rechnungsgrundlagen nach Ablauf von t Versicherungsjahren, die anschließend für die restliche Vertragslaufzeit verwendet werden sollen. Der Einfachheit halber beschränken wir uns auf Nettobeiträge und Nettoreserven. Das für die Praxis relevante Deckungskapital ist die Differenz aus dem Leistungsbarwert und dem Gegenleistungsbarwert, die beide mit den geänderten Rechnungsgrundlagen zu berechnen sind:

$$_t V_x^N = \tilde{L}_{x+t,\overline{n-t}|} - \widetilde{GL}_{x+t,\overline{n-t}|} \, .$$

Dabei muss beachtet werden, dass der ursprünglich vereinbarte Nettobeitrag B^N weiterhin gültig bleibt. Der Barwert der Gegenleistung ist also

$$\widetilde{GL}_{x+t,\overline{n-t}|} = B^N \tilde{\ddot{a}}_{x+t,\overline{n-t}|} \, ,$$

wobei der Barwertfaktor $\ddot{a}_{x+t,\overline{n-t}|}$ mit den neuen Rechnungsgrundlagen für Zins und Sterblichkeit berechnet wird. Um den Leistungsbarwert zu berechnen, betrachten wir den Neuabschluss einer Versicherung mit Vertragslaufzeit von $(n - t)$ Jahren. Es sei $\bar{B}^N$ derjenige Nettobeitrag, der jährlich vorschüssig von einer $(x + t)$-jährigen Person zu zahlen ist, um zukünftige Versicherungsleistungen unter Berücksichtigung der geänderten Rechnungsgrundlagen nach dem Äquivalenzprinzip vollständig zu decken:

$$\bar{L}_{x+t,\overline{n-t}|} = \bar{B}^N \ddot{a}_{x+t,\overline{n-t}|} \, .$$

Unter Vernachlässigung von beitragsabhängigen Kosten, also beispielsweise auf Nettobasis, ist dann $\bar{L}_{x+t,\overline{n-t}|} = \tilde{L}_{x+t,\overline{n-t}|}$. Daraus ergibt sich die folgende elegante Darstellung für das Deckungskapital

$$_t V_x^N = \left(\bar{B}^N - B^N \right) \ddot{a}_{x+t,\overline{n-t}|} \, ,$$

die bei einer Änderung der Rechnungsgrundlagen für Zins oder Sterblichkeit auf Nettobasis gültig ist. Diese Gleichung wird als **Beitragsdifferenzenformel** bezeichnet.

5.7.2 Änderung des Zinssatzes

Wie schon erwähnt, hat der Gesetzgeber für die Berechnung des Deckungskapitals den Höchstrechnungszins verbindlich vorgeschrieben. Durch das Lebensversicherungsreformgesetz wurde Paragraph 2, Absatz 1 Deckungsrückstellungsverordnung (**DeckRV**) derart geändert, dass der maßgebliche Wert auf 1,25 vom Hundert gesenkt wurde. Ergänzend sei auf Paragraph 2 Absatz 2 Deckungsrückstellungsverordnung (**DeckRV**) hingewiesen:

(2) Der von einem Versicherungsunternehmen im Zeitpunkt des Vertragsabschlusses verwendete Rechnungszins für die Berechnung der Deckungsrückstellung gilt für die gesamte Laufzeit des Vertrages.

Für die Beitragsberechnung darf prinzipiell ein höherer Rechnungszins verwendet werden. Dadurch werden zukünftige Versicherungsleistungen stärker abgezinst. Der zu zahlende Beitrag verringert sich folglich. Ein Versicherer könnte deshalb dazu geneigt sein, im Zuge der Absenkung des Höchstrechnungszinssatzes für die Deckungsrückstellung den Rechnungszins für die Beitragskalkulation beizubehalten oder gar anzuheben. Allerdings ist es notwendig, das Deckungskapital mit dem Höchstrechnungszins zu berechnen. Dadurch ergibt sich ein **Auffüllungsbedarf** der Deckungsrückstellung im Vergleich zur Konkurrenz, die konsistente Rechnungsgrundlagen verwendet, wie das folgende Beispiel aufzeigt.

Beispiel

Gegeben sei eine Kapitallebensversicherung über 100.000 € für eine 40-jährige Person. Die Vertragsdauer betrage 25 Jahre. Der Bruttobeitrag werde mit dem Rechnungszinssatz in Höhe von $\tilde{i} = 2{,}5\%$ berechnet. Dann ist für typische Kostensätze anhand der DAV2008TM

$$B_{\tilde{i}}^{B} = \frac{100.000\,\tilde{D}_{65} + 170(\tilde{N}_{40} - \tilde{N}_{65})}{0{,}955(\tilde{N}_{40} - \tilde{N}_{65}) - \tilde{D}_{65}} = 3.492{,}13 \; .$$

Im Vergleich dazu ist der Bruttobeitrag B_{i}^{B} zum Rechnungszinssatz $i = 1{,}25\%$ gleich 4.047,45 €. Der Versicherer kann also gegenüber der Konkurrenz einen Rabatt von 13,7 % anbieten.

Nach gesetzlicher Vorschrift muss jedoch die Reserve mit dem Höchstrechnungszins berechnet werden. Dazu werden die Kommutationswerte mit dem Höchstrechnungszins in Höhe von 1,25 % gebildet. Nach Ablauf von exemplarisch fünf Jahren ist somit

$$_{5}\bar{V}_{40}^{B} = S \frac{(M_{45} - M_{65} + D_{65}) + 0{,}00170(N_{45} - N_{65})}{D_{40+t}} - B_{\tilde{i}}^{B} \frac{0{,}955(N_{45} - N_{65})}{D_{45}}$$

$$= 23.599{,}19 \; .$$

Dabei haben wir im Abzugsglied den Tarifbeitrag $B_{\tilde{i}}^{B}$ berücksichtigt, denn nur dieser Betrag steht zur Bildung der praxisrelevanten Deckungsrückstellung tatsächlich zur Verfügung. Die Rückstellung, die sich bei konsistenter Verwendung des Höchstrechnungszinssatzes sowohl für Beitrag als auch Reserve ergäbe, ist deutlich geringer:

$$_{5}V_{40}^{B} = S \frac{(M_{45} - M_{65} + D_{65}) + 0{,}00170(N_{45} - N_{65})}{D_{40+t}} - B_{i}^{B} \frac{0{,}955(N_{45} - N_{65})}{D_{45}}$$

$$= 14.389{,}79 \; .$$

Hier haben wir im Abzugsglied aus Konsistenzgründen den hypothetischen Beitrag B_{i}^{B} eingesetzt. Der Auffüllungsbedarf ist die Differenz der beiden berechneten Reserven, also 9.209,40 €. Der Versicherer muss im Vergleich mit der Konkurrenz, die konsistent mit dem Höchstrechnungszins rechnet, eine deutliche Aufstockung der Reserve in Kauf nehmen. Die dafür notwendigen Mittel muss der Versicherer aus dem Eigenkapital bereitstellen.

Die nachfolgende Grafik verdeutlicht den Verlauf des Auffüllungsbedarfs in der Zeit.

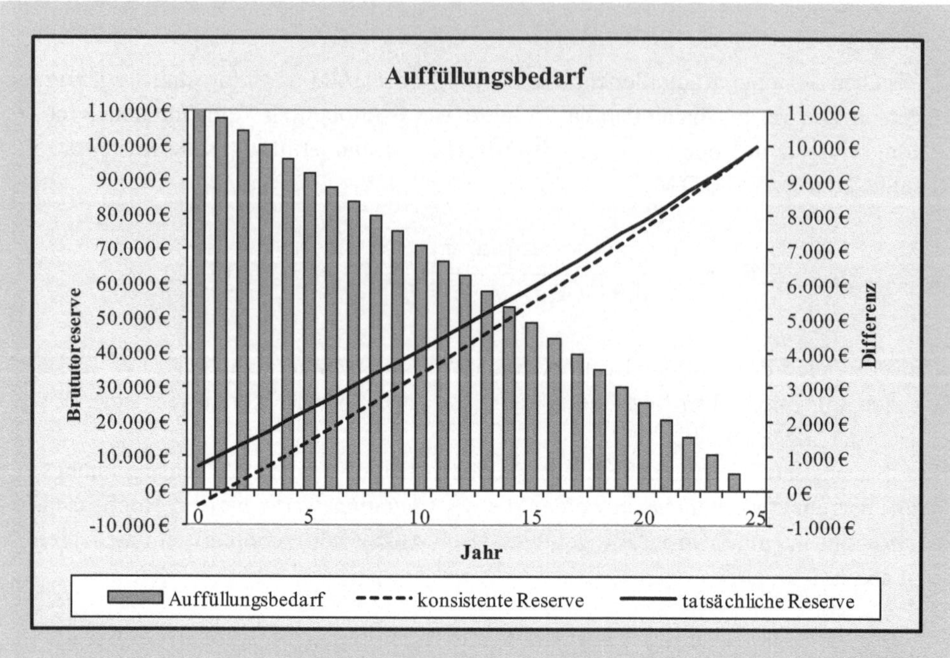

Ein höherer Rechnungszins impliziert sowohl eine niedrigere Prämie als auch eine niedrigere Reserve, da zukünftige Zahlungen stärker abgezinst werden. Aus Vorsichtsgründen verzichtet man bei einer Anhebung des Höchstrechnungszinssatzes auf die Berücksichtigung ihrer Implikation in Bezug auf die praxisrelevante Deckungsrückstellung. Eine vorzeitige teilweise Auflösung der Reserve wird so vermieden. Die Rückstellung bleibt folglich nach einer Zinserhöhung unverändert.

Wird der Höchstrechnungszinssatz jedoch abgesenkt, so muss das Versicherungsunternehmen prüfen, ob es seine eingegangenen Verpflichtungen langfristig erfüllen kann. Wenn die eigenen Kapitalerträge nicht ausreichen, um die bestehenden Zinsverpflichtungen zu erfüllen, so ergibt sich ein **Nachreservierungsbedarf**, indem der Rechnungszinssatz für die zukünftigen Leistungen und Gegenleistungen angepasst wird. In Paragraph 5 Absatz 4 Deckungsrückstellungsverordnung (**DeckRV**) ist die Methode beschrieben, die in diesem Fall anzuwenden ist:

(4) Zu jedem Bilanzstichtag ist der gemäß Absatz 3 ermittelte Durchschnittswert (Referenzzins) mit dem höchsten in den nächsten 15 Jahren für einen Vertrag maßgeblichen Rechnungszins zu vergleichen. Ist der Referenzzins kleiner als der höchste maßgebliche Rechnungszins, ist der einzelvertraglichen Berechnung der Deckungsrückstellung Folgendes zugrunde zu legen:

1. für den Zeitraum der nächsten 15 Jahre jeweils das Minimum aus dem für das jeweilige Jahr maßgeblichen Rechnungszins und dem Referenzzins und

2. für den Zeitraum nach Ablauf von 15 Jahren der jeweils maßgebliche Rechnungszins;

andernfalls ist für die gesamte Restlaufzeit der jeweils maßgebliche Rechnungszins zu verwenden.

Der Betrag, um den die Deckungsrückstellung nach diesem Verfahren zu erhöhen ist, wird **Zinszusatzreserve** genannt. Die Methodik wollen wir exemplarisch für die sofortige lebenslange Leibrente verdeutlichen. Es sei x das Eintrittsalter der versicherten Person und R die versicherte Rente. Dann ist der Nettoeinmalbeitrag gleich dem Leistungsbarwert

$$B^N = R\ddot{a}_x = R\frac{N_x}{D_x} \, .$$

Das Nettodeckungskapital nach Ablauf von t Jahren ist dann

$$_t V_x^N = R\ddot{a}_{x+t} = R\frac{N_{x+t}}{D_{x+t}} \, .$$

Für die Zinszusatzreserve wird hilfsweise eine weitere Rückstellung berechnet. Dabei werden zukünftige Leistungen in den nächsten 15 Jahren mit dem niedrigeren Referenzzinssatz diskontiert. Dazu wird eine Fallunterscheidung gemacht: zunächst sei die Restlaufzeit geringer als die gesetzlich vorgesehenen 15 Jahre, es gelte also $(\omega - x) - t \leq 15$. Dann wird der Leistungsbarwert mit dem Referenzzinssatz $\tilde{i}$ berechnet und die Reserve ist:

$$_t \tilde{V}_x^N = R\ddot{a}_{x+t} = R\frac{\tilde{N}_{x+t}}{\tilde{D}_{x+t}} \, .$$

Ist andererseits die Restlaufzeit größer als 15 Jahre, gilt also $(\omega - x) - t > 15$, so wird nach Ablauf von 15 Jahren wiederum der ursprüngliche Zinssatz angewendet. Dazu betrachten wir zunächst die folgende Zerlegung des Rentenbarwertfaktors:

$$\ddot{a}_{x+t} = \ddot{a}_{x+t,\,\overline{15|}} + {}_{15|}\ddot{a}_{x+t} \, .$$

Ausgedrückt in Kommutationswerten gilt dann

$$\ddot{a}_{x+t} = \frac{N_{x+t} - N_{x+t+15}}{D_{x+t}} + \frac{N_{x+t+15}}{D_{x+t}} = \frac{N_{x+t} - N_{x+t+15}}{D_{x+t}} + \frac{D_{x+t+15}}{D_{x+t}} \cdot \frac{N_{x+t+15}}{D_{x+t+15}} \, .$$

Mit dieser Vorüberlegung ist dann das erhöhte Nettodeckungskapital

$$_t \tilde{V}_x^N = R\frac{\tilde{N}_{x+t} - \tilde{N}_{x+t+15}}{\tilde{D}_{x+t}} + R\frac{\tilde{D}_{x+t+15}}{\tilde{D}_{x+t}} \cdot \frac{N_{x+t+15}}{D_{x+t+15}}$$

Dabei sind die mit „$\sim$" gekennzeichneten Kommutationswerte mit dem Referenzzinssatz $\tilde{i}$ zu berechnen. Die Differenz der so berechneten Reserve $_t\tilde{V}_x^N$ zur Nettoreserve $_tV_x^N$ ist die **Zinszusatzreserve** auf Nettobasis $_tZZR_x^N$:

$$_tZZR_x^N = {}_t\tilde{V}_x^N - {}_tV_x^N \; .$$

Die Berechnung der erhöhten Reserve für andere, komplexere Lebensversicherungsprodukte kann *mutatis mutandis* vorgenommen werden.

In der Praxis wird der Referenzzinssatz $\tilde{i}$ jedes Jahr neu festgelegt. Der Vergleich der erhöhten Rückstellung $_t\tilde{V}_x^N$ mit $_tV_x^N$ wird jährlich wiederholt. Je größer die Differenz der beiden Zinssätze ist, umso größer wird auch die Zinszusatzreserve. Steigt der Referenzzinssatz im Vergleich zum Vorjahr, so wird ein Teil der gebildeten Zinszusatzreserve wieder aufgelöst. Aufgrund des anhaltend niedrigen Zinsniveaus ist davon auszugehen, dass die Zinszusatzreserve insbesondere für Altverträge mittelfristig an Bedeutung gewinnen wird.

Beispiel

Gegeben sei ein sofort beginnende Altersrentenversicherung für eine 60-jährige Person über jährlich 24.000 €, die am 1.1.1999 zum Höchstrechnungszinssatz von seinerzeit $i = 0{,}04$ abgeschlossen worden ist. Der Referenzzinssatz $\tilde{i}$ betrage 3,15 % zum 31.12.2014. Die Nettoreserve für $t = 16$ ist dann

$$_{16}\tilde{V}_{60}^N = 24.000\frac{\tilde{N}_{76} - \tilde{N}_{91}}{\tilde{D}_{76}} + 24.000\frac{\tilde{D}_{91}}{\tilde{D}_{76}} \cdot \frac{N_{91}}{D_{91}} = 334.557{,}54 \; .$$

Zum Vergleich dazu ist die Nettoreserve mit $i = 0{,}04$

$$_{16}V_{60}^N = 24.000\frac{N_{76}}{D_{76}} = 313.711{,}42 \; .$$

Folglich ist die Zinszusatzreserve für diesen Vertrag gleich der Differenz, nämlich

$$_{16}ZZR_{60}^N = {}_{16}\tilde{V}_{60}^N - {}_{16}V_{60}^N = 20.846{,}11 \; .$$

5.7.3 Änderung der Sterblichkeit

Die Gleichbehandlung von Männern und Frauen für neue Vertragsabschlüsse in der Lebensversicherung ist nach Paragraph 19 Absatz 1 Allgemeines Gleichbehandlungsgesetz (**AGG**) verpflichtend vorgeschrieben. Aufgrund dieser rechtliche Vorgabe müssen Lebensversicherer zwingend Unisex-Sterbetafeln verwenden, die sich als Mischung der bekannten Sterbetafeln für Männern und Frauen ergeben. Der Männeranteil wird dadurch zu einer zusätzlichen Rechnungsgröße in der praktischen Lebensversicherungsmathematik. Der Verantwortliche Aktuar hat zu prüfen, ob das tatsächliche Mischungsverhältnis von Männern und Frauen im versicherten Bestand nahe genug am rechnerisch angesetzten Wert liegt. Dazu wird die praxisrelevante Deckungsrückstellung dritter Art mit der geschlechtsspezifischen Sterbetafel und dem Unisex-Tarifbeitrag einzelvertraglich berechnet.

Beispiel

Gegeben sei eine Risikolebensversicherung für eine 30-jährige Person. Die Versicherungssumme in Höhe von 500.000 € werde nur im Todesfall während der 35-jährigen Laufzeit fällig. Die Beitragszahlungsdauer entspreche der Versicherungsdauer. Der Bruttobeitrag werde unter Berücksichtigung typischer Kosten berechnet. Der Versicherer nehme an, dass nur Frauen diese Versicherung abschließen. Dann ist der Bruttobeitrag anhand der DAV2008TF

$$B^B = 500.000 \frac{M_{30} - M_{65} + 0,00085(N_{30} - N_{65})}{0,95(N_{30} - N_{65}) - 1,4D_{30}} = 1.778,75 \, .$$

Das Bruttodeckungskapital nach exemplarisch zwanzig Jahren beträgt bei konsistenter Verwendung der Sterbetafel DAV2008TF

$$_{20}V^B_{30} = 500.000 \frac{M_{50} - M_{65} + 0,00085(N_{50} - N_{65})}{D_{50}} - 0,95 B^B \frac{N_{50} - N_{65}}{D_{50}}$$

$$= 15.110,72 \, .$$

Tatsächlich werde diese Versicherung aufgrund des attraktiven Beitrags zu 100 % von Männern abgeschlossen. Anhand der Sterbetafel DAV2008TM wäre der Bruttobeitrag $\tilde{B}^B$ nämlich eigentlich viel höher:

$$\tilde{B}^B = 500.000 \frac{\tilde{M}_{30} - \tilde{M}_{65} + 0,00085(\tilde{N}_{30} - \tilde{N}_{65})}{0,95(\tilde{N}_{30} - \tilde{N}_{65}) - 1,4\tilde{D}_{30}} = 2.663,48 \, .$$

Die Bruttoreserve nach zwanzig Jahren für eine reine Männerversicherung wäre

$$_{20}\tilde{V}^B_{30} = 500.000 \frac{\tilde{M}_{50} - \tilde{M}_{65} + 0,00085(\tilde{N}_{50} - \tilde{N}_{65})}{\tilde{D}_{50}} - 0,95 \tilde{B}^B \frac{\tilde{N}_{50} - \tilde{N}_{65}}{\tilde{D}_{50}}$$

$$= 26.361,00 \, .$$

Die Differenz $_{20}V^B_{30} - _{20}\tilde{V}^B_{30}$ ist nur von akademischer Bedeutung. Das Deckungskapital des Versicherungsunternehmens sollte wegen der bekannten Bestandszusammensetzung mit dem tatsächlichen Beitrag B^B anhand der Männersterbetafel DAV2008TM berechnet werden:

$$_{20}\bar{V}^B_{30} = 500.000 \frac{\tilde{M}_{50} - \tilde{M}_{65} + 0,00085(\tilde{N}_{50} - \tilde{N}_{65})}{\tilde{D}_{50}} - 0,95 B^B \frac{\tilde{N}_{50} - \tilde{N}_{65}}{\tilde{D}_{50}}$$

$$= 37.452,68 \, .$$

Die Differenz der einzelvertraglichen Reserven

$$_{20}\bar{V}^{B}_{30} - {}_{20}V^{B}_{30} = 37.452{,}68 - 15.110{,}72 = 22.341{,}96$$

muss pro Police zusätzlich nachreserviert werden. Zum Vergleich dazu liefert die um die Kosten adjustierte Differenzenformel

$$0{,}95\left(\tilde{B}^{B} - B^{B}\right)\frac{\tilde{N}_{50} - \tilde{N}_{65}}{\tilde{D}_{50}} = 11.091{,}68\ .$$

Dieser Wert ist identisch mit der Differenz aus der relevanten Reserve und der reinen Männerreserve:

$$_{20}\bar{V}^{B}_{30} - {}_{20}\tilde{V}^{B}_{30} = 37.452{,}68 - 26.361{,}00 = 11.091{,}68\ .$$

Die Beitragsdifferenzenformel liefert also den Auffüllungsbedarf in Bezug auf die Bruttorückstellung, die konsistent mit der Sterbetafel DAV2008TM berechnet wird.

Der Sterblichkeitstrend der letzten Jahrzehnte deutete auf eine Verringerung der Sterbewahrscheinlichkeit beziehungsweise eine Lebenszeitverlängerung hin. Diese Erkenntnis ist unproblematisch für Versicherungen mit Todesfallcharakter. Denn durch diesen Trend haben sich die in den Beiträgen und Rückstellungen enthaltenen Sicherheitsmargen erhöht. Gemäß dem Vorsichtsprinzip wird solch eine Entwicklung gerne gesehen. Allerdings führt die verlängerte Lebenserwartung zu schmelzenden Sicherheitsmargen für Versicherungen mit Erlebensfallcharakter. Insbesondere für Altersrentenversicherungen wird demnach eine Nachreservierung notwendig.

In 2009 wurden konkret die neuen Sterbetafeln für Versicherungen mit Todesfallcharakter eingeführt. Die Sterbewahrscheinlichkeiten wurden dabei merklich gesenkt. Daraus ergäbe sich eine Reduktion der Rückstellungen nach der prospektiven Methode, da der Barwert der zukünftigen Leistungen geringer wird. Tatsächlich sind die Reserven für den versicherten Bestand jedoch nicht reduziert worden, da antizipierte zukünftige Gewinne gemäß dem **Realisationsprinzip** aus Paragraph 252 Handelsgesetzbuch (**HGB**) nicht sofort vereinnahmt werden dürfen.

Als 2004 die neue Rentensterbetafel DAV2004R herausgegeben worden ist, hat die Aufsichtsbehörde verlangt, dass die Reserven für den Bestand an Erlebensfall- und Altersrentenversicherungen schrittweise innerhalb der nächsten zwanzig Jahre auf das Niveau der neuen Sterbetafel erhöht werden. Denn eine sofortige Anhebung wäre für die Versicherungsbranche zu kostspielig gewesen.

5.7.4 Unterschiedliche Kostensätze

In letzter Zeit wurde in der Lebensversicherungsbranche der Trend erkennbar, die einmaligen Abschlusskosten inkonsistent anzusetzen. So werden nicht selten die α^Z-Kosten in der Beitragskalkulation einmalig zu Vertragsbeginn fällig. Nach Paragraph 169, Absatz 3 Versicherungsvertragsgesetz (**VVG**) wird der Rückkaufswert mit den Rechnungsgrundlagen der Beitragskalkulation berechnet, wobei darauf zu achten ist, dass die einmaligen Abschlusskosten gleichmäßig auf fünf Jahre zu verteilen sind. Diese Diskrepanz impliziert einen **Auffüllungsbedarf**.

Gerade in den ersten fünf Vertragsjahren ergeben sich beträchtliche Differenzbeträge, wie das folgende Beispiel illustriert. Für die Berechnung des Rückkaufswerts gehen wir davon aus, dass keine Rate der verteilten Abschlusskosten gedanklich vor Beginn der Versicherung auftritt. Dadurch beginnt das Bruttodeckungskapital unter Berücksichtigung verteilter Abschlusskosten bei null.

Beispiel

Wir betrachten eine Kapitallebensversicherung über 250.000 € mit Laufzeit von 40 Jahren für eine 25-jährige Person. Dann ist der Bruttobeitrag bei typischen Kostensätzen und einmaligen Abschlusskosten in Höhe von 4 % der Beitragssumme anhand der Sterbetafel DAV2008TM

$$B^B = 250.000\,\frac{(D_{65} + M_{25} - M_{65}) + 0{,}0017(N_{25} - N_{65})}{0{,}955(N_{25} - N_{65}) - 1{,}6 D_{25}} = 2.426{,}87\ .$$

Um den Rückkaufswert zu berechnen, müssen wir annehmen, dass die Abschlusskosten gleichmäßig auf fünf Jahre verteilt werden. Würde die Versicherung für die Beitragsberechnung annehmen, dass die α^Z-Kosten auf fünf Jahre verteilt werden, so ergäbe sich ein niedriger Beitrag $\tilde{B}^B$ gemäß

$$\tilde{B}^B = 250.000\,\frac{D_{65} + M_{25} - M_{65} + 0{,}0017(N_{25} - N_{65})}{0{,}955(N_{25} - N_{65}) - 0{,}32(N_{25} - N_{30})} = 2.423{,}24\ .$$

Dieser Beitrag ist etwas kleiner, da die anteiligen Abschlusskosten größtenteils später fällig sind und nur von den dann noch Lebenden gezahlt werden.

Für die Berechnung der Rückstellung ist eine Fallunterscheidung notwendig. Sei zunächst $t \leq 5$, dann ist der Rückkaufswert gleich dem Deckungskapital bei verteilten Abschlusskosten:

$$_t\tilde{V}^B_{25} =$$

$$250.000\,\frac{D_{65} + M_{25+t} - M_{65} + 0{,}0017(N_{25+t} - N_{65}) + 0{,}32(N_{25+t} - N_{30})}{D_{25+t}}$$

$$-\,0{,}955\,\tilde{B}^B\,\frac{N_{25+t} - N_{65}}{D_{25+t}}\ .$$

Dabei ist darauf zu achten, dass im Abzugsglied der tatsächliche Beitrag $\tilde{B}^B$ zu verwenden ist. Würden man hier den höheren Beitrag B^B einsetzen, so wäre das Deckungskapital anfänglich negativ, was jedoch nicht im Sinne des Gesetzgebers ist. Im Vergleich dazu ist die Reserve bei einmaligen Abschlusskosten

$$_tV_{25}^B = 250.000\,\frac{D_{65} + M_{25+t} - M_{65} + 0{,}0017(N_{25+t} - N_{65})}{D_{25+t}}$$

$$- 0{,}955\,B^B\,\frac{N_{25+t} - N_{65}}{D_{25+t}}\,.$$

Nach fünf Jahren, also für $t \geq 5$, sind die beiden Reserven $_t\tilde{V}_{25}^B$ und $_tV_{25}^B$ sehr ähnlich, da der Term bezüglich der verteilten Abschlusskosten im Leistungsbarwert entfällt und weil die Beiträge $\tilde{B}^B$ und B^B fast gleich sind.

Die nachfolgende Grafik zeigt die Differenz der beiden Rückstellungen in den ersten fünf Vertragsjahren. Der zu zahlende Beitrag reicht nur aus, um die Reserve $_t\tilde{V}_{25}^B$ zu bilden, der Rest muss vom Versicherer aufgefüllt werden.

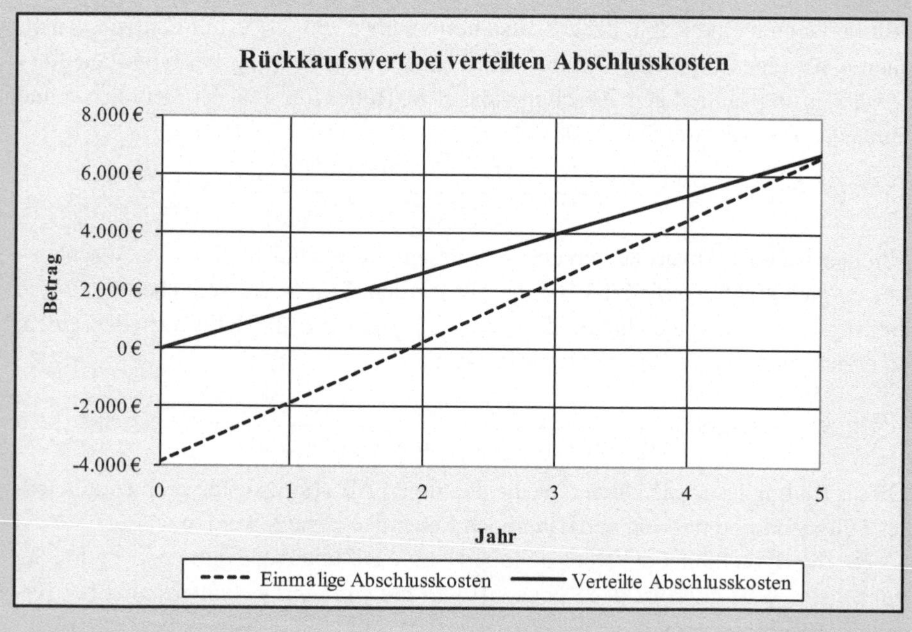

Durch das Lebensversicherungsreformgesetz wurde die Deckungsrückstellungsverordnung (**DeckRV**) in Paragraph 4, Absatz 1 derart geändert, dass ab dem 1.1.2015 der Zillmersatz 25 vom Tausend der Summe aller Prämien nicht überschreiten darf. Damit werden die α^Z-Kosten für die Berechnung der Deckungsrückstellung effektiv auf 25 Promille der Beitragssumme begrenzt. Da eine Verringerung der Abschlussprovision zumindest kurzfristig sehr schwierig durchzusetzen ist, könnten einige Lebensversicherer geneigt sein, für die Beitragsberechnung weiterhin den alten Kostensatz in Höhe von 40 Promille anzusetzen. Das folgende Beispiel illustriert die Konsequenzen für die Deckungsrückstellung.

Beispiel

Gegeben sei eine Kapitallebensversicherung über 200.000 € für eine 40-jährige Person mit 25-jähriger Vertragslaufzeit. Der Bruttobeitrag werde unter Berücksichtigung einer Abschlussprovision in Höhe von 40 Promille der Beitragssumme berechnet. Dann ist der Bruttobeitrag B^B anhand der DAV2008TM

$$B^B = 200.000 \frac{D_{65} + M_{40} - M_{65} + 0{,}0017(N_{40} - N_{65})}{0{,}955(N_{40} - N_{65}) - D_{40}} = 8.268{,}65 \; .$$

Unter Berücksichtigung des Höchstzillmersatzes von 25 Promille ist der revidierte Beitrag $\tilde{B}^B$:

$$\tilde{B}^B = 200.000 \frac{D_{65} + M_{40} - M_{65} + 0{,}0017(N_{40} - N_{65})}{0{,}955(N_{40} - N_{65}) - 0{,}625 D_{40}} = 8.107{,}27 \; .$$

Die Rückstellung $_t V_{40}^B$ nach t Jahren ist mit den Rechnungsgrundlagen der Beitragskalkulation:

$$_t V_{40}^B = 200.000 \frac{D_{65} + M_{40+t} - M_{65} + 0{,}0017(N_{40+t} - N_{65})}{D_{40+t}}$$
$$- 0{,}955 B^B \frac{N_{40+t} - N_{65}}{D_{40+t}} \; .$$

Die gesetzliche Rückstellung $_t \tilde{V}_{40}^B$ erhalten wir dadurch, dass der Beitrag B^B durch $\tilde{B}^B$ ersetzt wird. Die vorgeschriebene Verteilung der Abschlusskosten ignorieren wir hier. Dann ergibt sich in jedem Jahr ein Auffüllungsbedarf in Höhe der Differenz der beiden Reserven. Konkret sind $_0 V_{40}^B = -8.268{,}65$ und $_0 \tilde{V}_{40}^B = -5.067{,}04$. Der Auffüllungsbedarf bei Vertragsbeginn ist also 3.201,61 € und fällt im Verlauf der Vertragsdauer monoton bis auf null im 25. Versicherungsjahr, denn es gilt $_{25} V_{40}^B = {}_{25} \tilde{V}_{40}^B = 200.000$.

Um den Auffüllungsbedarf zu finanzieren, betrachten wir die Amortisationsprämien

$$B^A = B^B \cdot 25 \cdot 0{,}04 \frac{D_{40}}{N_{40} - N_{65}} = 398{,}04$$

$$\tilde{B}^A = \tilde{B}^B \cdot 25 \cdot 0{,}025 \frac{D_{40}}{N_{40} - N_{65}} = 243{,}92 \; .$$

Die Differenz der Amortisationsbeiträge in Höhe von 154,12 € stellt den äquivalenten laufenden Fehlbetrag zur Finanzierung des Auffüllungsbedarfs dar. Dieser Betrag entspricht 0,77 Promille der Versicherungssumme und müsste während der gesamten Vertragslaufzeit zusätzlich laufend erhoben werden, um die überhöhten Abschlusskosten äquivalent zu decken. Für andere Eintrittsalter und Vertragslaufzeiten ändert sich natürlich der äquivalente Kostensatz.

5.8 Zinssensitivität

Die Nachreservierung impliziert die Frage der Abhängigkeit versicherungstechnischer Werte von den zugrundeliegenden Rechnungsgrößen. In der älteren Literatur zur Versicherungsmathematik wurden derartige Probleme unter dem Namen der so genannten **Variationsrechnung** behandelt. In Bezug auf die Auswirkung der Änderung des Rechnungszinssatzes spricht man vom **Zinsfußproblem**. Dazu werden verschiedene Reihenentwicklungen nach dem Zinssatz, insbesondere die Taylorreihe, auf Versicherungsbarwerte angewendet. Die Änderung versicherungstechnischer Werte bei einer Rechnungszinsanhebung oder -senkung lässt sich dadurch approximieren, dass das Restglied der Reihe ignoriert wird.

Aus der klassischen Finanzmathematik ist uns bekannt, dass die Duration als Kennzahl für die Zinssensitivität von deterministischen Zahlungsströmen verwendet wird. Das Konzept eignet sich darüber hinaus, die Änderung des Barwerts bei einer sofortigen Zinsänderung zu approximieren. In Analogie zur klassischen Finanzmathematik übertragen wir das Konzept der Duration auf unsichere Zahlungsströme in der Lebensversicherungsmathematik. Exemplarisch wenden wir die Approximationsformel an, um die Auswirkung einer Zinsänderung auf Versicherungsbarwerte, Nettoprämie und Nettoreserven näherungsweise zu berechnen.

5.8.1 Duration von Kommutationswerten

Die klassische Duration der Finanzmathematik lässt sich ohne Weiteres auf die Lebensversicherungsmathematik übertragen. Dabei erinnern wir daran, dass die Duration sowohl vom Zinssatz als auch vom Zahlungsstrom samt Bewertungsstichtag abhängt. Um die Notation nicht zu überfrachten und uns auf das in diesem Zusammenhang Wesentliche zu konzentrieren, vereinbaren wir abweichend von der klassischen Finanzmathematik, die Duration lediglich als Funktion des Versicherungsbarwerts zu schreiben.

Zunächst betrachten wir die diskontierten Lebenden D_x. Dann ist die Ableitung nach dem Rechnungszinssatz:

$$D'_x = \frac{d}{di} l_x (1+i)^{-x} = -x l_x (1+i)^{-x-1} = -x(1+i)^{-1} D_x \ .$$

Daraus folgt für die Duration

$$Dur(D_x) = -(1+i)\frac{D'_x}{D_x} = -(1+i)\frac{-x(1+i)^{-1} D_x}{D_x} = x \ .$$

Da nur eine Zahlung vorkommt, nämlich genau x Jahre nach der Geburt, so ist der Zahlungsschwerpunkt natürlich auch gleich x. Darauf aufbauend, können wir die Duration der Summe der diskontierten Lebenden N_x berechnen. Es ist nämlich

$$N'_x = \frac{d}{di}\sum_{k=0}^{\omega-x} D_{x+k} = \sum_{k=0}^{\omega-x}\frac{d}{di} D_{x+k} = -(1+i)^{-1}\sum_{k=0}^{\omega-x}(x+k)D_{x+k} \ .$$

Die Summe lässt sich schreiben als

$$\sum_{k=0}^{\omega-x}(x+k)D_{x+k} = x\sum_{k=0}^{\omega-x} D_{x+k} + \sum_{k=0}^{\omega-x} kD_{x+k} = xN_x + \sum_{k=0}^{\omega-x} kD_{x+k},$$

wobei der zweite Term wegen $D_{x+k} = N_{x+k} - N_{x+k+1}$ eine Teleskopsumme ist:

$$\sum_{k=0}^{\omega-x} kD_{x+k} = \sum_{k=0}^{\omega-x} kN_{x+k} - \sum_{k=1}^{\omega-x}(k-1)N_{x+k} = \sum_{k=1}^{\omega-x} N_{x+k} = S_{x+1}.$$

Dabei haben wir ausgenutzt, dass $N_{\omega+1} = 0$ ist. Zusammengefasst ist also

$$N'_x = -(1+i)^{-1}(xN_x + S_{x+1}) \ .$$

Folglich ist die Duration

$$Dur(N_x) = -(1+i)\frac{N'_x}{N_x} = -(1+i)\frac{-(1+i)^{-1}(xN_x + S_{x+1})}{N_x} = x + \frac{S_{x+1}}{N_x} \ .$$

Um die Duration der doppelten Summe der diskontierten Lebenden S_x zu berechnen, würden wir Kommutationswerte höherer Ordnung benötigen. Darauf verzichten wir in dieser Einführung in die Thematik.

Die Duration der diskontierten Toten C_x lässt sich analog berechnen. Denn es gilt

$$C'_x = \frac{d}{di} d_x(1+i)^{-x-1} = -(x+1)d_x(1+i)^{-x-2} = -(x+1)(1+i)^{-1} C_x \ .$$

Man beachte dabei, dass definitionsgemäß die Toten um ein Jahr mehr abgezinst werden als die Lebenden. Damit ist dann die Duration

$$Dur(C_x) = -(1+i)\frac{C_x'}{C_x} = -(1+i)\frac{-(x+1)(1+i)^{-1}C_x}{C_x} = x+1 \,.$$

Die Duration der diskontierten Toten C_x ist also um ein Jahr länger als die Duration der diskontierten Lebenden D_x. Für die Ableitung der Summe der diskontierten Toten nach dem Rechnungszinssatz gilt analog zu den diskontierten Lebenden:

$$M_x' = -(1+i)^{-1}\sum_{k=0}^{\omega-x}(x+1+k)C_{x+k} \,.$$

Wegen $C_{x+k} = M_{x+k} - M_{x+k+1}$ ist

$$\sum_{k=0}^{\omega-x}(k+1)C_{x+k} = \sum_{k=0}^{\omega-x}(k+1)M_{x+k} - \sum_{k=1}^{\omega-x}kM_{x+k} = \sum_{k=0}^{\omega-x}M_{x+k} = R_x \,.$$

Also ist die Ableitung

$$M_x' = -(1+i)^{-1}(xM_x + R_x) \,.$$

Daraus folgt

$$Dur(M_x) = -(1+i)\frac{M_x'}{M_x} = -(1+i)\frac{-(1+i)^{-1}(xM_x + R_x)}{M_x} = x + \frac{R_x}{M_x} \,.$$

Mit diesen Ergebnissen sind wir nun in der Lage, die Duration von Versicherungsbarwerten, Beiträgen und Reserven zu ermitteln. Zusammengefasst haben wir für die Durationen der wichtigsten Kommutationswerte:

Kommutationswert	Duration
D_x	$Dur(D_x) = x$
N_x	$Dur(N_x) = x + \dfrac{S_{x+1}}{N_x}$
C_x	$Dur(C_x) = x + 1$
M_x	$Dur(M_x) = x + \dfrac{R_x}{M_x}$

5.8.2 Duration von Versicherungsbarwerten

Wir beginnen mit dem Barwert der normierten Erlebensfallversicherung $_nE_x$. Zunächst können wir die Ableitung mit Hilfe der Quotientenregel berechnen:

$$_nE'_x = \frac{d}{di}\left(\frac{D_{x+n}}{D_x}\right) = \frac{D'_{x+n}D_x - D_{x+n}D'_x}{D_x^2}\,.$$

Durch Einsetzen der bekannten Ableitungen für D_x und D_{x+n} erhalten wir

$$_nE'_x = \frac{-(1+i)^{-1}(x+n)D_{x+n}D_x - D_{x+n}\left(-(1+i)^{-1}\right)xD_x}{D_x^2} = -(1+i)^{-1}\frac{nD_{x+n}}{D_x}\,.$$

Die Duration der Erlebensfallversicherung der Höhe 1 € ist somit

$$Dur(_nE_x) = -(1+i)\frac{_nE'_x}{_nE_x} = -(1+i)\frac{-(1+i)^{-1}nD_{x+n}}{D_x}\cdot\frac{D_x}{D_{x+n}} = n\,.$$

Die Duration des Leistungsbarwerts der Erlebensfallversicherung ist gleich der Vertragslaufzeit, denn es gibt nur eine einzige Zahlung am Vertragsende. Die Höhe der Versicherungssumme hat keine Auswirkung auf die Duration, denn es gilt

$$Dur(S_nE_x) = -(1+i)\frac{(S_nE_x)'}{S_nE_x} = -(1+i)\frac{-(1+i)^{-1}nSD_{x+n}}{D_x}\cdot\frac{D_x}{SD_{x+n}} = n\,.$$

Dieser Umstand ist allgemein gültig: Es sei A ein Versicherungsbarwert und $\alpha \in \mathbb{R}$, dann ist

$$Dur(\alpha A) = -(1+i)\frac{\frac{d}{di}(\alpha A)}{\alpha A} = -(1+i)\frac{A'}{A} = Dur(A)\,.$$

Außerdem erkennen wir, dass die Duration der Erlebensfallversicherung $Dur(_nE_x)$ gleich der Differenz der Durationen $Dur(D_{x+n})$ und $Dur(D_x)$ ist. Dieser Umstand lässt sich ebenfalls verallgemeinern: Es seien A und B zwei Versicherungsbarwerte. Dann berechnen wir die Duration des Quotienten $C = A/B$ gemäß

$$Dur(C) = -(1+i)\frac{(A/B)'}{A/B}\,.$$

Nach der Quotientenregel für Ableitungen gilt für den Nenner:

$$\frac{d}{di}\left(\frac{A}{B}\right) = \frac{A'B - B'A}{B^2}\,.$$

Daraus folgt

$$Dur(C) = -(1+i)\frac{A'B - B'A}{B^2} \cdot \frac{B}{A} = -(1+i)\frac{A'}{A} + (1+i)\frac{B'}{B}$$
$$= Dur(A) - Dur(B) \ .$$

Die Duration eines Quotienten ist also die Differenz der Durationen des Nenners und des Zählers. Diese Regel ist besonders nützlich in der Lebensversicherungsmathematik. Für die Erlebensfallversicherung gilt konkret, wie bereits gezeigt,

$$Dur(_nE_x) = Dur\left(\frac{D_{x+n}}{D_x}\right) = Dur(D_{x+n}) - Dur(D_x) = x + n - x = n \ .$$

Als weitere Anwendung betrachten wir die Duration der lebenslangen Leibrente $\ddot{a}_x$. Es gilt

$$Dur(\ddot{a}_x) = Dur\left(\frac{N_x}{D_x}\right) = Dur(N_x) - Dur(D_x) = \frac{S_{x+1}}{N_x} \ .$$

Beispiel
Wir betrachten eine sofort beginnende Leibrente für eine 60-jährige Person über jährlich 18.000 € anhand der Sterbetafel DAV2004RM. Dann ist der Nettoeinmalbeitrag für $i = 0{,}0125$

$$B^{NE} = 18.000\frac{N_{60}}{D_{60}} = 485.241{,}51$$

und die Duration ist

$$Dur(B^{NE}) = \frac{S_{61}}{N_{60}} = 16{,}265415 \ .$$

Sollte der Rechnungszinssatz auf $\tilde{i} = 0{,}01$ gesenkt werden, so können wir die Auswirkung auf den Versicherungsbarwert anhand der Duration approximieren:

$$\tilde{B}^{NE} \approx B^{NE}\left(\frac{1+i}{1+\tilde{i}}\right)^{Dur(B^{NE})} = 485.514{,}51\left(\frac{1{,}0125}{1{,}01}\right)^{16{,}265415} = 505.151{,}26 \ .$$

Zum Vergleich dazu, ist der exakte Wert

$$\tilde{B}^{NE} = 18.000\frac{\tilde{N}_{60}}{\tilde{D}_{60}} = 505.360{,}22 \ .$$

Bei der diskutierten Absenkung des Rechnungszinssatzes steigt der Nettoeinmalbeitrag um exakt 20.118,72 €. Die Approximation ist in diesem Fall sehr gut, denn der absolute Fehler ist 208,97 €. Der relative Fehler ist 0,04 %.

Die Duration des Barwertfaktors der temporären Leibrente $\ddot{a}_{x,\overline{n}|}$ ist

$$Dur(\ddot{a}_{x,\overline{n}|}) = Dur\left(\frac{N_x - N_{x+n}}{D_x}\right) = Dur(N_x - N_{x+n}) - Dur(D_x)$$

Wir merken an, dass die Duration eines Portfolios die barwertgewichtete Summe der einzelnen Durationen ist. Es ist folglich

$$Dur(N_x - N_{x+n}) = \frac{N_x}{N_x - N_{x+n}} Dur(N_x) - \frac{N_{x+n}}{N_x - N_{x+n}} Dur(N_{x+n}) \ .$$

Durch Einsetzen der beiden Durationen finden wir

$$Dur(N_x - N_{x+n}) = \frac{N_x}{N_x - N_{x+n}} \cdot \frac{x N_x + S_{x+1}}{N_x} - \frac{N_{x+n}}{N_x - N_{x+n}}$$
$$\cdot \frac{(x+n)N_{x+n} + S_{x+n+1}}{N_{x+n}} \ .$$

Dieser Ausdruck lässt sich zusammenfassen:

$$Dur(N_x - N_{x+n}) = \frac{x N_x + S_{x+1}}{N_x - N_{x+n}} - \frac{(x+n)N_{x+n} + S_{x+n+1}}{N_x - N_{x+n}}$$
$$= x + \frac{S_{x+1} - S_{x+n+1} - n N_{x+n}}{N_x - N_{x+n}} \ .$$

Damit ist schließlich die Duration des Rentenbarwertfaktors:

$$Dur(\ddot{a}_{x,\overline{n}|}) = \frac{S_{x+1} - S_{x+n+1} - n N_{x+n}}{N_x - N_{x+n}} \ .$$

Dieselbe Formel können wir alternativ herleiten, indem wir die temporäre Leibrente als Differenz der lebenslangen Leibrente und der entsprechend aufgeschobenen lebenslangen Leibrente betrachten. Es ist nämlich

$$Dur(\ddot{a}_{x,\overline{n}|}) = Dur\left(\ddot{a}_x - {}_{n|}\ddot{a}_x\right) = \frac{\ddot{a}_x}{\ddot{a}_x - {}_{n|}\ddot{a}_x} Dur(\ddot{a}_x) - \frac{{}_{n|}\ddot{a}_x}{\ddot{a}_x - {}_{n|}\ddot{a}_x} Dur({}_{n|}\ddot{a}_x)$$

Die Duration des Barwerts der aufgeschobenen Rente ist dabei

$$Dur({}_{n|}\ddot{a}_x) = Dur\left(\frac{N_{x+n}}{D_x}\right) = Dur(N_{x+n}) - Dur(D_x) = n + \frac{S_{x+n+1}}{N_{x+n}} \ .$$

Daraus folgt

$$Dur(\ddot{a}_{x,\overline{n}|}) = \frac{N_x}{N_x - N_{x+n}} \cdot \frac{S_{x+1}}{N_x} - \frac{N_{x+n}}{N_x - N_{x+n}} \cdot \frac{n N_{x+n} + S_{x+n+1}}{N_{x+n}} .$$

Dieser Ausdruck lässt sich vereinfachen, so dass

$$Dur(\ddot{a}_{x,\overline{n}|}) = \frac{S_{x+1} - S_{x+n+1} - n N_{x+n}}{N_x - N_{x+n}} .$$

Den Leistungsbarwert der lebenslangen Todesfallversicherung A_x können wir ebenfalls mit der Quotientenregel berechnen:

$$Dur(A_x) = Dur\left(\frac{M_x}{D_x}\right) = Dur(M_x) - Dur(D_x) = \frac{R_x}{M_x}$$

Für den Versicherungsbarwert der Risikolebensversicherung $_nA_x$ ist analog

$$Dur(_nA_x) = Dur\left(\frac{M_x - M_{x+n}}{D_x}\right) = Dur(M_x - M_{x+n}) - Dur(D_x) .$$

Der erste Term ist analog zur Berechnung der temporären Leibrente als gewichtete Summe der Durationen zu berechnen:

$$Dur(M_x - M_{x+n}) = \frac{M_x}{M_x - M_{x+n}} Dur(M_x) - \frac{M_{x+n}}{M_x - M_{x+n}} Dur(M_{x+n}) .$$

Mittels Einsetzen folgt daraus

$$Dur(M_x - M_{x+n}) = \frac{M_x}{M_x - M_{x+n}} \cdot \frac{x M_x + R_x}{M_x} - \frac{M_{x+n}}{M_x - M_{x+n}}$$
$$\cdot \frac{(x + n) M_{x+n} + R_{x+n}}{M_{x+n}} .$$

Dann fassen wir zusammen:

$$Dur(M_x - M_{x+n}) = \frac{x M_x + R_x}{M_x - M_{x+n}} - \frac{(x + n) M_{x+n} + R_{x+n}}{M_x - M_{x+n}}$$
$$= x + \frac{R_x - R_{x+n} - n M_{x+n}}{M_x - M_{x+n}} .$$

Folglich ist die Duration der Risikolebensversicherung

$$Dur(_nA_x) = \frac{R_x - R_{x+n} - n M_{x+n}}{M_x - M_{x+n}} = \frac{_n(IA)_x}{_nA_x} .$$

Beispiel

Gegeben sei eine Risikolebensversicherung über 500.000 € mit 20-jähriger Vertragslaufzeit für eine 40-jährige Person. Dann ist der Nettoeinmalbeitrag für $i = 0,0125$ anhand der Sterbetafel DAV2008TM.

$$B^{NE} = 500.000 \frac{M_{40} - M_{60}}{D_{40}} = 35.396,80$$

und die Duration ist

$$Dur(B^{NE}) = \frac{R_{40} - R_{60} - 20 M_{60}}{M_{40} - M_{60}} = 13,191722 \,.$$

Sollte der Rechnungszinssatz auf $\tilde{i} = 0,0175$ angehoben werden, so ist die Approximation der in diesem Fall fälligen Nettoeinmalbeitrag

$$\tilde{B}^{NE} \approx B^{NE} \left(\frac{1+i}{1+\tilde{i}} \right)^{Dur(B^{NE})} = 35.396,80 \left(\frac{1,0125}{1,0175} \right)^{13,191722} = 33.169,72 \,.$$

Zum Vergleich dazu, ist der exakte Wert

$$\tilde{B}^{NE} = 500.000 \frac{\tilde{M}_{40} - \tilde{M}_{60}}{\tilde{D}_{40}} = 33.181,10 \,.$$

Bei der diskutierten Anhebung des Rechnungszinssatzes fällt die Nettoeinmalprämie um exakt 2.215,70 €. Die Approximation ist in diesem Fall sehr gut, denn der absolute Fehler ist 11,38 €. Der relative Fehler ist 0,03 %.

Zu guter Letzt betrachten wir den Barwert der normierten Kapitallebensversicherung $A_{x,\overline{n}|}$. Die Duration lässt sich als barwertgewichtete Summe der Durationen der Erlebensfallleistung und der Todesfallleistung berechnen:

$$Dur(A_{x,\overline{n}|}) = Dur(_n E_x +_n A_x) = \frac{_n E_x}{_n E_x +_n A_x} Dur(_n E_x) + \frac{_n A_x}{_n E_x +_n A_x} Dur(_n A_x) \,.$$

Durch Einsetzen der bereits bekannten Ausdrücke erhalten wir

$$Dur(A_{x,\overline{n}|}) = \frac{D_{x+n}}{D_{x+n} + M_x - M_{x+n}} n + \frac{M_x - M_{x+n}}{D_{x+n} + M_x - M_{x+n}} \cdot \frac{R_x - R_{x+n} - n M_{x+n}}{M_x - M_{x+n}} \,.$$

Durch Zusammenfassen finden wir

$$Dur(A_{x,\overline{n}|}) = \frac{R_x - R_{x+n} + n(D_{x+n} - M_{x+n})}{D_{x+n} + M_x - M_{x+n}} \,.$$

Der Übersicht halber fassen wir die Durationen der wichtigsten Versicherungsbarwerte zusammen

Versicherungstyp	Duration
Erlebensfallversicherung	$Dur(_nE_x) = n$
Lebenslange Leibrente	$Dur(\ddot{a}_x) = \dfrac{S_{x+1}}{N_x}$
Aufgeschobene lebenslange Leibrente	$Dur(_{m\mid}\ddot{a}_x) = m + \dfrac{S_{x+m+1}}{N_{x+m}}$
Temporäre Leibrente	$Dur(\ddot{a}_{x,\overline{n}\rvert}) = \dfrac{S_{x+1} - S_{x+n+1} - nN_{x+n}}{N_x - N_{x+n}}$
Lebenslange Todesfallversicherung	$Dur(A_x) = \dfrac{R_x}{M_x}$
Risikolebensversicherung	$Dur(_nA_x) = \dfrac{R_x - R_{x+n} - nM_{x+n}}{M_x - M_{x+n}}$
Kapitallebensversicherung	$Dur(A_{x,\overline{n}\rvert}) = \dfrac{R_x - R_{x+n} + n(D_{x+n} - M_{x+n})}{D_{x+n} + M_x - M_{x+n}}$

5.8.3 Duration von Nettoprämien

Die bisher erzielten Erkenntnisse erlauben es uns, die Duration von Nettoprämien zu berechnen. Insbesondere wenden wir zu diesem Zweck die Quotientenregel der Duration an.

Beginnend mit der Erlebensfallversicherung ist der Nettobeitrag in allgemeiner Form

$$B^N = S\,\frac{_nE_x}{\ddot{a}_{x,\overline{n}\rvert}}\;.$$

Die Duration ist dann

$$Dur(B^N) = Dur\left(S\,\frac{_nE_x}{\ddot{a}_{x,\overline{n}\rvert}}\right) = Dur(_nE_x) - Dur(\ddot{a}_{x,\overline{n}\rvert})\;.$$

Man beachte, dass die Versicherungssumme für die Berechnung der Duration unbedeutend ist. Einsetzen der bekannten Durationen der Versicherungsbarwerte liefert das Ergebnis:

$$Dur(B^N) = n - \frac{S_{x+1} - S_{x+n+1} - nN_{x+n}}{N_x - N_{x+n}} = \frac{nN_x - S_{x+1} + S_{x+n+1}}{N_x - N_{x+n}}\;.$$

Nach demselben Prinzip berechnen wir die Duration der Nettoprämie für die lebenslange Todesfallversicherung. Zunächst ist der Nettobeitrag bei lebenslanger Beitragszahlungsdauer:

$$B^N = S\,\frac{A_x}{\ddot{a}_x}\;.$$

Die Duration berechnen wir mit der Quotientenregel:

$$Dur(B^N) = Dur\left(S\frac{A_x}{\ddot{a}_x}\right) = Dur(A_x) - Dur(\ddot{a}_x) .$$

Durch Einsetzen finden wir

$$Dur(B^N) = \frac{R_x}{M_x} - \frac{S_{x+1}}{N_x} .$$

Ist umgekehrt der Nettobeitrag gegeben und die zugehörige Versicherungssumme gesucht, so berechnen wir diese durch

$$S = B^N \frac{\ddot{a}_x}{A_x} .$$

Die Duration der Versicherungssumme ist gleich dem Negativen der Duration des Nettobeitrags:

$$Dur(S) = Dur\left(B^N \frac{\ddot{a}_x}{A_x}\right) = Dur(\ddot{a}_x) - Dur(A_x) = \frac{S_{x+1}}{N_x} - \frac{R_x}{M_x} = -Dur(B^N) .$$

Beispiel

Wir betrachten eine Sterbegeldversicherung über einen Nettobeitrag von jährlich 100 € für eine 70-jährige Person. Dann ist der Nettoeinmalbeitrag für $i = 0{,}0125$ anhand der Sterbetafel DAV2008TM

$$S = 1.200\frac{N_{70}}{M_{70}} = 14.470{,}01$$

und die Duration ist

$$Dur(S) = \frac{S_{71}}{N_{70}} - \frac{R_{70}}{M_{70}} = -4{,}311401 .$$

Man beachte, dass die Duration negativ ist. Das bedeutet, dass die Versicherungssumme bei einer Anhebung des Rechnungszinssatzes ebenfalls steigt. Außerdem wird der tatsächliche Wert bei Änderung des Rechnungszinses stets überschätzt. Sollte der Rechnungszinssatz nun auf $\tilde{i} = 0{,}0025$ gesenkt werden, so ist die Approximation der neuen Versicherungssumme

$$\tilde{S} \approx S\left(\frac{1+i}{1+\tilde{i}}\right)^{Dur(S)} = 14.470{,}01\left(\frac{1{,}0125}{1{,}0025}\right)^{-4{,}311401} = 13.863{,}86 .$$

Näherungsweise haben wir die Differenz in Höhe von $606{,}16\,€$ berechnet. Zum Vergleich dazu, ist der exakte Wert der neuen Versicherungssumme

$$\tilde{S} = 1.200\frac{\tilde{N}_{70}}{\tilde{M}_{70}} = 13.856{,}53 \ .$$

Bei der diskutierten Senkung des Rechnungszinssatzes fällt die Versicherungssumme um exakt $613{,}48\,€$. Der relative Approximationsfehler beträgt hier $0{,}05\,\%$.

Für die Risikolebensversicherung betrachten wir die Nettoprämie

$$B^N = S\,\frac{{}_nA_x}{\ddot{a}_{x,\overline{n}|}}$$

und berechnen die Duration gleichermaßen mit der Quotientenregel:

$$Dur(B^N) = Dur\left(S\,\frac{{}_nA_x}{\ddot{a}_{x,\overline{n}|}}\right) = Dur({}_nA_x) - Dur(\ddot{a}_{x,\overline{n}|}) \ .$$

Durch Einsetzen der bekannten Durationen ist dann

$$Dur(B^N) = \frac{R_x - R_{x+n} - nM_{x+n}}{M_x - M_{x+n}} - \frac{S_{x+1} - S_{x+n+1} - nN_{x+n}}{N_x - N_{x+n}} \ .$$

Analog können wir auch die Duration des Nettobeitrags der Kapitallebensversicherung

$$B^N = S\,\frac{A_{x,\overline{n}|}}{\ddot{a}_{x,\overline{n}|}}$$

berechnen. Es ist nämlich

$$Dur(B^N) = Dur\left(S\,\frac{A_{x,\overline{n}|}}{\ddot{a}_{x,\overline{n}|}}\right) = Dur(A_{x,\overline{n}|}) - Dur(\ddot{a}_{x,\overline{n}|}) \ .$$

Die Duration des Barwerts der Kapitallebensversicherung $A_{x,\overline{n}|}$ und des Barwerts der temporären Leibrente $\ddot{a}_{x,\overline{n}|}$ hatten wir bereits berechnet. Es ist folglich

$$Dur(B^N) = \frac{R_x - R_{x+n} + n(D_{x+n} - M_{x+n})}{D_{x+n} + M_x - M_{x+n}} - \frac{S_{x+1} - S_{x+n+1} - nN_{x+n}}{N_x - N_{x+n}} \ .$$

Beispiel

Wir betrachten eine Kapitallebensversicherung mit Versicherungssumme 200.000 €
für eine 35-jährige Person mit 30-jähriger Vertragslaufzeit. Dann ist der Nettoeinmalbeitrag anhand der Sterbetafel DAV2008TM für $i = 0{,}0125$

$$B^N = 200.000 \frac{D_{65} + M_{30} - M_{65}}{N_{30} - N_{65}} = 5.764{,}09$$

und die Duration ist

$$Dur(B^N) = \frac{R_{35} - R_{65} + 30(D_{65} - M_{65})}{D_{65} + M_{35} - M_{65}} - \frac{S_{36} - S_{66} - 30 N_{65}}{N_{35} - N_{65}} = 15{,}326968 \; .$$

Wird der Rechnungszinssatz nun auf $\tilde{i} = 0{,}0075$ gesenkt, so ist die Approximation:

$$\tilde{B}^N \approx B^N \left(\frac{1+i}{1+\tilde{i}}\right)^{Dur(B^N)} = 5.764{,}09 \left(\frac{1{,}0125}{1{,}0075}\right)^{15{,}326968} = 6.218{,}47 \; .$$

Näherungsweise steigt der Beitrag um 454,38 €. Der exakte neue Beitrag ist etwas
niedriger:

$$\tilde{B}^N = 200.000 \frac{\tilde{D}_{65} + \tilde{M}_{30} - \tilde{M}_{65}}{\tilde{N}_{30} - \tilde{N}_{65}} = 6.214{,}31 \; .$$

Der relative Approximationsfehler beträgt hier 0,07 %, der absolute Fehler ist
4,16 €.

Zu guter Letzt betrachten wir in analoger Weise den Nettobeitrag der auf das Rentenalter
z aufgeschobenen Leibrente mit Beitragszahlung bis zum Renteneintritt. Der Nettobeitrag
ist

$$B^N = R \frac{_{z-x|}\ddot{a}_x}{\ddot{a}_{x,\overline{z-x|}}} \; .$$

Folglich ist die Duration

$$Dur(B^N) = Dur\left(R \frac{_{z-x|}\ddot{a}_x}{\ddot{a}_{x,\overline{z-x|}}}\right) = Dur(_{z-x|}\ddot{a}_x) - Dur(\ddot{a}_{x,\overline{z-x|}}) \; .$$

Die Durationen der benötigten Leistungsbarwerte sind uns bekannt, sodass

$$Dur(B^N) = z - x + \frac{S_{z+1}}{N_z} - \frac{S_{x+1} - S_{z+1} - (z-x) N_z}{N_x - N_z} \; .$$

Ist umgekehrt der Beitrag vorgegeben und die Rentenhöhe gesucht, so ist die Duration der
Rente das Negative der Duration des Nettobeitrags:

$$Dur(R) = Dur\left(B^N \frac{\ddot{a}_{x,\overline{z-x}|}}{z-x|\ddot{a}_x}\right) = Dur(\ddot{a}_{x,\overline{z-x}|}) - Dur(_{z-x|}\ddot{a}_x)$$

$$= \frac{S_{x+1} - S_{z+1} - (z-x)N_z}{N_x - N_z} + x - z - \frac{S_{z+1}}{N_z}\,.$$

Die Durationen typischer Nettoprämien der fünf klassischen Lebensversicherungsprodukte sind in der nachfolgenden Tabelle zusammengefasst.

Versicherungstyp	Duration des typischen Nettobeitrags
Erlebensfallversicherung	$\dfrac{nN_x - S_{x+1} + S_{x+n+1}}{N_x - N_{x+n}}$
Todesfallversicherung	$\dfrac{R_x}{M_x} - \dfrac{S_{x+1}}{N_x}$
Risikolebensversicherung	$\dfrac{R_x - R_{x+n} - nM_{x+n}}{M_x - M_{x+n}} - \dfrac{S_{x+1} - S_{x+n+1} - nN_{x+n}}{N_x - N_{x+n}}$
Kapitallebensversicherung	$\dfrac{R_x - R_{x+n} + n(D_{x+n} - M_{x+n})}{D_{x+n} + M_x - M_{x+n}} - \dfrac{S_{x+1} - S_{x+n+1} - nN_{x+n}}{N_x - N_{x+n}}$
Altersrentenversicherung	$z - x + \dfrac{S_{z+1}}{N_z} - \dfrac{S_{x+1} - S_{z+1} - (z-x)N_z}{N_x - N_z}$

5.8.4 Duration von Nettoreserven

Mit den Regeln zur Berechnung der Duration und den bereits erzielten Einsichten können
wir nun auch die Duration der Deckungsrückstellung berechnen. Von besonderem Interesse in der Praxis ist es in dieser Hinsicht, mittels der Duration die Änderung der Reserve
aufgrund einer Senkung des Rechnungszinssatzes abzuschätzen.

Wir beginnen mit der Erlebensfallversicherung, deren Nettoreserve für $0 \le t \le n$
durch

$$_tV_x^N = L_{x+t} - GL_{x+t} = S_{n-t}E_{x+t} - B\ddot{a}_{x+t,\overline{n-t}|}$$

gegeben ist. Dabei kann B der Nettobeitrag oder auch der gezillmerte Nettobeitrag sein,
der fest vorgegeben ist. Die Prämie wird zunächst mit den Rechnungsgrundlagen der Beitragskalkulation berechnet und ist anschließend nicht mehr veränderbar. Die Duration der
Nettoreserve, dargestellt als Differenz aus Leistungsbarwert und Gegenleistungsbarwert,
ist der barwertgewichtete Mittelwert der einzelnen Durationen. Also gilt

$$Dur(_tV_x^N) = \frac{S_{n-t}E_{x+t}}{S_{n-t}E_{x+t} - B\ddot{a}_{x+t,\overline{n-t}|}} Dur(S_{n-t}E_{x+t})$$

$$- \frac{B\ddot{a}_{x+t,\overline{n-t}|}}{S_{n-t}E_{x+t} - B\ddot{a}_{x+t,\overline{n-t}|}} Dur(B\ddot{a}_{x+t,\overline{n-t}|})\,.$$

Jeder einzelne Term ist uns bereits bekannt, sodass

$$Dur(_t V_x^N) = \frac{SD_{x+n}}{SD_{x+n} - B(N_{x+t} - N_{x+n})}(n-t)$$
$$- \frac{B(N_{x+t} - N_{x+n})}{SD_{x+n} - B(N_{x+t} - N_{x+n})} \cdot \frac{S_{x+t+1} - S_{x+n+1} - (n-t)N_{x+n}}{N_{x+t} - N_{x+n}} \,.$$

Dieser Ausdruck lässt sich äquivalent umformen, sodass in vereinfachter Form für die Duration der Nettoreserve der Erlebensfallversicherung gilt

$$Dur(_t V_x^N) = \frac{S(n-t)D_{x+n} - B\,(S_{x+t+1} - S_{x+n+1} - (n-t)N_{x+n})}{SD_{x+n} - B(N_{x+t} - N_{x+n})} \,.$$

Beispiel

Gegeben sei eine Erlebensfallversicherung mit Versicherungssumme 100.000 € für eine 40-jährige Person mit 25-jähriger Vertragslaufzeit. Dann ist der jährliche Bruttobeitrag anhand der Sterbetafel DAV2004RM für $i = 0{,}0125$ mit typischen Kostensätzen

$$B^B = \frac{100.000 D_{65} + 170 N_{40} - 170 N_{65}}{0{,}955 N_{40} - 0{,}955 N_{65} - D_{40}} = 3.797{,}14 \,.$$

Damit lässt sich auch der zugehörige gezillmerte Nettobeitrag berechnen:

$$B^Z = \frac{100.000 D_{65} + 0{,}04 \cdot 25 \cdot 3.797{,}14 \cdot D_{40}}{N_{40} - N_{65}} = 3.456{,}27 \,.$$

Diesen Beitrag verwenden wir, um die gezillmerte Nettodeckungsrückstellung zu berechnen, denn in diesem Beispiel ist die Kostenreserve identisch null, sodass die Zillmerreserve mit der Bruttoreserve übereinstimmt. Die gezillmerte Nettorückstellung ist für $0 \le t \le 25$:

$$_t V_{40}^Z = 100.000 \frac{D_{65}}{D_{40+t}} - 3.456{,}27 \frac{N_{40+t} - N_{65}}{D_{40+t}} \,.$$

Nach zehn Jahren ist konkret $_{10} V_{40}^Z = 32.981{,}14$, wenn für die Restlaufzeit weiterhin der Rechnungszinssatz $i = 0{,}0125$ verwendet wird. Allerdings sei der Referenzzinssatz für die restlichen 15 Jahre auf $\tilde{i} = 0{,}01$ abzusenken. Um den Effekt auf die Rückstellung abzuschätzen, berechnen wir zunächst die Duration der Zillmerreserve nach 10 Jahren gemäß

$$Dur(_{10} V_{40}^Z) = \frac{100.000 \cdot 15 \cdot D_{65} - 3.456{,}27\,(S_{51} - S_{66} - 15 N_{65})}{100.000 D_{65} - 3.456{,}27(N_{50} - N_{65})} = 26{,}766132 \,.$$

Nach der Approximationsformel ist dann die erhöhte Zillmerreserve

$$_{10}\tilde{V}^Z_{40} \approx \,_{10}V^Z_{40}\left(\frac{1+i}{1+\tilde{\imath}}\right)^{Dur(_{10}V^Z_{40})} = 32.981{,}14\left(\frac{1{,}0125}{1{,}01}\right)^{26{,}766132} = 35.237{,}36\,.$$

Selbstverständlich können wir das gezillmerte Nettodeckungskapital auch exakt mit $\tilde{\imath}$ berechnen:

$$_{10}\tilde{V}^Z_{40} = 100.000\frac{\tilde{D}_{65}}{\tilde{D}_{50}} - 3.456{,}27\frac{\tilde{N}_{50} - \tilde{N}_{65}}{\tilde{D}_{50}} = 35.209{,}91\,.$$

Die Differenz der Reserven vor und nach Zinssenkung ist die **Zinszusatzreserve**

$$_{10}ZZR_{40} = \,_{10}\tilde{V}^Z_{40} - \,_{10}V^Z_{40} = 2.228{,}77\,.$$

Die Approximation des **Nachreservierungsbedarfs** ist in diesem Fall sehr gut, denn näherungsweise haben wir für die Zinszusatzreserve 2.256,22 € berechnet. Die Zinszusatzreserve wurde durch die Approximation mittels der Duration also um 27,45 € überschätzt. Der relative Näherungsfehler entspricht 0,08 % der Zillmerreserve und 1,23 % der Zinszusatzreserve.

In analoger Weise können wir auch die Duration der Nettorückstellung für die lebenslange Todesfallversicherung mit lebenslanger Beitragszahlungsdauer berechnen. Zunächst ist die Nettoreserve zu jedem Zeitpunkt $0 \leq t \leq \omega - x$

$$_t V^N_x = L_{x+t} - GL_{x+t} = SA_{x+t} - B\ddot{a}_{x+t}\,.$$

Daraus folgt für die Duration

$$Dur(_t V^N_x) = \frac{SA_{x+t}}{SA_{x+t} - B\ddot{a}_{x+t}}Dur(SA_{x+t}) - \frac{B\ddot{a}_{x+t}}{SA_{x+t} - B\ddot{a}_{x+t}}Dur(B\ddot{a}_{x+t})\,.$$

Dann setzen wir alle bekannten Terme ein und erhalten die Duration der Nettorückstellung der lebenslangen Todesfallversicherung

$$\begin{aligned}
Dur(_t V^N_x) &= \frac{SM_{x+t}}{SM_{x+t} - BN_{x+t}} \cdot \frac{R_{x+t}}{M_{x+t}} - \frac{BN_{x+t}}{SM_{x+t} - BN_{x+t}} \cdot \frac{S_{x+t+1}}{N_{x+t}}\\
&= \frac{SR_{x+t} - BS_{x+t+1}}{SM_{x+t} - BN_{x+t}}\,.
\end{aligned}$$

Wenden wir uns als Nächstes der Duration der Nettorückstellung für die Risikolebensversicherung zu. Es gilt für $0 \leq t \leq n$

$$_t V_x^N = L_{x+t} - GL_{x+t} = S_{n-t} A_{x+t} - B \ddot{a}_{x+t,\overline{n-t}|} \ .$$

Die Duration ist wiederum durch das gewichtete Mittel zu berechnen:

$$Dur(_t V_x^N) = \frac{S_{n-t} A_{x+t}}{S_{n-t} A_{x+t} - B \ddot{a}_{x+t,\overline{n-t}|}} Dur(S_{n-t} A_{x+t})$$
$$- \frac{B \ddot{a}_{x+t,\overline{n-t}|}}{S_{n-t} A_{x+t} - B \ddot{a}_{x+t,\overline{n-t}|}} Dur(B \ddot{a}_{x+t,\overline{n-t}|}) \ .$$

Setzen wir nun die bekannten Ausdrücke ein, so erhalten wir

$$Dur(_t V_x^N) = \frac{S(M_{x+t} - M_{x+n})}{S(M_{x+t} - M_{x+n}) - B(N_{x+t} - N_{x+n})} \cdot \frac{R_{x+t} - R_{x+n} - (n-t)M_{x+n}}{M_{x+t} - M_{x+n}}$$
$$- \frac{B(N_{x+t} - N_{x+n})}{S(M_{x+t} - M_{x+n}) - B(N_{x+t} - N_{x+n})}$$
$$\cdot \frac{S_{x+t+1} - S_{x+n+1} - (n-t)N_{x+n}}{N_{x+t} - N_{x+n}} \ .$$

Dann vereinfachen wir diesen Term, indem wir äquivalent umformen. Im Ergebnis ist die Duration der Nettorückstellung für die Risikolebensversicherung:

$$Dur(_t V_x^N) = \frac{S\left(R_{x+t} - R_{x+n} - (n-t)M_{x+n}\right) - B\left(S_{x+t+1} - S_{x+n+1} - (n-t)N_{x+n}\right)}{S(M_{x+t} - M_{x+n}) - B(N_{x+t} - N_{x+n})} \ .$$

Wie wir wissen, ist die Kapitallebensversicherung die Summe aus einer Erlebensfallversicherung und einer Risikolebensversicherung in einem Vertrag. Für $0 \leq t \leq n$ ist die Nettodeckungsrückstellung

$$_t V_x^N = L_{x+t} - GL_{x+t} = SA_{x+t,\overline{n-t}|} - B \ddot{a}_{x+t,\overline{n-t}|} \ .$$

Dabei haben wir die Erlebensfallleistung $_{n-t} E_{x+t}$ und die Todesfallleistung $_{n-t} A_{x+t}$ durch den Barwertfaktor der Kapitallebensversicherung $A_{x+t,\overline{n-t}|}$ zusammengefasst. Diese Festsetzung erleichtert uns die Berechnung der Duration der Nettorückstellung nach der Portfolioregel, nach der die Duration der barwertgewichtete Mittelwert ist:

$$Dur(_t V_x^N) = \frac{SA_{x+t,\overline{n-t}|}}{SA_{x+t,\overline{n-t}|} - B \ddot{a}_{x+t,\overline{n-t}|}} Dur(SA_{x+t,\overline{n-t}|})$$
$$- \frac{B \ddot{a}_{x+t,\overline{n-t}|}}{SA_{x+t,\overline{n-t}|} - B \ddot{a}_{x+t,\overline{n-t}|}} Dur(B \ddot{a}_{x+t,\overline{n-t}|}) \ .$$

Setzen wir nun die bekannten Terme ein, so erhalten wir

$$Dur(_tV_x^N) = \frac{S(D_{x+n} + M_{x+t} - M_{x+n})}{S(D_{x+n} + M_{x+t} - M_{x+n}) - B(N_{x+t} - N_{x+n})} \cdot$$

$$\frac{\dfrac{R_x - R_{x+n} + n(D_{x+n} - M_{x+n})}{D_{x+n} + M_x - M_{x+n}}}{}$$

$$- \frac{B(N_{x+t} - N_{x+n})}{S(D_{x+n} + M_{x+t} - M_{x+n}) - B(N_{x+t} - N_{x+n})} \cdot$$

$$\frac{S_{x+t+1} - S_{x+n+1} - (n-t)N_{x+n}}{N_{x+t} - N_{x+n}} \cdot$$

Diesen komplexen Ausdruck vereinfachen wir und erhalten somit die Formel für die Duration der Nettorückstellung für die Kapitallebensversicherung:

$$Dur(_tV_x^N) =$$
$$\frac{S\left(R_x - R_{x+n} + n(D_{x+n} - M_{x+n})\right) - B\left(S_{x+t+1} - S_{x+n+1} - (n-t)N_{x+n}\right)}{S(D_{x+n} + M_{x+t} - M_{x+n}) - B(N_{x+t} - N_{x+n})} \cdot$$

Abschließend behandeln wir die Altersrentenversicherung. Es sei x das Alter bei Versicherungsbeginn und z das Renteneintrittsalter. Die Beitragszahlung erfolge bis zum Beginn der Rentenzahlungen, die ihrerseits lebenslang ausgezahlt werden. Für die Rückstellung ist eine Fallunterscheidung notwendig. Es sei zunächst $0 \leq t \leq z - x$, dann ist die Nettodeckungsrückstellung

$$_tV_x^N = L_{x+t} - GL_{x+t} = R_{z-(x+t)|}\ddot{a}_{x+t} - B\ddot{a}_{x+t,\overline{z-(x+t)|}} \cdot$$

Die Duration des Deckungskapitals berechnen wir wie gewohnt als gewichteten Mittelwert:

$$Dur(_tV_x^N) = \frac{R_{z-(x+t)|}\ddot{a}_{x+t}}{R_{z-(x+t)|}\ddot{a}_{x+t} - B\ddot{a}_{x+t,\overline{z-(x+t)|}}}Dur(R_{z-(x+t)|}\ddot{a}_{x+t})$$

$$- \frac{B\ddot{a}_{x+t,\overline{z-(x+t)|}}}{R_{z-(x+t)|}\ddot{a}_{x+t} - B\ddot{a}_{x+t,\overline{z-(x+t)|}}}Dur(B\ddot{a}_{x+t,\overline{z-(x+t)|}}) \cdot$$

Dann setzen wir die bekannten Versicherungsbarwerte und Durationen ein:

$$Dur(_tV_x^N) = \frac{RN_z}{RN_z - B(N_{x+t} - N_z)}\left(z - x - t + \frac{S_{z+1}}{N_z}\right)$$

$$- \frac{B(N_{x+t} - N_z)}{RN_z - B(N_{x+t} - N_z)} \cdot \frac{S_{x+t+1} - S_{z+1} - (z-x-t)N_z}{N_{x+t} - N_z} \cdot$$

Durch Vereinfachen finden wir die Duration des Nettodeckungskapitals der aufgeschobenen, lebenslangen, Altersrentenversicherung für $0 \leq t \leq z - x$:

$$Dur(_tV_x^N) = \frac{R\left((z-x-t)N_z + S_{z+1}\right) - B\left(S_{x+t+1} - S_{z+1} - (z-x-t)N_z\right)}{RN_z - B(N_{x+t} - N_z)} \cdot$$

Während der Rentenbezugszeit, also für $z - x \leq t \leq \omega - x$ entfällt das Abzugsglied der Gegenleistung, da keine Beiträge gezahlt werden. Dadurch vereinfacht sich die Rückstellung:

$$_t V_x^N = L_{x+t} - GL_{x+t} = R\ddot{a}_{x+t} \ .$$

Die Duration der sofort beginnenden lebenslangen Leibrente kennen wir bereits. Also ist die Duration der Nettorückstellung der Altersrentenversicherung für $z - x \leq t \leq \omega - x$:

$$Dur(_t V_x^N) = \frac{S_{x+t+1}}{N_{x+t}} \ .$$

Zum Schluss fassen wir die Durationen der Nettorückstellung für die fünf klassischen Lebensversicherungsprodukte zusammen.

Versicherungstyp	Duration der typischen Nettodeckungsrückstellung
Erlebensfallversicherung	$\dfrac{S(n-t)D_{x+n} - B\left(S_{x+t+1} - S_{x+n+1} - (n-t)N_{x+n}\right)}{SD_{x+n} - B(N_{x+t} - N_{x+n})}$
Todesfallversicherung	$\dfrac{SR_{x+t} - BS_{x+t+1}}{SM_{x+t} - BN_{x+t}}$
Risikolebensversicherung	$\dfrac{S\left(R_{x+t} - R_{x+n} - (n-t)M_{x+n}\right)}{S(M_{x+t} - M_{x+n}) - B(N_{x+t} - N_{x+n})}$ $- \dfrac{B\left(S_{x+t+1} - S_{x+n+1} - (n-t)N_{x+n}\right)}{S(M_{x+t} - M_{x+n}) - B(N_{x+t} - N_{x+n})}$
Kapitallebensversicherung	$\dfrac{S\left(R_x - R_{x+n} + n(D_{x+n} - M_{x+n})\right)}{S(D_{x+n} + M_{x+t} - M_{x+n}) - B(N_{x+t} - N_{x+n})}$ $- \dfrac{B\left(S_{x+t+1} - S_{x+n+1} - (n-t)N_{x+n}\right)}{S(D_{x+n} + M_{x+t} - M_{x+n}) - B(N_{x+t} - N_{x+n})}$
Altersrentenversicherung	$\dfrac{R\left((z-x-t)N_z + S_{z+1}\right)}{RN_z - B(N_{x+t} - N_z)}$ $- \dfrac{B\left(S_{x+t+1} - S_{z+1} - (z-x-t)N_z\right)}{RN_z - B(N_{x+t} - N_z)}$

5.9 Beitragszerlegung

Nachdem uns die versicherungsmathematische Bedeutung der Reserven klar geworden ist, widmen wir uns im Folgenden der mathematischen Dekomposition der Deckungsrückstellung in ihre Bestandteile. Dadurch erhalten wir neue aktuarielle Einblicke, die insbesondere auch im Hinblick auf die **Bilanzierung** sowie auf die **Gewinn- und Verlustrechnung** ihre praktische Anwendung finden.

Schon in der Einführung dieses Kapitels ist anhand einer Kontostaffelrechnung deutlich geworden, dass sich das Nettodeckungskapital iterativ berechnen lässt. Dieser Sachverhalt lässt sich verallgemeinern. Es sei dazu

x	das Eintrittsalter der versicherten Person,

t	die Zeitpunkte in vollendeten Jahren, ausgehend vom Vertragsbeginn, also $t = 0, \cdots, \omega - x + 1$,

T_t	die Todesfallsumme, die bei Tod innerhalb der Periode $[t-1, t)$ am Ende des Jahres, also zum Zeitpunkt t, gezahlt wird,

E_t	die Erlebensfallsumme, die am Ende des Jahres, also zum Zeitpunkt t, anfällt,

B_t	der Beitrag, der am Anfang des Jahres, also zum Zeitpunkt $t - 1$, für die Periode $[t-1, t)$ gezahlt wird,

K_t	die sonstigen Kosten, mit Ausnahme der unmittelbaren Abschlusskosten, die am Anfang des Jahres, also zum Zeitpunkt $t - 1$, für die Periode $[t-1, t)$ fällig werden,

$_tV_x$	das Bruttodeckungskapital eines ursprünglich x-jährigen Person am Endes des Jahres, also zum Zeitpunkt t.

Der folgende Zahlungsstrahl soll verdeutlichen, wann die einzelnen Positionen einer Lebensversicherung fällig sind.

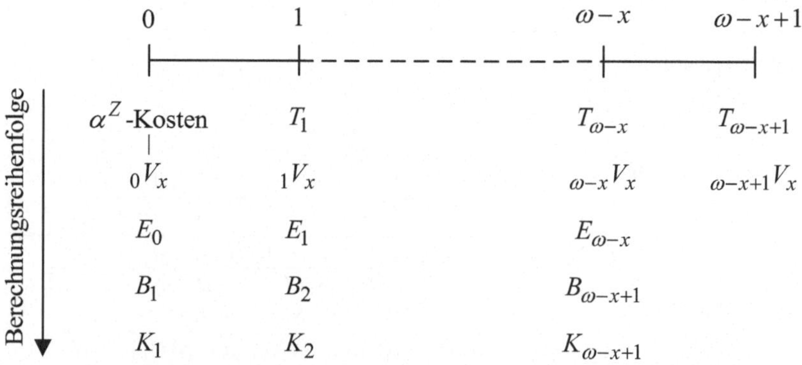

Das Deckungskapital wird zum Ende eines jeden Jahres berechnet, nachdem eine etwaige Todesfallleistung des laufenden Jahres abgerechnet worden ist, aber bevor die Erlebensfallleistung desselben Jahres ausgezahlt wird, und bevor die Beiträge und Kosten des nächsten Jahres anfallen. Die Schwierigkeit dieses Ansatzes liegt in der Indizierung und der damit verbundenen korrekten Erfassung der Fälligkeiten.

Allgemein gilt für das Bruttodeckungskapital einer Lebensversicherung eines x-Jährigen

$$_tV_x = L_{x+t,\overline{\omega-x+1-t}|} - GL_{x+t,\overline{\omega-x+1-t}|} \qquad t = 0, \cdots, \omega - x + 1\,.$$

In diesem allgemeinen Zusammenhang ist somit

$$_tV_x = \sum_{k=0}^{\omega-x-t} T_{t+k+1} \frac{C_{x+t+k}}{D_{x+t}} + \sum_{k=0}^{\omega-x-t} E_{t+k} \frac{D_{x+t+k}}{D_{x+t}} + \sum_{k=0}^{\omega-x-t} K_{t+k+1} \frac{D_{x+t+k}}{D_{x+t}}$$
$$- \sum_{k=0}^{\omega-x-t} B_{t+k+1} \frac{D_{x+t+k}}{D_{x+t}}\,.$$

Analog ist für $t + 1$

$$_{t+1}V_x = \sum_{k=0}^{\omega-x-t-1} T_{t+k+2} \frac{C_{x+t+k+1}}{D_{x+t+1}} + (E_{t+k+1} + K_{t+k+2} - B_{t+k+2}) \frac{D_{x+t+k+1}}{D_{x+t+1}} \cdot$$

Durch Indexverschiebung erhalten wir

$$_{t+1}V_x = \sum_{k=1}^{\omega-x-t} T_{t+k+1} \frac{C_{x+t+k}}{D_{x+t+1}} + (E_{t+k} + K_{t+k+1} - B_{t+k+1}) \frac{D_{x+t+k}}{D_{x+t+1}} ,$$

wobei sich die einzelnen Summen ergänzen lassen, indem jeweils das nullte Glied addiert und subtrahiert wird:

$$t + 1V_x = \sum_{k=0}^{\omega-x-t} T_{t+k+1} \frac{C_{x+t+k}}{D_{x+t+1}} + (E_{t+k} + K_{t+k+1} - B_{t+k+1}) \frac{D_{x+t+k}}{D_{x+t+1}}$$
$$- T_{t+1} \frac{C_{x+t}}{D_{x+t+1}} - (E_t + K_{t+1} - B_{t+1}) \frac{D_{x+t}}{D_{x+t+1}} \cdot$$

Weiterhin folgt durch Ausklammerung des konstanten Faktors $\frac{D_{x+t}}{D_{x+t+1}}$:

$$_{t+1}V_x = -T_{t+1} \frac{C_{x+t}}{D_{x+t+1}} - (E_t + K_{t+1} - B_{t+1}) \frac{D_{x+t}}{D_{x+t+1}}$$
$$+ \frac{D_{x+t}}{D_{x+t+1}} \sum_{k=0}^{\omega-x-t} T_{t+k+1} \frac{C_{x+t+k}}{D_{x+t}} + (E_{t+k} + K_{t+k+1} - B_{t+k+1}) \frac{D_{x+t+k}}{D_{x+t}} \cdot$$

An dieser Formel erkennen wir den rekursiven Zusammenhang für das Bruttodeckungskapital

$$_{t+1}V_x = {}_tV_x \frac{D_{x+t}}{D_{x+t+1}} - T_{t+1} \frac{C_{x+t}}{D_{x+t+1}} - E_t \frac{D_{x+t}}{D_{x+t+1}} - K_{t+1} \frac{D_{x+t}}{D_{x+t+1}} + B_{t+1} \frac{D_{x+t}}{D_{x+t+1}} \cdot$$

In äquivalenter Form ist

$$_tV_x + B_{t+1} = {}_{t+1}V_x \frac{D_{x+t+1}}{D_{x+t}} + T_{t+1} \frac{C_{x+t}}{D_{x+t}} + E_t + K_{t+1} \cdot$$

Somit haben wir mittels $p_{x+t} = 1 - q_{x+t}$ eine wahrscheinlichkeitstheoretische Darstellung:

$$_tV_x + B_{t+1} = {}_{t+1}V_x \cdot v \cdot p_{x+t} + T_{t+1} \cdot v \cdot q_{x+t} + E_t + K_{t+1} \cdot$$

Die Summe aus dem Deckungskapital am Ende des Jahres t und dem Bruttobeitrag am Anfang des folgenden Jahres $t + 1$ ist gleich dem abgezinsten Deckungskapital am Ende des Folgejahres $t + 1$ im Überlebensfall zuzüglich der Erlebensfallleistung am Endes des Jahres t plus der abgezinsten Todesfallleistung für den Fall des Todes im Verlauf des Versicherungsjahres t zuzüglich der Kostenleistung am Anfang des Jahres t. Die Rückstellung und der Beitrag decken also sämtliche Versicherungsleistungen ab, einschließlich der am Jahresende zu stellenden Reserve. Diese Gleichung wird deshalb als **versicherungsmathematische Bilanzgleichung** bezeichnet.

Ebenso lässt sich der Zuwachs des Deckungskapitals darstellen, indem die Bilanzgleichung abermals umgestellt wird. Zunächst ist nämlich

$$_{t+1}V_x \cdot v \cdot (1 - q_{x+t}) = {}_tV_x + B_{t+1} - T_{t+1} \cdot v \cdot q_{x+t} - E_t - K_{t+1}$$

und daraus folgt durch Multiplikation mit $(1 + i)$

$$_{t+1}V_x(1 - q_{x+t}) = (1 + i)_tV_x + (1 + i)B_{t+1} - T_{t+1}q_{x+t} - (1 + i)E_t - (1 + i)K_{t+1} \ .$$

Durch Ordnen der Terme erhalten wir die **Thiele'sche Gleichung**

$$_{t+1}V_x -_t V_x = i_tV_x + (1 + i)(B_{t+1} - E_t - K_{t+1}) + q_{x+t}({}_{t+1}V_x - T_{t+1}) \ .$$

Die Änderung des Deckungskapitals entsteht aus dem Zinsertrag der alten Rückstellung und aus dem um die Kosten reduzierten, aufgezinsten Beitrag, abzüglich der verzinsten Erlebensfallleistung vom Ende des Vorjahres und zuzüglich der Differenz aus neuer Reserve und Todesfallleistung für den erwarteten Sterbefall. Anhand der Thiele'schen Gleichung lässt sich zu Recht vermuten, dass die Deckungsrückstellung iterativ berechnet werden kann. Als Anfangsbedingung ist die Bruttoreserve $_0V_x$ gleich dem Negativen der unmittelbaren Abschlusskosten, die durch die α^Z-Kosten entstehen. Die Rückstellung zu Vertragsende ist gleich der dann fälligen Erlebensfallleistung. Wir werden auf diesen Ansatz zur alternativen Berechnung noch näher eingehen.

Löst man die Bilanzgleichung nach dem Bruttobeitrag auf, so ergeben sich weitere Einsichten.

$$B_{t+1} = v \cdot p_{x+t} \cdot {}_{t+1}V_x + v \cdot q_{x+t} \cdot T_{t+1} + E_t + K_{t+1} - {}_tV_x$$

und weiterhin durch Auflösen der Überlebenswahrscheinlichkeit mittels $p_{x+t} = 1 - q_{x+t}$:

$$B_{t+1} = v \cdot_{t+1} V_x + E_t + K_{t+1} - {}_tV_x + v \cdot q_{x+t} \cdot (T_{t+1} - {}_{t+1}V_x) \ .$$

Wir definieren nun Spar-, Risiko- und Kostenprämie gemäß

$$B_{t+1}^{\text{Spar}} = v \cdot_{t+1}V_x + E_t - {}_tV_x$$
$$B_{t+1}^{\text{Risiko}} = v \cdot q_{x+t} \cdot (T_{t+1} - {}_{t+1}V_x)$$
$$B_{t+1}^{\text{Kosten}} = K_{t+1} \ .$$

Die **Sparprämie** B_{t+1}^{Spar} ist für die zinsbereinigte Änderung des Deckungskapitals, die unmittelbaren Abschlusskosten sowie die auszuzahlende Erlebensfallleistung verantwortlich. Die **Risikoprämie** B_{t+1}^{Risiko} kann interpretiert werden als der Beitrag der einjährigen Todesfallversicherung im laufenden Vertragsjahr. Die Höhe der Leistung ist die vereinbarte Todesfallsumme abzüglich des Deckungskapitals. Die **Kostenprämie** B_{t+1}^{Kosten} dient der Deckung der vorschüssig anfallenden Kosten mit Ausnahme der unmittelbaren Abschlusskosten im laufenden Vertragsjahr. Somit setzt sich die die Bruttoprämie additiv aus diesen drei Bestandteilen zusammen:

$$B_{t+1} = B_{t+1}^{\text{Spar}} + B_{t+1}^{\text{Risiko}} + B_{t+1}^{\text{Kosten}}$$

Der Bruttobeitrag kann also in einen Anteil zerlegt werden, der zur Erfüllung der Erlebensfallleistung dient, einen weiteren Anteil, der die Gefahr des Ablebens deckt, und einen Anteil, der der Deckung der laufenden Kosten dient. Im Allgemeinen ist der zu zahlende Versicherungsbeitrag konstant. Die Zerlegung ändert sich jedoch im der Zeit. Die folgenden Beispiele dienen der Illustration des gezeigten Sachverhalts.

Beispiel

Gegeben sei eine Risikolebensversicherung für eine 30-jährige Person. Die Versicherungssumme betrage 100.000 €, die Vertragslaufzeit sei 30 Jahre. Die Beitragszahlungsdauer entspreche der Versicherungsdauer. Der konstante Nettobeitrag wird mit der DAV2008TM berechnet. Er beträgt hier 285,79 €. Dann lässt sich die Prämie in Spar- und Risikoanteil zerlegen.

Die Summe aus Risikoprämie und Sparprämie ergibt zu jedem Zeitpunkt den Nettobeitrag. Wir erkennen an der folgenden Abbildung außerdem, dass die Sparprämie für das 19. Versicherungsjahr zum ersten Mal negativ ist. Das Nettodeckungskapital erreicht nach 19 Jahren sein Maximum mit 3.122,84 €. Eine etwaige Verzögerung des Abbaus der Reserve liegt in der Verzinsung des bereits angesparten Kapitals begründet, fällt hier aber nicht ins Gewicht.

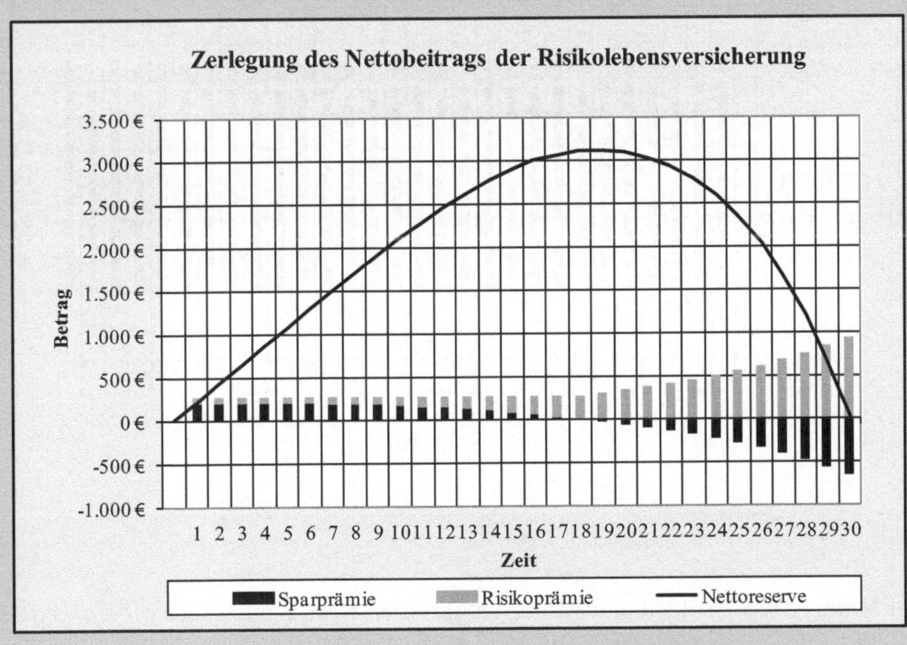

Ganz analog können wir die Kapitallebensversicherung analysieren.

Beispiel

Anhand der DAV2008TM betrachten wir die Kapitallebensversicherung für einen 30jährigen Mann mit 30 Jahren Vertragslaufzeit, Versicherungssumme 100.000 € sowie typischen Kostensätzen. Dann ist der Bruttobeitrag 3.306,03 € und lässt sich wie folgt in Spar-, Risiko-, und Kostenanteil zerlegen.

Zur ersten Beitragszahlung ist die Summe aus Sparprämie, Risikoprämie und Kostenprämie gleich der Differenz aus dem Bruttobeitrag und den einmaligen Abschlusskosten in Höhe von 3.967,23 € und, nämlich genau −661,21 €. In den darauf folgenden Jahren addieren sich die Beitragsbestandteile zum Bruttobeitrag. Wir erkennen insbesondere, dass bei der Kapitallebensversicherung die Sparprämie klar dominiert, da die Vermögensbildung im Vordergrund steht. Außerdem ist der Kostenbeitrag deutlich höher als der Risikobeitrag. Die folgende Abbildung verdeutlicht diesen Sachverhalt.

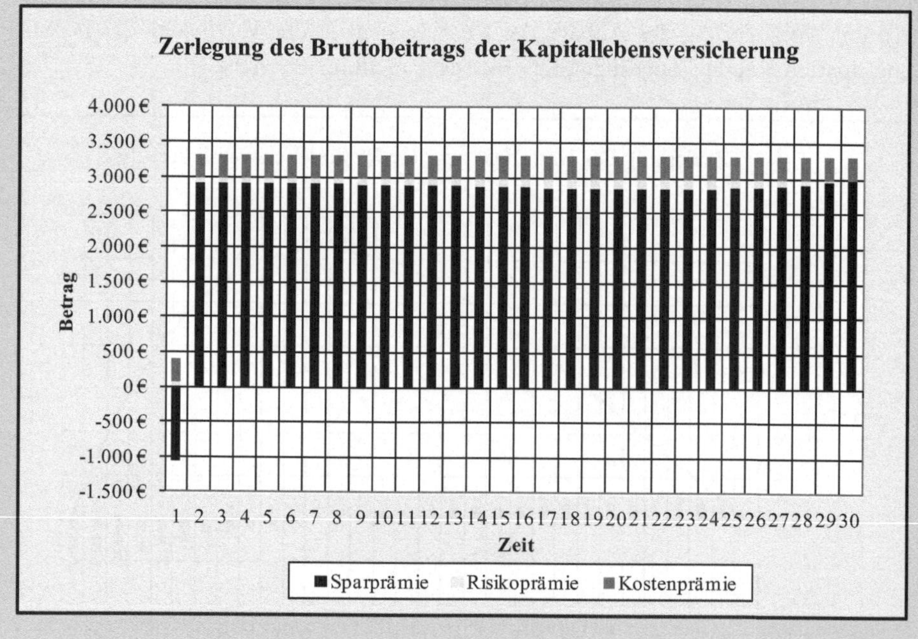

Zum Vertragsende ist der Endwert der aufgezinsten Sparprämien gleich dem Endwert aller im Laufe der Vertragsdauer anfallenden Erlebensfallleistungen abzüglich des Endwerts der unmittelbaren Abschlusskosten. Zum Beweis betrachten wir nach Definition der

Sparprämie

$$\sum_{t=0}^{n-1} B_{t+1}^{\mathrm{Spar}}(1+i)^{n-t} = \sum_{t=0}^{n-1}(1+i)^{n-t}(v \cdot {}_{t+1}V_x + E_t - {}_tV_x) \, .$$

Die rechte Seite vereinfacht sich zu

$$\sum_{t=0}^{n-1} B_{t+1}^{\mathrm{Spar}}(1+i)^{n-t} = \sum_{t=0}^{n-1} {}_{t+1}V_x(1+i)^{n-t-1} - \sum_{t=0}^{n-1} {}_tV_x(1+i)^{n-t} + \sum_{t=0}^{n-1} E_t(1+i)^{n-t} \, ,$$

wobei sich die ersten beiden Summen gegenseitig aufheben, wie wir durch Indexverschiebung erkennen können:

$$\sum_{t=0}^{n-1} B_{t+1}^{\mathrm{Spar}}(1+i)^{n-t} = \sum_{t=1}^{n} {}_tV_x(1+i)^{n-t} - \sum_{t=0}^{n-1} {}_tV_x(1+i)^{n-t} + \sum_{t=1}^{n} E_{t+1}(1+i)^{n-t} \, .$$

Daraus folgt

$$\sum_{t=0}^{n-1} B_{t+1}^{\mathrm{Spar}}(1+i)^{n-t} = {}_nV_x - {}_0V_x(1+i)^n + \sum_{t=1}^{n} E_{t+1}(1+i)^{n-t} \, .$$

Dabei ist die Reserve bei Vertragsende gleich der abschließend fälligen Erlebensfallsumme und die Rückstellung bei Vertragsbeginn gleich dem Negativen der unmittelbaren Abschlusskosten. Die Sparprämien implizieren gemeinsam mit der Verzinsung auf den bereits angesparten Kapitalstock die zeitlichen Veränderungen der Reserve. Aus Kundensicht sind die Sparprämien dazu da, um die Abschlusskosten zu finanzieren und sämtliche Erlebensfallleistungen während der Vertragslaufzeit anzusparen.

5.10 Ergänzungen

Auf der Grundlage der im vorherigen Abschnitt dargestellten rekursiven Gleichung für das Deckungskapital lassen sich die versicherungstechnische Werte durch einen iterativen Algorithmus berechnen. Die Methode basiert auf der Beschreibung von Aufwendungen und Erträgen durch lineare Gleichungen unter Berücksichtigung des Saldoübertrages. Das Verfahren beruht auf dem Matrizenkalkül und ist insbesondere für die Implementierung auf einem Rechner geeignet.

Eine schöne Anwendung findet dieses Kalkül im Satz von Cantelli: Wenn die Rückkaufswerte gleich den Deckungsrückstellungen sind, so ist es nicht notwendig, Stornowahrscheinlichkeiten als zusätzliche Rechnungsgröße zu verwenden.

5.10.1 Lineare Gleichungssysteme

Durch die Beitragszerlegung hatten wir die versicherungsmathematische Bilanzgleichung
hergeleitet:

$$ {}_tV_x + B_{t+1} = {}_{t+1}V_x \cdot v \cdot p_{x+t} + T_{t+1} \cdot v \cdot q_{x+t} + E_t + K_{t+1} \,, $$

welche bei n-jähriger Vertragslaufzeit für alle $t = 0, \cdots, n-1$ gültig ist. Damit haben
wir insgesamt n Gleichungen zur Verfügung. Der Diskontfaktor v, die Sterbewahrscheinlichkeiten q_{x+t} und die Überlebenswahrscheinlichkeiten p_{x+t} sind vorgegeben. Sämtliche Versicherungsleistungen sind vertraglich vereinbart. Ebenso ist das Deckungskapital
zu Vertragsbeginn, ${}_0V_x$, durch das Negative der einmalig anfallenden unmittelbaren Abschlusskosten gegeben. Außerdem ist die Reserve bei Vertragsende, ${}_nV_x$, bekannt, denn
sie ist gleich der dann fälligen Versicherungssumme. Gehen wir nun von einer konstanten
Prämie B aus, so gibt es also insgesamt n Unbekannte: $B, {}_1V_x, \cdots, {}_{n-1}V_x$.

Die Existenz und Eindeutigkeit der Lösung dieses quadratischen linearen Gleichungssystems lässt sich nachweisen. Um die auf den Beitrag bezogenen Elemente aus den
Kosten K_{t+1} zu eliminieren, wie zum Beispiel die Inkassokosten, integrieren wir jene
in die Variable $\tilde{B}_{t+1}$ gemäß

$$ \tilde{B}_{t+1} = f_{t+1} B \,. $$

Der Faktor f_{t+1} stellt den Abzug der Prämie um die beitragsbezogenen Kosten am Anfang
des Jahres t dar. Sind beispielsweise lediglich die Inkassokosten vom Beitrag abhängig, so
ist $f_{t+1} = 1 - \beta$. Die einmaligen unmittelbaren Abschlusskosten die α^Z-Kosten, werden
hier nicht berücksichtigt, denn sie sind bereits in der Anfangsreserve ${}_0V_x$ enthalten. Die
verbleibenden Kosten $\tilde{K}_{t+1}$, die nicht vom Beitrag abhängen, werden definiert durch

$$ \tilde{K}_{t+1} = K_{t+1} - (1 - f_{t+1})B \,. $$

Durch Einsetzen dieser Definition in die Bilanzgleichung erhalten wir

$$ {}_tV_x + B = {}_{t+1}V_x \cdot v \cdot p_{x+t} + T_{t+1} \cdot v \cdot q_{x+t} + E_t + \tilde{K}_{t+1} + (1 - f_{t+1})B $$

In äquivalente Darstellung ist:

$$ f_{t+1}B + {}_tV_x - v \cdot p_{x+t} \cdot {}_{t+1}V_x = E_t + v \cdot q_{x+t} \cdot T_{t+1} + \tilde{K}_{t+1} \ \text{für } t = 0, \cdots n-1 \,. $$

Um diese Gleichungen geschlossen erfassen zu können, definieren wir die Matrix $\mathbf{A}$ durch

$$
\mathbf{A} =
\begin{pmatrix}
f_1 & -vp_x & 0 & 0 & 0 & \cdots & 0 \\
f_2 & 1 & -vp_{x+1} & 0 & 0 & \cdots & 0 \\
f_3 & 0 & 1 & -vp_{x+2} & 0 & \cdots & 0 \\
\vdots & \vdots & \ddots & \ddots & \ddots & \ddots & \vdots \\
f_{n-2} & 0 & \cdots & 0 & 1 & -vp_{x+n-3} & 0 \\
f_{n-1} & 0 & \cdots & 0 & 0 & 1 & -vp_{x+n-2} \\
f_n & 0 & \cdots & 0 & 0 & 0 & 1
\end{pmatrix},
$$

den Vektor der gesuchten Variablen $\mathbf{x}$ als

$$
\mathbf{x} =
\begin{pmatrix}
B \\
{}_1V_x \\
\vdots \\
{}_{n-2}V_x \\
{}_{n-1}V_x
\end{pmatrix}
$$

sowie den Leistungsvektor $\mathbf{b}$ durch

$$
\mathbf{b} =
\begin{pmatrix}
-{}_0V_x + E_0 + vq_xT_1 + \tilde{K}_1 \\
E_1 + vq_{x+1}T_2 + \tilde{K}_2 \\
E_2 + vq_{x+2}T_3 + \tilde{K}_3 \\
\vdots \\
E_{n-3} + vq_{x+n-3}T_{n-2} + \tilde{K}_{n-2} \\
E_{n-2} + vq_{x+n-2}T_{n-1} + \tilde{K}_{n-1} \\
-vp_{x+n-1} \cdot {}_nV_x + E_{n-1} + vq_{x+n-1}T_n + \tilde{K}_n
\end{pmatrix}.
$$

Die kompakte Darstellung des linearen Gleichungssystems lautet damit $\mathbf{Ax} = \mathbf{b}$. Wir berechnen nun zunächst die Determinante der Matrix $\mathbf{A}$. Jene lässt sich nach der ersten Spalte entwickeln:

$$
\det(\mathbf{A}) = \sum_{k=1}^{n} (-1)^{k+1} f_k \det(\mathbf{A}_{k1}) \ .
$$

Dabei ist $\mathbf{A}_{k1}$ diejenige Untermatrix, die aus der Matrix $\mathbf{A}$ durch Streichen der ersten Spalte und der k-ten Zeile entsteht. Nun ist

$$\det(\mathbf{A}_{11}) = 1,$$

da $\mathbf{A}_{11}$ eine rechte obere Dreiecksmatrix ist, deren Diagonalelemente alle gleich 1 sind. Mit dem gleichen Argument finden wir die Determinante der Matrix $\mathbf{A}_{21}$

$$\det(\mathbf{A}_{21}) = -vp_x$$

Die Untermatrix $\mathbf{A}_{31}$ hat die Gestalt

$$\mathbf{A}_{31} = \begin{pmatrix} -vp_x & 0 & 0 & 0 & 0 & 0 & \cdots & 0 \\ 1 & -vp_{x+1} & 0 & 0 & 0 & 0 & \cdots & 0 \\ 0 & 0 & 1 & -vp_{x+3} & 0 & 0 & \cdots & 0 \\ 0 & 0 & 0 & 1 & -vp_{x+4} & 0 & \cdots & 0 \\ \vdots & \ddots & \ddots & \ddots & \ddots & \ddots & \ddots & \vdots \\ 0 & \cdots & 0 & 0 & 0 & 1 & -vp_{x+n-1} & 0 \\ 0 & \cdots & 0 & 0 & 0 & 0 & 1 & -vp_{x+n-2} \\ 0 & \cdots & 0 & 0 & 0 & 0 & 0 & 1 \end{pmatrix}$$

Die Determinante dieser Matrix wird nach der ersten Zeile entwickelt: Streichen wir in $\mathbf{A}_{31}$ die erste Zeile und erste Spalte, so entsteht eine obere Dreiecksmatrix, deren Determinante das Produkt der Diagonalelemente ist. Somit folgt

$$\det(\mathbf{A}_{31}) = (-vp_x)(-vp_{x+1}) \ .$$

In analoger Schlussfolgerung erhalten wir alle noch fehlenden Unterdeterminanten. In geschlossener Form ist daher

$$\det(\mathbf{A}_{k1}) = \prod_{i=0}^{k-2} (-vp_{x+i}) \ .$$

Insgesamt ist somit die Determinante von $\mathbf{A}$

$$\det(\mathbf{A}) = \sum_{k=1}^{n} \left((-1)^{k+1} f_k \prod_{i=0}^{k-2} (-vp_{x+i}) \right) = \sum_{k=1}^{n} \left(f_k \prod_{i=0}^{k-2} vp_{x+i} \right) \neq 0 \ .$$

Das betrachtete lineare Gleichungssystem lässt sich also eindeutig lösen, wenn die beitragsbezogenen Kosten kleiner als der Beitrag sind. Da die Matrix $\mathbf{A}$ dünn besetzt ist, kann der Lösungsvektor $\mathbf{x}$ rekursiv berechnet werden, sobald die erste Komponente bekannt ist.

Deshalb berechnen wir zunächst x_1 nach der **Cramer'schen Regel**. Dazu betrachten wir die Matrix $\mathbf{A}_1$, die aus der Matrix $\mathbf{A}$ hervorgeht, indem die erste Spalte durch den Lösungsvektor $\mathbf{b}$ ersetzt wird:

$$
\mathbf{A}_1 =
\begin{pmatrix}
b_1 & -vp_x & 0 & 0 & 0 & \cdots & 0 \\
b_2 & 1 & -vp_{x+1} & 0 & 0 & \cdots & 0 \\
b_3 & 0 & 1 & -vp_{x+2} & 0 & \cdots & 0 \\
\vdots & \vdots & \ddots & \ddots & \ddots & \ddots & \vdots \\
b_{n-2} & 0 & \cdots & 0 & 1 & -vp_{x+n-3} & 0 \\
b_{n-1} & 0 & \cdots & 0 & 0 & 1 & -vp_{x+n-2} \\
b_n & 0 & \cdots & 0 & 0 & 0 & 1
\end{pmatrix} .
$$

Die Determinante dieser Matrix lässt sich wie oben gezeigt ausrechnen:

$$
\det(\mathbf{A}_1) = \sum_{k=1}^{n} \left(b_k \prod_{i=0}^{k-2} vp_{x+i} \right) .
$$

Folglich ist

$$
x_1 = \frac{\det \mathbf{A}_1}{\det \mathbf{A}} = \frac{\displaystyle\sum_{k=1}^{n} \left(b_k \prod_{i=0}^{k-2} vp_{x+i} \right)}{\displaystyle\sum_{k=1}^{n} \left(f_k \prod_{i=0}^{k-2} vp_{x+i} \right)} .
$$

Die übrigen Komponenten des Lösungsvektors $\mathbf{x}$ lassen sich nun zeilenweise rekursiv berechnen:

$$
x_2 = \frac{f_1 x_1 - b_1}{vp_x}
$$

sowie

$$
x_3 = \frac{f_2 x_1 + x_2 - b_2}{vp_{x+1}} .
$$

Analog ist

$$
x_k = \frac{f_{k-1} x_1 + x_{k-1} - b_{k-1}}{vp_{x+k-2}}
$$

für $k = 3, \cdots, n$. Alternativ können wir x_n aus der letzten Zeile des Gleichungssystems berechnen:

$$x_n = b_n - f_n x_1 \, .$$

Damit sind der Beitrag und das Deckungskapital zu jedem Zeitpunkt angegeben. Die versicherungstechnischen Werte lauten also

$$B = \frac{-_0V_x -_n V_x \prod\limits_{i=0}^{n-1} vp_{x+i} + \sum\limits_{k=1}^{n} \left((E_{k-1} + vq_{x+k-1}T_k + \tilde{K}_k) \prod\limits_{i=0}^{k-2} vp_{x+i} \right)}{\sum\limits_{k=1}^{n} \left(f_k \prod\limits_{i=0}^{k-2} vp_{x+i} \right)}$$

und

$$_1V_x = \frac{f_1 B +_0V_x - E_0 - vq_x T_1 - \tilde{K}_1}{vp_x}$$

$$_{k-1}V_x = \frac{f_{k-1} B +_{k-2}V_x - E_{k-2} - vq_{x+k-2}T_{k-1} - \tilde{K}_{k-1}}{vp_{x+k-2}} \quad \text{für } k = 3, \cdots, n \, .$$

Alternativ kann die Rückstellung $_{n-1}V_x$ berechnet werden durch:

$$_{n-1}V_x = -vp_{x+n-1} \cdot _nV_x + E_{n-1} + vq_{x+n-1}T_n + \tilde{K}_n - f_n B \, .$$

Der Nutzen dieses alternativen Berechnungsansatzes liegt darin begründet, dass der hier dargestellten Algorithmus leicht auf einen Rechner implementiert werden kann und zudem hinreichend allgemein und flexibel gestaltet ist, um die versicherungstechnischen Werte einer Vielzahl verschiedener Lebensversicherungsprodukte zu berechnen.

Außerdem können mit dieser Methode neuartige Kostensysteme, bei denen gewisse Kosten vom Deckungskapital abhängen, modelliert werden. Ebenfalls ist es möglich, den Algorithmus derart zu erweitern, dass Produkte mit beliebigen, extern vorgegebenen Rückkaufswerten gerechnet werden können. In diesem Zusammenhang wollen wir auf den Satz von **Cantelli** aufmerksam machen.

5.10.2 Satz von Cantelli

Die Bereitstellung des Rückkaufswerts als eine zusätzliche Versicherungsleistung bei vorzeitiger Kündigung des Versicherungsvertrages wirft die Frage auf, ob Stornowahrscheinlichkeiten als zusätzliche Rechnungsgrundlage berücksichtigt werden müssen. Der Sachverhalt lässt sich recht elegant im Kalkül der linearen Gleichungssysteme analysieren. Dazu führen wir für $t = 0, \cdots, n - 1$ die altersunabhängige Stornowahrscheinlichkeit w_t ein. Sie gibt die Wahrscheinlichkeit an, dass der Versicherte im Zeitintervall $[t, t + 1)$ den

Versicherungsvertrag kündigt. In diesem Zusammenhang sei die Stornoleistung S_t analog zur Todesfallleistung T_t rechnerisch am Ende des Versicherungsjahres t fällig, also insbesondere vor der Berechnung der Deckungsrückstellung $_tV_x$.

Dann wird die Überlebenswahrscheinlichkeit p_{x+t} durch die Verbleibewahrscheinlichkeit $\tilde{p}_{x+t}$ ersetzt. Wir definieren deshalb in diesem Kontext

$$\tilde{p}_{x+t} = 1 - q_{x+t} - w_t = p_{x+t} - w_t \ .$$

Mit dieser Festsetzung erhalten wir eine zur Bilanzgleichung analoge verallgemeinerte Rekursionsgleichung für das Deckungskapital:

$$f_{t+1}B + {}_tV_x - v \cdot \tilde{p}_{x+t} \cdot {}_{t+1}V_x = E_t + v \cdot q_{x+t} \cdot T_{t+1} + v \cdot w_t \cdot S_{t+1} + \tilde{K}_{t+1}$$
$$\text{für } t = 0, \cdots, n-1 \ .$$

Ist nun der Rückkaufswert bei Kündigung im laufenden Vertragsjahr gleich dem Deckungskapital am Ende des Jahres, so vereinfacht sich diese Gleichung zu

$$f_{t+1}B + {}_tV_x - {}_{t+1}V_x(v\tilde{p}_{x+t} + vw_t) = E_t + vq_{x+t}T_{t+1} + \tilde{K}_{t+1} \ .$$

Aufgrund der obigen Definition der Verbleibewahrscheinlichkeit ist die Lösung dieses linearen Gleichungssystems unabhängig von der Stornowahrscheinlichkeit, denn

$$v\tilde{p}_{x+t} + vw_t = vp_{x+t} \ .$$

Die Lösungen für den Beitrag und das Deckungskapital ergeben sich folglich aus den Formeln des vorherigen Abschnitts, da die Gleichungssysteme identisch sind. Falls der Rückkaufswert also gleich dem Deckungskapital ist, ist es nicht nötig, Stornowahrscheinlichkeiten zu berücksichtigen. Denn die versicherungstechnischen Werte Beitrag und Deckungskapital sind unabhängig von etwaigen Kündigungswahrscheinlichkeiten.

Auf ganz ähnliche Weise können wir kapitalbildende Lebensversicherungen betrachten, die zusätzlich zur Erlebensfallleistung im Todesfall die Auszahlung des Deckungskapitals vorsehen. In diesem Fall haben wir mit $T_{t+1} = {}_{t+1}V_x$ von der Gleichung

$$f_{t+1}B + {}_tV_x - v \cdot p_{x+t} \cdot {}_{t+1}V_x = E_t + v \cdot q_{x+t} \cdot {}_{t+1}V_x + \tilde{K}_{t+1} \quad \text{für } t = 0, \cdots n-1$$

auszugehen, die wegen $p_{x+t} = 1 - q_{x+t}$ äquivalent ist zu

$$f_{t+1}B + {}_tV_x - v \cdot {}_{t+1}V_x = E_t + \tilde{K}_{t+1} \quad \text{für } t = 0, \cdots, n-1 \ .$$

Da in dieser Rekursionsformel keine Sterbewahrscheinlichkeiten vorkommen, ist auch die Lösung des linearen Gleichungssystems davon unabhängig. Wenn also im Todesfall das durch die Sparprämien gebildete Kapital ausgezahlt wird, sind Todesfallwahrscheinlichkeiten für die Kalkulation des Lebensversicherungsvertrages überflüssig.

Die beiden gemachten Aussagen stellen Spezialfälle des **Satzes von Cantelli** dar. Francesco Paolo Cantelli hatte 1914 in seinem Artikel *„Genesi e costruzione delle tavole di mutualità"* im „Bolletino di Notizie sul Credito e sulla Previdenza" die Deckungsrückstellung in Abhängigkeit von Rechnungsgrundlagen in allgemeiner Form untersucht.

5.11 Aufgaben

Nachfolgend haben wir Aufgaben zur Berechnung der Deckungsrückstellung zusammengestellt. Wir empfehlen soweit wie möglich symbolisch zu rechnen.

A 5.1 Eine 20-jährige Person habe den Wunsch, eine Risikolebensversicherung gegen laufende Beitragszahlung für die nächsten 30 Jahre abzuschließen. Die Versicherungssumme bei Tod in den ersten zehn Jahren soll 300.000 € sein, in den folgenden zehn Jahren 200.000 € und anschließend 100.000 €.

a) Stellen Sie das Nettodeckungskapital in allgemeiner Form auf und achten Sie dabei auf die notwendige Fallunterscheidung!

b) Wie hoch ist die Nettoreserve konkret nach fünf Jahren? Interpretieren Sie das Ergebnis! Verwenden Sie dazu die Sterbetafel DAV2008TM!

A 5.2 Eine 40-jährige Person schließe eine Kapitallebensversicherung gegen jährliche Beitragszahlung mit Vertragslaufzeit von 20 Jahren über 250.000 € im Erlebensfall ab. Die Versicherungssumme bei Tod während der ersten fünf Jahre sei 1.000.000 €, bei Tod in den nächsten fünf Jahren 750.000 €, in den folgenden fünf Jahren 500.000 € und bei späterem Tod 250.000 €.

a) Stellen Sie das Nettodeckungskapital in allgemeiner Form auf und achten Sie dabei auf die notwendige Fallunterscheidung!

b) Wie hoch ist die der Nettoreserve konkret nach acht Jahren anhand der Sterbetafel DAV2008TF?

c) Ist das Deckungskapital nach 15 Jahren höher oder niedriger als das Deckungskapital einer hypothetischen Kapitallebensversicherung mit einer konstanten Versicherungssumme im Todes- und Erlebensfall von 250.000 €, bei ansonsten gleichen Parametern?

A 5.3 Betrachten Sie die folgende Kapitallebensversicherung für eine 40-jährige Person mit 30-jähriger Vertragslaufzeit: Die Versicherungssummen im Erlebensfall sei 50.000 € nach Ablauf von zwölf Jahren, 20.000 € nach 18 Jahren sowie jeweils 10.000 € nach 24 und 30 Jahren. Die Versicherungssumme im Todesfall sei konstant 100.000 €. Reicht das Nettodeckungskapital für die erste Teilauszahlung? Verwenden Sie die Sterbetafel DAV2008TM!

A 5.4 Betrachten Sie die arithmetisch steigende und die arithmetisch fallende Risikolebensversicherung gegen Nettoeinmalbeitrag. Das Eintrittsalter sei x, die Vertragslaufzeit n und die Versicherungssumme sei 1 €. Geben Sie jeweils das Nettodeckungskapital nach t Jahren an und vergleichen Sie die beiden Werte qualitativ!

A 5.5 Eine 30-jährige Person möchte für den Altersruhestand ab dem Alter 67 vorsorgen. Dazu werde eine aufgeschobene Leibrentenversicherung mit der versicherten Rente in Höhe von jährlich 12.000 € abgeschlossen. Zusätzlich sei Beitragsrückerstattung im Todesfall vor Renteneintritt vereinbart. Nach Renteneintritt gebe es keine Todesfallleistung. Die Beitragszahlung finde bis zum Renteneintritt statt. Berechnen Sie das Nettodeckungskapital im Alter 60 anhand der Sterbetafel DAV2008TF!

A 5.6 Gegeben sei eine Risikolebensversicherung für eine 25-jährige Person mit zehn Jahren Vertragslaufzeit. Der Nettobeitrag B^N im ersten Jahr sei gleich 100 € und steige in den folgenden Jahren um jeweils $A = 15$ € jährlich. Leiten Sie eine möglichst kompakte, allgemeine Formel für das Nettodeckungskapital nach t Jahren her und berechnen Sie den speziellen Wert für $t = 5$ anhand der Sterbetafel DAV2008TM!

A 5.7 Gegeben sei eine Kapitallebensversicherung für eine 30-jährige Person mit 20 Jahren Vertragslaufzeit. Der jährliche Nettobeitrag B^N sei im ersten Jahr 1.200 € und steige in den folgenden Jahren um jeweils $A = 100$ €. Leiten Sie eine möglichst kompakte, allgemeine Formel für das Nettodeckungskapital nach t Jahren her und berechnen Sie den speziellen Wert für $t = 5$ anhand der Sterbetafel DAV2008TF!

A 5.8 Zur Finanzierung eines Eigenheims nimmt eine 45-jährige Person eine Hypothek in Höhe von 200.000 € auf, die über 20 Jahre abbezahlt werden soll. Die Restschuld sei näherungsweise durch eine arithmetisch fallende Risikolebensversicherung abgedeckt, die beginnend mit 200.000 € Todesfallschutz im ersten Versicherungsjahr über 20 Jahre gleichmäßig linear auf null fällt. Berechnen Sie das Nettodeckungskapital in allgemeiner Form und im Speziellen nach 10 Jahren bei jährlicher Beitragszahlungsweise anhand der DAV2008TM! Beurteilen und erklären Sie das Ergebnis!

A 5.9 Ein 35-jähriger Unternehmer nimmt für seinen Betrieb einen Kredit in Höhe von 10.000.000 € mit einer Laufzeit von vier Jahren auf. Zur Rückzahlung werden vier nachschüssige jährliche Annuitäten von jeweils 3.000.000 € vereinbart. Zusätzlich schließt er eine fallende Todesfallversicherung über vier Jahre ab. Die Versicherungssumme ist dabei jeweils gleich dem Barwert der noch ausstehenden Annuitäten zum Zinssatz $i = 1{,}25\%$.
a) Berechnen Sie allgemein und konkret die jährliche Nettoprämie!
b) Wie hoch ist das Nettodeckungskapital am Ende des zweiten Versicherungsjahres? Verwenden Sie die Sterbetafel DAV2008TM!

A 5.10 Eine 40-jährige Person schließe eine besondere Form der fallenden Risikolebensversicherung für die nächsten 20 Jahre ab. Im Todesfall wird eine nachschüssige Zeitrente in Höhe von jährlich 36.000 € an den Bezugsberechtigten gezahlt. Die Laufzeit dieser Rente ist auf das Endalter 60 der versicherten Person beschränkt. Als Sterbetafel sei die DAV2008TM zu verwenden.

a) Berechnen Sie den Nettojahresbeitrag allgemein in möglichst kompakter Form!

b) Berechnen Sie das Nettodeckungskapital allgemein und konkret nach zehn Jahren!

A 5.11 Ein Lebensversicherungsunternehmen möchte für Berufseinsteiger eine Kapitallebensversicherung anbieten, bei welcher der Jahresbeitrag in den ersten fünf Jahren nur einen kleinen Teil des ab dem sechsten Jahre gezahlten vollen Beitrags ist.

a) Berechnen Sie die ab dem sechsten Versicherungsjahr zahlbare Nettoprämie für eine 25-jährige Person bei einer Laufzeit von 40 Jahren, einer Versicherungssumme von 100.000 € und für $p = 0{,}25$! Das heißt in den ersten fünf Jahren ist der Beitrag ein Viertel von dem, was ab dem sechsten Jahr fällig ist.

b) Begründen Sie anhand der Nettorückstellung, warum p nicht beliebig klein sein darf, und berechnen Sie das minimale p!

Verwenden Sie die Sterbetafel DAV2008TF!

A 5.12 Eine 25-jährige Person möchte für ihren Altersruhestand vorsorgen und schließe dafür eine aufgeschobene Leibrentenversicherung ab. Das Renteneintrittsalter sei 67 Jahre, der jährliche Nettobeitrag bis zum Renteneintritt sei 1.200 €. Im Alter 60 entscheidet sich die Person, vorzeitig in den Ruhestand zu gehen. Welchen Abschlag auf die vereinbarte Rentenhöhe muss akzeptiert werden, wenn wir auf Nettobasis mit der Sterbetafel DAV2004RF rechnen?

A 5.13 Wir betrachten eine lebenslange Leibrentenversicherung mit folgenden Parametern: Alter 42 Jahre, Beitragszahlungsdauer 20 Jahre, Rentenbeginn im Alter 67, vorschüssige Jahresrente 12.000 €. Beim Tod vor Rentenbeginn werden die bis dahin eingezahlten Beiträge unverzinst erstattet. Nach Renteneintritt gebe es keine Todesfallleistungen. Verwenden Sie die Sterbetafel DAV2004RM.

a) Berechnen Sie den jährlichen Nettobeitrag!

b) Nach genau fünf Jahren entscheidet sich die versicherte Person, die Beiträge um 50 % anzuheben und gleichzeitig den Todesfallschutz zu kündigen. Wie hoch ist dann die erhöhte Jahresrente?

A 5.14 Wir betrachten eine typische Erlebensfallversicherung für das Eintrittsalter x, Vertragslaufzeit n und Versicherungssumme S.

a) Nachdem t Jahre vergangen sind, hege der Versicherungsnehmer den Wunsch, den ursprünglichen Vertrag um k Jahre zu verlängern. Berechnen Sie anhand einer Vertragsänderung die erhöhte Versicherungssumme $\tilde{S}$!

b) Alternativ warte der Versicherungsnehmer den Ablauf der Versicherung ab und schließe im Alter $x + n$ eine neue Erlebensfallversicherung mit Vertragslaufzeit von k Jahren ab. Berechnen Sie die neue Versicherungssumme S^{neu}, wenn der Versicherungsnehmer zusätzlich zum jährlichen Nettobeitrag B^N einen Einmalbeitrag in Höhe von S zahlt.

c) Zeigen Sie, dass unter Vernachlässigung aller Kosten $\tilde{S} = S^{\text{neu}}$ gilt!

d) Zeigen Sie durch Einsetzen der Nettoprämie und der Nettoreserve in die Formel für $\tilde{S}$, dass die erhöhte Versicherungssumme $\tilde{S}$ nicht vom Parameter t abhängt!

A 5.15 Wir betrachten eine arithmetisch fallende Risikolebensversicherung für eine 30-jährige Person mit 20-jähriger Vertragslaufzeit. Die Versicherungssumme betrage im ersten Jahr 100.000 € und im letzten Jahr 5.000 €. Wie hoch ist das gezillmerte Nettodeckungskapital am Ende des fünften Jahres, wenn die einmaligen Abschlusskosten 4 % der Beitragssumme betragen? Rechnen Sie mit der Sterbetafel DAV2008TM!

A 5.16 Eine 27-jährige Person schließe eine Kapitallebensversicherung zum jährlichen Bruttobeitrag in Höhe von 5.000 € ab. Die Vertragsdauer sei 33 Jahre und die Beitragszahlungsdauer sei 23 Jahre. Die α^Z-Kosten mögen 8 ‰ der Beitragssumme betragen und seien in den ersten fünf Jahren fällig. Die α^γ-Kosten seien 1 ‰ der Beitragssumme und seien jährlich während der Beitragszahlungsdauer fällig. Die β-Kosten sollen 5 % des jährlichen Bruttobeitrags während der Beitragszahlungsdauer betragen. Die γ_1-Kosten mögen jährlich 1,5 ‰ der Beitragssumme während der Vertragsdauer und die γ_2-Kosten mögen jährlich 2 ‰ der Versicherungssumme während der Vertragsdauer sein. Berechnen Sie allgemein die Versicherungssumme und die Bruttodeckungsrückstellung! Achten Sie dabei auf die nötige Fallunterscheidung! Wie lauten die speziellen Werte für $t = 2$ anhand der Sterbetafel DAV2008TF!

A 5.17 In der Abteilung Produkttechnik eines Lebensversicherungsunternehmens wird die Einführung einer neuen Kapitallebensversicherung vorbereitet. Die β-Kosten sollen 5 % des jährlichen Bruttobeitrags und die γ-Kosten sollen 2 ‰ der Versicherungssumme betragen. Es werde konkret das Eintrittsalter 25, die Vertragslaufzeit 42 Jahre und die Versicherungssumme 200.000 € betrachtet. Wie hoch dürfen die einmaligen Abschlusskosten höchstens sein, wenn das Bruttodeckungskapital nach einem Jahr nicht negativ sein soll? Modellieren Sie α^Z-Kosten in Bezug auf die Beitragssumme und verwenden Sie die Sterbetafel DAV2008TM!

A 5.18 In der Abteilung Produkttechnik eines Lebensversicherungsunternehmens wird die Einführung einer neuen Kapitallebensversicherung vorbereitet. Die tatsächlichen α^Z-Kosten sollen in den ersten fünf Jahren jeweils 8 ‰ der Beitragssumme betragen, die β-Kosten sollen jährlich 4 % des Bruttobeitrags und die γ-Kosten sollen jährlich 1,5 ‰ der Beitragssumme sein. Es werde konkret das Eintrittsalter 27, die Vertragslaufzeit 40 Jahre und die Versicherungssumme 150.000 € betrachtet. Nach drei Jahren werde die Versicherung gekündigt. Als Berechnungsgrundlage diene die Sterbetafel DAV2008TM!

a) Berechnen Sie den jährlichen Bruttobeitrag und das Bruttodeckungskapital nach drei Jahren!

b) Berechnen Sie den Rückkaufswert unter Beachtung der Begrenzung der Abschlusskosten für Neugeschäft ab 2015 auf insgesamt 2,5 % der Beitragssumme, gleichmäßig verteilt auf fünf Jahre! Wie hoch ist der Auffüllungsbedarf?

c) Um den Auffüllungsbedarf zu vermeiden, sollen die überrechnungsmäßigen Abschlusskosten durch mittelbare Abschlusskosten kompensiert werden. Gehen Sie dabei davon aus, dass sich die α^γ-Kosten auf die Beitragssumme beziehen und jährlich vorschüssig während der gesamten Vertragsdauer anfallen. Quantifizieren Sie den gesuchten Kostenparameter!

A 5.19 Eine 37-jährige Person möchte eine Erlebensfallversicherung mit 23-jähriger Vertragslaufzeit abschließen. Die Versicherungssumme sei 100.000 €. Die einmaligen α^Z-Kosten mögen 4 % der Beitragssumme betragen, die β-Kosten seien 5 % des jährlichen Beitrags und die γ-Kosten seien jährlich 3 ‰ der Versicherungssumme.

a) Berechnen Sie den Bruttojahresbeitrag und das Bruttodeckungskapital anhand der Sterbetafel DAV2004RM!

b) Angenommen die Abschlussprovision ist nicht einmalig zu Vertragsbeginn fällig, sondern die α^Z-Kosten werden gleichmäßig auf die ersten fünf Jahre verteilt. Berechnen Sie mit dieser Annahme den Bruttobeitrag und das Bruttodeckungskapital! Achten Sie dabei auf die nötige Fallunterscheidung!

c) Geben Sie die Differenz der beiden Reserven in allgemeiner Form an! Wie hoch ist der Rückkaufswert nach drei Jahren?

A 5.20 Eine 34-jährige Person möchte eine aufgeschobene Rentenversicherung auf das Alter 67 abschließen. Die Beitragszahlung dauere bis zum Renteneintritt. Die versicherte Jahresrente sei 30.000 €. Die einmaligen α^Z-Kosten mögen 4 % der Beitragssumme betragen, die β-Kosten seien 5 % des jährlichen Beitrags während der Beitragszahlungsdauer und die γ-Kosten seien jährlich 1 % der Jahresrente während der gesamten Laufzeit.

a) Berechnen Sie den Bruttojahresbeitrag und das Bruttodeckungskapital allgemein und konkret für $t = 5$ anhand der Sterbetafel DAV2004RF!

b) Nach fünf Jahren möchte der Versicherungsnehmer den Vertrag kündigen. Als Rückkaufswert wird die nominelle Summe der eingezahlten Jahresprämien verlangt. Wie beurteilen Sie diese Forderung?

A 5.21 Eine 29-jährige Person schließe für ihre Altersvorsorge eine 31-jährige Erlebensfallversicherung über 200.000 € ab. Die Beitragszahlungsdauer entspreche der Vertragslaufzeit. Die einmaligen α^Z-Kosten seien 4 % der Beitragssumme, die β-Kosten seien 4 % des jährlichen Beitrags und die γ-Kosten seien jährlich 2 ‰ der Versicherungssumme während der gesamten Laufzeit.

a) Berechnen Sie den Bruttojahresbeitrag und das Bruttodeckungskapital allgemein und konkret für $t = 17$ anhand der Sterbetafel DAV2004RF!

b) Nach 17 Jahren soll eine Teilauszahlung über 50.000 € vorgenommen werden. Wie hoch ist die reduzierte Ablaufleistung bei ansonsten gleichen Parametern?

A 5.22 Eine 33-jährige Person habe vor einiger Zeit eine 30-jährige Kapitallebensversicherung ab, deren Versicherungssumme anfänglich 50.000 € betrug und in jedem folgenden Jahr um 2 % stieg. Die Versicherungssumme im Erlebensfall ist gleich der Versicherungssumme bei Tod im letzten Versicherungsjahr. Es mögen konstante Beiträge während der Vertragslaufzeit gezahlt werden. Die einmaligen α^Z-Kosten seien 3,5 % der anfänglichen Versicherungssumme, die α^γ-Kosten seien 1 ‰ der anfänglichen Versicherungssumme, die β-Kosten seien 3 % des jährlichen Beitrags und die γ-Kosten seien jährlich 2 ‰ der Beitragssumme.

a) Berechnen Sie den Bruttojahresbeitrag und das Bruttodeckungskapital allgemein und konkret für $t = 23$ anhand der Sterbetafel DAV2008TF!

b) Nach 23 Jahren soll die Versicherung beitragsfrei gestellt werden. Welche konstante Versicherungssumme im Todes- und Erlebensfall wird dann festgesetzt? Dabei mögen die β-Kosten und die γ-Kosten entfallen.

A 5.23 Eine 31-jährige Person möchte für sein neugeborenes Baby eine Ausbildungsversicherung über 60.000 € abschließen, die in genau 19 Jahren fällig ist. Die Versicherungsleistung ist in jedem Fall fällig, die Beitragszahlung erfolge nur solange die versicherte Person lebt. Die einmaligen α^Z-Kosten seien 4 % der Beitragssumme, die β-Kosten seien 5 % des jährlichen Beitrags und die γ_1-Kosten seien jährlich 1 ‰ der Beitragssumme und die γ_2-Kosten seien jährlich 1,5 ‰ der Versicherungssumme.

a) Berechnen Sie den Bruttojahresbeitrag und das Bruttodeckungskapital allgemein und konkret für $t = 14$ anhand der Sterbetafel DAV2008TM!

b) An seinem 14. Geburtstag läuft der Jugendliche von zu Hause weg, um von da an bei der Großmutter mütterlicherseits zu leben. Als Folge entschließt sich der Vater, die Versicherung beitragsfrei zu stellen. Wie hoch ist die neue Versicherungssumme in der allgemeinen Form sowie im Speziellen, wenn man davon ausgeht, dass nur Verwaltungskosten für die Leistungsbearbeitung, also die γ_2-Kosten, für den Rest der Vertragslaufzeit anfallen?

A 5.24 Betrachten Sie eine gewöhnliche Kapitallebensversicherung über 100.000 € für eine 28-jährige Person mit Vertragsdauer von 32 Jahren und Beitragszahlungsdauer von 22 Jahren. Die einmaligen α^Z-Kosten seien 2 % der Versicherungssumme, die β-Kosten seien 3 % des jährlichen Beitrags und die γ-Kosten seien jährlich 1 ‰ der Versicherungssumme.

a) Berechnen Sie den Bruttojahresbeitrag und das Bruttodeckungskapital allgemein und konkret für $t = 15$ anhand der Sterbetafel DAV2008TM!

b) Nach 15 Jahren soll die Versicherung beitragsfrei gestellt werden. Berechnen Sie die reduzierte Versicherungssumme! Dabei mögen wiederum einmalige Abschlusskosten in Höhe von 2 % des Bruttodeckungskapitals sowie jährliche Verwaltungskosten anfallen.

c) Berechnen Sie das Bruttodeckungskapital direkt nach der Vertragsänderung!

A 5.25 Gegeben sei eine Risikolebensversicherung für das Alter x, Vertragslaufzeit n, Versicherungssumme S, einmalige Abschlusskosten in Höhe von $\alpha^Z S$, jährlich vorschüssige Inkassokosten in Höhe von βB^B und jährlich vorschüssige Verwaltungskosten in Höhe von γS.

a) Berechnen Sie den jährlichen Bruttobeitrag B^B in allgemeiner Form!

b) Berechnen Sie das Bruttodeckungskapital $_t V_x^B$ zum Zeitpunkt t!

c) Nachdem t Jahre vergangen sind, habe der Versicherungsnehmer den Wunsch, die Versicherungssumme zu verdoppeln. Berechnen Sie anhand einer Vertragsänderung den erhöhten Beitrag $\tilde{B}^B$! Gehen Sie dabei davon aus, dass Abschlusskosten auf die zusätzliche Versicherungssumme anfallen und die übrigen Kosten analog zum Neugeschäft berechnet werden.

d) Modellieren Sie alternativ die Verdopplung der Versicherungssumme durch einen Neuabschluss: Geben Sie dazu diejenige Prämie $\bar{B}^B$ an, die anfällt, wenn im Alter $x + t$ eine zusätzliche Risikolebensversicherung über die Höhe S mit Vertragslaufzeit $n - t$ Jahren zu den gleichen Kosten abgeschlossen wird.

e) Zerlegen Sie die Prämie $\tilde{B}^B$ auf geeignete Weise und zeigen Sie dadurch, dass allgemein $\tilde{B}^B = B^B + \bar{B}^B$ gilt!

A 5.26 Eine 33-jährige Person schließe eine aufgeschobene Altersrentenversicherung über jährlich 12.000 € auf den Rentenbeginn im Alter 67 ab. Die einmaligen α^Z-Kosten seien 4 % der Beitragssumme, die α^γ-Kosten mögen 1 % der Rente während der Beitragszahlungsdauer, die β-Kosten seien 4 % des jährlichen Beitrags und die γ-Kosten seien jährlich 2 % der Rente in der Rentenbezugszeit. Die versicherte Person entscheidet sich, im Alter 60 frühzeitig in Ruhestand zu gehen. Berechnen Sie die reduzierte Rente, auch Vorverrentungswert genannt! Modellieren Sie das Anliegen als Vertragsänderung und berechnen Sie dazu den Bruttobeitrag und das Bruttodeckungskapital anhand der Sterbetafel DAV2004RF!

A 5.27 Eine 41-jährige Person habe eine Erlebensfallversicherung über 100.000 € mit Vertragsdauer von 20 Jahren und Beitragszahlungsdauer 10 Jahre abgeschlossen. Die einmaligen α^Z-Kosten seien 4 % der Beitragssumme, die β-Kosten seien 3,5 % des jährlichen Beitrags, die γ_1-Kosten mögen 1 ‰ der Beitragssumme während der Beitragszahlungsdauer und die γ_2-Kosten seien jährlich 1 ‰ der Versicherungssumme während der Vertragslaufzeit. Nach zwölf Jahren möchte der Versicherungsnehmer eine möglichst hohe Teilauszahlung erhalten und außerdem den verbleibenden Vertrag beitragsfrei stellen.

a) Welche auf 10.000 € abgerundete Auszahlung erhält der Kunde? Berechnen Sie dazu das Bruttodeckungskapital anhand der Sterbetafel DAV2004RM!

b) Wie hoch ist die reduzierte Auszahlung bei Vertragsende? Modellieren Sie dazu eine Vertragsänderung!

A 5.28 Eine 35-jährige Person schließe eine Kapitallebensversicherung über 150.000 €
mit Vertragsdauer von 25 Jahren ab. Die einmaligen α^Z-Kosten seien 4 % der Beitragssumme, die β-Kosten seien 4,5 % des jährlichen Beitrags, die γ_1-Kosten mögen 1 ‰ der
Beitragssumme betragen und die γ_2-Kosten sollen jährlich 2 ‰ der Versicherungssumme sein. Zusätzlich sei bei Vertragsabschluss eine Beitragsdynamik vereinbart worden:
In jedem Jahr steigt der Beitrag um zwei Prozent. In der Praxis wird eine solche Beitragsdynamik durch einen Neuabschluss modelliert. Hier soll das Anliegen durch eine
Vertragsänderung modelliert werden. Berechnen Sie dazu das Bruttodeckungskapital nach
einem Jahr und führen die Vertragsänderung der Erhöhung des jährlichen Beitrags anhand
der Sterbetafel DAV2008TF durch!

A 5.29 Eine 42-jährige Person habe vor einiger Zeit eine Kapitallebensversicherung über
125.000 € mit Vertragsdauer von 20 Jahren abgeschlossen. Die einmaligen α^Z-Kosten
seien 4 % der Beitragssumme, die β-Kosten seien 5 % des jährlichen Beitrags und die
γ-Kosten mögen jährlich 2 ‰ der Versicherungssumme sein. Nach 18 Jahren erfolge
eine vorzeitige einmalige Auszahlung von 25.000 €. Außerdem wird eine Laufzeitver-
längerung des Vertrages um fünf Jahre vereinbart. Die Restlaufzeit soll somit 7 Jahre
betragen. Die Versicherungssumme sei dann wiederum 125.000 €. Berechnen Sie anhand
der Sterbetafel DAV2008TM anhand des Äquivalenzprinzips zum Änderungszeitpunkt
unter Berücksichtigung der einmaligen Auszahlung sowie des Bruttodeckungskapitals die
neue ausreichende Prämie und das neue Bruttodeckungskapital bezüglich der genannten
Kostenstruktur. Achten Sie dabei insbesondere darauf, dass einmalige Abschlusskosten
bezogen auf die Beitragssumme der zusätzlichen Laufzeit von fünf Jahren anfallen sollen.

A 5.30 Eine 30-jährige Person schließe eine um 37 Jahre aufgeschobene Leibrentenversicherung mit Beitragszahlung bis zum Renteneintritt ab. Der Bruttojahresbeitrag sei
3.000 €. Die einmaligen α^Z-Kosten seien 4 % der Beitragssumme, die β-Kosten seien
4,5 % des jährlichen Beitrags und die γ-Kosten mögen jährlich 1,5 % der Rente sein.
Der Versicherte entscheidet sich, mit Erreichen des Alters 67 eine Kapitalabfindung in
Höhe von 30 % des angesparten Vermögens zu beziehen. Berechnen Sie die Höhe der
Teilauszahlung und die reduzierte Rente! Modellieren Sie dazu das Anliegen als Vertragsänderung und berechnen Sie zunächst die ursprüngliche Rentenhöhe und das Bruttodeckungskapital anhand der Sterbetafel DAV2004RM!

Ergebnisanalyse

6

Die Ergebnisanalyse des getätigten Lebensversicherungsgeschäfts ist von besonderer kaufmännischer Bedeutung. Für die Steuerung und Planung sind detaillierte Einblicke in die unternehmerische Tätigkeit unabdingbar. Daneben besteht auch auf Verbraucherseite der Wunsch, die Leistungsfähigkeit eines Lebensversicherers transparent zu machen. Des Weiteren sind Versicherungsunternehmen gegenüber der Aufsichtsbehörde verpflichtet, regelmäßig Rechenschaft über die ihre wirtschaftlichen Verhältnisse abzulegen.

Unter diesem Hintergrund betrachten wir in diesem Kapitel die Lebensversicherung aus dem Blickwinkel der **Rechnungslegung**. In erster Linie befassen wir uns mit der Berechnung des betriebswirtschaftlichen Ergebnisses und seiner Verwendung unter versicherungsmathematischen Aspekten.

Aufbauend auf den Ergebnissen der Beitragszerlegung leiten wir die versicherungsmathematischen Gewinnquellen her. Diese führen uns zu einem besseren Verständnis des **Ertrags** eines Lebensversicherungsvertrags.

Im Anschluss befassen wir uns mit Methoden der Gewinnbeteiligung für die Versicherten und der **Finanzierbarkeit** dieser **Überschussbeteiligung**. Der Abschnitt zur Berechnung der **Rentabilität** einer Lebensversicherung bildet den Abschluss. Ausgewählte Ergänzungen, die wir kurz skizzieren, runden dieses Kapitel ab.

6.1 Gewinnzerlegung

Nach dem Äquivalenzprinzip entspricht der Versicherungsbarwert dem Beitragsbarwert. Dieser Umstand wirft die Frage auf, wie Versicherungsunternehmen überhaupt in der Lage sind, Gewinne erwirtschaften zu können. Denn bekanntlich sind gerade Lebensversicherer durchaus wirtschaftlich solide Unternehmen.

Aufgrund der vorsichtigen Wahl der Rechnungsgrundlagen übersteigt die erwartete Anzahl der Schadenfälle fast sicher die tatsächliche Zahl. Durch die verwendeten Sicherheitszuschläge, die wir ausführlich besprochen hatten, entstehen somit Unternehmensgewinne.

© Springer Fachmedien Wiesbaden 2016
K.M. Ortmann, *Praktische Lebensversicherungsmathematik*,
Studienbücher Wirtschaftsmathematik, DOI 10.1007/978-3-658-10200-5_6

In diesem Abschnitt geht es uns darum, die erwarteten Gewinne eines Lebensversicherers besser zu verstehen. Die Ergebnisanalyse wird getrennt nach Quellen und Teilbeständen durchgeführt, um so einen detaillierten Einblick in die getätigten Geschäfte zu erlangen. Wir beginnen mit der einzelvertraglichen Betrachtung, die uns zum Verständnis des betriebswirtschaftlichen Gesamtergebnisses führt.

6.1.1 Kontributionsgleichung

Bei der Berechnung des Deckungskapitals hatten wir auf der Grundlage des Äquivalenzprinzips die versicherungsmathematische Bilanzgleichung zur Zerlegung des Beitrags hergeleitet, die wir als Ausgangsbasis für unsere weiteren Überlegungen nehmen:

$$B_{t+1} + {}_tV_x = v \cdot p_{x+t} \cdot {}_{t+1}V_x + v \cdot q_{x+t} \cdot T_{t+1} + E_t + K_{t+1} \,.$$

Durch Auflösen der Überlebenswahrscheinlichkeit gemäß $p_{x+t} = 1 - q_{x+t}$ und Multiplikation mit $(1 + i)$ folgt daraus

$$(B_{t+1} + {}_tV_x)(1 + i) = {}_{t+1}V_x + q_{x+t}(T_{t+1} - {}_{t+1}V_x) + (E_t + K_{t+1})(1 + i) \,.$$

Für das weitere Vorgehen definieren wir die linke Seite als rechnungsmäßige Einnahmen I_{t+1} und die rechte Seite als rechnungsmäßige Ausgaben O_{t+1} des Versicherungsunternehmens am Ende des Jahres $t + 1$ mit $t = 0, \cdots, \omega - x + 1$:

$$I_{t+1} = (B_{t+1} + {}_tV_x)(1 + i)$$
$$O_{t+1} = {}_{t+1}V_x + q_{x+t}(T_{t+1} - {}_{t+1}V_x) + (E_t + K_{t+1})(1 + i) \,.$$

Die Differenz G_t aus rechnungsmäßigen Einnahmen und Ausgaben,

$$G_{t+1} = I_{t+1} - O_{t+1} = 0 \,,$$

ist nach dem Äquivalenzprinzip gleich null. Dabei ist zu beachten, dass nach dem Vorsichtsprinzip die Rechnungsgrundlagen erster Ordnung verwendet werden.

Analog können wir die realistisch zu erwartenden Einnahmen $\tilde{I}_{t+1}$ und Ausgaben $\tilde{O}_{t+1}$ anhand der Rechnungsgrößen zweiter Ordnung angeben. Dazu verwenden wir den realen Zinssatz $\tilde{i}$, die wahre Sterblichkeit $\tilde{q}_{x+t}$ und die tatsächlichen Kosten $\tilde{K}_{x+t}$:

$$\tilde{I}_{t+1} = (B_{t+1} + {}_tV_x)(1 + \tilde{i})$$
$$\tilde{O}_{t+1} = {}_{t+1}V_x + \tilde{q}_{x+t}(T_{t+1} - {}_{t+1}V_x) + (E_t + \tilde{K}_{t+1})(1 + \tilde{i}) \,.$$

In der Praxis entsteht somit ein Gewinn

$$\tilde{G}_{t+1} = \tilde{I}_{t+1} - \tilde{O}_{t+1}.$$

Verbindet man beide Gewinngleichungen durch Subtraktion, so folgt

$$\begin{aligned}
\tilde{G}_{t+1} &= \tilde{G}_{t+1} - G_{t+1} \\
&= (\tilde{I}_t - I_t) + (O_t - \tilde{O}_t) \\
&= (B_{t+1} + {}_tV_x)(1 + \tilde{i}) - {}_{t+1}V_x - \tilde{q}_{x+t}(T_{t+1} - {}_{t+1}V_x) - (E_t + \tilde{K}_{t+1})(1 + \tilde{i}) \\
&\quad - (B_{t+1} + {}_tV_x)(1 + i) + {}_{t+1}V_x + q_{x+t}(T_{t+1} - {}_{t+1}V_x) \\
&\quad + (E_t + K_{t+1})(1 + i) \,.
\end{aligned}$$

Ordnen wir die Terme nach den Rechnungsgrundlagen, so folgt

$$\begin{aligned}
\tilde{G}_{t+1} &= (K_{t+1} - \tilde{K}_{t+1}) + \tilde{i}(B_{t+1} + {}_tV_x - E_t - \tilde{K}_{t+1}) \\
&\quad + i(-B_{t+1} - {}_tV_x + E_t + K_{t+1}) \\
&\quad + q_{x+t}(T_{t+1} - {}_{t+1}V_x) - \tilde{q}_{x+t}(T_{t+1} - {}_{t+1}V_x) \,.
\end{aligned}$$

Durch Umstellen erhalten wir schließlich die so genannte **Kontributionsgleichung**

$$\begin{aligned}
\tilde{G}_{t+1} &= (B_{t+1} + {}_tV_x - E_t - \tilde{K}_{t+1})(\tilde{i} - i) \\
&\quad + (T_{t+1} - {}_{t+1}V_x)(q_{x+t} - \tilde{q}_{x+t}) + (K_{t+1} - \tilde{K}_{t+1})(1 + i) \,.
\end{aligned}$$

Die Kontributionsgleichung gibt Aufschluss über die Entstehung und Zusammensetzung des Gewinns eines Lebensversicherungsvertrages. Wir definieren:

$$\begin{aligned}
\tilde{G}^Z_{t+1} &= (B_{t+1} + {}_tV_x - E_t - \tilde{K}_{t+1})(\tilde{i} - i) && \textbf{Zinsgewinn}\,, \\
\tilde{G}^R_{t+1} &= (T_{t+1} - {}_{t+1}V_x)(q_{x+t} - \tilde{q}_{x+t}) && \textbf{Risikogewinn}\,, \\
\tilde{G}^K_{t+1} &= (K_{t+1} - \tilde{K}_{t+1})(1 + i) && \textbf{Kostengewinn}\,.
\end{aligned}$$

Somit lässt sich der erwartete Gewinn eines einzelnen Versicherungsvertrages in die wesentlichen Quellen Zinsgewinn, Sterblichkeitsgewinn und Kostengewinn zerlegen:

$$\tilde{G}_{t+1} = \tilde{G}^Z_{t+1} + \tilde{G}^R_{t+1} + \tilde{G}^K_{t+1} \,.$$

Die Entstehung von Gewinnen liegt also in der Verwendung von Sicherheitszuschlägen bei der Festlegung der Rechnungsgrößen begründet. Bezüglich der gemachten Annahmen ist zwar der Barwert der Beiträge gleich dem Barwert der Versicherungsleistungen. Doch die vorsichtigen Rechnungsgrundlagen führen dazu, dass der Jahresgesamtschaden überschätzt wird.

Ein Zinsgewinn entsteht, wenn die tatsächlich erzielte Zinsrate auf die Kapitalanlagen größer als der Rechnungszins ist. Voraussetzung dafür ist ferner, dass die Basis positiv ist, das heißt, dass die Summe aus Beitrag und Rückstellung die auszuzahlende Versicherungssumme im Erlebensfall plus die tatsächlichen Kosten in dem betrachteten Versicherungsjahr übertrifft. Insbesondere in der Anfangszeit kann der einzelvertragliche Zinsgewinn negativ sein, da das Bruttodeckungskapital aufgrund der einmaligen Abschlussprovision kleiner als null ist.

Zur Beurteilung des Sterblichkeitsgewinns müssen wir eine Fallunterscheidung machen. Für Risikolebensversicherungen ist die Rückstellung stets kleiner als die

Versicherungssumme. Somit entsteht ein Gewinn, falls die zur Beitragskalkulation verwendeten Sterblichkeitsraten größer als die tatsächlichen Werte sind. Für Rentenversicherungen ist die Versicherungssumme im Todesfall null. Sobald die Rückstellung positiv wird, führen verwendeten Sterblichkeitsraten erster Ordnung, die niedriger sind als die wahren Rechnungsgrundlagen zweiter Ordnung, zu einem Sterblichkeitsgewinn.

Schließlich entsteht ein Kostengewinn, falls die tatsächlichen Kosten geringer als die vorsichtig geschätzten Kosten sind. Die Differenz wird um ein Jahr aufgezinst, da Kosten in unserem Modell vorschüssig fällig sind.

Beispiel

Wir betrachten eine Kapitallebensversicherung in Höhe von 200.000 € für eine 40-jährige Person Mann mit 25-jähriger Vertragslaufzeit. Dann ist der Bruttobeitrag für typische Kostensätze anhand der Sterbetafel DAV2008TM:

$$B^B = 200.000 \frac{M_{40} - M_{65} + D_{65} + 0,00170(N_{40} - N_{65})}{0,955(N_{40} - N_{65}) - D_{40}} = 8.268,65$$

sowie das Bruttodeckungskapital nach beispielsweise 10 Jahren 67.694,83 €:

$$_{10}V_{40}^B = 200.000 \frac{M_{50} - M_{65} + D_{65} + 0,00170(N_{50} - N_{65})}{D_{50}}$$
$$- B^B \frac{0,955(N_{50} - N_{65})}{D_{50}}.$$

Analog ist die Bruttoreserve nach 11 Jahren gleich 75.697,18 €:

$$_{11}V_{40}^B = 200.000 \frac{M_{51} - M_{65} + D_{65} + 0,00170(N_{51} - N_{65})}{D_{51}}$$
$$- B^B \frac{0,955(N_{51} - N_{65})}{D_{51}}$$

Nehmen wir nun an, dass die wahre Sterblichkeit bei 60 % der rechnungsmäßigen Sterblichkeit liegt, dass der erwirtschaftete Zinssatz 3,0 % ist, und dass die Werte der realen Kostensätze bei 110 % der angenommenen Rechnungsgrößen liegen. Dann ist der Zinsgewinn

$$\tilde{G}_{11}^Z = \left(B^B + {}_{10}V_x - 1,1(0,045 B^B + 0,00170 S)\right)(0,03 - 0,0125) = 1.315,65$$

sowie der Risikogewinn

$$\tilde{G}_{11}^R = (S - {}_{11}V_x)(0,4 q_{50}) = 197,94$$

und schließlich der Kostenverlust

$$\tilde{G}_{11}^{K} = -0{,}1(0{,}045 B^{B} + 0{,}0017 S)(1{,}0125) = -72{,}10 \,.$$

Der Gesamtgewinn am Ende des zehnten Jahres ist somit 1.441,49 €.

Im risikotheoretischen Sinn erlaubt die Kontributionsformel lediglich eine einzelvertragliche Schätzung und Zerlegung des erwarteten Gewinns. Tatsächlich entsteht jedoch für einen individuellen Vertrag nur dann ein Risikogewinn, wenn sich die versicherte Gefahr nicht realisiert. Stirbt der Versicherte einer Risikolebensversicherung, so macht der Versicherer mit dieser Police keinen Gewinn. Eine **Gewinn- und Verlustrechnung** ist deshalb nur für das gesamte versicherte Risikokollektiv sinnvoll.

6.1.2 Gewinn- und Verlustrechnung

Die Gewinn- und Verlustrechnung (**GuV**) ist die Gegenüberstellung sämtlicher Einnahmen und Ausgaben aus dem getätigten Versicherungsgeschäft über einen vorgegebenen Zeitraum. Dadurch wird eine grobe Zerlegung des Unternehmensgewinns in seine Ergebnisquellen vorgenommen. Die GuV ist neben der **Bilanz**, dem **Anhang** und dem **Lagebericht** Teil des **Jahresabschlusses** und somit wesentlicher Gegenstand der Rechnungslegung von Lebensversicherungsunternehmen gemäß den Anforderungen des Handelsgesetzbuch (**HGB**).

Gemäß der Verordnung über die Berichterstattung von Versicherungsunternehmen gegenüber der Bundesanstalt für Finanzdienstleistungsaufsicht (**BerVersV**) hat jedes Versicherungsunternehmen eine Gewinn- und Verlustrechnung anzufertigen, um Rechenschaft über den betriebswirtschaftlichen Erfolg zu geben.

Man unterscheidet in der GuV versicherungstechnische und nicht-versicherungstechnische Positionen. Zu den **versicherungstechnischen Positionen** der Lebensversicherung gehören im Wesentlichen

- verdiente Beiträge für eigene Rechnung,
- Erträge aus Kapitalanlagen,
- Aufwendungen für Versicherungsfälle auf eigene Rechnung,
- Aufwendungen für den Versicherungsbetrieb auf eigene Rechnung,
- Veränderungen der Bruttodeckungsrückstellung,
- Aufwendungen für Rückkäufe.

Dabei ist zu beachten, dass im Gegensatz zur Schaden-, Unfall- und Rückversicherung Kapitalanlagen der Versicherungstechnik zugeordnet sind.

Wesentliche nicht-versicherungstechnischen Positionen sind

- Sonstige Erträge,
- Sonstige Aufwendungen,
- Steuern.

Das Ergebnis der GuV ist die Differenz zwischen der Summe der Einnahmen und der Summe der Ausgaben. Man spricht von einem Gewinn, falls das Ergebnis positiv ist, andernfalls liegt ein Verlust vor. Um speziell das Zinsergebnis eines Versicherers besser zu verstehen, betrachten wir folgendes vereinfachtes Beispiel.

Beispiel

Im Wesentlichen besteht das vorhandene Kapital eines Versicherungsunternehmens aus sämtlichen Deckungsrückstellungen. Wir legen einen Kapitalstock in Höhe von 5 Milliarden Euro zugrunde, der zu 20 % in Aktien und zu 80 % in festverzinsliche Wertpapiere investiert ist. Am Jahresende werde folgende Entwicklung festgestellt:

Anlage	Volumen	Rendite	Ertrag
Aktien	1.000 Mio €	4,0 %	40 Mio €
Zinstitel	4.000 Mio €	2,0 %	80 Mio €
Gesamt	5.000 Mio €	2,4 %	120 Mio €

Andererseits betragen die Zinsen auf das Deckungskapital bei einem Rechnungszinssatz in Höhe von 1,25 % genau 62,5 Millionen Euro. Der Zinsgewinn ist die Differenz zwischen dem rechnungsmäßig kalkulierten und dem tatsächlich erwirtschafteten Anlageergebnis, also 57,5 Millionen Euro.

Die Gewinn- und Verlustrechnung wird zusammen mit der Bilanz im Geschäftsbericht veröffentlicht. Die Bundesanstalt für die Finanzdienstleistungsaufsicht (**BaFin**) berichtet regelmäßig über die von ihr zusammengetragenen Informationen. Anhand dieser Angaben lässt sich eine Statistik der Gewinnquellen deutscher Lebensversicherer erstellen.

Beispiel

Die folgende Tabelle zeigt die Gewinne deutscher Lebensversicherer in Abhängigkeit der verdienten Bruttobeiträge gemäß Veröffentlichungen der Bundesanstalt für die Finanzdienstleistungsaufsicht (BaFin).

Ergebnisart\Jahr	2013	2012	2011	2010	2009	2008
Risikoergebnis	7,6 %	7,5 %	7,5 %	7,1 %	7,4 %	7,8 %
Kapitalanlageergebnis	6,6 %	5,5 %	5,5 %	7,6 %	6,7 %	1,2 %
Kostenergebnis	1,9 %	1,7 %	1,4 %	1,3 %	1,4 %	1,0 %
Rückversicherungsergebnis	−0,3 %	−0,3 %	−0,3 %	−0,5 %	−0,6 %	−0,4 %
Stornoergebnis	−0,3 %	−0,6 %	0,5 %	0,4 %	0,6 %	0,7 %
Sonstiges Ergebnis	−1,9 %	−2,2 %	−2,0 %	−1,9 %	−1,0 %	−1,3 %
Gesamt	13,5 %	11,7 %	12,5 %	14,1 %	14,5 %	9,0 %

Wir erkennen, dass das Ergebnis aus Kapitalanlagen schwankte. Das Risikoergebnis war die wichtigste Gewinnquelle. Sie ist in der Vergangenheit weitestgehend konstant geblieben.

Die angegebenen Gewinnquellen haben für verschiedene Lebensversicherungsprodukte unterschiedliche Gewichtung am Gesamtgewinn. Die Verordnung über die Berichterstattung von Versicherungsunternehmen gegenüber dem Bundesaufsichtsamt für Finanzdienstleitungsaufsicht (**BerVersV**) schreibt die sachgerechte Zuordnung des Rohergebnisses vor. Dazu unterteilt man den Versicherungsbestand in möglichst **homogene Teilbestände**. Tatsächlich verlangt die BaFin, dass die obigen Gewinnquellen pro **Abrechnungsverband** beziehungsweise **Bestandsgruppe** berechnet und nachgewiesen werden. Die Gewinn und Verlustrechnung wird also nicht nur für das gesamte Portfolio durchgeführt, sondern zunächst in kleinere Einheiten zerlegt und anschließend aufsummiert.

Eine grobe Unterteilung des versicherten Bestands erfolgt danach, ob das Anlagerisiko vom Versicherungsnehmer oder vom Versicherungsunternehmen getragen wird. Außerdem wird zwischen Versicherungen mit vorwiegend Todesfallcharakter und solchen mit vorwiegend Erlebensfallcharakter unterschieden. Des Weiteren werden Einzel- und Kollektivversicherungen getrennt betrachtet. Weitere Aufteilungen können sich durch Produktgenerationen ergeben, in denen sich die Rechnungsgrundlagen, zum Beispiel die verwendete Sterbetafel oder der Rechnungszins, geändert haben.

6.2 Überschussbeteiligung

Anhand der Kontributionsgleichung haben wir erkannt, wie aufgrund der konservativen Wahl der Rechnungsgrundlagen erster Ordnung Gewinne entstehen. Denn Lebensversicherungsunternehmen sind nach Paragraph 11 Absatz 1 Versicherungsaufsichtsgesetz (**VAG**) dazu verpflichtet, Beiträge vorsichtig zu kalkulieren, um in jedem Fall die gegebenen Leistungsversprechen einhalten zu können.

Aufgrund dieser Vorschrift sind die Prämien tendenziell höher als die Beiträge, die sich im freien Wettbewerb bilden würden. Die Unternehmensgewinne der Lebensversicherungsbranche sind also zu einem großen Teil durch die regulierenden Vorgaben der Aufsichtsbehörde bedingt. Es entspricht dem allgemeinen Fairnessprinzip, die zu viel gezahlten Beiträge an die Versicherten zurückzuzahlen.

Unter diesem Hintergrund ist es verständlich, dass der Gesetzgeber einen Missstand in der Lebensversicherung feststellt, wenn die Versicherten nicht angemessen an den Unternehmensgewinnen beteiligt werden. In diesem Zusammenhang sei insbesondere auf Paragraph 81c des Versicherungsaufsichtsgesetzes (**VAG**) verwiesen.

Für eine angemessene **Überschussbeteiligung** sind grundsätzlich sämtliche Ergebnisquellen in Betracht zu ziehen. Unter diesem Gesichtspunkt wurde die Verordnung des Bundesministerium für Finanzen über die Mindestbeitragsrückerstattung in der Lebensversicherung (**MindZV**) erlassen, in der eine Beteiligung im Hinblick auf das Risikoergebnis, das Kapitalanlageergebnis, das Kostenergebnis und an sonstigen Ergebnissen gefordert ist, sofern die Ergebnisquellen positiv sind. Mit Artikel 6 Gesetz zur Absicherung stabiler und fairer Leistungen für Lebensversicherte (Lebensversicherungsreformgesetz – **LVRG**) wurde die Mindestzuführungsverordnung (**MindZV**) geändert. Die Verordnung verpflichtet Lebensversicherungsunternehmen explizit, mindestens 90 % der Zinsgewinne, 90 % der Risikogewinne und 50 % der sonstigen Gewinne an die Versicherten zu verteilen. In der Praxis werden sogar 95 % bis 98 % der erwirtschafteten Überschüsse ausgeschüttet. Eine Verrechnung von Gewinnen und Verlusten ist nicht zulässig mit Ausnahme negativer Kapitalanlageergebnisse.

Es ist zu beachten, dass der Wettbewerb um neue Lebensversicherungsverträge in Deutschland nahezu ausschließlich über die Überschussbeteiligung ausgetragen wird. Den Interessenten von vermögensbildenden Lebensversicherungen wird die unternehmenseigene Überschussbeteiligung anhand exemplarischer Modellrechnungen dargestellt, die auf der tatsächlichen Ausschüttung der Vergangenheit beruhen. Um die Vergleichbarkeit im Markt zu gewährleisten, gibt es umfangreiche Vorschriften, die diese **Beispielrechnungen** betreffen. Insbesondere sind sie als unverbindlich zu kennzeichnen, da zukünftige Unternehmensgewinne nicht garantiert werden können.

6.2.1 Überschussverteilung

Die erwirtschafteten Unternehmensgewinne sollen möglichst fair an die Versicherten verteilt werden. Das Wesen der Individualversicherung besteht darin, dass jeder Versicherte gemäß dem Äquivalenzprinzip für seine eigenen zu erwartenden Versicherungsleistungen aufkommt. Da es sich bei den Überschüssen im Wesentlichen um zu viel erhobene Beiträge handelt, sollte jeder einzelne Versicherungsvertrag bei der Gewinnbeteiligung in demjenigen Maß berücksichtigt werden, wie diese Lebensversicherung zum gesamten Überschuss beigetragen hat. Man spricht dann von einer entstehungsgerechten Überschussverteilung.

Tatsächlich erfolgt die Überschusszuweisung auf der Grundlage des **Gleichbehandlungsgrundsatzes**, Paragraph 11 Absatz 2 Versicherungsaufsichtsgesetz (**VAG**). Danach dürfen sämtliche Versicherungsleistungen nur nach gleichen Grundsätzen bemessen werden. Dazu zählt auch die Überschussbeteiligung. Demnach müssen Lebensversicherer eine verursachergerechte Überschussbeteiligung vornehmen.

Die **natürliche Überschussverteilung** sieht vor, dass jedem Versicherten zum Ende eines jedes Versicherungsjahres der Kontributionsgewinn seines Vertrags gutgeschrieben wird. Dabei werden die Rechnungsgrundlagen zweiter Ordnung für das entsprechende Kollektiv berechnet. Die Überschussanteile werden entstehungsgerecht ermittelt und verteilt. Allerdings ist die Transparenz des Systems nicht vorhanden. Der Vorteil dieser Methode besteht in der Fairness, der Nachteil im zu betreibenden Aufwand.

Bei **mechanischen Überschusssystemen** wird der gesamte Gewinn einer Gruppe von Risiken berechnet und ins Verhältnis zum Beitrag oder zur Versicherungssumme gesetzt. Jeder Versicherte dieser Gruppe erhält diejenige Gewinnbeteiligung, die sich aus der gruppenbezogenen Quote und dem individuellen Beitrag oder der eigenen Versicherungssumme durch Multiplikation ergibt. Solch ein System ist transparent, aber nicht unbedingt fair, da es unberücksichtigt lässt, inwiefern der einzelne Vertrag tatsächlich zum Unternehmensgewinn beigetragen hat.

Bei einem **halbmechanischen System** werden weitere Vertragsparameter berücksichtigt, ohne die volle Komplexität des natürlichen Systems zu erreichen. Dem Einfallsreichtum findiger Versicherungsmathematiker sind dabei keine Grenzen gesetzt.

> **Beispiel**
> Wir betrachten wiederum eine Kapitallebensversicherung in Höhe von 200.000 €
> für einen 40-jährigen Mann mit 25-jähriger Laufzeit anhand der Sterbetafel
> DAV2008TM. Ein halbmechanisches System sehe für die entsprechende Bestandsgruppe am Ende des zehnten Jahres folgende Überschussbeteiligung vor:
>
> $$\ddot{U}_{10} = \lambda \cdot S + \mu \cdot {}_{10}V_x^B \ .$$
>
> Das Bruttodeckungskapital nach zehn Jahren ${}_{10}V_x^B$ beträgt bei typischen Kostensätzen, wie bereits im Beispiel für die Kontributionsgleichung berechnet, 67.694,83 €.
> Mit $\lambda = 0{,}002$ und $\mu = 0{,}03$ ist die Überschussbeteiligung im halbmechanischen
> System 2.430,84 €. Durch diese Festlegung würde der Versicherte 989,35 € mehr
> zugewiesen bekommen, als ihm durch das natürliche System zustünde. Das sind
> nämlich, wie bereits berechnet, 1.441,49 €.

Für die Verteilung der Überschüsse sind verschiedene Verfahren möglich. Die so genannten **Schlussüberschussanteile** werden zu Vertragsende gewährt. Diese Art der Gewinnbeteiligung wird auch bei vorzeitigem Tod, im Allgemeinen jedoch nicht bei vorzeitiger Kündigung vorgenommen.

In Großbritannien haben Schlussüberschussanteile eine wesentlich größere Bedeutung als in Deutschland. Aus diesem Grund hat sich auf der Insel ein regelrechter Handel mit **gebrauchten Lebensversicherungspolicen** entwickelt. Die versicherte Person bleibt dieselbe; der Beitragszahler und der Bezugsberechtigte werden neu festgesetzt. Der Versicherungsvertrag selbst wird abgesehen davon unverändert fortgeführt. So wird vermieden, dass der Schlussüberschussanteil verloren geht. In Deutschland werden die Versicherten in der Regel vornehmlich zeitnah an den erwirtschafteten Gewinnen beteiligt. Aus diesem Grund spielt hier zu Lande der Handel mit gebrauchten Policen keine so große Rolle.

In aller Regel erfolgen Gutschriften in Form von **laufenden Überschussanteilen**. Die Höhe der im folgenden Geschäftsjahr fällig werdenden Überschüsse wird bereits im Voraus festgelegt und veröffentlicht. Durch diese **Vorausdeklaration** wird die Gewinnbeteiligung unabhängig vom tatsächlichen Ergebnis verbindlich. Die rechtlich wirksame Zusage zukünftiger Gewinne bedarf eines besonderen Konstrukts zur Gewinnausschüttung.

Die für die Überschussbeteiligung vorgesehenen Mittel werden zu einem großen Teil zunächst der **Rückstellung für Beitragsrückerstattung (RfB)** zugeführt. Mit einer gewissen zeitlichen Verzögerung werden die in dieser Reserve angesammelten Beträge an die Versicherten ausgeschüttet. Mit der RfB sind die Lebensversicherer in der Lage, die Höhe der Überschussbeteiligung im Verlauf der Zeit zu steuern. Schwankungen in der Höhe der Gewinnbeteiligung können dadurch ausgeglichen werden. Somit wird eine gewisse Glättung und zeitliche Stabilität der Überschussbeteiligung erreicht. Die Maßgabe der Kontinuität impliziert, dass die RfB nie vollständig aufgelöst wird.

Die Rückstellung für Beitragsrückerstattung lässt sich in die so genannte **gebundene RfB**, die aus den deklarierten Überschüssen besteht, und den Rest, der als **freie RfB** bezeichnet wird, einteilen. Der Puffer zwischen dem Entstehen und der Weitergabe der Unternehmensgewinne wird durch die freie RfB geschaffen. Im Vergleich zur gesamten Rückstellung für Beitragsrückerstattung muss die freie RfB deshalb hinreichend groß sein.

Seit 1984 kann ein Teil der erwirtschafteten Überschüsse zeitnah als **Direktgutschrift** den Versicherungsnehmern zugewiesen werden, ohne vorher in die RfB zu fließen. Dabei orientiert sich die Höhe der Gutschrift entweder an einer vereinbarten Mindestverzinsung, oder sie wird als fester Anteil am erwirtschafteten Gewinn deklariert.

6.2.2 Überschussverwendung

Für die Verwendung der zugewiesen Überschussanteile unterscheidet man im Wesentlichen zwei Formen. Die Gewinnbeteiligung kann einerseits durch Entlastung der Beitragszahlung erfolgen. Andererseits können die vertraglich zugesagten Versicherungsleistungen erhöht werden.

Beim **Sofortrabatt** wird die Überschussbeteiligung direkt mit den fälligen Beiträgen verrechnet. Die Versicherungsleistungen hingegen bleiben unverändert. Anwendung findet diese Art der Gewinnbeteiligung vor allem bei Risikolebensversicherungen. Da die Überschüsse im Voraus deklariert werden, profitiert der Versicherte schon im ersten

Versicherungsjahr von einem reduzierten Zahlbeitrag. Daneben wird auch der Bruttobeitrag vertraglich festgelegt, denn die Überschussbeteiligung wird nicht für die gesamte Vertragslaufzeit garantiert. In diesem Sinne stellt der vereinbarte Tarifbeitrag die maximal zu zahlende Versicherungsprämie dar. Die jährliche Überschussbeteiligung wird als Prozentsatz festgesetzt, um den sich der Beitrag aktuell verringert.

Bei Vereinbarung der **Barauszahlung** wird der jährliche Überschussanteil automatisch an den Versicherungsnehmer überwiesen. Während der Beitragszahlungsdauer wird durch die Barauszahlung der gleiche Effekt erzielt wie durch den Sofortrabatt. In der Bezugsphase für Altersrentenversicherungen entspricht die Barauszahlung einer Erhöhung der vereinbarten Rentenzahlung. Allerdings ergeben sich unter Umständen unterschiedliche steuerliche Aspekte für den Versicherungsnehmer. Die Barauszahlung ist in der Praxis eher unüblich.

Die laufende Überschussbeteiligung kann auch zur **Verkürzung der Laufzeiten** verwendet werden. Dazu wird das Deckungskapital um die zugewiesenen Überschüsse erhöht. Nach dem Äquivalenzprinzip lässt sich unter Beibehaltung der Versicherungsleistung die reduzierte Beitragszahlungsdauer berechnen. Für kapitalbildende Erlebensfallversicherungen mag eine verkürzte Versicherungsdauer attraktiv erscheinen, da das Sparziel schneller erreicht wird. Da die Überschüsse jedoch nur für ein Jahr garantiert werden können, ist die äquivalente Abkürzung der Laufzeit oftmals sehr klein und damit psychologisch unvorteilhaft.

Bei einem **Bonussystem** wird die Überschussbeteiligung zur Erhöhung der Versicherungsleistungen eingesetzt. Dazu wird der zugewiesene Gewinn als Einmalbeitrag einer Zusatzversicherung angesehen. Nach dem Äquivalenzprinzip kann bei konsistenten Vertragsparametern die erhöhte Versicherungsleistung berechnet werden. Diese Form findet insbesondere bei Leibrentenversicherungen in Form der **Sofortbonusrente** Anwendung. Dabei kann zwischen einer einjährigen und mehrjährigen Erhöhung der Rentenhöhe unterschieden werden. Wird die Rente nur für das laufende Jahr erhöht, so entspricht die Sofortbonusrente im Wesentlichen der **Barauszahlung**. Die einjährige Sofortbonusrente ist verwaltungstechnisch einfacher umzusetzen und wird bevorzugt in der Praxis eingesetzt. Die komplexere Überschussbeteiligung mittels lebenslangen Zusatzrenten verdeutlicht das folgende Beispiel.

Beispiel

Wir betrachten eine sofort beginnende Leibrentenversicherung gegen Einmalbeitrag in Höhe von 100.000 € für eine 70-jährige Person. Dann ist die jährliche Rentenhöhe bei typischen Kostensätzen

$$R = B^{BE} \frac{(1 - \beta - \alpha^Z)}{\alpha^\gamma + (1 + \gamma_2)\ddot{a}_x} = 100.000 \frac{0{,}915 D_{70}}{0{,}002 D_{70} + 1{,}015 N_{70}} = 4.339{,}90 \, .$$

Das anfängliche Bruttodeckungskapital ist $_0V_x^B = -\alpha^Z B^{BE} = -4.000$. In den nachfolgenden Jahren wird die Bruttoreserve durch den Barwert der zukünftigen Leistungen berechnet:

$$_tV_x^B = (1 + \gamma_2)R\ddot{a}_{x+t} = 4.339{,}90 \cdot 1{,}015 \cdot \frac{N_{70+t}}{D_{70+t}} \ .$$

Nach einem Jahr ist konkret $_1V_x^B = 88.684{,}30$.

Wir betrachten nun das natürliche Überschusssystem, beschränken uns dabei aber auf Zinsgewinne, die durch die tatsächlich erwirtschaftete Rendite auf Kapitalanlagen von exemplarisch $\tilde{i} = 0{,}025$ hervorgerufen sein mögen. Dann ist der Gewinn am Ende des ersten Versicherungsjahres

$$\tilde{G}_1 = (B^{BE} + {_0V_{70}^B})(\tilde{i} - i) = 96.000 \cdot 0{,}0125 = 1.200{,}00 \ .$$

Wird nun dieser Betrag in Höhe von $1.200{,}00 \, €$ dazu verwendet, eine zusätzliche sofort beginnende Leibrentenversicherung im Sinne einer lebenslangen Bonusrente zu generieren, so ist die zugehörige Rentenhöhe analog zur Grundrente:

$$R_1 = \tilde{G}_1 \frac{0{,}915 D_{71}}{0{,}002 D_{71} + 1{,}015 N_{71}} = 53{,}73 \ .$$

Man beachte dabei, dass die versicherte Person um ein Jahr gealtert ist. Im zweiten Jahr beträgt die Rentenhöhe folglich insgesamt $4.393{,}63 \, €$. Die zusätzliche Rentenversicherung ist ihrerseits gewinnberechtigt. Der gesamte Überschuss am Ende des zweiten Jahres basiert folglich auf der Bruttoreserve am Ende des ersten Jahres bezüglich der Grundrente sowie des Einmalbeitrags abzüglich der zugehörigen Abschlusskosten für die Bonusrente:

$$\begin{aligned}
\tilde{G}_2 &= \left((1 - \alpha^Z)\tilde{G}_1 + {_1V_{70}^B}\right)(\tilde{i} - i) = (1.152{,}00 + 88.684{,}30) \cdot 0{,}0125 \\
&= 1.122{,}95 \ .
\end{aligned}$$

Auch dieser Gewinn wird wiederum dazu verwendet, eine zusätzliche Altersrentenversicherung zu finanzieren:

$$R_2 = \tilde{G}_2 \frac{0{,}915 D_{72}}{0{,}002 D_{72} + 1{,}015 N_{72}} = 51{,}93 \ .$$

Ab dem dritten Jahr beträgt die Rentenhöhe damit insgesamt $4.445{,}56 \, €$. In den nachfolgenden Jahren mag die gesamte Rentenhöhe aufgrund von zukünftigen Überschüssen weiter steigen.

Wenn die Überschüsse einem gewissen Sparkonto gutgeschrieben werden, so spricht man von **verzinslicher Ansammlung**. Die Verzinsung des Guthabens erfolgt durch einen unabhängig festgelegten Zinssatz. Durch diese Form der Gewinnbeteiligung wird die Versicherungsleistung erhöht. Sie ist in Deutschland für kapitalbildende Lebensversicherungen üblich.

Beispiel

Wir betrachten eine Erlebensfallversicherung über 100.000 € für eine anfänglich 40-jährige Person mit 20-jähriger Vertragslaufzeit. Zunächst ist der Bruttobeitrag für typische Kostensätze anhand der Sterbetafel DAV2004RM

$$B^B = 100.000 \frac{D_{60} + 0{,}0017(N_{40} - N_{60})}{0{,}955(N_{40} - N_{60}) - 0{,}8D_{40}} = 4.892{,}18$$

und das Bruttodeckungskapital ist für $t = 0, \ldots, 20$

$$_t V_{40}^B = 100.000 \frac{D_{60} + 0{,}0017(N_{40+t} - N_{60})}{D_{40+t}} - 0{,}955 \cdot 4.892{,}18 \frac{N_{40+t} - N_{60}}{D_{40+t}} .$$

Konkret ist hier $_0 V_{40}^B = -3.913{,}75$, $_1 V_{40}^B = 596{,}28$ und $_2 V_{40}^B = 5.167{,}92$. Für die Überschussbeteiligung verwenden wir wiederum das natürlich System. Wir betrachten exemplarisch nur Zinsgewinne, die durch die tatsächlich erwirtschaftete Rendite auf Kapitalanlagen von exemplarisch $\tilde{i} = 0{,}0325$ hervorgerufen seien. Dann sind die Zinsgewinne für $t = 0, \ldots, 19$ gegeben durch

$$\tilde{G}_{t+1} = (_t V_{70}^B + B^B)(\tilde{i} - i) .$$

Konkret sind die Gewinne am Ende der ersten drei Jahre: $\tilde{G}_1 = 7{,}31$, $\tilde{G}_2 = 97{,}51$ und $\tilde{G}_3 = 188{,}95$. Diese Beträge werden nach ihrem Entstehen verzinslich auf einem gesonderten Sparkonto gesammelt und ebenfalls mit 3,25 % pro Jahr verzinst. Die Kontostände in den ersten Jahren sind:

$$K_0 = 0$$
$$K_1 = K_0(1 + \tilde{i}) + \tilde{G}_1 = 7{,}31$$
$$K_2 = K_1(1 + \tilde{i}) + \tilde{G}_2 = 105{,}06$$
$$K_3 = K_2(1 + \tilde{i}) + \tilde{G}_3 = 297{,}42 .$$

Führen wir die verzinsliche Ansammlung bis zum Vertragsende fort, so ist die Ablaufleistung inklusive Überschussbeteiligung 122.997,00 €. Die folgende Grafik illustriert den Verlauf der Bruttorückstellung mit und ohne verzinslicher Ansammlung.

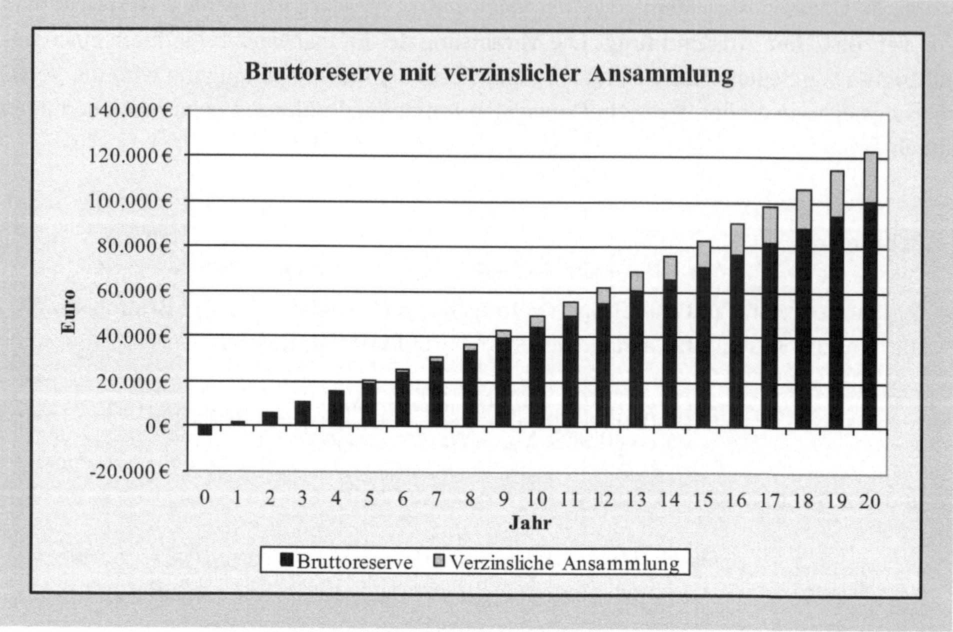

Zusammengefasst lässt sich für die klassischen Produkte der Lebensversicherung folgende Überschussverwendung festhalten.

Überschussart \ Versicherung	Todesfallversicherung	Erlebensfall-versicherung	Rentenversicherung
Sofortrabatt	**üblich**	unüblich	unüblich
Barauszahlung	unüblich	unüblich	unüblich
Laufzeitänderung	*möglich*	*möglich*	*möglich*
Bonus	*möglich*	*möglich*	**üblich**
Verzinsliche Ansammlung	unüblich	**üblich**	*möglich*

6.3   Finanzierbarkeit

Die Aufsichtsbehörde verlangt, dass die deklarierte Überschussbeteiligung bei unveränderten wirtschaftlichen Verhältnissen auf Dauer beibehalten werden kann. Denn die prognostizierte Gewinnausschüttung des Versicherers stellt ein wesentliches Entscheidungskriterium für den Vertragsabschluss dar. Eine Überschussbeteiligung, die nicht nach den anerkannten Regeln der Versicherungsmathematik berechnet wird, stellt somit unlauteren Wettbewerb dar. Aus diesem Grund hat jedes Versicherungsunternehmen nachzuweisen, dass die in der Modellrechnung ausgewiesene Überschussbeteiligung tatsächlich auf Dauer finanzierbar ist.

Zum Nachweis der Finanzierbarkeit sind diejenigen Mittel im Verlauf der Zeit zu bestimmen, die erforderlich sind, um sowohl die vertraglich garantierten Leistungen als auch die Zusagen für die deklarierte Überschussbeteiligung erbringen zu können. Im Gegenzug werden diejenigen Zahlungseingänge bestimmt, die dem Versicherungsunternehmen in der Zukunft zufließen werden.

Im Wesentlichen gibt es zwei verschiedene Ansätze für den Finanzierbarkeitsnachweis in der Lebensversicherung, die beide auf Investitionsrechnung der elementaren Finanzmathematik beruhen. Es handelt sich um die Kapitalwertmethode einerseits und die Methode der internen Rendite andererseits. In beiden Ansätzen werden die zukünftigen Einnahmen und Ausgaben miteinander verglichen. Dabei wird auch das Sterblichkeitsrisiko berücksichtigt.

6.3.1 Ertragswertmethode

Die **Ertragswertmethode** entspricht der **Kapitalwertmethode** der Investitionsrechnung. Der Barwert der zu erwartenden Einnahmen wird in Beziehung gesetzt zu dem Barwert der erwarteten Ausgaben der betrachteten Bestandsgruppe. Dabei werden die Rechnungsgrundlagen zweiter Ordnung für Zins, Sterblichkeit und Kosten herangezogen.

Auf der Basis der Kontributionsgleichung kann die Zahlungsreihe der zukünftigen Beitragseinnahmen und der zukünftigen Gewinne angegeben werden. Auf der Ausgabenseite steht die Zahlungsreihe der Aufwendungen, die sich aus Versicherungsleistungen und Überschussbeteiligungen zusammensetzt. Sodann wird der Barwert der Differenz aus Einnahmen und Ausgaben gebildet. Jener wird als **Ertragswert** bezeichnet und nach der Kapitalwertmethode bewertet.

Tatsächlich ist die Überschussbeteiligung für die gesamte Bestandsgruppe von größtem Interesse. Dazu definiert man den Ertragswert des Neugeschäfts EW_0 als den Barwert aller zukünftigen zu erwartenden jährlichen Salden aus Einnahmen I_k und Aufwendungen O_k:

$$EW_0 := \sum_{k=0}^{n-1} (I_k - O_k)\tilde{v}^k \text{ mit } \tilde{v} := \frac{1}{1+\tilde{i}} \, .$$

Die Schwierigkeit dieses Ansatzes besteht in der Ermittlung eines geeigneten **Istzinssatzes** $\tilde{i}$. Um die tatsächlich erwirtschaftete Zinsrate zu berechnen, wird in der Praxis folgender pragmatischer Ansatz gemacht:

$$\Delta = K_0 \cdot \tilde{i} + \frac{1}{2}\tilde{i}(K_1 - K_0 - \Delta) \, ,$$

wobei K_0 die Kapitalanlagen am Anfang, K_1 die Kapitalanlagen am Ende, und Δ die Differenz aus Erträgen von Kapitalanlagen und Aufwendungen für Kapitalanlagen am Ende des Jahres bezeichne. Bei diesem Ansatz geht man davon aus, dass Kapitalzuwächse und Kapitalabgänge gleichmäßig über das Jahr verteilt sind. Insbesondere verwendet man hier unterjährig lineare Verzinsung.

In äquivalenter Form finden wir sodann die **Hardy'sche Zinsformel**

$$\tilde{i} = \frac{2\Delta}{K_1 + K_0 - \Delta}$$

zur Berechnung des Istzinses. Diese Formel hat praktischen Nutzwert, ist jedoch eher pragmatisch zu bewerten. Auf eine detaillierte Modellierung der Erträge insbesondere anhand von Kassazinssätzen sei hier verzichtet.

Der **Ertragswert** spielt eine wesentliche Rolle zur Analyse der zukünftigen Geschäftsentwicklung. Im angelsächsischen Bereich ist der Ertragswert wesentlicher Bestandteil des **Embedded Value**, einer Kennzahl zur Bewertung der Leistung eines Lebensversicherers.

Die Berechnung des Ertragswerts stellt eine müßige Aufgabe für den Versicherungsmathematiker dar. Es wird ein geschlossener Bestand ohne Neugeschäft betrachtet. Die Beitragsentwicklung wird mit Hilfe von geeigneten Stornowahrscheinlichkeiten für die Zukunft hochgerechnet. Die Erträge werden anhand der Kontributionsgleichung für den gesamten Bestand in die Zukunft projiziert. Die zukünftigen Aufwendungen beinhalten sämtliche Versicherungsleistungen gemäß den Rechnungsgrundlagen zweiter Ordnung.

Nach der **Ertragswertmethode** ist die Finanzierbarkeit der Überschussbeteiligung zum Zeitpunkt t genau dann gegeben, wenn $V_t + EW_t \geq 0$, wobei EW_t der Ertragswert am Ende des t-ten Jahres bezeichnet. Ferner ist V_t das vorhandene Vermögen des Versicherers am Ende des Jahres t. Das Vermögen eines Versicherungsunternehmens setzt sich dabei im Wesentlichen aus der Bruttodeckungsrückstellung, dem Beitragsübertrag, der Rückstellung für Beitragsrückerstattung, den verzinslich angesammelten Überschussanteilen und dem Eigenkapital zusammen. Falls das vorhandene Vermögen ausreicht, um den Saldo aus Erträgen und Aufwendungen zu decken, so ist die vorgeschlagene Überschussbeteiligung betriebswirtschaftlich sinnvoll.

Das **Amtsmodell** beinhaltete eine leichte Modifikation, indem es den modifizierten Ertragswert berücksichtigt. Danach ist die Finanzierbarkeit der Überschussbeteiligung zum Zeitpunkt t genau dann gegeben, wenn

$$V_t + \sum_{k=0}^{n-t} \left(E_{t+k} - \tilde{v}^{1/2} A_{t+k} \right) \tilde{v}^k \geq 0$$

gilt. Es wird hierbei angenommen, dass die Ausgaben zur Jahresmitte anfällig werden. Der Betrachtungshorizont n wird durch die Vertragslaufzeiten in der Bestandsgruppe vorgegeben.

Damit beruht das Amtsmodell auf der Kapitalwertmethode der Investitionsrechnung. Falls der so definierte Saldo aus Einnahmen und Ausgaben aus dem getätigten Versicherungsgeschäft positiv ist, so ist die in der Berechnung zugrunde gelegte Überschussbeteiligung finanziell machbar.

6.3.2 Sollzinsmethode

Die zweite Methode zur Analyse der Finanzierbarkeit besteht in der Berechnung desjenigen Zinssatzes, zu dem der Ertragswert, wie im Amtsmodell definiert, gleich null ist. Dieser Ansatz entspricht der Methode der internen Rendite der Investitionsrechnung.

Ein Zinssatz $\bar{i}$ heißt **Sollzinssatz** genau dann, wenn

$$V_t + \sum_{k=0}^{n-t} \left(E_{t+k} - \bar{v}^{1/2} A_{t+k} \right) \cdot \bar{v}^k = 0 \qquad \text{mit } \bar{v} = \frac{1}{1+\bar{i}} \;.$$

Der Finanzierbarkeitsnachweise wird nun durch den Vergleich zwischen Sollzins und Istzins geführt. Die Finanzierbarkeit der Überschussbeteiligung ist genau dann gegeben, wenn der Sollzins kleiner gleich dem Istzins ist, wenn also $\bar{i} \leq \tilde{i}$ gilt.

Die beiden Verfahren zur Überprüfung der Finanzierbarkeit sind im Prinzip äquivalent. Es kommt jedoch auf die Feinheiten der Modellierung an, die im Endeffekt zu unterschiedlichen Ergebnissen führen können.

Ertragswertbetrachtungen schützen nicht vor gezieltem Storno durch Kunden. Grundsätzlich muss jedes Versicherungsunternehmen negative Nettodeckungsrückstellungen, überhöhte Rückkaufswerte sowie zu hohe Abschlussprovisionen, die im Stornofall nicht zurückverlangt werden können, vermeiden. Diese und andere Analysen, die noch vor der Produkteinführung durchgeführt werden, gehören zum **Profit-Testing**, welches wir noch ausführlicher besprechen werden.

6.4 Rentabilität

Während aus Unternehmenssicht die Finanzierbarkeit der Überschussbeteiligung bedeutend ist, ist der Verbraucher insbesondere an der Vergleichbarkeit des finanziellen Erfolgs eines Lebensversicherungsprodukts interessiert. Um die Wirtschaftlichkeit zu messen, führen wir einen neuen Begriff ein: die **Rentabilität**.

Seit jeher waren deutsche Versicherungsunternehmen dazu geneigt, die Kostenparameter undurchsichtig zu gestalten, um sowohl der Konkurrenz als auch dem Kunden das Nachvollziehen der eigenen Rechnungsgrundlagen zu erschweren. Demgegenüber steht der Verbraucherwunsch nach mehr Transparenz. So hat denn der Gesetzgeber in der Verordnung über Informationspflichten bei Versicherungsverträgen (**VVG-InfoV**), Paragraph 2, Absatz 1, Satz 1 und 2 folgende Regelung vorgesehen:

(1) Bei der Lebensversicherung hat der Versicherer dem Versicherungsnehmer gemäß § 7 Abs. 1 Satz 1des Versicherungsvertragsgesetzes zusätzlich zu den in § 1 Abs. 1 genannten Informationen die folgenden Informationen zur Verfügung zu stellen:

1. *Angaben zur Höhe der in die Prämie einkalkulierten Kosten; dabei sind die einkalkulierten Abschlusskosten als einheitlicher Gesamtbetrag und die übrigen einkal-*

kulierten Kosten als Anteil der Jahresprämie unter Angabe der jeweiligen Laufzeit auszuweisen; bei den übrigen einkalkulierten Kosten sind die einkalkulierten Verwaltungskosten zusätzlich gesondert als Anteil der Jahresprämie unter Angabe der jeweiligen Laufzeit auszuweisen;

2. *Angaben zu möglichen sonstigen Kosten, insbesondere zu Kosten, die einmalig oder aus besonderem Anlassentstehen können;*

Wir beschränken uns in diesem Abschnitt darauf, die bekannten Kosten eines Lebensversicherungsvertrages zu einer **Kostenkennzahl** zusammenzufassen. Tatsächlich gibt es für klassische Lebensversicherungsprodukt Kosten und Gebühren, die im Verborgenen sind. So werden die Kosten der kollektiven Kapitalanlage nicht explizit ausgewiesen, sondern direkt mit dem Anlageergebnis verrechnet. Die **Kapitalanlagekosten** sind für den Verbraucher also prinzipiell intransparent.

Zur Definition und Berechnung der Rentabilität gibt es verschiedene Ansätze, die sich dadurch unterscheiden, inwiefern die Versicherungsleistungen bezüglich Erleben, Tod und Kosten berücksichtigt werden. Wir stellen die wichtigsten Begriffe im Folgenden vor. Es sei jedoch einschränkend erwähnt, dass es für die derzeitige Lebensversicherungspraxis keine Kostenkennzahl gibt, die die einfachen Forderungen nach Vollständigkeit, Eindeutigkeit, Monotonie und Zweckmäßigkeit erfüllt.

6.4.1   Effektiver Rechnungszins

Wie uns bekannt ist, werden Lebensversicherungsprodukte nach dem Vorsichtsprinzip mit den Rechnungsgrundlagen erster Ordnung tarifiert. Die Sicherheitszuschläge führen fast sicher zu Unternehmensgewinnen. Unter Beibehaltung sämtlicher Vertragsdaten lässt sich mit Hilfe der Rechnungsgrundlagen zweiter Ordnung ein Rechnungszins bestimmen, für den Leistungen und Gegenleistungen äquivalent sind. Jeden solchen Rechnungszins nennt man **effektiven Rechnungszins**.

Beispiel

Als Grundlage betrachten wir eine Kapitallebensversicherung in Höhe von 100.000 € für einen 30-jährigen Mann mit 35-jähriger Laufzeit. Wir berechnen zunächst anhand der DAV2008TM den rechnungsmäßigen Bruttobeitrag anhand typischer Kostensätze:

$$B^B = 100.000 \frac{M_{30} - M_{65} + D_{65} + 0{,}00170(N_{30} - N_{65})}{0{,}955(N_{30} - N_{65}) - 1{,}4 D_{30}} = 2.828{,}16 \, .$$

Der Einfachheit halber nehmen wir an, dass die Rechnungsgrößen für die wahre Sterblichkeit und die wahren laufenden Kosten genau 50 % der verwendeten Werte betragen. Wir haben also eine neue Sterbetafel aufzustellen, die als wahre Todesfallwahrscheinlichkeit 50 % der Sterblichkeiten der DAV2008TM zugrunde legt. Nach dem Äquivalenzprinzip ist dann ein Zinssatz $\tilde{i}$ gesucht, so dass

$$2.828{,}16 = 100.000 \frac{\tilde{M}_{30} - \tilde{M}_{65} + \tilde{D}_{65} + 0{,}00085(\tilde{N}_{30} - \tilde{N}_{65})}{0{,}9775(\tilde{N}_{30} - \tilde{N}_{65}) - 0{,}7\tilde{D}_{30}} \, .$$

Dieses Problem lässt sich prinzipiell nicht analytisch lösen. Ein rechnergestütztes Näherungsverfahren liefert $\tilde{i} = 0{,}0061$. Somit beträgt der effektive Rechnungszins etwa die Hälfte des verwendeten Rechnungszinses.

Die Differenz des effektiven Rechnungszinses zum verwendeten Rechnungszins ist somit ein Maß für die Höhe der in der Prämie enthaltenen Sicherheitszuschläge. Bei ansonsten identischen Versicherungsbedingungen, also insbesondere bei gleichem Beitrag und gleicher Versicherungssumme, deutet ein kleinerer effektiver Rechnungszins auf größere Sicherheitsmargen in der Prämie hin.

Dieser Ansatz eignet sich dazu festzustellen, wie aggressiv ein Versicherer im Markt operiert. Man sollte allerdings beachten, dass ein großer Teil des entstehenden Kosten- und Risikogewinns an die Versicherten ausgeschüttet wird. Der effektive Rechnungszins ist deshalb in Zusammenhang mit der Überschussbeteiligung zu beurteilen.

6.4.2 Erlebensfallrendite

Für Versicherungen mit Erlebensleistungen macht es Sinn, eine a posteriori Rechnung für den Fall des Erlebens aufzustellen, die wir im Folgenden erläutern. Zur Ermittlung der **Erlebensfallrendite** werden lediglich die tatsächlich gezahlten Beiträge und die tatsächlichen Erlebensfallleistungen berücksichtigt. Insofern kann die Erlebensfallrendite eigentlich erst im Nachhinein, nämlich am Vertragsende, berechnet werden. Soll die Erlebensfallrendite a priori geschätzt werden, so ist die anhand der Beispielrechnung prognostizierte Überschussbeteiligung zu berücksichtigen. Anhand solcher Modellrechnungen, die die Ablaufleistungen inklusive nicht garantierter Gewinnbeteiligung betreffen, kann der Kunde seine Erlebensfallrendite im Voraus berechnen.

Nach dem finanzmathematischen Äquivalenzprinzip werden die gezahlten Beiträge einerseits und die erhaltenen Versicherungsleistungen andererseits gegenübergestellt. Sodann wird derjenige finanzmathematisch sinnvolle Zinssatz gesucht, zu dem Leistung und Gegenleistung äquivalent sind.

Beispiel

Gegeben sei eine Kapitallebensversicherung mit den Parametern $x = 25$, $n = 30$, $S = 100.000\,€$. Die tatsächliche Erlebensfallsumme inklusive Überschussbeteiligung sei $176.478,00\,€$, der jährliche Bruttobeitrag sei $3.272,61\,€$. Somit lauten die Endwerte der finanzmathematischen Leistung und Gegenleistung:

$$L = 176.478,00$$

$$GL = \sum_{k=1}^{30} B(1 + i)^k = 3.272,61 \frac{(1 + i)^{30} - 1}{i}(1 + i)\,.$$

Das Äquivalenzprinzip der Finanzmathematik liefert durch Gleichsetzen eine Erlebensfallrendite von 3,55 %, die man allerdings nur näherungsweise ermitteln kann. Aufgrund der Überschussbeteiligung ist die Erlebensfallrendite wesentlich höher als der Rechnungszins.

Im Vergleich zum Rechnungszins wird die Erlebensfallrendite einerseits durch die Aufwendungen für Kosten und Todesfallleistungen verringert, andererseits durch die Überschussbeteiligung erhöht. Der Versicherte hat im Erlebensfall, wenn er also nicht verstorben ist, dennoch ein Gefühl der Sicherheit genießen können: Im Todesfall wären die Angehörigen versorgt gewesen. Aus diesem Blickwinkel ist es sinnvoll, Todesfallleistungen bei der Berechnung der Rentabilität zu berücksichtigen. Dieser Ansatz führt uns auf den Begriff der effektiven Rendite.

6.4.3 Effektive Rendite

Zur Vergleichbarkeit von Kreditgeschäften heißt es in Bezug auf Privatkredite in der Preisangabenverordnung (**PAngV**), Paragraph 6, Absatz 1

Bei Krediten sind als Preis die Gesamtkosten als jährlicher Vomhundertsatz des Kredits anzugeben und als „effektiver Jahreszins" zu bezeichnen.

In Anlehnung an die Preisangabenverordnung (**PAngV**) ist es angebracht, die Gesamtkosten und Sicherheitsmargen der Lebensversicherung in einen Zinssatz umzurechnen. Die **effektive Rendite** in der Lebensversicherung soll also analog definiert werden. Es bezeichnet deshalb die effektive Rendite den Zinssatz, mit dem sich der gegebene tatsächlich zahlbare Bruttobeitrag der betrachteten Lebensversicherung als Nettobeitrag selbiger

Versicherung mit objektiv nachvollziehbaren Sterbewahrscheinlichkeiten 2. Ordnung berechnen lässt. Durch diesen Übergang von Brutto zu Netto werden also sämtliche Kostenparameter und Sicherheitsmargen analog zur Finanzmathematik in einen äquivalenten Zinssatz umgerechnet.

Im Klartext bedeutet diese Definition für den Versicherungsmathematiker, einen Rechnungszins zu suchen, für den der Nettobeitrag der betrachteten Lebensversicherung gemäß standardisierter biometrischer Rechnungsgrundlagen gleich dem vorgegebenen Bruttobeitrag ist. Damit lassen sich die einkalkulierten Kosten und Sicherheitsmargen bezüglich der Todesfallwahrscheinlichkeiten durch einen Abzug im Rechnungszinssatz darstellen. Die Differenz des verwendeten Rechnungszinssatzes zur effektiven Rendite wird in Anlehnung an den angelsächsischen Versicherungsmarkt mit „**reduction in yield**" bezeichnet. Aus analytischem Blickwinkel ist diese Aufgabenstellung zu komplex, um sie explizit zu lösen. Als Lösungsansatz bieten sich deshalb auch hier rechnergestützte Näherungsverfahren an.

Beispiel
Für typische Kosten und für verschiedene Eintrittsalter und Vertragslaufzeiten hatten wir exemplarisch bereits Bruttobeiträge für die Kapitallebensversicherung berechnet; für $S = 100.000 \, €$, $x = 40$ und $n = 20$ ist der Bruttobeitrag B^B anhand der Sterbetafel DAV2008TM gleich $5.164,25 \, €$. Die Formel für den Nettobeitrag dieser Versicherung lautet mit dem gesuchten Rechnungszins $\tilde{\imath}$:

$$\tilde{B}^N = \frac{\tilde{D}_{x+n} + \tilde{M}_x - \tilde{M}_{x+n}}{\tilde{N}_x - \tilde{N}_{x+n}} \, .$$

Dabei setzen wir exemplarisch die Sterbewahrscheinlichkeiten der DAV2008TM an. Mittels eines rechnergestützten iterativen Verfahrens suchen wir dann ein $\tilde{\imath}$, sodass $\tilde{B}^N = B^B$. Wir finden heraus, dass für $\tilde{\imath} = -0{,}0005$ der Nettobeitrag den Wert $5.164,25 \, €$ annimmt. Die Reduktion der effektiven Rendite aufgrund der einkalkulierten Kosten ergibt sich aus der Differenz von $i - \tilde{\imath}$, hier also $1{,}30\,\%$.

Die folgende Grafik zeigt die effektive Rendite für verschiedene Kombinationen aus Eintrittsalter und Vertragslaufzeit anhand der Sterbetafel DAV2008TM mit $1{,}25\,\%$ Rechnungszins, bezogen auf die Versicherungssumme in Höhe von $100.000 \, €$ und exemplarische Kostensätze und $100\,\%$ der einjährigen Todesfallwahrscheinlichkeiten als wahre Werte.

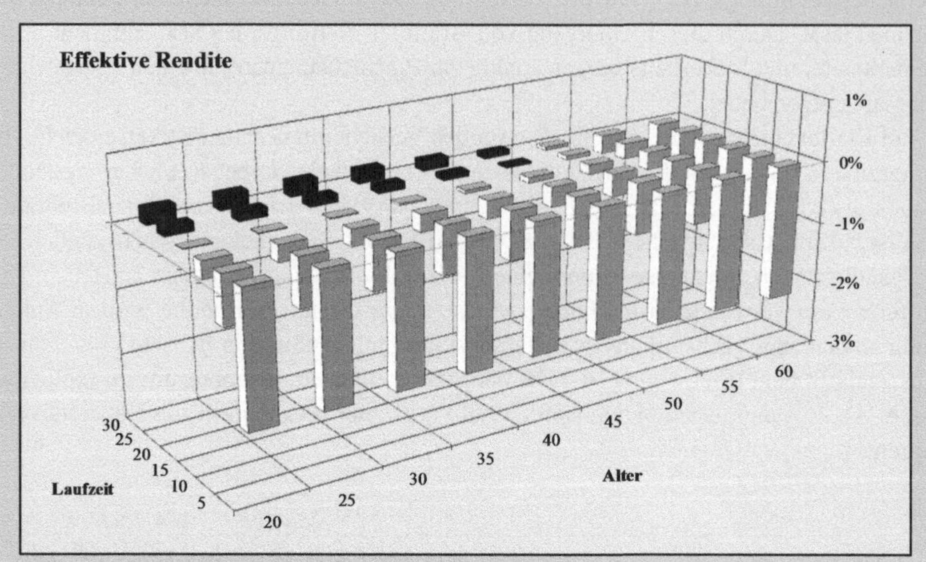

Für einen großen Bereich an Alters-Laufzeit-Kombinationen, insbesondere für kürzere Laufzeiten oder auch ältere Versicherte, liegt die effektive Rendite der Kapitallebensversicherung deutlich im negativen Bereich und ist damit nicht sonderlich attraktiv für den Verbraucher.

Verwendet man darüber hinaus die Sterbetafel 2. Ordnung oder eine Bevölkerungssterbetafel, so können mit der effektiven Rendite auch die aus Vorsichtsgründen einkalkulierten Sicherheitsmargen quantifiziert werden. Die effektive Rendite lässt also in Analogie zur Preisangabenverordnung **PAngV** für Kredite auf die einkalkulierten Kosten und Sicherheitsmargen einer Kapitallebensversicherung schließen. Für die Leibrentenversicherung können wir eine analoge Beispielrechnung durchführen.

Beispiel

In Analogie zu obigen Beispiel wollen wir nun die Altersrentenversicherung betrachten. Wir hatten bereits ausreichende jährliche Beiträge für die bis zum Alter 65 aufgeschobene lebenslange Rentenversicherung bei Beitragszahlungsdauer bis zum Renteneintritt für die jährliche Rente in Höhe von 12.000 € bei exemplarischen Kostensätzen berechnet. Der jährliche Bruttobeitrag ist konkret für eine 50-jährige Person anhand der Sterbetafel DAV2004RM 15.559,80 €. Demgegenüber steht der

Nettobeitrag, berechnet anhand des Zinssatzes $\tilde{i}$:

$$\tilde{B}^N = R\frac{\tilde{N}_z}{\tilde{N}_x - \tilde{N}_z} \; .$$

Es lässt sich zeigen, dass für $\tilde{i} = 0{,}0075$ der Nettobeitrag $\tilde{B}^N = 15.559{,}80$ ist. Daraus folgt eine Reduktion der effektiven Rendite um $0{,}50\,\%$.

Die folgende Grafik zeigt die Reduktion der effektiven Rendite der Altersrentenversicherung für verschiedene Eintrittsalter anhand der Sterbetafel DAV2004R für Männer und Frauen für die jährliche Rente $R = 12.000\,€$ und für unseren exemplarischen Kostensätze.

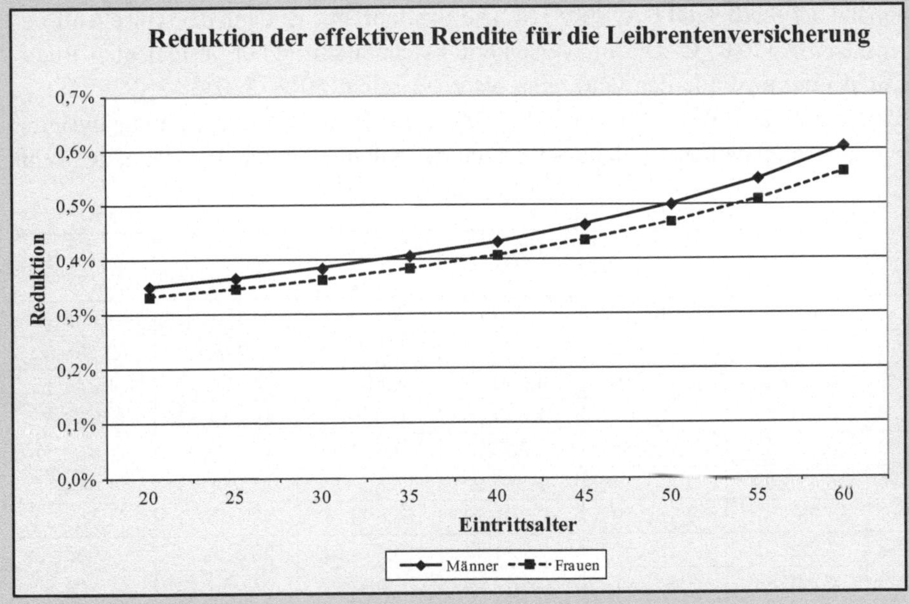

Wir erkennen, dass die Reduktion insgesamt niedriger als für Kapitallebensversicherungen ausfällt und außerdem weniger stark vom Eintrittsalter abhängt.

6.5 Ergänzungen

Zu guter Letzt wollen wir einige Ergänzungen zur Ergebnisanalyse eines Lebensversicherungsunternehmens ansprechen.

6.5.1 Schmidt-Tobler-Effekt

Der Finanzierbarkeitsnachweis ermöglicht die Analyse des Ertragswerts für jeden einzelnen Vertrag. Für die vollständige Kontrolle des eingegangenen Versicherungsgeschäfts reicht diese Maßnahme jedoch nicht aus. Um gezieltes Storno zu vermeiden, ist es notwendig zu prüfen, ob der Ertragswert des versicherten Geschäfts zu jedem Zeitpunkt der Vertragslaufzeit positiv ist. Das folgende Beispiel illustriert eine solche Analyse anhand eines fiktiven Vorschlags zur Festsetzung der Rückkaufswerte.

Beispiel

Wir betrachten eine Kapitallebensversicherung einer 25-jährigen Person mit Versicherungssumme in Höhe von 100.000 € über eine Vertragslaufzeit von 40 Jahren anhand der Sterbetafel DAV2008TM. Die Bruttoprämie ist dann bei typischen Kostensätzen 2.426,87 €. Die im Versicherungsschein vertraglich festgelegten Rückkaufswerte am Ende der Jahre eins bis zehn seien: 50 %, 100 %, 150 %, 200 %, 250 %, 300 %, 400 %, 500 %, 600 %, 700 % des Jahresbeitrags. Dann analysieren wir das Unternehmensergebnis bei vorzeitiger Kündigung in jedem der ersten zehn Jahre.

t (1)	P_t (2)	L_{x+t} (3)	RKW_t (4)	A_t (5)	B_t (6)	Δ_t (7)
1	3.931,54	368,15	1.213,44	5.513,12	2.457,21	−3.055,91
2	3.980,68	746,40	2.426,87	7.153,95	4.945,13	−2.208,82
3	4.030,44	1.134,56	3.640,31	8.805,31	7.464,16	−1.341,15
4	4.080,82	1.531,67	4.853,75	10.466,23	10.014,67	−451,57
5	4.131,83	1.935,54	6.067,18	12.134,55	12.597,06	462,51
6	4.183,48	2.343,46	7.280,62	13.807,55	15.211,73	1.404,18
7	4.235,77	2.750,59	9.707,49	16.693,85	17.859,09	1.165,24
8	4.288,72	3.152,52	12.134,37	19.575,61	20.539,54	963,93
9	4.342,33	3.545,41	14.561,24	22.448,97	23.253,49	804,52
10	4.396,60	3.928,03	16.988,11	25.312,75	26.001,37	688,62

Legende

(1) Anzahl der vollendeten Jahre der Vertragslaufzeit: $t = 1, \ldots, 10$

(2) Endwert der Provision, das heißt, der unmittelbaren Abschlusskosten in Höhe von 4 % der Beitragssumme: $P_t = 0{,}04 \cdot 40 \cdot 2.426{,}87 \cdot 1{,}0125^t$

(3) Endwert sämtlicher Versicherungsleistungen für Tod, Erleben und Kosten mit Ausnahme der einmaligen Abschlusskosten: $L_{x+t} = (L_E + L_T + L_K) \cdot 1{,}0125^t$

(4) Rückkaufswert gemäß Definition: RKW_t

(5) Summe der Ausgaben: $A_t = P_t + L_{x+t} + RKW_t$

(6) Endwert der bis dato gezahlten Beiträge: $B_t = \sum_{k=1}^{t} 2.426{,}87 \cdot 1{,}0125^k$

(7) Differenz aus Beiträgen und Ausgaben: $\Delta_t = B_t - A_t$

Wir erkennen, dass der Saldo bei vorzeitiger Kündigung innerhalb der ersten vier Jahre negativ ist. Diese Festlegung der Rückkaufswerte im Versicherungsschein führt demnach im Stornofall zu einem Verlust des Versicherers. Das Produkt sollte in dieser Form gar nicht erst nicht angeboten werden.

In diesem Zusammenhang sei darauf hingewiesen, dass Reinhard Schmidt-Tobler Ende der achtziger und Anfang der neunziger Jahre im großen Stil den damaligen Tarifierungmissstand hinsichtlich der Rückkaufswerte in der Lebensversicherungsbranche ausnutzte. Für zahlreiche real existierende Personen, aber ohne deren Wissen, wurden Lebensversicherungsverträge abgeschlossen und nach kurzer Zeit gekündigt. In jedem Fall war die Summe aus erhaltener Abschlussprovision und Rückkaufswert größer als die zu zahlenden Beiträge. So konnten die Vermittler eine Geldmaschine in Gang setzen. In der Lebensversicherungsbranche nennt man seitdem die Möglichkeit, durch Kündigung eines Vertrages einen risikolosen Gewinn zu erzielen, den **Schmidt-Tobler-Effekt**.

Zur Vermeidung von potentiellen Stornoverlusten bieten sich zwei klassische Alternativen an: Zum einen können die vertraglich vereinbarten Rückkaufswerte reduziert werden. Zum anderen kann das Unternehmen eine **Provisionshaftung** einführen: Bei vorzeitiger Kündigung muss ein Teil der bereits erhaltenen Provision zurückgezahlt werden.

Beispiel
Nehmen wir als Fortführung des obigen Beispiels an, dass mit jeder Beitragszahlung 10 % der unmittelbaren Abschlusskosten verdient werden. Diese Regelung soll bedeuten, dass mit der Zahlung des zehnten Jahresbeitrags die bei Vertragsabschluss erhaltene Provision vollständig verdient ist. Dann ergibt sich folgendes tabellarisches Ergebnis:

t (1)	A_t (5)	B_t (6)	VP_t (8)	NVP_t (9)	E_t (10)	$\tilde{\Delta}_t$ (11)
1	5.513,12	2.457,21	388,30	3.538,38	5.995,59	482,47
2	7.153,95	4.945,13	776,60	3.145,23	8.090,36	936,41
3	8.805,31	7.464,16	1.164,90	2.752,07	10.216,23	1.410,92
4	10.466,23	10.014,67	1.553,20	2.358,92	12.373,59	1.907,36
5	12.134,55	12.597,06	1.941,50	1.965,77	14.562,83	2.428,28
6	13.807,55	15.211,73	2.329,80	1.572,61	16.784,35	2.976,79
7	16.693,85	17.859,09	2.718,10	1.179,46	19.038,55	2.344,70
8	19.575,61	20.539,54	3.106,40	786,31	21.325,85	1.750,24
9	22.448,97	23.253,49	3.494,70	393,15	23.646,65	1.197,67
10	25.312,75	26.001,37	3.883,00	0,00	26.001,37	688,62

Legende
(8) Verdiente Provision: $VP_t = t \cdot 0{,}1 \cdot P_0$ mit $P_0 = 0{,}04 \cdot 40 \cdot 2.426{,}87$
(9) Endwert der nicht verdienten Provision: $NVP_t = (P_0 - VP_t) \cdot 1{,}0125^t$
(10) Endwert der Einnahmen $E_t = B_t + NVP_t$
(11) Differenz aus Einnahmen und Ausgaben: $\tilde{\Delta}_t = E_t - A_t$

Wir erkennen, dass bei dieser Regelung die vertraglich vereinbarten Rückkaufswerte in keinem Versicherungsjahr zum Verlust des Versicherungsunternehmens führen können. Die Einführung dieser Stornohaftung ist folglich kaufmännisch sinnvoll.

Es ist unumgänglich, die vertraglich zugesagten Rückkaufswerte daraufhin zu untersuchen, ob sie im Stornofall zu Verlusten des Versicherungsunternehmens führen. Umfangreiche Zeitwertbetrachtungen sind also notwendig, um Einbußen durch gezieltes Storno schon im Voraus zu vermeiden. Bevor ein Lebensversicherungsvertrag angeboten wird, sollte geprüft werden, ob durch frühzeitiges Storno Unternehmensverluste riskiert werden.

Solche und ähnliche Analysen gehören auch zum so genannten **Profit-Testing**, das über den bloßen Finanzierbarkeitsnachweis hinausgeht. Dabei liegt der Kerngedanke auf der Übertragung der Erkenntnisse aus der Investitionsrechnung der elementaren Finanzmathematik auf die Lebensversicherungsmathematik: Das Versicherungsgeschäft soll unter Einbeziehung sämtlicher Einflussgrößen zu jedem Zeitpunkt lohnenswert sein.

6.5.2   Profit-Testing

Es ist zu bedenken, dass jedes Versicherungsunternehmen aus Wettbewerbsgründen daran interessiert ist, eine hohe Überschussbeteiligung auch langfristig konstant zu halten. Aus diesem Grund werden Prognoserechnungen durchgeführt, indem die Zeitreihen für die erwarteten zukünftigen Erträge und Aufwendungen analysiert werden. Bei detaillierten Verfahren werden sämtliche Aufwendungen und Erträge im Rahmen des so genannten **Profit-Testing** möglichst realitätsnah stochastisch modelliert und simuliert.

Unter Vernachlässigung von Neugeschäft ist der **Present Value of Future Profits (PVFP)** der Barwert der aus dem vorhandenen Lebensversicherungsgeschäft erzielten Jahresüberschüsse. Für die Diskontierung benutzt man die Risikodiskontrate, die von der Geschäftsleitung vorgeben wird. Berechnet man den PVFP zu Vertragsbeginn, so entspricht er dem Wert des Neugeschäfts. Zusammen mit dem Eigenkapital ergibt der PVFP den **Embedded Value**. Er gibt den Wert des getätigten Lebensversicherungsgeschäfts an. Derzeit gibt es noch keine allgemeinen Standards, die sich für die einheitliche Berechnung des Embedded Value durchgesetzt haben.

Zum Profit-Testing gehören im weiteren Sinn auch so genannte **Sensitivitätsanalysen**, die die Robustheit der Ergebnisse in Abhängigkeit der Änderung der Eingabeparameter ermitteln. Üblicherweise werden außerdem extreme Szenarien betrachtet, wie zum Beispiel, sehr niedrige Zinsergebnisse, sehr hohe Kündigungsraten, extreme Risikoergebnisse und so weiter. In diesem Sinne geht Proft-Testing weit über den bloßen Nachweis der Finanzierbarkeit hinaus. Es stellt eine notwendige Ergänzung im Risikocontrolling des Lebensversicherers dar.

6.5.3 Asset-Liability-Matching

Im Gegensatz zum Finanzierbarkeitsnachweis, der die Gewinn-und-Verlust Situation eines Unternehmens betrachtet, beruht **Asset-Liability-Matching (ALM)** auf der Analyse der **Bilanz**. Zum Ende eines jeden Geschäftsjahres werden die Forderungen und Verbindlichkeiten des Versicherungsunternehmens zusammengestellt. Unter **Aktiva** versteht man die Mittelverwendung. Mit **Passiva** bezeichnet man die Mittelherkunft. Ist die Summe der Passiva geringer als die der Aktiva, so wurde ein Jahresüberschuss erwirtschaftet. Dieser Gewinn wird gleichzeitig als Eigenkapital auf der Passivseite ausgewiesen. Damit ist die Summe aller Positionen auf beiden Seiten der Bilanz stets gleich groß.

Vereinfacht gesehen, besteht die Bilanz eines Lebensversicherers aus folgenden Positionen:

Aktiva	Passiva
Aktien	Eigenkapital
Renten	Freie RfB
Darlehen	Gebundene RfB
Immobilien	Deckungsrückstellungen
Sonstige	Sonstige

ALM bezeichnet nun die Steuerung des Unternehmens anhand der Aktiva und Passiva der Bilanz. Ausgehend von den zur Verfügung stehenden Unternehmensdaten werden mannigfaltige stochastische Simulationen durchgeführt. Das Objekt mathematischer Analysen ist dabei weniger der einzelne Vertrag oder eine Bestandsgruppe als vielmehr vornehmlich das ganze Lebensversicherungsunternehmen.

Die Eingangsgrößen eines ALM-Modells werden anhand des betrachteten Datenbestandes bestimmt; sie kennzeichnen das Geschäft des Unternehmens. Die Eingabeparameter des Modells sind beispielsweise die Art und Höhe der Überschussbeteiligung, die Verteilung des Neugeschäfts oder auch die Anlagestrategie. Die Zufallsvariablen des Modells sind, zum Beispiel, Sterblichkeit, Kosten, Storno, Zins, Kapitalmarktrendite und Inflation. Der Detailtreue eines solchen Modells sind keine Grenzen gesetzt.

Im Rahmen einer Monte-Carlo-Simulation werden die Zufallsgrößen stochastisch simuliert. Für jeden Durchlauf werden sämtliche Positionen der Bilanz berechnet. Als Ergebnis der Simulation erhält man die Verteilung der Bilanzergebnisse. Dabei sind Mittelwert, Streuung und Quantile von besonderem Interesse für das Management.

Zentrales Anliegen des Asset-Liability-Matching ist die wertorientierte Unternehmenssteuerung. So wird das Programm mehrfach für verschiedene Eingangsparameter durchlaufen. Die Ergebnisse des ALM liefern somit einen Beitrag zur quantitativen Entscheidungsfindung.

6.5.4 Kennzahlen

Der Gesamtverband der Deutschen Versicherungswirtschaft e.V. (**GDV**) hat einen **Kennzahlenkatalog** entwickelt, der anhand des Jahresabschlusses über die Leistungsfähigkeit eines Lebensversicherungsunternehmens informiert. Vierzehn Kennzahlen sind in vier Bereiche gegliedert: Bestandsentwicklung, Beiträge und Aufwendungen, Kapitalanlagen und Kapitalerträge sowie wirtschaftliche Leistung. Im Folgenden wollen wir einen knappen Überblick über diese Kennzahlen gegen, ohne auf die Feinheiten der Definitionen und deren Bedeutungen in diesem Rahmen näher eingehen zu wollen.

Bestandsentwicklung

Um den Vertriebserfolg und die Attraktivität der angebotenen Produkte zu messen, wird der **Neuzugang** ermittelt und mit dem Vorjahr verglichen. Da der Neuzugang in der Lebensversicherung mit hohen Abschlusskosten verbunden ist, wird diese Kenngröße erst im Kontext angemessen gewürdigt werden können.

Die **Stornoquote** gibt Aufschluss über die Loyalität der Versicherten. Eine langfristige Bindung der Kunden ist aus vielerlei Sicht wünschenswert. Eine geringe Stornoquote drückt eine gewisse Zufriedenheit mit den Dienstleistungen des Versicherers aus.

Die Menge aller Versicherungsverträge wird zur Kennzahl des **Versicherungsbestands**. Als Bezugsgröße kann sicherlich auch die Versicherungssumme oder der Beitrag dienen. Große Versicherer genießen offenbar eine hohe Attraktivität.

Beiträge und Aufwendungen

In der Gewinn-und-Verlust-Rechnung werden die **gebuchten Bruttobeiträge** veröffentlicht. Diese Kennzahl dient ebenfalls als Maß für die Größe eines Versicherers.

Der **Verwaltungskostensatz** ist der Prozentsatz der Aufwendungen für den Versicherungsbetrieb bezogen auf die gebuchten Bruttobeiträge. Dadurch wird die Effizienz des Unternehmens sichtbar. Die Höhe hängt aber auch von der Bestandszusammensetzung ab. Die relativen Kosten sind im Allgemeinen für Risikolebensversicherungen am höchsten.

Der **Abschlusskostensatz** wird im Bezug auf die Beitragssumme des Neugeschäfts bezogen. Somit wird diese Kenngröße im Zusammenhang mit dem Neuzugang beurteilt. Die Abschlusskosten für Gruppenversicherungen sind im Allgemeinen niedriger als für Einzelversicherungen. Daneben spielt die Qualität des angebotenen Service eine Rolle.

Kapitalanlagen und Kapitalerträge

Die Summe aller Kapitalanlagen, die überwiegend der Deckung zukünftiger Versicherungsleistungen dienen, wird im Kennzahlenkatalog als **gesamte Kapitalanlagen** bezeichnet.

Versicherungsnehmer sind insbesondere an der Sicherheit und Rentabilität der Anlagen interessiert. Aus dem Geschäftsbericht wird dazu das **Nettoergebnis auf Kapitalanlagen** herangezogen. Dabei werden sämtliche Erträge und Aufwendungen berücksichtigt.

Die **durchschnittliche Nettoverzinsung aus Kapitalanlagen** wird über die letzten drei Jahre betrachtet. Dadurch wird im Gegensatz zum Nettoergebnis eine ausgeglichene Darstellung des Anlageerfolgs sichtbar.

Die **laufende Durchschnittsverzinsung auf Kapitalanlagen** ist definiert als Differenz von Erträgen und Aufwendungen im Verhältnis zu den gesamten Kapitalanlagen. Kursverluste, Sonderabschreibungen und Gewinne und Verluste aus dem Abgang von Kapitalanlagen bleiben im Gegensatz zu den beiden obigen Kennzahlen unberücksichtigt.

Leistungen

Von höchster Bedeutung für die Leistungsfähigkeit eines Lebensversicherungsunternehmens ist der erwirtschaftete **Gesamtüberschuss**. Er ist die Differenz aus Erträgen und Aufwendung vor der Zuführung zur Rückstellung für Beitragsrückerstattung. Der Gesamtüberschuss setzt sich demnach aus Direktgutschriften, Veränderung der RfB und dem verbleibenden Jahresüberschuss zusammen.

Die **Überschussquote** setzt die RfB und die Jahresüberschüsse ins Verhältnis zu den gebuchten Bruttobeiträgen zuzüglich der Erträge aus Kapitalanlagen. Damit gibt sie einen Anhaltspunkt für die Ertragskraft des Lebensversicherers. Falls jedoch in größerem Maße Direktgutschriften gegeben werden, so fällt die Überschussquote vergleichsweise niedrig aus.

Das Eigenkapital eines Lebensversicherungsunternehmens ist die Summe aller eigenen Mittel für den Geschäftsbetrieb. Im Verhältnis zur Bilanzsumme erhält man die **Eigenkapitalquote**. Sie stellt ein Maß für die Sicherheit und Solvabilität des Unternehmens dar.

Im Gegensatz dazu steht die **Eigenmittelquote**, die als Näherung für das Verhältnis aus Eigenkapital zu gebuchten Bruttobeiträgen, der so genannten Solvabilitätskennzahl, angesehen werden kann. Die tatsächliche Berechnung ist allerdings wesentlich komplexer. Sie misst die Zahlungsfähigkeit des Versicherungsunternehmens.

Die Beurteilung all dieser Kennzahlen kann nur als Ganzes im gegenseitigen Kontext erfolgen. Selbstredend ist viel Erfahrung erforderlich, um spezielle Besonderheiten des betrachteten Lebensversicherungsunternehmens richtig einordnen zu können. Solche Kompetenzen kann man sich nur durch entsprechende Praxiserfahrung aneignen.

6.6 Aufgaben

A 6.1 Eine 34-jährige Person möchte für ihren Ruhestand vorsorgen. Dazu wird 31-jährige eine Erlebensfallversicherung in Höhe von 100.000 € abgeschlossen. Bei vorzeitigem Ableben sollen die gezahlten Beiträge erstattet werden. Die einmaligen α^Z-Kosten seien 4 % der Beitragssumme. Die jährlichen Kostensätze seien wie folgt: die α^γ-Kosten seien 1 ‰ der Beitragssumme, die β-Kosten seien 4 % des jährlichen Beitrags und die γ-Kosten mögen jährlich 1,5 ‰ der Versicherungssumme sein. Berechnen Sie den Bruttobeitrag anhand der Sterbetafel DAV2004RM! Welche Erlebensfallrendite wird erreicht?

A 6.2 Wir betrachten eine Kapitallebensversicherung, deren Versicherungssumme im Erlebensfall 100.000 € und – aus steuerlichen Gründen – im Todesfall 60 % der Beitragssumme betrage. Das Eintrittsalter sei 25 und die Laufzeit sei 20 Jahre. Die einmaligen α^Z-Kosten mögen 4 % der Beitragssumme betragen, die β-Kosten seien 5 % des jährlichen Beitrags und die γ-Kosten mögen jährlich 2 ‰ der Versicherungssumme im Todesfall sein. Berechnen Sie den Bruttobeitrag und die Erlebensfallrendite anhand der Sterbetafel DAV2004RF!

A 6.3 Eine Person im Alter 35 schließe eine 25-jährige Erlebensfallversicherung über 150.000 € ab. Die einmaligen α^Z-Kosten mögen 4 % der Beitragssumme betragen, die Oseien 1 ‰ der Beitragssumme, die β-Kosten seien 4,5 % des jährlichen Beitrags und die γ-Kosten mögen jährlich 1,5 ‰ der Versicherungssumme sein. Wie hoch muss die endfällige Überschussbeteiligung sein, damit der Versicherte die Erlebensfallrendite von 3 % realisiert? Verwenden Sie die Sterbetafel DAV2004RM!

A 6.4 Eine Person im Alter 33 schließe eine aufgeschobene Altersrentenversicherung ab. Das Rentenalter sei 67 Jahre. Die Beitragszahlung erfolge bis zum Renteneintritt. Außerdem sei die Rückerstattung der gezahlten Beiträge bei Tod vor Renteneintritt vereinbart. Der jährliche Bruttobeitrag sei 1.200 €. Die einmaligen α^Z-Kosten mögen 4 % der Beitragssumme betragen, die α^γ-Kosten seien 0,1 ‰ der Beitragssumme während der Beitragszahlungsdauer, die β-Kosten seien 4,5 % des jährlichen Beitrags während der Beitragszahlungsdauer, die γ_1-Kosten mögen jährlich 0,5 % der Rente während der Beitragszahlungsdauer und die γ_2-Kosten mögen jährlich 1,5 % der Rente während der Rentenbezugszeit sein. Als Sterbetafel sei die Tafel DAV2004RM zu verwenden!
a) Angenommen die versicherte Person erhält 25 Mal die jährliche Rente und verstirbt kurz danach. Welche Erlebensfallrendite wird dadurch erzielt?
b) Wie alt muss die Person werden, damit eine Erlebensfallrendite von 2 % erreicht wird?

A 6.5 Eine Person im Alter 29 schließe eine aufgeschobene Altersrentenversicherung ab. Das Rentenalter sei 65 Jahre. Die Beitragszahlung erfolge bis zum Renteneintritt. Der jährliche Bruttobeitrag sei 2.400 €. Die einmaligen α^Z-Kosten mögen 4 % der Beitragssumme betragen, die β-Kosten seien 5 % des jährlichen Beitrags während der Beitragszahlungsdauer, die γ-Kosten mögen jährlich 1 % der Rente während der gesamten Vertragslaufzeit sein. Als Sterbetafel sei die Tafel DAV2004RF zu verwenden!

a) Während der Ansparphase werde die jährlich nachschüssige Überschussbeteiligung auf 3 % des Beitrags plus 5 % der Rente festgesetzt. Welche verzinsliche Ansammlung ergibt sich daraus zum Rentenbeginn, wenn alle Beträge zu 3 % im Jahr angelegt werden?

b) Wie hoch ist die äquivalente lebenslange Bonusrente, die sich aus der verzinslichen Ansammlung ergibt?

c) Wie lange muss die versicherte Person leben, um die eingezahlten Beiträge als Rentenzahlungen zurückzubekommen?

Rückversicherung

7

Rückversicherung ist, salopp gesagt, die Versicherung der Versicherer. Sie stellt eine wesentliche Voraussetzung für das Funktionieren des Versicherungswesens insgesamt dar.

Der Versicherungsnehmer gibt die Gefahr seines vorzeitigen Ablebens oder seiner Langlebigkeit durch einen Lebensversicherungsvertrag an eine Erstversicherung ab. Das Versicherungsunternehmen seinerseits sieht sich dem **versicherungstechnischen Risiko** ausgesetzt: Trotz des Risikoausgleichs im Kollektiv kann sich der tatsächliche Schadenverlauf von dem erwarteten Schadenverlauf unterscheiden. Diese Abweichung ist zufälliger Natur und im Voraus unbekannt oder unsicher. Man unterscheidet drei Risikotypen.

Das so genannte **Zufallsrisiko** bezeichnet zufällige Schwankungen im tatsächlichen Schadenverlauf. Zur Manifestation kommt es in der Lebensversicherung beispielsweise bei großen Unfällen, Terroranschlägen oder Naturkatastrophen, die mehrere Todesopfer fordern.

Unvorhersehbare systematische Veränderungen der Sterblichkeit stellen ein **Änderungsrisiko** dar. Als Folge von wirtschaftlichen, politischen und insbesondere gesundheitlichen und medizinischen Entwicklungen kann es zu unvorhersehbaren Fehleinschätzungen der Sterblichkeit oder der Langlebigkeit kommen. In diesem Zusammenhang sei exemplarisch auf die plötzliche Verbreitung tödlicher Viren oder die Heilung von Krebs als eine der Haupttodesursachen verwiesen.

Das **Irrtumsrisiko** besteht in der Unsicherheit, ob die Datengrundlage zur Berechnung der Sterbetafel mangelhaft ist, gewisse historische Trends nicht erkannt worden sind oder die versicherungsmathematischen Berechnungen aufgrund menschlicher Fehler inkorrekt sind.

Durch Rückversicherung wird das versicherungstechnische Risiko des Erstversicherungsunternehmens reduziert. Eine weitere Aufgabe besteht in der **Eigenkapitalfinanzierung**. Durch den Abschluss von Neugeschäft entstehen erhebliche unmittelbare Kosten, die in den ersten Versicherungsjahren die Summe der Beitragseinnahmen übersteigen können. Dadurch entstehen insbesondere für kleinere Unternehmen, die stark wachsen, erhebliche Finanzierungsprobleme. Durch Beteiligung eines Rückversicherers am

© Springer Fachmedien Wiesbaden 2016
K.M. Ortmann, *Praktische Lebensversicherungsmathematik,*
Studienbücher Wirtschaftsmathematik, DOI 10.1007/978-3-658-10200-5_7

getätigten Versicherungsgeschäft und insbesondere an den Abschlusskosten kommt es zur finanziellen Entlastung des Erstversicherers.

Um die dauerhafte Erfüllbarkeit der eingegangenen Leistungsversprechen zu gewährleisten, verlangt die Aufsichtsbehörde die Bereitstellung entsprechender Eigenmittel. Unter Umständen kann die Rückversicherung helfen, die Auflagen für den Erstversicherers zu verringern.

Die Rückversicherung erfüllt also im Wesentlichen drei klassische Funktionen:

- Verbesserung des Risikoausgleichs im versicherten Bestand, der sich in einer Verringerung des **versicherungstechnischen Risikos** manifestiert,
- Erhöhung oder Ersatz des Eigenkapitals zur Finanzierung des Neugeschäfts, der so genannten **Kapazität**,
- Verringerung der von der Aufsichtsbehörde verlangten ungebundenen Eigenmittel zum Nachweis der **Solvabilität**.

Es sollte herausgestellt werden, dass Erstversicherungsgeschäfte durch das Versicherungsvertragsgesetzes (**VVG**) geregelt werden; Rückversicherungen sind jedoch explizit ausgenommen, wie aus Paragraph 209 ersichtlich wird:

Die Vorschriften dieses Gesetzes sind auf die Rückversicherung und die Versicherung gegen die Gefahren der Seeschifffahrt (Seeversicherung) nicht anzuwenden.

Die Bedeutung dieser Ausnahmeregelung für die Rückversicherungsbranche ist nicht zu unterschätzen. Das Fehlen entsprechenden Vorschriften hat dazu geführt, dass gerade die deutschen Rückversicherungsunternehmen enorm wachsen konnten und so eine führende Stellung in der Welt eingenommen haben. Die Rückversicherung in England hingegen war seit jeher gleichermaßen stringent reguliert wie die Erstversicherungsbranche, so dass sich die Rückversicherung aufgrund internationaler Wettbewerbsnachteile gegen die weniger regulierte deutsche Konkurrenz nicht entwickeln konnte. Im Gegenzug waren im angelsächsischen Markt die Vorschriften für Lebensversicherungsprodukte der Erstversicherer lange Zeit nicht so strikt wie seinerzeit in Deutschland. Dadurch wurden der britischen Versicherungsbranche große Wachstumsimpulse gegeben. Daran erkennt man, inwiefern gesetzliche Rahmenbedingungen für die Entwicklung eines Marktes verantwortlich sind.

Im Rahmen der Rückversicherung, nennt man den Erstversicherer **Zedent** und den Rückversicherer **Zessionär**. Das transferierte Versicherungsgeschäft heißt **Zession**. Man sagt somit, dass der Zedent die Zession an den Zessionär **zediert**.

Die Rückversicherung des in Rückdeckung genommenen Geschäfts nennt man **Retrozession**. Die Geschäftspartner nennt man analog zur Rückversicherung **Retrozedent** und **Retrozessionär**. Das Ziel der Rückversicherung und der Retrozession ist die Verteilung des Risikos innerhalb der globalen Versicherungswirtschaft.

In größeren Versicherungsgruppen werden aus geschäftspolitischen Gründen Versicherungsgeschäfte der Mitglieder untereinander geteilt und ausgetauscht. Diese Gegenleistung unter Versicherungsgesellschaften nennt man **Reziprozität**.

Eine weitere Möglichkeit zur Teilung eingegangener Risiken besteht in der Bildung eines **Retro-Pools**. Dabei werden die Risiken gesammelt und nach einem fest vorgegebenen Schlüssel untereinander aufgeteilt. Der Vorteil eines Pools liegt einerseits in der effizienten Verwaltung und andererseits in der verlässlichen Möglichkeit zur Risikoteilung unter gewissen Rahmenbedingungen.

Bei Rückversicherungsverträgen unterscheidet man zwischen **fakultativer** Rückversicherung, **obligatorischer** Rückversicherung, oder **fakultativ-obligatorischer** Rückversicherung. Die fakultative Rückversicherung, auch freiwillige Einzelrückversicherung genannt, ist die älteste Form. Ihr wesentliches Merkmal besteht darin, dass der Zedent von Fall zu Fall entscheidet, ob und in welcher Form ein Teil des gezeichneten Risikos rückversichert wird. Gleichermaßen steht es dem Rückversicherer frei, das angebotene Risiko zu akzeptieren. Zwischen den Vertragspartnern wird ein Rahmenvertrag geschlossen, welcher eine effektive und effiziente Abwicklung ermöglicht. Anwendung findet die fakultative Rückversicherung bei hohen Versicherungssummen oder auch bei erhöhten Risiken.

In der obligatorischen Rückversicherung bildet der Rückversicherungsvertrag den Rahmen für die verbindliche Zession aller vorgesehenen Risiken. Die Verpflichtung erstreckt sich auch auf die Annahme durch den Rückversicherer. In der Praxis hat sich eine Mischform, die fakultativ-obligatorische Rückversicherung, durchgesetzt, die beide Vertragsformen miteinander vereint.

Der Risikotransfer erfolgt auf der Grundlage eines Rückversicherungsvertrages zwischen den Geschäftspartnern. Es ist wichtig zu erkennen, dass dabei keine Vertragsbeziehung zwischen dem Rückversicherer und dem Endverbraucher eingegangen wird. Der Kunde erfährt nichts von einer eventuellen Risikoübernahme durch einen Rückversicherer und hat deshalb auch keine Rechtsansprüche gegen ebensolchen.

In den folgenden Abschnitten gehen wir auf die verschiedenen Gestaltungsformen der Rückversicherung ein. Wir unterscheiden dabei prinzipiell zwischen **proportionaler** und **nicht-proportionaler** Rückversicherung.

In der proportionalen Rückversicherung werden sowohl Beiträge als auch Versicherungsleistungen in einem festen Verhältnis untereinander geteilt. Im Gegensatz dazu sieht die nicht-proportionale Rückversicherung vor, dass die Haftung des Rückversicherers, das heißt die Verpflichtung zur Zahlung im Versicherungsfall, aus der Höhe des tatsächlichen Schadens bestimmt wird. Beiträge und Schadenlast werden bei der nicht-proportionalen Rückversicherung in unterschiedlichen Verhältnissen untereinander geteilt.

7.1 Proportionale Rückversicherung

In der proportionalen Rückversicherung, auch **Summenrückversicherung** genannt, werden sowohl Beiträge als auch Versicherungsleistungen nach einem festen Prozentsatz zwischen Zedent und Zessionär aufgeteilt. Wird, zum Beispiel, ein Risiko zu 40 % proportional rückversichert, so erhält der Rückversicherung 40 % der Prämie. Im Gegenzug beteiligt sich der Rückversicherer im Schadensfall mit 40 % an der zu erbringenden Leistung.

Der Erstversicherer steht vor der Entscheidung, ob der rückversicherte Anteil für alle Risiken im Bestand identisch sein soll oder aber von der Höhe der jeweiligen Versicherungssumme abhängen soll. Dementsprechend unterscheidet man zwischen der **Quotenrückversicherung** und der **Summenexzedentenrückversicherung**.

7.1.1 Quote

Der Quotenrückversicherungsvertrag ist in der Handhabung und Verwaltung die einfachste Vertragsform. Der Rückversicherer wird an allen gezeichneten Risiken mit einem einheitlichen Prozentsatz beteiligt. Diese **Rückversicherungsquote** gilt für alle Wagnisse, unbeachtet der Höhe der Versicherungssumme und des Gesundheitszustandes des Versicherten. Deshalb ist die **Schadenquote** für den Zedenten, also das Verhältnis aus Gesamtschaden zur Beitragseinnahme, gleich der des Zessionärs. Die absolute Schadenbelastung des Erstversicherungsbestandes wird verringert; eine risikotechnische Homogenisierung tritt nicht ein, da einzelne Risiken gleichermaßen reduziert werden.

Die Quotenrückversicherung bietet wirksamen Schutz gegen das Änderungs- und Irrtumsrisiko, jedoch nicht gegen das Zufallsrisiko. Sie eignet sich für Versicherungsunternehmen, die hauptsächlich kleine und mittlere Versicherungssummen im Bestand haben oder aber ein neues Lebensversicherungsprodukt auf den Markt bringen. Davon abgesehen werden Quotenverträge insbesondere bei Finanzierungsbedarf des Erstversicherers abgeschlossen. Denn der Rückversicherer partizipiert gemäß seiner Quote an allen versicherungstechnischen Positionen, insbesondere auch an den unmittelbaren Abschlusskosten.

Die Analyse der Wertschöpfungskette eines Lebensversicherers mag je nach Marktgegebenheiten dazu führen, dass die wesentlichen Unternehmensgewinne nicht im Tragen des Risikos auf eigene Rechnung sondern vielmehr im Vertrieb der Produkte liegen. Dann bietet sich Quotenrückversicherung an; so geschehen im englischen Markt seit Beginn des 21. Jahrhunderts. Der Wettbewerb für Risikolebensversicherungen hatte sich derart verschärft, dass Rückversicherungsquoten von 90 % und mehr selbst für große Lebensversicherungsunternehmen üblich geworden sind. Eine derart hohe Quote macht aus risikotheoretischer Sicht kaum, aus kaufmännischer Sicht jedoch durchaus Sinn.

7.1.2 Summenexzedent

Der Summenexzedentenrückversicherungsvertrag gilt als die klassische Rückversicherungsform schlechthin. Im Gegensatz zur Quote wird der prozentuale Anteil des Erstversicherers für jede Versicherung individuell festgelegt. Im Rückversicherungsvertrag wird der maximale Selbstbehalt festgelegt. Der das Maximum überschießende Teil der Versicherungssumme, der so genannte **Exzedent**, wird rückversichert.

Auf der Basis des Quotienten aus Selbstbehalt beziehungsweise Exzedent und Versicherungssumme wird das Verhältnis festgelegt, zu dem sich Zedent und Zessionär Beiträge und Versicherungsleistungen proportional teilen. Dabei ist zu beachten, dass die Lebensversicherung eine Summenversicherung ist, bei der es keine Teilschäden gibt.

Beispiel

Wir betrachten den Summenexzedent mit maximalem Selbstbehalt in Höhe von 200.000 €. Dann ist der rückversicherte Anteil für ausgewählte Risiken

Risiko	Versicherungs-summe	Rückversicherungs-summe	Rückversicherter Anteil
1	100.000 €	0 €	0 %
2	200.000 €	0 €	0 %
3	300.000 €	100.000 €	33,3 %
4	500.000 €	300.000 €	60 %
5	1.000.000 €	800.000 €	80 %

So erkennt man beispielsweise, dass der Rückversicherer für das Risiko Nummer 5 80 % der Prämie erhält und im Schadensfall 80 % der Versicherungsleistung erbringt. Die Risiken Nummer 1 und 2 hingegen verbleiben ganz im Selbstbehalt des Zedenten.

An diesem Beispiel wird deutlich, dass hohe Versicherungssummen in größerem Maße rückversichert werden als niedrige Summen. Risiken mit hinreichend kleiner Versicherungssumme verbleiben vollständig im Selbstbehalt. Dadurch ergibt sich eine Homogenisierung des versicherten Portfolios.

Als Maßstab für die **Inhomogenität** eines versicherten Bestandes betrachten wir den Variationskoeffizienten des Gesamtschadens, der als Quotient aus Standardabweichung und Erwartungswert der Schadenverteilung definiert ist. Nach dem kollektiven Modell ist die Gesamtschadenverteilung

$$ S = \sum_{k=1}^{N} X_k \, , $$

wobei N die Zufallsvariable der Schadenanzahl ist. Ferner gehen wir davon aus, dass die Einzelschadenhöhen X_k identisch verteilt und stochastisch unabhängig sind. Dann ist nach den Wald'schen Formeln der Erwartungswert des Gesamtschadens

$$ E(S) = E(N)E(X) \, . $$

Die Varianz ist

$$Var(S) = E(N)Var(X) + Var(N)(E(X))^2 \ .$$

Die Inhomogenität $h(S)$ ist nun durch den Variationskoeffizienten

$$h(S) = \frac{\sqrt{Var(S)}}{E(S)}$$

definiert. Durch den Summenexzedent ändert sich die Schadenanzahl für den Erstversicherer nicht, wohl aber die Schadenhöhe im Selbstbehalt. Da die mittlere Schadenhöhe leicht berechnet werden kann, kann man somit die Inhomogenität vor und nach Rückversicherung miteinander vergleichen.

Beispiel

Wir betrachten eine Summenexzedentenrückversicherung mit maximalem Selbstbehalt in Höhe von 200.000 € pro Police. Die Schadenhöhen seien stochastisch unabhängig und identisch verteilt. Die Schadenanzahl sei binomialverteilt. Das Portfolio gliedere sich wie folgt auf:

Index i	Versicherungssumme von	bis	Anzahl Risiken n_i	Todesfallwahrscheinlichkeit q_{x_i}	Mittlere Versicherungssumme S_i	Versicherungssumme im Selbstbehalt S_i^{SB}
1	0	50.000	1.500	0,005	30.000	30.000
2	50.000	100.000	3.000	0,007	80.000	80.000
3	100.000	150.000	2.000	0,006	130.000	130.000
4	150.000	200.000	1.500	0,008	180.000	180.000
5	200.000	250.000	1.000	0,008	230.000	200.000
6	250.000	300.000	500	0,010	280.000	200.000
7	300.000	500.000	300	0,007	420.000	200.000
8	500.000	1.000.000	100	0,009	700.000	200.000
9	1.000.000	5.000.000	100	0,009	1.200.000	200.000

Der Erwartungswert und die Varianz der Schadenzahlverteilung bleiben durch die Rückversicherung unverändert. Es ist

$$E(N) = \sum_{i=1}^{9} n_i q_{x_i} = 69{,}4$$

sowie

$$Var(N) = \sum_{i=1}^{9} n_i q_{x_i} (1 - q_{x_i}) = 68{,}9 \ .$$

Die gewichtete mittlere Versicherungssumme im Bestand ist

$$E(X) = \frac{\sum_{i=1}^{9} n_i S_i}{\sum_{i=1}^{9} n_i} = 150.100 \ .$$

Sie wird durch den Summenexzedent auf $E(X_{SB}) = 121.500$ reduziert. In analoger Weise kann man die Varianz der Schadenhöhe vor und nach Rückversicherung berechnen. Zunächst ist analog

$$E(X^2) = \frac{\sum_{i=1}^{9} n_i S_i^2}{\sum_{i=1}^{9} n_i} = 44.097.000.000$$

sowie analog $E(X_{SB}^2) = 18.295.000.000$.

Mit Hilfe des Verschiebungssatzes, $(E(X))^2 = E(X^2) - Var(X)$, sind dann die Varianzen

$$Var(X) = 21.566.990.000$$

$$Var(X_{SB}) = 3.532.750.000 \ .$$

Die Inhomogenität ist folglich

$$h(S) = \frac{\sqrt{Var(S)}}{E(S)} = \frac{E(N)\,Var(X) + Var(N)\,(E(X))^2}{E(N)\,E(X)} = 0{,}168$$

sowie analog

$$h(S_{SB}) = \frac{\sqrt{Var(S_{SB})}}{E(S_{SB})} = \frac{E(N)\,Var(X_{SB}) + Var(N)\,(E(X_{SB}))^2}{E(N)\,E(X_{SB})} = 0{,}133 \ .$$

Somit ist der Quotient aus den Inhomogenitäten nach und vor Rückversicherung:

$$\frac{h(S_{SB})}{h(S)} = \frac{0{,}133}{0{,}168} = 79{,}5\,\% .$$

Unter den gemachten Annahmen reduziert sich die Inhomogenität des Bestandes durch Rückversicherung um 20,5 %.

Der Summenexzedent verringert die Inhomogenität im versicherten Bestand mitunter recht deutlich. Somit eignet sich diese Rückversicherungsform zur Reduktion des Zufallsrisikos. Die Inhomogenität fällt dabei umso stärker, je mehr gerade die Ausreißer des versicherten Kollektivs rückversichert werden. Die Reduktion des Variationskoeffizienten kann, für sich alleine genommen, jedoch nicht als Entscheidungsgrundlage für einen geeigneten Selbstbehalt dienen.

Es sei noch einmal erwähnt, dass die Quotenrückversicherung die Inhomogenität unverändert lässt, wie man analog nachrechnen kann. Diese Rückversicherungsform eignet sich deshalb nicht zum Transfer des Zufallsrisikos an den Rückversicherer.

7.2 Nicht-proportionale Rückversicherung

In der nicht-proportionalen Rückversicherung wird die Aufteilung von Prämien und Schäden zwischen Zedent und Zessionär im Allgemeinen nicht im selben Verhältnis vorgenommen. So wird die Aufteilung der Prämien untereinander wird vorab festgelegt. Der rückversicherte Anteil hingegen ist bei großen Schäden höher als bei kleinen Schäden.

Das Wesen dieser Rückversicherungsgestaltungsform ist, dass die Risikoteilung nicht die Versicherungssummen sondern die tatsächlichen Schäden betrifft. Das versicherte Risiko können Einzelrisiken, kumulierte gleichartige Risiken oder auch der gesamte Jahresschaden eines Versicherungsunternehmens sein.

In diesem Zusammenhang wird der maximale Schaden, den der Erstversicherer im Selbstbehalt behält, **Priorität** genannt. Der vom Rückversicherer übernommene Anteil am Schaden heißt **Haftstrecke**. Für die Berechnung der Rückversicherungsprämie wird auf die Mathematik der Schadensversicherung zurückgegriffen.

7.2.1 Einzelschadenexzedent

Beim Einzelschadenexzedent trägt der Rückversicherer denjenigen Anteil des tatsächlich eingetretenen Schadens, der die Priorität übersteigt. Bei Summenversicherungen, wie der Lebensversicherung, sind der Einzelschadenexzedent und der Summenexzedent identisch, da es keine Teilschäden gibt.

Wenn die Schadenhöhe jedoch im Voraus unbekannt ist, wie typischerweise in der Sachversicherung, so ergeben sich wesentliche Unterschiede.

Beispiel

Die maximale Haftung eines versicherten Risikos aus der Sachversicherung betrage eine Million Euro und die Priorität liege bei 100.000 €. Der Rückversicherung liege ein Einzelschadenexzedent zugrunde. Bei einem Schaden in Höhe von beispielsweise 300.000 €, trägt der Rückversicherer dann 200.000 €, wobei 100.000 € im Selbstbehalt verbleiben. Bei Teilschäden wird also der Selbstbehalt zunächst voll ausgeschöpft wird, bevor die Rückversicherung zum Zuge kommt.

Der Summenexzedent mit Selbstbehalt von 100.000 € hingegen sieht vor, dass der Rückversicherer immer 90 % eines jeden Teilschadens zahlt. Der Eigenanteil des Erstversicherers ist der Quotient aus Selbstbehalt und maximalem Schaden. Damit trägt der Rückversicherer also 270.000 € von dem Originalschaden in Höhe von 300.000 €, wohingegen der zu zahlende Schaden des Erstversicherers 30.000 € beträgt. Der Summenexzedent führt somit zu einer größeren Risikoabgabe und damit auch zu einer höheren Rückversicherungsprämie. Die folgende Tabelle stellt einige Szenarien gegenüber:

Szenario	Schadenhöhe	Rückversicherter Anteil beim Einzelschadenexzedent	Rückversicherter Anteil beim Summenexzedent
1	0	0	0
2	50.000	0	45.000
3	100.000	0	90.000
4	200.000	100.000	180.000
5	500.000	400.000	450.000
6	1.000.000	900.000	900.000

Eine Sonderform des Einzelschadenexzedenten stellt die **Zeitfranchise** dar, die in der Leibrentenversicherung Anwendung findet. Während die Höhe der Rente fest vorgegeben ist, ist die Dauer der Rentenzahlung unsicher. In der nicht-proportionalen Rückversicherung dieser Risiken zahlt der Zedent für eine gewisse Zeit lang die volle Rente auf eigene Rechnung. Bei Erreichen eines gewissen Alters übernimmt die Rückversicherung die Zahlung der Altersrente bis zum Lebensende des Versicherten.

In der Zeitfranchise trägt der Erstversicherer das Überlebensrisiko innerhalb der Priorität. Der Rückversicherer übernimmt das Langlebigkeitsrisiko.

Beispiel

Wir betrachten die Leibrentenversicherung einer 65-jährigen Person über jährlich 10.000 € gegen einen Einmalbeitrag. Nach der DAV2004RM ist dann der Nettobeitrag

$$B^{NE} = 10.000 \frac{N_{65}}{D_{65}} = 239.064{,}69 \, .$$

Bezüglich der Rückversicherung wird vereinbart, dass der Zessionär die Rentenzahlungen ab dem erreichten Lebensalter von 80 Jahren übernimmt. Wenn der Rückversicherer mit denselben Rechnungsgrundlagen rechnet, so ist die Nettoprämie für die aufgeschobene Rente

$$B^R = 10.000\frac{N_{80}}{D_{65}} = 106.496{,}86\ .$$

Die Nettoprämie für den Selbstbehalt ist demnach die Differenz:

$$B^{SB} = B^{NE} - B^R = 132.567{,}83\ .$$

Der maximale Schaden des Erstversicherers ist die fünfzehnfache Jahresrente. Der Barwert dieses Schadens beträgt

$$S^{SB}_{\max} = R\ddot{a}_{\overline{15|}} = 10.000\frac{1 - 1{,}0125^{-15}}{1 - 1{,}0125^{-1}} = 137.705{,}53.$$

Bezogen auf den Nettobeitrag wird dadurch die maximale Schadenquote von 103,9 % impliziert. Der Barwert des Schadens des Rückversicherers bei einer angenommenen Rente bis zum Alter von 100 Jahren ist anderseits

$$S^{R}_{\max} = R\ddot{a}_{\overline{20|}}v^{15} = 10.000\frac{1 - 1{,}0125^{-20}}{1 - 1{,}0125^{-1}}1{,}0125^{-15} = 147.899{,}04\ ,$$

was einer Schadenquote von 138,9 % für den Rückversicherer entspricht. Erreicht die versicherte Person ein höheres Alter, so steigt die Schadenquote. Der Zessionär trägt deutlich mehr Risiko als der Zedent.

Die Zeitfranchise der Rentenversicherung ist in Deutschland noch nicht allzu weit verbreitet. Dafür gibt es eine Reihe von Gründen. Zunächst wird die Langlebigkeitsgefahr ungleichmäßig verteilt, wie an obigem Beispiel deutlich wird. Deshalb wird jeder Rückversicherer mit hohen Sicherheitszuschlägen hantieren müssen.

Zur effizienten Kontrolle des Geschäftsverlaufs benötigt der Rückversicherer schon während der Aufschubzeit Einsicht in die Schadenerfahrung des Erstversicherers. Der Hintergrund ist die Notwendigkeit zur adäquaten und rechtzeitigen Reservierung der rückversicherten Renten. Außerdem scheuen Rückversicherer die verwaltungsintensive Abwicklung von Rentenzahlungen. Dadurch werden auch die Verwaltungskosten der Rückversicherung in die Höhe getrieben.

Die Sterblichkeitsversbesserung der älteren Bevölkerung ist Gegenstand intensiver Forschung. Das Änderungsrisiko der Langlebigkeit schreckt auch die Rückversicherer ab.

Nicht zuletzt sollte erwähnt werden, dass Lebensrückversicherer die proportionale Risikoteilung für Rentenversicherungen bevorzugen. Diese Haltung entstammt sowohl Risiko- als auch Umsatzgründen.

7.2.2 Kumulschadenexzedent

Der **Kumulschadenexzedent** deckt das Risiko, dass durch ein einziges Ereignis, wie beispielsweise ein Massenverkehrsunfall, ein Flugzeugabsturz, eine Naturkatastrophe oder ein Terroranschlag, mehrere versicherte Personen ums Leben kommen. Da im Allgemeinen nur Unfälle und Katastrophen, nicht aber Epidemien, gedeckt sind, spricht man auch von einem **Unfallkumulschadenexzedent** oder **Katastrophenexzedent**.

Für diese Rückversicherungsform gilt das **Subsidiaritätsprinzip**: er schützt den Selbstbehalt des Zedenten nach Berücksichtigung aller sonstigen Rückversicherungsverträge. Die Priorität des Kumulschadenexzedent wird in doppelter Hinsicht festgelegt: als Mindestzahl der Toten sowie zusätzlich als hinreichend hohe monetäre Eigenbeteiligung des Erstversicherers. Die Haftung des Rückversicherers ist im Allgemeinen begrenzt.

Die Tarifierung des Kumulschadenexzedent erfolgt nach dem kollektiven Modell des Gesamtschadens. Nach dem Strickler-Verfahren, welches auf Unfallstatistiken der Metropolitan Life Insurance Company aufbaut, wird die Verteilung der Schadenanzahl der Toten bei Unfällen in den USA abgeleitet. Der interessierte Leser sei auf die weiterführende Literatur verwiesen.

7.2.3 Jahresüberschadenexzedent

Die Priorität und Haftstrecke des Jahresüberschadenexzedent, auch **Stop-Loss-Vertrag**, beziehen sich auf das Jahresergebnis des Versicherungsunternehmens. Grundlage dieses Rückversicherungsvertrages ist das gesamte versicherte Geschäft des Zedenten.

Durch diese Form erhält der Zedent weitgehende Planungssicherheit bezüglich seines Jahresergebnisses. Der Jahresüberschadenexzedent setzt für den Zessionär absolutes Vertrauen in die Zeichnungspolitik und Geschäftstätigkeit des Zedenten voraus. Aus Gründen der Anreizverträglichkeit wird der Rückversicherer jedoch darauf achten, dass der Erstversicherer im Schadensfall eigene Verluste zu verzeichnen hat. Diese **Schicksalsteilung** wird dadurch erreicht, dass der Zedent neben der Priorität eine prozentuale Eigenbeteiligung am rückversicherten Schaden akzeptiert.

In der Lebensversicherung spielt der Jahresüberschadenexzedent eine untergeordnete Rolle, da seine Laufzeit nur ein Jahr beträgt. Die Verpflichtungen des Versicherers hingegen sind langfristiger Natur. Somit kann der Stop-Loss-Vertrag die proportionale Rückversicherung nicht ersetzen, sondern gegebenenfalls nur ergänzen.

7.3 Gestaltungsarten

Die proportionale Rückversicherung wird insbesondere für die Kapitallebensversicherung auf zwei verschiedene Arten gestaltet. Falls lediglich das jährliche Sterblichkeitsrisiko transferiert wird, so spricht man von Rückversicherung auf **Risikobasis**. Grundlage der Risikoteilung ist in diesem Fall die **natürliche Prämie**. Wenn der Rückversicherer hingegen auch an der Bildung des Deckungskapitals und an den unmittelbaren Abschlusskosten beteiligt wird, so handelt es sich um Rückversicherung auf **Normalbasis**. Die Risikoteilung basiert in diesem Fall auf der Nettoprämie oder zumeist der Zillmerprämie, selten auf der Bruttoprämie.

Eine weitere Differenzierung bei Rückversicherung auf Normalbasis entsteht durch die Behandlung der Sparprämien. Der Rückversicherer kann auf eigene Rechnung Reserven bilden oder aber die Verantwortung für die Altersrückstellungen dem Zedenten überlassen. Dementsprechend unterscheidet man die Rückversicherung auf **Normalbasis mit und ohne Reservedepot**, auch **Mitversicherung** und **modifizierte Mitversicherung** genannt.

7.3.1 Risikobasis

Die Rückversicherung auf Risikobasis basiert auf der natürlichen Prämie und deckt somit lediglich das biometrische Risiko ab. Der Zedent verwaltet insbesondere sämtliche Reserven auf eigene Rechnung. Die Differenz aus der Versicherungssumme und der vorhandenen Deckungsrückstellung ist das **Risikokapital**. Die versicherte Gefahr bezieht sich also nicht auf die volle Versicherungssumme, denn im Todesfall wird die einzelvertragliche Reserve aufgelöst.

Die Rückversicherungsprämie wird aus dem Produkt der einjährigen abgezinsten Todesfallwahrscheinlichkeit und dem rückversicherten Risikokapital gebildet. Die Konditionen werden im Voraus fest vereinbart, um im Einklang mit der Vertragslaufzeit zu stehen. Somit ist die Rückversicherungsprämie zu Beginn des t-ten Versicherungsjahres

$$B^R_{x+t} = v \cdot q_{x+t} \cdot (1 - SB) \cdot (S - {}_t V_x) \, ,$$

wobei SB die Selbstbehaltsrate des Zedenten und S die Originalversicherungssumme ist.

Der prozentuale Eigenanteil SB des Erstversicherers wird zu Vertragsbeginn verbindlich durch einen Quotenrückversicherungsvertrag oder einen Summenexzedentenrückversicherungsvertrag festgelegt. Dieser Beteiligungssatz bleibt über die gesamte Vertragslaufzeit konstant. Es ist unüblich, aber dennoch denkbar, dass der absolute Selbstbehalt konstant gehalten wird und somit der rückversicherte Anteil im Lauf der Zeit fällt. Eine derartige Rückversicherungsform käme dem Einzelschadenexzedent nahe.

Beispiel

Wir betrachten eine Kapitallebensversicherung über 100.000 € für eine 30-jährige Person mit 20-jähriger Laufzeit anhand der Sterbetafel DAV2008TM. Der vereinbarte absolute Selbstbehalt zu Vertragsbeginn sei 40.000 €. Der Rückversicherer trägt also im jeden Jahr 60 % des Risikos.

Die Versicherungssumme in Höhe von 100.000 € setzt sich zu jedem Zeitpunkt additiv aus Nettodeckungskapital, Risikokapital des Zedenten und Risikokapital des Zessionärs zusammen. Exemplarisch berechnen wir dazu das Nettodeckungskapital nach zehn Jahren:

$$_{10}V_{30} = S\,\frac{D_{50} - M_{40} - M_{50}}{D_{40}} - \frac{D_{50} - M_{30} - M_{50}}{N_{30} - N_{50}} \cdot \frac{N_{40} - N_{50}}{D_{40}} = 46.797{,}58\,.$$

Das gesamte Risikokapital ist folglich die Differenz zur Versicherungssumme, als 53.202,42 €. Das Risikokapital des Rückversicherers ist 60 % davon, also 31.921,45 €. Der Rückversicherer lege 80 % der Todesfallwahrscheinlichkeiten der DAV2008TM zugrunde. Dann ist der vorschüssige Rückversicherungsbeitrag im zehnten Jahr

$$B_{40}^{R} = 0{,}8q_{40} \cdot 31.921{,}45 \cdot 1{,}0125^{-1} = 28{,}86\,.$$

Da die Todesfallwahrscheinlichkeit in diesem Beispiel stärker steigt, als das Risikokapital fällt, wächst die Rückversicherungsprämie monoton in der Zeit. Anhand der folgenden Grafik wird der Verlauf des Nettodeckungskapitals und des Risikokapitals deutlich.

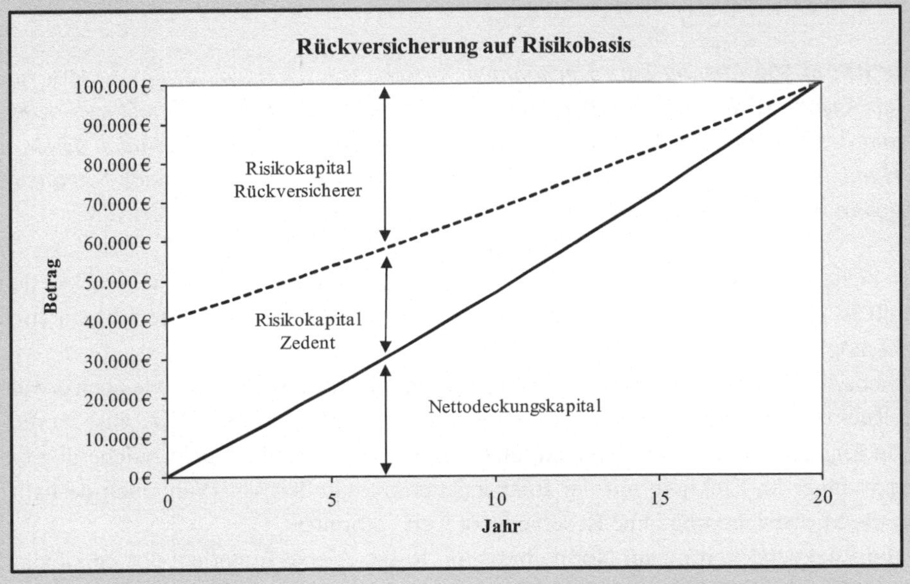

7.3.2 Normalbasis ohne Reservedepot

Das Wesen der Rückversicherung auf Normalbasis ohne Reservedepot besteht darin, das sich der Zessionär an fast allen versicherungstechnischen Positionen anteilig beteiligt. Die Schicksalsteilung betrifft Beiträge, Versicherungsleistungen, Reserven, Abschlusskosten und Überschussbeteiligung. Die laufenden Verwaltungskosten hingegen werden meistens ausgeschlossen und durch Rückversicherungsprovisionen ausgeglichen. Diese Gestaltungsform ist vor allem in angelsächsischen Lebensversicherungsmärkten üblich. Sie erscheint recht einfach, birgt jedoch eine Reihe von Detailproblemen in der Praxis.

Als eine Schwierigkeit ist die unterschiedliche reale Verzinsung der Reserven in den beiden Depots zu nennen. Damit sind direkte Auswirkungen auf die Überschussbeteiligung für die Kunden verbunden. Unterschiedliche Rechnungsrundlagen zur Berechnung der Rückstellungen können die Analyse des gesamten Geschäftsverlaufs zusätzlich erschweren.

Zur Vereinfachung der Rückversicherung wird der Zessionär häufig von dem Risiko der unterschiedlichen Überschussbeteiligung vertraglich befreit. Im Gegenzug zahlt der Rückversicherer eine Provision oder vereinbart eine Gewinnbeteiligung auf den rückversicherten Teil des Geschäfts.

7.3.3 Normalbasis mit Reservedepot

In vielen Ländern verlangt die nationale Aufsichtsbehörde, dass der Erstversicherer die für sein Geschäft nötigen Bruttoreserven vollständig selbst zu halten hat. In Deutschland heißt es in Paragraph 67 Versicherungsaufsichtsgesetz (**VAG**) bei Rückversicherung:

In den in §66 Abs. 6a Satz 3 genannten Versicherungszweigen hat das Unternehmen mit Ausnahme der Beitragsüberträge nach §341e Abs. 2 Nr. 1 des Handelsgesetzbuchs und der Rückstellung für noch nicht abgewickelte Versicherungsfälle nach §341g des Handelsgesetzbuchs die anteiligen Werte des Sicherungsvermögens nach §66 auch für den in Rückdeckung gegebenen Anteil selbst aufzubewahren und zu verwalten.

Das Sicherungsvermögen umfasst dabei insbesondere auch die Deckungsrückstellung. Damit ist Rückversicherung auf Normalbasis ohne Reservedepot in Deutschland zurzeit nicht möglich.

Sicherlich hängt die deutsche Regelung auch damit zusammen, dass, wie oben erwähnt, die Rückversicherung explizit vom Versicherungsvertragsgesetz (**VVG**) ausgenommen ist. In England gibt es eine solche Gesetzesvorgabe nicht, da die Rückversicherung mehr oder weniger im Einklang mit der Erstversicherung reguliert ist. Wohl auch deshalb ist dort die Mitversicherung ohne Reservedepot weit verbreitet.

Bei Rückversicherung auf Normalbasis mit Reservedepot hinterlegt der Zessionär die Rückstellungen in Bezug auf die rückversicherten Leistungen beim Zedenten. Normalcrweise erhält der Rückversicherer auf sein Depot lediglich rechnungsmäßige Zinsen vergütet. Dadurch behält der Zedent das Zins- und Anlagerisiko auf eigene Rechnung.

Das folgende Beispiel verdeutlicht die Teilung der Reserve und der unter Risiko verbleibenden Versicherungssumme, dem so genannten **Risikokapital**. Bei Rückversicherung auf Normalbasis bleibt die Rückversicherungssumme während der gesamten Vertragslaufzeit konstant. Sie setzt sich additiv zusammen aus dem rückversicherten Deckungskapital und dem Risikokapital des Rückversicherers.

Beispiel

Anhand der Sterbetafel DAV2008TM betrachten wir die Kapitallebensversicherung über 100.000 € für eine 30-jährige Person mit 20-jähriger Laufzeit. Grundlage der Rückversicherung sei die gezillmerte Nettoprämie bei typischen Abschlusskosten in Höhe von 4 % der Summe der Zillmerprämien. Der Selbstbehalt sei 40.000 €, das heißt dieser Vertrag wird zu 60 % proportional rückversichert.

Die Versicherungssumme in Höhe von 100.000 € setzt sich aus der gezillmerten Nettoreserve und dem Risikokapital des Zedenten einerseits sowie der Zillmerreserve und dem Risikokapital des Zessionärs andererseits zusammen. Das Risikokapital und die gezillmerte Nettoreserve des Zedenten addieren sich zu jedem Zeitpunkt auf 40.000 €. Das Risikokapital und die Zillmerreserve des Rückversicherers ergeben stets 60.000 €. Die folgende Grafik macht die Risikoteilung zwischen Zedent und Zessionär deutlich.

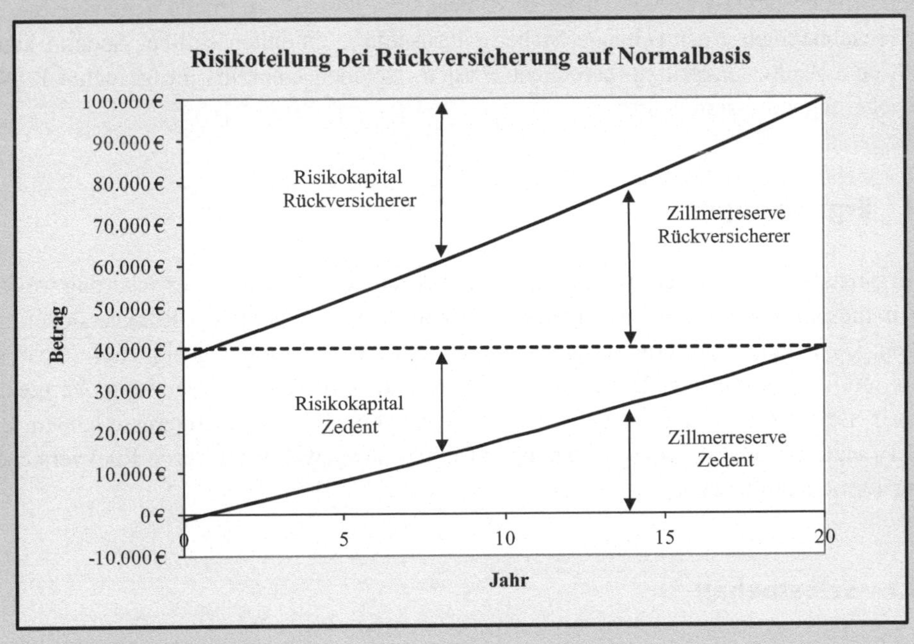

Bei Rückversicherung auf Normalbasis erhält der Zessionär im Allgemeinen einen festen Anteil der gezillmerten Nettoprämie des Originalgeschäfts. Im Gegenzug gewährt der Rückversicherer dem Erstversicherer in der Regel eine einmalige Provision als Vergütung für die dem Zedenten entstandenen unmittelbaren Abschlusskosten. Nach dem Zillmerverfahren finanziert der Zessionär diese Abschlussprovision aus einem Teil der zukünftigen Rückversicherungsbeiträge.

Eine prinzipielle Alternative zur Finanzierung der Rückversicherungsprovision ist die Vergütung eines Überzinses auf das Deckungskapital des Rückversicherers. Mit der Kapitalwertmethode der Investitionsrechnung kann überprüft werden, unter welchen Bedingungen die beiden Alternativen, Rückversicherungsprovision und Überzins, äquivalent sind. Dabei werden aus der Sicht des Rückversicherers folgende Positionen berücksichtigt.

Einnahmen	Ausgaben
Rückversicherungsbeiträge	Rückversicherungsleistungen
Beitragsübertrag (Vorjahr)	Rückversicherungsprovisionen
Deckungsrückstellung (Vorjahr)	Beitragsübertrag
Sonstige Rückstellungen (Vorjahr)	Deckungsrückstellung
Depotzinsen	Sonstige Rückstellungen
	Interne Verwaltungskosten

Zur Bewertung des Geschäfts gibt der Rückversicherer intern ein Renditeziel oder auch einen Mindestkapitalwert vor. Dabei ist zu beachten, dass die zugrunde liegenden Sterblichkeitsannahmen entsprechende Sicherheitszuschläge enthalten sollten. Sodann kann nach dem Äquivalenzprinzip berechnet werden, welchen Überzins die gesuchte Rückversicherungsprovision liefert.

7.4 Ergänzungen

In Ergänzung zu den wesentlichen Formen und Arten der Lebensrückversicherung wollen wir in diesem Abschnitt einen kurzen Einblick in weitere Aspekte der Rückversicherung geben. Dazu zählen die praktischen Ansätze zur Festlegung eines geeigneten Selbstbehalts und zur Tarifierung. Der in diesem Abschnitt dargestellte Ansatz zum Vergleich zweier Sterbetafeln mag auch außerhalb der Rückversicherung auf Interesse stoßen. Zu guter Letzt machen wir kurz und knapp auf einige ausgewählte moderne Rückversicherungsformen aufmerksam.

7.4.1 Selbstbehalt

Für die Praxis der Festlegung eines geeigneten Selbstbehalts gibt es verschiedene mehr oder weniger anspruchsvolle mathematisch statistische Verfahren. In erster Linie ist die risikotheoretische Stabilisierung des versicherten Bestandes zu nennen. In diesem Zusammenhang hatten wir bereits die Reduktion der Inhomogenität betrachtet.

Moderne Ansätze untersuchen bei verschiedenen Selbstbehalten die Wahrscheinlichkeiten dafür, dass der tatsächliche Schaden unterhalb einer vorgegebenen Schranke bleibt. Umgekehrt impliziert die Vorgabe einer Verlustobergrenze und eines zugehörigen Quantils die Höhe des Selbstbehalts.

In der kollektiven Risikotheorie wird der Selbstbehalt so gewählt, dass die finanzielle **Ruinwahrscheinlichkeit** des Unternehmens sehr klein ist. Der Begriff des Ruins mag in diesem Zusammenhang so weit gefasst werden, dass sämtliche Einnahmen und Ausgaben stochastisch modelliert werden.

Aus qualitativer Sicht sollte festgehalten werden, dass der Selbstbehalt umso niedriger gewählt werden kann, je höher der Sicherheitszuschlag in der Prämie ist. Ferner gilt, je größer die Varianz des Gesamtschadens ist, desto größer sollte auch der Sicherheitsbedarf des Versicherers sein. In diesem Sinne sollte der Selbstbehalt für erhöhte Risiken heruntergesetzt werden. Denn gerade für Versicherte mit gesundheitlichen Vorbelastungen fehlt oft die statistische Grundlage, um das Risiko robust und adäquat einschätzen zu können.

Insbesondere für Lebensversicherungen mit Erlebensfallleistungen spielt der Finanzierungsbedarf die entscheidende Rolle. Im Rahmen der Mitversicherung hängt die Höhe der Rückversicherungsprovision, die zur Verringerung der unmittelbaren Abschlusskosten verwendet wird, direkt vom Volumen des rückversicherten Geschäfts ab. Somit richtet sich die Wahl des Selbstbehalts nach dem Bedarf des Zedenten an finanzieller Entlastung. Abschließend sei vermerkt, dass aus kaufmännischer Sicht sicherlich auch ein Marktvergleich entsprechende Anhaltspunkte zur Festlegung der Höhe des Rückversicherungsanteils geben kann.

7.4.2 Tarifierung

In der proportionalen Rückversicherung liegt der Ansatz zur Preisfindung auf der Hand. Der Rückversicherer wird in dem gleichen Maße an der Prämie beteiligt, wie er sich auch an den Versicherungsleistungen beteiligt.

Die Schwierigkeit liegt darin, die verwendeten Rechnungsgrundlagen erster Ordnung zu bewerten. Dabei ist insbesondere die Rückversicherungsprovision verhandelbar; sie ist umso höher, je niedriger die wahren Sterbewahrscheinlichkeiten zweiter Ordnung sind.

Ausgeklügelte Verfahren zur Ermittlung der Provision basieren auf der Investitionstheorie, insbesondere der Kapitalwertmethode der elementaren Finanzmathematik. Die zukünftigen Einnahmen und Ausgaben werden möglichst realitätsnah unter Einbeziehung der Rechnungsgrundlagen zweiter Ordnung modelliert. Anhand solcher Modelle kann das Rückversicherungsgeschäft beurteilt werden. Moderne Verfahren verfügen neben einer **Sensitivitätsanalyse** hinsichtlich der Modelleingaben über eine **stochastische Simulation** der verwendeten Modellparameter.

Die Tarifierung der nicht-proportionalen Rückversicherung basiert auf Methoden der Schadenversicherungsmathematik. Das Entgelt für die Rückversicherung ist gleich dem erwarteten Schaden zuzüglich eines adäquaten Aufschlags für Schwankung und Kosten. Der Schwankungszuschlag wird oftmals proportional zur Standardabweichung bemessen.

Zur Ermittlung des reinen Schadenbedarfs gibt es verschiedene Verfahren, die die historische Entwicklung des rückversicherten Geschäfts im Rahmen einer **Erfahrungstarifierung** nutzen, um Aussagen über das zukünftige Rückversicherungsergebnis zu erlangen. Beim **Burning-Cost-Verfahren** wird die Schadenlast oberhalb der Priorität des Erstversicherers berechnet. Dieser Betrag wird ins Verhältnis zur Originalbeitragseinnahme gesetzt.

Der zum Abschluss des Rückversicherungsvertrags befugte Sachbearbeiter, der so genannte **Underwriter**, sollte einschätzen, inwiefern sich die rückversicherten Bestände der Vergangenheit und Zukunft in ihrer Art und Zusammensetzung ähneln. In Bezug auf die historische Schadenerfahrung müssen insbesondere Inflation und andere Trends berücksichtigt werden.

Da sich der Rückversicherungsschutz meist auf einen Bestand recht inhomogener Risiken bezieht, wird das Portfolio in verschiedene Risikogruppen unterteilt. Durch diese **Exposuretarifierung** wird das Verständnis für das rückversicherte Geschäft verbessert und die Kalkulation genauer.

Da die Grundlage des Burning-Cost-Verfahrens die begrenzte Schadenerfahrung eines einzelnen Erstversicherers ist, haben die Ergebnisse mitunter nur geringe statistische Relevanz. Es gibt verschiedene Ansätze die zugrunde liegende **Glaubwürdigkeit** zu beurteilen. Nach dem Gesetz der großen Zahlen steigt die Glaubwürdigkeit der beobachteten Schadenerfahrung mit zunehmender Anzahl der betrachteten Risiken und der Beobachtungsdauer. Nach dem **Credibility**-Verfahren setzt sich der Rückversicherungsbeitrag aus dem gewichteten Mittelwert der individuell berechneten Bedarfsprämie und der exogen vorgegebenen generell gültigen Prämie zusammen. Letztere wird dabei zum Beispiel durch das **Pay-Back**-Verfahren geschätzt. Dabei wird die Bedarfsprämie so festgelegt, dass in einem vorgegebenen größeren Zeitraum genau ein maximaler Schaden bezahlt werden kann.

7.4.3 Sterbetafelvergleich

Für Risikolebensversicherungen ist das Deckungskapital vergleichsweise unbedeutend und kann für die Festlegung der Rückversicherungsraten vernachlässigt werden. Solange lediglich das Sterblichkeitsrisiko transferiert wird, reduziert sich das Tarifierungsproblem auf die Ermittlung der Rückversicherungsprovision auf die vom Zedenten verwendete Sterbetafel. Der Einfachheit halber ist die Provision meistens für alle Risiken identisch; sie mag jedoch im Verlauf der Zeit fallen.

Der Kalkulationsansatz basiert auf der Verallgemeinerung der Kapitalwertmethode und soll im Folgenden skizziert werden. Unter Berücksichtigung der Sterbetafel zweiter

Ordnung, eines realen Zinssatzes, der sich vom Rechnungszins unterscheiden kann, sowie eventuell auch Stornowahrscheinlichkeiten, wird der Leistungsbarwert einer Risikolebensversicherung für verschiedene Alters- und Laufzeitkombinationen berechnet. Das Ergebnis ist die tatsächlich zu erwartende Leistung des Rückversicherers.

Andererseits werden die Versicherungsbarwerte anhand der Sterbetafel des Zedenten mit einer vorgeschlagenen Provisionsregelung berechnet. Wird das Ergebnis um ein Jahr abgezinst, so entspricht es dem Barwert der vorschüssig zahlbaren Rückversicherungsbeiträge.

Sodann werden die berechneten Barwerte der Rückversicherungsleistung und -gegenleistung mit dem Geschäftsmix des Zedenten gewichtet und aufsummiert. Somit erhalten wir den erwarteten Gewinnbarwert des Rückversicherers.

Beispiel

Der Rückversicherer nimmt an, dass die wahre Sterblichkeit zweiter Ordnung 60 % der DAV2008TM betrage. Dann berechnen wir für jede Alters-Laufzeit-Kombination den Barwertfaktor der Todesfallleistung der Höhe 1 € bei einer realistischen Verzinsung von angenommen 2,0 % pro Jahr. So ist exemplarisch der erwartete Leistungsbarwert der Rückversicherung für $x = 30$ und $n = 20$:

$$L^R = {}_{20}A^R_{30} = \frac{M^R_{30} - M^R_{50}}{D^R_{30}} = 0{,}01482 \, .$$

Um andererseits den Barwert der Rückversicherungsbeiträge zu berechnen, betrachten wir exemplarisch denjenigen Zahlungsstrom, der im ersten Jahr 75 % und in den folgenden Jahren 20 % auf die vom Zedenten benutzten Sterblichkeitsraten vorsieht. Diese Regelung bedeutet, dass der Zessionär dem Zedenten im ersten Versicherungsjahr eine Provision in Höhe von 75 % bezogen auf das Produkt der Sterbewahrscheinlichkeit mit der Rückversicherungssumme zahlt. Für unsere Beispielrechnung legen wir ebenfalls die DAV2008TM mit dem Rechnungszins von 2,0 % zugrunde. Dann ist der zugehörige Todesfallleistungsbarwert

$$GL^R = {}_{20}\tilde{A}_{30} = \frac{\tilde{M}_{30} - \tilde{M}_{50}}{\tilde{D}_{30}} = 0{,}01930 \, ,$$

wobei die Kommutationswerte derart berechnet werden, dass die Todesfallwahrscheinlichkeit im ersten Jahr 25 % und in den darauf folgenden Jahren 80 % der Sterbewahrscheinlichkeit der DAV2008TM beträgt.

Da jedoch Rückversicherungsbeiträge generell vorschüssig und nicht nachschüssig fällig sind, wird die Gegenleistung für ein Jahr mit 2,0 % abgezinst und ergibt 0,01893. Der Rückversicherungsbeitrag übersteigt die Rückversicherungsleistung dann um 0,00411. Relativ zur Rückversicherungsprämie ergibt sich ein Gewinn von 21,7 % für diese Police.

Um nicht alle möglichen Kombinationen von Alter und Laufzeit betrachten zu müssen, werde eine Bestandsaufnahme für die Rückversicherungssummen durchgeführt:

Eintrittsalter \ Laufzeit	5	10	15	20	25	30	Summe
20	1 %	1 %	1 %	1 %	1 %	2 %	7 %
25	1 %	1 %	1 %	1 %	2 %	2 %	8 %
30	1 %	1 %	1 %	2 %	3 %	3 %	11 %
35	1 %	1 %	2 %	4 %	3 %	2 %	13 %
40	1 %	2 %	2 %	4 %	3 %	1 %	13 %
45	2 %	2 %	3 %	3 %	3 %	1 %	14 %
50	2 %	3 %	3 %	3 %	1 %	1 %	13 %
55	3 %	3 %	3 %	1 %	1 %	1 %	12 %
60	3 %	2 %	1 %	1 %	1 %	1 %	9 %
Summe	15 %	16 %	17 %	20 %	18 %	14 %	100 %

Für diese Modellpunkte werden die Beitrags- und Leistungsbarwertfaktoren berechnet und gemäß ihrer Gewichtung addiert. Somit erhalten wir für die gesamten Beitrag B^R und gesamte Rückversicherungsleistung L^R:

$$L^R = 0,06407 \tag{7.1}$$
$$B^R = 0,07857 \,. \tag{7.2}$$

Multiplizieren wir die erhaltenen Barwertfaktoren mit der gesamten rückversicherten Versicherungssumme in Höhe von exemplarisch 500 Millionen Euro, so erhalten wir $L_G^R = 32.035.661$ und $B_G^R = 39.286.411$. Der erwartete Gewinnbarwert dieser Transaktion beträgt also etwa 7,25 Millionen Euro beziehungsweise 18,5 % der Beitragseinnahmen des Rückversicherers. Unter Wettbewerbsdruck kann die Rückversicherungsprovision soweit erhöht werden, bis die Gewinnuntergrenze erreicht ist.

Das beschriebene Verfahren eignet sich gleichermaßen zur Beurteilung des Niveaus einer Sterbetafel im Vergleich zu einer anderen. Dazu berechnen wir gemäß dem obigen Beispiel jeweils Todesfallbarwertfaktoren. Anhand eines Modellbestandes stellen wir folgende Vergleiche an.

Beispiel

Im Speziellen berechnen wir, dass der Leistungsbarwert einer 20-jährigen Risikolebensversicherung für eine 40-jährige Person anhand der DAV2008TF 62,5 % des
Versicherungsbarwerts anhand der DAV2008TM jeweils mit Rechnungszins 1,25 %
beträgt. Die Prämie für diese Versicherung wäre für eine Frau also eigentlich um
37,5 % niedriger als für einen Mann.

Das Niveau der Sterbetafel für Frauen DAV2008TF liegt im gewichteten Mittel
bei 63,6 % der Sterbetafel für Männer DAV2008TM. Dabei verwenden wir die Modellpunkte und Gewichtung aus dem vorherigen Beispiel. Die folgende Abbildung
zeigt das Verhältnis der beiden Sterbetafeln in Abhängigkeit vom Eintrittsalter und
der Vertragslaufzeit für ausgewählte Modellpunkte.

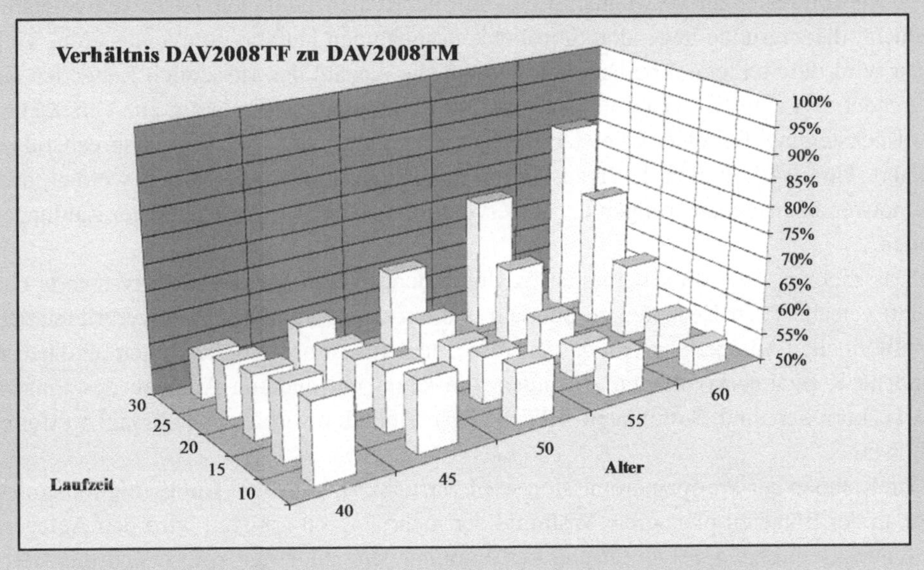

7.4.4 Moderne Rückversicherung

Der anhaltende Rückgang der Sterblichkeit in westlichen Ländern führt zu einer größeren
Unsicherheit hinsichtlich der Prognose der künftigen Sterblichkeitsentwicklung, insbesondere für die ältere Generation. Demzufolge befassen sich moderne Rückversicherungsformen mit der Rückversicherung von Altersrentenversicherungen. Werden diese Risiken
nicht auf den klassischen Rückversicherungsmarkt transferiert, so spricht man von **Alter-
nativem Risikotransfer (ART)**. Im Folgenden wollen wir neuere Weiterentwicklungen

der klassischen Rückversicherungsformen sowie Kapitalmarktlösungen kurz und knapp andeuten.

Ein **Rückversicherungs-Swap** ist eine vertragliche Vereinbarung über den Austausch von Zahlungen in Bezug auf ein Versicherungsgeschäft über einen bestimmten Zeitraum. Dazu unterscheidet man im Wesentlichen zwei Formen.

Im **Mortality-Swap** werden erwartete Rentenzahlungen für einen versicherten Bestand gegen tatsächliche Rentenzahlungen getauscht. Im Prinzip wird dadurch der komplette Transfer des versicherungstechnischen Risikos in Bezug auf die Langlebigkeit ermöglicht. Von der Funktionsweise ähnelt der Mortality-Swap der Quotenrückversicherung, jedoch verbleiben die Kapitalanlagen und das damit verbundene Zinsrisiko beim Zedenten.

Der **Reserve-Swap** sieht vor, dass rechnungsmäßige Reserven eines versicherten Bestandes gegen tatsächlich erforderliche Reserven getauscht werden. Dadurch kommt es beim Risikotransfer zur Vorwegnahme zukünftiger Rentenzahlungen. Es ist weniger daran gedacht, die zugrunde liegenden Sterblichkeitsannahmen laufend zu aktualisieren. Vielmehr wird die Sterbetafel beibehalten und auf die Anzahl der tatsächlich Lebenden angewendet. Bei einer Untersterblichkeit kommt es dadurch zwangsläufig zur Verstärkung der Rückstellung. Bei einer Übersterblichkeit wird die gesamte Reserve entsprechend reduziert. Um das Volumen der Transaktion zu verringern, kann vereinbart werden, dass die notwendigen Veränderungen der Reserve die Basis für den Austausch der Zahlungen bilden.

Das Ziel des Rückversicherers ist es, durch derartige Swaps das rückversicherte Geschäft verschiedener Zedenten zu bündeln und auf dem Kapitalmarkt zu verbriefen. Bei institutionellen Anlegern besteht das Interesse, neue Investmentmöglichkeiten für das vorhandene Kapitalmarktvolumen zu finden, die kaum mit anderen Anlagen des Finanzmarkts korreliert sind. Somit kann ART die Diversifikation vorhandener Anlageportfolios erhöhen.

Im Rahmen der Wertpapieremission wird versucht, so genannte **Langlebigkeitsanleihen** an der Börse zu platzieren. Während der mehrjährigen Laufzeit wird den Anlegern eine gewisse großzügige Verzinsung des Nominalwerts zugesagt, sofern sich die Sterblichkeit nicht zu sehr verbessert. Dabei kann sowohl die Verzinsung als auch das Kapital dem beschriebenen Risiko ausgesetzt sein. Derzeit gibt es jedoch noch keinen liquiden Markt für Langlebigkeitsrisiken. Wesentliche Schwierigkeiten liegen in der fehlenden Transparenz des Berechnung und der Etablierung eines geeigneten Index zur Messung des Langlebigkeitsrisikos begründet.

Lösungen 8

Im Folgenden sind die Ergebnisse und die Lösungsansätze der Übungsaufgaben dargestellt.

8.1 Lösungen zu Kapitel 2 – Elementare Finanzmathematik

L 2.1 Sei $K = 100.000$; $n = 20$; $m = 5$; $i = 0{,}05$. Gesucht ist die Rentenhöhe R. Dann sind die Barwerte

$$L = K$$
$$GL = R \cdot {}_{m|}\ddot{a}_{\overline{n}|} \, .$$

Das finanzmathematische Äquivalenzprinzip liefert dann

$$R = K(1+i)^m \frac{1-v}{1-v^n} = 100.000 \cdot 1{,}05^5 \frac{1 - 1{,}05^{-1}}{1 - 1{,}05^{-20}} = 9.753{,}54 \, .$$

Die Person erhält ab dem 65. Lebensjahr 20 Jahre lang jährlich vorschüssig 9.753,54 €.

L 2.2 a) Sei $K = 150.000$; $B = 3.400$; $i = 0{,}05$; $n = 18$. Dann sind die Barwerte der Einnahmen und Ausgaben aus Sicht des Versicherungsunternehmens

$$A = K$$
$$E = B \cdot \ddot{s}_{\overline{n}|} = B \frac{(1+i)^n - 1}{1 - (1+i)^{-1}} \, .$$

Der Verlust ist die Differenz aus Einnahmen und Ausgaben:

$$E - A = 3.400 \frac{1{,}05^{18} - 1}{1 - 1{,}05^{-1}} - 150.000 = -49.567{,}39 \, .$$

© Springer Fachmedien Wiesbaden 2016
K.M. Ortmann, *Praktische Lebensversicherungsmathematik*,
Studienbücher Wirtschaftsmathematik, DOI 10.1007/978-3-658-10200-5_8

b) Hier sei $n = 33$. Analog zu Teil a) ist der Gewinn:

$$E - A = 3.400\frac{1{,}05^{33} - 1}{0{,}05}1{,}05 - 150.000 = 135.827{,}66 \ .$$

c) Die Laufzeit n ist gesucht. Dann ist nach dem Äquivalenzprinzip

$$n = \frac{\ln\left(B + i\left(A + B\right)\right) - \ln\left(B(1 + i)\right)}{\ln(1 + i)} = 23{,}19 \ .$$

Wenn der Beamte nach Vollendung von 63 Lebensjahren oder später verstirbt, wurden 24 Jahresbeiträge bezogen, also macht das Unternehmen einen Gewinn. Wenn der Beamte früher verstirbt, macht der Versicherer einen Verlust.

L 2.3 Sei $R_1 = 101{,}44$; $R_2 = 468{,}60$; $K_n = 31.907{,}04$. Zum Stichtag des Todesfalltags gibt es vier äquivalente Leistungsbarwerte

$$L_1 = R_1\ddot{a}_{\overline{\infty}|} = R_1\frac{1 + i_{\text{kon}}}{i_{\text{kon}}} = \frac{1}{1 - v_{\text{kon}}}$$

$$L_2 = R_2\ddot{a}_{\overline{12n}|} = R_2\frac{1 - v_{\text{kon}}^{12n}}{1 - v_{\text{kon}}}$$

$$L_3 = K_n v_{\text{kon}}^{12n}$$

$$L_4 = K_0 \ .$$

Setzen wir nun diese Barwerte paarweise gleich, so erhalten wir ein nichtlineares Gleichungssystem mit drei Gleichungen und drei Unbekannten. Mit $L_1 = L_2$ berechnen wir zunächst v_{kon}^{12n}, dann K_0 anhand von $L_3 = L_4$, gefolgt von v_{kon} durch $L_1 = L_4$ und schließlich n mittels $L_3 = L_4$. Das Ergebnis ist:

$$K_0 = K_n\frac{R_2 - R_1}{R_2} = 31.907{,}04\frac{468{,}60 - 101{,}44}{468{,}60} = 25.000$$

$$i = \left(\frac{K_0}{K_0 - R_1}\right)^{12} - 1 = \left(\frac{25.000}{25.000 - 101{,}44}\right)^{12} - 1 = 0{,}05$$

$$n = \frac{1}{12} \cdot \frac{\ln(K_0) - \ln(K_n)}{\ln(K_0 - R_1) - \ln(K_0)} = \frac{1}{12} \cdot \frac{\ln(25.000) - \ln(31.907{,}04)}{\ln(25.000 - 101{,}44) - \ln(25.000)} = 60 \ .$$

L 2.4 a) Sei $B = 500$; $i = 0{,}02$; $m = 12 \cdot (67 - 42) = 300$; $n = 20 \cdot 12 = 240$. Gesucht ist das gebildete Kapital K_m. Zunächst ist der konforme Zinssatz $i_{\text{kon}} = \sqrt[12]{1{,}02} - 1 = 0{,}001652$. Die Barwerte zum Zeitpunkt 0 sind:

$$L = Bs_{\overline{m}|} = B\frac{(1 + i_{\text{kon}})^m - 1}{i_{\text{kon}}}$$

$$GL = K_m \ .$$

Daraus folgt mit dem Äquivalenzprinzip

$$K_m = B\frac{(1 + i_{\mathrm{kon}})^m - 1}{i_{\mathrm{kon}}} = 500\frac{1{,}001652^{300} - 1}{0{,}001652} = 193.937{,}17 \ .$$

b) Hier ist die Rentenhöhe R gesucht. Mit Teil a) ist

$$L = K_m = B s_{\overline{m}|} = B\frac{(1 + i_{\mathrm{kon}})^m - 1}{i_{\mathrm{kon}}}$$

$$GL = R\ddot{a}_{\overline{n}|} = R\frac{1 - v_{\mathrm{kon}}^n}{1 - v_{\mathrm{kon}}} \ .$$

Mit $L = GL$ folgt

$$R = B\frac{(1 + i_{\mathrm{kon}})^m - 1}{i_{\mathrm{kon}}} \cdot \frac{1 - v_{\mathrm{kon}}}{1 - v_{\mathrm{kon}}^n} = 500\frac{1{,}001652^{300} - 1}{0{,}001652} \cdot \frac{1 - 1{,}001652^{-1}}{1 - 1{,}001652^{-240}}$$

$$= 977{,}82 \ .$$

c) Sei $t = 12 \cdot (75 - 67) = 96$, die Anzahl der Monate, in denen Rente bezogen wurde. Gesucht ist das Erbe K_t. Die Aufgabe lässt sich einerseits durch prospektive Betrachtungsweise lösen, indem der Barwert der noch ausstehenden Rentenzahlungen berechnet wird:

$$K_t = R\frac{1 - v_{\mathrm{kon}}^{n-t}}{1 - v_{\mathrm{kon}}} = 977{,}82\frac{1 - 1{,}00165^{-144}}{1 - 1{,}00165^{-1}} = 125.429{,}48 \ .$$

Andererseits ist die retrospektive Betrachtung möglich. Dazu werden die Zeitwerte aller Zahlungen am 75. Geburtstag betrachtet:

$$L = K_m$$

$$GL = R\ddot{a}_{\overline{t}|} + K_t v_{\mathrm{kon}}^t = R\frac{1 - v_{\mathrm{kon}}^t}{1 - v_{\mathrm{kon}}} + K_t v_{\mathrm{kon}}^t \ .$$

Durch Anwenden des Äquivalenzprinzips folgt

$$K_t = K_m(1 + i_{\mathrm{kon}})^t - R\frac{(1 + i_{\mathrm{kon}})^t - 1}{1 - v_{\mathrm{kon}}} \ .$$

L 2.5 a) Sei $K_n = 150.000; B = 4.000; i = 0{,}0375; n = 25$. Es wird der Kapitalwert KW gesucht. Die Einnahmen und Ausgaben sind

$$A = B\ddot{a}_{\overline{n}|} = B\frac{1 - (1 + i)^{-n}}{1 - (1 + i)^{-1}} = 4.000\frac{1 - 1{,}0375^{-25}}{1 - 1{,}0375^{-1}} = 66.579{,}30$$

$$E = K_n v^n 150.000 \cdot 1{,}0375^{-25} = 59.756{,}98 \ .$$

Der Kapitalwert ist dann $KW = E - A = -6.822{,}32$. Die Investition lohnt sich nicht.

b) Wir berechnen, zu welchem Zinssatz i die Barwerte aus Teil a) übereinstimmen. Das Äquivalenzprinzip führt auf ein Nullstellenproblem:

$$f(i) = (K_n + B)(1 + i) - K_n - B(1 + i)^{n+1}$$
$$= 154.000(1 + i) - 150.000 - 4.000(1 + i)^{26} = 0 \ .$$

Näherungsweise berechnen wir, dass die interne Rendite 2,99 % ist. Die Investition lohnt sich nicht, weil das Renditeziel nicht erreicht wird.

8.2 Lösungen zu Kapitel 3 – Biometrische Rechnungsgrundlagen

L 3.1 a) Für die Schadenanzahl ist die beobachtete Sterberate

$$q = \frac{892}{245.430} = 0,003634 \ .$$

Daraus folgt für die Mindestbestandsgröße von Policen

$$n_N = \frac{1 - q}{q\beta^2} z_{1-\alpha}^2 = \frac{1 - 0,003634}{0,003634 \cdot 0,05^2} 2,3263^2 = 593.459,12 \ .$$

Äquivalent werden $n_N q = 593.459,12 \cdot 0,003634 = 2.156,89$ Schäden benötigt, um volle Glaubwürdigkeit bezüglich der Anzahl der beobachteten Schäden zu erhalten.
b) Für die Schadenhöhe sind Erwartungswert und Varianz:

$$\mu_X = \frac{100.000 + 200.000}{2} = 150.000$$

$$\sigma_X^2 = \frac{(200.000 - 100.000)^2}{12} = 833.333.333,33 \ .$$

Die Mindestbestandgröße für volle Glaubwürdigkeit ist folglich aufgerundet 81 Schäden:

$$n_X = \left(\frac{\sigma_X z_{1-\alpha}}{\mu_X \beta} \right)^2 = \frac{833.333.333,33 \cdot 2,3263^2}{150.000^2 \cdot 0,05^2} = 80,18 \ .$$

c) Die Mindestbestandsgröße, um volle Glaubwürdigkeit für den Gesamtschaden zu haben ist aufgerundet 615.520 Versicherte:

$$n_S = n_N + n_X \frac{1}{q} = 593.459,12 + \frac{80,18}{0,003634} = 615.519,26$$

beziehungsweise äquivalent $n_S q = 615.519,26 \cdot 0,003634 = 2.237,07$ Schäden.

L 3.2 a) Der partielle Glaubwürdigkeitsfaktor ist eins, denn mit $\alpha = 0{,}05$ und $\beta = 0{,}1$ ist

$$c = \sqrt{n}\,\frac{\beta}{z_{1-\alpha}}\sqrt{\frac{q}{1-q}} = \sqrt{300.000}\,\frac{0{,}1}{1.6449}\sqrt{\frac{0{,}001}{0{,}999}} = 1{,}0535\ .$$

Es besteht also volle Glaubwürdigkeit, weil die Mindestbestandsgröße übertroffen wurde:

$$n_N = \frac{1-q}{q\beta^2}\,z_{1-\alpha}^2 = \frac{1-0{,}001}{0{,}001 \cdot 0{,}1^2}\,1{,}6449^2 = 270.283{,}79 < 300.000 = n\ .$$

b) Die Glaubwürdigkeit sinkt durch die gestiegene Anforderung von $\alpha = 0{,}01$ auf 74,49 %:

$$c = \sqrt{n}\,\frac{\beta}{z_{1-\alpha}}\sqrt{\frac{q}{1-q}} = \sqrt{300.000}\,\frac{0{,}1}{2{,}3263}\sqrt{\frac{0{,}001}{0{,}999}} = 0{,}7449\ .$$

L 3.3 a) Analog zum Gesamtschaden betrachten wir die Zufallsgröße $B = S/n$, wobei S der zufällige Gesamtschaden und n die deterministische Anzahl der Versicherungspolicen sei. Wir betrachten hier $P(B \le \mu_B + \beta\mu_B) = 1 - \alpha$. Es ist nach Voraussetzung $\mu_B = \mu_S/n$ und $\sigma_B = \sigma_S/n$. Daraus folgt $\mu_B/\sigma_B = \mu_S/\sigma_S$. Also gilt

$$P(B \le \mu_B + \beta\mu_B) = P\left(\frac{B - \mu_B}{\sigma_B} \le \frac{\beta\mu_B}{\sigma_B} = \frac{\beta\mu_S}{\sigma_S}\right) = 1 - \alpha\ .$$

In Analogie zur Herleitung der Formel für den Gesamtschaden ist dann der Standard für volle Glaubwürdigkeit bezüglich des Schadenbedarfs

$$n_B = n_S = \frac{z_{1-\alpha}^2\left(\sigma_X^2 + \mu_X^2(1-q)\right)}{\beta^2\mu_X^2 q}\ .$$

b) Für die partielle Glaubwürdigkeit gilt ebenso in Analogie zum Gesamtschaden

$$c = \sqrt{n}\,\frac{\beta}{z_{1-\alpha}}\sqrt{\frac{q\mu_X^2}{\sigma_X^2 + (1-q)\mu_X^2}}\ .$$

Nach Voraussetzung ist $\sigma_X = 0$, da die Versicherungssumme einheitlich ist. Außerdem ist die wahre Sterbewahrscheinlichkeit $q = 260/100.000 = 0{,}0026$. Weiterhin ist nach Voraussetzung $\sqrt{nq} = 123$ die Anzahl der beobachteten Schäden. Daraus folgt für den partiellen Glaubwürdigkeitsfaktor:

$$c = \frac{\beta}{z_{1-\alpha}} \cdot \frac{\sqrt{nq}}{\sqrt{1-q}} = \frac{0{,}1}{1{,}2816} \cdot \frac{\sqrt{123}}{\sqrt{1-0{,}0026}} = 0{,}8665\ .$$

Der erwartete Schadenbedarf im nächsten Jahr wird dann auf $\tilde{B} = 0{,}8665 \cdot 247 + 0{,}13 \cdot 260 = 248{,}74$ festgesetzt.

L 3.4 a) Für die Verteilungsfunktion gilt allgemein

$$F_x(t) = \frac{F_0(x+t) - F_0(x)}{1 - F_0(x)} = 1 - \frac{1+x}{1+x+t} \, .$$

Die Dichtefunktion berechnen wir durch Differentiation:

$$f_x(t) = \frac{d}{dt} F_x(t) = \frac{d}{dt}\left(1 - \frac{1+x}{1+x+t}\right) = \frac{1+x}{(1+x+t)^2} \, .$$

Daraus folgt

$$f_0(x) = \frac{1}{(1+x)^2} \, .$$

Für die Überlebensfunktion gilt

$$S_0(x) = 1 - F_0(x) = \frac{1}{1+x}$$

beziehungsweise

$$S_x(t) = \frac{S_0(x+t)}{S_0(x)} = \frac{1+x}{1+x+t} \, .$$

Schließlich ist die Sterbeintensität

$$\mu_x(t) = \frac{f_0(x)}{S_0(x)} = \frac{1}{1+x} \, .$$

b) Es ist

$$p_{20} = S_{20}(1) = \frac{21}{22} = 0{,}954545 \, .$$

c) Die gesuchte Todesfallwahrscheinlichkeit ist:

$${}_{10|5}q_{30} = {}_{10}p_{30} - {}_{15}p_{30} = S_{30}(10) - S_{30}(15) = \frac{31}{41} - \frac{31}{46} = 0{,}082185 \, .$$

L 3.5 a) Für die Überlebensfunktion gilt allgemein

$$S_x(t) = \frac{S_0(x+t)}{S_0(x)} = \sqrt{\frac{100 - x - t}{100 - x}} \, .$$

Die Verteilungsfunktion ist nach Definition

$$F_0(x) = 1 - S_0(x) = 1 - \frac{1}{10}\sqrt{100 - x} \, .$$

Allgemein gilt:

$$F_x(t) = \frac{F_0(x+t) - F_0(x)}{1 - F_0(x)} = 1 - \sqrt{\frac{100 - x - t}{100 - x}} \,.$$

Die Dichtefunktion ist

$$f_x(t) = -\frac{d}{dt} S_x(t) = -\frac{d}{dt} \sqrt{\frac{100 - x - t}{100 - x}} = \frac{1}{2\sqrt{(100 - x)(100 - x - t)}}$$

beziehungsweise

$$f_0(x) = \frac{1}{20\sqrt{100 - x}} \,.$$

Schließlich ist die Sterbeintensität

$$\mu_x(t) = \frac{f_0(x)}{S_0(x)} = \frac{1}{20\sqrt{100 - x}} \cdot \frac{10}{\sqrt{100 - x}} = \frac{1}{200 - 2x} \,.$$

b) Die gesuchte Wahrscheinlichkeit ist aus Stetigkeitsgründen

$$P(19 \leq T_0 \leq 36) = P(T_0 \leq 36) - P(T_0 \leq 19) \,.$$

Daraus folgt

$$P(19 \leq T_0 \leq 36) = F_0(36) - F_0(19) = 0,1\sqrt{81} - 0,1\sqrt{64} = 0,1 \,.$$

L 3.6 a) Für die Überlebensfunktion gilt

$$S_0(x) = \exp\left(-\int_0^x \mu_s\, ds\right) = \exp(-\lambda x)$$

beziehungsweise

$$S_x(t) = \frac{S_0(x+t)}{S_0(x)} = \exp(-\lambda t) \,.$$

Die Überlebenswahrscheinlichkeit hängt nicht vom erreichten Alter ab, denn die Exponentialverteilung ist gedächtnislos. Die Verteilungsfunktion ist dann

$$F_0(x) = 1 - S_0(x) = 1 - \exp(-\lambda x)$$

beziehungsweise

$$F_x(t) = \frac{F_0(x+t) - F_0(x)}{1 - F_0(x)} = \frac{-\exp\left(-\lambda(x+t)\right) + \exp(-\lambda x)}{\exp(-\lambda x)} = 1 - \exp(-\lambda t) \ .$$

Für die Dichtefunktion gilt

$$f_x(t) = -\frac{d}{dt} S_x(t) = -\frac{d}{dt} \exp(-\lambda t) = \lambda \exp(-\lambda t)$$

und

$$f_0(x) = \lambda \exp(-\lambda x) \ .$$

b) Es ist

$$e_x = \sum_{k=1}^{\infty} {}_k p_x = \sum_{k=1}^{\infty} S_x(k) = \sum_{k=1}^{\infty} \exp(-\lambda k) = \sum_{k=1}^{\infty} (\exp(-\lambda))^k$$

$$= -1 + \sum_{k=0}^{\infty} (\exp(-\lambda))^k = -1 + \frac{1}{1 - \exp(-\lambda)} = \frac{\exp(-\lambda)}{1 - \exp(-\lambda)} = \frac{1}{\exp(\lambda)} - 1 \ .$$

c) Es ist

$$e_x^0 = \int_0^{\infty} {}_t p_x dt = \int_0^{\infty} S_x(t) dt = \int_0^{\infty} \exp(-\lambda t) dt = \left[-\frac{1}{\lambda} \exp(-\lambda t)\right]_0^{\infty} = \frac{1}{\lambda} \ .$$

Speziell für $\lambda = 0{,}02$ ist die restliche Lebenserwartung unabhängig vom bereits erreichten Lebensalter stets weitere 50 Jahre.

L 3.7 Wir berechnen zunächst die Überlebensfunktion:

$$S_0(x) = \exp\left(-\int_0^x \mu_s ds\right) = \exp\left(-\int_0^x 0{,}002 ds\right) = \exp\left([-0{,}002 t]_0^x\right)$$

$$= \exp(-0{,}002 x) \ .$$

Daraus folgt

$$S_x(t) = \frac{S_0(x+t)}{S_0(x)} = \frac{\exp\left(-0{,}002(x+t)\right)}{\exp(-0{,}002 x)} = \exp(-0{,}002 t) \ .$$

a) Die Wahrscheinlichkeit, dass ein 30-Jähriger das folgende Jahr überlebt, ist 99,8 %:

$$p_{30} = {}_1 p_{30} = S_{30}(1) = \exp(-0{,}002) = 0{,}9980 \ .$$

b) Die Wahrscheinlichkeit, dass ein 30-Jähriger bis zum Alter 35 überlebt, ist 99 %:

$$_5p_{30} = S_{30}(5) = \exp(-0{,}002 \cdot 5) = 0{,}99 \;.$$

c) Die Wahrscheinlichkeit, dass ein 30-Jähriger vor Erreichen des Alters 38 stirbt, ist 1,59 %:

$$_8q_{30} = 1 - \,_8p_{30} = 1 - S_{30}(8) = 1 - \exp(-0{,}002 \cdot 8) = 0{,}01587 \;.$$

d) Die Wahrscheinlichkeit, dass ein 30-Jähriger zwischen Alter 36 und 40 stirbt, ist 0,79 %:

$$_{6|4}q_{30} = \,_6p_{30} - \,_{10}p_{30} = S_{30}(6) - S_{30}(10) = \exp(-0{,}012) - \exp(-0{,}020) = 0{,}0079 \;.$$

Ein alternativer Lösungsweg führt über

$$_{6|4}q_{30} = \,_6p_{30} \cdot \,_4q_{36} = \,_6p_{30} \cdot (1 - \,_4p_{36}) = S_{30}(6) \cdot (1 - S_{36}(4))$$

und liefert durch Einsetzen dasselbe Ergebnis.

L 3.8 a) Für die Verteilungsfunktion gilt:

$$F_0(x) = \int_0^x f_0(t)\,dt = \int_0^x \frac{2}{75} t^{-\frac{1}{3}}\,dt = \left[\frac{3}{2} \cdot \frac{2}{75} t^{\frac{2}{3}}\right]_0^x = \frac{1}{25} x^{\frac{2}{3}} \;.$$

Nach Voraussetzung ist

$$0 = P(T_0 > \omega) = 1 - P(T_0 \le \omega) = 1 - F_0(\omega) = 1 - \frac{1}{25}\omega^{\frac{2}{3}} \;.$$

Äquivalentes Unformen liefert das Schlussalter $\omega = 125$.
b) Die Wahrscheinlichkeit, dass ein 25-Jähriger im nächsten Jahr stirbt, ist 1,38 %:

$$q_{25} = F_{25}(1) = \frac{F_0(26) - F_0(25)}{1 - F_0(25)} = \frac{\frac{1}{25}26^{\frac{2}{3}} - \frac{1}{25}25^{\frac{2}{3}}}{1 - \frac{1}{25}25^{\frac{2}{3}}} = 0{,}0138 \;.$$

c) Die Lebenserwartung eines Neugeborenen ist 50 Jahre:

$$e_0^0 = \int_0^\omega x f_0(x)\,dx = \int_0^{125} x \frac{2}{75} x^{-\frac{1}{3}}\,dx = \frac{2}{75} \int_0^{125} x^{\frac{2}{3}}\,dx = \left[\frac{2}{75} \cdot \frac{3}{5} x^{\frac{5}{3}}\right]_0^{125} = 50 \;.$$

L 3.9 a) Die Person befindet sich nicht mehr in der Selektionsperiode. Deshalb ist

$$_5p_{[67]+3} = {}_5p_{70} = p_{70} \cdot p_{71} \cdot p_{72} \cdot p_{73} \cdot p_{74} = 0{,}7876 \, .$$

b) Die Person befindet sich noch 1 Jahr in der Selektionsperiode:

$$_5p_{[68]+2} = p_{[68]+2} \cdot {}_4p_{[68]+3} = p_{[68]+2} \cdot {}_4p_{71}$$
$$= 0{,}997 \cdot p_{71} \cdot p_{72} \cdot p_{73} \cdot p_{74} = 0{,}8156 \, .$$

c) Die Person befindet sich noch 2 Jahre in der Selektionsperiode:

$$_5p_{[69]+1} = {}_2p_{[69]+1} \cdot {}_3p_{[69]+3} = p_{[69]+1} \cdot p_{[69]+2} \cdot {}_3p_{72}$$
$$= 0{,}998 \cdot 0{,}997 \cdot p_{72} \cdot p_{73} \cdot p_{74} = 0{,}8496 \, .$$

d) Die Person befindet sich noch 3 Jahre in der Selektionsperiode:

$$_5p_{[70]} = {}_3p_{[70]} \cdot {}_2p_{[70]+3} = p_{[70]} \cdot p_{[70]+1} \cdot p_{[70]+2} \cdot {}_2p_{73}$$
$$= 0{,}999 \cdot 0{,}998 \cdot 0{,}997 \cdot p_{73} \cdot p_{74} = 0{,}8902 \, .$$

L 3.10 Es gibt verschiedene Lösungswege. Wir betrachten die Produktdarstellung für die gesuchte Wahrscheinlichkeit: $P = {}_{0{,}5|0{,}75}q_{75} = {}_{0{,}5}p_{75} \cdot {}_{0{,}75}q_{75{,}5}$. Dabei ist der erste Term:

$$_{0{,}5}p_{75} = \frac{l_{75{,}5}}{l_{75}} = \frac{l_{75} + 0{,}5(l_{76} - l_{75})}{l_{75}} = 1 - 0{,}5\frac{d_{75}}{l_{75}} = 1 - 0{,}5q_{75} \, .$$

Für den zweiten Term gilt

$$_{0{,}75}q_{75{,}5} = 1 - {}_{0{,}75}p_{75{,}5} = 1 - \frac{l_{76{,}25}}{l_{75{,}5}} = 1 - \frac{l_{76} - 0{,}25d_{76}}{l_{75} - 0{,}5d_{75}}$$
$$= 1 - \frac{l_{76} - 0{,}25l_{76}q_{76}}{l_{75} - 0{,}5l_{75}q_{75}} = 1 - \frac{l_{76}}{l_{75}} \cdot \frac{1 - 0{,}25q_{76}}{1 - 0{,}5q_{75}}$$
$$= 1 - p_{75}\frac{1 - 0{,}25q_{76}}{1 - 0{,}5q_{75}} = 1 - (1 - q_{75})\frac{1 - 0{,}25q_{76}}{1 - 0{,}5q_{75}} \, .$$

Daraus folgt durch Zusammenfügen und Einsetzen, dass die Wahrscheinlichkeit, die nächsten sechs Monate zu überleben und dann innerhalb von neun Monaten zu sterben, 3,9 % beträgt.

L 3.11 Es gibt verschiedene Lösungswege. Wir verwenden hier die Lebenden:

$$_{0{,}7}q_{50{,}6} = 1 - {}_{0{,}7}p_{50{,}6} = 1 - \frac{l_{51{,}3}}{l_{50{,}6}} = 1 - \frac{l_{51} - 0{,}3d_{51}}{l_{59} - 0{,}6d_{50}} = 1 - \frac{l_{51}}{l_{50}} \cdot \frac{1 - 0{,}3\frac{d_{51}}{l_{51}}}{1 - 0{,}6\frac{d_{50}}{l_{50}}}$$

$$= 1 - p_{50}\frac{1 - 0{,}3q_{51}}{1 - 0{,}6q_{50}} = 1 - (1 - q_{50})\frac{1 - 0{,}3q_{51}}{1 - 0{,}6q_{50}}$$

$$= 1 - (1 - 0{,}0012)\frac{1 - 0{,}3 \cdot 0{,}0014}{1 - 0{,}6 \cdot 0{,}0012} = 0{,}0009 \, .$$

L 3.12 Zunächst ist nach Voraussetzung

$$p_x = {}_1p_x = \exp\left(-\int_0^1 \mu_{x+s}\,ds\right) = \exp\left(-\int_0^1 \mu_x\,ds\right) = \exp\left([-\mu_x s]_0^1\right) = \exp(-\mu_x)\,.$$

Für $0 \le t \le 1$ ist analog

$$_tp_x = \exp\left(-\int_0^t \mu_x\,ds\right) = \exp(-\mu_x t) = (\exp(-\mu_x))^t = (p_x)^t\,.$$

Daraus folgt, dass die Wahrscheinlichkeit, dass eine genau 75-jährige Person innerhalb der nächsten 1,7 Jahre stirbt, etwa 9,03 % beträgt:

$$\begin{aligned}
_{1{,}7}q_{75} &= 1 - {}_{1{,}7}p_{75} = 1 - p_{75} \cdot {}_{0{,}7}p_{76} = 1 - (1 - q_{75}) \cdot (p_{76})^{0{,}7} \\
&= 1 - (1 - q_{75}) \cdot (1 - q_{76})^{0{,}7} = 1 - 0{,}95 \cdot 0{,}94^{0{,}7} = 0{,}0903\,.
\end{aligned}$$

L 3.13 Es sei B der einheitliche Versicherungsbeitrag, B^{NR} die neue Nichtraucherprämie und $B^R = 1{,}86 B^{NR}$ die neue Raucherprämie. Nach Voraussetzung muss dann die gesamte Beitragseinnahme vor und nach Preisdifferenzierung gleich sein:

$$B = 0{,}3 B^R + 0{,}7 B^{NR} = 0{,}3 \cdot 1{,}86 B^{NR} + 0{,}7 B^{NR} = 1{,}258 B^{NR}\,.$$

Daraus folgt äquivalent $B^{NR} = 0{,}795 B$ sowie $B^R = 1{,}479 B$. Der Abschlag für Nichtraucher in Bezug auf die alte Prämie beträgt etwa 20,5 %. Raucher müssen etwa 47,9 % mehr als die alte Einheitsprämie zahlen.

L 3.14 Der Schadenbedarf ist definiert als Gesamtschaden geteilt durch die Anzahl der versicherten Risiken. Konkret ist für den gesamten Bestand:

$$B = 1.000\frac{100 + 50 + 400 + 200 + 300 + 200}{6 \cdot 1.000} = 208{,}33\,.$$

Wir setzen nun $y_1^{(0)} = y_2^{(0)} = y_3^{(0)} = 1$ und berechnen im ersten Schritt

$$x_1^{(1)} = 1.000\frac{100 + 400 + 300}{3 \cdot 1.000 \cdot 208{,}33 \cdot 1} = 1{,}28$$

$$x_2^{(1)} = 1.000\frac{50 + 200 + 200}{3 \cdot 1.000 \cdot 208{,}33 \cdot 1} = 0{,}72$$

sowie

$$y_1^{(1)} = 1.000 \frac{100 + 50}{1.000 \cdot 208{,}33 \cdot (1{,}28 + 0{,}72)} = 0{,}36$$

$$y_2^{(1)} = 1.000 \frac{400 + 200}{1.000 \cdot 208{,}33 \cdot (1{,}28 + 0{,}72)} = 1{,}44$$

$$y_3^{(1)} = 1.000 \frac{300 + 200}{1.000 \cdot 208{,}33 \cdot (1{,}28 + 0{,}72)} = 1{,}20 \ .$$

Damit ist bereits Stationarität erreicht. Der ausgeglichene Schadenbedarf ist

Merkmale	Kind $j = 1$	Erwachsener $j = 2$	Senior $j = 3$
Männlich $i = 1$	$208{,}33 \cdot 1{,}28 \cdot 0{,}36$ $= 96$	$208{,}33 \cdot 1{,}28 \cdot 1{,}44$ $= 384$	$208{,}33 \cdot 1{,}28 \cdot 1{,}20$ $= 320$
Weiblich $i = 2$	$208{,}33 \cdot 0{,}72 \cdot 0{,}36$ $= 54$	$208{,}33 \cdot 0{,}72 \cdot 1{,}44$ $= 216$	$208{,}33 \cdot 0{,}72 \cdot 1{,}20$ $= 180$

L 3.15 Die gesamte Versicherungssumme ist

$$V = \sum_{i=1}^{2} \sum_{j=1}^{2} n_{ij} V_{ij} = 1.000(1.200 + 500 + 900 + 1.000) = 3.600.000 \ ,$$

Der erwartete Gesamtschaden ist

$$E(S) = \sum_{i=1}^{2} \sum_{j=1}^{2} n_{ij} V_{ij} q_{ij} = 1.000 \frac{1.200 \cdot 0{,}29 + 500 \cdot 0{,}19 + 900 \cdot 0{,}42 + 1.000 \cdot 0{,}2}{1.000}$$

$$= 1.021 \ .$$

Folglich ist die gewichtete durchschnittliche Sterberate

$$\bar{q} = \frac{E(S)}{V} = \frac{1.021}{3.600.000} = 0{,}00028 \ .$$

Wir setzen nun $y_1^{(0)} = y_2^{(0)} = 1$ und berechnen iterativ

$$x_1^{(k)} = \frac{V_{11} \cdot q_{11} + V_{12} \cdot q_{12}}{V_{11} \cdot \bar{q} \cdot y_1^{(k-1)} + V_{12} \cdot \bar{q} \cdot y_2^{(k-1)}}$$

$$x_2^{(k)} = \frac{V_{21} \cdot q_{21} + V_{22} \cdot q_{22}}{V_{21} \cdot \bar{q} \cdot y_1^{(k-1)} + V_{22} \cdot \bar{q} \cdot y_2^{(k-1)}}$$

$$y_1^{(k)} = \frac{V_{11} \cdot q_{11} + V_{21} \cdot q_{21}}{V_{11} \cdot \bar{q} \cdot x_1^{(k)} + V_{21} \cdot \bar{q} \cdot x_2^{(k)}}$$

$$y_2^{(k)} = \frac{V_{12} \cdot q_{12} + V_{22} \cdot q_{22}}{V_{12} \cdot \bar{q} \cdot x_1^{(k)} + V_{22} \cdot \bar{q} \cdot x_2^{(k)}} \ .$$

Im Ergebnis finden wir nach einigen Iterationen die Anpassungsfaktoren für die Region $x_1 = 0{,}8531$ und $x_2 = 1{,}1396$ sowie für den Beruf $y_1 = 1{,}2491$ und $y_2 = 0{,}6642$. Die ausgeglichenen Werte sind

Region i	Beruf j	Sterberate $\bar{q} \cdot x_i \cdot y_j$
1	1	0,000302
1	2	0,000161
2	1	0,000404
2	2	0,000215

8.3 Lösungen zu Kapitel 4 – Beitragsberechnung

L 4.1 a) Nach dem Wahrscheinlichkeitsansatz gilt

$$B^{NE} = q_1 T_1 v + p_1 q_2 T_2 v^2 + p_1 p_2 q_3 T_3 v^3 = 10.827 \ .$$

b) Es sei T die zufällige Auszahlung. Mögliche Realisationen sind: $0\,€$, $10.000\,€$, $20.000\,€$ und $30.000\,€$. Dabei ist

$$P(T = T_1) = q_1 = 0{,}2$$
$$P(T = T_2) = p_1 q_2 = (1 - 0{,}2) \cdot 0{,}25 = 0{,}2$$
$$P(T = T_3) = p_1 p_2 q_3 = (1 - 0{,}2) \cdot (1 - 0{,}25) \cdot 0{,}5 = 0{,}3$$
$$P(T = 0) = 1 - P(T = T_1) - P(T = T_2) - P(T = T_3) = 1 - 0{,}7 = 0{,}3 \ .$$

Die Wahrscheinlichkeit, dass das Versicherungsunternehmen Verlust macht, liegt bei 40 %:

$$P(T > 10.827) = P(T = T_2) + P(T = T_1) = 0{,}4$$

Mit 60 % Wahrscheinlichkeit macht der Versicherer einen Gewinn. Im Erwartungswert ist Leistung und Gegenleistung gleich (Äquivalenzprinzip).

L 4.2 Mit Hilfe der Beziehungen $N_x = S_x - S_{x+1}$ und $D_x = N_x - N_{x+1}$ gilt:

$$_2E_{25} = \frac{D_{27}}{D_{25}} = \frac{N_{27} - N_{28}}{N_{25} - N_{26}} = \frac{S_{27} - S_{28} - (S_{28} - S_{29})}{S_{25} - S_{26} - (S_{26} - S_{27})} = 0{,}5 \ .$$

L 4.3 Der Leistungsbarwert kann elementar als Summe aufeinander folgender aufgeschobener einjähriger Todesfallversicherungen berechnet werden:

$$L = \sum_{k=0}^{9} 10.000_{k|1}A_x + \sum_{k=10}^{\omega - x} 20.000_{k|1}A_x = 10.000 \frac{M_x + M_{x+10}}{D_x} \ .$$

Alternativ kann der Leistungsbarwert als eine Risikolebensversicherung mit zehn Jahren Laufzeit über 10.000 € zuzüglich einer um zehn Jahre aufgeschobenen lebenslangen Todesfallversicherung über 20.000 € berechnet werden:

$$L = 10.000_{10}A_x + 20.000_{10|}A_x = 10.000\frac{M_x + M_{x+10}}{D_x}.$$

Außerdem kann der Leistungsbarwert als eine lebenslange Todesfallversicherung über 10.000 € zuzüglich einer um 10 Jahre aufgeschobenen lebenslangen Todesfallversicherung über 10.000 € berechnet werden:

$$L = 10.000A_x + 10.000_{10|}A_x = 10.000\frac{M_x + M_{x+10}}{D_x}.$$

Schließlich kann der Leistungsbarwert als eine lebenslange Todesfallversicherung über 20.000 € abzüglich einer um 10 Jahre aufgeschobenen lebenslangen Todesfallversicherung über 10.000 € berechnet werden:

$$L = 20.000A_x - 10.000_{10}A_x = 10.000\frac{M_x + M_{x+10}}{D_x}.$$

Für $x = 30$ ist der Leistungsbarwert im Speziellen 11.285,56 €.

L 4.4 Es handelt sich um eine arithmetisch fallende Leibrentenversicherung $(D\ddot{a})_x$. Wir können den Leistungsbarwert elementar als Summe von Erlebensfallversicherungen berechnen:

$$L = \sum_{z=x}^{\omega} 1.000(\omega - z) \cdot {}_{z-x}E_x = 1.000\frac{(\omega - x)N_x - S_{x+1}}{D_x}$$

oder auch als Differenz einer konstanten Leibrente und der arithmetisch steigenden Leibrente:

$$L = 1.000\left((\omega - x + 1)\ddot{a}_x - (\ddot{a})_x\right) = 1.000\frac{(\omega - x)N_x - S_{x+1}}{D_x}.$$

Für die Sterbetafel DAV2004RM ist $\omega = 121$. Speziell ist dann $L = 3.300.652,00$.

L 4.5 Anhand des elementaren Ansatzes über aufeinander folgende, aufgeschobene einjährige Todesfallversicherungen ist

$$B^{NE} = 10.000_{1}A_x + 10.000_{1|1}A_x + 9.000_{2|1}A_x + 9.000_{3|1}A_x + 9.000_{4|1}A_x$$
$$+ 8.000_{5|1}A_x + 8.000_{6|1}A_x + 8.000_{7|1}A_x + 8.000_{8|1}A_x + 7.000_{9|1}A_x.$$

Alternativ kann der Leistungsbarwert zusammengefasst werden durch aufeinander folgende, aufgeschobene Risikolebensversicherungen:

$$B^{NE} = 10.000 \cdot {}_{2}A_x + 9.000 \cdot {}_{2|3}A_x + 8.000 \cdot {}_{5|4}A_x + 7.000 \cdot {}_{9|1}A_x \; .$$

Außerdem ist der Nettoeinmalbeitrag berechenbar als Differenz aufgeschobener Risikolebensversicherungen:

$$B^{NE} = 10.000 \cdot {}_{10}A_x - 1.000 \cdot {}_{2|3}A_x - 2.000 \cdot {}_{5|4}A_x - 3.000 \cdot {}_{9|1}A_x \; .$$

Andererseits kann das Leistungsversprechen als Summe von Risikolebensversicherungen mit unterschiedlicher Laufzeit und unterschiedlicher Versicherungssumme aufgefasst werden:

$$B^{NE} = 7.000 \cdot {}_{10}A_x + 1.000 \cdot {}_{9}A_x + 1.000 \cdot {}_{5}A_x + 1.000 \cdot {}_{2}A_x \; .$$

Letztlich kann die Nettoeinmalprämie auch als Differenz von Risikolebensversicherungen dargestellt werden:

$$B^{NE} = 10.000 \cdot {}_{10}A_x - 1.000 \cdot {}_{2|8}A_x - 1.000 \cdot {}_{5|5}A_x - 1.000 \cdot {}_{9|1}A_x \; .$$

Das Ergebnis ist immer

$$B^{NE} = \frac{1.000}{D_x}(10M_x - M_{x+2} - M_{x+5} - M_{x+9} - 7M_{x+10}) \; .$$

Konkret berechnen wir den Einmalbeitrag in Höhe von 24,60 €.

L 4.6 Anhand des elementaren Ansatzes über aufeinander folgende, aufgeschobene einjährige Erlebensfallversicherungen ist

$$B^{NE} = 10.000\,{}_{0}E_x + 10.000\,{}_{1}E_x + 9.000\,{}_{2}E_x + 9.000\,{}_{3}E_x + 9.000\,{}_{4}E_x$$
$$+ \; 8.000\,{}_{5}E_x + 8.000\,{}_{6}E_x + 8.000\,{}_{7}E_x + 8.000\,{}_{8}E_x + 7.000\,{}_{9}E_x \; .$$

Alternativ kann der Leistungsbarwert zusammengefasst werden durch aufeinander folgende, aufgeschobene temporäre Altersrentenversicherungen:

$$B^{NE} = 10.000\ddot{a}_{x,\overline{2|}} + 9.000\,{}_{2|}\ddot{a}_{x,\overline{3|}} + 8.000\,{}_{5|}\ddot{a}_{x,\overline{4|}} + 7.000\,{}_{9|}\ddot{a}_{x,\overline{1|}} \; .$$

Außerdem ist der Nettoeinmalbeitrag berechenbar als Differenz aufgeschobener Rentenversicherungen:

$$B^{NE} = 10.000 \cdot \ddot{a}_{x,\overline{10|}} - 1.000 \cdot {}_{2|}\ddot{a}_{x,\overline{3|}} - 2.000 \cdot {}_{5|}\ddot{a}_{x,\overline{4|}} - 3.000 \cdot {}_{9|}\ddot{a}_{x,\overline{1|}} \; .$$

Andererseits kann das Leistungsversprechen als Summe von Rentenversicherungen mit unterschiedlicher Laufzeit und unterschiedlicher Rentenhöhe aufgefasst werden:

$$B^{NE} = 7.000\ddot{a}_{x,\overline{10|}} + 1.000\ddot{a}_{x,\overline{9|}} + 1.000\ddot{a}_{x,\overline{5|}} + 1.000\ddot{a}_{x,\overline{2|}} \ .$$

Letztlich kann die Nettoeinmalprämie auch als Differenz von Rentenversicherungen dargestellt werden:

$$B^{NE} = 10.000 \cdot \ddot{a}_{x,\overline{10|}} - 1.000 \cdot \ _{2|}\ddot{a}_{x,\overline{8|}} - 1.000 \cdot \ _{5|}\ddot{a}_{x,\overline{5|}} - 1.000 \cdot \ _{9|}\ddot{a}_{x,\overline{1|}} \ .$$

Das Ergebnis ist immer

$$B^{NE} = \frac{1.000}{D_x}(10N_x - N_{x+2} - N_{x+5} - N_{x+9} - 7N_{x+10}) \ .$$

Konkret berechnen wir den Einmalbeitrag in Höhe von 81.018,78 €.

L 4.7 Es sei $x = 25; n = 20; i = 0{,}0125$. Der Leistungsbarwert ist dann:

$$L = \sum_{k=0}^{n-1}(1+g)^k \ _{k|1}A_x = \frac{1}{(1+g)}\sum_{k=0}^{n-1}\frac{d_{x+k}}{l_x}\tilde{v}^{k+1} = \frac{\tilde{M}_x - \tilde{M}_{x+n}}{(1+g)\tilde{D}_x} \ .$$

Dabei ist $\tilde{i} = (i - g)/(1 + g)$ und $\tilde{v} = 1/(1 + \tilde{i})$. Der Steigerungsfaktor g kann also mit dem Rechnungszins i zum neuen Rechnungszinssatz $\tilde{i}$ verbunden werden. Konkret ergibt sich der Wert in Höhe von 0,01286.

L 4.8 Der Leistungsbarwert im Todesfall setzt sich aus einer konstanten Risikolebensversicherung und einer arithmetisch steigenden temporären Todesfallversicherung zusammen. Insgesamt haben wir folgende Barwerte:

$$L_E = 50.000\ _{12}E_{30} = 50.000\frac{D_{42}}{D_{30}}$$

$$L_T = 60.000\ _{12}A_{30} + 10.000\ _{7|5}(IA)_{30} = 10.000\frac{6M_{30} - 11M_{42} + R_{37} - R_{42}}{D_{30}} \ .$$

Der Nettoeinmalbeitrag ist die Summe der Versicherungsbarwerte, konkret 43.263,78 €.

L 4.9 a) Es handelt sich um die Differenz einer garantierten Zeitrente und einer Leibrente. Somit erfolgt die Zahlung einer Versicherungsleistung nur im Todesfall. Es handelt sich also um eine Risikolebensversicherung.

Im Todesfall der versicherten Person erhält der Bezugsberechtigte eine jährliche Zeitrente in Höhe der Versicherungssumme. Stirbt der Versicherte beispielsweise im ersten Jahr, so erhält der Bezugsberechtigte eine n-malige Zeitrente. Stirbt der Versicherte im letzten Vertragsjahr, so zahlt die Versicherung noch genau ein Mal die Versicherungssumme aus. Stirbt die versicherte Person im Vertragsverlauf gar nicht, so ist der Leistungsbarwert identisch null.

b) Gesucht ist der jährliche Nettobeitrag B^N. Die Versicherungsbarwerte sind

$$GL = B^N \ddot{a}_{x,\overline{n}|} = B^N \frac{N_x - N_{x+n}}{D_x}$$

$$L = S\left(\ddot{a}_{\overline{n+1}|} - \ddot{a}_{x,\overline{n+1}|}\right) = S\left(\frac{1 - v^{n+1}}{1 - v} - \frac{N_x - N_{x+n+1}}{D_x}\right) .$$

Mit dem Äquivalenzprinzip folgt

$$B^N = S\frac{\left(1 - v^{n+1}\right) D_x - (1 - v)\left(N_x - N_{x+n+1}\right)}{(1 - v)\left(N_x - N_{x+n}\right)} .$$

Konkret für $i = 0{,}0125$ berechnet, ist der jährliche Nettobeitrag $1.792{,}94\,€$.

L 4.10 a) Zunächst stellt man Versicherungsleistung und Gegenleistung auf:

$$L = S_n A_x = S\frac{M_x - M_{x+n}}{D_x}$$

$$GL = (B^N - A)\ddot{a}_{x,\overline{n}|} + A(\ddot{a})_{x,\overline{n}|} .$$

Die Berechnung des Barwertfaktors

$$(I\ddot{a})_{x,\overline{n}|} = \sum_{k=0}^{n-1} (k + 1)\,_{k|}\ddot{a}_{x,\overline{1}|} = \sum_{k=0}^{n-1}\,_{k|}\ddot{a}_{x,\overline{n-k}|} = A\frac{S_x - S_{x+n} - n N_{x+n}}{D_x}$$

erfolgt analog zur Berechnung des Barwerts einer arithmetisch steigenden Risikolebensversicherung. Im Ergebnis ist

$$GL = \frac{B^N N_x - (B^N + nA)N_{x+n} + A S_{x+1} - A S_{x+n+1}}{D_x} .$$

Mit dem Äquivalenzprinzip ist dann die gesuchte Versicherungssumme

$$S = \frac{B^N N_x - (B^N + nA)N_{x+n} + A S_{x+1} - A S_{x+n+1}}{M_x - M_{x+n}} .$$

b) Konkret berechnen wir $212.106{,}10\,€$.

L 4.11 a) Sei $x = 30$; $n = 20$; $B^N = 2.400$. Zunächst stellt man Versicherungsleistung und Gegenleistung auf:

$$L_E = S_n E_x = S \frac{D_{x+n}}{D_x}$$

$$L_T = B_n^N (IA)_x = B^N \frac{R_x - R_{x+n} - n M_{x+n}}{D_x}$$

$$GL = B^N \ddot{a}_{x,\overline{n}|} = B \frac{N_x - N_{x+n}}{D_x} \,.$$

Durch Gleichsetzen, $L_E + L_T = L = GL$, ergibt sich die Versicherungssumme:

$$S = B^N \frac{N_x - N_{x+n} - R_x + R_{x+n} + n M_{x+n}}{D_{x+n}} \,.$$

b) Konkret ist die Versicherungssumme 54.899,38 €.

c) Der Kontostand K_{20} nach zwanzig Jahren ist

$$K_{20} = B^N \ddot{s}_n = B^N \frac{(1+i)^n - 1}{1 - v} = 2.400 \frac{1{,}0125^{20} - 1}{1 - 1{,}0125^{-1}} = 54.828{,}04 \,.$$

L 4.12 a) Leistung und Gegenleistung sind hier:

$$L = S_2 A_x + B^N (1+i) \, _1 A_x + B^N \left((1+i) + (1+i)^2 \right) \, _{1|1} A_x$$

$$GL = B^N \ddot{a}_x \,.$$

Mit dem Äquivalenzprinzip folgt

$$B^N = S \frac{M_{18}}{N_{16} - C_{16}(1+i) - C_{17}((1+i) + (1+i)^2)} \,.$$

b) Wir nutzen die Beziehung $C_x = v D_x - D_{x+1}$ für den Nenner und erhalten schließlich

$$B^N = S \frac{M_{18}}{N_{18} + D_{18} \left((1+i) + (1+i)^2 \right)} \,.$$

Wir erkennen, dass der Nettobeitrag nicht von der Sterbewahrscheinlichkeit zwischen dem Alter 16 und 18 abhängt.

c) Konkret ist der jährliche Nettobeitrag 114,99 €.

L 4.13 a) Es sei $x = 25$; $n = 10$; $k = 3$; $p = 0{,}1$; $S = 100.000$. Leistung und Gegenleistung sind:

$$L = S_n A_x = S \frac{M_x - M_{x+n}}{D_x}$$

$$GL = p B^N \ddot{a}_{x,\overline{k}|} + B_{k|}^N \ddot{a}_{x,\overline{n-k}|} = B^N \frac{p N_x + (1-p) N_{x+k} - N_{x+n}}{D_x} \,.$$

Das Äquivalenzprinzip liefert dann

$$B^N = S \frac{M_x - M_{x+n}}{pN_x + (1-p)N_{x+k} - N_{x+n}} \; .$$

Der Nettobeitrag in den ersten drei Jahren ist 10,90 €, danach ist der Nettobeitrag 109,00 €.

b) Der erwartete Schaden ist das Produkt der Sterbewahrscheinlichkeit mit der Versicherungssumme:

$$L_1 = Sq_x = 100.000 q_{25} = 85{,}60$$
$$L_2 = Sq_{x+1} = 100.000 q_{26} = 80{,}80$$
$$L_3 = Sq_{x+2} = 100.000 q_{27} = 77{,}20 \; .$$

In jedem der drei ersten Jahre ist der erwartete Versicherungsschaden viel größer als die Beitragseinnahme von jährlich 10,90 €. Der Versicherungsvertrag sollte so nicht angeboten werden. Denn im Kündigungsfall innerhalb der ersten drei Jahre droht dem Unternehmen ein Verlust.

L 4.14 a) Zunächst sind die Versicherungsbarwerte:

$$GL = B^N \ddot{a}_{x,\overline{z-x}|}$$
$$L = 3R_{z-x|}\ddot{a}_{x,\overline{10}|} + 2R_{z-x+10|}\ddot{a}_{x,\overline{10}|} + R_{z-x+20|}\ddot{a}_x \; .$$

Die Versicherungsleistung lässt sich auch alternativ modellieren:

$$L = R_{z-x|}\ddot{a}_x + R_{z-x|}\ddot{a}_{x,\overline{10}|} + R_{z-x|}\ddot{a}_{x,\overline{20}|} \; .$$

Durch Gleichsetzen von Leistung und Gegenleistung berechnen wir

$$B^N = R \frac{3N_z - N_{z+10} - N_{z+20}}{N_x - N_z} \; .$$

b) Für die angegebenen Parameterwerte ist der Nettojahresbeitrag konkret 35.167,51 €.

L 4.15 Zunächst werden die Barwerte modelliert:

$$L_E = R_{\;m|}\ddot{a}_x$$
$$L_T = B^N{}_h(IA)_x + hB^N{}_{h|m-h}A_x \; .$$

Die Todesfallleistung setzt sich additiv aus zwei Teilen zusammen. Während der Beitragszahlungsdauer wächst die Versicherungssumme arithmetisch. Nach Ende der Beitragszahlungsdauer und bis zum Renteneintritt ist die Versicherungssumme im Todesfall konstant.

Die Gegenleistung ist $GL = B^N \ddot{a}_{x,\overline{n}|}$. Durch Gleichsetzen, $L_E + L_T = L = GL$, finden
wir:

$$B^N = R \frac{N_{x+m}}{N_x - N_{x+h} - R_x + R_{x+h} + hM_{x+m}} \,.$$

Konkret ist der jährliche Nettobeitrag 5.128,41 €.

L 4.16 Zunächst sind Leistung und Gegenleistung:

$$L = R_{m|}\ddot{a}_x$$
$$GL = B^N \ddot{a}_{x,\overline{m}|} \,.$$

Dann ist der jährliche Nettobeitrag nach dem Äquivalenzprinzip

$$B^N = R \frac{N_{x+m}}{N_x - N_{x+m}} \,.$$

Nach Voraussetzung setzen wir $B^N = R$ und formen äquivalent um, sodass $N_{x+m} = 0{,}5N_x$ ist. Anhand der Sterbetafel erkennen wir konkret, dass $0{,}5N_{33} = 13.531.562$ sowie $N_{57} = 13.521.634$ ist. Die beiden Werte sind fast identisch, also ist $m = 24$. Wenn die lebenslange Rente im Alter 57 beginnt, so sind Nettobeitrag und Rentenhöhe in etwa gleich hoch. Beginnt sie später, ist die Rente höher als der Beitrag. Beginnt sie früher ist der Beitrag höher als die Rente.

L 4.17 Es sei $x = 40$; $n = 20$; $m = 10$; $S = 100.000$. Dann sind die Versicherungsbarwerte:

$$L_T = S_n A_x + B_m (IA)_x$$
$$L_E = S_n E_x$$
$$GL = B^N \ddot{a}_{x,\overline{n}|} \,.$$

Durch Gleichsetzen, $L_T + L_E = L = GL$, folgt:

$$B^N = S A_{x,\overline{n}|} \frac{D_x}{N_x - N_{x+n} - R_x + R_{x+m} + mM_{x+m}} \,.$$

Folglich ist der gesuchte Parameter k:

$$k = \frac{N_x - N_{x+n} - R_x + R_{x+m} + mM_{x+m}}{D_x} = \ddot{a}_{x,\overline{n}|} - {}_m(IA)_x \,.$$

Konkret ist $k = 17{,}23$. Der Leistungsbarwert der gewöhnlichen Kapitallebensversiche-
rung $A_{x,\overline{n}|}$ ist das k-fache des Nettobeitrags der Kapitallebensversicherung mit zusätzli-
cher Beitragsrückgewähr in den ersten zehn Versicherungsjahren. Dabei ist k geringer als
der 20-jährige Leibrentenfaktor $\ddot{a}_{x,\overline{n}|}$.

L 4.18 a) Es sei $i = 0{,}04$; $n = 20$; $B = 100.000$. Dann ist der Leistungsbarwert $L = R\ddot{a}_{\overline{n}|}$ und die Gegenleistung $GL = B$. Nach dem Äquivalenzprinzip ist dann die Rentenhöhe:

$$R = B\,\frac{1-v}{1-v^n}\;.$$

Im Speziellen beträgt die Rentenhöhe 7.075,17 €.

b) Es sei $x = 65$; $m = 20$; $B = 100.000$. Dann ist der Leistungsbarwert $L = R_{m|}\ddot{a}_x$ sowie wiederum $GL = B$. Durch Gleichsetzen erhalten wir:

$$R = B\,\frac{D_x}{N_{x+m}}\;.$$

Konkret ist die Rentenhöhe 13.991,02 €.

c) Es sei $\alpha \in [0;1]$ der Anteil der Prämie B, der in Produkt 1 investiert wird. Nach Voraussetzung wird dann der Anteil $1 - \alpha$ in Produkt 2 investiert. Nach a) und b) gilt dann:

$$\left|\begin{array}{l} R = \alpha B\,\dfrac{1-v}{1-v^n} \\[2ex] R = (1-\alpha)\,B\,\dfrac{D_x}{N_{x+m}} \end{array}\right|\;.$$

Dies ist ein lineares Gleichungssystem in den beiden Variablen α und R. Die Lösung ist

$$\left|\begin{array}{l} \alpha = \dfrac{(1-v^n)D_x}{(1-v)N_{x+m} + (1-v^n)D_x} \\[2ex] R = B\,\dfrac{(1-v)D_x}{(1-v)N_{x+m} + (1-v^n)D_x} \end{array}\right|\;.$$

Konkret ist der gesuchte Anteil $\alpha = 0{,}6641$. Es werden 66.414,57 € in die Zentrente sowie 33.585,43 € in die aufgeschobene Leibrente investiert. Die lebenslange Rente, die für die ersten zwanzig Jahre garantiert ist, beträgt 4.698,94 €.

L 4.19 Es sei $x = 25$; $h = 15$; $n = 30$; $S = 100.000$. Gesucht ist der jährliche Nettobeitrag B^N. Die Versicherungsbarwerte sind

$$L_E = S_n E_x$$
$$L_T = 4 S_5 A_x + 2 S_{5|5}A_x + S_{10|n-10}A_x$$
$$GL = B\ddot{a}_{x,\overline{h}|}\;.$$

Mit dem Äquivalenzprinzip und durch Zusammenfassen der Kommutationswerte ist dann

$$B^N = S\,\frac{D_{x+n} + 4M_x - 2M_{x+5} - M_{x+10} - M_{x+n}}{N_x - N_{x+h}}\;.$$

Im Speziellen ist der Nettojahresbeitrag 5.174,78 €.

L 4.20 Es sei $x = 22$; $n = 20$; $\alpha^Z = 0{,}04$; $B^Z = 2.400$. Gesucht ist die Versicherungssumme S. In allgemeiner Form ist zunächst

$$
\begin{aligned}
L_E &= S \, {}_nE_x \\
L_T &= B^Z \, {}_n(IA)_x \\
L_K &= \alpha^Z n B^Z \\
GL &= B^Z \ddot{a}_{x,\overline{n}|} \ .
\end{aligned}
$$

Mit dem Äquivalenzprinzip berechnen wir dann die Versicherungssumme allgemein in Kommutationswerten:

$$
S = B^Z \frac{N_x - N_{x+n} - R_x + R_{x+n} + n M_{x+n} - \alpha^Z n D_x}{D_{x+n}} \ .
$$

Im Speziellen beträgt die Versicherungssumme $52.374{,}03$ €.

L 4.21 Es sei $x = 60$; $\alpha^Z = 0{,}035$; $B^Z = 600$. Gesucht ist die Versicherungssumme S. Dann ist der Barwert der Todesfallleistung $L_T = S A_x$, der Kostenbarwert $L_K = \alpha^Z S$ und die Gegenleistung $GL = B^Z \ddot{a}_x$. Setzen wir $L_T + L_K = L = GL$, so folgt daraus:

$$
S = B^Z \frac{N_x}{M_x + \alpha^Z D_x} \ .
$$

Aus Vorsichtsgründen wird mit derjenigen Tafel gerechnet, die die niedrigere Versicherungssumme impliziert. In Frage kommen die DAV2008T und die DAV2004R. Bei DAV2004R geht man davon aus, dass die Versicherten länger leben. Für eine lebenslange Todesfallversicherung bedeutet diese Festsetzung, dass die Versicherungssumme zu einem späteren Zeitpunkt ausbezahlt wird und der Leistungsbarwert folglich aufgrund des Abzinsungseffekts höher gewählt werden kann als bei Verwendung der Sterbetafel DAV2008T. Man verwendet also nach dem Vorsichtsprinzip die Sterbetafel DAV2008T. Mit der Todesfalltafel DAV2008TM ergibt sich konkret $11.914{,}78$ €. Anhand der Rententafel DAV2004RM würde man $23.034{,}77$ € erhalten. Es wird der niedrigere Betrag als Versicherungssumme festgelegt. Eigentlich müsste man mit einer Unisex-Sterbetafel rechnen.

L 4.22 Es sei $x = 30$; $\alpha^Z = 0{,}04$; $S = 100.000$; $n_1 = 10$; $n_2 = 20$; $n_3 = 30$. Gesucht ist der Zillmerbeitrag B^Z. Leistung und Gegenleistung sind:

$$
\begin{aligned}
L_T &= 3S \, {}_{n_1}A_x + 2S \, {}_{n_1|n_2-n_1}A_x + S \, {}_{n_2|n_3-n_2}A_x \\
L_K &= \alpha^Z n_3 B^Z \\
GL &= B^Z \ddot{a}_{x,\overline{n_3}|} \ .
\end{aligned}
$$

Setzen wir nun $L_T + L_K = L = GL$ gemäß dem Äquivalenzprinzip, so folgt daraus:

$$B^Z = S\,\frac{3M_x - M_{x+n_1} - M_{x+n_2} - M_{x+n_3}}{N_x - N_{x+n_3} - \alpha^Z n_3 D_x}\,.$$

Im Speziellen beträgt die gezillmerte Nettoprämie 273,83 €.

L 4.23 Es sei $n = 35$; $x = 25$; $z = 65$; $m = z - x = 40$; $B^Z = 1.200$; $B^{ZE} = 50.000$; $\alpha^Z = 0{,}04$. Gesucht ist die Rentenhöhe R. Die Barwerte lauten:

$$L_E = R_{m|}\ddot{a}_x$$
$$L_K = \alpha^Z(B^{ZE} + nB^Z)$$
$$GL = B^{ZE} + B^Z \ddot{a}_{x,\overline{n}|}\,.$$

Setzen wir nun $L_E + L_K = L = GL$, so erhalten wir in allgemeiner Form:

$$R = B^{ZE}(1 - \alpha^Z)\frac{D_x}{N_z} + B^Z\,\frac{N_x - N_{x+n} - n\alpha^Z D_x}{N_z}\,.$$

Die konkrete Rentenhöhe beträgt 5.180,58 €.

L 4.24 a) Es sei $x = 35$; $n = 20$; $S = 100.000$; $B^Z = 4.660{,}58$. Gesucht ist der Kostensatz α^Z. Der versicherungsmathematische Ansatz lautet

$$L_T = S_n A_x$$
$$L_E = S_n E_x$$
$$L_K = \alpha^Z n B^Z$$
$$GL = B^Z \ddot{a}_{x,\overline{n}|}\,.$$

Setzen wir den gesamten Leistungsbarwert gleich der Gegenleistung, so folgt daraus

$$\alpha^Z = \frac{N_x - N_{x+n}}{nD_x} - S\,\frac{M_x - M_{x+n} + D_{x+n}}{nB^Z D_x}\,.$$

Der Provisionssatz beträgt konkret 4,3 % der Beitragssumme. Die einmalige Abschlussprovision ist folglich $L_K = 0{,}04 \cdot 20 \cdot 4.660{,}58 = 4.008{,}13$.

b) Bei bekannten Kosten L_K sind die übrigen Versicherungsbarwerte wie gehabt $L_T = S_n A_x$, $L_E = S_n E_x$ sowie $GL = B^Z \ddot{a}_{x,\overline{n}|}$. Daraus folgt nach dem Äquivalenzprinzip für den Beitrag:

$$B^Z = \frac{S\,(M_x - M_{x+n} + D_{x+n}) + L_K D_x}{N_x - N_{x+n}}\,.$$

Durch Einsetzen von $L_K = 0$ erhalten wir damit die Nettoprämie B^N, die konkret 4.433,40 € beträgt. Es ist also

$$B^Z = B^N + \frac{L_K D_x}{N_x - N_{x+n}} \quad \Leftrightarrow \quad L_K = (B^Z - B^N)\frac{N_x - N_{x+n}}{D_x}\,.$$

Konkret beträgt die einmalige Abschlussprovision 4.008,13 €. Damit ist der Abschlusskostensatz $\alpha^Z = L_K/nB^Z = 0{,}043$.

L 4.25 a) Es sei $x = 30$; $n = 25$; $S = 100.000$; $B^Z = 3.631{,}94$; $\alpha^Z = 0{,}25$. Gesucht ist Kostenbarwert für $k = 5$:

$$L_K = \alpha^Z B^Z \ddot{a}_{x,\overline{k}|} = 0{,}25 \cdot 3.631{,}94\frac{N_{30} - N_{35}}{D_{30}} = 4.422{,}46\,.$$

b) Gesucht ist der Parameter k für $\tilde{\alpha}^Z = 0{,}04$. Dann sind die beiden alternativen Kostenbarwerte:

$$L_K = \alpha^Z B \ddot{a}_{x,\overline{k}|}$$
$$\tilde{L}_K = \tilde{\alpha}^Z n B\,.$$

Durch Gleichsetzen finden wir

$$N_{x+k} = N_x - \frac{\tilde{\alpha}^Z n D_x}{\alpha^Z}\,.$$

Durch Einsetzen der bekannten Parameterwerte finden wir heraus, dass $N_{30} - 4D_{20} = 20.870.672 \approx 20.923.209 = N_{34}$. Also ist k ungefähr vier. Mit der für vier Jahre gezahlten Provision in Höhe von 25 % des Jahresbeitrags kommt man der einmaligen Provision in Höhe von 4 % der Beitragssumme, die einmalig am Vertragsbeginn fällig ist, am nächsten. Dieses Ergebnis erstaunt nicht, denn der nominelle Auszahlungsbetrag der Abschlussprovision ist in beiden Fällen 100 % des Jahresbeitrags.

c) Hier ist $k = 5$, gesucht ist $\tilde{\alpha}^Z$. Durch Gleichsetzen der beiden Kostenbarwerte erhalten wir:

$$\tilde{\alpha}^Z = \frac{\alpha^Z B^Z \ddot{a}_{x,\overline{k}|}}{nB^Z} = \frac{\alpha^Z}{n} \cdot \frac{N_x - N_{x+k}}{D_x} = 0{,}1\frac{N_{30} - N_{35}}{D_{30}} = 0{,}0487\,.$$

Der äquivalente einmalige Kostensatz ist 4,87 %.

L 4.26 Es sei $x = 30$; $h = 20$; $n = 10$; $S = 25.000$. Gesucht ist der Bruttobeitrag B^B. Die Leistungsbarwerte sind:

$$L_T = S_{n|}A_x$$
$$L_{BR} = B^B{}_{n}(IA)_x$$
$$L_K = \alpha^Z S + \beta B^B \ddot{a}_{x,\overline{h}|} + \gamma S \ddot{a}_x\,.$$

Die Gegenleistung ist $GL = B^B \ddot{a}_{x,\overline{h}|}$. Dann ist nach dem Äquivalenzprinzip

$$B^B = S \frac{M_{x+n} + \gamma N_x + \alpha^Z D_x}{(1-\beta)(N_x - N_{x+h}) - R_x + R_{x+n} + n M_{x+n}} \, .$$

Im Speziellen ist die Bruttoprämie 1.118,38 €.

L 4.27 Es sei $x = 46$; $n = 5$; $S = 10.000$. Gesucht ist der Bruttobeitrag B^B. Zunächst sind Leistung und Gegenleistung

$$L_T = S_1 A_x + 3 S_{1|1} A_x + 3 S_{2|1} A_x + 2 S_{3|1} A_x + S_{4|1} A_x$$
$$L_K = \alpha^Z n B + \alpha^\gamma S \ddot{a}_{x,\overline{n}|} + \beta B \ddot{a}_{x,\overline{n}|} + \gamma S \ddot{a}_{x,\overline{n}|}$$
$$GL = B^B \ddot{a}_{x,\overline{n}|} \, .$$

Setzen wir $L_T + L_K = L = GL$, so folgt daraus

$$B^B = S \frac{C_x + 3 C_{x+1} + 3 C_{x+2} + 2 C_{x+3} + C_{x+4} + 2(\alpha^\gamma + \gamma)(N_x - N_{x+n})}{(1-\beta)(N_x - N_{x+n}) - \alpha^Z n D_x} \, .$$

Konkret berechnen wir, dass der Bruttobeitrag 138,79 € ist.

L 4.28 Es sei $x = 50$; $n = 15$; $S = 100.000$. Gesucht ist der Bruttobeitrag B^B. Wir stellen zunächst Leistung und Gegenleistung auf:

$$L_T = 3 S_5 A_x + 2 S_{5|5} A_x + S_{10|5} A_x$$
$$L_K = \alpha^Z 2 S + \alpha^\gamma 2 S \ddot{a}_{x,\overline{n}|} + \beta B \ddot{a}_{x,\overline{n}|} + \gamma 2 S \ddot{a}_{x,\overline{n}|}$$
$$GL = B^B \ddot{a}_{x,\overline{n}|} \, .$$

Mit dem Äquivalenzprinzip folgt daraus in kompakter Form:

$$B^B = S \frac{3 M_x - M_{x+5} - M_{x+10} - M_{x+n} + 2 \alpha^Z D_x + 2(\alpha^\gamma + \gamma)(N_x - N_{x+n})}{(1-\beta)(N_x - N_{x+n})} \, .$$

Konkret ist der Bruttobeitrag hier 2.534,60 €.

L 4.29 Es sei $x = 30$; $n = 20$; $S = 100.000$. Gesucht ist der Bruttobeitrag B^B. Der versicherungstechnische Ansatz lautet:

$$L_T = \frac{S}{n} \cdot {}_n(DA)_x$$
$$L_K = \alpha^Z n B + \beta B \ddot{a}_{x,\overline{n}|} + \gamma S \ddot{a}_{x,\overline{n}|}$$
$$GL = B \ddot{a}_{x,\overline{n}|} \, .$$

Mit dem Äquivalenzprinzip, $L_T + L_K = L = GL$, folgt daraus:

$$B^B = S\frac{M_x + 1/n(R_{x+n+1} - R_{x+1}) + \gamma(N_x - N_{x+n})}{(1-\beta)(N_x - N_{x+n}) - \alpha^Z n D_x}\;.$$

Für die speziellen Parameterwerte ist der Bruttobeitrag 288,41 €.

L 4.30 Es sei $x = 40; n = 30; S = 100.000$. Gesucht ist der Bruttobeitrag B^B. Die Barwerte sind nach Voraussetzung:

$$L_E = S_n E_x$$
$$L_T = 4S_4 A_x + 3S_{4|4} A_x + 2S_{8|4} A_x + S_{12|n-12} A_x$$
$$L_K = \alpha^Z S + \alpha^\gamma S \ddot{a}_{x,\overline{n}|} + \beta B^B \ddot{a}_{x,\overline{n}|} + \gamma S \left(4\ddot{a}_{x,\overline{4}|} + 3_{4|}\ddot{a}_{x,\overline{4}|} + 2_{8|}\ddot{a}_{x,\overline{4}|} + {}_{12|}\ddot{a}_{x,\overline{n-12}|}\right)$$
$$GL = B^B \ddot{a}_{x,\overline{n}|}\;.$$

Setzen wir die gesamte Versicherungsleistung gleich der Gegenleistung der versicherten Person, so folgt daraus durch Zusammenfassen der Kommutationswerte:

$$B^B = S\frac{D_{x+n} + 4M_x - M_{x+4} - M_{x+8} - M_{x+12} - M_{x+n}}{(1-\beta)(N_x - N_{x+n})}$$
$$+ S\frac{\alpha^Z D_x + \alpha^\gamma(N_x - N_{x+n}) + \gamma(4N_x - N_{x+4} - N_{x+8} - N_{x+12} - N_{x+n})}{(1-\beta)(N_x - N_{x+n})}\;.$$

Im Speziellen beträgt der Bruttobeitrag für die Versicherung 4.001,00 €.

L 4.31 Es sei $x = 30; h = 10; n = 20; S = 100.000; p = 0,6; T = phB$. Gesucht ist zunächst der Bruttobeitrag B^B. Dazu stellen wir Leistung und Gegenleistung auf:

$$L_E = S_n E_x$$
$$L_T = T_n A_x = phB_n^B A_x$$
$$L_K = \alpha^Z hB^B + \alpha^\gamma hB^B \ddot{a}_{x,\overline{h}|} + \beta B^B \ddot{a}_{x,\overline{h}|} + \gamma_1 S \ddot{a}_{x,\overline{n}|} + \gamma_2 phB^B \ddot{a}_{x,\overline{n}|}$$
$$GL = hB^B \ddot{a}_{x,\overline{h}|}\;.$$

Durch Gleichsetzen von Leistung und Gegenleistung nach dem Äquivalenzprinzip ist dann:

$$B^B =$$
$$S\frac{D_{x+n} + \gamma_1(N_x - N_{x+n})}{(1 - h\alpha^\gamma - \beta)(N_x - N_{x+h}) - \gamma_2 ph(N_x - N_{x+n}) - ph(M_x - M_{x+n}) - \alpha^Z h D_x}\;.$$

Konkret berechnen wir 9.336,66 € für den Bruttobeitrag. Die Versicherungssumme im Todesfall ist damit $T = phB^B = 0,6 \cdot 10 \cdot 9.336,66 = 56.019,98$.

L 4.32 Es sei $x = 30; n = 30; S = 100.000$. Gesucht ist zunächst der Bruttobeitrag B^B. Wir wählen den versicherungstechnischen Ansatz:

$$L_E = S\,_nE_x$$
$$L_T = T\,_5A_x + (T + 0{,}5(S - T))\, _{5|n-5}A_x = T\,_nA_x + 0{,}5(S - T)\, _{5|n-5}A_x$$
$$L_K = \alpha^Z nB + \alpha^\gamma nB\ddot{a}_{x,\overline{n}|} + \beta B\ddot{a}_{x,\overline{n}|} + \gamma nB\ddot{a}_{x,\overline{n}|}$$
$$GL = B\ddot{a}_{x,\overline{n}|}\,.$$

Dann ist nach dem Äquivalenzprinzip durch $L_E + L_T + L_K = L = GL$ unter Ausnutzen der Beziehung $T \geq 0{,}6nB^B$:

$$B^B \geq \frac{S(D_{x+n} + 0{,}5M_{x+5} - 0{,}5M_{x+n})}{(N_x - N_{x+n})(1 - \beta - \alpha^\gamma n - \gamma n) - \alpha^Z nD_x - 0{,}6n(M_x - 0{,}5M_{x+5} - 0{,}5M_{x+n})}\,.$$

Für die speziellen Parameterwerte muss der Bruttobeitrag mindestens 3.327,10 € betragen. Ein höherer Beitrag impliziert nach dem Äquivalenzprinzip eine größere Todesfallleistung. Für die Versicherungssumme im Todesfall gilt dann $T \geq 0{,}6 \cdot 30 \cdot B^B = 59.887{,}72 \approx 60.000$.

L 4.33 Es sei $x = 20; h = 30; n = 45; S = 100.000$. Gesucht ist zunächst der Bruttobeitrag B^B. Leistung und Gegenleistung sind nach Voraussetzung

$$L_E = S\,_nE_x$$
$$L_T = S\,_nA_x$$
$$L_K = \alpha^Z hB^B\ddot{a}_{x,\overline{5}|} + \alpha^\gamma S\ddot{a}_{x,\overline{h}|} + \beta B^B\ddot{a}_{x,\overline{h}|} + \gamma hB^B\ddot{a}_{x,\overline{n}|}$$
$$GL = B^B\ddot{a}_{x,\overline{h}|}\,.$$

Setzen wir Leistung und Gegenleistung gleich, so folgt daraus für den Bruttobeitrag:

$$B^B = S\frac{D_{x+n} + M_x - M_{x+n} + \alpha^\gamma(N_x - N_{x+h})}{(1 - \beta)(N_x - N_{x+h}) - \alpha^Z h(N_x - N_{x+5}) - \gamma h(N_x - N_{x+n})}\,.$$

Konkret beträgt die Bruttoprämie 2.914,17 €. Wenn die Abschlusskosten einmalig zu Vertragsbeginn fällig werden, so steigt der Bruttobeitrag. Das liegt daran, dass bei verteilten Abschlusskosten davon ausgegangen wird, dass jeweils nur die Lebenden eines jeden Jahres die anteilige Provision zahlen. Außerdem ist der größte Teil der Abschlusskosten später fällig und durch den Zinseffekt weniger wert. Werden jedoch die Kosten von allen Versicherungsnehmern sofort in voller Höhe bezahlt, so ist die Kostenbelastung höher, was wiederum einen größeren Beitrag impliziert. Konkret würde die Bruttoprämie 4,41 € mehr betragen, also 2.918,58 €.

L 4.34 a) Es sei $x = 40$; $n = 25$; $S = 100.000$. Gesucht ist zunächst der Bruttobeitrag B^B. Der versicherungstechnische Ansatz lautet:

$$L_T = S_n A_x$$
$$L_E = S_n E_x$$
$$L_K = \alpha^Z n B^B + \alpha^\gamma n B^B \ddot{a}_{x,\overline{n}|} + \beta B^B \ddot{a}_{x,\overline{n}|} + \gamma_1 n B^B \ddot{a}_{x,\overline{n}|} + \gamma_2 S \ddot{a}_{x,\overline{n}|}$$
$$GL = B^B \ddot{a}_{x,\overline{n}|} \, .$$

Mit dem Äquivalenzprinzip folgt

$$B^B = S \frac{D_{x+n} + M_x - M_{x+n} + \gamma_2(N_x - N_{x+n})}{(1 - \alpha^\gamma n - \beta - \gamma_1 n)(N_x - N_{x+n}) - \alpha^Z n D_x} \, .$$

Im Speziellen ist der Bruttobeitrag 4.334,70 €.

b) Der zusätzliche Beitrag im zweiten Jahr ist konkret $B_2^B = 0,05 B^B = 216,74$. Gesucht ist die zugehörige Versicherungssumme S_2. Analog zu Teil a) sind die Versicherungsbarwerte

$$L_T = S_2 \cdot {}_{n-1} A_{x+1}$$
$$L_E = S_2 \cdot {}_{n-1} E_{x+1}$$
$$L_K = \alpha^Z (n - 1) B_2^B + (\alpha^\gamma (n - 1) + \beta + \gamma_1 (n - 1)) \, B_2^B \ddot{a}_{x+1,\overline{n-1}|} + \gamma_2 S_2 \ddot{a}_{x+1,\overline{n-1}|}$$
$$GL = B_2^B \ddot{a}_{x+1,\overline{n-1}|} \, .$$

Man beachte, dass die versicherte Person um ein Jahr gealtert ist und die Vertragslaufzeit um ein Jahr kürzer ist. Das Äquivalenzprinzip liefert dann:

$$S_2 = B_2^B \frac{(N_{x+1} - N_{x+n})(1 - \alpha^\gamma (n - 1) - \beta - \gamma_1 (n - 1)) - \alpha^Z (n - 1) D_{x+1}}{D_{x+n} + M_{x+1} - M_{x+n} + \gamma_2(N_{x+1} - N_{x+n})} \, .$$

Im Speziellen ist die zusätzliche Versicherungssumme 4.791,64 €. Die gesamte Versicherungssumme steigt also um 4,79 %. Die Versicherungssumme steigt weniger stark als der Bruttobeitrag, da die Restlaufzeit um ein Jahr kürzer geworden ist.

L 4.35 a) Es sei $x = 35$; $n = 30$; $S = 100.000$. Gesucht ist zunächst der Bruttobeitrag B^B. Wir stellen zunächst die Barwerte auf:

$$L_T = S_n A_x$$
$$L_E = S_n E_x$$
$$L_K = \alpha^Z n B^B + \alpha^\gamma n B^B \ddot{a}_{x,\overline{n}|} + \beta B^B \ddot{a}_{x,\overline{n}|} + \gamma S \ddot{a}_{x,\overline{n}|}$$
$$GL = B^B \ddot{a}_{x,\overline{n}|} \, .$$

Setzen wir dann $L_T + L_E + L_K = L = GL$ so folgt daraus:

$$B^B = S \frac{D_{x+n} + M_x - M_{x+n} + \gamma(N_x - N_{x+n})}{(1 - \alpha^\gamma n - \beta)(N_x - N_{x+n}) - \alpha^Z n D_x} .$$

Konkret ist der Bruttobeitrag 3.452,95 €.

b) Am Vertragsende stehen aus der abgelaufenen Versicherung 100.000 € zusätzlich als Einmalbeitrag zur Verfügung. Auf diesen Einmalbeitrag fallen keine erneuten Abschlusskosten an, da dieses Geld aus einem alten Versicherungsvertrag stammt und somit nicht Teil des Neuabschlusses ist. Dann sind die neuen Versicherungsbarwerte für $k = 5$:

$$\tilde{L}_T = \tilde{S}_k A_{x+n}$$
$$\tilde{L}_E = \tilde{S}_k E_{x+n}$$
$$\tilde{L}_K = \alpha^Z k B^B + \alpha^\gamma k B^B \ddot{a}_{x+n,\overline{k}|} + \beta B^B \ddot{a}_{x+n,\overline{k}|} + \gamma \tilde{S} \ddot{a}_{x+n,\overline{k}|}$$
$$GL = S + B^B \ddot{a}_{x+n,\overline{k}|} .$$

Gesucht ist dabei die Versicherungssumme $\tilde{S}$. Nach dem Äquivalenzprinzip ist

$$\tilde{S} = \frac{B(N_{x+n} - N_{x+n+k})(1 - \alpha^\gamma k - \beta) + (S - \alpha^Z k B) D_{x+n}}{D_{x+n+k} + M_{x+n} - M_{x+n+k} + \gamma(N_{x+n} - N_{x+n+k})} .$$

Im Speziellen erhöht sich die Versicherungssumme durch die Vertragsverlängerung auf 120.921,53 €.

8.4 Lösungen zu Kapitel 5 – Deckungsrückstellungen

L 5.1 a) Es sei $x = 20; n = 30; S = 100.000$. Dann ist zunächst der Nettobeitrag:

$$B^N = S \frac{3M_x - M_{x+10} - M_{x+20} - M_{x+n}}{N_x - N_{x+n}} .$$

Sei $0 \le t \le 10$. Dann ist die Nettoreserve

$$_tV_x = L_{x+t} - GL_{x+t} = 3S_{10-t}A_{x+t} + 2S_{10-t|10}A_{x+t} + S_{20-t|10}A_{x+t} - B^N \ddot{a}_{x+t,\overline{n-t}|} .$$

Ausgedrückt in Kommutationswerten gilt

$$_tV_x = S \frac{3M_{x+t} - M_{x+10} - M_{x+20} - M_{x+n}}{D_{x+t}} - B^N \frac{N_{x+t} - N_{x+n}}{D_{x+t}} .$$

Für $10 \le t \le 20$ ist die Nettorückstellung

$$_tV_x = 2S_{20-t}A_{x+t} + S_{20-t|10}A_{x+t} - B^N \ddot{a}_{x+t,\overline{n-t}|}$$
$$= S \frac{2M_{x+t} - M_{x+20} - M_{x+n}}{D_{x+t}} - B^N \frac{N_{x+t} - N_{x+n}}{D_{x+t}} .$$

Schließlich ist das Nettodeckungskapital für $20 \leq t \leq 30$

$$_tV_x = S_{n-t}A_{x+t} - B^N\ddot{a}_{x+t,\overline{n-t|}} = S\frac{M_{x+t} - M_{x+n}}{D_{x+t}} - B^N\frac{N_{x+t} - N_{x+n}}{D_{x+t}}.$$

b) Konkret ist der Nettobeitrag 224,50 €. Die Nettoreserve nach fünf Jahren ist konkret −347,67 €. Grundsätzlich darf sich kein Versicherungsunternehmen dem Risiko aussetzen, Verluste abschreiben zu müssen. Eine Versicherung, bei der das Nettodeckungskapital irgendwann im Vertragsverlauf negativ ist, sollte gar nicht erst verkauft werden.

L 5.2 a) Es sei $x = 40;\ n = 20;\ S = 250.000$. Dann ist zunächst der Nettobeitrag

$$B^N = S\frac{D_{x+n} + 4M_x - M_{x+5} - M_{x+10} - M_{x+15} - M_{x+n}}{D_x}.$$

Sei $0 \leq t \leq 5$ dann ist die Nettoreserve

$$\begin{aligned}
_tV_x &= S_{n-t}E_{x+t} + 4S_{5-t}A_{x+t} + 3S_{5-t|5}A_{x+t} + 2S_{10-t|5}A_{x+t} + S_{15-t|5}A_{x+t} \\
&\quad - B^N\ddot{a}_{x+t,\overline{n-t|}} \\
&= S\frac{D_{x+n} + 4M_{x+t} - M_{x+5} - M_{x+10} - M_{x+15} - M_{x+n}}{D_{x+t}} - B^N\frac{N_{x+t} - N_{x+n}}{D_{x+t}}.
\end{aligned}$$

Für $5 \leq t \leq 10$ gilt

$$\begin{aligned}
_tV_x &= S_{n-t}E_{x+t} + 3S_{10-t}A_{x+t} + 2S_{10-t|5}A_{x+t} + S_{15-t|5}A_{x+t} - B^N\ddot{a}_{x+t,\overline{n-t|}} \\
&= S\frac{D_{x+n} + 3M_{x+t} - M_{x+10} - M_{x+15} - M_{x+n}}{D_{x+t}} - B^N\frac{N_{x+t} - N_{x+n}}{D_{x+t}}.
\end{aligned}$$

Analog ist die Nettorückstellung nach t Jahren mit $10 \leq t \leq 15$:

$$\begin{aligned}
_tV_x &= S_{n-t}E_{x+t} + 2S_{15-t}A_{x+t} + S_{15-t|5}A_{x+t} - B^N\ddot{a}_{x+t,\overline{n-t|}} \\
&= S\frac{D_{x+n} + 2M_{x+t} - M_{x+15} - M_{x+n}}{D_{x+t}} - B^N\frac{N_{x+t} - N_{x+n}}{D_{x+t}}.
\end{aligned}$$

Schließlich ist für $15 \leq t \leq n$

$$\begin{aligned}
_tV_x &= S_{n-t}E_{x+t} + S_{n-t}A_{x+t} - B^N\ddot{a}_{x+t,\overline{n-t|}} \\
&= S\frac{D_{x+n} + M_{x+t} - M_{x+n}}{D_{x+t}} - B^N\frac{N_{x+t} - N_{x+n}}{D_{x+t}}.
\end{aligned}$$

b) Im Speziellen ist der Nettobeitrag 11.827,54 € und die Nettoreserve nach acht Jahren beträgt 90.993,28 €.

c) Der Barwert der zukünftigen Leistungen vom 15. Vertragsjahr an ist bei beiden Versicherungen gleich. Das Abzugsglied bei der Berechnung der Reserve ist jedoch unterschiedlich. Denn der Nettojahresbeitrag für die klassische Kapitallebensversicherung mit konstanter Versicherungssumme S ist geringer als der Nettojahresbeitrag der hier betrachteten Versicherung. Das Nettodeckungskapital der Kapitallebensversicherung mit konstanter Leistung ist folglich höher als die Rückstellung der Versicherung in dieser Aufgabe.

L 5.3 Wir definieren die Parameter durch $x = 40; n_1 = 12; n_2 = 18; n_3 = 24; n = 30$ sowie $S_1 = 25.000; S_2 = 20.000; S_3 = 10.000; T = 100.000$. Dann ist zunächst der Nettobeitrag

$$B^N = \frac{T(M_x - M_{x+n}) + S_1 D_{x+n_1} + S_2 D_{x+n_2} + S_3 D_{x+n_3} + S_3 D_{x+n}}{N_x - N_{x+n}}.$$

Im Speziellen ist der Nettobeitrag 3.673,28 €. Zur Überprüfung der Frage berechnen wir die Nettoreserve nach $t = n_1 = 12$ Jahren

$$\begin{aligned}
{}_t V_x &= S_1 + S_2 \cdot {}_{n_2-t} E_{x+t} + S_3 \cdot {}_{n_3-t} E_{x+t} + S_3 \cdot {}_{n-t} E_{x+t} + T_{n-t} A_{x+t} \\
&+ -B^N \ddot{a}_{x+t,\overline{n-t}|} = S_1 \\
&+ \frac{T(M_{x+t} - M_{x+n}) + S_2 D_{x+n_2} + S_3 D_{x+n_3} + S_3 D_{x+n} - B^N(N_{x+t} - N_{x+n})}{D_{x+t}}.
\end{aligned}$$

Konkret ist das Nettodeckungskapital 45.450,35 €. Es reicht nicht aus, um die erste Teilauszahlung in Höhe von 50.000 € vorzunehmen. Dieses Versicherungsprodukt sollte also in dieser Form nicht verkauft werden, denn die versicherte Person könnte nach der Teilauszahlung kündigen.

L 5.4 Für die arithmetisch steigende Risikolebensversicherung gilt

$$_t V_x = L_{x+t} = t_{n-t} A_{x+t} + {}_{n-t}(IA)_{x+t} = \frac{t M_{x+t} + R_{x+t} - R_{x+n} - n M_{x+n}}{D_{x+t}}.$$

Dabei wird berücksichtigt, dass die Versicherungssumme in der verbleibenden Vertragslaufzeit von $(t + 1)$ € auf n € steigt.

Die Nettorückstellung der arithmetisch fallenden Risikolebensversicherung ist

$$_t V_x = L_{x+t} = (n - t + 1)_{n-t} A_{x+t} - {}_{n-t}(IA)_{x+t} = \frac{(n - t) M_{x+t} - R_{x+t+1} + R_{x+n+1}}{D_{x+t}}.$$

Dabei achte man darauf, dass die Versicherungssumme in der Restlaufzeit von $(n - t)$ € auf 1 € fällt.

Im Allgemeinen steigt die Sterbewahrscheinlichkeit mit zunehmendem Alter. Dieser Effekt übertrifft den gegenläufigen Abzinsungseffekt. Deshalb ist der Nettoeinmalbeitrag der arithmetisch steigenden Risikolebensversicherung größer als der Leistungsbarwert der arithmetisch fallenden Risikolebensversicherung. Zum Zeitpunkt t ist der Barwert der zukünftigen Leistungen für die fallende Versicherung ebenfalls kleiner als der Barwert der zukünftigen Leistungen für die steigende Versicherung. Das liegt ebenso an der steigenden Sterbewahrscheinlichkeit und außerdem an den niedrigeren Versicherungssummen in den restlichen Versicherungsjahren.

L 5.5 Es sei $x = 30$; $n = 37$; $R = 12.000$. Dann wird zunächst der Nettobeitrag B^N mit dem Äquivalenzprinzip berechnet:

$$B^N = R \frac{N_z}{N_x - N_z - R_x + R_z + (z - x)M_z} \, .$$

Dabei wird die Beitragsrückgewähr durch die arithmetisch steigende Risikolebensversicherung modelliert: $L_T = B_n^N (IA)_x$. Konkret ist die jährliche Nettoprämie $6.361{,}38 \, €$. Das Nettodeckungskapital vor Rentenbeginn ist die Differenz aus zukünftigen Leistungsbarwert und Gegenleistungsbarwert:

$$
\begin{aligned}
{}_t V_x &= R_{\overline{z-x-t}|} \ddot{a}_{x+t} + t B_{z-x-t}^N A_{x+t} + B_{z-x-t}^N (IA)_{x+t} - B^N \ddot{a}_{x+t,\overline{z-x-t}|} \\
&= R \frac{N_z}{D_{x+t}} + B^N \frac{t M_{x+t} + R_{x+t} - R_z - (z-x)M_z}{D_{x+t}} - B^N \frac{N_{x+t} - N_z}{D_{x+t}} \, .
\end{aligned}
$$

Konkret ist die Nettoreserve im Alter 60, also für $t = 30$: $233.265{,}27 \, €$.

L 5.6 Es sei $x = 25$; $n = 10$; $B^N = 100$; $A = 15$. Dann wird zunächst die Versicherungssumme S gesucht. Dabei ist die Gegenleistung modelliert durch $GL = (B^N - A)\ddot{a}_{x,\overline{n}|} + A(\ddot{a})_{x,\overline{n}|}$. Mit dem Äquivalenzprinzip berechnen wir sodann:

$$S = \frac{B^N N_x - (B^N + nA)N_{x+n} + AS_{x+1} - AS_{x+n+1}}{M_x - M_{x+n}} \, .$$

Im Speziellen ist die Versicherungssumme $212.106{,}10 \, €$. Die Nettoreserve ist dann

$$
\begin{aligned}
{}_t V_x &= L_{x+t} - GL_{x+t} = S_{n-t} A_{x+t} - \left(B^N + (t-1)A \right) \ddot{a}_{x+t,\overline{n-t}|} - A(\ddot{a})_{x+t,\overline{n-t}|} \\
&= \frac{S(M_{x+t} - M_{x+n}) - (B + tA)N_{x+t} + (B + nA)N_{x+n} - A(S_{x+t+1} - S_{x+n+1})}{D_{x+t}} \, .
\end{aligned}
$$

Konkret berechnen wir für $t = 5$ den Wert $-183{,}83 \, €$. Das Nettodeckungskapital sollte nie negativ sein, da es einen negativen Kontostand darstellt. Im Kündigungsfall droht dem Unternehmen ein Verlust. Solch ein Versicherungsvertrag sollte gar nicht erst angeboten werden.

L 5.7 Es sei $x = 30; n = 20; B^N = 1.200; A = 100$. Die Gegenleistung der versicherten Person ist gegeben durch $GL = (B^N - A)\ddot{a}_{x,\overline{n}|} + A(\ddot{a})_{x,\overline{n}|}$ und die Versicherungssumme ist:

$$S = \frac{B^N N_x - (B^N + nA)N_{x+n} + AS_{x+1} - AS_{x+n+1}}{D_{x+n} + M_x - M_{x+n}}.$$

Konkret berechnen wir $47.757{,}23\ €$ für die gesuchte Versicherungssumme. Das Nettodeckungskapital ist in allgemeiner Form:

$$\begin{aligned}
{}_tV_x &= S_{n-t}E_{x+t} + S_{n-t}A_{x+t} - \left(B^N + (t-1)A\right)\ddot{a}_{x+t,\overline{n-t}|} - A(\ddot{a})_{x+t,\overline{n-t}|} \\
&= \frac{S\,(D_{x+n} + M_{x+t} - M_{x+n})}{D_{x+t}} \\
&\quad - \frac{\left(B^N + tA\right)N_{x+t} - \left(B^N + nA\right)N_{x+n} + A\,(S_{x+t+1} - S_{x+n+1})}{D_{x+t}}.
\end{aligned}$$

Im Speziellen beträgt die Nettoreserve nach $t = 5$ Jahren $7.173{,}60\ €$. Das Nettodeckungskapital stellt den Kontostand der Versicherung dar. Das gebildete Vermögen des Versicherungskunden ist in diesem Fall positiv, so wie es immer sein sollte.

L 5.8 Es sei $x = 45; n = 20; S = 200.000$ sowie das Inkrement $d = S/n = 10.000$. Dann ist der jährliche Nettobeitrag nach dem Äquivalenzprinzip

$$B^N = d\,\frac{nM_x - R_{x+1} + R_{x+n+1}}{N_x - N_{x+n}}.$$

Konkret beträgt die Nettoprämie $534{,}10\ €$. Es sei $t = 10$. Dann ist das Nettodeckungskapital

$$\begin{aligned}
{}_tV_x^N &= L_{x+t} - GL_{x+t} = (n+1-t)d_{n-t}A_{x+t} - d_{n-t}(IA)_{x+t} - B^N\ddot{a}_{x+t,\overline{n-t}|} \\
&= d\,\frac{(n-t)M_{x+t} - R_{x+t+1} + R_{x+n+1}}{D_{x+t}} - B^N\,\frac{N_{x+t} - N_{x+n}}{D_{x+t}}.
\end{aligned}$$

Speziell für $t = 10$ ist die Nettoreserve $-371{,}73\ €$. Das Deckungskapital wird negativ, weil die Versicherungssumme stärker fällt als die Sterbewahrscheinlichkeiten steigen. Dadurch fällt die erwartete Auszahlung für Todesfälle im Laufe der Vertragsdauer.

Ein negativer Saldo im Deckungskapital kennzeichnet Schulden des Versicherungsnehmers beim Versicherungsunternehmen. Das Deckungskapital sollte deshalb niemals negativ werden. Dieser Versicherungsvertrag sollte also in dieser Form nicht verkauft werden. Um den Effekt zu vermeiden, könnte man beispielsweise die Beitragszahlungsdauer verkürzen.

L 5.9 a) Es sei $x = 35$; $n = 4$; $S = 3.000.000$. Dann sind Leistung und Gegenleistung:

$$L = S\left(\frac{C_x}{D_x}(v^3 + v^2 + v^1 + 1) + \frac{C_{x+1}}{D_x}(v^2 + v^1 + 1) + \frac{C_{x+2}}{D_x}(v^1 + 1) + \frac{C_{x+3}}{D_x}\right)$$

$$GL = B^N \frac{N_x - N_{x+4}}{D_x} \ .$$

Folglich ist der Nettobeitrag nach dem Äquivalenzprinzip:

$$B^N = \frac{S}{N_x - N_{x+4}}$$
$$\left(C_x(v^3 + v^2 + v^1 + 1) + C_{x+1}(v^2 + v^1 + 1) + C_{x+2}(v^1 + 1) + C_{x+3}\right) \ .$$

Im Speziellen beträgt die Nettoprämie 6.999,33 €.

b) Die Nettoreserve wird als Differenz von zukünftiger Leistung und Gegenleistung berechnet und ist für $t = 2$:

$$_tV_x = S\ddot{a}_{\overline{n-t}|} \cdot {}_1A_{x+t} + S\ddot{a}_{\overline{n-t-1}|} \cdot {}_{1|1}A_{x+t} - B^N\ddot{a}_{x+t,\overline{n-t}|}$$
$$= \frac{S}{D_{x+t}}\left(C_{x+t}(v + 1) + C_{x+t+1}\right) - B^N\frac{N_{x+t} - N_{x+n}}{D_{x+t}} \ .$$

Konkret ist das Nettodeckungskapital nach zwei Jahren negativ: $-4.820,42$ €. Diese Versicherung sollte so nicht angeboten werden. Als Ausweg kommt eine Verkürzung der Beitragszahlungsdauer in Betracht, also zum Beispiel eine Einmalprämie.

L 5.10 a) Es sei $x = 40$; $n = 20$; $R = 36.000$. Gesucht ist der jährliche Nettobeitrag B^N. Die Gegenleistung ist $GL = B^N\ddot{a}_{x,\overline{n}|}$. Der Leistungsbarwert kann durch die Summe aufeinander folgender einjähriger Todesfallversicherungen gemäß

$$L = \sum_{k=0}^{n-1} {}_{k|1}A_x \cdot R \cdot \ddot{a}_{\overline{n-k}|}$$

modelliert werden. Dieser Ausdruck lässt sich äquivalent umformen:

$$L = R\sum_{k=0}^{n-1} \frac{C_{x+k}}{D_x} \cdot \frac{1 - v^{n-k}}{1 - v} = \frac{R}{1 - v}\sum_{k=0}^{n-1} \frac{C_{x+k}}{D_x} - \frac{R}{1 - v}\sum_{k=0}^{n-1} \frac{C_{x+k}v^{n-k}}{D_x} \ .$$

Dabei gilt für die zweite Summe

$$\sum_{k=0}^{n-1} \frac{C_{x+k}v^{n-k}}{D_x} = \sum_{k=0}^{n-1} \frac{d_{x+k}v^{x+k+1}v^{n-k}}{l_x v^x} = v\sum_{k=0}^{n-1} \frac{d_{x+k}v^n}{l_x} = \frac{v^{n+1}}{l_x}\sum_{k=0}^{n-1} l_{x+k}$$

$$- \frac{v^{n+1}}{l_x}\sum_{k=0}^{n-1} l_{x+k+1} = \frac{v^{n+1}}{l_x}(l_x - l_{x+n}) = v^{n+1} - v^{n+1}\frac{l_{x+n}}{l_x}$$

$$= v^{n+1} - v_n E_x \ .$$

Daraus folgt

$$L = \frac{R}{1-v}\, {}_nA_x - \frac{Rv}{1-v}(v^n - {}_nE_x)\,.$$

Nutzen wir nun die bekannten Beziehungen $v/i\,(1-v) = 1/i$ sowie ${}_nA_x = 1 - {}_nE_x - (1-v)\ddot{a}_{x,\overline{n}|}$ aus, so erhalten wir schließlich nach weiteren Umformungen

$$\begin{aligned}
L &= \frac{R}{1-v}\left(1 - {}_nE_x - (1-v)\ddot{a}_{x,\overline{n}|}\right) - \frac{Rv}{1-v}(v^n - {}_nE_x)\\[2mm]
&= \frac{R}{1-v} - \frac{R}{1-v}\,{}_nE_x - R\ddot{a}_{x,\overline{n}|} - \frac{Rv}{1-v}v^n + \frac{Rv}{1-v}\,{}_nE_x\\[2mm]
&= R\frac{1-v^{n+1}}{1-v} - R_nE_x - R\ddot{a}_{x,\overline{n}|}\\[2mm]
&= R\left(\ddot{a}_{\overline{n+1}|} - \ddot{a}_{x,\overline{n+1}|}\right)\,.
\end{aligned}$$

Der Leistungsbarwert lässt sich also als Differenz einer Zeitrente und einer Leibrente darstellen. Der Nettobeitrag ist folglich mit $GL = B^N\ddot{a}_{x,\overline{n}|}$ und dem Äquivalenzprinzip:

$$B^N = S\frac{(1-v^{n+1})D_x - (1-v)(N_x - N_{x+n+1})}{(1-v)(N_x - N_{x+n})}\,.$$

Der spezielle Wert für die gesuchte Versicherungsprämie ist $1.075{,}77\,€$.

b) Die Nettoreserve ist allgemein

$$\begin{aligned}
{}_tV_x &= L_{x+t} - GL_{x+t} = S\left(\ddot{a}_{\overline{n+1-t}|} - \ddot{a}_{x+t,\overline{n+1-t}|}\right) - B\ddot{a}_{x+t,\overline{n-t}|}\\[2mm]
&= S\left(\frac{1-v^{n+1-t}}{1-v} - \frac{N_{x+t} - N_{x+n+1}}{D_{x+t}}\right) - B\frac{N_{x+t} - N_{x+n}}{D_{x+t}}\,.
\end{aligned}$$

Speziell für $t = 10$ berechnen wir $-227{,}63\,€$. Dieses Produkt sollte in dieser Form nicht angeboten werden.

L 5.11 a) Es sei $x = 25$; $n = 40$; $p = 0{,}25$; $S = 100.000$; $k = 5$. Dann sind die Barwerte

$$\begin{aligned}
L &= L_E + L_T = S_nE_x + S_nA_x\\
GL &= pB^N\ddot{a}_{x,\overline{5}|} + B^N{}_{5|}\ddot{a}_{x,\overline{n-5}|}\,.
\end{aligned}$$

Gemäß dem Äquivalenzprinzip ist dann der Nettobeitrag

$$B^N = S\frac{D_{x+n} + M_x - M_{x+n}}{pN_x + (1-p)N_{x+k} - N_{x+n}}\,.$$

Konkret ist der Nettobeitrag ab dem sechsten Jahr 2.240,98 €. In den ersten fünf Jahren wird als Prämie nur 560,24 € angesetzt.

b) Man verlangt, dass das Nettodeckungskapital speziell am Ende des fünften Jahres größer gleich Null sein muss. Dazu wird in die Formel des Deckungskapitals die Formel des Nettobeitrags aus Teil a) eingesetzt:

$$_kV_x = L_{x+k} - GL_{x+k} = SA_{x+k,\overline{n-k}|} - B^N \ddot{a}_{x+k,\overline{n-k}|} \geq 0 \ .$$

Dann lösen wir diese Ungleichung nach p auf:

$$p \geq \frac{(M_x - M_{x+k})(N_{x+k} - N_{x+n})}{(N_x - N_{x+k})(D_{x+n} + M_{x+k} - M_{x+n})} \ .$$

Im Speziellen beträgt der minimale Anteil 1,25 %. Die verringerte Prämie in den ersten Jahren reicht aus, um den Todesfallschutz während dieser Zeit zu finanzieren. In den darauffolgenden Jahren erfolgt der Sparprozess.

L 5.12 Es sei $x = 25$; $z = 67$; $B^N = 1.200$. Gesucht ist zunächst die Rentenhöhe:

$$R = B^N \frac{N_x - N_z}{N_z} \ .$$

Für die angegebenen Parameterwerte ist der jährliche Nettobeitrag 2.724,85 €. Für $t = 35$ berechnen wir dann das Nettodeckungskapital

$$_tV_x = L_{x+t} - GL_{x+t} = R_{z-x-t|}\ddot{a}_{x+t} - B^N \ddot{a}_{x+t,\overline{z-x-t}|} = R \frac{N_z}{D_{x+t}} - B^N \frac{N_{x+t} - N_z}{D_{x+t}} \ .$$

Konkret ist das gebildete Kapital 53.957,16 €. Dieser Betrag steht als neue Gegenleistung zur Finanzierung einer Sofortrente zur Verfügung, also ist $GL = {}_tV_x$. Der neue Leistungsbarwert $\tilde{L} = \tilde{R}\ddot{a}_{x+t}$, wobei die neue Rentenhöhe $\tilde{R}$ gesucht ist. Nach dem Äquivalenzprinzip ist dann

$$\tilde{R} = \frac{_tV_x \cdot D_{x+t}}{N_{x+t}} \ .$$

Konkret ist die neue Rente 1.831,16 €. Der Abschlag für die vorgezogene Verrentung beträgt 893,69 €, beziehungsweise 32,8 %.

L 5.13 a) Es sei $x = 42$; $h = 20$; $z = 67$; $R = 12.000$. Gesucht ist der Nettobeitrag B^N. Zunächst sind die Leistungsbarwerte

$$L_E = R_{z-x|}\ddot{a}_x = \frac{N_z}{D_x}$$

$$L_T = B_h^N (IA)_x + h B_{h|z-x-h}^N A_x = B^N \frac{R_x - R_{x+h} - hM_z}{D_x} \ .$$

Da die Gegenleistung $GL = B^N \ddot{a}_{x,\overline{h}|}$ ist, folgt mit dem Äquivalenzprinzip:

$$B^N = R \frac{N_z}{N_x - N_{x+h} - R_x + R_{x+h} + h M_z} \, .$$

Konkret ist der Nettobeitrag 11.127,13 €.

b) Wir berechnen zunächst die Nettoreserve für $t = 5$:

$$_t V_x = R_{z-x-t|} \ddot{a}_{x+t} + t B^N_{h-t} A_{x+t} + B^N_{h-t} (IA)_{x+t} + h B^N_{h-t|z-x-h} A_{x+t} - B^N \ddot{a}_{x+t,\overline{h-t}|}$$

$$= R \frac{N_z}{D_{x+t}} + B^N \frac{t M_{x+t} - h M_z + R_{x+t} - R_{x+h} - N_{x+t} - N_{x+h}}{D_{x+t}} \, .$$

Konkret ist das Nettodeckungskapital 57.764,11 €. Zum Zeitpunkt der Vertragsänderung betrachten wir die neue Gegenleistung

$$GL = 1{,}5 B^N \ddot{a}_{x+t,\overline{h-t}|} + {}_t V_x$$

sowie die neue Leistung $L = \tilde{R}_{m-t|} \ddot{a}_{x+t}$. Gleichsetzen liefert

$$\tilde{R} = 1{,}5 B \frac{N_{x+t} - N_{x+h}}{N_{x+m}} + {}_t V_x \frac{D_{x+t}}{N_{x+m}} \, .$$

Im Speziellen steigt die Rentenhöhe auf 16.956,14 €. Der relative Anstieg beträgt weniger als 50 %, nämlich lediglich 41,30 %, da die Mehrleistung an jährlichen Beiträgen fünf Jahre zu spät kommt. Es fehlt also ein gewisser Teil der Sparprämien. Daran ändert auch der Wegfall der Todesfallleistung wenig.

L 5.14   a) Nettoprämie und Nettodeckungskapital nach t Jahren sind:

$$B^N = S \frac{D_{x+n}}{N_x - N_{x+n}}$$

$$_t V^N_x = S \frac{D_{x+n}}{D_{x+t}} - B^N \frac{N_{x+t} - N_{x+n}}{D_{x+t}} \, .$$

Der alte Versicherungsvertrag wird gekündigt und gleichzeitig wird der neue Vertrag abgeschlossen. Die Barwerte sind also

$$GL = B^N \ddot{a}_{x+t,\overline{n-t+k}|} + {}_t V^N_x = B^N \frac{N_{x+t} - N_{x+n+k}}{D_{x+t}} + {}_t V^N_x$$

$$L = \tilde{S}_{n-t+k} E_{x+t} = \tilde{S} \frac{D_{x+n+k}}{D_{x+t}} \, .$$

Dann ist die erhöhte Versicherungssumme $\tilde{S}$ nach dem Äquivalenzprinzip:

$$\tilde{S} = \frac{B^N (N_{x+t} - N_{x+n+k}) + {}_t V^N_x D_{x+t}}{D_{x+n+k}} \, .$$

b) Für den neuen Vertrag sind die Barwerte:

$$L = S_k^{\text{neu}} E_{x+n} = S^{\text{neu}} \frac{D_{x+n+k}}{D_{x+n}}$$

$$GL = B^N \ddot{a}_{x+n,\overline{k}|} + S = B^N \frac{N_{x+n} - N_{x+n+k}}{D_{x+n}} + S \, .$$

Gleichsetzen liefert die neue Versicherungssumme:

$$S^{\text{neu}} = \frac{B^N (N_{x+n} - N_{x+n+k}) + SD_{x+n}}{D_{x+n+k}} \, .$$

c) Durch äquivalentes Umformen der Formel für $\tilde{S}$ und Einsetzen von $_t V_x^N$ gilt

$$\tilde{S} = \frac{B^N (N_{x+t} - N_{x+n+k})}{D_{x+n+k}} + \frac{\left(S \frac{D_{x+n}}{D_{x+t}} - B^N \frac{N_{x+t} - N_{x+n}}{D_{x+t}} \right) D_{x+t}}{D_{x+n+k}}$$

$$= \frac{B^N (N_{x+t} - N_{x+n+k})}{D_{x+n+k}} + \frac{SD_{x+n} - B^N (N_{x+t} - N_{x+n})}{D_{x+n+k}}$$

$$= \frac{B^N (N_{x+n} - N_{x+n+k}) + SD_{x+n}}{D_{x+n+k}} = S^{\text{neu}} \, .$$

d) Wir setzen in die Formel der erhöhten Versicherungssumme $\tilde{S}$ zunächst die Formel der Nettorückstellung ein:

$$\tilde{S} = \frac{B^N (N_{x+t} - N_{x+n+k}) + \frac{SD_{x+n} - B^N (N_{x+t} - N_{x+n})}{D_{x+t}} D_{x+t}}{D_{x+n+k}}$$

$$= \frac{SD_{x+n} + B^N (N_{x+n} - N_{x+n+k})}{D_{x+n+k}} \, .$$

Dann eliminieren wir den Nettobeitrag und erhalten

$$\tilde{S} = S \frac{D_{x+n} + \frac{D_{x+n}}{N_x - N_{x+n}} (N_{x+n} - N_{x+n+k})}{D_{x+n+k}} = S \frac{D_{x+n}(N_x - N_{x+n+k})}{D_{x+n+k}(N_x - N_{x+n})} \, .$$

Dieser Ausdruck ist unabhängig von t.

L 5.15 Es sei $x = 30$; $n = 20$; $S = 100.000$; $d = S/n = 5.000$; $\alpha^Z = 0{,}04$. Dann wird zunächst der gezillmerte Nettobeitrag auf dem üblichen Weg berechnet:

$$B^Z = \frac{SM_x - d(R_{x+1} - R_{x+n+1})}{(N_x - N_{x+n}) - \alpha^Z n D_x} \, .$$

Konkret ist der Zillmerbeitrag 63,81 €. Sei nun $t = 5$, dann ist das gezillmerte Nettodeckungskapital

$$_tV_x = (n + 1 - t)d_{n-t}A_{x+t} - d_{n-t}(IA)_{x+t} - B^Z\ddot{a}_{x+t,\overline{n-t}|}$$
$$= \frac{(n - t)dM_{x+t} - d(R_{x+t+1} - R_{x+n+1})}{D_{x+t}} - B^Z\frac{N_{x+t} - N_{x+n}}{D_{x+t}} \,.$$

Im Speziellen ist das Nettodeckungskapital nach fünf Jahren $-90,16$ €.

L 5.16 Die Parameterwerte seien $x = 27$; $k = 5$; $h = 23$; $n = 33$; $B^B = 5.000$ sowie $\alpha^Z = 0,008$; $\alpha^\gamma = 0,001$; $\beta = 0,05$; $y_1 = 0,0015$; $y_2 = 0,002$. Gesucht ist zunächst die Versicherungssumme S. Die Leistungsbarwerte sind $L_E = S_nE_x$, $L_T = S_nA_x$ sowie

$$L_K = \alpha^Z hB^B\ddot{a}_{x,\overline{k}|} + \alpha^\gamma hB^B\ddot{a}_{x,\overline{h}|} + \beta B^B\ddot{a}_{x,\overline{h}|} + \gamma_1 hB^B\ddot{a}_{x,\overline{n}|} + \gamma_2 S\ddot{a}_{x,\overline{n}|} \,.$$

Zusammen mit der Gegenleistung $GL = B^B\ddot{a}_{x,\overline{h}|}$ lässt sich nach dem Äquivalenzprinzip die Versicherungssumme berechnen:

$$S = B^B\frac{(1 - \alpha^\gamma h - \beta)(N_x - N_{x+h}) - \alpha^Z h(N_x - N_{x+k}) - \gamma_1 h(N_x - N_{x+n})}{D_{x+n} + M_x - M_{x+n} + \gamma_2(N_x - N_{x+n})} \,.$$

Für die Bruttoreserve betrachten wir zunächst den Fall $0 \leq t \leq k$:

$$_tV_x^B = L_{x+t} - GL_{x+t} = S_{n-t}E_{x+t} + S_{n-t}A_{x+t} + \alpha^Z hB^B\ddot{a}_{x+t,\overline{k-t}|} + \alpha^\gamma hB^B\ddot{a}_{x+t,\overline{h-t}|}$$
$$+ \beta B^B\ddot{a}_{x+t,\overline{h-t}|} + \gamma_1 hB^B\ddot{a}_{x+t,\overline{n-t}|} + \gamma_2 S\ddot{a}_{x+t,\overline{n-t}|} - B^B\ddot{a}_{x+t,\overline{h-t}|} \,.$$

In Kommutationswerten gilt

$$_tV_x^B = S\frac{D_{x+n} + M_{x+t} - M_{x+n} + \gamma_2(N_{x+t} - N_{x+n})}{D_{x+t}}$$
$$+ B^B\frac{\alpha^Z h(N_{x+t} - N_{x+k}) + (\alpha^\gamma h + \beta - 1)(N_{x+t} - N_{x+h}) + \gamma_1 h(N_{x+t} - N_{x+n})}{D_{x+t}} \,.$$

Für $k \leq t \leq h$ entfallen die unmittelbaren Abschlusskosten:

$$_tV_x^B = S\frac{D_{x+n} + M_{x+t} - M_{x+n} + \gamma_2(N_{x+t} - N_{x+n})}{D_{x+t}}$$
$$+ B^B\frac{(\alpha^\gamma h + \beta - 1)(N_{x+t} - N_{x+h}) + \gamma_1 h(N_{x+t} - N_{x+n})}{D_{x+t}}$$

und für $h \leq t \leq n$ fallen die Terme in Bezug auf die Beitragszahlungsdauer weg:

$$_tV_x^B = S\frac{D_{x+n} + M_{x+t} - M_{x+n} + \gamma_2(N_{x+t} - N_{x+n})}{D_{x+t}} + B^B\frac{\gamma_1 h(N_{x+t} - N_{x+n})}{D_{x+t}} \,.$$

Konkret ist die Versicherungssumme 115.881,30 € und das Bruttodeckungskapital nach zwei Jahren 6.680,54 €.

L 5.17 Es sei $x = 25$; $n = 42$; $S = 200.000$; $\beta = 0,05$; $y = 0,002$. Gesucht ist der Parameter α^Z bezüglich der ebenfalls gesuchten Abschlusskosten $\alpha^Z n B^B$. Zunächst ist der Bruttobeitrag

$$B^B = S \frac{D_{x+n} + M_x - M_{x+n} + \gamma(N_x - N_{x+n})}{(1-\beta)(N_x - N_{x+n}) - \alpha^Z n D_x}.$$

Das Bruttodeckungskapital ist für $t = 1$:

$$_t V_x^B = L_{x+t} - GL_{x+t} = SA_{x+t,\overline{n-t}|} + \beta B^B \ddot{a}_{x+t,\overline{n-t}|} + \gamma S \ddot{a}_{x+t,\overline{n-t}|} - B^B \ddot{a}_{x+t,\overline{n-t}|}$$

$$= S \frac{D_{x+n} + M_{x+t} - M_{x+n}}{D_{x+t}} + \gamma S \frac{N_{x+t} - N_{x+n}}{D_{x+t}} - (1-\beta) B^B \frac{N_{x+t} - N_{x+n}}{D_{x+t}}.$$

Nach Voraussetzung soll $_t V_x^B \geq 0$ gelten. Wir setzen die Formel für B^B ein und lösen die Gleichung nach α^Z auf:

$$\alpha^Z \leq$$

$$(1-\beta) \left(\frac{(N_x - N_{x+n})}{n D_x} - \frac{(N_{x+t} - N_{x+n})(D_{x+n} + M_x - M_{x+n} + \gamma(N_x - N_{x+n}))}{(D_{x+n} + M_{x+t} - M_{x+n} + \gamma(N_{x+t} - N_{x+n})) n D_x} \right).$$

Im Speziellen sind die maximal zulässigen einmaligen Abschlusskosten 3.784,48 €, entsprechend 19,7 ‰ der Beitragssumme.

L 5.18 a) Es sei $x = 27$; $n = 40$; $k = 5$; $S = 150.000$; $\alpha^Z = 0,008$; $\beta = 0,04$; $\gamma = 0,0015$. Gesucht ist der Bruttobeitrag:

$$B^B = S \frac{D_{x+n} + M_x - M_{x+n}}{(1-\beta-\gamma n)(N_x - N_{x+n}) - \alpha^Z n (N_x - N_{x+k})}.$$

Das Bruttodeckungskapital ist für $t = 3$:

$$_t V_x^B = SA_{x+t,\overline{n-t}|} + \alpha^Z n B^B \ddot{a}_{x+t,\overline{k-t}|} \beta B^B \ddot{a}_{x+t,\overline{n-t}|} + \gamma n B^B \ddot{a}_{x+t,\overline{n-t}|} - B^B \ddot{a}_{x+t,\overline{n-t}|}$$

$$= S \frac{D_{x+n} + M_{x+t} - M_{x+n}}{D_{x+t}} + \alpha^Z n B^B \frac{N_{x+t} - N_{x+k}}{D_{x+t}}$$

$$- (1-\beta-\gamma n) B^B \frac{N_{x+t} - N_{x+n}}{D_{x+t}}.$$

Im Speziellen ist die Bruttoprämie 3.603,90 € und die Bruttoreserve nach 3 Jahren 6.093,39 €.

b) Es sei $\tilde{\alpha}^Z = 0,005$. Dann ist der Bruttobeitrag $\tilde{B}^B = 3.524,45$ €. Die zugehörige Reserve unter Verwendung dieser Prämie lautet $_t \tilde{V}_x^B = 8.094,53$ €. Dieser Betrag ist der Rückkaufswert. Der Auffüllungsbedarf ist die Differenz der beiden Rückstellungen, konkret also 2.001,14 €.

c) Nach dem Äquivalenzprinzip machen wir den Ansatz $\alpha^\gamma n B^B \ddot{a}_{x,\overline{n}|} = (\alpha^Z - \tilde{\alpha}^Z) n B^B \ddot{a}_{x,\overline{k}|}$. Daraus folgt

$$\alpha^\gamma = \frac{(\alpha^Z - \tilde{\alpha}^Z)(N_x - N_{x+k})}{N_x - N_{x+n}} .$$

Im Speziellen sollte der Parameter α^γ für diese Versicherung auf $0{,}48\,\text{‰}$ festgesetzt werden.

L 5.19 a) Es sei $x = 37$; $n = 23$; $S = 100.000$; $\alpha^Z = 0{,}04$; $\beta = 0{,}05$; $\gamma = 0{,}003$. Dann ist der Bruttobeitrag

$$B^B = S \frac{D_{x+n} + \gamma(N_x - N_{x+n})}{(1 - \beta)(N_x - N_{x+n}) - \alpha^Z n D_x}$$

und die Bruttorückstellung

$$_t V_x = L_{x+t} - GL_{x+t} = S_{n-t} E_{x+t} + \beta B^B \ddot{a}_{x+t,\overline{n-t}|} + \gamma S \ddot{a}_{x+t,\overline{n-t}|} - B^B \ddot{a}_{x+t,\overline{n-t}|}$$
$$= S \frac{D_{x+n}}{D_{x+t}} + \gamma S \frac{N_{x+t} - N_{x+n}}{D_{x+t}} - (1 - \beta) B^B \frac{N_{x+t} - N_{x+n}}{D_{x+t}} .$$

Konkret ist die Bruttoprämie $4.361{,}31\,€$ und die Bruttoreserve nach drei Jahren $7.666{,}74\,€$.
b) Sei $\tilde{\alpha}^Z = \alpha^Z / 5 = 0{,}008$. Dann ist die revidierte Bruttoprämie

$$B^B = S \frac{D_{x+n} + \gamma(N_x - N_{x+n})}{(1 - \beta)(N_x - N_{x+n}) - \tilde{\alpha}^Z n (N_x - N_{x+5})} .$$

Im Speziellen ist der revidierte Bruttobeitrag $4.355{,}46\,€$. Für die revidierte Bruttorückstellung unterscheiden wir einerseits den Fall $0 \le t \le 5$

$$_t \tilde{V}_x = S_{n-t} E_{x+t} + \tilde{\alpha}^Z n \tilde{B}^B \ddot{a}_{x+t,\overline{5-t}|} + \beta \tilde{B}^B \ddot{a}_{x+t,\overline{n-t}|} + \gamma S \ddot{a}_{x+t,\overline{n-t}|} - \tilde{B}^B \ddot{a}_{x+t,\overline{n-t}|}$$
$$= S \frac{D_{x+n}}{D_{x+t}} + \tilde{\alpha}^Z n \tilde{B}^B \frac{N_{x+t} - N_{x+5}}{D_{x+t}} + (\gamma S + \beta \tilde{B}^B - \tilde{B}^B) \frac{N_{x+t} - N_{x+n}}{D_{x+t}}$$

und andererseits den Fall $5 \le t \le n$

$$_t \tilde{V}_x = S \frac{D_{x+n}}{D_{x+t}} + (\gamma S + \beta \tilde{B}^B - \tilde{B}^B) \frac{N_{x+t} - N_{x+n}}{D_{x+t}} .$$

Konkret für $t = 3$ ist das revidierte Bruttodeckungskapital $7.764{,}49\,€$.
c) Die Differenz der Reserven ist für $0 \le t \le 5$:

$$_t \tilde{V}_x - {}_t V_x = \tilde{\alpha}^Z n \tilde{B}^B \frac{N_{x+t} - N_{x+5}}{D_{x+t}} - (1 - \beta)(\tilde{B}^B - B^B) \frac{N_{x+t} - N_{x+n}}{D_{x+t}}$$

sowie für $5 \leq t \leq n$:

$$_t\tilde{V}_x - {}_tV_x = (1 - \beta)(B^B - \tilde{B}^B)\frac{N_{x+t} - N_{x+n}}{D_{x+t}} \, .$$

Die Differenz sinkt monoton im Verlauf der Zeit. Die revidierte Reserve stellt gemäß den gesetzlichen Vorgaben in § 169 Versicherungsvertragsgesetz (**VVG**) den Rückkaufswert dar.

L 5.20 a) Es sei $x = 34$; $z = 67$; $R = 30.000$; $\alpha^Z = 0,04$; $\beta = 0,05$; $\gamma = 0,01$. Dann ist der Bruttobeitrag

$$B^B = R\frac{N_z + \gamma N_x}{(1 - \beta)(N_x - N_z) - \alpha^Z(z - x)D_x} \, .$$

Im Speziellen ist die Bruttojahresprämie 20.426,40 €. Die Bruttorückstellung ist für $0 \leq t \leq z - x$

$$_tV_x = L_{x+t} - GL_{x+t} = S_{z-x-t|}\ddot{a}_{x+t} + \beta B^B \ddot{a}_{x+t,\overline{n-t|}} + \gamma R\ddot{a}_{x+t} - B^B\ddot{a}_{x+t,\overline{n-t|}}$$

$$= R\frac{N_z}{D_{x+t}} + \gamma R\frac{N_{x+t}}{D_{x+t}} - (1 - \beta)B^B\frac{N_{x+t} - N_z}{D_{x+t}}$$

und für $t \geq z - x$

$$_tV_x = R(1 + \gamma)\frac{N_{x+t}}{D_{x+t}} \, .$$

Konkret nach fünf Jahren ist das Bruttodeckungskapital 70.558,38 €.
b) Die Summe der gezahlten Beiträge nach fünf Jahren ist

$$5B^B = 102.132,01 > 70.558,38 = {}_5V_{34}.$$

Das Deckungskapital ist zu gering, um der Forderung des Versicherungsnehmers nachzukommen. Das Unternehmen hat in den ersten Jahren zu hohe Kosten, um diese Forderung zu erfüllen. Wenn das Unternehmen Stornohaftungen vorsieht, so wird im Stornofall ein Teil der Provisionen vom Vertreter zurückgezahlt werden. Dadurch ergibt sich eine weitere Einnahmequelle für das Unternehmen, die zur Erhöhung der Bruttoreserve im Kündigungsfall genutzt werden kann. Allerdings sind Haftungsdauern über fünf Jahre selten.

L 5.21 a) Es sei $x = 29$; $n = 31$; $S = 200.000$; $\alpha^Z = 0,04$; $\beta = 0,04$; $\gamma = 0,002$. Dann ist der Bruttobeitrag nach dem Äquivalenzprinzip

$$B^B = S\frac{D_{x+n} + \gamma(N_x - N_{x+n})}{(N_x - N_{x+n})(1 - \beta) - \alpha^Z n D_x} \, .$$

Die Bruttodeckungsrückstellung ist allgemein

$$
{}_tV_x = L_{x+t} - GL_{x+t} = S_{n-t}E_{x\,|\,t} + \beta B^B \ddot{a}_{x+t,\overline{n-t}|} + \gamma S \ddot{a}_{x+t,\overline{n-t}|} - B^B \ddot{a}_{x+t,\overline{n-t}|}
$$

$$
= S\frac{D_{x+n}}{D_{x+t}} + \left(\gamma S + (\beta - 1)B^B\right)\frac{N_{x+t} - N_{x+n}}{D_{x+t}} \ .
$$

Konkret ist der Beitrag 6.102,10 € und die Reserve 95.137,23 € nach 17 Jahren.
b) Es sei $T = 50.000$ die Teilauszahlung. Gesucht ist die neue Versicherungssumme $\tilde{S}$.
Zum Zeitpunkt der Vertragsänderung sind die Versicherungsbarwerte

$$
L_E = \tilde{S}_{n-t}E_{x+t} + T
$$

$$
L_K = \beta B \ddot{a}_{x+t,\overline{n-t}|} + \gamma \tilde{S} \ddot{a}_{x+t,\overline{n-t}|}
$$

$$
GL = {}_tV_x + B \ddot{a}_{x+t,\overline{n-t}|} \ .
$$

Nach dem Äquivalenzprinzip folgt daraus

$$
\tilde{S} = \frac{({}_tV_x - T)D_{x+t} + B^B(1 - \beta)(N_{x+t} - N_{x+n})}{D_{x+n} + \gamma(N_{x+t} - N_{x+n})} \ .
$$

Im Speziellen ist die reduzierte Ablaufleistung 141.300,88 €. Die Versicherungssumme fällt um mehr als die Teilauszahlung wegen des eingerechneten Zins- und Überlebenseffekts.

L 5.22 a) Die Versicherungsparameter seien $x = 33$; $n = 30$; $S = 50.000$; $p = 0{,}02$ sowie $\alpha^Z = 0{,}035$; $\alpha^\gamma = 0{,}001$; $\beta = 0{,}03$; $\gamma = 0{,}002$. Dann ist der Todesfallleistungsbarwert:

$$
L_T = S\sum_{k=0}^{n-1}(1 + p)^k \,{}_{k|1}A_x = \frac{S}{1 + p}\cdot\frac{\tilde{M}_x - \tilde{M}_{x\,|\,n}}{\tilde{D}_x} \ ,
$$

wobei die mit „$\sim$" gekennzeichneten Kommutationswerte zum Zinssatz $\tilde{i} = (i - p)/(1 + p)$ mit $i = 0{,}0125$ auszuwerten sind. Schließlich ist der jährliche Bruttobeitrag:

$$
B^B = S\frac{\frac{(\tilde{M}_x - \tilde{M}_{x+n})D_x}{(1+p)\tilde{D}_x} + (1 + p)^{n-1}D_{x+n} + \alpha^Z D_x + \alpha^\gamma(N_x - N_{x+n})}{(1 - \beta - \gamma n)(N_x - N_{x+n})} \ .
$$

Die Bruttodeckungsrückstellung ist allgemein

$$\begin{aligned}
{}_tV_x^B &= S\sum_{k=t}^{n-1}(1+p)^k\frac{C_{x+k}}{D_x} + S(1+p)_{n-t}^{n-1}E_{x+t}\\
&\quad + (\alpha^\gamma S + \beta B + \gamma n B^B)\ddot{a}_{x+t,\overline{n-t}|} - B^B\ddot{a}_{x+t,\overline{n-t}|}\\
&= \frac{S}{1+p}(1+p)^t\frac{\tilde{M}_{x+t}-\tilde{M}_{x+n}}{\tilde{D}_{x+t}} + S(1+p)^{n-1}\frac{D_{x+n}}{D_{x+t}}\\
&\quad + (\alpha^\gamma S + \beta B^B + \gamma n B^B - B^B)\frac{N_{x+t}-N_{x+n}}{D_{x+t}}\ .
\end{aligned}$$

Im Speziellen ist der Bruttobeitrag 2.839,06 € und das Bruttodeckungskapital nach 23 Jahren 73.236,66 €.

b) Unter Berücksichtigung des Deckungskapitals als Einmalprämie gilt

$$\begin{aligned}
L_T &= \tilde{S}_{n-t}A_{x+t}\\
L_E &= \tilde{S}_{n-t}E_{x+t}\\
L_K &= \alpha^\gamma S\ddot{a}_{x+t,\overline{n-t}|}\\
GL &= {}_tV_x^B\ .
\end{aligned}$$

Nach dem Äquivalenzprinzip ist dann die gesuchte neue Versicherungssumme:

$$\tilde{S} = \frac{{}_tV_x^Z D_{x+t} - \alpha^\gamma S(N_{x+t}-N_{x+n})}{D_{x+n}+M_{x+t}-M_{x+n}}\ .$$

Konkret berechnen wir, dass die reduzierte Versicherungssumme 79.786,76 € beträgt.

L 5.23 a) Die Versicherungsparameter seien $x = 31$; $n = 19$; $S = 60.000$ sowie $\alpha^Z = 0{,}04$; $\beta = 0{,}05$; $\gamma_1 = 0{,}001$; $\gamma_2 = 0{,}0015$. Dann ist zunächst die Bruttoprämie

$$B^B = S\frac{v^n D_x + \gamma_2(N_x - N_{x+n})}{(1-\beta-\gamma_1 n)(N_x-N_{x+n})-\alpha^Z n D_x}\ .$$

Konkret ist der jährliche Beitrag 3.273,28 €. Das Bruttodeckungskapital ist die Differenz aus zukünftigem Leistungsbarwert und zukünftigem Gegenleistungsbarwert:

$$\begin{aligned}
{}_tV_x^B &= Sv^{n-t} + \beta B^B\ddot{a}_{x+t,\overline{n-t}|} + \gamma_1 n B^B\ddot{a}_{x+t,\overline{n-t}|} + \gamma_2 S\ddot{a}_{x+t,\overline{n-t}|} - B^B\ddot{a}_{x+t,\overline{n-t}|}\\
&= v^{n-t} + \gamma_2 S\frac{N_{x+t}-N_{x+n}}{D_{x+t}} + (\gamma_1 n + \beta - 1)B^B\frac{N_{x+t}-N_{x+n}}{D_{x+t}}\ .
\end{aligned}$$

Im Speziellen für $t = 14$ beträgt die Bruttorückstellung 42.036,03 €.

b) Zum Zeitpunkt der Vertragsänderung sind die neuen Versicherungsbarwerte unter Berücksichtigung der Reserve als Einmalbeitrag und der gesuchten Versicherungssumme $\tilde{S}$:

$$L_{\text{fix}} = \tilde{S}\,v^{n-t}$$
$$L_K = \gamma_2 \tilde{S}\,\ddot{a}_{x+t,\overline{n-t|}}$$
$$GL = {}_tV_x\,.$$

Das Äquivalenzprinzip, $L_{\text{fix}} + L_K = L = GL$, liefert dann

$$\tilde{S} = \frac{{}_tV_x \cdot D_{x+t}}{(1+i)^{t-n} \cdot D_{x+t} + \gamma(N_{x+t} - N_{x+n})}\,.$$

Die neue Versicherungssumme bei Beitragsfreistellung beträgt 44.386,02 €.

L 5.24 a) Es sei $x = 28$; $h = 22$; $n = 32$; $S = 100.000$; $\alpha^{;Z} = 0{,}02$; $\beta = 0{,}03$; $\gamma = 0{,}001$. Gesucht ist zunächst der Bruttobeitrag:

$$B^B = S\frac{D_{x+n} + M_x - M_{x+n} + \alpha^Z D_x + \gamma(N_x - N_{x+n})}{(1-\beta)(N_x - N_{x+h})}\,.$$

Im Speziellen ist die Bruttoprämie 3.900,40 €. Das Bruttodeckungskapital ist für $0 \le t \le h$:

$${}_tV_x = SA_{x,\overline{n|}} + \beta B^B \ddot{a}_{x+t,\overline{h-t|}} + \gamma S\ddot{a}_{x+t,\overline{n-t|}} - B^B \ddot{a}_{x+t,\overline{h-t|}}$$
$$= S\frac{D_{x+n} + M_{x+t} - M_{x+n} + \gamma(N_{x+t} - N_{x+n})}{D_{x+t}} - B^B\frac{(1-\beta)(N_{x+t} - N_{x+h})}{D_{x+t}}\,.$$

Konkret beträgt die Bruttoreserve nach 15 Jahren 57.608,79 €.

b) Gesucht ist die reduzierte Versicherungssumme $\tilde{S}$. Der versicherungstechnische Ansatz ist nach Voraussetzung

$$L_E = \tilde{S}_{n-t} E_{x+t}$$
$$L_T = \tilde{S}_{n-t} A_{x+t}$$
$$L_K = \alpha_t^Z V_x + \gamma \tilde{S}\ddot{a}_{x+t,\overline{n-t|}}$$
$$GL = {}_tV_x\,.$$

Gleichsetzen von Leistung und Gegenleistung ergibt

$$\tilde{S} = \frac{D_{x+t}(1-\alpha)_t V_x}{D_{x+n} + M_{x+t} - M_{x+n} + \gamma(N_{x+t} - N_{x+n})}\,.$$

Im Speziellen wird die Versicherungssumme auf 68.052,87 € reduziert.

c) Das neue Deckungskapital berechnen wir durch

$$
{}_0\tilde{V}_{x+t} = \tilde{S} A_{x+t,\overline{n-t}|} + \gamma \tilde{S} \ddot{a}_{x+t,\overline{n-t}|} = \tilde{S}\frac{D_{x+n} + M_{x+t} - M_{x+n} + \tilde{\gamma}(N_{x+t} - N_{x+n})}{D_{x+t}}\ .
$$

Das Deckungskapital ist auf 56.456,61 € gesunken. Zum Änderungszeitpunkt vereinnahmt das Unternehmen die Differenz der Rückstellungen, 1.152,18 €, als Abschlusskosten.

L 5.25 a) Die Bruttoprämie wird wie gewohnt mit dem Äquivalenzprinzip berechnet:

$$
B^B = S\frac{M_x - M_{x+n} + \gamma(N_x - N_{x+n}) + \alpha^Z D_x}{(1-\beta)(N_x - N_{x+n})}\ .
$$

b) Das Bruttodeckungskapital ist für $0 \le t \le n$:

$$
{}_t V_x^B = L_{x+t} - GL_{x+t} == S_{n-t}A_{x+t} + \beta B^B \ddot{a}_{x+t,\overline{n-t}|} + \gamma S \ddot{a}_{x+t,\overline{n-t}|} - B^B \ddot{a}_{x+t,\overline{n-t}|}
$$

$$
= S\frac{M_{x+t} - M_{x+n} + \gamma(N_{x+t} - N_{x+n})}{D_{x+t}} + (\beta - 1)B^B\frac{N_{x+t} - N_{x+n}}{D_{x+t}}\ .
$$

c) Der alte Vertrag wird gekündigt. Das Deckungskapital geht als Einmalbeitrag in den neuen Versicherungsvertrag ein. Ferner sind die neuen Barwerte für den neuen Vertrag mit $\tilde{S} = 2S$:

$$
L = \tilde{S}_{n-t}A_{x+t} + (\tilde{S} - S)\alpha^Z + \tilde{S}\gamma \ddot{a}_{x+t,\overline{n-t}|} + \beta \tilde{B}^B \ddot{a}_{x+t,\overline{n-t}|}
$$

$$
GL = {}_t V_x^B + \tilde{B}^B \ddot{a}_{x+t,\overline{n-t}|}\ .
$$

Setzen wir Leistung gleich Gegenleistung, so folgt daraus für den gesuchten neuen Beitrag:

$$
\tilde{B}^B = \frac{2S\left((M_{x+t} - M_{x+n}) + \gamma(N_{x+t} - N_{x+n})\right) + \alpha^Z S D_{x+t} - {}_t V_x^B D_{x+t}}{(1-\beta)(N_{x+t} - N_{x+n})}\ .
$$

d) Die neue Bruttoprämie $\bar{B}^B$ ist analog zu Teil a)

$$
\bar{B}^B = S\frac{M_{x+t} - M_{x+n} + \gamma(N_{x+t} - N_{x+n}) + \alpha^Z D_{x+t}}{(1-\beta)(N_{x+t} - N_{x+n})}\ .
$$

e) Es gilt

$$\tilde{B}^B = \frac{2S\left((M_{x+t} - M_{x+n}) + \gamma(N_{x+t} - N_{x+n})\right) + \alpha^Z S D_{x+t} - {}_tV_x^B D_{x+t}}{(1-\beta)(N_{x+t} - N_{x+n})}$$

$$= S\frac{M_{x+t} - M_{x+n} + \gamma(N_{x+t} - N_{x+n}) + \alpha^Z S D_{x+t}}{(1-\beta)(N_{x+t} - N_{x+n})}$$

$$+ S\frac{M_{x+t} - M_{x+n} + \gamma(N_{x+t} - N_{x+n})}{(1-\beta)(N_{x+t} - N_{x+n})}$$

$$- \frac{\left(S\frac{M_{x+t}-M_{x+n}+\gamma(N_{x+t}-N_{x+n})}{D_{x+t}} + (\beta-1)B^B\frac{N_{x+t}-N_{x+n}}{D_{x+t}}\right)D_{x+t}}{(1-\beta)(N_{x+t} - N_{x+n})}$$

$$= \bar{B}^B + S\frac{M_{x+t} - M_{x+n} + \gamma(N_{x+t} - N_{x+n})}{(1-\beta)(N_{x+t} - N_{x+n})}$$

$$- S\frac{M_{x+t} - M_{x+n} + \gamma(N_{x+t} - N_{x+n})}{(1-\beta)(N_{x+t} - N_{x+n})} + B^B$$

$$= \bar{B}^B + B^B .$$

Es ist in diesem Beispiel folglich egal, ob die Verdopplung der Versicherungssumme durch eine Vertragsänderung oder einen Neuabschluss modelliert wird.

L 5.26 Es sei $x = 33$; $z = 67$; $R = 12.000$; $\alpha^Z = 0{,}04$; $\alpha^\gamma = 0{,}01$; $\beta = 0{,}04$; $\gamma = 0{,}02$. Gesucht ist zunächst der Bruttobeitrag, der nach dem Äquivalenzprinzip berechnet wird:

$$B^B = R\frac{\alpha^\gamma N_x + (1 + \gamma - \alpha^\gamma)N_z}{(1-\beta)(N_x - N_z) - \alpha^Z(z-x)D_x} .$$

Konkret beträgt die Prämie 7.870,74 €. Nach $t = 27$ Jahren ist das Bruttodeckungskapital

$${}_tV_x = R_{z-(x+t)|}\ddot{a}_{x+t} + \alpha^\gamma R\ddot{a}_{x+t,\overline{z-(x+t)}|} + \beta B^B\ddot{a}_{x+t,\overline{z-(x+t)}|}$$

$$+ \gamma R_{z-(x+t)|}\ddot{a}_{x+t} - B^B\ddot{a}_{x+t,\overline{z-(x+t)}|}$$

$$= R\frac{\alpha^\gamma N_{x+t} + (1 - \alpha^\gamma + \gamma)N_z}{D_{x+t}} - (1-\beta)\frac{N_{x+t} - N_z}{D_{x+t}} .$$

Im Speziellen ist das Bruttodeckungskapital nach $t = 27$ Jahren 228.650,73 €. Gesucht ist nun die reduzierte Rentenhöhe $\tilde{R}$. Für die Vertragsänderung gilt

$$L_R = \tilde{R}\ddot{a}_{x+t}$$

$$L_K = \gamma\tilde{R}\ddot{a}_{x+t}$$

$$GL = {}_tV_x .$$

Setzen wir $L_R + L_K = L = GL$ so folgt daraus

$$\tilde{R} = {}_tV_x \frac{D_{x+t}}{(1+\gamma)N_{x+t}} \; .$$

Konkret berechnen wir, dass der Vorverrentungswert im Alter 60 7.607,65 € beträgt. Der Abschlag für die frühzeitige Verrentung beträgt also absolut 4.392,35 € und relativ 36,6 %.

L 5.27 a) Die Parameter dieser Versicherung seien $x = 41$; $h = 10$; $n = 20$; $S = 100.000$ sowie $\alpha^Z = 0,04$; $\beta = 0,035$; $\gamma_1 = 0,001$; $\gamma_2 = 0,001$. Mit dem Äquivalenzprinzip berechnen wir den Bruttobeitrag

$$B^B = S \frac{D_{x+n} + \gamma_2(N_x - N_{x+n})}{(1-\beta-h\gamma_1)(N_x - N_{x+h}) - \alpha^Z h D_x} \; .$$

Konkret ist $B^B = 8.952,39$ €. Das Bruttodeckungskapital ist dann für $t = 12$:

$$_tV_x = L_{x+t} - GL_{x+t} = S_{n-t}E_{x+t} + \gamma_2 S\ddot{a}_{x+t,\overline{n-t}|} = S\frac{D_{x+n}}{D_{x+t}} + \gamma_2 S\frac{N_{x+t} - N_{x+n}}{D_{x+t}} \; .$$

Konkret berechnen wir den Wert 89.556,86 €. Die Teilauszahlung T ist also 80.000 €. b) Gesucht ist die neue Versicherungssumme $\tilde{S}$. Der versicherungstechnische Ansatz lautet:

$$L_E = \tilde{S}_{n-t}E_{x+t}$$
$$L_K = \gamma\tilde{S}\ddot{a}_{x+t,\overline{n-t}|}$$
$$GL = {}_tV_x - T \; .$$

Mit dem Äquivalenzprinzip folgt daraus:

$$\tilde{S} = \frac{({}_tV_x - T)D_{x+t}}{D_{x+n} + \gamma_2(N_{x+t} - N_{x+n})} \; .$$

Im Speziellen ist die reduzierte Versicherungssumme 10.671,28 €.

L 5.28 Es sei $x = 35$; $n = 25$; $S = 150.000$; $\alpha^Z = 0,04$; $\beta = 0,045$; $\gamma_1 = 0,001$; $\gamma_2 = 0,002$. Der Bruttobeitrag ist nach dem Äquivalenzprinzip

$$B^B = S\frac{D_{x+n} + M_x - M_{x+n} + \gamma_2(N_x - N_{x+n})}{(1-\beta-\gamma_1 n)(N_x - N_{x+n}) - \alpha^Z n D_x} \; .$$

Wir berechnen, dass die Prämie 6.220,27 € beträgt. Das Bruttodeckungskapital ist dann für $t = 1$

$$
\begin{aligned}
{}_t V_x^B &= S_{n-t} A_{x+t} + S_{n-t} E_{x+t} + \left(\beta B^B + \gamma_1 n B^B + \gamma_2 S\right) \ddot{a}_{x+t,\overline{n-t}|} - B^B \ddot{a}_{x+t,\overline{n-t}|} \\
&= S \frac{M_{x+t} - M_{x+n} + D_{x+n} + \gamma_2(N_{x+t} - N_{x+n})}{D_{x+t}} + B(\beta + \gamma_1 - 1)\frac{N_{x+t} - N_{x+n}}{D_{x+t}} \, .
\end{aligned}
$$

Konkret berechnet, ist das Bruttodeckungskapital nach einem Jahre $-818{,}51$ €. Das Deckungskapital ist wegen der Abschlusskosten im ersten Jahr noch negativ.

Der Steigerungssatz sei $p = 0{,}02$. Zur Vertragsänderung müssen die neuen Kosten so festgelegt werden, dass beide Lösungswege zum selben Ergebnis führen und in der Praxis sinnvoll sind: die Abschlussprovision fällt nur auf die Summe der Differenz des alten und neuen Beitrags an, also auf den Betrag $(n - t)pB^B$. Für die Verwaltungskosten muss beachtet werden, dass die gesamte Beitragssumme korrekt erfasst wird. Konkret ist nämlich der Beitrag B^B über n Jahre fällig und die Erhöhung pB^B nur über $n - t$ Jahre. Die versicherungstechnischen Barwerte sind also:

$$
\begin{aligned}
L_T &= \tilde{S}_{n-t} A_{x+t} \\
L_E &= \tilde{S}_{n-t} E_{x+t} \\
L_K &= \alpha^Z (n - t)pB^B + \gamma_1 \left(n B^B + (n - t)pB^B\right) \ddot{a}_{x+t,\overline{n-t}|} \\
&\quad + \beta B^B (1 + p)\ddot{a}_{x+t,\overline{n-t}|} + \gamma_2 \tilde{S} \ddot{a}_{x+t,\overline{n-t}|} \\
GL &= (1 + p)B^B \ddot{a}_{x+t,\overline{n-t}|} + {}_t V_x \, .
\end{aligned}
$$

Nach dem Äquivalenzprinzip folgt dann

$$
\begin{aligned}
\tilde{S} &= \frac{B^B \left((1 + p) - \gamma_1 n - \gamma_1(n - t)p - \beta(1 + p)\right)(N_{x+t} - N_{x+n})}{M_{x+t} - M_{x+n} + D_{x+n} + \gamma_2(N_{x+t} - N_{x+n})} \\
&\quad + \frac{{}_t V_x D_{x+t} - pB^B \alpha^Z (n - t)D_{x+t}}{M_{x+t} - M_{x+n} + D_{x+n} + \gamma_2(N_{x+t} - N_{x+n})} \, .
\end{aligned}
$$

Konkret ist die erhöhte Versicherungssumme 152.872,35 €. Die Versicherungssumme steigt weniger stark als der Bruttobeitrag, nämlich nur 1,91 %, da die Restlaufzeit um ein Jahr kürzer geworden ist.

L 5.29 Es sei $x = 42$; $n = 20$; $S = 125.000$; $\alpha^Z = 0{,}04$; $\beta = 0{,}05$; $\gamma = 0{,}002$. Der Bruttobeitrag wird mit dem Äquivalenzprinzip berechnet und ist

$$
B^B = S \frac{D_{x+n} + M_x - M_{x+n} + \gamma(N_x - N_{x+n})}{(1 - \beta)(N_x - N_{x+n}) - \alpha^Z n D_x} \, .
$$

Im Speziellen ist der Bruttobeitrag 6.582,05 €. Betrachtet man zum Zeitpunkt $t = 18$ die Differenz aus zukünftigen Leistungen und Gegenleistungen, so ist die Bruttorückstellung gegeben durch

$$_t V_x^B = S_{n-t} A_{x+t} + S_{n-t} E_{x+t} + \beta B^B \ddot{a}_{x+t,\overline{n-t}|} + \gamma S \ddot{a}_{x+t,\overline{n-t}|} - B^B \ddot{a}_{x+t,\overline{n-t}|}$$

$$= S \frac{D_{x+n} + M_{x+t} - M_{x+n}}{D_{x+t}} + (\beta B^B + \gamma S - B^B) \frac{N_{x+t} - N_{x+n}}{D_{x+t}} \,.$$

Konkret berechnen wir 110.078,39 €. Die Teilauszahlung sei $T = 25.000$ €. Außerdem soll der Vertrag um $k = 5$ Jahre verlängert werden. Gesucht ist der neue Bruttobeitrag $\tilde{B}^B$. Zum Änderungszeitpunkt wird das Äquivalenzprinzip auf die Versicherungsbarwerte

$$L_T = S_{n-t+k} A_{x+t}$$

$$L_E = S_{n-t+k} E_{x+t}$$

$$L_K = \alpha^Z k \tilde{B}^B + \beta \tilde{B}^B \ddot{a}_{x+t,\overline{n-t+k}|} + \gamma S \ddot{a}_{x+t,\overline{n-t+k}|}$$

$$GL = {}_t V_x - T + \tilde{B}^B \ddot{a}_{x+t,\overline{n-t+k}|}$$

angewendet. Im Ergebnis ist

$$\tilde{B}^B = \frac{S(D_{x+n+k} + M_{x+t} - M_{x+n+k}) + \gamma S(N_{x+t} - N_{x+n+k}) + (T - {}_t V_x) D_{x+t}}{(1 - \beta)(N_{x+t} - N_{x+n+k}) - \alpha^Z k D_{x+t}} \,.$$

Im Speziellen ist der neue Beitrag 5.274,82 €. Damit ist das neue Bruttodeckungskapital

$$_t \tilde{V}_x^B = S A_{x+t,\overline{n-t+k}|} + (\beta \tilde{B}^B + \gamma S) \ddot{a}_{x+t,\overline{n-t+k}|} - \tilde{B}^B \ddot{a}_{x+t,\overline{n+5-t}|}$$

$$= S \frac{D_{x+n+k} + M_{x+t} - M_{x+n+k}}{D_{x+t}} + (\beta \tilde{B}^B + \gamma S - \tilde{B}^B) \frac{N_{x+t} - N_{x+n+k}}{D_{x+t}} \,.$$

Das neue Deckungskapital ist mit 84.023,43 € um 26.054,96 € geringer als das alte Deckungskapital in Höhe von 110.078,39 €. Die Differenz kommt durch die Teilauszahlung und die neuen einmaligen Abschlusskosten zustande. Vereinfacht können wir das neue Bruttodeckungskapital berechnen durch:

$$_t \tilde{V}_x^B = {}_t V_x^B - T - \alpha^Z k \tilde{B}^B = 110.078,39 - 25.000 - 0,04 \cdot 5 \cdot 5.274,82 = 84.023,43 \,.$$

L 5.30 Es sei $x = 30$; $m = 37$; $B^B = 3.000$; $\alpha^Z = 0,04$; $\beta = 0,05$; $\gamma = 0,02$. Der Bruttobeitrag wird durch Gleichsetzen von Leistung und Gegenleistung berechnet und ist im Ergebnis

$$R = B^B \frac{(1 - \beta)(N_x - N_{x+m}) - \alpha^Z m D_x}{(1 + \gamma) N_{x+m}} \,.$$

Konkret beträgt die versicherte Jahresrente 5.848,93 €. Das Bruttoreserve ist für $t \geq m$

$$_t V_x^B = L_{x+t} - GL_{x+t} = R \ddot{a}_{x+t} + \gamma R \ddot{a}_{x+t} = (1 + \gamma) R \frac{N_{x+t}}{D_{x+t}} \,.$$

Im erreichten Alter 67 beträgt das Bruttodeckungskapital 134.529, 48 €. Es sei $p = 0,3$. Dann ist die gesuchte Teilauszahlung $T = p\,{}_tV_x^B = 40.358,85$ €. Nun ist die reduzierte Rente $\tilde{R}$ gesucht. Die Versicherungsbarwerte hinsichtlich der Vertragsänderung sind:

$$L = \tilde{R}\ddot{a}_{x+t} + \gamma\tilde{R}\ddot{a}_{x+t} = (1+\gamma)\tilde{R}\frac{N_{x+t}}{D_{x+t}}$$

$$GL = {}_tV_x - T = (1-p){}_tV_x \ .$$

Daraus folgt

$$\tilde{R} = \frac{(1-p){}_tV_xD_{x+t}}{(1+\gamma)N_{x+t}} \ .$$

Die reduzierte Rente beträgt konkret 4.094,25 €, was genau 70 % der ursprünglichen Rente von 5.848,93 € entspricht.

8.5 Lösungen zu Kapitel 6 – Ergebnisanalyse

L 6.1 Es sei $x = 34$; $n = 31$; $S = 100.000$; $\alpha^Z = 0,04$; $\alpha^\gamma = 0,001$; $\beta = 0,04$; $\gamma = 0,0015$. Der Bruttobeitrag wird durch Gleichsetzen von Leistung und Gegenleistung berechnet:

$$B^B = S\frac{D_{x+n} + \gamma(N_x - N_{x+n})}{(1 - \alpha^\gamma n - \beta)(N_x - N_{x+n}) - \alpha^Z nD_x - R_x + R_{x+n} + nM_{x+n}} \ .$$

Konkret ist die Bruttoprämie 3.159,92 €. Zur Berechnung der Erlebensfallrendite setzen wir den Endwert der Beitragszahlungen $L = B^B\ddot{s}_{\overline{n}|}$ gleich der Versicherungssumme $GL = S$. Daraus folgt für den gesuchten Zinssatz i:

$$B^B(1+i)^{n+1} - i(S + B^B) - B^B = 0 \ .$$

Dieses Nullstellenproblem lässt sich nur näherungsweise lösen; im Ergebnis ist der effektive Jahreszinssatz im Erlebensfall 0,13 %.

L 6.2 Es sei $x = 25$; $n = 20$; $S = 100.000$; $p = 0,6$; $\alpha^Z = 0,04$; $\beta = 0,05$; $\gamma = 0,002$. Der Bruttobeitrag wird durch Gleichsetzen von Leistung und Gegenleistung berechnet:

$$B^B = \frac{SD_{x+n}}{(1 - \beta - \gamma pn)(N_x - N_{x+n}) - pn(M_x - M_{x+n}) - \alpha^Z nD_x} \ .$$

Speziell für die angegebenen Parameter ist die Prämie 4.968,23 €. Wir setzen nun $L = B^B\ddot{s}_{\overline{n}|}$ und $GL = S$. Dann ist nach dem Äquivalenzprinzip, $L = GL$:

$$B^B(1+i)^{n+1} - i(S + B^B) - B^B = 0 \ .$$

Näherungsweise berechnen wir daraus, dass die Erlebensfallrendite 0,06 % beträgt.

L 6.3 Es sei $x = 35$; $n = 25$; $S = 150.000$; $\alpha^Z = 0,04$; $\alpha^\gamma = 0,001$; $\beta = 0,045$; $\gamma = 0,0015$. Dann ist der Bruttobeitrag

$$B^B = S \frac{D_{x+n} + \gamma(N_x - N_{x+n})}{(1 - \alpha^\gamma n - \beta)(N_x - N_{x+n}) - \alpha^Z n D_x} \ .$$

Konkret ist der Bruttobeitrag 5.863,03 €. Es sei $i = 0,03$ die vorgegebene Erlebensfall-rendite. Gesucht ist die Überschussbeteiligung $\ddot{U}$. Die zu betrachtenden Endwerte sind:

$$L = B^B \ddot{s}_{\overline{n}|}$$
$$GL = S + \ddot{U} \ .$$

Gleichsetzen liefert dann

$$\ddot{U} = B^B \frac{(1 + i)^n - 1}{1 - v} - S \ .$$

Konkret muss die endfällige Überschussbeteiligung 70.174,48 €, also 46,8 % der Versicherungssumme betragen.

L 6.4 a) Die Parameter dieser Versicherung seien $x = 33$; $z = 67$; $B^B = 1.200$ sowie $\alpha^Z = 0,04$; $\alpha^\gamma = 0,0001$; $\beta = 0,045$; $\gamma_1 = 0,005$; $\gamma_2 = 0,015$. Dann ist der Bruttobeitrag

$$R = B^B \frac{(1 - \alpha^\gamma n - \beta)(N_x - N_z) - \alpha^Z(z - x)D_x - R_x + R_z + (z - x)M_z}{\gamma_1 N_x + (1 - \gamma_1 + \gamma_2)N_z} \ .$$

Konkret ist die Rentenhöhe 1.989,65 €. Es sei nun $n = 25$. Die Barwerte der tatsächlich geflossenen Zahlungen sind:

$$L = B^B \ddot{a}_{\overline{z-x}|}$$
$$GL = R\ddot{a}_{\overline{n}|} v^{z-x} \ .$$

Mit dem Äquivalenzprinzip erhalten wir ein Nullstellenproblem für den gesuchten Zinssatz i:

$$B^B(1 + i)^{n+z-x} - (B^B + R)(1 + i)^n + R = 0 \ .$$

Wenn die versicherte Person genau 25 Mal die garantierte Jahresrente bezieht, beträgt die Rendite 0,67 %. Erhält die Person aufgrund des Bonussystems eine höhere Rente, so steigt dadurch die Rendite.

b) Gegeben sei $i = 0,02$. Gesucht ist die Laufzeit n. Gleichsetzen der Leistung und Gegenleistung aus Teil a) liefert

$$n = \frac{\ln(R) - \ln\left(R + B^B - B^B(1 + i)^{z-x}\right)}{\ln(1 + i)} = 43,74 \ .$$

Konkret muss die Rente mindestens 44 Mal bezogen werden, also sollte die versicherte Person mindestens 110 Jahre alt werden. Unter Berücksichtigung der Überschussbeteiligung würde die Laufzeitanforderung sinken.

L 6.5 a) Es sei $x = 29$; $z = 65$; $B^B = 2.400$; $\alpha^Z = 0{,}04$; $\beta = 0{,}05$; $\gamma = 0{,}01$. Wir berechnen die jährliche Rente durch Gleichsetzen von Leistung und Gegenleistung zu

$$R = B^B \frac{(1 - \beta)(N_x - N_z) - \alpha^Z (z - x) D_x}{\gamma N_x + N_z} \; .$$

Konkret ist die garantierte jährliche Rentenhöhe $3.724{,}62 \, €$. Mit $\lambda = 0{,}03$ und $\mu = 0{,}05$ ist die jährliche Überschussbeteiligung $\ddot{U} = \lambda B^B + \mu R = 258{,}23 \, €$. Die verzinsliche Ansammlung ist gleich dem Endwert zu $i = 0{,}03$:

$$VA = \ddot{U} \, s_{\overline{z-x}|} = \ddot{U} \frac{(1 + i)^n - 1}{i} \; .$$

Konkret ist die verzinsliche Ansammlung $16.339{,}81 \, €$.
b) Wir berechnen zunächst das garantierte Kapital, also die Bruttodeckungsrückstellung bei Rentenbeginn, also für $t = z - x = 36$

$$_t V_x^B = R \ddot{a}_{x+t} + \gamma R \ddot{a}_{x+t} = (1 + \gamma) R \frac{N_{x+t}}{D_{x+t}} \; .$$

Konkret ist die Rückstellung $99.423{,}71 \, €$. Das Verhältnis aus verzinslicher Ansammlung und Bruttodeckungskapital beträgt $16{,}43 \, \%$. Also ist die Bonusrente

$$\tilde{R} = \frac{VA}{_t V_x^B} R \; .$$

Konkret wird die garantierte Rente in Höhe von $3.724{,}62 \, €$ dauerhaft um $612{,}12 \, €$ erhöht.
c) Gesucht ist k, sodass die Beitragssumme, $L = (z - x)B^B$, gleich der Summe der Rentenzahlungen, $GL = k(R + \tilde{R})$, ist. Durch Gleichsetzen finden wir:

$$k = \frac{(z - x)B^B}{R + \tilde{R}} = 19{,}92 \; .$$

Wenn die Person 20 Jahre überlebt, also mindestens 85 Jahre alt wird, so erhält sie die eingezahlten Beiträge unverzinst zurück.

In diesem Anhang sind die aktuellen Sterbetafeln der Deutschen Aktuarvereinigung (DAV) dargestellt. Ausgangspunkt sind die Sterbewahrscheinlichkeiten; die anderen Größen sind abgeleitet und gerundet. Der Rechnungszins beträgt 1,25 %.

9.1 DAV2008TM

Dargestellt ist die erweiterte Sterbetafel für Versicherungen mit Todesfallcharakter für Männer, DAV2008TM. Es handelt sich um die Rechnungsgrundlagen erster Ordnung mit Rechnungszinssatz 1,25%.

x	q_x	l_x	D_x	N_x	S_x	C_x	M_x	R_x
0	0,006113	1.000.000	1.000.000	48.506.863	1.593.535.732	6038	401.150	28.833.582
1	0,000423	993.887	981.617	47.506.863	1.545.028.869	410	395.112	28.432.432
2	0,000343	993.467	969.088	46.525.246	1.497.522.006	328	394.702	28.037.320
3	0,000275	993.126	956.796	45.556.158	1.450.996.760	260	394.374	27.642.618
4	0,000220	992.853	944.723	44.599.362	1.405.440.602	205	394.114	27.248.244
5	0,000182	992.634	932.855	43.654.639	1.360.841.240	168	393.909	26.854.130
6	0,000155	992.454	921.171	42.721.784	1.317.186.601	141	393.741	26.460.221
7	0,000139	992.300	909.657	41.800.614	1.274.464.817	125	393.600	26.066.480
8	0,000129	992.162	898.302	40.890.956	1.232.664.203	114	393.475	25.672.880
9	0,000125	992.034	887.097	39.992.655	1.191.773.247	110	393.361	25.279.405
10	0,000129	991.910	876.036	39.105.557	1.151.780.592	112	393.251	24.886.044
11	0,000143	991.782	865.109	38.229.522	1.112.675.035	122	393.140	24.492.793
12	0,000173	991.640	854.306	37.364.413	1.074.445.513	146	393.017	24.099.653
13	0,000222	991.469	843.614	36.510.106	1.037.081.101	185	392.871	23.706.636
14	0,000303	991.248	833.014	35.666.493	1.000.570.995	249	392.686	23.313.764
15	0,000417	990.948	822.480	34.833.479	964.904.502	339	392.437	22.921.078

© Springer Fachmedien Wiesbaden 2016
K.M. Ortmann, *Praktische Lebensversicherungsmathematik*,
Studienbücher Wirtschaftsmathematik, DOI 10.1007/978-3-658-10200-5_9

x	q_x	l_x	D_x	N_x	S_x	C_x	M_x	R_x
16	0,000557	990.535	811.987	34.010.999	930.071.023	447	392.098	22.528.641
17	0,000709	989.983	801.516	33.199.012	896.060.024	561	391.652	22.136.542
18	0,000850	989.281	791.060	32.397.495	862.861.013	664	391.091	21.744.890
19	0,000953	988.440	780.629	31.606.436	830.463.517	735	390.426	21.353.800
20	0,001012	987.498	770.257	30.825.807	798.857.081	770	389.692	20.963.373
21	0,001022	986.499	759.978	30.055.549	768.031.275	767	388.922	20.573.682
22	0,001004	985.491	749.828	29.295.571	737.975.725	744	388.155	20.184.760
23	0,000963	984.501	739.828	28.545.743	708.680.154	704	387.411	19.796.605
24	0,000911	983.553	729.990	27.805.915	680.134.411	657	386.707	19.409.194
25	0,000856	982.657	720.321	27.075.925	652.328.496	609	386.051	19.022.487
26	0,000808	981.816	710.820	26.355.604	625.252.571	567	385.442	18.636.436
27	0,000772	981.023	701.477	25.644.784	598.896.967	535	384.874	18.250.994
28	0,000752	980.265	692.282	24.943.307	573.252.183	514	384.340	17.866.120
29	0,000745	979.528	683.221	24.251.026	548.308.876	503	383.825	17.481.780
30	0,000752	978.799	674.283	23.567.805	524.057.850	501	383.323	17.097.955
31	0,000768	978.063	665.458	22.893.522	500.490.045	505	382.822	16.714.632
32	0,000791	977.311	656.738	22.228.064	477.596.523	513	382.317	16.331.810
33	0,000820	976.538	648.117	21.571.326	455.368.460	525	381.804	15.949.493
34	0,000855	975.738	639.590	20.923.209	433.797.133	540	381.279	15.567.689
35	0,000895	974.903	631.154	20.283.619	412.873.924	558	380.739	15.186.410
36	0,000945	974.031	622.804	19.652.465	392.590.305	581	380.181	14.805.671
37	0,001005	973.110	614.534	19.029.661	372.937.840	610	379.600	14.425.490
38	0,001083	972.132	606.337	18.415.127	353.908.180	649	378.990	14.045.890
39	0,001181	971.079	598.203	17.808.790	335.493.053	698	378.341	13.666.900
40	0,001301	969.933	590.120	17.210.587	317.684.263	758	377.644	13.288.559
41	0,001447	968.671	582.076	16.620.467	300.473.677	832	376.885	12.910.915
42	0,001623	967.269	574.058	16.038.390	283.853.210	920	376.053	12.534.030
43	0,001833	965.699	566.051	15.464.332	267.814.820	1025	375.133	12.157.976
44	0,002082	963.929	558.038	14.898.281	252.350.488	1147	374.108	11.782.843
45	0,002364	961.922	550.001	14.340.243	237.452.206	1284	372.961	11.408.735
46	0,002669	959.648	541.927	13.790.242	223.111.963	1429	371.677	11.035.774
47	0,002983	957.087	533.808	13.248.316	209.321.721	1573	370.248	10.664.097
48	0,003302	954.232	525.645	12.714.508	196.073.405	1714	368.676	10.293.848
49	0,003630	951.081	517.441	12.188.863	183.358.898	1855	366.961	9925.173
50	0,003981	947.629	509.198	11.671.422	171.170.035	2002	365.106	9558.211
51	0,004371	943.856	500.909	11.162.224	159.498.613	2162	363.104	9193.105
52	0,004812	939.731	492.563	10.661.315	148.336.389	2341	360.942	8830.001
53	0,005308	935.209	484.141	10.168.752	137.675.074	2538	358.601	8469.059
54	0,005857	930.244	475.626	9.684.611	127.506.323	2751	356.063	8110.459
55	0,006460	924.796	467.002	9.208.985	117.821.712	2980	353.311	7754.396
56	0,007117	918.822	458.257	8.741.982	108.612.727	3221	350.332	7401.085
57	0,007831	912.283	449.379	8.283.725	99.870.745	3476	347.111	7050.753

x	q_x	l_x	D_x	N_x	S_x	C_x	M_x	R_x
58	0,008604	905.138	440.355	7.834.346	91.587.020	3.742	343.635	6.703.642
59	0,009454	897.351	431.177	7.393.991	83.752.673	4.026	339.893	6.360.007
60	0,010404	888.867	421.828	6.962.814	76.358.682	4.335	335.867	6.020.115
61	0,011504	879.619	412.285	6.540.987	69.395.868	4.684	331.532	5.684.248
62	0,012818	869.500	402.511	6.128.701	62.854.881	5.096	326.848	5.352.715
63	0,014429	858.355	392.446	5.726.191	56.726.180	5.593	321.752	5.025.867
64	0,016415	845.970	382.008	5.333.745	50.999.989	6.193	316.160	4.704.115
65	0,018832	832.083	371.099	4.951.736	45.666.245	6.902	309.966	4.387.955
66	0,021704	816.413	359.615	4.580.637	40.714.509	7.709	303.064	4.077.989
67	0,025016	798.694	347.467	4.221.022	36.133.871	8.585	295.355	3.774.925
68	0,028738	778.714	334.592	3.873.555	31.912.849	9.497	286.770	3.479.570
69	0,032822	756.335	320.965	3.538.963	28.039.294	10.405	277.274	3.192.799
70	0,037219	731.511	306.597	3.217.999	24.500.330	11.270	266.869	2.915.526
71	0,041880	704.285	291.542	2.911.401	21.282.332	12.059	255.599	2.648.657
72	0,046597	674.789	275.884	2.619.859	18.370.930	12.697	243.540	2.393.058
73	0,051181	643.346	259.781	2.343.976	15.751.071	13.132	230.843	2.149.518
74	0,056110	610.419	243.442	2.084.195	13.407.095	13.491	217.711	1.918.675
75	0,061477	576.168	226.946	1.840.753	11.322.900	13.780	204.220	1.700.964
76	0,067433	540.747	210.364	1.613.807	9.482.147	14.010	190.441	1.496.744
77	0,074160	504.283	193.757	1.403.443	7.868.340	14.192	176.430	1.306.303
78	0,081806	466.885	177.173	1.209.686	6.464.897	14.315	162.239	1.129.873
79	0,090478	428.691	160.671	1.032.513	5.255.210	14.358	147.924	967.634
80	0,100261	389.904	144.330	871.842	4.222.697	14.292	133.566	819.710
81	0,111193	350.812	128.256	727.513	3.350.855	14.085	119.274	686.144
82	0,123283	311.804	112.587	599.257	2.623.342	13.709	105.189	566.870
83	0,136498	273.364	97.489	486.670	2.024.085	13.143	91.480	461.681
84	0,150887	236.050	83.142	389.181	1.537.416	12.390	78.338	370.201
85	0,166500	200.433	69.726	306.039	1.148.235	11.466	65.947	291.863
86	0,183344	167.061	57.399	236.313	842.196	10.394	54.481	225.916
87	0,201323	136.432	46.296	178.914	605.883	9.205	44.088	171.434
88	0,220284	108.965	36.519	132.618	426.969	7.945	34.882	127.347
89	0,240073	84.962	28.123	96.098	294.351	6.668	26.937	92.465
90	0,260556	64.565	21.108	67.975	198.252	5.432	20.269	65.528
91	0,281602	47.742	15.415	46.868	130.277	4.287	14.837	45.259
92	0,303079	34.298	10.938	31.452	83.409	3.274	10.549	30.423
93	0,324872	23.903	7.529	20.515	51.957	2.416	7.275	19.873
94	0,346887	16.137	5.020	12.986	31.443	1.720	4.860	12.598
95	0,369051	10.540	3.238	7.966	18.456	1.180	3.140	7.738
96	0,391305	6.650	2.018	4.728	10.490	780	1.960	4.599
97	0,413938	4.048	1.213	2.710	5.762	496	1.180	2.639
98	0,437313	2.372	702	1.497	3.052	303	684	1.459
99	0,461101	1.335	390	795	1.555	178	380	776

x	q_x	l_x	D_x	N_x	S_x	C_x	M_x	R_x
100	0,485304	719	208	405	760	100	203	395
101	0,509924	370	106	197	356	53	103	193
102	0,534957	181	51	91	159	27	50	89
103	0,560407	84	23	40	67	13	23	39
104	0,586265	37	10	17	27	6	10	16
105	0,612529	15	4	7	10	3	4	6
106	0,639188	6	2	2	4	1	2	2
107	0,666233	2	1	1	1	0	1	1
108	0,693651	1	0	0	0	0	0	0
109	0,721425	0	0	0	0	0	0	0
110	0,749533	0	0	0	0	0	0	0
111	0,777950	0	0	0	0	0	0	0
112	0,806647	0	0	0	0	0	0	0
113	0,835585	0	0	0	0	0	0	0
114	0,864722	0	0	0	0	0	0	0
115	0,894008	0	0	0	0	0	0	0
116	0,923382	0	0	0	0	0	0	0
117	0,952778	0	0	0	0	0	0	0
118	0,982113	0	0	0	0	0	0	0
119	1,000000	0	0	0	0	0	0	0
120	1,000000	0	0	0	0	0	0	0
121	1,000000	0	0	0	0	0	0	0

9.2 DAV2008TF

Dargestellt ist die erweiterte Sterbetafel für Versicherungen mit Todesfallcharakter für Frauen, DAV2008TF. Es handelt sich um die Rechnungsgrundlagen erster Ordnung zum Rechnungszinssatz 1,25 %.

x	q_x	l_x	D_x	N_x	S_x	C_x	M_x	R_x
0	0,005088	1.000.000	1.000.000	50.534.132	1.739.663.838	5.025	376.122	29.056.801
1	0,000387	994.912	982.629	49.534.132	1.689.129.706	376	371.097	28.680.679
2	0,000318	994.527	970.122	48.551.503	1.639.595.573	305	370.721	28.309.583
3	0,000255	994.211	957.841	47.581.381	1.591.044.070	241	370.416	27.938.862
4	0,000202	993.957	945.774	46.623.540	1.543.462.689	189	370.175	27.568.445
5	0,000163	993.756	933.909	45.677.766	1.496.839.149	150	369.986	27.198.270
6	0,000134	993.594	922.229	44.743.856	1.451.161.383	122	369.836	26.828.284
7	0,000115	993.461	910.722	43.821.627	1.406.417.527	103	369.714	26.458.448
8	0,000105	993.347	899.375	42.910.905	1.362.595.900	93	369.611	26.088.733
9	0,000099	993.243	888.178	42.011.530	1.319.684.995	87	369.517	25.719.123

x	q_x	l_x	D_x	N_x	S_x	C_x	M_x	R_x
10	0,000102	993.144	877.126	41.123.352	1.277.673.465	88	369.430	25.349.606
11	0,000111	993.043	866.209	40.246.226	1.236.550.113	95	369.342	24.980.175
12	0,000127	992.933	855.420	39.380.017	1.196.303.887	107	369.247	24.610.833
13	0,000153	992.807	844.752	38.524.596	1.156.923.870	128	369.140	24.241.586
14	0,000188	992.655	834.195	37.679.844	1.118.399.274	155	369.012	23.872.446
15	0,000228	992.468	823.742	36.845.649	1.080.719.429	185	368.857	23.503.434
16	0,000271	992.242	813.387	36.021.907	1.043.873.781	218	368.672	23.134.576
17	0,000310	991.973	803.127	35.208.520	1.007.851.874	246	368.454	22.765.905
18	0,000324	991.666	792.966	34.405.393	972.643.353	254	368.208	22.397.450
19	0,000330	991.344	782.923	33.612.427	938.237.960	255	367.954	22.029.242
20	0,000328	991.017	773.002	32.829.504	904.625.534	250	367.699	21.661.288
21	0,000322	990.692	763.208	32.056.502	871.796.029	243	367.449	21.293.588
22	0,000314	990.373	753.543	31.293.294	839.739.527	234	367.206	20.926.139
23	0,000304	990.062	744.006	30.539.751	808.446.233	223	366.972	20.558.933
24	0,000297	989.761	734.598	29.795.745	777.906.482	215	366.749	20.191.961
25	0,000293	989.467	725.313	29.061.147	748.110.737	210	366.534	19.825.212
26	0,000292	989.177	716.149	28.335.834	719.049.590	207	366.324	19.458.678
27	0,000292	988.888	707.101	27.619.685	690.713.757	204	366.117	19.092.354
28	0,000296	988.600	698.167	26.912.584	663.094.072	204	365.913	18.726.237
29	0,000302	988.307	689.344	26.214.416	636.181.488	206	365.709	18.360.324
30	0,000311	988.009	680.628	25.525.073	609.967.072	209	365.504	17.994.615
31	0,000327	987.701	672.016	24.844.445	584.441.999	217	365.294	17.629.111
32	0,000351	987.378	663.502	24.172.429	559.597.555	230	365.077	17.263.817
33	0,000386	987.032	655.081	23.508.926	535.425.126	250	364.847	16.898.739
34	0,000433	986.651	646.744	22.853.845	511.916.200	277	364.598	16.533.892
35	0,000490	986.224	638.483	22.207.101	489.062.355	309	364.321	16.169.294
36	0,000555	985.740	630.291	21.568.618	466.855.254	345	364.012	15.804.973
37	0,000624	985.193	622.164	20.938.327	445.286.636	383	363.667	15.440.961
38	0,000701	984.578	614.100	20.316.162	424.348.309	425	363.283	15.077.294
39	0,000783	983.888	606.093	19.702.062	404.032.146	469	362.858	14.714.011
40	0,000872	983.118	598.142	19.095.969	384.330.084	515	362.389	14.351.153
41	0,000972	982.261	590.242	18.497.827	365.234.115	567	361.874	13.988.764
42	0,001084	981.306	582.389	17.907.585	346.736.288	624	361.308	13.626.890
43	0,001213	980.242	574.575	17.325.196	328.828.703	688	360.684	13.265.582
44	0,001359	979.053	566.793	16.750.621	311.503.507	761	359.996	12.904.898
45	0,001524	977.723	559.035	16.183.827	294.752.887	841	359.235	12.544.903
46	0,001706	976.232	551.292	15.624.792	278.569.059	929	358.393	12.185.668
47	0,001903	974.567	543.557	15.073.500	262.944.268	1.022	357.465	11.827.274
48	0,002109	972.712	535.825	14.529.943	247.870.768	1.116	356.443	11.469.810
49	0,002324	970.661	528.094	13.994.118	233.340.825	1.212	355.327	11.113.367
50	0,002546	968.405	520.362	13.466.024	219.346.707	1.308	354.115	10.758.040
51	0,002782	965.940	512.629	12.945.662	205.880.683	1.409	352.806	10.403.925

x	q_x	l_x	D_x	N_x	S_x	C_x	M_x	R_x
52	0,003035	963.252	504.892	12.433.033	192.935.021	1.513	351.398	10.051.119
53	0,003306	960.329	497.145	11.928.141	180.501.988	1.623	349.884	9.699.721
54	0,003593	957.154	489.384	11.430.996	168.573.847	1.737	348.261	9.349.837
55	0,003898	953.715	481.606	10.941.611	157.142.852	1.854	346.524	9.001.576
56	0,004228	949.997	473.806	10.460.005	146.201.240	1.979	344.670	8.655.052
57	0,004585	945.981	465.978	9.986.199	135.741.235	2.110	342.692	8.310.382
58	0,004974	941.643	458.115	9.520.221	125.755.036	2.251	340.582	7.967.690
59	0,005402	936.960	450.209	9.062.106	116.234.814	2.402	338.331	7.627.108
60	0,005884	931.898	442.249	8.611.897	107.172.708	2.570	335.929	7.288.777
61	0,006449	926.415	434.219	8.169.649	98.560.811	2.766	333.359	6.952.848
62	0,007126	920.441	426.092	7.735.430	90.391.162	2.999	330.593	6.619.489
63	0,007935	913.881	417.833	7.309.337	82.655.733	3.275	327.594	6.288.896
64	0,008898	906.630	409.400	6.891.504	75.346.395	3.598	324.320	5.961.302
65	0,010025	898.563	400.748	6.482.104	68.454.891	3.968	320.722	5.636.982
66	0,011323	889.555	391.833	6.081.356	61.972.787	4.382	316.754	5.316.260
67	0,012797	879.482	382.613	5.689.524	55.891.431	4.836	312.372	4.999.506
68	0,014460	868.227	373.054	5.306.911	50.201.907	5.328	307.536	4.687.134
69	0,016332	855.673	363.120	4.933.857	44.894.997	5.857	302.208	4.379.598
70	0,018440	841.698	352.780	4.570.737	39.961.140	6.425	296.351	4.077.389
71	0,020813	826.177	342.000	4.217.956	35.390.403	7.030	289.926	3.781.038
72	0,023475	808.982	330.747	3.875.957	31.172.447	7.668	282.896	3.491.112
73	0,027035	789.991	318.996	3.545.209	27.296.490	8.518	275.228	3.208.216
74	0,030413	768.634	306.540	3.226.214	23.751.281	9.208	266.710	2.932.988
75	0,034287	745.257	293.548	2.919.674	20.525.067	9.941	257.502	2.666.278
76	0,038749	719.704	279.983	2.626.126	17.605.394	10.715	247.562	2.408.775
77	0,043937	691.817	265.811	2.346.143	14.979.268	11.535	236.847	2.161.214
78	0,049993	661.420	250.995	2.080.331	12.633.125	12.393	225.312	1.924.367
79	0,057024	628.354	235.503	1.829.336	10.552.793	13.264	212.919	1.699.055
80	0,065113	592.523	219.332	1.593.833	8.723.457	14.105	199.655	1.486.136
81	0,074288	553.942	202.519	1.374.501	7.129.623	14.859	185.550	1.286.481
82	0,084590	512.791	185.160	1.171.982	5.755.122	15.469	170.691	1.100.931
83	0,096095	469.414	167.405	986.822	4.583.141	15.888	155.222	930.240
84	0,109028	424.305	149.450	819.417	3.596.319	16.093	139.334	775.018
85	0,123611	378.044	131.512	669.967	2.776.902	16.056	123.241	635.684
86	0,140022	331.314	113.833	538.455	2.106.935	15.742	107.185	512.443
87	0,158257	284.922	96.685	424.622	1.568.480	15.112	91.443	405.258
88	0,178185	239.832	80.379	327.937	1.143.858	14.146	76.331	313.816
89	0,199669	197.097	65.241	247.558	815.920	12.866	62.185	237.485
90	0,222504	157.743	51.570	182.317	568.362	11.333	49.319	175.300
91	0,246453	122.645	39.600	130.747	386.045	9.639	37.986	125.981
92	0,271195	92.418	29.472	91.147	255.298	7.894	28.347	87.995
93	0,295584	67.355	21.214	61.674	164.151	6.193	20.453	59.648

x	q_x	l_x	D_x	N_x	S_x	C_x	M_x	R_x
94	0,319362	47.446	14.759	40.460	102.477	4.655	14.260	39.195
95	0,343441	32.294	9.922	25.700	62.018	3.365	9.604	24.935
96	0,367818	21.203	6.434	15.779	36.317	2.337	6.239	15.330
97	0,392493	13.404	4.017	9.345	20.538	1.557	3.902	9.091
98	0,417460	8.143	2.410	5.328	11.194	994	2.345	5.190
99	0,442716	4.744	1.387	2.918	5.866	606	1.351	2.845
100	0,468258	2.644	763	1.531	2.948	353	744	1.494
101	0,494075	1.406	401	767	1.417	196	391	750
102	0,520164	711	200	367	650	103	196	359
103	0,546514	341	95	166	283	51	93	163
104	0,573114	155	43	71	117	24	42	70
105	0,599953	66	18	29	46	11	18	28
106	0,627014	26	7	11	17	4	7	11
107	0,654283	10	3	4	6	2	3	4
108	0,681741	3	1	1	2	1	1	1
109	0,709364	1	0	0	1	0	0	0
110	0,737130	0	0	0	0	0	0	0
111	0,765011	0	0	0	0	0	0	0
112	0,792974	0	0	0	0	0	0	0
113	0,820987	0	0	0	0	0	0	0
114	0,849009	0	0	0	0	0	0	0
115	0,876998	0	0	0	0	0	0	0
116	0,904905	0	0	0	0	0	0	0
117	0,932675	0	0	0	0	0	0	0
118	0,960249	0	0	0	0	0	0	0
119	0,987564	0	0	0	0	0	0	0
120	1,000000	0	0	0	0	0	0	0
121	1,000000	0	0	0	0	0	0	0

9.3 DAV2004RM

Dargestellt ist die erweiterte Sterbetafel für Versicherungen mit Erlebensfallcharakter für Männer, DAV2004RM. Es handelt sich um die Rechnungsgrundlagen erster Ordnung der Grundtafel 1965 zum Rechnungszinssatz 1,25.

x	q_x	l_x	D_x	N_x	S_x	C_x	M_x	R_x
0	0,000083	1.000.000	1.000.000	54.224.112	2.057.014.715	82	330.567	28.828.869
1	0,000083	999.917	987.572	53.224.112	2.002.790.603	81	330.485	28.498.303
2	0,000083	999.834	975.299	52.236.540	1.949.566.490	80	330.404	28.167.818
3	0,000083	999.751	963.178	51.261.241	1.897.329.950	79	330.324	27.837.414

x	q_x	l_x	D_x	N_x	S_x	C_x	M_x	R_x
4	0,000083	999.668	951.208	50.298.062	1.846.068.709	78	330.245	27.507.091
5	0,000083	999.585	939.387	49.346.854	1.795.770.647	77	330.167	27.176.846
6	0,000083	999.502	927.713	48.407.467	1.746.423.793	76	330.090	26.846.679
7	0,000083	999.419	916.183	47.479.754	1.698.016.326	75	330.014	26.516.590
8	0,000083	999.336	904.797	46.563.571	1.650.536.572	74	329.939	26.186.576
9	0,000083	999.253	893.553	45.658.773	1.603.973.001	73	329.864	25.856.638
10	0,000083	999.170	882.448	44.765.220	1.558.314.228	72	329.791	25.526.773
11	0,000098	999.087	871.481	43.882.772	1.513.549.007	84	329.719	25.196.982
12	0,000104	998.989	860.638	43.011.291	1.469.666.235	88	329.634	24.867.263
13	0,000114	998.886	849.924	42.150.653	1.426.654.944	96	329.546	24.537.629
14	0,000140	998.772	839.336	41.300.728	1.384.504.291	116	329.450	24.208.083
15	0,000192	998.632	828.858	40.461.393	1.343.203.563	157	329.334	23.878.632
16	0,000276	998.440	818.468	39.632.535	1.302.742.170	223	329.177	23.549.298
17	0,000364	998.165	808.140	38.814.067	1.263.109.636	291	328.954	23.220.121
18	0,000596	997.801	797.872	38.005.927	1.224.295.568	470	328.663	22.891.167
19	0,000598	997.207	787.552	37.208.055	1.186.289.641	465	328.194	22.562.504
20	0,000598	996.610	777.364	36.420.502	1.149.081.586	459	327.729	22.234.310
21	0,000598	996.014	767.308	35.643.138	1.112.661.084	453	327.270	21.906.581
22	0,000598	995.419	757.382	34.875.830	1.077.017.946	447	326.816	21.579.312
23	0,000598	994.823	747.584	34.118.447	1.042.142.117	442	326.369	21.252.495
24	0,000598	994.228	737.913	33.370.863	1.008.023.669	436	325.927	20.926.126
25	0,000598	993.634	728.368	32.632.950	974.652.806	430	325.492	20.600.199
26	0,000598	993.040	718.945	31.904.582	942.019.857	425	325.061	20.274.707
27	0,000598	992.446	709.645	31.185.637	910.115.275	419	324.637	19.949.646
28	0,000598	991.852	700.465	30.475.992	878.929.638	414	324.218	19.625.009
29	0,000598	991.259	691.403	29.775.527	848.453.646	408	323.804	19.300.791
30	0,000598	990.666	682.459	29.084.124	818.678.119	403	323.396	18.976.987
31	0,000605	990.074	673.630	28.401.665	789.593.994	403	322.993	18.653.591
32	0,000626	989.475	664.911	27.728.035	761.192.329	411	322.590	18.330.599
33	0,000663	988.856	656.292	27.063.123	733.464.294	430	322.179	18.008.009
34	0,000713	988.200	647.760	26.406.832	706.401.171	456	321.749	17.685.830
35	0,000754	987.495	639.306	25.759.072	679.994.339	476	321.293	17.364.081
36	0,000805	986.751	630.938	25.119.766	654.235.266	502	320.817	17.042.787
37	0,000871	985.957	622.647	24.488.828	629.115.500	536	320.315	16.721.970
38	0,000940	985.098	614.424	23.866.182	604.626.672	570	319.780	16.401.655
39	0,001008	984.172	606.268	23.251.758	580.760.490	604	319.209	16.081.875
40	0,001073	983.180	598.180	22.645.490	557.508.732	634	318.606	15.762.666
41	0,001137	982.125	590.161	22.047.310	534.863.242	663	317.972	15.444.060
42	0,001197	981.008	582.212	21.457.149	512.815.932	688	317.309	15.126.089
43	0,001259	979.834	574.336	20.874.937	491.358.783	714	316.621	14.808.779
44	0,001325	978.600	566.531	20.300.601	470.483.845	741	315.907	14.492.159

x	q_x	l_x	D_x	N_x	S_x	C_x	M_x	R_x
45	0,001395	977.304	558.796	19.734.070	450.183.244	770	315.165	14.176.252
46	0,001473	975.940	551.127	19.175.274	430.449.174	802	314.395	13.861.087
47	0,001557	974.503	543.521	18.624.147	411.273.900	836	313.594	13.546.691
48	0,001644	972.985	535.975	18.080.626	392.649.753	870	312.758	13.233.098
49	0,001735	971.386	528.488	17.544.650	374.569.127	906	311.887	12.920.340
50	0,001826	969.700	521.058	17.016.162	357.024.477	940	310.982	12.608.453
51	0,001924	967.930	513.685	16.495.104	340.008.314	976	310.042	12.297.471
52	0,002023	966.068	506.367	15.981.419	323.513.210	1.012	309.066	11.987.429
53	0,002121	964.113	499.104	15.475.052	307.531.791	1.046	308.054	11.678.363
54	0,002212	962.068	491.897	14.975.947	292.056.739	1.075	307.009	11.370.308
55	0,002294	959.940	484.750	14.484.050	277.080.792	1.098	305.934	11.063.300
56	0,002370	957.738	477.667	13.999.301	262.596.742	1.118	304.836	10.757.366
57	0,002451	955.468	470.651	13.521.634	248.597.441	1.139	303.718	10.452.530
58	0,002540	953.126	463.702	13.050.982	235.075.807	1.163	302.578	10.148.812
59	0,002649	950.705	456.814	12.587.281	222.024.825	1.195	301.415	9.846.234
60	0,002781	948.187	449.979	12.130.467	209.437.544	1.236	300.220	9.544.818
61	0,002957	945.550	443.188	11.680.488	197.307.077	1.294	298.984	9.244.599
62	0,003176	942.754	436.422	11.237.301	185.626.589	1.369	297.690	8.945.614
63	0,003432	939.760	429.665	10.800.879	174.389.288	1.456	296.321	8.647.925
64	0,003707	936.535	422.904	10.371.214	163.588.409	1.548	294.864	8.351.604
65	0,003980	933.063	416.135	9.948.310	153.217.195	1.636	293.316	8.056.740
66	0,004270	929.349	409.361	9.532.175	143.268.885	1.726	291.680	7.763.424
67	0,004631	925.381	402.581	9.122.814	133.736.710	1.841	289.954	7.471.743
68	0,004995	921.096	395.770	8.720.233	124.613.896	1.952	288.112	7.181.790
69	0,005363	916.495	388.931	8.324.463	115.893.663	2.060	286.160	6.893.677
70	0,005744	911.580	382.069	7.935.532	107.569.200	2.168	284.100	6.607.517
71	0,006150	906.343	375.185	7.553.462	99.633.668	2.279	281.932	6.323.417
72	0,006605	900.769	368.274	7.178.277	92.080.206	2.402	279.654	6.041.485
73	0,007122	894.820	361.325	6.810.003	84.901.928	2.542	277.251	5.761.831
74	0,007722	888.447	354.323	6.448.678	78.091.925	2.702	274.710	5.484.580
75	0,008460	881.586	347.246	6.094.355	71.643.247	2.901	272.007	5.209.871
76	0,009337	874.128	340.058	5.747.109	65.548.892	3.136	269.106	4.937.863
77	0,010403	865.966	332.724	5.407.051	59.801.783	3.419	265.970	4.668.758
78	0,011693	856.958	325.197	5.074.328	54.394.732	3.756	262.551	4.402.788
79	0,013259	846.937	317.427	4.749.130	49.320.405	4.157	258.796	4.140.236
80	0,015167	835.708	309.351	4.431.703	44.571.274	4.634	254.639	3.881.441
81	0,017450	823.033	300.898	4.122.352	40.139.571	5.186	250.005	3.626.802
82	0,020162	808.671	291.997	3.821.454	36.017.219	5.815	244.819	3.376.797
83	0,023324	792.366	282.578	3.529.456	32.195.765	6.509	239.004	3.131.978
84	0,026970	773.885	272.580	3.246.878	28.666.309	7.261	232.495	2.892.973
85	0,031142	753.013	261.954	2.974.299	25.419.430	8.057	225.234	2.660.478

x	q_x	l_x	D_x	N_x	S_x	C_x	M_x	R_x
86	0,035854	729.563	250.663	2.712.345	22.445.131	8.876	217.177	2.435.244
87	0,041159	703.405	238.692	2.461.682	19.732.787	9.703	208.301	2.218.067
88	0,047090	674.454	226.042	2.222.990	17.271.105	10.513	198.598	2.009.766
89	0,053666	642.694	212.739	1.996.947	15.048.116	11.276	188.085	1.811.168
90	0,060681	608.203	198.836	1.784.209	13.051.168	11.917	176.809	1.623.083
91	0,067908	571.297	184.465	1.585.373	11.266.959	12.372	164.892	1.446.274
92	0,075209	532.501	169.816	1.400.908	9.681.587	12.614	152.520	1.281.382
93	0,082462	492.452	155.105	1.231.092	8.280.679	12.632	139.906	1.128.861
94	0,089515	451.844	140.558	1.075.987	7.049.587	12.427	127.274	988.955
95	0,096209	411.397	126.396	935.429	5.973.600	12.010	114.847	861.681
96	0,102378	371.817	112.825	809.033	5.038.171	11.408	102.837	746.834
97	0,107876	333.751	100.024	696.208	4.229.138	10.657	91.429	643.996
98	0,113045	297.747	88.132	596.184	3.532.930	9.840	80.772	552.568
99	0,118108	264.088	77.204	508.052	2.936.746	9.006	70.932	471.796
100	0,121553	232.897	67.245	430.848	2.428.694	8.073	61.926	400.864
101	0,126442	204.588	58.342	363.602	1.997.846	7.286	53.853	338.938
102	0,131302	178.720	50.336	305.260	1.634.244	6.528	46.567	285.084
103	0,136130	155.253	43.187	254.924	1.328.983	5.806	40.040	238.517
104	0,140927	134.119	36.847	211.737	1.074.059	5.129	34.233	198.477
105	0,145690	115.218	31.264	174.890	862.322	4.499	29.105	164.244
106	0,150416	98.432	26.379	143.626	687.432	3.919	24.606	135.140
107	0,155105	83.626	22.135	117.247	543.805	3.391	20.687	110.533
108	0,159752	70.655	18.471	95.112	426.558	2.914	17.296	89.846
109	0,164354	59.368	15.328	76.642	331.446	2.488	14.382	72.550
110	0,168907	49.611	12.651	61.314	254.804	2.110	11.894	58.168
111	0,173407	41.231	10.384	48.663	193.490	1.778	9.783	46.274
112	0,177848	34.081	8.478	38.279	144.827	1.489	8.005	36.491
113	0,182224	28.020	6.884	29.801	106.549	1.239	6.516	28.486
114	0,186528	22.914	5.560	22.917	76.748	1.024	5.277	21.970
115	0,190752	18.640	4.467	17.357	53.831	842	4.253	16.693
116	0,194887	15.084	3.570	12.890	36.473	687	3.411	12.440
117	0,198923	12.145	2.839	9.320	23.583	558	2.724	9.029
118	0,202848	9.729	2.246	6.481	14.263	450	2.166	6.305
119	0,206649	7.755	1.768	4.235	7.782	361	1.716	4.139
120	0,210311	6.153	1.386	2.466	3.547	288	1.355	2.423
121	1,000000	4.859	1.081	1.081	1.081	1.067	1.067	1.067

9.4   DAV2004RF

Dargestellt ist die erweiterte Sterbetafel für Versicherungen mit Erlebensfallcharakter für Frauen, DAV2004RF. Es handelt sich um die Rechnungsgrundlagen erster Ordnung der Grundtafel 1965 zum Rechnungszinssatz 1,25.

x	q_x	l_x	D_x	N_x	S_x	C_x	M_x	R_x
0	0,000066	1.000.000	1.000.000	55.883.164	2.197.432.635	65	310.084	28.754.366
1	0,000066	999.934	987.589	54.883.164	2.141.549.471	64	310.019	28.444.282
2	0,000066	999.868	975.332	53.895.575	2.086.666.307	64	309.955	28.134.262
3	0,000066	999.802	963.228	52.920.242	2.032.770.732	63	309.891	27.824.307
4	0,000066	999.736	951.273	51.957.015	1.979.850.490	62	309.828	27.514.416
5	0,000066	999.670	939.467	51.005.742	1.927.893.475	61	309.766	27.204.588
6	0,000066	999.604	927.807	50.066.275	1.876.887.733	60	309.705	26.894.821
7	0,000066	999.538	916.292	49.138.467	1.826.821.459	60	309.645	26.585.116
8	0,000066	999.472	904.921	48.222.175	1.777.682.991	59	309.585	26.275.471
9	0,000066	999.406	893.690	47.317.254	1.729.460.816	58	309.526	25.965.886
10	0,000066	999.340	882.598	46.423.565	1.682.143.562	58	309.468	25.656.360
11	0,000071	999.274	871.644	45.540.967	1.635.719.997	61	309.410	25.346.892
12	0,000075	999.203	860.822	44.669.322	1.590.179.031	64	309.349	25.037.482
13	0,000079	999.128	850.131	43.808.500	1.545.509.709	66	309.285	24.728.133
14	0,000092	999.049	839.569	42.958.369	1.501.701.209	76	309.219	24.418.848
15	0,000120	998.958	829.128	42.118.800	1.458.742.840	98	309.143	24.109.629
16	0,000144	998.838	818.793	41.289.672	1.416.624.040	116	309.044	23.800.486
17	0,000166	998.694	808.568	40.470.878	1.375.334.368	133	308.928	23.491.442
18	0,000201	998.528	798.454	39.662.310	1.334.863.490	159	308.795	23.182.514
19	0,000201	998.327	788.438	38.863.856	1.295.201.180	157	308.637	22.873.718
20	0,000201	998.127	778.547	38.075.418	1.256.337.324	155	308.480	22.565.081
21	0,000201	997.926	768.781	37.296.871	1.218.261.906	153	308.326	22.256.601
22	0,000201	997.725	759.137	36.528.090	1.180.965.035	151	308.173	21.948.275
23	0,000201	997.525	749.615	35.768.953	1.144.436.945	149	308.023	21.640.102
24	0,000222	997.324	740.211	35.019.338	1.108.667.992	162	307.874	21.332.079
25	0,000225	997.103	730.911	34.279.127	1.073.648.654	162	307.711	21.024.205
26	0,000225	996.879	721.725	33.548.216	1.039.369.527	160	307.549	20.716.494
27	0,000235	996.654	712.654	32.826.492	1.005.821.310	165	307.389	20.408.945
28	0,000258	996.420	703.690	32.113.838	972.994.818	179	307.223	20.101.556
29	0,000280	996.163	694.824	31.410.148	940.880.980	192	307.044	19.794.333
30	0,000291	995.884	686.053	30.715.324	909.470.833	197	306.852	19.487.289
31	0,000302	995.594	677.386	30.029.271	878.755.508	202	306.655	19.180.437
32	0,000318	995.294	668.821	29.351.884	848.726.238	210	306.453	18.873.783
33	0,000344	994.977	660.354	28.683.063	819.374.353	224	306.242	18.567.330
34	0,000385	994.635	651.977	28.022.709	790.691.290	248	306.018	18.261.088
35	0,000423	994.252	643.680	27.370.731	762.668.582	269	305.770	17.955.070

x	q_x	l_x	D_x	N_x	S_x	C_x	M_x	R_x
36	0,000464	993.831	635.465	26.727.051	735.297.850	291	305.501	17.649.299
37	0,000508	993.370	627.328	26.091.586	708.570.800	315	305.210	17.343.798
38	0,000550	992.866	619.269	25.464.257	682.479.214	336	304.895	17.038.588
39	0,000593	992.320	611.287	24.844.988	657.014.957	358	304.559	16.733.693
40	0,000642	991.731	603.382	24.233.701	632.169.968	383	304.201	16.429.134
41	0,000693	991.094	595.551	23.630.319	607.936.267	408	303.818	16.124.933
42	0,000743	990.408	587.791	23.034.768	584.305.948	431	303.411	15.821.115
43	0,000788	989.672	580.103	22.446.978	561.271.180	451	302.979	15.517.704
44	0,000830	988.892	572.489	21.866.875	538.824.202	469	302.528	15.214.724
45	0,000874	988.071	564.952	21.294.386	516.957.327	488	302.059	14.912.197
46	0,000921	987.207	557.490	20.729.434	495.662.941	507	301.571	14.610.138
47	0,000971	986.298	550.100	20.171.944	474.933.508	528	301.064	14.308.567
48	0,001022	985.341	542.781	19.621.843	454.761.564	548	300.536	14.007.503
49	0,001069	984.334	535.532	19.079.062	435.139.721	565	299.988	13.706.967
50	0,001111	983.281	528.355	18.543.530	416.060.658	580	299.423	13.406.979
51	0,001149	982.189	521.253	18.015.174	397.517.129	592	298.843	13.107.556
52	0,001182	981.060	514.226	17.493.922	379.501.954	600	298.252	12.808.712
53	0,001218	979.901	507.277	16.979.696	362.008.032	610	297.651	12.510.461
54	0,001259	978.707	500.404	16.472.418	345.028.337	622	297.041	12.212.809
55	0,001306	977.475	493.604	15.972.014	328.555.918	637	296.419	11.915.768
56	0,001363	976.198	486.874	15.478.410	312.583.904	655	295.782	11.619.349
57	0,001430	974.868	480.208	14.991.536	297.105.495	678	295.127	11.323.567
58	0,001504	973.474	473.601	14.511.329	282.113.958	704	294.449	11.028.440
59	0,001585	972.010	467.050	14.037.728	267.602.630	731	293.745	10.733.992
60	0,001674	970.469	460.553	13.570.677	253.564.902	761	293.014	10.440.247
61	0,001771	968.845	454.106	13.110.124	239.994.225	794	292.253	10.147.233
62	0,001876	967.129	447.705	12.656.018	226.884.100	830	291.458	9.854.980
63	0,001986	965.314	441.349	12.208.313	214.228.082	866	290.629	9.563.522
64	0,002096	963.397	435.034	11.766.964	202.019.769	901	289.763	9.272.893
65	0,002229	961.378	428.763	11.331.930	190.252.805	944	288.862	8.983.130
66	0,002345	959.235	422.526	10.903.167	178.920.874	979	287.918	8.694.268
67	0,002520	956.986	416.331	10.480.642	168.017.707	1.036	286.940	8.406.349
68	0,002732	954.574	410.154	10.064.311	157.537.065	1.107	285.904	8.119.409
69	0,002959	951.966	403.984	9.654.157	147.472.754	1.181	284.797	7.833.506
70	0,003199	949.149	397.816	9.250.173	137.818.597	1.257	283.616	7.548.709
71	0,003478	946.113	391.648	8.852.357	128.568.424	1.345	282.359	7.265.092
72	0,003780	942.822	385.467	8.460.709	119.716.067	1.439	281.014	6.982.733
73	0,004090	939.258	379.269	8.075.242	111.255.358	1.532	279.575	6.701.719
74	0,004446	935.417	373.055	7.695.972	103.180.117	1.638	278.043	6.422.144
75	0,004864	931.258	366.811	7.322.917	95.484.144	1.762	276.405	6.144.101
76	0,005328	926.728	360.521	6.956.106	88.161.227	1.897	274.643	5.867.696
77	0,005823	921.791	354.173	6.595.585	81.205.121	2.037	272.746	5.593.053

x	q_x	l_x	D_x	N_x	S_x	C_x	M_x	R_x
78	0,006429	916.423	347.763	6.241.413	74.609.536	2.208	270.709	5.320.307
79	0,007203	910.532	341.262	5.893.650	68.368.123	2.428	268.501	5.049.599
80	0,008215	903.973	334.621	5.552.388	62.474.473	2.715	266.073	4.781.098
81	0,009536	896.547	327.775	5.217.767	56.922.085	3.087	263.358	4.515.025
82	0,011237	887.997	320.641	4.889.993	51.704.318	3.559	260.271	4.251.668
83	0,013343	878.019	313.124	4.569.352	46.814.325	4.126	256.712	3.991.397
84	0,015844	866.304	305.132	4.256.228	42.244.974	4.775	252.586	3.734.685
85	0,018792	852.578	296.590	3.951.096	37.988.746	5.505	247.811	3.482.099
86	0,022273	836.556	287.424	3.654.506	34.037.650	6.323	242.306	3.234.288
87	0,026353	817.924	277.552	3.367.082	30.383.144	7.224	235.983	2.991.982
88	0,031049	796.369	266.902	3.089.530	27.016.062	8.185	228.759	2.755.998
89	0,036366	771.642	255.422	2.822.628	23.926.532	9.174	220.575	2.527.239
90	0,042123	743.581	243.095	2.567.206	21.103.903	10.113	211.401	2.306.664
91	0,048071	712.259	229.980	2.324.112	18.536.697	10.919	201.287	2.095.264
92	0,054145	678.020	216.222	2.094.132	16.212.585	11.563	190.368	1.893.976
93	0,060268	641.309	201.990	1.877.910	14.118.453	12.023	178.806	1.703.608
94	0,066351	602.658	187.473	1.675.920	12.240.544	12.285	166.782	1.524.802
95	0,072275	562.671	172.873	1.488.448	10.564.623	12.340	154.497	1.358.020
96	0,077904	522.004	158.398	1.315.575	9.076.176	12.188	142.157	1.203.523
97	0,083095	481.338	144.255	1.157.176	7.760.601	11.839	129.969	1.061.366
98	0,087727	441.341	130.636	1.012.921	6.603.424	11.319	118.130	931.397
99	0,091681	402.624	117.704	882.285	5.590.503	10.658	106.812	813.267
100	0,100158	365.711	105.593	764.581	4.708.218	10.445	96.154	706.455
101	0,104765	329.082	93.844	658.989	3.943.637	9.710	85.708	610.302
102	0,109394	294.606	82.975	565.145	3.284.648	8.965	75.998	524.594
103	0,114045	262.377	72.986	482.170	2.719.503	8.221	67.033	448.596
104	0,118719	232.455	63.864	409.184	2.237.333	7.488	58.812	381.563
105	0,123417	204.858	55.587	345.320	1.828.149	6.776	51.324	322.750
106	0,128138	179.575	48.125	289.733	1.482.829	6.091	44.548	271.426
107	0,132883	156.565	41.441	241.608	1.193.096	5.439	38.458	226.878
108	0,137652	135.760	35.490	200.167	951.488	4.825	33.019	188.421
109	0,142443	117.072	30.227	164.677	751.321	4.252	28.194	155.402
110	0,147255	100.396	25.601	134.450	586.644	3.723	23.941	127.208
111	0,152087	85.612	21.562	108.849	452.194	3.239	20.218	103.266
112	0,156935	72.592	18.057	87.287	343.345	2.799	16.979	83.048
113	0,161796	61.200	15.035	69.230	256.058	2.403	14.181	66.069
114	0,166665	51.298	12.447	54.195	186.828	2.049	11.778	51.888
115	0,171536	42.748	10.244	41.748	132.634	1.736	9.729	40.110
116	0,176401	35.415	8.382	31.503	90.886	1.460	7.993	30.381
117	0,181250	29.168	6.818	23.121	59.383	1.221	6.533	22.388
118	0,186074	23.881	5.514	16.302	36.262	1.013	5.312	15.855

x	q_x	l_x	D_x	N_x	S_x	C_x	M_x	R_x
119	0,190855	19.438	4.432	10.789	19.959	835	4.299	10.542
120	0,195579	15.728	3.542	6.356	9.171	684	3.464	6.243
121	1,000000	12.652	2.814	2.814	2.814	2.779	2.779	2.779

9.5 Haftungsausschluss

Dieses Buch wurde einzig und allein für die Lehre konzipiert und ist nur für diesen Zweck geeignet. Der Autor schließt jedwede Haftung aus, die sich aus der Anwendung der dargestellten Sachverhalte in der Versicherungswirtschaft ergibt. Es wird weder ausdrücklich noch stillschweigend irgendeine Gewährleistung für die Richtigkeit oder Vollständigkeit oder Aktualität der Inhalte dieses Lehrbuchs gegeben. Die tatsächliche Anwendbarkeit der dargestellten Behauptungen und Berechnungen für die Praxis ist nicht garantiert. Außerdem sei darauf verwiesen, dass die in diesem Buch gegebenen Meinungen, Ausführungen und Berechnungen in einem konkreten geschäftlichen Kontext anders ausfallen können.

Literatur

Lehrbücher

1. Albrecht, P.: Grundprinzipien der Finanz- und Versicherungsmathematik, Schäffer Poeschel Verlag (2007)

2. Arrenberg, J.: Finanzmathematik, überarbeitete Auflage, Oldenbourg Verlag (2013)

3. Dienst, H.R. u. a.: Mathematische Methoden der Rückversicherung, Verlag Versicherungswirtschaft (1988)

4. Capinski, M.; Zastawniak, T.: Mathematics for Finance, 2. Auflage, Springer (2011)

5. Chan, W.-S.; Tse, Y.-K.: Financial Mathematics for Actuaries, überarbeitete Auflage, Mc Graw Hill Education (2013)

6. Chiang, C.L.: The Life Table and Its Applications, Roger E. Krieger Publishing Company (1984)

7. Cottin, C.; Döhler, S.: Risikoanalyse, 2. Auflage, Springer Spektrum Verlag (2013)

8. Dickson, C.M.; Hardy, M.R.; Waters, H.R.: Actuarial Mathematics for Life Contingent Risks, 2. Auflage, Cambridge University Press (2013)

9. Farny, D. u. a.: Handwörterbuch der Versicherung, 2. Auflage, Verlag Versicherungswirtschaft (1988)

10. Führer, C.; Grimmer, A.: Einführung in die Lebensversicherungsmathematik, 2. Auflage, Verlag Versicherungswirtschaft (2010)

11. Fürstenwerth, F.; Weiß, A.: Versicherungsalphabet, 10. Auflage, Verlag Versicherungswirtschaft (2001)

12. Garret, S.J.: An Introduction to the Mathematics of Finance, 2. Auflage, Butterworth-Heinemann (2013)

13. Gerber, H.U.: Life Insurance Mathematics, 3. Auflage, Springer Verlag (1997)

14. Grundmann, W.; Luderer, B.: Finanzmathematik, Versicherungsmathematik, Wertpapieranalyse: Formeln und Begriffe, 3. Auflage, Vieweg+Teubner Verlag (2009)

15. Gupta, A.K.; Varga, T.: An Introduction to Actuarial Mathematics, Kluwer Academic Publishers (2002)

16. Hagelschuer, P.: Lebensversicherung, 2. Auflage, Gabler Verlag (1987)

17. Heep-Altiner, M.; Klemmstein, M.: Versicherungsmathematische Anwendungen in der Praxis, Verlag Versicherungswirtschaft (2001)

© Springer Fachmedien Wiesbaden 2016
K.M. Ortmann, *Praktische Lebensversicherungsmathematik*,
Studienbücher Wirtschaftsmathematik, DOI 10.1007/978-3-658-10200-5

18. Isenbart, F.; Münzner, H.: Lebensversicherungsmathematik für Praxis und Studium, 3. Auflage, Gabler Verlag (1994)

19. Kurzendörfer, V.: Einführung in die Lebensversicherung, 3. Auflage, Verlag Versicherungswirtschaft (2000)

20. Kruschwitz, L.: Finanzmathematik, 5. Auflage, Oldenbourg Verlag (2009)

21. Loewy, A.: Versicherungsmathematik, 4. Auflage, Springer Verlag (1924)

22. Luderer, B.: Starthilfe Finanzmathematik, 4. Auflage, Springer Spektrum Verlag (2015)

23. Luderer, B.: Mathe, Märkte und Millionen, Springer Spektrum Verlag (2013)

24. Mack, T.: Schadenversicherungsmathematik, 2. Auflage, Verlag Versicherungswirtschaft (2002)

25. McCullagh, P.; Nelder, J.A.: Generalized Linear Models, 2. Auflage, Chapmann & Hall/CRC (1989)

26. Martin, T.: Finanzmathematik, 3. Auflage, Carl Hanser Verlag (2014)

27. Milbrodt, H., Helbig, M.: Mathematische Methoden der Personenversicherung, Walter de Gruyter Verlag (1999)

28. Müller, T.: Finanzrisiken in der Assekuranz, Springer Gabler Verlag (2013)

29. Pfeifer, A.: Praktische Finanzmathematik, 5. Auflage, Europa Lehrmittel Verlag (2009)

30. Pfeiffer, C.: Einführung in die Rückversicherung, 5. Auflage, Gabler Verlag (2000)

31. Predota, M.: Prämienkalkulation in der Lebensversicherung, Akademische Verlagsgemeinschaft München (2010)

32. Promislow, S.D.: Fundamentals of Actuarial Mathematics, 2. Auflage, Wiley (2011)

33. Reichel, G.: Grundlagen der Lebensversicherungstechnik, Gabler Verlag (1987)

34. Saxer, W.: Versicherungsmathematik, Erster Teil, Springer Verlag (1955)

35. Saxer, W.: Versicherungsmathematik, Zweiter Teil, Springer Verlag (1958)

36. Schmidt, K.D.: Versicherungsmathematik, 3. Auflage, Springer Verlag (2009)

37. Tetens, J.N.: Einleitung zur Berechnung der Leibrenten und Anwartschaften, die vom Leben oder Tode einer oder mehrerer Personen abhangen, Leipzig bey Weidmanns Erben und Reich (1785)

38. Tietze, J.: Einführung in die Finanzmathematik, 12. Auflage, Springer Spektrum Verlag (2014)

39. Tse, Y.-K.: Nonlife Actuarial Models, Cambridge University Press (2009)

40. Wolff, K.H.: Versicherungsmathematik, Springer Verlag (1970)

41. Wolfsdorf, K.: Versicherungsmathematik, Teil 1 Personenversicherung, 2. Auflage, Teubner Verlag (1997)

42. Zwinggi, E.: Versicherungsmathematik, Birkhäuser Verlag (1945)

Sonstige Veröffentlichungen

43. Deutsche Aktuarvereinigung (DAV): Fachgrundsätze, Prüfungsberichte und weitere Veröffentlichungen

44. Bundesanstalt für Finanzdienstleistungsaufsicht (BaFin): Jahresberichte

45. Statistisches Bundesamt (destatis): Sterbetafeln

Gesetze und Verordnungen

46. AAG Allgemeines Gleichbehandlungsgesetz (AGG) vom 3.4.2013

47. AktuarV Verordnung über die versicherungsmathematische Bestätigung, den Erläuterungsbericht und den Angemessenheitsbericht des Verantwortlichen Aktuars (Aktuarverordnung – AktuarV) vom 21.10.2011

48. BerVersV Verordnung über die Berichterstattung von Versicherungsunternehmen gegenüber der Bundesanstalt für Finanzdienstleistungsaufsicht (Versicherungsberichterstattungs-Verordnung – BerVersV) vom 16.12.2013

49. DeckRV Verordnung über Rechnungsgrundlagen für die Deckungsrückstellungen (Deckungsrückstellungsverordnung – DeckRV) vom 1.8.2014

50. HGB Handelsgesetzbuch (HGB) mit Wirkung vom 22.12.2014

51. MindZV Verordnung über die Mindestbeitragsrückerstattung in der Lebensversicherung (Mindestzuführungsverordnung – MindZV) vom 1.8.2014

52. PAngV Preisangabenverordnung (PAngV) mit Wirkung vom 20.9.2013

53. RechVersV Verordnung über die Rechnungslegung von Versicherungsunternehmen (Versicherungsunternehmens-Rechnungslegungsverordnung – RechVersV vom 4.7.2013

54. VAG Gesetz über die Beaufsichtigung der Versicherungsunternehmen (Versicherungsaufsichtsgesetz – VAG) vom 10.12.2014

55. VVG Gesetz über den Versicherungsvertrag (Versicherungsvertragsgesetz – VVG) vom 1.8.2014

56. VVG-InfoV Verordnung über Informationspflichten bei Versicherungsverträgen (VVG-Informationspflichtenverordnung – VVG-InfoV) vom 1.8.2014

57. 5. VermBG Fünftes Gesetz zur Förderung der Vermögensbildung der Arbeitnehmer (Fünftes Vermögensbildungsgesetz – 5. VermBG) vom 18.12.2013

Sachverzeichnis